BRIGHTWOOD BRANCH
SPRINGFIELD (MA) CITY LIBRARY

ATLAS
DEL
UNIVERSO

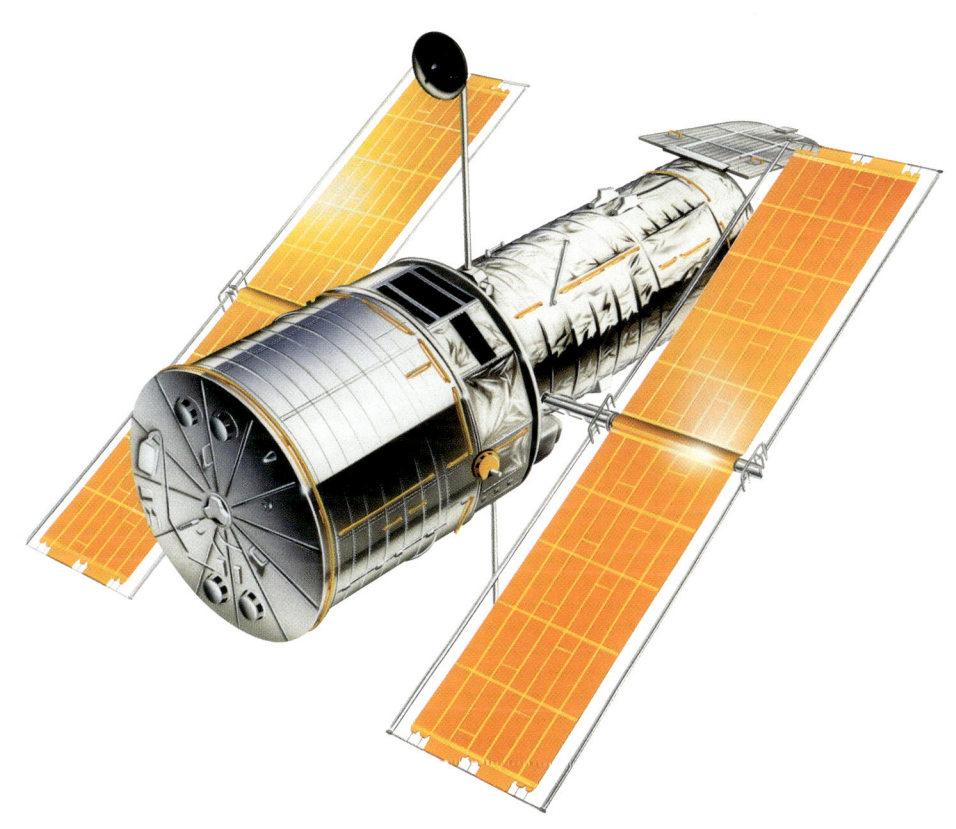

GIANLUCA RANZINI

ATLAS DEL UNIVERSO

Una guía ilustrada con los mapas
de todas las constelaciones

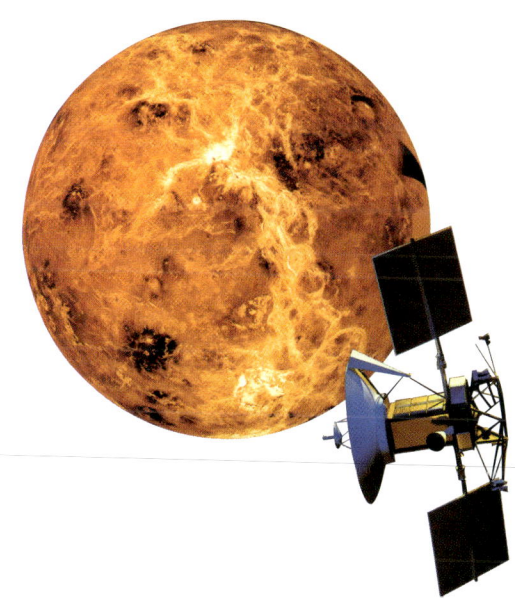

Alianza Editorial

Coordinación editorial: Valeria Camaschella

Coordinación fotográfica:
Centro Iconográfico del Instituto Geográfico De Agostini
dirigido por Maria Serena Battaglia
Fotografías: Archivo IGDA, C. Colombo, ESA, ESO, C. Guaita,
R. Mignani, NASA, Observatorio astronómico de Brera, SEDS.
Ilustraciones: D. Festa

Edición realizada por Di.Do.t S.r.l. Il lavoro editoriale
Redacción: Marco Angeletti
Gráficos y maquetación: Davide Nicoletti

Título original:
Atlante dell'universo

Traductora:
Pilar Careaga

Reservados todos los derechos. El contenido de esta obra está protegida por la Ley, que establece penas de prisióny/o multas, además de las correspondientes indemnizaciones por daños y perjuicios, para quienesreprodujeren, plagiaren, distribuyeren o comunicaren públicamente, en todo o en parte,una obra literaria, artística o científica, o sutransformación, interpretación o ejecución artística fijada en cualquier tipo de soporte o comunicada a través de cualquier medio, sin la preceptiva autorización.

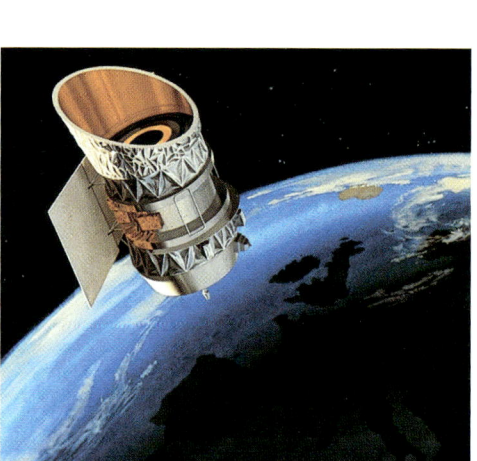

© 2000, Istituto Geografico De Agostini S.p.A. Novara
© de la traducción: Pilar Careaga Castrillo, 2001
© Ed. cast.: Alianza Editorial, S.A., Madrid, 2001
Calle Juan Ignacio Luca de Tena, 15
28027 Madrid; teléf. 913938888
ISBN: 84-206-9123-2

SUMARIO

6 INTRODUCCIÓN

EL SISTEMA SOLAR

12 El reino del Sol
16 Nacimiento del Sistema Solar
18 ¿Sistema heliocéntrico o geocéntrico?
20 ¿Cómo es el Sol?
22 En el centro del Sol
24 Las manchas solares
26 La Tierra
28 Los movimientos principales de la Tierra
32 Movimientos milenarios de la Tierra
34 La Luna
36 Origen de la Luna
38 Fases lunares y eclipses
40 Las mareas
42 Mercurio
44 Sólo una vez en Mercurio
46 Venus
48 La atmósfera de Venus
50 Marte
54 Las exploraciones de Marte
56 Los asteroides
58 Júpiter, el gigante del Sistema Solar
60 Las exploraciones de Júpiter
62 Los satélites mediceos
64 Satélites menores y anillos de Júpiter
66 Saturno
70 Los satélites de Saturno
72 Dentro de los anillos Saturno
74 Urano
76 Anillos y satélites de Urano
78 Neptuno
80 Anillos y satélites de Neptuno
82 El sistema de Plutón
86 La franja Edgeworth-Cuiper
88 Los cometas
92 Meteoros y meteoritos
94 Los rayos cósmicos
96 La búsqueda de vida en el Sistema Solar
98 Planetas de otras estrellas

Estrellas y galaxias

106 Características de las estrellas
108 Cómo nace una estrella
110 Estrellas variables
112 Estrellas dobles
114 Las novas
116 Cúmulos abiertos
118 Cúmulos globulares
120 las nebulosas
122 El diagrama de Hertzsprung-Russell
126 La evolución de las estrellas
128 La distancia de las estrellas
132 Las supernovas
134 Las enanas blancas
136 Estrellas de neutrones y púlsares
138 Agujeros negros
142 La Vía Láctea
144 Movimientos en la Vía Láctea
146 La formación de las galaxias
148 El Grupo Local

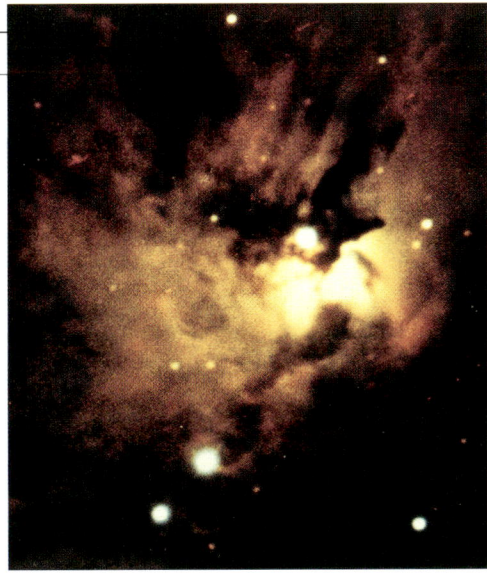

182 Canes Venatici   Canis Major
183 Canis Minor   Capricornius
184 Carina
185 Centauris Cepheo
186 Cetus Chamaleon-Volans
187 Circinus-Triangulum Australis   Coma Berenices
188 Corona Australis-Telescopium   Corona Borealis
189 Corvus-Crater-Sextant   Crux
190 Cygnus   Delphinus
191 Dorado-Mensa   Draco
192 Equuleus   Eridanus
193 Fornax   Gemini
194 Grus-Indus   Hércules
195 Horologium-Reticulum   Hydra
196 Hydrus-Tucana   Lacerta
197 Leo   Leo Minor
198 Lepus   Libra
199 Lupus-Norma   Lynx
200 Lyra   Microscopium
201 Monoceros   Octans
202 Ophiocus   Orion
203 Pegasus   Perseus
204 Phoenix   Pictor
205 Pisces   Piscis Austrinus
206 Puppis   Sagitta
207 Sagittarius   Scorpius
208 Sculptor   Scutum
209 Serpens   Taurus
210 Triangulum   Ursa Major
211 Ursa Minor   Vela
212 Virgo   Vulpecula

150 La distancia de las galaxias
152 Cúmulos de galaxias
154 Núcleos galácticos activos
156 La estructura a gran escala del Universo
158 La expansión del Universo
160 El origen del Universo
164 La búsqueda de vida en el Universo

213 Glosario
215 Índice analítico

Las constelaciones

170 Un instrumento para observar el cielo
172 El cielo boreal
174 El cielo austral
176 Andrómeda   Antlia-Pyxis
177 Apus-Musca   Aquarius
178 Aquila   Ara-Pavo
179 Aries   Auriga
180 Bootes   Caelum-Columba
181 Camelopardalis   Cáncer

Introducción

A mi padre Enrico Ranzini

En los últimos cuatro siglos, la astronomía ha vivido un extraordinario crecimiento, y además recibe al nuevo milenio en una fase extraordinariamente fecunda de nuevos descubrimientos.
A grandes rasgos, en la historia de esta ciencia, desde que Galileo, a principios del siglo XVII, miró al cielo con su catalejo, se pueden identificar unas cuantas y claras etapas.
La primera está marcada por la invención del telescopio, un instrumento que abrió a los científicos un mundo inexplorado e infinito y que favoreció la extraordinaria revolución cultural y científica del siglo XVII.
La concepción geocéntrica del cosmos, de tradición aristotélica, planteada de una manera sistemática por Ptolomeo, quedó relegada, después de dos mil años, por la visión heliocéntrica, que respondía mejor a las exigencias de coherencia del cálculo matemático y de los planteamientos científicos.
La evolución de la astronomía, que entre sus protagonistas ilustres cuenta con nombres como Copérnico, Galileo, Tycho Brahe, Kepler o Newton, ha tenido que pelear para afirmarse. Esta ciencia ha sufrido los ataques violentos de los prejuicios de carácter religioso y del dogmatismo científico entonces dominante.
Baste pensar en el proceso a Galileo, o en el propio Copérnico que, como temía ser condenado por las autoridades religiosas por hereje, no dio a la imprenta sus trabajos principales hasta poco antes de morir.

Ojos nuevos para el cielo
Retrato de Galileo. Al científico hay que atribuirle el mérito de haber dirigido el primer catalejo (ilustración de la izquierda) hacia el cielo.

Siglos XVIII y XIX

El siglo XVIII supuso para la astronomía un siglo de transición. Pocos fueron los estudiosos que se aventuraron por la estéril astronomía volcada en definir cada vez mejor las posiciones de los planetas y de las estrellas. Entre éstos hay que recordar a William Herschel, que definió la configuración de la Vía Láctea, gracias a sus cálculos estelares; Edmund Halley, el descubridor del famoso cometa y que además fue el primero en mostrar la periodicidad de algunos de estos cuerpos celestes.
En los estudios sobre el Sistema Solar, la caza de los cometas fue uno de los deportes más practicado por los astrónomos de aquella época. Por ejemplo, Charles Messier pudo realizar su famoso catálogo de objetos no estelares, gracias a que mientras buscaba cometas encontró casualmente unos objetos curiosos (cúmulos estelares, nebulosas...). Durante el siglo XVIII, los telescopios se hicieron cada vez más grandes y potentes, lo que permitió escrutar a fondo el Universo.
El siglo XIX fue testigo de grandes transformaciones en todos los campos científicos y técnicos. Con respecto a la astronomía, avanzó gracias a los trabajos de Kirchoff y Fraunhofer. Las estrellas, que, precisamente en esa época, el filósofo positivista Auguste Compte había tomado como modelo de lo que el ser humano nunca podría conocer, empezaban a dar informaciones valiosas. Cuando se supo descomponer la luz emitida por un cuerpo celeste a través de un prisma, se pudieron conseguir datos sobre la temperatura, composición química y otros parámetros que supusieron una primera clasificación de esos cuerpos.
También el siglo XIX es la época en la que se redactaron amplios catálogos estelares. Instrumentos muy útiles para el trabajo de los científicos, fueron elaborados a lo largo de muchos años de trabajo, tanto en el hemisferio boreal como en el austral.
Con respecto a los estudios del Sistema Solar, durante este siglo se descubrieron los primeros asteroides, el primero el 1 de enero de 1801 por Giuseppe Piazzi.

Información sobre las estrellas
Gustav Kirchoff (a la izquierda de la imagen) y Robert Bunsen (en el centro) fueron los inventores del espectroscopio.

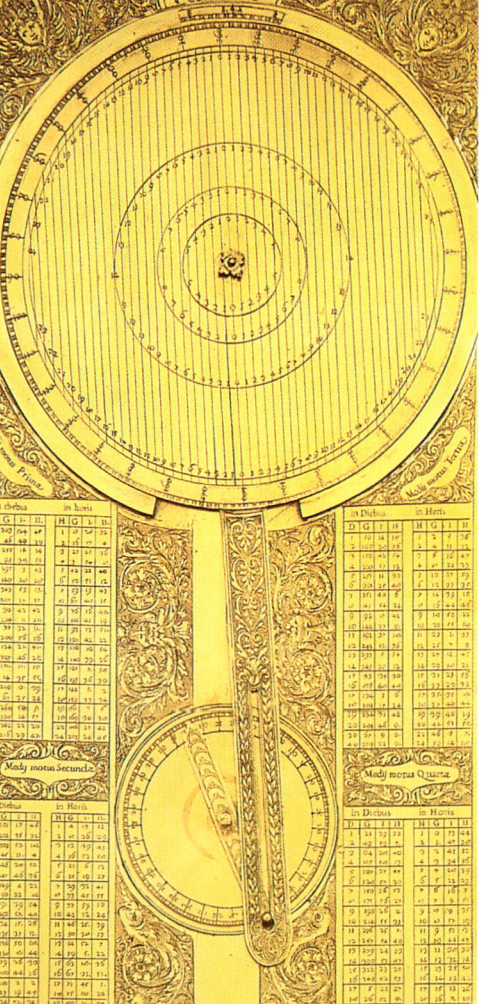

El jovilabio, variante del astrolabio
Inventado por Galileo, el jovilabio era un instrumento que permitía prever las posiciones de las lunas mediceas de Júpiter.

El cometa más famoso del mundo
El cometa apareció en 1682 y permitió a Halley constatar la periodicidad de los cometas. La fotografía (arriba) fue tomada en 1986.

El siglo XX y las nuevas astronomías

Entre finales del siglo XIX y principios del XX recibió otro nuevo e importante impulso. James Maxwell efectuó la síntesis teórica que conducía a una teoría coherente del electromagnetismo. Einstein publicó la teoría de la relatividad especial y después la general *(Sobre la teoría de la relatividad especial y general)* que revolucionó el conocimiento del mundo físico. En esos mismos años, otros físicos llegaron hasta el fondo de la realidad del átomo, sentando las bases de la mecánica cuántica. La comprensión del mundo de lo infinitamente pequeño tuvo sus repercusiones en lo infinitamente grande, estudiado por la astrofísica. En la década de 1930, von Weiszäcker y Bethe tuvieron la intuición de que los motores que alimentan las estrellas durante millones de años eran reacciones de fusión nuclear.

En esos mismos años hacía su aparición tímidamente la primera de las astronomías no ópticas: la radioastronomía. El hecho comprobado de que los objetos celestes emiten radiaciones electromagnéticas que están más allá de lo visible abre un inesperado y a la vez enorme escenario de investigación. Después de la Segunda Guerra Mundial surgió la astronomía infrarroja; luego, con los satélites artificiales, se descubrieron nuevos objetos celestes colosales capaces de emitir una enorme cantidad de energía destructora en unos segundos.

Así, pues, el Universo se nos muestra, cada vez más, como un objeto en continua transformación del que todavía tenemos mucho que aprender.

Cálculos estelares
William Herschel empezó a estudiar la forma de nuestra galaxia entre finales del siglo XVIII y principios del XIX.

Un océano de estrellas
La Vía Láctea, la franja luminosa que cruza el cielo, se llenó de estrellas por primera vez gracias a Galileo.

INTRODUCCIÓN

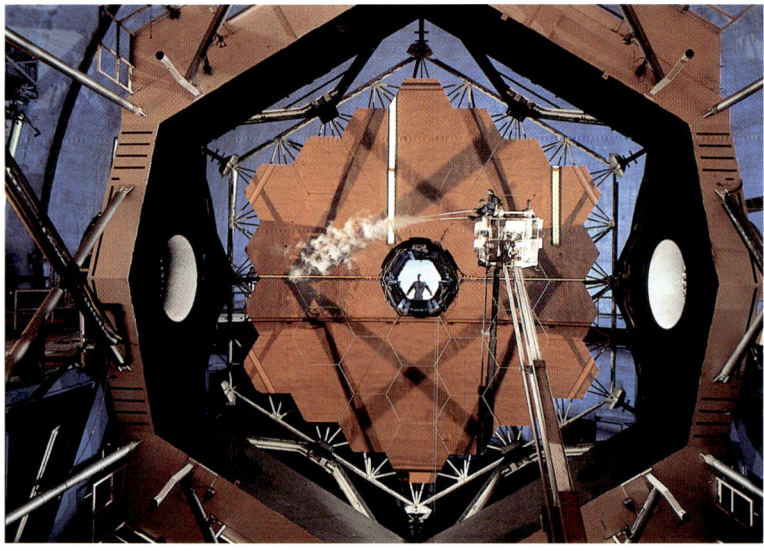

Orejas hacia el cielo
La primera astronomía no óptica fue la radioastronomía. En la foto, el Very Large Array, en Nuevo México.

Los instrumentos del siglo XXI

La astrofísica moderna está muy lejos, a años luz (viene al guante), de la astronomía clásica, y el trabajo del astrónomo también ha cambiado mucho. En los últimos años han evolucionado todas las ramas de esta ciencia, pero la raíz básica se debe al desarrollo del instrumental.

La tecnología aplicada a los telescopios, después de casi cuarenta años sin apenas cambios, ha recibido un extraordinario impulso en los últimos diez años gracias a los nuevos materiales para espejos y, sobre todo, por las innovaciones tecnológicas e informáticas.

Los telescopios de las nuevas generaciones son unas máquinas formidables, cuya óptica, controlada por ordenador, puede corregir en tiempo real las deformaciones inducidas por el peso de los mismos espejos y por las turbulencias del aire, siempre presente en la atmósfera. Estos telescopios de 8 a 10 metros de diámetro permiten una recogida de luz y una capacidad de resolución enormes; para hacerse una idea, con ellos se podría distinguir la llama de una vela que estuviera en la superficie de la Luna o apreciar el reborde de las actuales monedas de peseta a centenares de kilómetros de distancia. El instrumento más ambicioso de este tipo está en fase de construcción en los Andes, en Chile. El problema actual reside en que no hay muchos lugares en el mundo en donde instalar estas costosas máquinas, es decir VLT (Very Large Telescope). El chileno está compuesto por 4 telescopios de 8,2 metros de diámetro cada uno, dotado de la tecnología más avanzada para recibir y elaborar imágenes; dos de ellos ya están operativos. Las primeras imágenes obtenidas con estos instrumentos

Uno de los telescopios más grandes del mundo
Espejo de 10 metros de diámetro de aristas hexagonales del telescopio Keck, instalado en el observatorio de Mauna Kea, en Hawai.

La función de los satélites
Desde el lanzamiento del primer Sputnik, se han mandado al espacio centenares de satélites (en la imagen, Hipparcos).

permiten esperar excelentes resultados.
El sistema alcanzará su operatividad y eficacia máximas cuando los telescopios, una vez que ya se hayan integrado los otros dos, puedan operar los cuatro unidos, como si se tratase de un telescopio único de más de dieciséis metros de diámetro.

Los astrónomos en la actualidad

Los tiempos en los que el astrónomo se pasaba largas noches con el ojo pegado al ocular son cosa del pasado. El trabajo del astrónomo actual prácticamente consiste en controlar, por medio de ordenadores desde una sala adyacente a la cúpula del instrumento, los datos que proporcionan las cámaras fotográficas electrónicas instaladas en el foco de los telescopios. En algunos casos, ni siquiera se requiere la presencia física de un astrónomo junto al telescopio; por ejemplo, algunos telescopios del ESO (Observatorio de Europa Sur) instalados en los Andes se pueden controlar desde la base ESO, situada cerca de Múnich.

Astronomía en el espacio
Las observaciones astronómicas modernas se efectúan desde el espacio. El instrumento más famoso es el Telescopio Espacial, actualmente en fase de mantenimiento.

La recogida de datos se realiza de un modo eficaz a través de soportes digitales. Una sola noche de observación a menudo supone semanas o meses de trabajo para los analistas.

Las nuevas fronteras

El progreso tecnológico en los instrumentos ha tenido una inmediata repercusión en la cosmología, la rama de la astrofísica que estudia los objetos más lejanos y el Universo en su conjunto, tratando de explicar su origen y evolución. Uno de los descubrimientos más sorprendentes es que el Universo se expande a gran velocidad como si hubiera una cosa que hiciese que las galaxias se alejasen entre ellas; una especie de antigravedad, que recuerda mucho la constante cosmológica introducida por Einstein en sus estudios y después negada por él mismo y por sus colegas como un clamoroso error. Las últimas investigaciones conducen, por lo tanto, a un Universo abierto, es decir, en expansión incesante, que cada vez se hace más grande y más frío.
El otro campo que se ha beneficiado del progreso tecnológico y que está ya dando resultados excepcionales es el de la búsqueda de planetas fuera del Sistema Solar. Apenas desde 1995 se tiene la razonable certeza de que alrededor de las diferentes estrellas del Sol orbitan planetas, descubiertos gracias a avanzadísimas técnicas de espectroscopia. En la actualidad, los supuestos planetas extrasolares son una veintena, y aumentan cada mes. Su descubrimiento supone el primer paso para responder a una de las preguntas que el ser humano se ha hecho desde su origen; es decir, si la Tierra es el único lugar del cosmos en el que se ha desarrollado vida inteligente. Proyectos ambiciosos, que se realizarán en los próximos decenios, prevén la colocación de grandes telescopios en el espacio (y también a grandes distancias de la Tierra) con los que tratar de descubrir si en tales planetas hay elementos que favorezcan la vida.
El siglo XXI promete grandes respuestas.

El sextante
Un instrumento que servía para calcular la posición de las estrellas.

GIANLUCA RANZINI

El Sistema Solar

*Mas ya mi empeño y mi deseo
giraban como ruedas que lanzaba
el amor que mueve el Sol y las estrellas.*

(Dante Alighieri, *La Divina Comedia*,
Paraíso, Canto XXXIII)

La primera etapa de este viaje imaginario por el cosmos nos conduce al Sistema Solar. Después de una ojeada general sobre los cuerpos que forman nuestro sistema planetario, nos introduciremos en sus orígenes y veremos los movimientos que lo animan, para pasar luego a un análisis pormenorizado de los objetos concretos que lo forman, empezando por el Sol. Hay bastantes páginas dedicadas a la Luna y a la Tierra, pues componen un auténtico doble sistema.
Desde Mercurio, Venus y Marte, pasando por la franja de los asteroides, se llega a los grandes planetas gaseosos dominados por el gran Júpiter.
A los planetas se los describe por su morfología y su estructura y también se explican sus satélites y anillos (cuando los hay), así como las exploraciones o sondas automáticas que hayan recibido.
En los confines del Sistema Solar los cometas y los cuerpos de la franja Edgeworth-Kuiper se proyectan hacia el espacio interplanetario.
¿Existen sistemas planetarios alrededor de estrellas semejantes al solar? A esta pregunta fascinante trata de dar respuesta el último capítulo de la primera sección.

Compañeros de la Tierra
Principales cuerpos del Sistema Solar: el Sol y los planetas. Sus dimensiones están representadas a escala, pero no así, por motivos obvios, sus distancias.

El reino del Sol

La Tierra es uno de los cuerpos celestes que forman el Sistema Solar, es decir, el conjunto de los planetas, asteroides y cometas que orbitan alrededor del Sol. El Sol es nuestra estrella más cercana pero no es muy diferente de las otras que vemos lucir por la noche en el cielo. Por eso, los astrónomos piensan que es muy probable que haya otros muchos sistemas planetarios, semejantes al nuestro, alrededor de una estrella. De hecho, la teoría dice que tras la formación de una estrella, que surge por haberse producido un colapso gravitatorio en una nube gaseosa debido a su propio peso, a su alrededor aparecen unos cuerpos más pequeños, los planetas, formados a partir de los restos de la nebulosa.

Aunque observar los planetas de otras estrellas sea algo muy difícil, los astrónomos ya disponen de información para afirmar que alrededor de muchas estrellas hay planetas, o sistemas planetarios, semejantes al Sistema Solar.

circunferencia achatada. El Sol no está exactamente en el centro de estas órbitas, así que los planetas se encuentran unas veces más cerca de él y otras más lejos. Por ejemplo, la distancia entre la Tierra y el Sol varía de 147 a 152 millones de kilómetros en seis meses. Esta diferencia no es muy grande y lo que significa es que, prácticamente, las órbitas de los planetas son casi circulares. Las excepciones más marcadas son las de Mercurio y Plutón. Y es que la mayor parte del tiempo Plutón es el planeta más alejado del Sol (su distancia máxima es de 7.375 millones de km) pero durante algunos periodos se encuentra más cerca que Neptuno, su distancia mínima del Sol: 4.425 millones de km. De los nueve planetas, siete viajan alrededor del Sol en órbitas que se mueven prácticamente en el mismo plano. Esto significa que se encuentran casi siempre dentro de la estrecha franja de las constelaciones zodiacales, las que se pueden identificar de una manera fácil en nuestro cielo. Pero hay que hacer otra excepción con Mercurio y Plutón: la órbita de Mercurio tiene una inclinación de 7° y 17° la de Plutón con respecto a la Tierra.

Por supuesto, cuanto mayor es la distancia de un planeta con respecto al Sol, más tiempo emplea en realizar una órbita completa: Mercurio tarda 88 días y Plutón 248 años.

Dos familias de planetas

Los planetas se pueden dividir en dos familias: la de los planetas terrestres o telúricos y la de los planetas gigantes. A la primera pertenecen la Tierra, por supuesto, y Mercurio, Venus y Marte; a la segunda, Júpiter, Saturno, Urano y Neptuno. Y otra vez hay que hacer una excepción con Plutón.

Los planetas terrestres, que además están más cerca del Sol, son pequeños y rocosos y se llaman así porque presentan características morfológicas similares a las de la Tierra; también tienen

Las órbitas de los planetas
Las órbitas que los planetas describen alrededor del Sol se mueven casi todas por planos poco inclinados los unos con respecto de los otros. La excepción más notable es la de Plutón, cuyo plano orbital forma un ángulo de 17° con respecto a la eclíptica.

Neptuno

En los confines del Sistema Solar
El cometa Hale-Bopp apareció en 1997. Por su luminosidad excepcional se le puede considerar el cometa del siglo.

Entre Marte y Júpiter
Los asteroides son cuerpos que tienen, generalmente, forma irregular y que se encuentran, la mayoría de las veces, en la zona comprendida entre la órbita de Marte y la de Júpiter. Gaspra, foto obtenida por la sonda Galileo.

Las órbitas de los planetas

Además del Sol, los cuerpos más importantes del Sistema Solar son, por supuesto, los nueve planetas que giran alrededor del Sol siguiendo una órbita elíptica, es decir, casi como una

Los planetas terrestres
La imagen de al lado representa los planetas terrestres, los cuatro primeros por su distancia con respecto al Sol. Sus dimensiones figuran a escala.

atmósfera, excepto Mercurio, que carece totalmente de ella, porque su gravedad es demasiado baja para retenerla. En cambio, los planetas gigantes tienen unas dimensiones enormes y están formados por gas, sobre todo

EL REINO DEL SOL   13

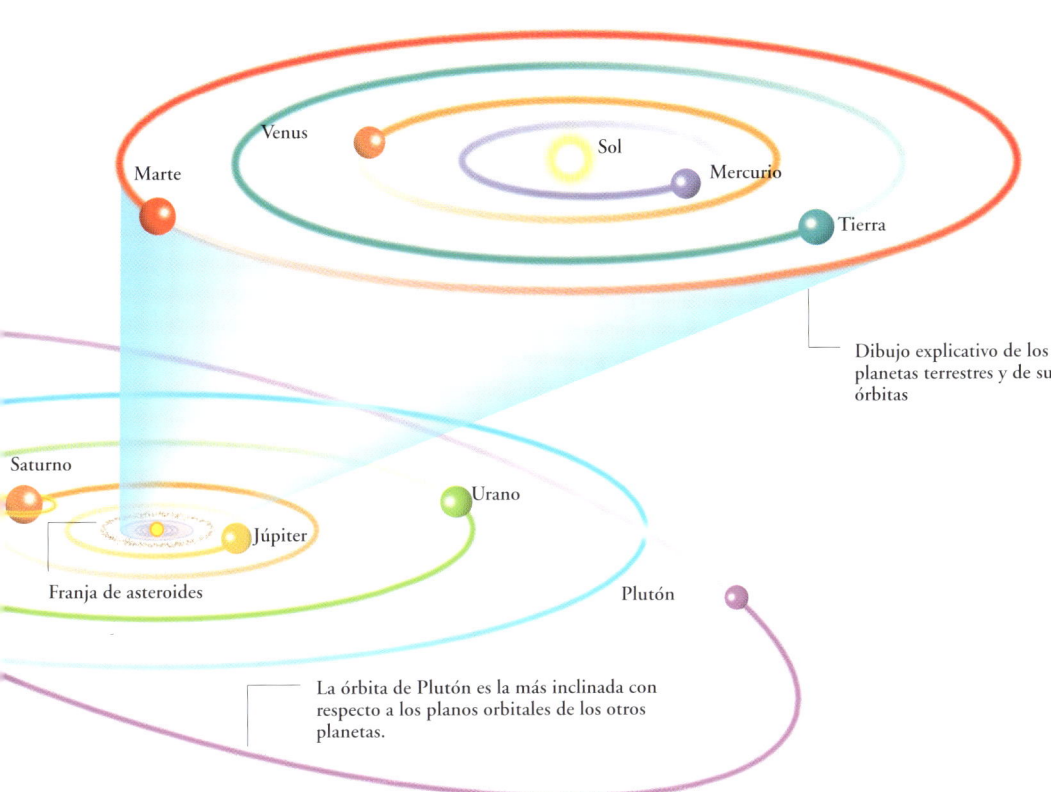

Dibujo explicativo de los planetas terrestres y de sus órbitas

La órbita de Plutón es la más inclinada con respecto a los planos orbitales de los otros planetas.

Familias de lunas y de anillos

La mayoría de los planetas, como la Tierra, tiene una o más lunas (satélites naturales); los únicos que no tienen son Mercurio y Venus. Los cuatro planetas gigantes tienen todo tipo de lunas que orbitan alrededor del planeta respectivo como si se tratase de sistemas solares a escala reducida. Saturno es el planeta que más lunas tiene. Se le conocen 18, aunque tiene que tener más. Júpiter es el planeta que tiene los satélites de mayor tamaño, como Ganímedes, cuyo diámetro es mayor que el de Mercurio.
El caso de Plutón es muy curioso: su único satélite conocido, Caronte, tiene un diámetro que viene a ser, más o menos, la mitad del mismo Plutón, por lo que, a menudo, a esta pareja se la llama el *planeta doble*.
Otra característica de los planetas gigantes es la presencia de anillos; los más conocidos y espectaculares son los de Saturno, que se pueden ver bastante bien con un telescopio de pocos

Un mundo de océanos
Europa, uno de los principales satélites de Júpiter, parece que posee enormes océanos cubiertos de hielos, los cuales se mueven como icebergs en la parte líquida.

Júpiter; de ahí el nombre de jupiterinos, con el que también se les suele denominar.
Plutón, en los confines del Sistema Solar, es diferente a los demás planetas. Es, con diferencia, el planeta más pequeño (su diámetro mide unos 2.320 km, mucho menos de la mitad de Mercurio) y su masa viene a ser una quinta parte de la propia de la Luna.
Los astrónomos sostienen que su origen es diferente al de los demás planetas.

La visibilidad de los planetas

Al revés que el Sol, ningún planeta tiene luz propia: brillan en el cielo como puntos semejantes

Los planetas gaseosos
Los cuatro planetas gigantes, representados abajo, están formados primordialmente por gas. Sus dimensiones recíprocas se han reproducido a escala.

a las estrellas porque reflejan la luz solar. De todos los planetas, el que parece más luminoso es Venus, porque está relativamente cerca de la Tierra y porque la densidad de su atmósfera es muy idónea para reflejar con gran fuerza la luz del Sol. Pero incluso Mercurio, Marte, Júpiter o Saturno se pueden ver a simple vista (se conocen desde la Antigüedad), aunque Mercurio cuesta un poco más verlo, ya que su posición en el cielo le hace alejarse constantemente del Sol, por lo que los momentos de mejor visibilidad son un poco antes del alba e inmediatamente después del ocaso. Urano, a pesar de que está en los límites de la visibilidad a simple vista, no fue avistado en la Antigüedad y fue descubierto en 1781. Neptuno y Plutón no tienen suficiente luminosidad como para verse sin la ayuda de algún instrumento y fueron descubiertos respectivamente en 1846 y 1939, lo que puede considerarse tiempos recientes.

EL SISTEMA SOLAR

Planetas y anillos
Los planetas gigantes están rodeados por un sistema de anillos. El más ilustre es Saturno, el que muestra la imagen.

El sistema geocéntrico
Antes de la revolución copernicana, el Sistema Solar se representaba con la Tierra en el centro. El cuerpo que tenía más próximo era la Luna, y el cuarto, en distancia, el Sol.

aumentos, mientras que los débiles anillos de Júpiter, Urano y Neptuno sólo pueden observarse desde la Tierra con aparatos y estudios muy especializados y a través de las observaciones que envía la sonda *Voyager*. Los anillos están formados por partículas de polvo y hielo de dimensiones muy pequeñas y por fragmentos rocosos parecidos a piedras.

El origen del Sistema Solar

El Sol, y todo el Sistema Solar, se formó hace 4.500 millones de años. Nació de una nube en rotación constituida por gases y polvo y que, por efecto de su propio peso, se colapsó formándose un disco, en cuyo centro surgió el Sol.
Dentro de este disco y poco a poco empezaron a condensarse aglomerados de materiales sólidos que, cuando entraban en colisión entre ellos mismos, se iban convirtiendo en cuerpos cada vez mayores hasta alcanzar las dimensiones de los planetas actuales. En el centro de la nebulosa, donde la temperatura era mucho más alta, se formaron planetas rocosos, mientras que en las partes más alejadas surgieron planetas gigantes que capturaron una gran cantidad de hielo y se rodearon de una espesa costra de gas.
En el Sistema Solar interior, más caluroso, los planetas se formaron de los restos rocosos de la nebulosa solar, que entraban frecuentemente en colisión los unos contra los otros formando cuerpos de dimensiones cada vez mayores, son los llamados *planetoides*. Restos, atrayéndose recíprocamente por el efecto de la fuerza de la gravedad, dieron lugar al origen de los planetas terrestres. La Tierra y Venus, los más sólidos, consiguieron mantener una atmósfera consistente; en Marte, menos sólido, la

Mercurio, el planeta quemado por el Sol
Al ser el planeta más cercano al Sol, Mercurio tiene una temperatura superficial elevadísima. Su suelo, cubierto de cráteres, lo hace semejante a la Luna.

atmósfera es mucho más tenue, y en Mercurio, el más pequeño, casi no existe. En el Sistema Solar externo, en cambio, bien por la presencia de más *planetoides,* bien por la abundancia de agua, se formaron objetos mucho más sólidos rodeados por familias enteras de lunas. Las masas de estos cuerpos eran casi diez veces más grandes que la de la Tierra, y sus fuerzas gravitatorias eran lo suficientemente elevadas como para mantener atmósferas densas y atraer hacia sí una parte de la nube de gases que todavía rodeaba el Sistema Solar primigenio. Por lo tanto, en esa región se formaron los planetas gaseosos.

Los asteroides

Parte de los residuos sólidos más pequeños, formados en el interior del Sistema Solar primigenio, ha dado lugar a la franja de asteroides situada entre las órbitas de Marte y Júpiter.
Los asteroides más grandes vienen a ser como planetas pequeños (de hecho, también se les llama *planetoides*). Los demás son como pedruscos más o menos grandes y de forma irregular. El primer asteroide, Ceres, fue descubierto en 1801 por el astrónomo italiano Giuseppe Pazzi; tiene un diámetro de cerca de 1.000 km y, por supuesto, es uno de los más grandes. Se calcula que la masa total de los asteroides de esta franja es la milésima parte de la masa de la Tierra.
En 1993, la sonda espacial *Galileo* envió a la Tierra fotografías de los dos asteroides Gaspra e Ida en las que ambos presentaban una forma irregular y una superficie llena de cráteres. Ida, con una longitud de apenas de 55 km, tiene una luna pequeña, Dattile, de un diámetro de 1,5 km.
Todos los asteroides no tienen la misma

EL REINO DEL SOL

Los misteriosos cometas

Los cometas son los objetos más fascinantes del Sistema Solar. Algunos están ligados al Sol por la gravedad, recorren órbitas elípticas muy alargadas y reaparecen regularmente, como el famoso cometa Halley. Éste se mueve entre el interior del Sistema Solar y un punto situado más allá de la órbita de Neptuno y emplea 76 años en realizar este trayecto. Se cree que la mayoría de los cometas proceden de una zona situada más allá de la órbita de Plutón, en la región del espacio donde se depositaron muchos fragmentos de hielo tras la formación del Sistema Solar. En esta región, llamada *la nube de Oort,* que debe su nombre al astrónomo que propuso esta hipótesis, se cree que hay más de cien mil millones de núcleos de cometas, que sólo se pueden ver desde la Tierra cuando son atraídos hacia el interior del Sistema Solar.

Una bola de nieve sucia

El núcleo de un cometa fue descrito por el astrónomo Fred Whipple como «una bola de nieve sucia», porque está formado por una mezcla de hielo, piedra y polvo. Conforme el cometa se acerca al Sol, el calor aumenta y se empieza a evaporar el hielo. El núcleo, cuyo diámetro es apenas de unos kilómetros, se cubre

El satélite de la Tierra
La Luna es el único satélite natural de la Tierra. Carece de atmósfera y de actividad geológica, por lo que sus cráteres perduran a pesar del tiempo.

composición y esto se deduce porque no reflejan la misma luz solar. El 75% de ellos tiene un color muy oscuro y brillan poco, pero hay asteroides formados por rocas grisáceas y otros de brillos metálicos.
Además de los asteroides situados entre Marte y Júpiter, hay otros que recorren órbitas diferentes en otras regiones del Sistema Solar. Algunos atraviesan incluso la órbita de la Tierra, y existen dos grupos más, los llamados *troyanos,* que siguen la órbita de Júpiter.

de gas, la cabellera, que se extiende por miles de kilómetros. La luz solar reflejada en la cabellera es la que permite ver al cometa. Conforme el calor del Sol se va haciendo más intenso, los *chorros* de polvo y gases originados en la superficie del núcleo se orientan en dirección contraria al Sol, creando así una larga cola. A pesar de su aspecto tan espectacular, los cometas tienen muy poca materia: la mil millonésima parte de la masa de la Tierra.
Cada año los astrónomos observan unos veinte cometas, muchos de ellos nuevos, es decir, que no se habían visto antes, mientras que otros son periódicos y reaparecen cada cierto número de años. Sólo muy de vez en cuando aparece un cometa tan brillante como para poder verlo a simple vista.
En 1986 los científicos pudieron observar por primera y única vez un cometa a una distancia mínima, pues la sonda espacial europea *Giotto* se acercó a sólo 600 km del núcleo del cometa Halley, enviando a la Tierra imágenes muy detalladas.

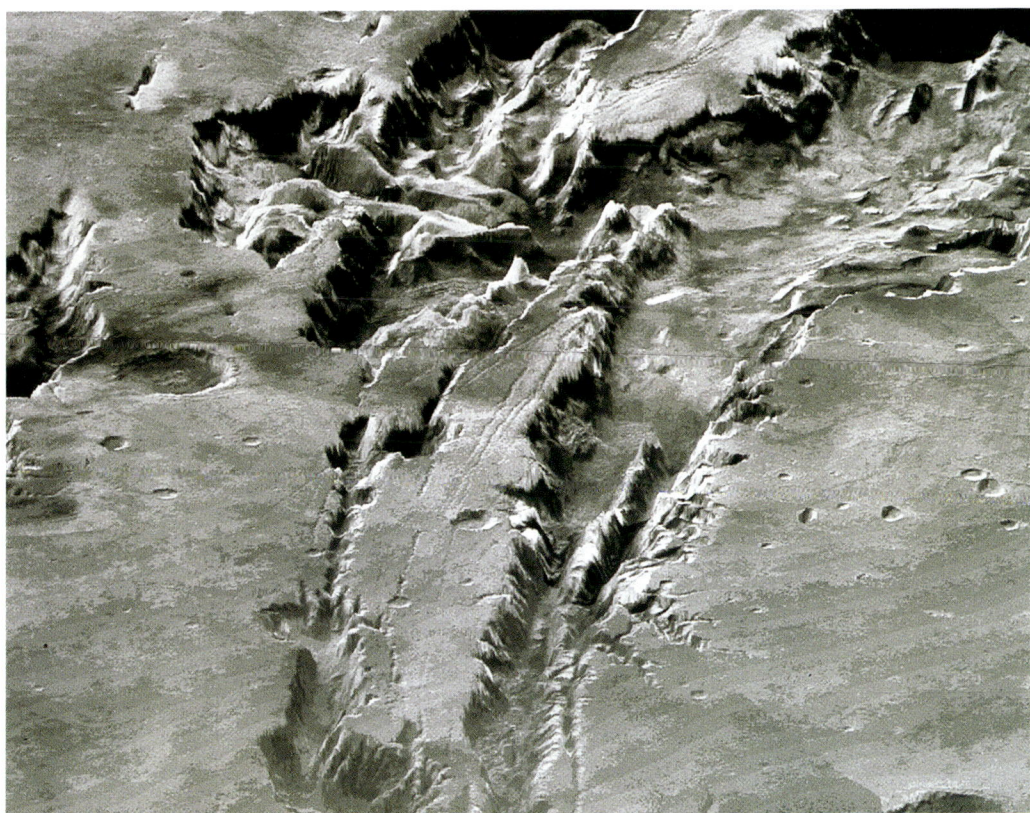

Antiguos cauces fluviales en Marte
Los Valles Marineris, en Marte, forman un inmenso complejo de cañones de 300 km de largo y 8 km de profundidad. Han sido excavados por agua, que en tiempos pasados, tuvo que fluir por este planeta.

Nacimiento del Sistema Solar

En 1755, el filósofo Immanuel Kant (1724-1804) sugirió que los planetas habían surgido al condensarse un disco de materia que giraba alrededor del Sol, formado a su vez en el centro de una nube de gases y polvo. Luego, en 1796, el astrónomo francés Pierre Simone de Laplace (1749-1827) propuso la hipótesis de que el Sol, al formarse, emitió una serie de anillos de gases, de los cuales, conforme se fueron condensando, surgieron los planetas. A su vez, cada uno de estos planetas se convirtió en una nebulosa rotante que originó sus propias familias de satélites.

La astronomía actual sostiene que el Sistema Solar nació de una nebulosa de gas y polvo, la cual, por un hecho externo, puede que la explosión de una supernova próxima, impactó contra sí misma. Al aumentar, la gravedad aceleró el proceso de choque, favorecido por la lenta rotación inicial, que hizo que la nebulosa adquiriera una forma discoidal con el protosol en el centro. La temperatura del centro comenzó a subir hasta alcanzar valores capaces de producir reacciones nucleares, lo que dio lugar a que el Sol comenzara su actividad.

La nebulosa primigenia
Las partículas planetarias primigenias comenzaron a formarse a partir del disco en rotación que rodeaba el protosol.

De corpúsculos a planetas

Los primeros cuerpos que se formaron en la nebulosa fueron los planetoides, cuyas dimensiones oscilaban entre unos kilómetros y varias centenas de ellos. Eran masas de forma irregular con suficiente gravedad como para hacerse esféricas por la rotación. Después, en apenas una decena de millones de años, estos planetoides crecieron hasta convertirse en protoplanetas de dimensiones comprendidas entre los cien y los quinientos kilómetros de diámetro. En esta fase es cuando adquirieron su aspecto esférico. Se estima que los planetas telúricos han empleado cien millones de años en pasar de protoplanetas a los planetas actuales, merced a la acumulación de masa.

Pero no todos los planetoides se transformaron en cuerpos de grandes dimensiones; algunos de naturaleza rocosa y metálica no aumentaron su tamaño: son los asteroides.

Por otro lado, los constituidos por hielo se aglomeraron formando los núcleos de los cometas. La mayoría de ellos fue atraída hacia el Sistema Solar externo por la fuerza de la gravedad de los planetas gigantes.

Frío y calor

El Sol comenzó a formarse y a irradiar su energía hace 4.500 millones de años. El calor emitido influyó en la composición del gas y del polvículo de las diferentes regiones de la nebulosa. La temperatura en el centro de la misma era muy elevada y por eso los fragmentos pudieron solidificarse; hay que saber que sólo cuando se alcanzan los 1.000 °C, materiales como el hierro se condensan. Temperaturas más bajas favorecieron la formación de cuerpos helados. Por lo tanto, la nebulosa solar presentaba composiciones diferentes según la distancia con respecto al Sol. Parece que también fueron necesarias temperaturas mínimas para favorecer la formación de cada planeta: 1.100 °C para Mercurio, 600 °C para Venus, 300 °C para la Tierra, 100 °C para Marte y –100 °C para Júpiter.

Fases de la formación de los planetas
1) La nebulosa protosolar. 2) Al entrar en rotación, la nebulosa se aplasta en forma de disco. 3) Los planetas comienzan a formarse. 4) Hoy.

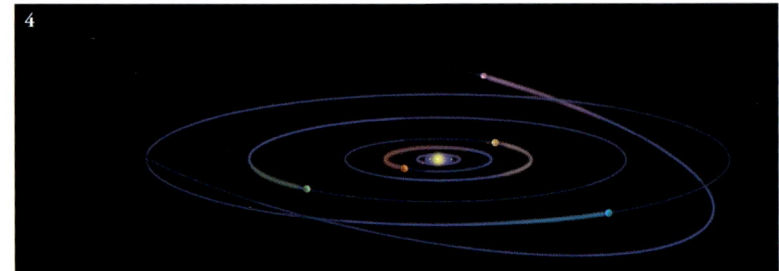

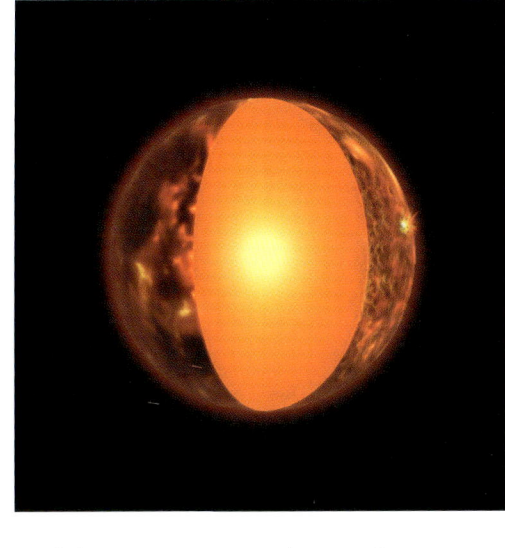

Planetoides
Los primeros conglomerados de materia, los llamados planetoides, se condensaron formando cuerpos de dimensiones cada vez mayores.

La diferencia
Cuando los planetas primigenios alcanzaron una masa suficiente adquirieron una forma esférica. Durante la fundición, los materiales más pesados cayeron hacia el centro.

La cantidad de hidrógeno y helio gaseoso de Júpiter y Saturno es proporcional a la de la nebulosa originaria. Además, estos planetas tienen muchos satélites, en gran parte formados por hielo, lo que demuestra que en la parte más joven del Sistema Solar la temperatura media nunca ha superado los 0 °C.
Los núcleos de los planetas gigantes se encontraban en una región muy densa de la nebulosa solar, así que su fuerza gravitacional atrajo a los gases circundantes que al chocar dieron lugar a los planetas formados por núcleos rocosos rodeados de capas de hidrógeno y helio. Júpiter y Saturno se convirtieron en los planetas de mayor tamaño porque pudieron atraer mayor cantidad de gases, mientras que Urano y Neptuno, que se encontraban en una región menos densa, se desarrollaron más lentamente, acumulando una masa gaseosa inferior.

Cicatrices del tiempo

Los planetas y los satélites rocosos (o telúricos) han sufrido muchos cambios a lo largo del tiempo. Estas transformaciones se han manifestado en una gran variedad de fenómenos, pero la mayor parte de las cicatrices que se reflejan en la superficie de los planetas se deben a la caída de meteoritos que han producido cráteres, un fenómeno bastante generalizado en las primeras fases de la historia del Sistema Solar. La fuerza del impacto vaporiza el meteorito y esparce los fragmentos a grandes distancias del cráter. Gracias al estudio de la superficie de la Luna, en la que los efectos de la erosión apenas se notan, se ha observardo que la formación de los cráteres ha cambiado con el tiempo. Hace 4.000 millones de años, la intensidad del bombardeo de meteoritos era un centenar o un millar de veces superior al actual. Esa tasa disminuyó drásticamente hace 3.000 millones de años, lo que ha inducido a pensar que se produjo un gran bombardeo, una especie de operación limpieza, cuando los detritos originados en la nebulosa solar empezaron a ser atraídos hacia los planetas.
La Tierra tuvo que sufrir una tremenda devastación en las primeras etapas de su historia, pero las huellas de este fenómeno se perdieron por la erosión, por la actividad volcánica y por otros fenómenos ligados a la tectónica de placas. Mercurio, Marte y las lunas de los planetas gaseosos gigantes muestran señales más evidentes de esta originaria formación de los cráteres.

La atmósfera

Las atmósferas primigenias eran muy diferentes a las actuales. La mayor parte de los gases se

Las órbitas de los planetas
Alrededor de los planetas en formación se crean discos pequeños de polvo, de los que surgirán los satélites.

El gas primigenio
Imagen pictórica de un panorama de la nube protoplanetaria.

produjo, seguramente, por las erupciones volcánicas y, en el caso de la Tierra, porque había vapor de agua, hidrógeno, monóxido de carbono, anhídrido carbónico y ozono.
La mayor parte del hidrógeno desapareció, como es bastante probable que haya sucedido en todos los planetas interiores, aunque la producción de cantidades significativas de oxígeno molecular tuvo que esperar a que surgieran formas vivas y de la fotosíntesis.
También las dimensiones y las posiciones de un planeta interior del Sistema Solar han tenido que ver en la naturaleza y desarrollo de su atmósfera. Mercurio, por ejemplo, carece de ella porque se encuentra demasiado próximo al Sol, mientras que Venus posee una densa capa de anhídrido carbónico que atrae el calor solar, lo que eleva la temperatura atmosférica muy por encima de la de la Tierra. Marte, en cambio, tiene una gravedad muy baja y por lo tanto no consigue retener los gases ligeros, como el hidrógeno y el helio, pero, sin embargo, tiene una atmósfera rica en nitrógeno y bióxido de carbono. Los planetas gigantes han conservado una atmósfera de hidrógeno y helio debido a sus enormes masas.

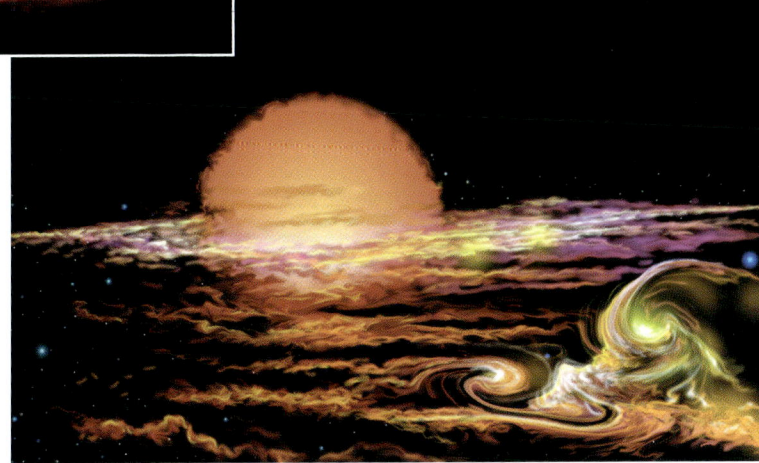

¿Sistema heliocéntrico o egocéntrico?

Ya en siglo VI a.C., Pitágoras sospechó que la Tierra no era plana sino esférica; más tarde, el filósofo griego Aristóteles (384-322 a.C.) afirmó que todo el Universo consistía en una serie de esferas concéntricas de cristal en las cuales estaban situados los planetas, con la Tierra en el centro. Fuera se encontraba la esfera de las estrellas fijas, perfectas, inmutables. Según este modelo, los planetas serían siete, ya que cualquier objeto celeste que se mueva de un modo independiente de las estrellas fijas se considera un planeta. Por lo tanto, Mercurio, Venus, Marte, Júpiter y Saturno, más el Sol y la Luna, se consideraban los planetas. La Tierra era el centro del Universo.

En aquella época, los asteroides y los planetas Urano, Neptuno y Plutón eran desconocidos, pues son demasiado tenues para verse a simple vista.

Un astrónomo griego que estudió los planetas en profundidad fue Hiparco de Nicea, que vivió entre el 190 a.C. y el 120 a.C. Sus trabajos fueron recogidos y ampliados mucho tiempo después por otro erudito griego, Ptolomeo (127-145 d.C.), el cual propuso un sistema de círculos para explicar los complejos movimientos de los planetas que observaba cuando los contemplaba durante largos periodos.

Más tarde, tras la caída del Imperio Romano, a finales del siglo IV d.C., Europa atravesó un periodo de regresión económico-cultural y de gran inestabilidad política; en el curso del mismo se realizaron pocos esfuerzos para aumentar los conocimientos adquiridos anteriormente. Durante casi ochocientos años las verdaderas capitales de la ciencia y de la cultura fueron Bagdad y Damasco, como lo habían sido Roma y Atenas en la Antigüedad. En Europa, en los inicios del Renacimiento, la Iglesia se opuso a la difusión de los estudios sobre el mundo natural, prefiriendo en cambio los relativos al conocimiento metafísico. Por lo que respecta a la astronomía, la Iglesia se empeñó en la defensa del sistema aristotélico, retomado por Ptolomeo, según el cual la Tierra está situada en el centro del Universo.

La concepción ptolemaica presentaba graves errores en la previsión de las posiciones de los planetas; estos errores eran extremadamente difíciles de justificar y exigían por lo tanto ideas nuevas.

La influencia de Aristóteles
El respeto a las ideas de Aristóteles (384-322 a.C.) hizo que su modelo sobre el Sistema Solar se mantuviera durante casi 1.800 años.

La revolución copernicana

Uno de los estudiosos que se propuso analizar los errores del sistema ptolemaico fue Nikolaj

El concepto de Sistema Solar en el tiempo
A) Hipótesis aristotélico-ptolemaica, con la Tierra en el centro del Universo. B) Modelo de compromiso ideado por Tycho Brahe, según el cual todos los planetas, excepto la Tierra, orbitan alrededor del Sol. C) Modelo copernicano: heliocéntrico por completo.

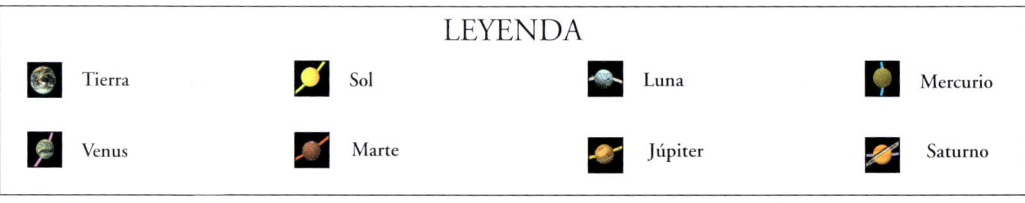

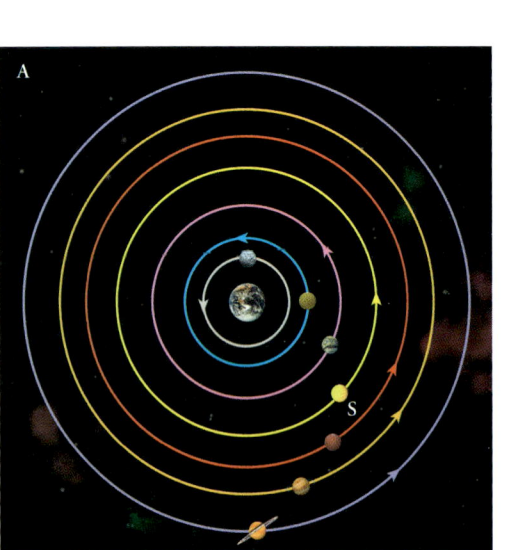
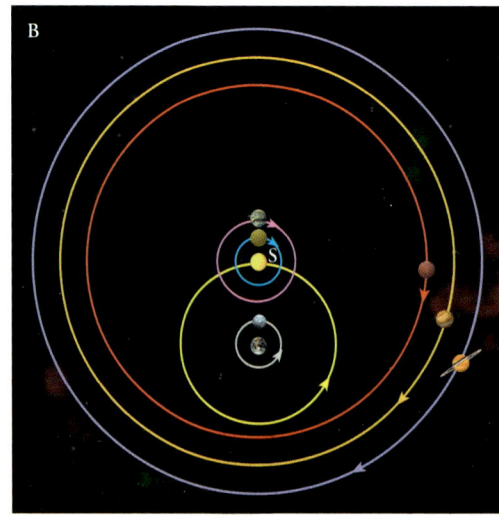
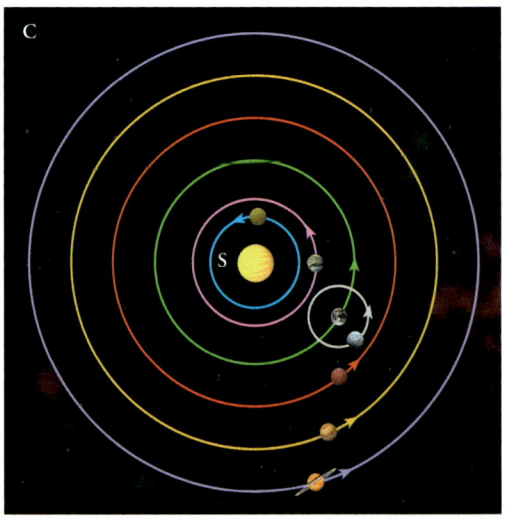

LA LEYES DE KEPLER

Las tres reglas que regulan el movimiento de los planetas fueron propuestas por Johannes Kepler, de ahí su nombre, a partir de las observaciones realizadas por Tycho Brahe.
La primera ley sostiene que los planetas se mueven en órbitas elípticas en las cuales el Sol ocupa uno de los dos focos (fig. 1; el Sol está en F). La segunda dice que el vector que une el Sol con el centro del planeta describe áreas iguales en tiempos iguales (fig. 2; las dos áreas, naturalmente, son equivalentes). La tercera, por último, afirma que el cuadrado del tiempo de revolución sideral de un planeta es proporcional al cubo del semieje mayor de su órbita.

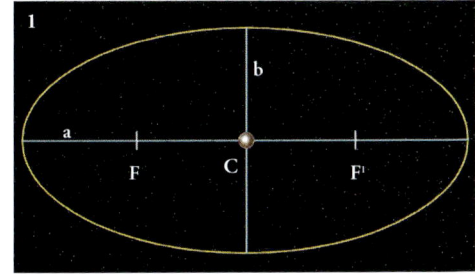
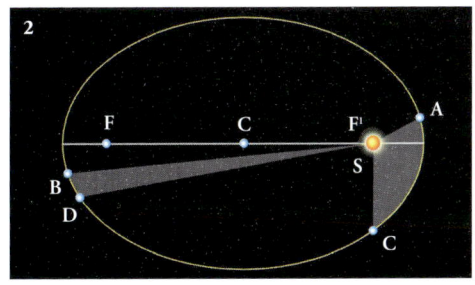

Las órbitas elípticas de Kepler
Johannes Kepler fue discípulo de Tycho Brahe. Aprovechó las observaciones de su maestro para formular las leyes de los movimientos de los planetas.

Kopernick, más conocido como Nicolás Copérnico (1473-1523). Efectuó personalmente muchas observaciones y se dio cuenta de que a la Tierra había que considerarla como otro planeta más. Propuso una audaz teoría: en el centro del Sistema Solar había que situar al Sol, y no a la Tierra. Sin embargo, según esta primera versión del heliocentrismo, los planetas se movían en órbitas circulares y no elípticas, de ahí que con esta teoría no se pudiesen situar adecuadamente los planetas en el cielo.

Una estrella imprevista

En 1572 sucedió un fenómeno astronómico imprevisto que contribuyó a que se quebrara el credo de la teoría aristotélica, según la cual la esfera de las estrellas fijas era perfecta e inmutable. Un objeto *nuevo* y luminoso apareció en la constelación de Casiopea. Los astrónomos midieron su posición y descubrieron que correspondía a la esfera de los fijos: por lo tanto, no podía ser ni un planeta ni un objeto cercano; era lo que hoy se llama una supernova.

Instrumentos antiguos
Una esfera armilar del siglo XVII; Ptolomeo calculó la posición de las estrellas con un instrumento similar a éste.

Esta nueva estrella, que demostró que todo se mueve en el cielo estrellado, fue vista por Tycho Brahe (1546-1601), cuya habilidad para calcular las posiciones de las estrellas en la bóveda celeste era insuperable.
En 1577, Tycho observó, entre las imaginarias esferas de cristal, incluso un cometa cuyo movimiento le hacía atravesar, de una manera absolutamente inexplicable, las supuestas esferas de cristal de Aristóteles. A partir de esto, Tycho propuso un complicado sistema de movimientos planetarios, llamado *tichónico*, en el cual todos los planetas, excepto la Tierra, giran alrededor del Sol.
Gracias a este sistema de órbitas, auténtico compromiso entre el heliocentrismo y el geocentrismo, él pensaba que se podría superar sin problemas las objeciones que se le hacían a la teoría copernicana.

El modelo heliocéntrico

Tycho Brahe murió antes de que pudiera probar su teoría; dejó, sin embargo, mediciones precisas, realizadas por él y su pupilo Johannes Kepler (1571-1630), encaminadas a demostrar su hipótesis. Kepler, sin embargo, se dio cuenta de que los datos de Brahe se podían interpretar de un modo más correcto.

Él partió de que la Tierra formase parte de los planetas que orbitan alrededor del Sol; después supuso que las órbitas de los planetas no fueran circulares sino elípticas, es decir, círculos ligeramente achatados. De este modo, Kepler se encontró con que las órbitas calculadas explicaban perfectamente los movimientos de los planetas. Pero no fue sino Galileo quien con el uso del telescopio, en 1610, presentó las pruebas definitivas que demostraban la validez del sistema heliocéntrico.
Así pues, Copérnico y Kepler dejaron como herencia un Sistema Solar en el que la Tierra (y por lo tanto el ser humano) perdía su privilegiada posición central en favor del Sol.

El Universo heliocéntrico de Copérnico
Nicolás Copérnico, miembro del clero polaco, fue un claro adversario de la Iglesia por su modelo heliocéntrico del Cosmos.

¿Cómo es el Sol?

El Sol es una enorme esfera de plasma en equilibrio (es decir, gas ionizado) con una temperatura elevadísima, constituido fundamentalmente por hidrógeno y helio, y con un diámetro de cerca de 1,4 millones de km. En cuanto a sus dimensiones, edad, temperatura y masa, el Sol es una estrella media; lo que le hace tan particular e importante para los habitantes de la Tierra es su relativa cercanía.

Capas concéntricas

El Sol, en su interior, tiene una estructura de capas. En el centro hay un núcleo: la sede de las reacciones de fusión nuclear que producen una enorme cantidad de energía. En el núcleo la temperatura es de casi 14 millones de grados y la densidad alcanza los 100 g/cm^3; estos parámetros permiten la fusión del hidrógeno en helio. El equilibrio del Sol se debe a su perfecta igualdad entre la fuerza de la gravedad, que tendería a comprimirlo sobre sí mismo por efecto de su propio peso, y el calor producido por las reacciones nucleares que se generan en su centro y que lo expanden hacia fuera.
La energía producida en el núcleo tarda muchísimo tiempo en salir a la superficie del Sol: casi diez millones de años. Esto significa que la luz que nos llega hoy del Sol es fruto del calor desarrollado en su núcleo hace millones de años. De hecho esa energía es absorbida y reemitida por grandes ondas a través de la materia que encuentra a lo largo del camino. El estadio del Sol donde se producen estos fenómenos se dice que es *radiactivo* porque el transporte de energía a través de la materia solar se produce por radiación.

Un estrato convectivo

El núcleo tiene un radio de casi 140.000 km, y la zona radiactiva ocupa casi los dos tercios del Sol entero.
Sin embargo, conforme los fotones sufren procesos de choque, pierden energía, hasta que ésta se iguala a la energía térmica de la materia solar. Entonces entra en acción el fenómeno de la *convección*. Este fenómeno es igual al que se produce en una olla en la que hierve agua: la caliente, que está más cerca de la llama, tiende a subir, mientras que la de arriba, la más fría, viene empujada hacia abajo.
Se crea así un sistema de celdas convectivas, en las que el gas más profundo se eleva hacia la superficie, donde se enfría y después vuelve al interior. La parte del Sol superior al estrato radiactivo es, por lo tanto, una mezcla constante de estos movimientos convectivos. Actualmente los grandes telescopios muestran que la superficie del Sol está llena de *granulaciones*: parecen grandes cantidades de granos de arroz, que no son otra cosa sino las celdas convectivas.

La fotosfera

La cumbre del estrato convectivo se funde en la fotosfera. Ésta es un estrato muy fino

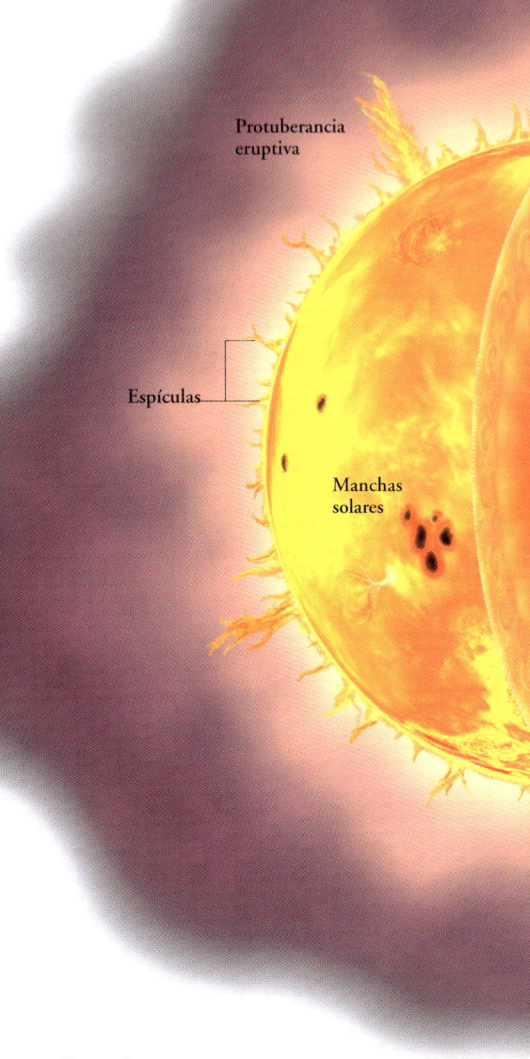

La estructura del Sol
El interior del Sol está estructurado por capas. En el centro se encuentra el núcleo rodeado por la zona radiactiva. Más hacia el exterior se encuentra la zona convectiva, la fotosfera y la cromosfera (arriba).

La corona solar
Corona solar obtenida en el laboratorio espacial Skylab de la NASA. El Sol, en el centro, está cubierto por una mancha.

Uniformidad sólo aparente
Esta toma de la superficie solar a longitudes de onda particulares muestra claramente las zonas de mayor y menor actividad.

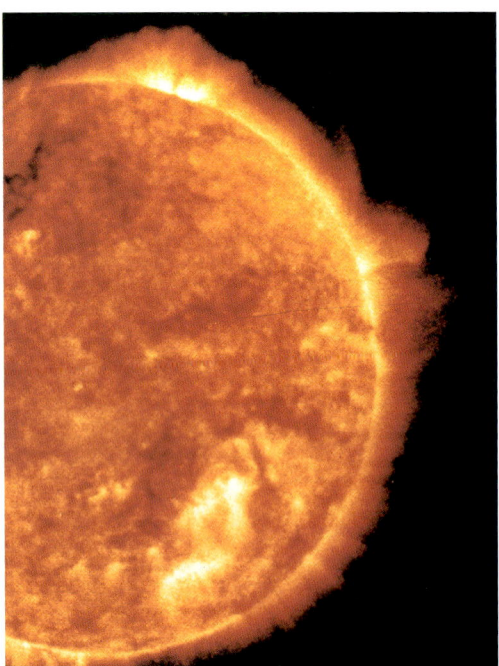

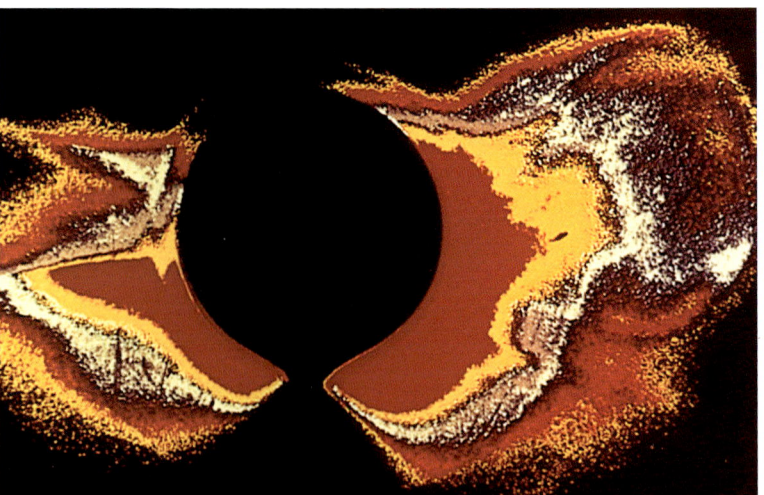

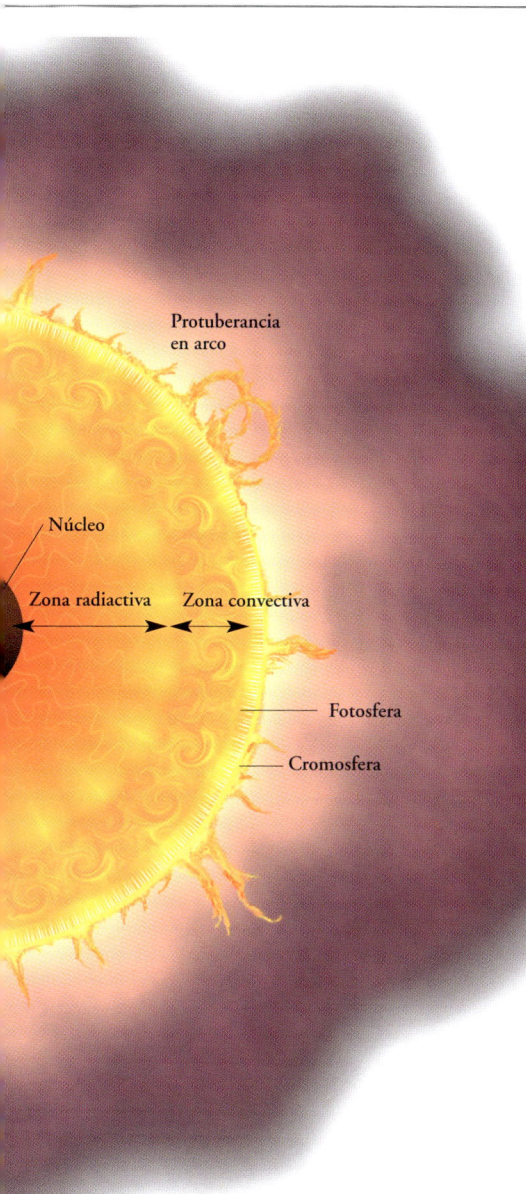

primera vez por el francés Janssen en 1885. El corpúsculo medio tiene una vida de unos 15 minutos, una dimensión de 1.000 km y sube por convección a una velocidad de 1 km/s. También en la fotosfera se observan manchas solares, estructuras oscuras asociadas a grandes campos magnéticos que se forman en las regiones ecuatoriales del Sol y que se mueven hacia latitudes mayores. Su color oscuro se debe a que su temperatura es inferior a la circundante de la fotosfera.

La cromosfera

Por encima de la fotosfera se encuentra la cromosfera (etimológicamente esfera coloreada), que tiene un espesor de cerca de 10.000 km. Es una especie de atmósfera con una densidad característica con respecto a la media de la atmósfera solar: se observa con dificultad pues está pegada a la deslumbrante fotosfera. Cuando mejor se la puede observar es durante los eclipses totales de Sol, ya que la Luna cubre la fotosfera. En la parte baja de la cromosfera se observan los *flares,* erupciones cromosféricas rapidísimas de luminosidad, en una zona activa de la estrella, no en toda ella. Más espectaculares son, si cabe, las *protuberancias,* inmensas lenguas de hidrógeno

Una esfera que empuja
Imagen que representa el acercamiento (oscuro) y el alejamiento (claro) de las porciones de la superficie solar.

(unos 400 km) que representa una auténtica superficie solar, es decir, la que se ve desde la Tierra.
En la fotosfera, como ya se ha dicho, se distinguen las granulaciones, fotografiadas por

Campos magnéticos
Intensos campos magnéticos son los responsables de las erupciones de gases a altas temperaturas. Son los que forman arcos, que siguen las líneas del campo magnético.

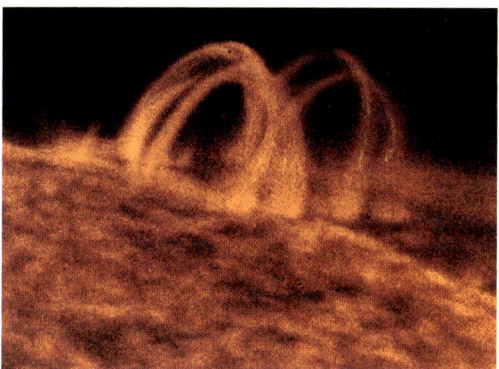

DATOS DEL SOL

Diámetro ecuatorial: 1.392.000 km
Periodo de rotación (en el ecuador): 25 días
Masa (Tierra = 1): 332.946
Volumen (Tierra = 1): 1.303.600
Densidad media: 1,41 g/cm^3
Densidad en el núcleo: 100 g/cm^3 circa
Temperatura en el núcleo: 14.000.000 °C
Temperatura en la superficie: 5.770 °C
Gravedad en la superficie (Tierra = 1): 27,9
Luminosidad: 3,86.10^{23} kW
Periodo de revolución alrededor del centro de la galaxia: 225 millones de años.

que se despliegan desde el Sol hacia fuera y que a menudo, por no decir siempre, presentan también un gran brillo. Pueden alcanzar alturas equivalentes al diámetro solar y una velocidad que alcanza los 300 km/s a temperatura de 10.000 grados.

La corona

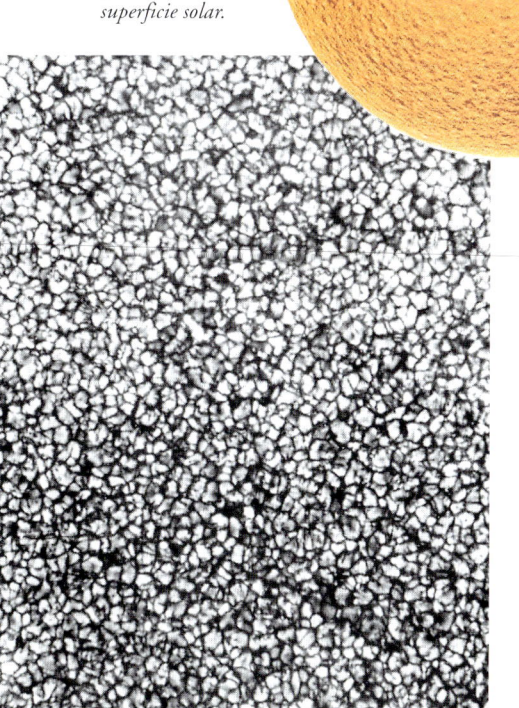

La corona es la parte más externa y tenue de la atmósfera solar; se extiende por la superficie visible en el espacio interplanetario. No es relevante porque su luminosidad es sólo 1/600.000 de la que tiene la fotosfera. El material de la corona está calentado por las temperaturas altísimas de los campos magnéticos: de 1-2 millones de °K cerca del Sol, a unos centenares de millares de °K en lo más externo. A estas altas temperaturas y bajas densidades, la materia se presenta como un plasma altamente ionizado consistente en protones y electrones con algún núcleo de helio e indicios de iones más pesados.
Por último, del Sol emana un *viento solar,* un plasma de electrones, protones y núcleos atómicos ionizados que el Sol esparce a su alrededor. El viento solar va a diferentes velocidades, desde centenares de km/s y se prolonga por el Sistema Solar hasta llegar incluso a la Tierra, donde entra en el campo magnético de nuestro planeta y produce fenómenos tan fascinantes como las auroras boreales.

Superficie del Sol vista de cerca
Imagen detallada de la granulación fotosférica. Los tamaños de los granos son del orden de miles de kilómetros.

En el centro del Sol

El núcleo de nuestra estrella es un enorme horno nuclear: las condiciones de temperatura y presión existentes permiten que se den reacciones nucleares de fusión, en las cuales núcleos de hidrógeno, es decir, protones, se combinan formando núcleos de helio. Las reacciones nucleares, al contrario que las químicas, transforman unos elementos en otros, son como una piedra filosofal moderna, y producen enormes cantidades de energía, que permiten al Sol, como a las demás estrellas, vivir durante centenares de millones o de miles de millones de años.

La construcción de los átomos

Hablando de reacciones nucleares, conviene recordar cómo son los átomos, es decir, los constituyentes fundamentales de la materia. En un átomo hay un núcleo con un determinado número de protones (partículas con carga positiva) y de neutrones (partículas con carga neutra). Alrededor del núcleo giran los electrones (con carga negativa) cuyo número, en un átomo en reposo, es igual al de los protones del núcleo. Precisamente el número de protones es lo que define el tipo de átomo; por ejemplo, el hidrógeno (el elemento más simple) tiene un solo protón; el oxígeno tiene ocho; el hierro, 26; el oro, 79. En la naturaleza hay 92 tipos de elementos clasificados por la química y que están recogidos en la tabla periódica de los elementos.

Todo lo que conocemos (los planetas, las estrellas, los muebles de nuestra casa, nosotros mismos) está formado por una determinada proporción y combinación de estos elementos. Los elementos químicos se pueden presentar en estado puro (hidrógeno, oxígeno, carbono, hierro) o unidos a otros y entonces forman sustancias más o menos complejas (agua, plantas, plástico, cuerpo humano).

Cuando dos núcleos chocan

La reacción nuclear más simple que se da en el Sol es la que combina dos núcleos de hidrógeno, es decir, dos protones: a eso se le llama reacción protón-protón y se realiza a temperaturas del orden de los 10-20 millones de grados (a estas temperaturas los átomos están ionizados, es decir, sin electrones; por eso, más que de átomos se habla de núcleos). A través de esas reacciones los dos protones se funden uno con el otro y forman un nuevo núcleo, deuterio, además de un positrón (es decir, un electrón positivo) y un neutrino, una partícula minúscula de masa pequeñísima.

Como un inmenso reactor nuclear
El Sol es semejante a un potente reactor nuclear de fusión. En la Tierra, sin embargo, la fusión nuclear sólo se obtiene a través de una bomba H o durante brevísimos instantes en un reactor experimental. En la foto, el núcleo de un reactor nuclear.

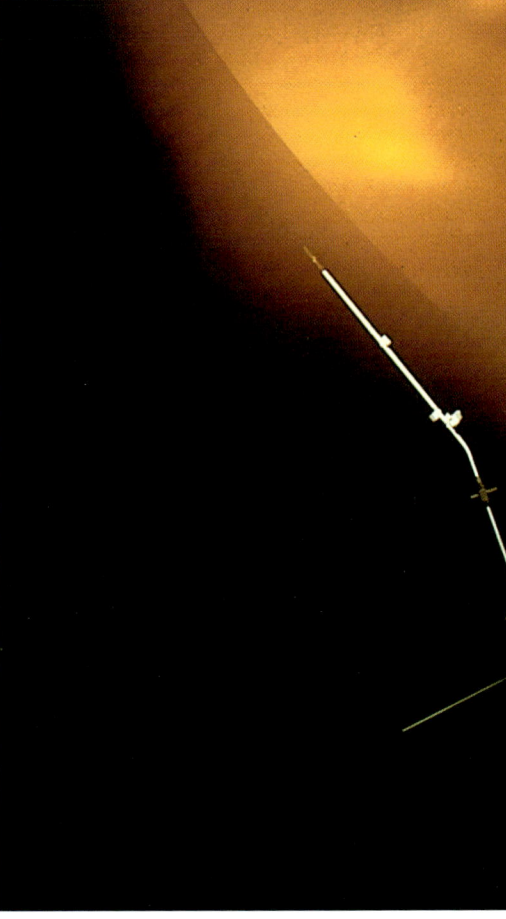

Un héroe homérico en el espacio
La sonda Ulises, tal como su héroe literario homónimo, ha viajado por las regiones inexploradas del espacio, hacia los polos del Sol.

El deuterio es una clase especial de hidrógeno cuyo núcleo, además del protón normal, lleva también un neutrón; es lo que se llama un *isótopo* de hidrógeno. Luego un núcleo de deuterio se funde con otro protón y forman un núcleo de helio-3, un isótopo inestable de helio. Por último, dos núcleos de helio-4 (estable) y dos protones, que están listos para empezar de nuevo la reacción. Es importante señalar que esta reacción libera una enorme cantidad de energía. Por cada núcleo de helio que se forma se producen algo así como 600 mil millones de calorías, suficientes para fundir 8.000 tm de hielo, es decir, un *cubito* de 20 metros de lado. Hay que advertir que se producen miles de millones de reacciones como ésta en un segundo en el interior de una estrella como el Sol.

El ciclo del carbono

Existe otro modo para producir helio a partir de núcleos de hidrógeno, cual es una serie de reacciones más complejas, a las que se llama el ciclo del carbono. Este ciclo necesita

EN EL CENTRO DEL SOL

temperaturas ligeramente superiores a las de la reacción protón-protón, por lo tanto se suelen dar en estrellas con más masa que el Sol; además, se necesita la presencia de elementos químicos, como el carbono, que actúa como catalizador para favorecer las reacciones. En cualquier caso, una parte pequeña de la energía del Sol se genera por medio del ciclo del carbono.
El resultado, de todas maneras, es siempre el mismo: se produce un núcleo de helio-4 a partir de un simple protón y se obtiene una gran cantidad de energía.
Reacciones posteriores pueden conducir, con la misma masa, a la formación de elementos químicos más pesados que el carbono, como el oxígeno, el azufre, el cloro o incluso el hierro, que es el vigésimo sexto elemento de la tabla periódica. Aquí la serie de las reacciones se detiene porque para producir núcleos más pesados que el hierro se necesita añadir energía; por lo tanto, se trata de reacciones endotérmicas, las que absorben la energía ambiente, en oposición a las que ya se han visto que eran esotérmicas (es decir, que liberan energía).

Hijos de las estrellas

Las estrellas pueden, por medio de las reacciones de fusión nuclear, dproducir nuevos elementos químicos a partir de otros más simples, como puede ser el hidrógeno. La llamada nucleosíntesis estelar es el único proceso descubierto hasta ahora que permite explicar la formación de los elementos presentes en la naturaleza.
Las implicaciones de este hecho son extraordinarias: cada átomo de cada elemento químico diferente al hidrógeno y al helio se ha formado en un tiempo pasado más o menos remoto dentro de una estrella y que en el momento de concluir su existencia por una gigantesca explosión como una supernova, se desparramó por el espacio intersideral. Eso, sumado luego a miles de millones de otros átomos, gases y partículas, han formado las grandes nebulosas de las que ha nacido nuestro Sistema Solar y todos los objetos que contiene, incluido nuestro planeta y nuestro cuerpo.
Ha llegado el momento de decir que, a todos los efectos, somos hijos de las estrellas.

LOS NEUTRONES, MENSAJEROS DEL NÚCLEO

La única partícula que consigue salir indemne de los espesos estratos que rodean el núcleo solar y llegar imperturbable hasta nosotros es el neutrino, la partícula más ligera. Sin embargo, y porque es muy difícil que un neutrino interactúe con la materia que atraviesa, es una tarea ardua descubrir estas partículas. Para hacerlo se han construido reveladores gigantescos, de tal modo que la enorme cantidad de materia haga posible las reacciones entre neutrinos y reveladores; estos sensores se colocan bajo imponentes montañas, como es el caso del laboratorio que se ve en la fotografía, bien en una mina abandonada en los Estados Unidos o en el fondo del mar.

Los protones se funden
Esquema de la reacción protón-protón, en el curso de la cual cuatro núcleos de hidrógeno se funden formando un núcleo de helio.

El ciclo del carbono
Las estrellas producen núcleos de helio por medio, incluso, del ciclo del carbono. Para que eso suceda se necesita la presencia del carbono.

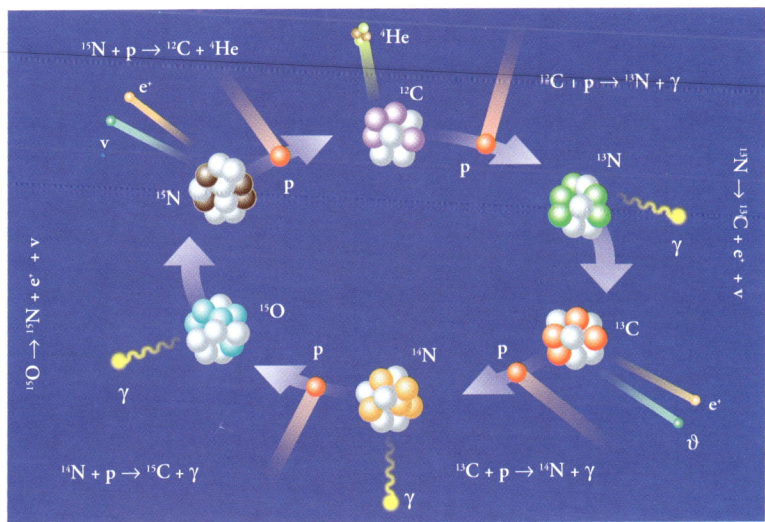

Las manchas solares

Los astrónomos de la Antigüedad ya habían observado las manchas solares, pero no llegaron a explicar su naturaleza; incluso Kepler, en 1607, creyó que una de estas manchas era el planeta Mercurio en tránsito hacia el Sol. Un gran número de observaciones están recogidas en los anales chinos desde el 165 a.C. y se las atribuye a Teofrasto de Atenas, alumno de Aristóteles. En épocas más recientes, Galileo Galilei *redescubrió* las manchas solares en 1609, aunque ha habido una larga polémica con el jesuita Christopher Sheiner por la primacía del descubrimiento. Las observaciones de las manchas contribuyeron también a que se pusiera en tela de juicio el modelo aristotélico-ptolemaico, según el cual las estrellas eran esferas perfectas e incorruptibles. Las observaciones sistemáticas se están llevando a cabo desde 1750, más o menos.

Aspecto y evolución

Las manchas solares aparecen oscuras porque su temperatura es mucho más baja que la de la fotosfera. Alrededor de la zona oscura de la mancha *(umbra)* contrasta una zona de luminosidad intermedia *(penumbra)*. En la umbra la temperatura es de cerca de 4.300-4.800 °K, es decir, cerca de 1.000-1.500 grados más baja que la de la fotosfera; en la penumbra, en cambio, se dan temperaturas de 5.400-5.500 °K. En la umbra, la intensidad luminosa es un 32% con respecto a la de la fotosfera (la penumbra, un 80%); por lo tanto, entre las dos deberían verse muy brillantes. El contraste con la fotosfera es lo que las hace aparecer oscuras.

El descenso de temperatura en el interior de una mancha parece que está ligado a intensos campos magnéticos que se producen por estas regiones y que impiden el movimiento regular convectivo del material solar.

La evolución de un grupo de manchas se inicia cuando en un determinado punto de la fostosfera se forma una región más oscura, de varios millares de kilómetros de diámetro, llamada *poro;* la mayor parte de los poros se disuelven en apenas un día. Otros, en cambio, se dilatan gradualmente hasta adquirir las características de una mancha, o manifiestan una penumbra y alcanzan dimensiones que van de los 7.000 a los 50.000 km. La vida media de una mancha es de una semana, durante la cual evoluciona en forma y tamaño. En general, las

Cuestión de temperatura
Las manchas solares aparecen oscuras por contraste con el resto de la fotosfera debido a que son mucho más frías, de 1.000 a 1.500 grados menos.

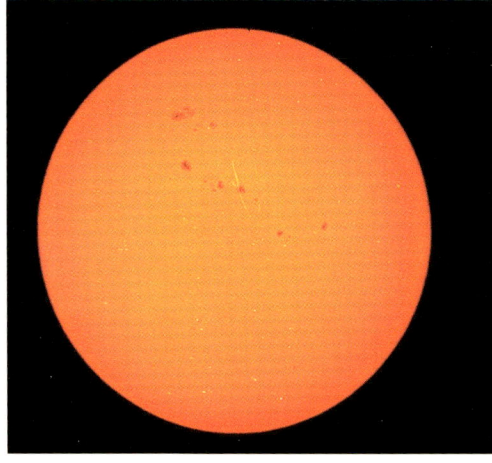

De paseo por el Sol
Las manchas se mueven por la fotosfera solar, como demuestran estas tres fotografías realizadas con intervalos de 24 horas la una de la otra.

manchas tienden a formarse por parejas o grupos, que pueden tener una vida media incluso de tres meses.

Otra característica es que se mueven por la superficie del Sol, debido fundamentalmente a que éste no tiene una rotación uniforme. Como el Sol no es un cuerpo rígido, gira más deprisa por las zonas ecuatoriales (cuyo periodo de rotación es de unos 27 días) que por las zonas polares (unos 31 días).

El ciclo de las manchas
El gráfico muestra la evolución de las manchas solares desde el siglo XVII hasta hoy. Es evidente la periodicidad de once años.

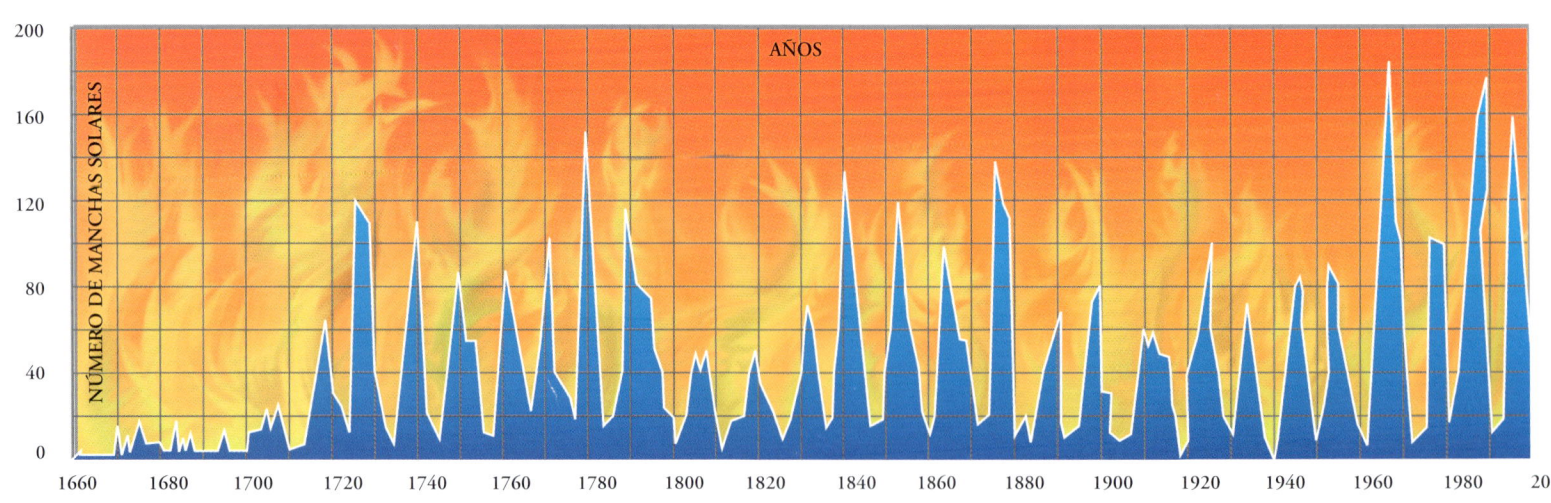

LAS MANCHAS SOLARES

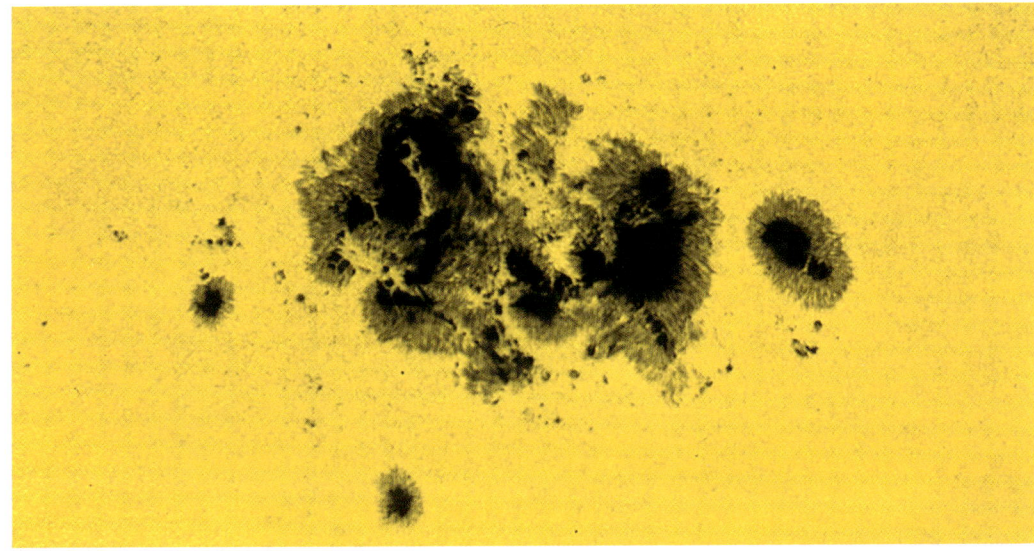

LOS NÚMEROS DE WOLF

Wolf y Wolfer, dos astrónomos suizos del siglo XIX idearon un sistema para expresar la intensidad de la actividad solar a través del número de manchas observables, independiente del observador y del instrumento utilizado. El número de esta medida, llamado número Wolf se indica con la letra W y se calcula mediante esta fórmula:

$$W = k(10G + T)$$

donde *G* es el número de grupos de manchas; *T* es el número total de manchas contenidas en los grupos (incluidas las que van sueltas) y *k* es el cociente que varía en función del instrumento, del observador y de la turbulencia atmosférica.

La forma de las manchas
Hay muy pocas manchas circulares; la mayoría son irregulares, semejantes a las que se ven en estas espectaculares imágenes.

El ciclo solar

Por lo menos desde principios del siglo XVII se sabe que la intensidad y la frecuencia de las manchas siguen un camino cíclico de unos once años. A lo largo de este periodo, las manchas presentes en el Sol crecen hasta un máximo para decrecer después. Un ciclo solar puede durar de 7 a 15 años, pero la media es de 11,07 años. En la fase de mínimos, el Sol aparece a menudo, incluso por días y semanas, sin una huella de mancha; en la fase de máximos, en cambio, se pueden observar hasta una o dos decenas de grupos además de manchas aisladas. Los últimos máximos del ciclo tuvieron lugar en 1968, 1979 y 1990.
Como cada mancha tiene una vida de un mes, está claro que el ciclo de once años es una muestra de los procesos profundos y de larga duración que se producen en el interior del Sol y que no sólo dependen de las propias manchas. El ciclo solar parece ser el resultado de la interacción entre el campo magnético del Sol y el estrato convectivo más externo.
Fue George Hale, en 1908, quien descubrió que en las manchas solares se generan intensos campos magnéticos. Una típica mancha tiene un campo de una intensidad semejante a 0,25 tesla (unidad que se utiliza para medir este tamaño); por buscar una equivalencia, piénsese que el campo magnético terrestre tiene una intensidad menor que 0,0001 tesla.
Por otro lado, los campos magnéticos de las manchas siguen reglas precisas: si se forma una pareja de manchas en el hemisferio norte, la que va delante tendrá una polaridad opuesta a la que le sigue, y en el otro hemisferio los campos magnéticos irán invertidos. Cuando acaba un ciclo y se inicia otro, las polaridades de los dos hemisferios cambian. Así, un ciclo solar completo, que comprenda incluso la inversión de las polaridades, es de unos 22 años.
Las manchas, además, tienden a aparecer siempre simétricas con respecto al ecuador y a la vez en los dos hemisferios a las mismas latitudes. Estas regiones de formación de manchas se mueven entre las latitudes de 45° a 5° a lo largo de un ciclo.

Sol activo, Sol tranquilo

Hay evidencia histórica de periodos saltuarios, de larga duración, en los que la actividad solar parece inexistente; en estos periodos el Sol permanece en un estado de mínimos sin evidencia de mancha alguna. El periodo más reciente en el que se ha producido esta situación, y que se conoce como el mínimo de Maunder, se inició en 1630 y duró 75 años. Se habla, en general, de Sol *tranquilo* cuando muestra escasas manchas y otras manifestaciones (como protuberancias); se habla, en cambio, de Sol *activo* cuando hay evidencia de grandes actividades ya sea bajo forma de manchas, de fáculas (regiones más brillantes que el resto de la fotosfera que aparecen en las proximidades de los bordes del Sol) o de protuberancias.

Campo magnético y manchas
Las líneas del campo magnético solar vienen alteradas por la rotación diferencial. En la base de las erupciones es donde se forman las manchas.

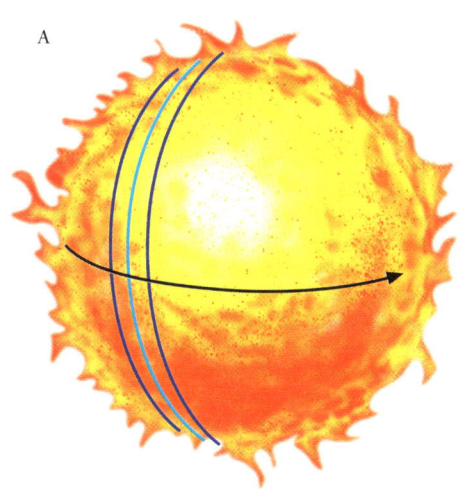
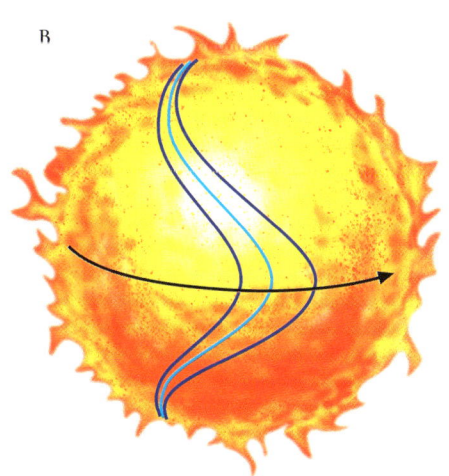
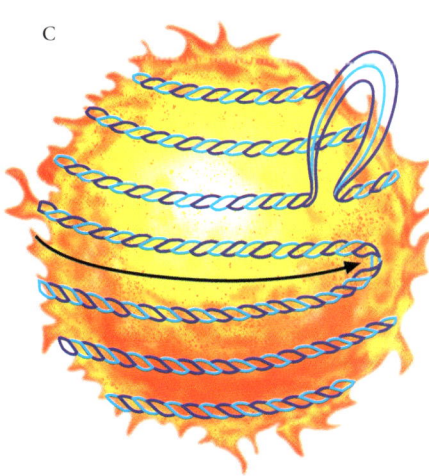

La Tierra

La historia de la Tierra comienza con la del Sistema Solar, es decir, hace 4.500 millones de años. Su evolución ha sido larga y compleja; al principio, debido a las altas temperaturas, la Tierra se encontraba en estado fluido. Esta característica provocó un hundimiento hacia el centro del planeta de los materiales más densos, como el hierro y el níquel, mientras que los materiales más ligeros, como los silicatos de los diferentes metales, responsables de la formación de las rocas, permanecieron en la superficie. A este proceso se le ha dado el nombre de la diferenciación. Cuando finalizó este proceso, la temperatura de la Tierra había bajado, lo que determinó su progresiva solidificación. Además, dadas las condiciones favorables, grandes áreas de la superficie del planeta quedaron cubiertas de agua. Hoy se piensa que la temperatura del núcleo terrestre se acerca a los 6.200 °C. Ese valor, que se debe en parte a la disminución radiactiva de algunos elementos, pues al descender producen calor, y en parte al aislamiento térmico producido por la capa restante, tenderá con el tiempo a disminuir por un progresivo agotamiento de los elementos radiactivos.

Dentro de la Tierra

El núcleo de nuestro planeta se puede subdividir en dos partes: un núcleo más interno, con un radio de 1.330 km, constituido por materiales sólidos, y una parte externa líquida de un espesor de 2.200 km. Siguiendo hacia el exterior aparece primero una capa rocosa de un espesor de cerca de 3.000 km, que también se puede dividir en dos partes: la capa inferior, caracterizada por una estructura rígida, y la capa superior, que presenta mayor plasticidad; la parte superior de la capa espesa, de unos 100 km, recibe el nombre de litosfera. Por encima se encuentra la corteza terrestre, un estrato fino de roca suyo espesor oscila desde los 10 km por debajo de la superficie marina a los 50 km sobre la superficie firme.

La litosfera está formada por enormes planchas o placas, tan grandes como un continente y semejantes a las piezas de un gigantesco *puzzle*. Estas placas están sometidas a un movimiento constante determinado por las corrientes convectivas que provocan al chocar entre ellas las rocas todavía fluidas que hay debajo. Tales movimientos, que siguen activos, son los responsables del fenómeno que los geólogos han denominado tectónica de placas.

Campo magnético

La Tierra funciona como una enorme dinamo. La interacción entre el núcleo metálico fundido, situado en el interior, y el movimiento de rotación del planeta sobre sí mismo produce el campo magnético terrestre. Éste se extiende por el espacio circundante creando la *magnetosfera*, una especie de bola magnética alrededor de la Tierra. La magnetosfera tiene la capacidad de protegernos del llamado viento solar, un flujo de partículas cargadas procedentes del Sol. Son las mismas partículas que en el cielo de las latitudes boreales y australes forman esos espectaculares juegos de luces que se les conoce como auroras boreales.

Por el análisis de rocas antiguas sacadas de los fondos oceánicos, los estudiosos han descubierto que el polo sur y el polo norte del campo magnético sufren, con intervalos regulares de unos 100.000 años, la inversión polar. Sin embargo, se ignora si este fenómeno se produce de un modo rápido o gradual a lo largo de un determinado periodo de tiempo.

El planeta azul
El color de nuestro planeta, visto desde el espacio, es mayoritariamente azul, el color de los océanos. También se ven las nubes y las tierras emergidas.

El interior de la Tierra
El interior de nuestro planeta está formado por estratos: el núcleo (interno y externo), los mantos (inferior y superior) y la corteza terrestre.

La atmósfera terrestre

En un principio, la atmósfera terrestre, es decir el conjunto de gases que envuelve nuestro planeta, estaba formada por una mezcla de hidrógeno, amoniaco, y metano asociados con bióxido de carbono y vapor de agua.
A lo largo del tiempo, gran parte de los componentes de la primigenia atmósfera de la Tierra se han ido perdiendo por el espacio, pero han sido sustituidos por gas procedente del interior del planeta, como por ejemplo el bióxido de azufre, el anhídrido carbónico y más vapor de agua. También la atmósfera terrestre, que se adhiere a la Tierra debido a la fuerza de la

gravedad, se puede subdividir en capas a partir de la superficie del planeta. En el estrato inferior, la llamada troposfera, es donde se generan las nubes y todos los fenómenos meteorológicos y alcanza una altura de 10 a 15 km. Conforme se sale del interior de la troposfera, la temperatura desciende hasta valores próximos a –40 °C y –50 °C. Por encima de la troposfera aparece otra capa que llega hasta los 50 km de altura desde la superficie terrestre: es la llamada estratosfera. Se caracteriza por la presencia de ozono, un gas constituido por una particular molécula de oxígeno que tiene tres átomos en vez de dos como el oxígeno normal. El ozono personifica un importante factor de salvaguardia de la vida en la Tierra porque tiene la propiedad de absorber las peligrosas radiaciones ultravioletas que vienen del Sol. Esta característica determina en los estratos superiores de la atmósfera un aumento de la temperatura que puede llegar hasta los 15 °C debido al calentamiento producido por la radiación solar. Después de la estratosfera aparece la ionosfera, que se extiende hasta una altura de 500 km y que a su vez se puede subdividir en mesosfera (entre los 50 y 85 km) y la termosfera (hasta los 200 km de altura). La ionosfera, cuya temperatura va disminuyendo conforme aumenta la altura hasta llegar a los 90 °C, es muy útil para las comunicaciones terrestres actuales, ya que refleja las ondas radio enviadas desde la Tierra a largas distancias. La última capa es la esosfera y se funde ya con el vacío interplanetario.

La vida en la Tierra

Las 2/3 partes de la superficie de la Tierra están cubiertas de agua, en las que como en los continentes y en una parte pequeña de la atmósfera se dan distintas formas de vida. El debate sobre el origen de la vida en la Tierra y si ésta se debe de una manera más o menos determinante a la presencia de agua en este planeta, a pesar de las numerosas hipótesis, todavía no tiene una respuesta definitiva. Según la opinión de muchos científicos y a partir del experimento de Muller, las condiciones ambientales primordiales generaron violentas tormentas eléctricas que determinaron a su vez reacciones químicas entre los gases presentes en la atmósfera.
Los productos de tales reacciones, que con toda probabilidad comprendían elementales moléculas orgánicas como los aminoácidos (los constituyentes de las proteínas), auténticos pilares de la vida, se depositaron en los océanos, donde después produjeron otras reacciones químicas.
Pasados más o menos mil millones de años empezaron a desarrollarse las primeras estructuras, muy simples y capaces de autorreproducirse, es decir, células primitivas. De manera similar a lo que hacen hoy las plantas, las primeras células vegetales utilizaron el anhídrido carbónico para sintetizar las moléculas orgánicas que constituían su alimentación. Dicho proceso, conocido hoy como fotosíntesis, fue un factor de importancia capital para la evolución de la vida en la Tierra, porque comenzó a desarrollarse como subproducto el oxígeno que se acumuló en la atmósfera y cambió radicalmente su composición.

Tormentas
Imagen tomada por el Apolo 9, en la cota de Colombia. Se ve una amplia zona de cúmulos-nimbos con cirros y cúmulos periféricos.

La atmósfera
La atmósfera, es decir, la capa gaseosa que rodea la Tierra, está subdividida en estratos según el esquema recogido al lado.

LOS DATOS DE LA TIERRA

Distancia media al Sol: 149,6 millones de km (mín. 147,1 y máx. 152,1)
Diámetro del ecuador: 12.752 km
Velocidad orbital media alrededor del Sol: 29,79 km/s
Periodo de rotación sidérea: 23h 56m 4s
Periodo de revolución sidérea: 365d 6h 9m10s
Satélites: 1 (la Luna)
Masa: 5.976×10^{24} kg
Volumen: 1.084×10^{12} km^3
Densidad media: 5.517 g/cm^3
Temperatura media en la superficie: 22 °C
Temperatura del núcleo: 6.200 °C
Inclinación del eje: 23° 27'
Atmósfera: nitrógeno 77%, oxígeno 21%, vapor de agua 1%, otros gases 1%

Todo esto favoreció la evolución de formas de vida animal aeróbica, es decir, que necesitan oxígeno para respirar. En los millones de años sucesivos, la evolución ha dado lugar a la fantástica variedad de seres vivos que hoy pueblan la Tierra.

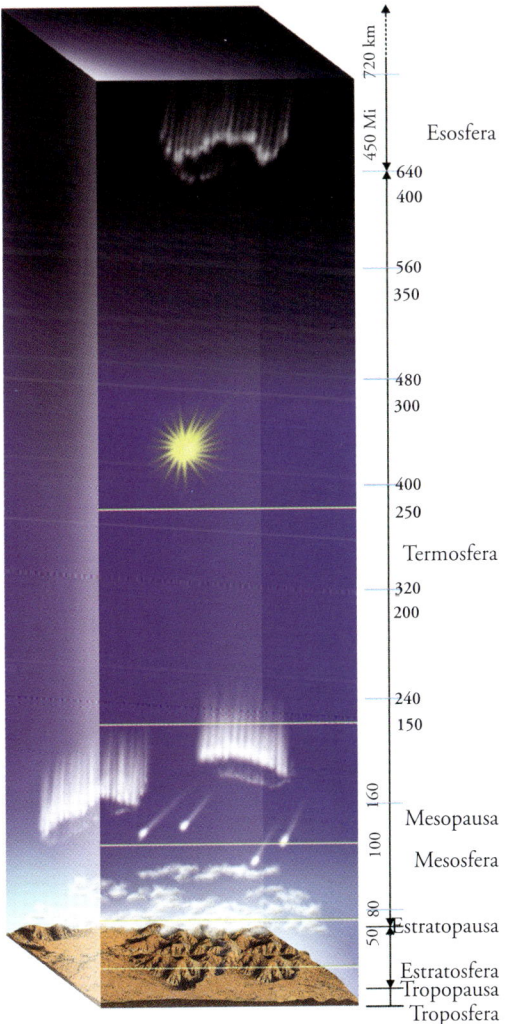

Los movimientos principales de la Tierra

La Tierra, como los demás planetas del Sistema Solar, realiza dos movimientos principales: el de rotación alrededor de su eje y el de traslación alrededor del Sol. Sobre estos movimientos periódicos se ha basado siempre, incluso desde la Antigüedad, la posibilidad de medir el tiempo y construir calendarios. El día, de hecho, representa la duración del movimiento de rotación y el año el movimiento de revolución. También los meses tienen una relación con los fenómenos astronómicos: su duración está ligada a las fases de la Luna.

La rotación de la Tierra

Nuestro planeta gira alrededor de su eje, de oeste a este, es decir, al contrario que las manillas del reloj (para un observador que se encuentre suspendido idealmente encima del polo Norte terrestre); el eje de rotación es la recta imaginaria que atraviesa el globo y que pasa por los polos Norte y Sur geográficos. Esto significa que los polos no se mueven y por lo tanto no participan del movimiento de rotación, mientras que los demás puntos de la superficie terrestre se mueven con una velocidad cada vez mayor conforme estén más cerca del ecuador; es decir, a más distancia del eje, más velocidad.
En las latitudes de la España peninsular, por ejemplo, la velocidad es de 1.200 km/h, mientras que en el ecuador supera los 1.600 km/h. Una consecuencia del movimiento de rotación es la alternancia del día y de la noche y el movimiento aparente de la esfera celeste. De hecho, por efecto de la rotación terrestre, las estrellas y los otros cuerpos del cielo nocturno parecen moverse en dirección contraria (es decir, de este a oeste) respecto a nosotros. Las estrellas parecen que completan círculos alrededor de la estrella Polar, que se encuentra casi exactamente en la prolongación del eje terrestre por la parte norte.
El movimiento horario de los astros, sin embargo, no puede considerarse como una prueba irrefutable del hecho que la Tierra gire sobre sí misma; podría igualmente ser producto de la rotación real de la esfera celeste vista desde una Tierra que se mantuviera fija e inamovible en el espacio.

El péndulo de Foucault

La prueba incontestable del hecho de que nuestro planeta está sometido a la rotación alrededor de sí mismo fue presentada en 1851 por Foucault, con su famoso experimento del péndulo.
Imaginemos que nos encontramos en el polo Norte y que dejamos oscilar libremente un péndulo. Éste, una vez que ha entrado en movimiento, describirá siempre el mismo plano de oscilación ya que la única fuerza externa que actúa sobre el péndulo es la de la gravedad, y ésta es la misma en toda la vertical, por lo tanto no es la responsable de los cambios de dirección de las oscilaciones.
Si hacemos que el péndulo, en su movimiento oscilatorio, deje una marca en el suelo, veremos que, conforme pasa el tiempo, las marcas de las señales del péndulo no se superponen idénticamente una a otra, aunque vayan en la misma dirección, sino que hay variaciones entre las marcas, desviándose la oscilación en el sentido de las agujas del reloj. Tales cambios pueden deberse a dos factores: o el plano de oscilación del péndulo se mueve o lo hace el suelo.

El movimiento de rotación de la Tierra
Si pudiéramos observar nuestro planeta desde el exterior, lo veríamos girar alrededor de su propio eje. La regularidad del movimiento hace que eso ni se perciba.

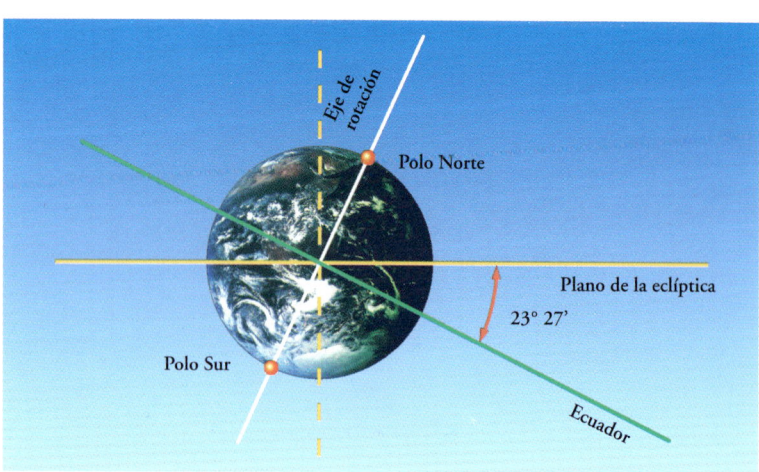

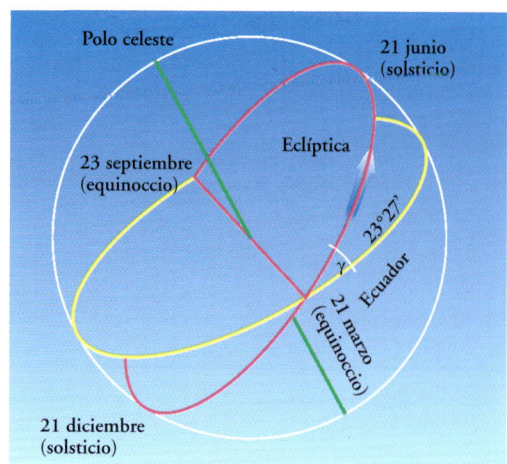

Un ángulo importante
El ángulo 23° 27' que se encuentra entre el ecuador y la eclíptica determina una inclinación del eje de rotación terrestre, responsable de las estaciones.

Ecuador y eclíptica
La ilustración muestra las posiciones recíprocas de la eclíptica y del ecuador celeste. Sus intercesiones marcan los puntos de los equinoccios.

LOS MOVIMIENTOS PRINCIPALES DE LA TIERRA

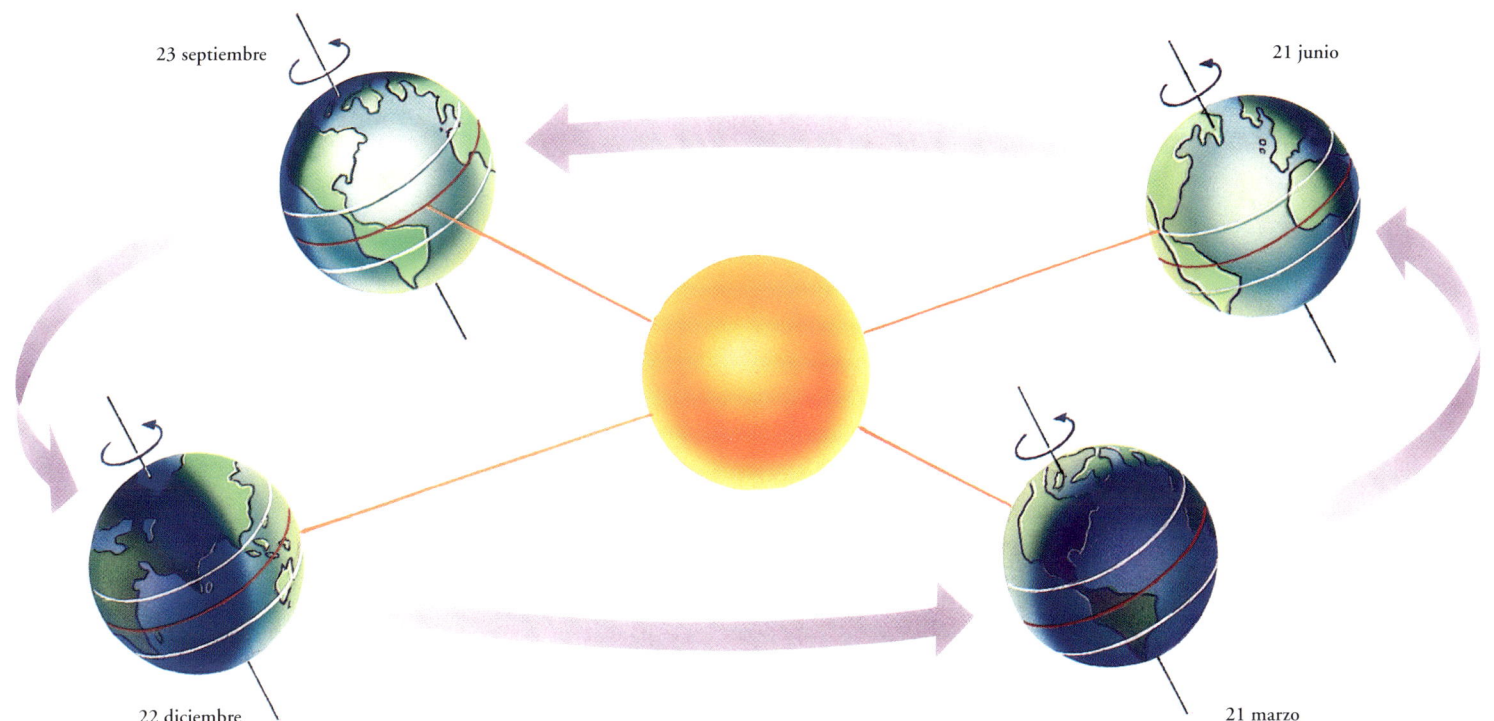

Como la primera hipótesis hay que descartarla, dado que sobre el péndulo no actúa ninguna fuerza capaz de modificar su plano de oscilación, hay que aceptar el hecho de que es la Tierra la que se mueve, lo que significa que nuestro planeta está sometido a un movimiento de rotación sobre su eje. Este experimento lo realizó Foucault en París utilizando un péndulo enorme, con una esfera de bronce de unos 30 kg colgado de una cuerda de 67 metros de larga y el punto de oscilación se fijó en el techo del Panteón.
Aunque sea la Tierra la que se mueva y no la esfera celeste, se puede hablar del movimiento aparente del Sol y de los astros porque esto es lo que ve un observador que se encuentra en la superficie terrestre.

La medida del tiempo: el día

La medición del tiempo en días está basada en la rotación de la Tierra: un día es el intervalo de tiempo empleado por nuestro planeta para dar una vuelta completa alrededor de su eje.
Hay, además, otras dos definiciones de día: si medimos la rotación de la Tierra tomando como punto de referencia en el cielo al Sol, entonces determinamos el llamado *día solar;* si por el contrario tomamos como referencia otra estrella, entonces se habla de *día sidéreo.* Los dos no duran lo mismo: el día sidéreo dura 23h 56m 4s mientras que el día solar dura un media de 24h. La diferencia entre el día solar y el día sidéreo se explica por el hecho de que la Tierra, mientras gira sobre sí misma, orbita también alrededor del Sol y, por lo tanto, para que el Sol

Las estaciones en la Tierra
La Tierra, en los diversos periodos del año, se expone de manera diferente a los rayos del Sol. Éstos son perpendiculares en los trópicos en los días de los solsticios.

se ponga perpendicular frente al mismo punto de la Tierra, hay que esperar un poco más de una rotación completa. En realidad, la duración del día solar es de 24 horas como media, pues el auténtico día solar es variable. Una de las causas por las que se produce esta variación se debe al hecho de que la Tierra, cuando está más cerca del Sol, recorre su órbita más deprisa que cuando se encuentra más lejos. Por eso se ha introducido la convención de usar como referencia estándar para medir el tiempo *el día medio solar*, que es constante e igual a 24 horas exactas.

Alrededor del Sol a 107.000 km/h

La traslación alrededor del Sol es el otro movimiento fundamental que realiza nuestro planeta. La Tierra se mueve por una órbita elíptica, a cuyo plano se le llama *eclíptica*, nombre que hace referencia al hecho de que cuando la Luna se encuentra próxima a este plano se produce un eclipse. La distancia media Tierra-Sol es de cerca de 150 millones de kilómetros; en astronomía, se usa como medida de longitud para el Sistema Solar: *Unidad Astronómica* (UA).
La velocidad con la que la Tierra recorre su órbita es de cerca de 107.000 km/h.

LAS ESTACIONES EN EL HEMISFERIO BOREAL

Fecha	Fenómeno	Signo del Zodiaco	Ascensión recta del Sol	Declinación del Sol
21 marzo (empieza la primavera)	Equinoccio de primavera	Aries	0 h	0°
21-22 junio (empieza el verano)	Solsticio de verano	Cáncer	6 h	+23° 27'
23 settiembre (empieza el otoño)	Equinoccio de otoño	Libra	12 h	0°
22 diciembre (empieza el invierno)	Solsticio de invierno	Capricornio	18 h	−23° 27'

El ángulo formado por el eje de rotación terrestre con el plano de la eclíptica es de 66° 33' y se mantiene constante durante la órbita. Para un observador que esté en la superficie de la Tierra, es el Sol el que aparentemente se mueve en el cielo a lo largo de un año, por un espacio que es la proyección de la órbita terrestre sobre la esfera celeste, y que pasa por un fondo formado por las estrellas y por las constelaciones que pertenecen a la franja del Zodiaco. En realidad, el Sol pasa también por Ofiuco, pero esta constelación no está incluida en el Zodiaco.

Las estaciones

El movimiento de revolución y el hecho de que el eje de rotación terrestre se mantenga siempre paralelo a sí mismo a lo largo de la órbita es lo que hace que se alternen las estaciones. La Tierra al recorrer su órbita elíptica pasa por un punto que es el más próximo al Sol (perihelio) en enero, y por el punto más distante (afelio) en julio.
Por lo tanto, no es la distancia entre el Sol y la Tierra lo que determina
las estaciones, como todavía piensan hoy erróneamente algunos, sino la inclinación con la que inciden los rayos solares sobre el suelo y las diferentes condiciones de iluminación del hemisferio del que se trate.
El verano llega cuando el Sol, a una hora determinada (por ejemplo a mediodía) alcanza

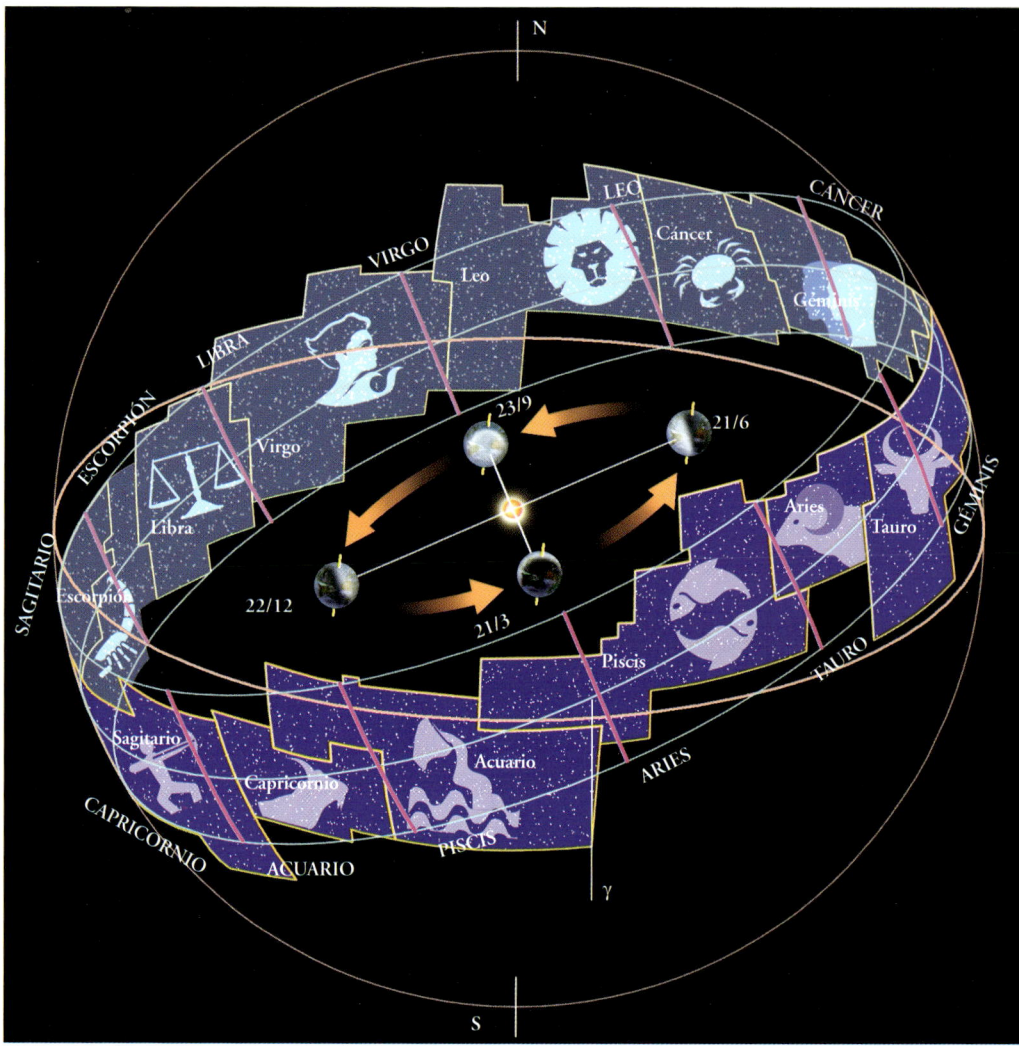

Las constelaciones del Zodiaco
Debido al movimiento de revolución de la Tierra, el Sol a lo largo del año realiza un movimiento aparente entre las constelaciones del zodiaco. Gamma (γ) señala el inicio de Aries.

la máxima altura en el horizonte del lugar dado. Esto significa que es más amplio el arco que el Sol describe sobre el horizonte en su movimiento diurno y por lo tanto es mayor la duración del día. En invierno, en cambio, el Sol va más bajo en el horizonte, sus rayos llegan a la superficie de un manera más oblicua y el día es más corto.

LA ABERRACIÓN DE LA LUZ ESTELAR

Se habla de aberración estelar para indicar el movimiento aparente de un astro, debido al movimiento de revolución de la Tierra. La demostración de este fenómeno (realizada por el inglés James Bradley en 1727) ha constituido históricamente una de las pruebas más convincentes del hecho de que la Tierra girase en torno al Sol, y no viceversa. Si estuviera inmóvil, entonces, la aberración no existiría. Pongamos la luz procedente de una estrella que viaja a 300.000 km/s, añadamos que la Tierra se mueve alrededor del Sol a unos 30 km/s, eso significaría que un astrónomo que esté observando un determinado astro lo ve *movido* con respecto a la posición real. Si la estrella observada se encuentra en la dirección del polo eclíptico (A, en la figura), dará la sensación de que traza en el cielo, a lo largo de un año, un círculo muy pequeño. Si, en cambio, se la sitúa en una declinación media (caso B), el recorrido aparente es una elipse; por último, si la estrella se encuentra exactamente sobre el plano de la órbita terrestre (C), parecerá que se mueve a lo largo de un segmento. El movimiento máximo de la posición auténtica para una estrella que se encuentre en una posición perpendicular a la del movimiento terrestre es de 20' 49" y se llama *constante de aberración anual*; su valor depende de la diferente velocidad que la Tierra lleve en su propia órbita.

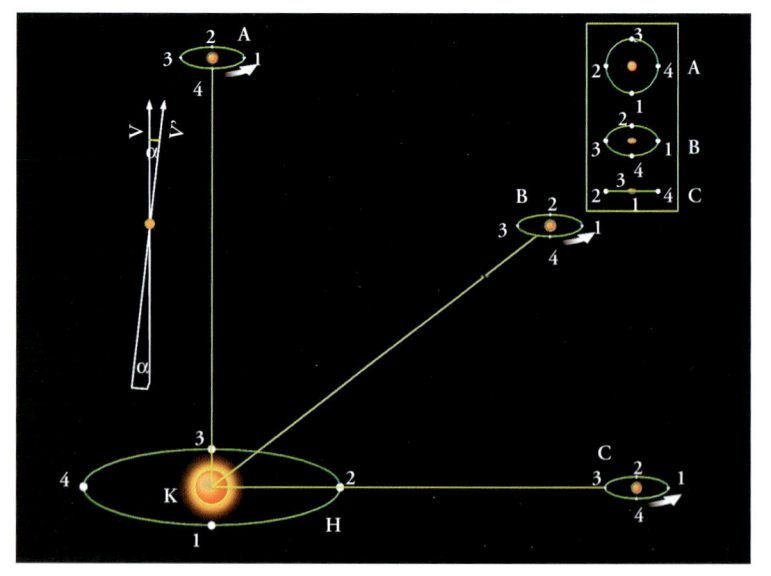

LOS MOVIMIENTOS PRINCIPALES DE LA TIERRA

El punto fundamental

La intersección del plano de la eclíptica con el del ecuador celeste (que es la proyección del ecuador terrestre sobre la esfera celeste) forma un ángulo de 23° 27'. La intersección de los dos planos marca la separación de los equinoccios. El primero es el de primavera, llamado también nodo ascendente (porque el Sol lo cruza de sur a norte), punto de Aries (porque antiguamente incidía en las estrellas de la constelación de Aries), o punto gamma (por la semejanza de la letra griega con los cuernos de Aries). El segundo es el de otoño, llamado también nodo descendente (porque el Sol lo atraviesa de norte a sur). El punto gamma es un punto fundamental en la esfera celeste: a partir de él se empieza a contar la ascensión recta, es decir, la coordenada celeste análoga a la longitud terrestre y que, con la declinación (la equivalente a la latitud) permite situar objetos en el cielo con gran precisión. El equinoccio de primavera corresponde a la posición del Sol, en su movimiento aparente a lo largo de la eclíptica, y sucede el 21 de marzo, mientras que el equinoccio de otoño se da el 23 de septiembre. El 21 de marzo, el Sol atraviesa el ecuador celeste pasando del hemisferio sur al hemisferio norte; por lo tanto, para los habitantes del hemisferio boreal (norte) comienza la primavera; el 23 de septiembre el movimiento se da al revés, y en el hemisferio boreal comienza el otoño. En los días precisos de los equinoccios, sólo en ellos, la duración del día es igual a la de la noche en cualquier punto de la superficie terrestre: 12 horas de luz y 12 horas de oscuridad. Además, el Sol ilumina a la vez, aunque sea de un modo tangencial al horizonte, los polos Norte y Sur terrestres.

Perpendicular a la línea individualizada de los equinoccios se encuentra la línea de los solsticios: el 21-22 de junio (solsticio de verano) el Sol se encuentra a 23° 27' N del ecuador, es decir, perpendicular al trópico de Cáncer; el 22 de diciembre (solsticio de invierno), en cambio, está a 23° 27'S del ecuador, en el cenit del trópico de Capricornio. Al mediodía de los días del solsticio, el Sol alcanza su altura máxima (en verano) y mínima (en invierno) sobre el horizonte terrestre (hay que señalar que en el hemisferio sur las estaciones australes son inversas respecto a las nuestras).

La medida del tiempo: el año

El tiempo empleado por nuestro planeta para trazar su órbita completa es lo que se llama año y dura cerca de 365 días.

También el año, como el día, puede definirse de diferentes maneras según el punto de referencia que se tome en el cielo.

Para medir un año se considera el tiempo que el Sol emplea, en su movimiento de revolución aparente, para estar dos veces consecutivas en conjunción con un astro u otro punto de referencia en la esfera celeste. Se habla de *conjunción* cuando la Tierra, el Sol y otro cuerpo celeste se encuentran alineados entre ellos. Entonces, si como referencia tomamos una estrella, estaremos midiendo un *año sidéreo*, que dura 365 días, 6 horas, 9 minutos y 10 segundos: éste es el tiempo que tarda la Tierra en trazar una órbita completa alrededor del Sol.

El *año solar* se define como el lapso de tiempo que el Sol emplea en volver a conseguir la conjunción con el punto equinoccial de primavera. El año, medido de esta manera, dura 365 días, 5 horas, 48 minutos y 46 segundos. Como para medir las estaciones se toma como referencia el Sol, el año solar es el que se considera a la hora de realizar calendarios.

Calor y frío
Los ambientes naturales y climáticos de nuestro planeta son muy variados. Esta característica no se da en todos los planetas.

DÍA SIDÉREO Y DÍA SOLAR

Consideremos dos puntos (1 y 2) en el recorrido que la Tierra realiza al describir su órbita alrededor del Sol. Si A es el lugar de la superficie terrestre en el que se encuentra un observador, llamamos 1 a la posición ocupada por la Tierra cuando empezamos a medir el día tanto con respecto al Sol como a cualquier otra referencia. La posición 2, en cambio, es la que ocupa nuestro planeta después de haber dado una vuelta completa sobre sí mismo con respecto a la estrella: su luz, muy lejana, nos llegará paralela a la dirección como llegaba en 1. Cuando la Tierra llega a 2 es cuando medimos un día sidéreo, porque la Tierra ha realizado un giro completo sobre sí misma respecto a la estrella lejana, pero todavía no lo ha hecho con respecto al Sol, cuya dirección de observación ha cambiado por efecto del movimiento de revolución terrestre. Para que la Tierra realice una vuelta completa sobre sí misma y también sobre el Sol (día solar) hay que esperar a que se mueva todavía 1° (la equivalencia del cambio angular diario de la Tierra, ya que gira 360° en 365 días), que equivale, más o menos, a 4 minutos.

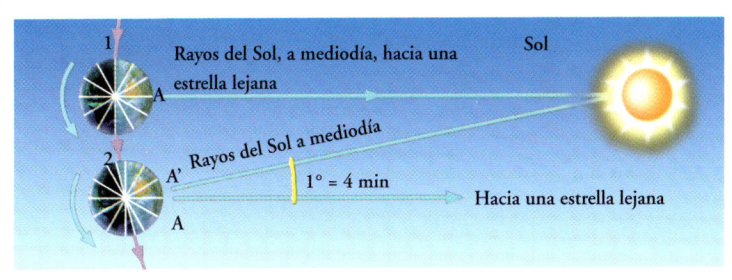

Movimientos milenarios de la Tierra

Nuestro planeta se mueve por el espacio realizando dos movimientos principales, cuyos efectos tienen que ver con nuestra vida de todos los días: el de la revolución alrededor del Sol determina las estaciones, y el de rotación produce la alternancia del día y la noche. Pero existen además otros movimientos menos perceptibles pero también importantes y cuyos efectos tienen que tener muy en cuenta los astrónomos, ya que modifican el sistema de coordenadas con el que se sitúan los cuerpos en la esfera celeste. Entre estos movimientos milenarios de la Tierra el de la precesión es, sin duda, el más importante.

La Tierra como una peonza

La precesión fue descubierta por Hiparco de Nicea en el siglo II a.C. Consiste en un movimiento lento del eje de rotación terrestre que, manteniendo siempre constante la propia inclinación con respecto al plano de la eclíptica, cambia su dirección en el espacio, así pues recorre la superficie de un cono cuyo vértice es el centro de la Tierra.
La precesión se produce por la atracción gravitacional que el Sol y la Luna ejercen sobre el abultamiento del ecuador de la Tierra, pues ésta no es esférica por completo, sino achatada por los polos. Como este abultamiento no va dirigido exactamente hacia el plano del ecuador celeste, el Sol y la Luna tienden a enderezarlo. Pero como la Tierra, al girar alrededor de su propio eje, se opone a esta doble atracción, hace que el eje de rotación se mueva en el espacio como lo haría una peonza, realizando una oscilación completa en 26.000 años. Por efecto

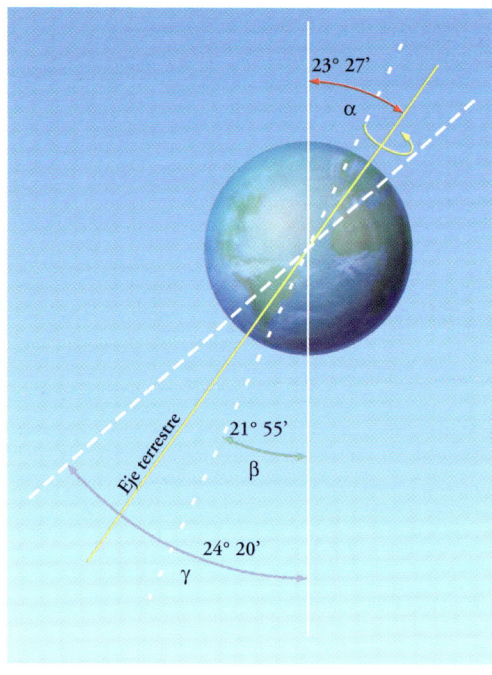

El eje terrestre
La inclinación del eje terrestre varía con el tiempo, aunque sea poco, y pasa por un mínimo de 21° 55' a un máximo de 24° 20' en un periodo de 41.000 años.

de la precesión, el polo Norte celeste (y también el Sur) se mueve entre las estrellas. Si hoy la Estrella Polar puede decirse que marca una determinada posición, en el año 14.000, por ejemplo, el polo se encontrará situado en las proximidades de la estrella Vega, en la constelación de Lira.

La precesión de los equinoccios

El punto de Aries o equinoccio de primavera, que se sitúa en la intersección del equinoccio celeste con la eclíptica, sufre también un lento cambio, por eso a este movimiento se le llama precesión del equinoccio. El cambio de la posición del equinoccio de primavera tiene dos implicaciones: una tiene que ver con las coordenadas celestes. La otra con las constelaciones del Zodiaco. El equinoccio de primavera representa el punto de referencia a partir del cual se mide la ascensión recta de los astros en el sistema de las coordenadas ecuatoriales. El hecho de que el equinoccio de primavera se mueva sobre la esfera celeste hace que las coordinadas haya que actualizarlas periódicamente.
El equinoccio de primavera marca también el punto de Aries porque cuando en la Antigüedad se localizaron las posiciones sobre la esfera celeste se encontró con que ésta caía aparentemente en la constelación de Aries. Hoy, sin embargo, y debido al movimiento de precesión, ya no se encuentra en Aries, sino en Piscis. Análogamente, no existe una correspondencia exacta entre los doce signos zodiacales como se fijó en la Antigüedad y las constelaciones que llevan sus nombres.
Por ejemplo, el Sol no se proyecta en el signo de Piscis entre el 21 de febrero y el 21 de marzo, como cabe suponer al mirar los datos de los tradicionales horóscopos. Esto fue cierto en la Antigüedad, pero hoy ya no lo es porque, debido a la precesión, el Sol visto desde la Tierra en ese periodo recorre la eclíptica teniendo como fondo las estrellas de la constelación de Acuario.

Perturbaciones con movimientos cónicos

El movimiento de precesión del eje de rotación de la Tierra, debido a la gravedad que ejercen sobre él el Sol y la Luna, se llama precesión lunisolar. Pero la atracción que estos dos cuerpos varía, por ejemplo, en función de la distancia del Sol y de la Luna con respecto a la Tierra. Estas circunstancias actúan de tal manera que perturban el simple movimiento cónico del eje

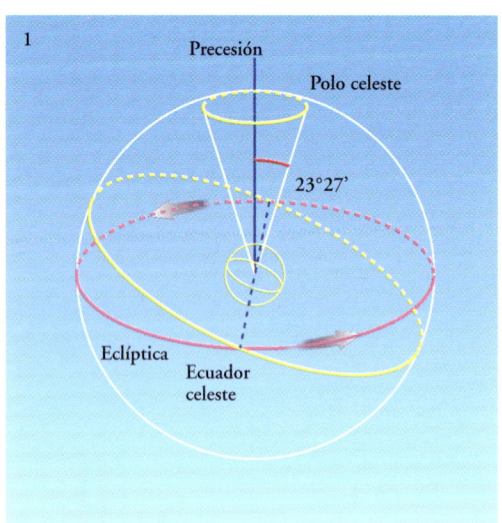

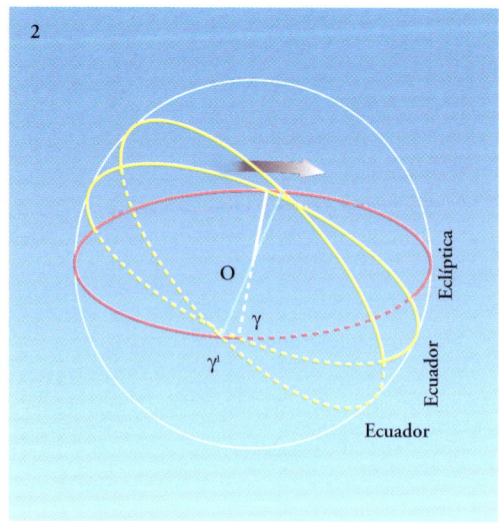

Efectos de la precesión
Debido a la precesión, el ecuador celeste adopta diversas inclinaciones con respecto a la eclíptica (fig. 2); el eje terrestre describe un cono en el espacio (fig. 1).

MOVIMIENTOS MILENARIOS DE LA TIERRA

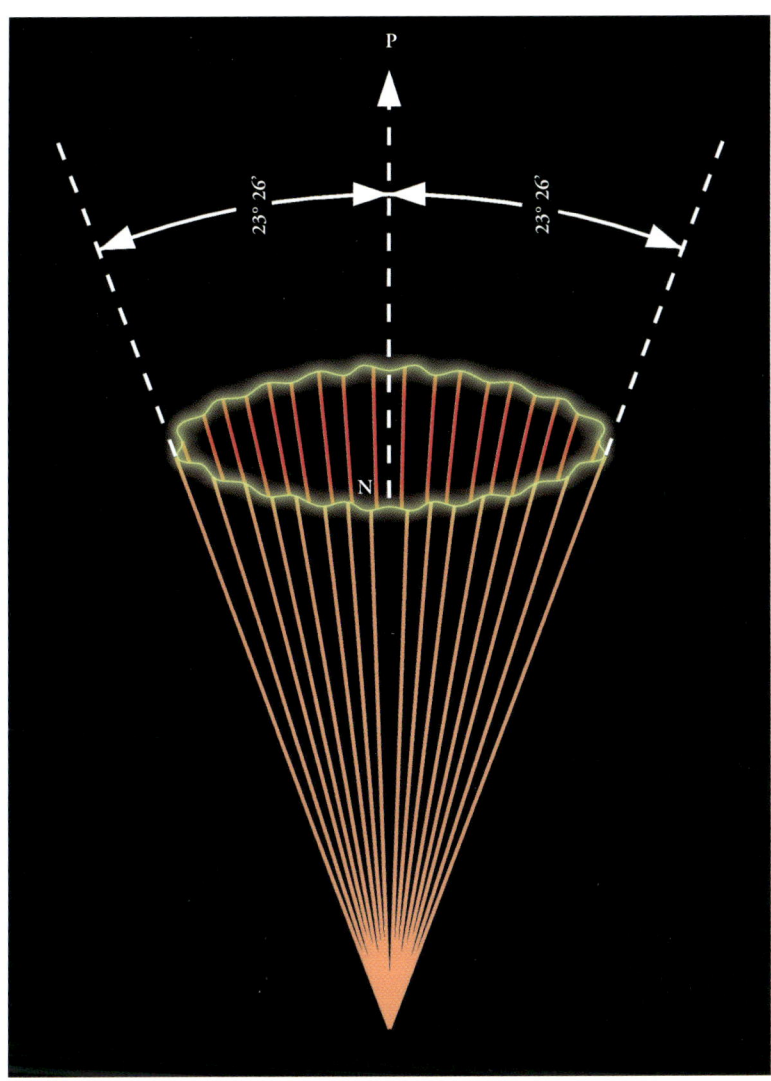

Las nutaciones
Al movimiento cónico de precesión se superpone otro muy corto, la nutación, que hace que el borde del cono sea ondulado.

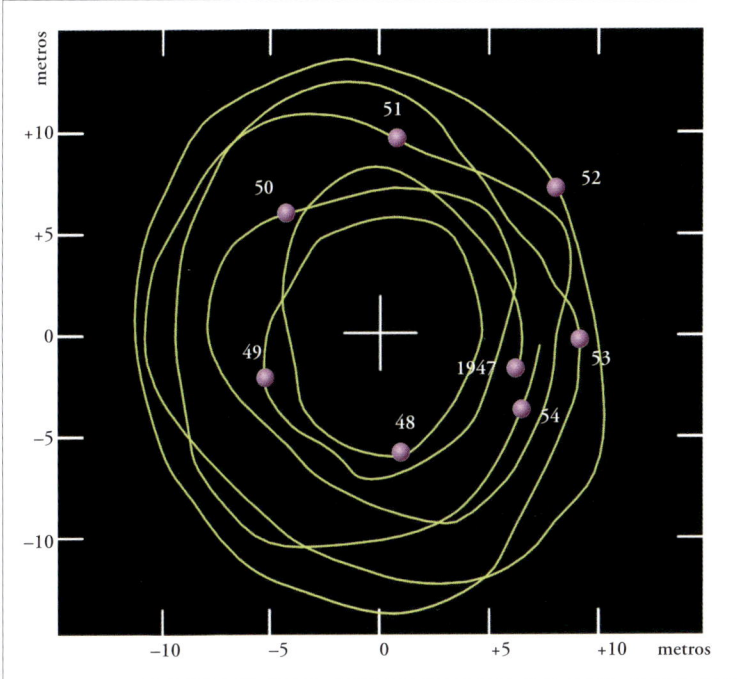

Los polos también se mueven
La curva representada en la ilustración es una polodia. Representa el recorrido efectuado por el polo Norte terrestre en el transcurso de unos años.

terrestre, el cual se sobrepone a las pequeñas oscilaciones llamadas *nutaciones*, que hacen *ondulado* el cono precesional.
Las nutaciones tienen un periodo de 18,6 años y una amplitud máxima de 9 segundos de arco.
La precesión luni-solar no es la única precesión a la que está sometida la Tierra. También los planetas ejercen su influencia. Éstos influyen en el movimiento de la Tierra alrededor del Sol, modificándolo y determinando un cambio en el plano de la órbita terrestre. Este movimiento es el llamado precesión planetaria y hace que se mueva en el espacio el polo de la enclítica, dando como resultado que el movimiento de precesión total, luni-solar y planetaria, sea un movimiento cónico, periódico pero no cerrado. Esto significa que el eje terrestre, en 26.000 años, realiza un giro completo, pero no vuelve a situarse exactamente en el mismo punto del cielo.

Otros movimientos de la Tierra

Los demás cuerpos del Sistema Solar ejercen su atracción sobre la Tierra, por lo que no sólo modifican la posición en el espacio de la órbita de la Tierra alrededor del Sol, sino que también cambian su forma. Por ejemplo, la excentricidad (el achatamiento) de la órbita se cambia cada 92.000 años. Esto quiere decir que en una determinada época la órbita es más achatada y que en otras lo es menos. Incluso el ángulo de inclinación del eje terrestre varía con el tiempo, aunque sea poco: pasa de un máximo de 24° 20' a un mínimo de 21° 55' en un periodo de unos 41.000 años; actualmente es de 23° 27'
Estos últimos movimientos, junto al ya mencionado de la precesión, modifican la irradiación del Sol sobre la Tierra y puede que tengan que ver con las glaciaciones que se han producido en nuestro planeta, como, de hecho, ya se ha planteado en muchos estudios desde el siglo XIX.
Por último, las mareas producidas en las masas oceánicas por la atracción de la Luna tienen también su importancia sobre el movimiento de rotación: la atracción ejercida sobre las corrientes marinas frena la rotación de la Tierra, alargando progresivamente la duración del día. A la vez, la Luna se aleja de nuestro planeta. Este efecto se puede calcular y predecir. Existen, sin embargo, otros movimientos del eje de la Tierra que resultan imprevisibles y que pueden deberse, por ejemplo, al cambio de las masas oceánicas o incluso a los movimientos internos del globo terrestre.
Por lo tanto, puede hablarse de estos cambios como si se tratara de *migraciones de los polos terrestres*, es decir, de un cambio constante de los polos. La línea de proyección de los polos sobre la superficie terrestre durante su movimiento es la que se llama *polodia*, es decir, *camino de los polos*.

DE PASEO CON EL SISTEMA SOLAR

La Tierra se mueve en el espacio junto al Sistema Solar, el cual, además, se mueve en dirección a la constelación de Hércules. El Sol viaja hacia esa constelación con una velocidad de 70.000 km/s.
La Tierra y el Sistema Solar se mueven en el interior de la Vía Láctea, girando sobre una órbita casi circular alrededor de la galaxia con una velocidad próxima a los 980.000 km/h.
A su vez, nuestra galaxia, que no está inmóvil en el espacio, se mueve con una velocidad cercana a los 950.000 km/h.

La Luna

La cara visible de la Luna
En la mitad de la Luna que se ve desde nuestro planeta se nota la presencia de los grandes mares (las zonas oscuras), cuyo origen se debe a una antigua emanación de lava desde los estratos internos.

Desde siempre la Luna ha despertado una fascinación misteriosa sobre el género humano y sus ciclos ejercen una influencia poderosa en nuestra vida. Con un diámetro de 3.476 km, semejante al de la Tierra, además de ser el cuerpo celeste más cercano, la Luna es el único satélite natural de la Tierra; está tan cerca de nosotros que puede observarse incluso con precisión con unos simples prismáticos. Su órbita alrededor de la Tierra tiene una duración media de 27,3 días, el llamado mes sidéreo. Al tiempo empleado por la Luna en realizar un ciclo completo de todas sus fases se le llama mes sinódico y tiene una duración de 29,5 días. Esta diferencia se debe al hecho de que mientras la Luna gira alrededor de la Tierra, esta última se mueve alrededor del Sol, lo que obliga a nuestro planeta a dar algo más de una revolución para volver a estar en la misma fase.

Las observaciones

A Galileo Galilei se debe la primera descripción detallada de la morfología lunar. De hecho fue el primero en clasificar las estructuras visibles en mares, montañas y cráteres, a partir de los tamaños de las sombras. Lanzó la hipótesis de que los montes de la Luna tenían que ser más elevados que los terrestres. Los trabajos de Galileo motivaron el interés por nuestro satélite en los estudiosos de su época. En su empeño por aclarar el origen de las estructuras lunares se formaron en seguida dos líneas de pensamiento divergentes. La primera proponía que estas formaciones tenían un origen volcánico, mientras que la otra pensaba que los cráteres y los mares habían sido producidos por el impacto de meteoritos. La cuestión quedó irresoluta durante más de tres siglos y sólo, y gracias, a las sondas lunares y a los equipamientos humanos se ha podido llegar a la conclusión de que la segunda opción es la correcta.

Otro italiano, el astrónomo Giovanni Riccioli, publicó en 1651 un mapa con las particularidades de la Luna en el que se daba nombre a la mayoría de las estructuras lunares de su cara visible. Los mares de la Serenidad, de la Tranquilidad, de las Tempestades, los cráteres Copérnico y Tycho Brahe deben su nombre a este estudioso. A Galileo, por su contencioso con la Iglesia, sólo le dedicó un cráter pequeño de unos 15 km de diámetro.

La superficie lunar

El aspecto de la superficie lunar se parece al de los desiertos terrestres, un terreno cubierto por un manto compacto de polvo llamado *regolito*. El horizonte está perfilado por colinas y montañas que se destacan en la oscuridad del cielo negro e iluminado por las estrellas, incluso de día, debido a la ausencia de atmósfera. La superficie, con frecuentes lomas y pequeños relieves, parece mucho más accidentada. Las clasificaciones principales en la morfología lunar consiste en separar los mares de las tierras. Las primeras son regiones de tipo depresión, es decir, que están en un nivel más bajo que la altura media del suelo y, por lo general, se encuentran en la cara de la Luna visible desde la Tierra. Las depresiones tienen pocos cráteres: parecen llanuras lisas y sin asperezas y, como además reflejan poco la luz del Sol, aparecen bastante oscuras. Se cree que los mares se formaron por enormes coladas de lava de origen volcánico en

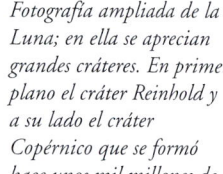

Grandes cráteres
Fotografía ampliada de la Luna; en ella se aprecian grandes cráteres. En primer plano el cráter Reinhold y a su lado el cráter Copérnico que se formó hace unos mil millones de años.

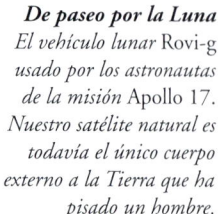

De paseo por la Luna
El vehículo lunar Rovi-g usado por los astronautas de la misión Apollo 17. Nuestro satélite natural es todavía el único cuerpo externo a la Tierra que ha pisado un hombre.

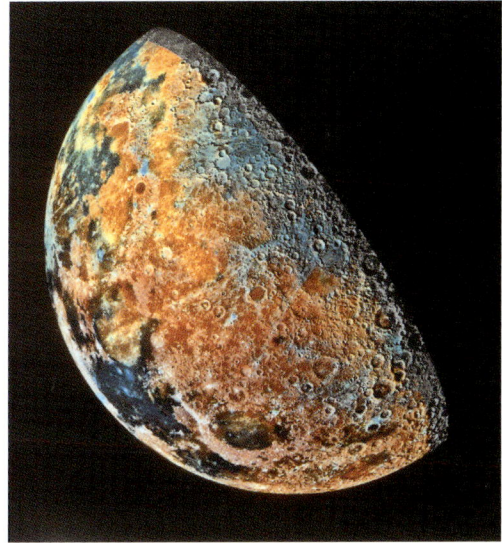

Imágenes en colores falsos
Una reconstrución en forma de mosaico de una parte de la superficie lunar hecha con tres filtros diferentes. Para obtener esta fotografía fueron necesarias 53 imágenes.

Lluvia de meteoritos

Como ya se ha dicho, la mayoría de los cráteres y de las grandes depresiones circulares se formaron por la caída de meteoritos. Cuando se trataba de objetos grandes, el impacto provocó que saliera la lava del subsuelo lunar. Alrededor de algunos de estos cráteres se puede observar los flujos de la lava, los llamados *rayos*, que se formaron tras el impacto. La ausencia de agentes atmosféricos ha permitido que se mantengan intactas estas estructuras que recubren la superficie lunar. Durante la misión *Apollo* los astronautas recogieron muchas rocas lunares cuya composición ha resultado ser de tipo basáltico. Este material, en la Tierra, se encuentra en las áreas volcánicas y se cree que su origen en la Luna sea el mismo.

tiempos relativamente recientes (hace 3,8-3,3 miles de millones de años) con respecto a las otras formaciones lunares cuyo origen es mucho más antiguo. Las tierras, en cambio, están a más altura y se caracterizan, por lo general, por una fulgurante luminosidad y por la presencia de miles de cráteres de todas las dimensiones. En la superficie lunar también hay cadenas montañosas con puntas que alcanzan los 6.000 m de altura. Se distribuyen de un modo irregular por la superficie, aunque se concentran alrededor de los mares; sin embargo, el monte más alto se encuentra cerca del polo sur lunar.

Cráteres y fallas
El fondo del mar lunar Sinus Medi, que se encuentra en el centro del hemisferio visible desde la Tierra. Se ven algunas fallas que van de un cráter a otro.

Jeep lunar
Los astronautas de la misión Apollo 15 *cuando salieron del módulo lunar exploraron zonas lejanas al punto de aterrizaje a bordo de un jeep.*

DATOS DE LA LUNA

Distancia media a la Tierra: 384.000 km (mín. 356.000 km, máx. 407.000)
Diámetro: 3.476 km
Velocidad orbital media: 1 km/s
Periodo de rotación: 27d 7h 43m 12s
Periodo de revolución sidéreo: 27d 7h 43m 12s
Periodo de revolución sinódico (fases): 29d 12h 44m 03s.
Masa: $7,35 \times 10^{22}$ kg
Densidad: 3,35 g/cm^3
Atmósfera: ausente

Según las teorías más recientes, la actividad volcánica ha sido una constante en la historia de la Luna. Esta teoría se apoya en que se han localizado restos de tipo volcánico de hace tan sólo 900 millones de años, mientras que hasta hace poco se creía que la actividad volcánica en la Luna sólo paró a los mil millones y medio de años de su origen.

El interior de la Luna

El interior de la Luna tiene una estructura bastante parecida a la de la Tierra, aunque son diferentes las proporciones de los distintos estratos. El núcleo, formado por un material ferroso, tiene unas dimensiones no muy grandes (unos 700 km de diámetro) mientras que el manto ocupa casi todo el volumen de la Luna. La corteza, muy fina, se caracteriza por tener un espesor variable según la zona: cerca de 100 km en la cara oculta del satélite y 60 km en la visible desde la Tierra. Este hecho explica las diferentes morfologías de las dos caras de la Luna. En la oculta a la Tierra la superficie está casi toda ella cubierta de cráteres y montañas y es muy raro que haya mares, lo contrario de lo que sucede en la otra cara, que ocupan áreas de enormes dimensiones. La explicación a este fenómeno tiene que ver con los distintos espesores de la corteza lunar: a lo largo de su historia geológica, a la lava presente en el manto le ha costado menos salir en las zonas en las que la corteza era más fina y por eso se han formado los mares.
La Luna es el único cuerpo celeste externo a la Tierra a la que ha llegado ser humano. En la carrera espacial con la antigua URSS por la conquista de la Luna tuvieron mejores resultados los estadounidenses y sus astronautas alunaron en julio de 1969. Los nombres de estos tres hombres de la misión *Apollo 11* (Amstrong, Aldrin y Collins) permanecerán siempre en la historia de las exploraciones espaciales.

Origen de la Luna

El origen de la Luna todavía se discute hoy. Las teorías sobre su formación y evolución son varias, y sólo en época reciente se ha empezado a aclarar este asunto.
Antes de exponer las distintas teorías al respecto, hagamos un resumen de las características de nuestro planeta con el fin de ver sus analogías y diferencias con respecto a la Tierra.
A simple vista se pueden distinguir las peculiares estructuras de la superficie de la Luna: no parece un disco uniforme pero aparece rodeada de zonas claras (tierras) y de regiones oscuras (mares). Por todas partes hay cráteres (cerca de un millón) de distintos tamaños, cuyos diámetros van desde algunos centímetros a centenares de kilómetros. Los mares son áreas llanas bastante uniformes que cubren cerca de un tercio de la cara lunar que mira a la Tierra; están formados, principalmente, por rocas de origen volcánico. Las tierras, en cambio, presentan un aspecto más complejo y confuso; ocupan los dos tercios del hemisferio visible y la casi totalidad del oculto. En ése es donde hay muchos cráteres de grandes dimensiones y casi diez veces más numerosos que los mares.

Las rocas lunares

Toda la superficie lunar está cubierta de un suelo particular, llamado *regolito*, formado por polvo, detritos, restos de los impactos y de las roturas de la superficie lunar, realizado todo ello por los meteoritos. La caída de un meteorito, además de producir un cráter, provoca modificaciones en

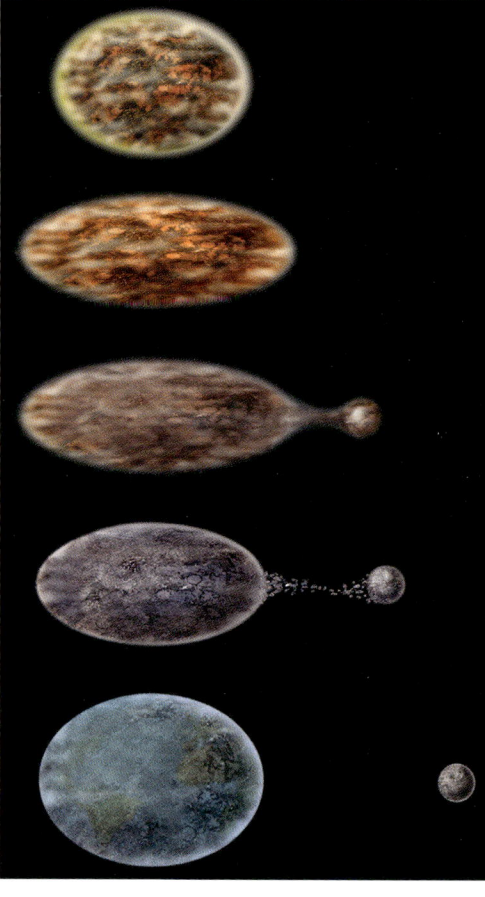

De una costilla de la Tierra
Distintas fases de la hipotética fisión de la Luna por una Tierra todavía fluida. Según datos recientes, la fisión se habría producido debido al impacto con un cuerpo con gran masa.

las rocas que forman la superficie en la que ha tenido lugar el impacto.
La energía liberada en el choque provoca la fusión de las rocas subyacentes que se desparraman por todo el alrededor en el momento de la explosión; después, al enfriarse, se solidifican en pequeñas esferas cristalinas. A mayor distancia del lugar del impacto, las rocas no se funden pero también sufren modificaciones: la colisión provoca la compresión y la aglomeración de materiales diversos que forman una roca heterogénea llamada *brecha*. Muestras de brechas se han traído a la Tierra de las misiones lunares y son fundamentalmente de tres clases: basálticas, rocas de KREEP y polvo lunar. Los basaltos son rocas volcánicas de color oscuro; las de KREEP reciben este nombre por su elevado contenido en potasio (símbolo químico K), tierras raras (en inglés, Rare Earth Elements, REE) y de fósforo (símbolo P). Las anortositas, raras en la Tierra, son de color claro, de densidad baja y ricas en calcio, constituyen fundamentalmente los altiplanos lunares.
Los análisis químicos de las muestras han demostrado que la Luna está formada por los mismos elementos que la Tierra, pero en diferentes proporciones. La Luna es mucho más rica en elementos refractantes, es decir con alta temperatura de fusión, como por ejemplo el

Infinitos cráteres
La superficie de la Luna está llena de cráteres de origen meteórico que no han sufrido ningún proceso de erosión por la carencia de atmósfera y de agua en estado líquido.

Una colisión cósmica
Según la teoría bastante acreditada de la hipótesis de la fisión, la Luna se ha formado con materiales de la corteza terrestre que andaban por el espacio tras un encuentro con un cuerpo tan grande como Marte.

ORIGEN DE LA LUNA

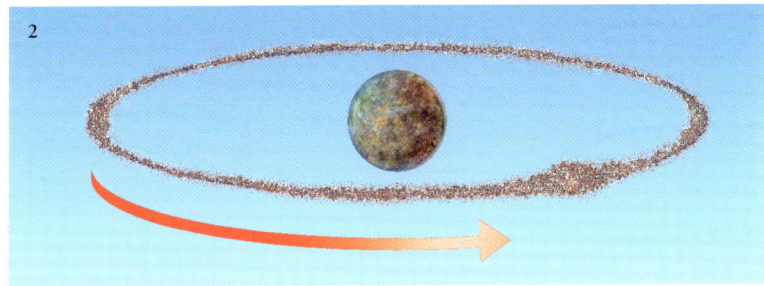

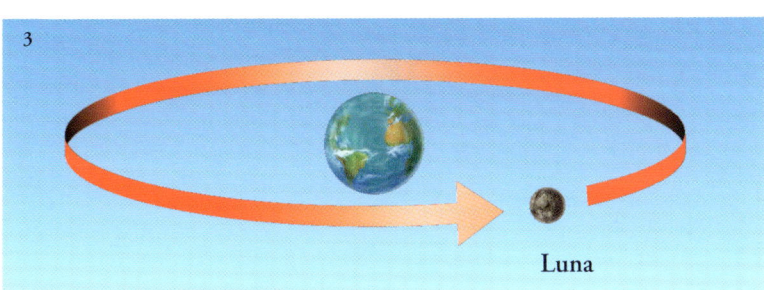

Crecimiento
Según la hipótesis del crecimiento, la Luna se formó independientemente de la Tierra por la aglomeración de materiales en órbita alrededor de nuestro planeta.

calcio y el titanio. En cambio, es muy pobre en elementos volátiles, es decir, con muy baja temperatura de evaporación. Todo lo dicho hasta aquí es básico para las formulaciones sobre el origen de nuestro planeta.

Núcleo y campo magnético

La corteza lunar está constituida por anortosita, que se extiende por la superficie hasta 60 km de profundidad. La capa inferior está formada por rocas más densas. Pero se sabe muy poco de la composición de los estratos más profundos. Sin embargo, parece ser que la Luna carece de un núcleo de hierro en estado fluido. Esto parece deducirse de su baja densidad media ($3,3$ g/cm^3) con respecto a la de la Tierra ($5,53$ g/cm^3) y por su ausencia de campo magnético. En un pasado tuvo que tener, por el contrario, un campo magnético muy intenso porque todas las rocas lunares presentan un magnetismo residual, testigo fósil de que en la época de su formación tuvo que haber un magnetismo de gran intensidad.

Por los estudios realizados con las muestras lunares se ha llegado a la conclusión de que los mares son formaciones geológicas más jóvenes que los altiplanos. Se nota por el hecho de que los cráteres más grandes, producidos por impactos muy destructivos, se encuentran sobre todo en las regiones ocupadas por los altiplanos, mientras que casi no hay en las zonas de los mares. Esto indica que los mares se han formado en un periodo posterior a la fase en la que los impactos con los grandes meteoritos era muy frecuente. A esta fase de intensa lluvia de meteoritos siguió (hace 4.000 millones de años) una era de emergencia de lava a la superficie. Estas coladas fueron a llenar las amplias depresiones creadas por los impactos de los meteoritos. La lava, una vez solidificada, constituyó los actuales mares. Después siguieron produciéndose impactos de meteoritos, pero de menor intensidad y número. Sin embargo, es cierto que en los mares se ven algunos cráteres, pero, desde luego, muchos menos de los que se pueden observar en los altiplanos.

Tres posibles escenarios

Sobre el origen de nuestro satélite existen tres hipótesis clásicas: *atracción, crecimiento* y *fisión*. La primera sugiere que la Luna se formó en una región muy lejana de la Tierra y que fue atraída por nuestro planeta gracias a su gravedad. Esto explicaría la diferencia en la composición química de la superficie de la Tierra y de la Luna: la de ésta es diferente porque se ha formado mucho más lejos, en una zona del Sistema Solar pobre en elementos volátiles y, sin embargo, rica en elementos refractarios. La atracción, de todas maneras, parece un proceso bastante improbable desde el punto de vista de la dinámica; un cuerpo como la Luna que pasase cerca de la Tierra es muy difícil que fuera atraído por ella, a lo sumo produciría una desviación en su trayectoria.

En el segundo caso, el del crecimiento, La Luna sería una *compañera de la Tierra*, crecida y desarrollada junto a ella, pero nacida por separado y formada a partir de fragmentos sueltos que se encontraban en la órbita terrestre. Esta hipótesis no explicaría las diferencias de composición de los dos cuerpos, ya que en este caso se habrían producido a partir del mismo material.

Según la hipótesis de la fisión, la Luna habría nacido de un formidable impacto cósmico que sufrió nuestro planeta en época muy remota. Un cuerpo de grandes dimensiones (del tamaño de Marte) colisionó contra la Tierra, arrancándola una gran cantidad de materiales. Cuando estos materiales entraron en órbita alrededor de la Tierra se fueron compactando formando la Luna. Esta hipótesis explicaría la semejanza entre los materiales terrestres y lunares y que los estratos más internos de nuestro planeta no se vieran afectados por el choque. Por eso es la hipótesis que hoy se considera más plausible.

Observaciones desde la noche de los tiempos
Aunque la Luna sea con mucho el cuerpo celeste más observado desde la Antigüedad, todavía hay muchas dudas sobre su naturaleza y origen.

Fases lunares y eclipses

La Luna, noche tras noche, cambia su aspecto y éste es, sin duda, su carácter más evidente: a veces, se nos presenta como un gajo fino y otras redonda y completamente iluminada por el Sol. Las fases lunares se producen por el continuo cambio de las posiciones recíprocas de la Luna, la Tierra y el Sol en el movimiento de revolución de nuestro planeta girando a nuestro alrededor. La Luna, incluso, se hace invisible (luna nueva) cuando se sitúa entre el Sol y la Tierra, pues en esta posición nos muestra su lado oscuro. Si por el contrario se encuentra por detrás del Sol, su luz refleja rebota en el hemisferio nocturno de la Tierra y entonces hay luna llena. Si el ángulo entre los tres cuerpos celestes es de 90°, desde nuestro planeta veremos sólo la mitad del disco lunar iluminado (cuarto creciente o cuarto menguante). En las posiciones intermedias se ve un arco más o menos estrecho o ancho. El ciclo de las fases se empieza a contar en la luna nueva. A partir de entonces irá creciendo y cerca de dos semanas después alcanza la luna llena desde donde empieza a amenguar. Se habla de la edad de la Luna para definir el tiempo pasado entre dos lunas nuevas.

Por otro lado, también debido al movimiento de revolución alrededor de la Tierra, que se realiza de manera contraria al movimiento horario (es decir, de oeste a este) la Luna, observada a la misma hora en días sucesivos, se la ve movida hacia el este con respecto al fondo estrellado; surge y se oculta, como media, 50 minutos más tarde que el día anterior.

Mes sideral y mes sinódico

El tiempo empleado por la Luna para realizar una órbita completa se puede definir de dos maneras diferentes, pues mientras gira alrededor de la Tierra ésta no está inmóvil en el espacio sino que se mueve a su vez alrededor del Sol. Si medimos con respecto a las estrellas, que vamos a considerar fijas, el periodo de revolución dura 27 días, 7 horas, 43 minutos y 11 segundos, éste es el *mes sideral*; pero el tiempo que emplea la Luna para volver a la misma fase es distinto porque, en este caso, hay que tener en cuenta el movimiento de la Tierra.

Luna creciente, luna menguante...
Partiendo de la luna nueva se va hacia el primer cuarto creciente, después se llega a la luna llena para volver por la luna menguante hasta la luna nueva.

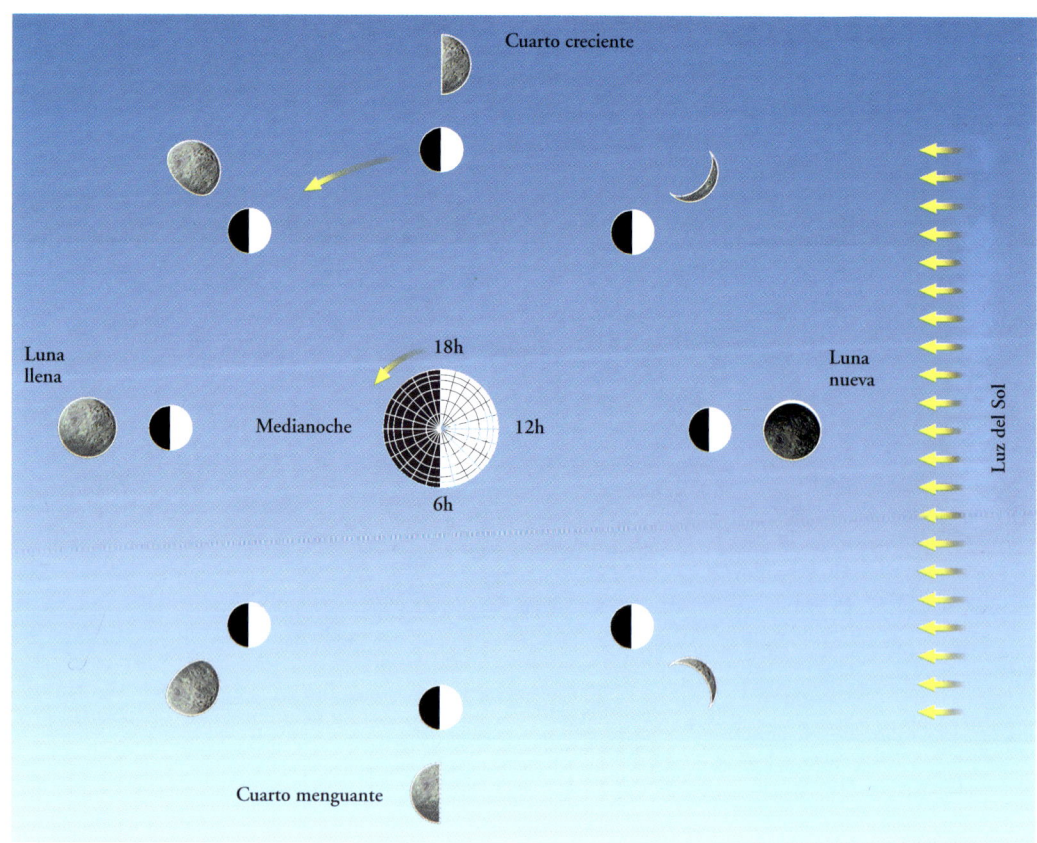

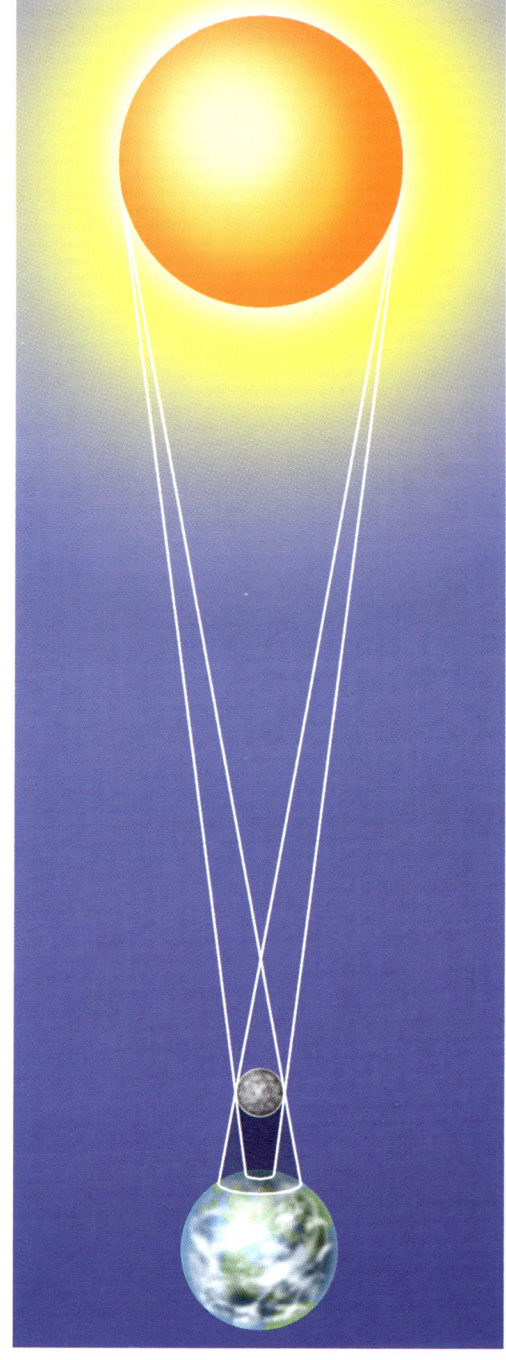

Un fino cono de sombra
Esquema geométrico de un eclipse de Sol. El cono de la sombra de la Luna se proyecta en el espacio y choca con la superficie terrestre; la sombra se produce porque una parte del Sol está cubierta por nuestro planeta.

El intervalo de tiempo entre dos fases iguales de la Luna es el llamado *mes sinódico* y dura 29 días, 12 horas y 44 minutos.

Eclipses sí, eclipses no...

Cuando el Sol, la Luna y la Tierra se encuentran perfectamente alineados en el espacio se produce

FASES LUNARES Y ECLIPSES

Luna roja
En un eclipse de Luna nuestro satélite no desaparece del todo. Su luz enrojece y toma una coloración rojiza debido a la refracción atmosférica.

un *eclipse*. Hay eclipses de dos tipos: de Sol, los que se producen cuando la Luna se sitúa entre el Sol y la Tierra, ocultando parte de nuestra estrella; los de Luna se dan cuando la Tierra se sitúa entre la Luna y el Sol, entonces la sombra de nuestro planeta oscurece la superficie de nuestro satélite natural.
Si los planos de las órbitas lunar y terrestre coincidiesen, se daría un eclipse cada dos semanas, es decir, cada medio mes sinódico. Pero da la casualidad de que tienen una inclinación entre ellos de unos 5° y se cruzan a lo largo de la línea llamada *línea de nodos*; los nodos son los dos puntos en los que la órbita lunar corta el plano de la eclíptica. Así que no es suficiente con que nuestro satélite se encuentre en la fase justa para que se produzca un eclipse; se necesita, además, que esté cerca de uno de los nodos. Sólo en este caso, cuando hay luna llena, puede darse un eclipse de Luna, o si hay luna nueva, se dará un eclipse de Sol. Los eclipses siguen un ciclo perfectamente definido y conocido desde la Antigüedad, el llamado *periodo de Saros*, que dura 6.585,3 días, es decir, 18 años, 11 días y 8 horas (incluye cuatro años bisiestos); concluido este periodo, los eclipses se sucederán posteriormente con las mismas características.

ROTACIÓN Y REVOLUCIÓN

Una característica curiosa del movimiento de la Luna, y que hace que muestre siempre la misma cara a la Tierra, es que su periodo de rotación es igual al de revolución sidéreo. Se debe a la presencia de la Tierra que, con su fuerza de gravedad, ha ido frenando con el tiempo la rotación lunar que era originariamente más rápida. Desde la Tierra no puede observarse ningún hemisferio lunar; se han visto por primera vez gracias a las fotografías tomadas por las sondas espaciales enviadas en los años cincuenta. De la Luna, en efecto, sólo se puede ver el 50% debido a las oscilaciones aparentes del disco lunar, conocidas como *libraciones* y descubiertas por Galileo y que llamó *titubaciones*. En conjunto, teniendo en cuenta las libraciones, desde la Tierra puede verse, aunque sea en distintos momentos, el 59% de la superficie lunar.

Clases de eclipses de Sol

Se dan varias clases de eclipses de Sol: total, parcial y anular.
Se habla de eclipse total cuando el disco solar está completamente cubierto por la Luna.

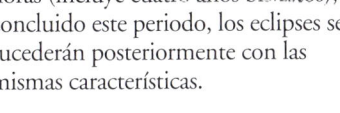

La larga sombra de la Tierra
En un eclipse de Luna ningún cuerpo se interpone entre la Tierra y la Luna. Por eso nuestro satélite permanece visible.

Eclipse parcial
Un eclipse de Sol, si no es total, no es muy espectacular. Sólo cuando el disco solar está completamente cubierto por la Luna llega la oscuridad y se hace visible la corona.

Las regiones desde las que es observable son muy limitadas porque la sombra lunar barre la superficie terrestre dibujando una banda que puede llegar a tener una anchura de 200 km y que es la zona desde donde se percibe con gran nitidez el eclipse como total.
Alrededor de esta zona hay otra mucho mayor en la cual el eclipse se percibe como parcial.
La duración máxima de la fase del cubrimiento total es de 8 minutos.
El eclipse anular se da cuando la sombra de la Luna no cubre totalmente el Sol, sino que deja visible la parte externa con forma de anillo. Este eclipse depende de la distancia Luna-Tierra, porque la órbita lunar es muy elíptica. Cuando nuestro satélite está más cerca se ve más grande y cuando está más lejos, parece más pequeño. Si el eclipse se da en este segundo supuesto, el diámetro aparente del disco lunar es insuficiente para cubrir todo el Sol.

Eclipses de Luna

Observar un eclipse de Luna es mucho más fácil, ya que son visibles en la mitad de la superficie terrestre, es decir, en todo el hemisferio no iluminado por el Sol. Duran varias horas, entre la fase de sombra y penumbra, pues la Luna tarda mucho tiempo en atravesar el amplio cono oscuro de la Tierra.

Las mareas

La gente que vive cerca de la costa está familiarizada con las mareas provocadas por la Luna, como consecuencia de la atracción gravitacional que ejerce sobre nuestro planeta. Las mareas son movimientos cíclicos de los mares y de los océanos: el nivel del agua se eleva (marea alta) periódicamente de una manera previsible. También la atracción que el Sol ejerce sobre la Tierra interviene en los efectos de las mareas, aunque mucho menos que la Luna, que está mucho más cerca del Sol.

Mareas altas y bajas

Si nos imaginamos la Tierra como un cuerpo sólido rodeado por completo del agua de un océano inmenso, el efecto de las mareas se manifestaría con la formación de dos protuberancias de las aguas: una en la cara de la Tierra que mira a la Luna y la otra en la parte opuesta. Lo equivalente a cada una de estas dos protuberancias es una marea alta.

La protuberancia del agua de la parte de la Tierra más cercana a la Luna se comprende fácilmente porque en ese punto se da la atracción gravitacional ejercida por la Luna, pero quizás cuesta más entender por qué se produce otra marea alta en el lado opuesto de nuestro planeta.

La explicación está en el hecho de que los dos

El retraso de las mareas
Si tenemos un punto P en la Tierra en el que se está produciendo una marea alta, no volverá a darse esta situación hasta pasadas 24 horas. Debido a la revolución lunar, hay esperar a que el punto P alcance de nuevo la onda lunar.

cuerpos, la Tierra y la Luna, orbitan alrededor del mismo baricentro, que está fijo en el espacio y que, por la preponderancia de la masa de la Tierra, se encuentra a unos 1.700 km por debajo de la superficie terrestre. Por este motivo, tanto la Tierra como la Luna están sometidas a una fuerza centrífuga que tiende a alejar una de otra, aunque por otro lado la fuerza de la gravedad tienda a compensarla. Ahora bien, el equilibrio no es perfecto: la parte del océano que se encuentra dirigida hacia la Luna sufre una gran atracción, mientras que la opuesta, más lejana, la nota menos.

Esta región, entonces, tiende a *alejarse* de la Tierra por efecto de la fuerza centrífuga.
El resultado, en su conjunto, es que se producen dos mareas equivalentes en las dos caras antípodas de nuestro planeta.

Mareas altas y bajas
En Mont Saint Michel, en el norte de Francia, la diferencia entre marea baja (a izquierda) y marea alta (a derecha) es evidente. En la Tierra, existen algunos lugares en los que la variación de nivel del mar es de muchos metros.

Pero la Tierra gira...

Para comprender bien las mareas hay que tener en cuenta dos factores importantes: la rotación de la Tierra alrededor de su propio eje en 24 horas y el movimiento de la Luna alrededor de la Tierra en un periodo de cerca de 28 días. Supongamos que estamos en un pueblo cerca del mar situado en un punto de la superficie terrestre que mira hacia la Luna. Tendremos marea alta cuando se produzca una de las dos pleamares. Pero conforme vayan pasando las horas y dado

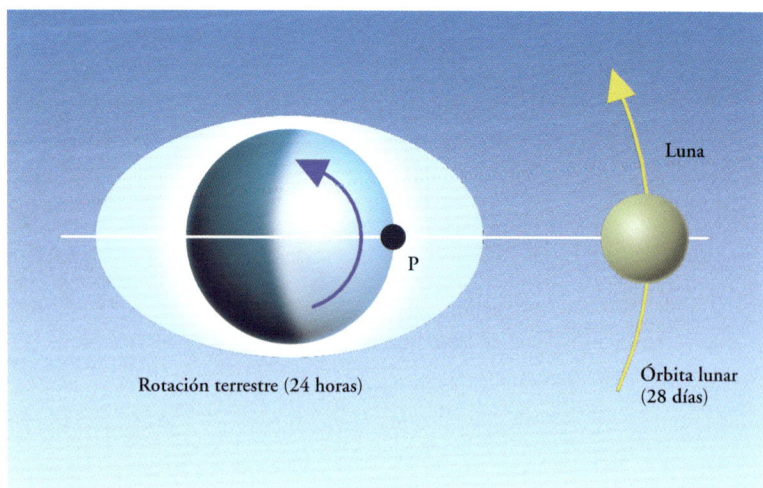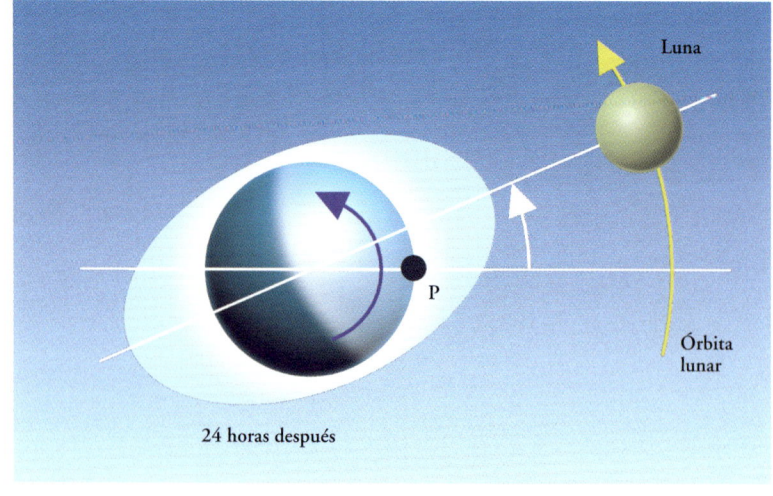

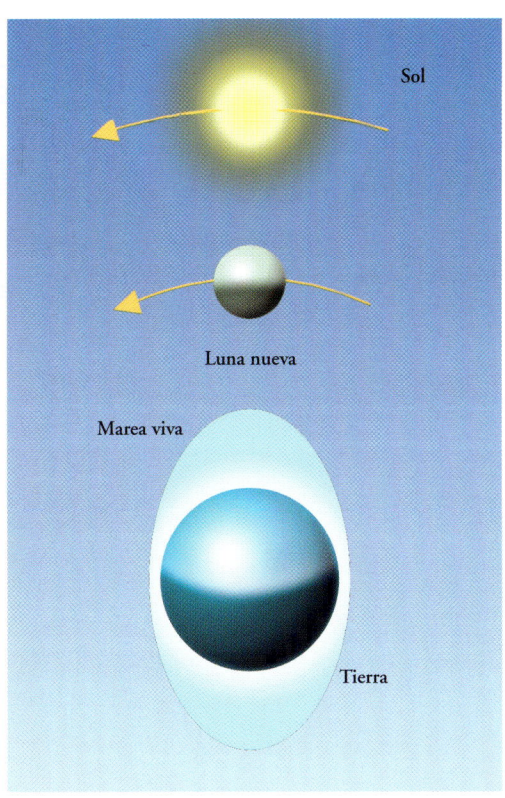

Mareas vivas
Cuando Sol, Luna y Tierra se encuentran alineados, la influencia del Sol se suma y agranda la marea alta. La marea que se produce se llama viva.

Mareas muertas
Cuando la Luna se encuentra en el primer o último cuadrante se forma un ángulo de 90° con respecto a la Tierra y el Sol, el efecto de la marea se resta. Se habla entonces de mareas muertas.

que la Tierra gira sobre sí misma, el nivel del agua disminuirá progresivamente hasta que, pasadas unas seis horas, se producirá una marea baja. Entonces, otras seis horas después de la primera marea baja, volveremos a encontrarnos con la subida del nivel del mar, pues resultará que en ese momento nos encontramos exactamente en la cara opuesta con respecto a la Luna, la zona en la que se da la segunda protuberancia. Luego, tendremos de nuevo otra marea baja, a unas doce horas después de la primera. En un día se producen dos mareas bajas y dos altas. En resumen, las pleamares siguen el movimiento de la Luna. Esto significa que las mareas se producen cada día con un retraso de 50 minutos con respecto al día anterior.

Influencia del Sol en las mareas

La Luna no es el único cuerpo celeste que hay que tener en consideración, por muy fundamental que sea, cuando se hable de las mareas. También el Sol tiene su importancia, sobre todo en lo que se refiere al aumento o disminución de la altura de las mareas producidas por la Luna.
Durante los periodos de luna llena y luna nueva es cuando se alcanzan las diferencias máximas entre el nivel del mar en la pleamar y la bajamar. Esto se debe a la alineación entre la Luna, la Tierra y el Sol, que hace que la atracción ejercida por el Sol sobre las masas oceánicas se sume a la que ejerce la Luna. En este caso se habla de mareas vivas.

Por el contrario, cuando la posición de la Luna y el Sol forma un ángulo recto con respecto a la Tierra se trata de una marea de cuadratura o muerta; en este caso las pleamares son muy modestas porque la atracción del Sol no sólo no puede sumarse a la de la Luna sino que las fuerzas se restan.

LOS EFECTOS DE LAS MAREAS EN EL UNIVERSO

Los efectos de las mareas no afectan sólo al sistema Tierra-Luna. Por ejemplo, Júpiter, con su enorme masa, provoca mareas tan intensas en su satélite Io que lo recalienta hasta el punto de hacerlo geológicamente inestable y de producir en él grandes erupciones volcánicas.
Por otro lado, la fuerza destructiva potencial de las mareas impediría a una hipotética astronave acercarse más allá de un cierto límite a cuerpos extremadamente densos y compactos como, por ejemplo, las estrellas de neutrones. Estas estrellas tienen una masa equivalente a una vez y media nuestro Sol y concentrada en un radio de una decena de kilómetros. Su intenso campo gravitatorio provocaría unos efectos de marea tales como para destruir a cualquier cosa que se acercase a unos miles de kilómetros de su superficie, de tal manera que varios puntos de la astronave se verían sometidos a aceleraciones gravitacionales muy diferentes, en función de cual fuese la distancia de la estrella.

Existen además otros factores que influyen en la altura de las mareas, como por ejemplo, la forma de las costas y las direcciones del viento.

Mareas sólidas en la Luna

También la Tierra ejerce una atracción gravitacional sobre la Luna. El fenómeno es recíproco, luego habrá mareas; pero en este caso se tratará, por así decirlo, de *mareas sólidas*, ya que la Luna no tiene agua en su superficie. Se ha observado que la Luna, por la atracción terrestre, no es del todo esférica, sino ligeramente abombada en dirección a nuestro planeta. La fuerza de las mareas que ejerce la Tierra ha llevado a la Luna a una progresiva desaceleración en su rotación alrededor de su propio eje, hasta el punto de obligarla a mostrar a la Tierra siempre la misma cara.
Las mareas tienen también otros efectos que se reflejan en el aspecto del sistema Tierra-Luna. Las protuberancias de las mareas, al ser atraídas por la Luna, van frenando la velocidad de rotación de la Tierra, aumentando la duración de los días en un segundo cada cien mil años.
Esta pérdida de energía por parte de la Tierra lleva consigo además una posterior consecuencia: la distancia Tierra-Luna aumenta en algún centímetro cada año.
La desaceleración de la rotación terrestre y el alejamiento de la Luna durarán hasta llegar al punto en que la Tierra muestre siempre la misma cara a la Luna, es decir, cuando un día terrestre dure lo mismo que un mes lunar.

Mercurio

De los planetas interiores, Mercurio es el más pequeño y el que orbita alrededor del Sol a más velocidad. La mayor parte de lo que sabemos sobre Mercurio data de 1974 gracias a la sonda *Mariner 10*, el único vehículo espacial, hasta ahora, que lo ha visitado.

El Sol de Mercurio
Ilustración artística de la superficie de Mercurio visto desde una distancia corta. Se ve rodeado de cráteres, y el Sol aparece extremadamente grande y luminoso.

Superficie y cráteres

La superficie de Mercurio, según las imágenes recibidas de la *Mariner 10*, han revelado que está llena de cráteres. A primera vista, la impresión puede ser la de que nos encontramos ante un cuerpo celeste muy parecido a la Luna. En Mercurio hay unas áreas llamadas altiplanos lunares junto a llanuras carentes de relieve y con muy pocos cráteres, es decir, como

Mercurio a trocitos
Primer fotomontaje de la superficie de Mercurio realizado con las imágenes enviadas por la sonda Mariner 10 y realizado uniendo 18 fotografías.

los *mares* de nuestro satélite. Además, hay grandes zonas llanas casi lisas, debido probablemente a la emergencia de magma desde las profundidades del planeta. Otra de sus características son los taludes abruptos que pueblan su superficie por centenares de kilómetros. Su altura oscila entre unos centenares de metros hasta un máximo de tres kilómetros. Tal vez, estas estructuras son la consecuencia de fracturas de la corteza, causadas por un enfriamiento y la consecuente contracción del planeta, ocurrida en el momento de su formación.

En las profundidades de Mercurio

Mercurio tiene campo magnético, aunque su intensidad sea sólo 1/100 del de la Tierra. Geológicamente, Mercurio está cubierto por una corteza y un manto relativamente fino. Su densidad es muy alta, por encima de los 5 g/cm^3, es decir, parecida a la terrestre; esto significa que la mayor parte del planeta debe de ser de materiales pesados.

Se cree que cerca del 70% de su masa consiste en un núcleo ferroso que ocupa casi los tres cuartos del radio del planeta; esto explicaría la presencia del campo magnético, aunque no quedaría claro el mecanismo exacto de su formación. Pero también se piensa que el material metálico fluido presente en el interior del núcleo se comporta como una dinamo, lo mismo que pasa en la Tierra.

Sin embargo, es extremadamente improbable que el planeta tuviera desde el momento de su formación un núcleo ferroso de dimensiones tan grandes; se ha lanzado la hipótesis de que éste perdió parte de su manto rocoso externo como consecuencia de un catastrófico impacto con otro objeto que habría sucedido en los comienzos de la historia del Sistema Solar.

MERCURIO

El interior de Mercurio
El 70% de Mercurio está formado por su núcleo compuesto por níquel y hierro, rodeado por el manto y una corteza fina. Mercurio es el planeta más rico en hierro.

- Núcleo
- Manto
- Corteza

Una órbita excéntrica

Con una distancia media del Sol de cerca de 58 millones de km, la órbita de Mercurio se caracteriza por una excentricidad muy marcada, dado que la distancia entre el planeta y el Sol varía durante el recorrido orbital en unos 24 millones de kilómetros. Mercurio se mueve a una velocidad media de 48 km/s, aunque varía mucho en función de la posición que tenga: en el afelio, Mercurio viaja a una velocidad de 38,7 km/s, mientras que en el perihelio alcanza los 56,6 km/s.

Debido a su situación entre la Tierra y el Sol, Mercurio tiene fases parecidas a las lunares: cuando se encuentra en el punto más próximo a nuestro planeta, adopta el aspecto de una fina medialuna, pero cuando se encuentra en su distancia máxima, más de la mitad de su superficie aparece iluminada. Observarlo durante la fase llena es prácticamente imposible debido a la proximidad del Sol. El plano orbital de Mercurio tiene una inclinación de 7° con respecto al terrestre, y cuando pasa entre el Sol y la Tierra se dirige al norte o al sur del Sol; Mercurio transita delante del Sol unas 14 veces en cada siglo. Estos pasos se llaman *tránsitos*.

Día y noche

La rotación de Mercurio alrededor de su propio eje es excepcionalmente lenta y este hecho produce unos fenómenos muy característicos. A lo largo de una órbita completa alrededor del Sol, Mercurio gira sobre su propio eje sólo una vez y media, de tal manera que un día solar en Mercurio (es decir, desde que sale el Sol hasta que vuelve a salir) equivale a dos años mercurianos.

También, como consecuencia de esta lenta rotación, el mismo hemisferio permanece de cara al Sol durante periodos muy largos de tiempo, lo que trae como consecuencia que sobre la superficie el contraste de la noche y el día sea más marcado en comparación con cualquier otro planeta del Sistema Solar. Durante la noche la temperatura en el hemisferio oculto al Sol baja hasta –180 °C, pero cuando el planeta se encuentra en afelio, a la caída de la tarde se alcanzan los 430 °C. Dado que su eje de rotación forma casi un ángulo recto con respecto al plano orbital, en Mercurio no existen estaciones parecidas a las terrestres. Esto hace además que cerca de los polos haya unas zonas que nunca reciben la luz del Sol. Investigaciones efectuadas con telescopios desde Arecibo, en Puerto Rico, han permitido ver reflexiones del hielo en estas zonas oscuras. La capa de hielo podría tener un espesor de un par de metros.

DATOS DE MERCURIO

Distancia media del Sol: 57,9 millones de km (mín. 45,9, máx. 69,7)
Diámetro: 4.878 km
Velocidad orbital media: 47,87 km/s
Periodo de rotación: 58d 16h
Periodo de revolución: 88d
Satélites conocidos: ninguno
Masa (Tierra = 1): 0,055
Volumen (Tierra = 1): 0,056
Densidad media: 5,43 g/cm³
Temperatura mínima en la superficie: –180 °C
Temperatura máxima en la superficie: +430 °C
Inclinación del eje: 0°
Inclinación de la órbita con respecto a la eclíptica: 7°
Presión en la superficie (Tierra = 1): 10^{-15}
Atmósfera: prácticamente ausente (restos de helio, sodio, oxígeno y otros elementos)

La misión Mariner 10
Mercurio fue visitado por primera vez, en marzo de 1974 por la sonda Mariner 10; en los meses siguientes se dieron otros dos encuentros muy cerca del planeta, desde entonces nadie ha vuelto a acercarse al planeta.

Sólo una vez en Mercurio

Antes de la era espacial, Mercurio era un cuerpo celeste bastante desconocido del que no se sabía con exactitud ni siquiera su periodo orbital. Poco podía decirse sobre las características de su superficie, pues ni siquiera los telescopios más potentes podían acercarse a dimensiones menores de los 300 km; sin embargo, ya había algunos datos que avalaban su semejanza con la Luna. Mercurio refleja sólo el 7% de la luz solar que recibe, su superficie aparece cubierta de polvo y opaca como el regolito que cubre la superficie de nuestro satélite.

Como no se conocía su periodo de rotación, surgieron dudas acerca de si tenía una atmósfera mayor o menor. Antes de los estudios realizados por radio se creía que, a pesar de su masa relativamente pequeña, su atmósfera era equivalente a 10 milibares de anhídrido carbónico; los hay que sostienen haber visto zonas de la superficie oscurecidas por nubes o *velos* de polvo.

Observaciones más precisas, especialmente realizadas durante el tránsito de Mercurio por delante del Sol, no revelan que no exista el más mínimo indicio de efectos de refracción, y los datos obtenidos por radar confirman la ausencia de atmósfera. Por desgracia, no es posible saber nada sobre su composición, la edad de las rocas de la superficie, el origen de los cráteres o su campo magnético. Mercurio era, por lo tanto, un planeta casi desconocido que había que estudiar a fondo.

La superficie rocosa
Junto a Venus, la Tierra y Marte, Mercurio (a la derecha) forma la familia de los planetas terrestres (o telúricos), pequeños y rocosos.

Cráteres de impacto
Detalle de la superficie de Mercurio. Los cráteres de este planeta, como los lunares, se deben a impactos de meteoritos.

La Mariner 10

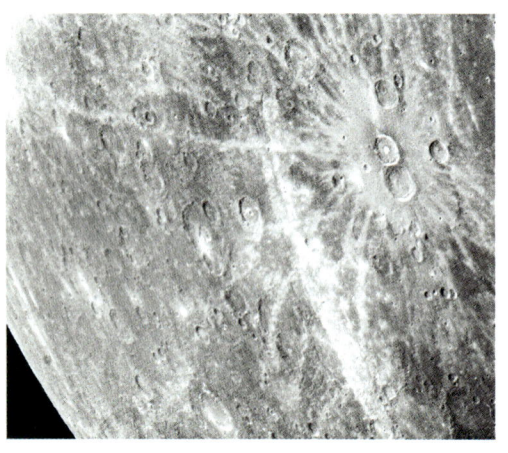

Si en la corta historia de las exploraciones espaciales hubiera que dar un premio a la misión más significativa, sería difícil decidirse por una, pero seguramente la *Mariner 10* llegaría a la ronda final: fue una misión que tuvo un gran éxito y que proporcionó nuevos y sorprendentes conocimientos sobre un mundo completamente extraño.

La *Mariner 10* partió de la Tierra en noviembre de 1973 y su trayectoria fue calculada para que tres meses más tarde pasase a 6.000 km de Venus. El encuentro con el campo gravitatorio de este último cambiaría la velocidad y dirección de la sonda enviándola a una órbita alrededor del Sol. La órbita había sido trazada cuidadosamente por el científico italiano Giuseppe Colombo, de tal modo que la *Mariner* pasase cerca de Mercurio

Un planeta geológicamente inerte
Las características de la morfología superficial de Mercurio hacen pensar que este planeta, al contrario que la Tierra, no ha tenido nunca una vida geológica activa.

por lo menos tres veces antes de dejar de funcionar.

La sonda llevaba a bordo muchos instrumentos: telecámaras para observar su superficie, un espectrómetro para detectar la presencia de gas atmosférico, un sensor de rayos infrarrojos para medir la temperatura superficial y un magnetómetro que pudiera registrar los posibles campos magnéticos.

Los científicos del equipo de la *Mariner 10*, que llenaban la sala de control en el Jet Propulsión Laboratory de Pasadena, cuando la nave pasó por primera vez, en marzo de 1974, vieron llegar a la Tierra una inmensa cantidad de fotografías conforme la sonda se iba acercando a Mercurio y que mostraban por primera vez su superficie.

En el primer *fly-by* (sobrevuelo a baja altura), la

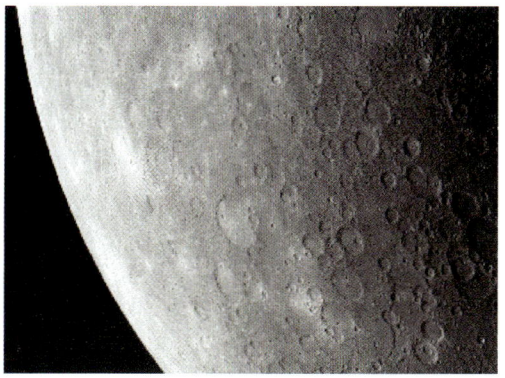

Cráteres muy antiguos
De todas las superficies de los planetas del Sistema Solar, la de Mercurio es la que está más densamente poblada de cráteres. Como en la Luna, la falta de atmósfera y de actividades geológicas hace que no estén erosionados.

Mariner pasó sobre las regiones ecuatoriales del planeta a unos 700 km de distancia; la segunda pasada la hizo sobre el polo sur a una distancia de 500 km, y el tercer tránsito fue sobre el hemisferio septentrional a una altura de apenas 350 km de cota.
Estas pasadas suministraron miles de magníficas imágenes que cubrían casi el 40% de la superficie del planeta. Las fotos revelaban un mundo árido y desolado, un triste baluarte del Sistema Solar totalmente cubierto de cráteres. La superficie de Mercurio se mostraba muy parecida a la lunar; se veían muy bien cráteres en los que resaltaban unas estrías blancas exactamente iguales a las de la Luna.
Pero si a primera vista parece difícil distinguir una fotografía de Mercurio de otra de la Luna, un examen más minucioso revela grandes diferencias.
En la Luna, por ejemplo, se distinguen dos tipos diferentes de relieve: los altiplanos, de color claro cubiertos de cráteres, y las llanuras de los mares, cubiertas por lava oscura. En Mercurio, en cambio, no se observa un contraste tan marcado. Además, mientras que en la Luna se reconocen perfectamente indicios de una cierta actividad volcánica relativamente reciente, que es la que ha dado origen a las lavas de los mares, el terreno de Mercurio no da pruebas de fenómenos parecidos.

La cartografía de Mercurio

Las fotografías de la superficie de Mercurio obtenidas por la *Mariner 10* son equivalentes, en lo que se refiere a la resolución, a las de la

OBSERVAR MERCURIO

Aunque Mercurio sea muy brillante, es el planeta más difícil de observar a simple vista, porque su órbita está muy cerca del Sol. De hecho nunca se aleja de él más de 28° y su posición en el cielo varía cada día. La facilidad con que podamos ver Mercurio depende de la latitud en la que nos encontremos. Con la ayuda de un telescopio, podremos observar mejor Mercurio en latitudes próximas al ecuador donde los crepúsculos son muy breves, y Mercurio se hace muy visible en el cielo oscuro. En latitudes por encima de los 50°, Mercurio aparece siempre muy bajo en el horizonte de la noche.
Cuando se encuentra en el lado oriental del Sol, a este planeta se le puede ver durante muy poco tiempo desde Occidente: sólo un momento en el horizonte durante la caída del sol. Si, por el contrario, está en el lado occidental, se le puede observar apenas otro momento antes del alba, justo en las proximidades del horizonte oriental.
Aunque sus fases pueden verse también con un telescopio de tamaño medio, las características de su superficie no se aprecian ni siquiera con la ayuda de telescopios de grandes dimensiones.

Luna tomadas por un telescopio de gran potencia: cualquiera que haya observado la Luna, aunque sea con unos simples prismáticos, podrá darse cuenta del enorme trabajo que los científicos de la *Mariner 10* tuvieron que afrontar para realizar un mapa del planeta, pues además tuvieron que crear una nomenclatura para definir las características del planeta.
Lo primero que hay que hacer cuando se traza un mapa de un planeta es establecer un sistema de coordenadas semejante al terrestre. Para la Tierra el círculo de longitud 0°, o primer meridiano, es convencionalmente el que pasa por el observatorio de Grenwich. Para las longitudes de Mercurio se determinó que fuera el meridiano 20° que pasa por el centro de un cráter pequeño, bautizado Hun Kal, que en lengua maya significa precisamente *veinte*.
Pero ¿cómo llamar a todas las características de un cuerpo celeste recién descubierto? ¿Por dónde empezar? Lo primero que hay que hacer es nombrar un comité de expertos para la nomenclatura. El relativo a Mercurio introdujo reglas bastante originales. A los valles principales se les dio los nombres de los más famosos observatorios astronómicos, como Arecibo, Goldstone, Crimea, mientras que a los alineamientos se les atribuyó los nombres de naves que habían tomado parte en grandes viajes de descubrimientos como Fram, Vostock, Santa María y demás. Para las llanuras se decidió usar el nombre del planeta Mercurio en distintas lenguas: Tir, Bouda, Odin, Sokolu... No hubo ningún esquema riguroso para bautizar los cráteres.

Las fases de Mercurio
Al tener una órbita interna con respecto a la Tierra, Mercurio pasa por fases, como Venus. Cuanto más fina sea su cara eso significará que está más cerca y se verá mayor su diámetro.

Venus

El segundo planeta en orden de alejamiento con respecto al Sol y además el más próximo al nuestro es Venus. Es el objeto más brillante del cielo (después del Sol y de la Luna) tanto en el crepúsculo como en el alba.
Venus ya era conocido en la Antigüedad, pero fue Galileo el que observó por primera vez sus fases con anteojos. Los primeros observadores con telescopio señalaron en sus dibujos la presencia de montañas, que afirmaban ver a lo largo del perfil que separa la parte iluminada de la oscura; en realidad lo que notaban era un fenómeno que se debía a las turbulencias atmosféricas. Ni siquiera los relieves más altos de Venus pueden verse debido a su densa y luminosa atmósfera.
Con un telescopio no se pueden descubrir muchos detalles: pueden distinguirse sólo las nubes. Ante la carencia de datos ciertos, las teorías vertidas sobre la naturaleza de la superficie venusiana han sido numerosas a lo largo de los siglos. Se creía que las condiciones ambientales eran semejantes a las de la Tierra. Incluso cuando quedó claro que las temperaturas eran mucho más elevadas que las nuestras, algunos estudiosos propusieron la hipótesis de la existencia de húmedas junglas tropicales.

La sonda Pioneer
Fotomontaje del acercamiento a Venus de la sonda Pioneer-Venus, *ocurrido en los años setenta. Hasta la* Magallanes *ha sido la sonda más importante para las exploraciones del planeta.*

Sondas hacia Venus

Fueron los soviéticos, con la sonda *Venera*, los que obtuvieron los mejores resultados en la exploración del planeta: la *Venera 7*, en 1970,

Una coraza impenetrable de nubes
En esta imagen de Venus se ven las nubes extremadamente densas que rodean el planeta. Dichas nubes forman unas franjas claras y oscuras que impiden la observación de la superficie.

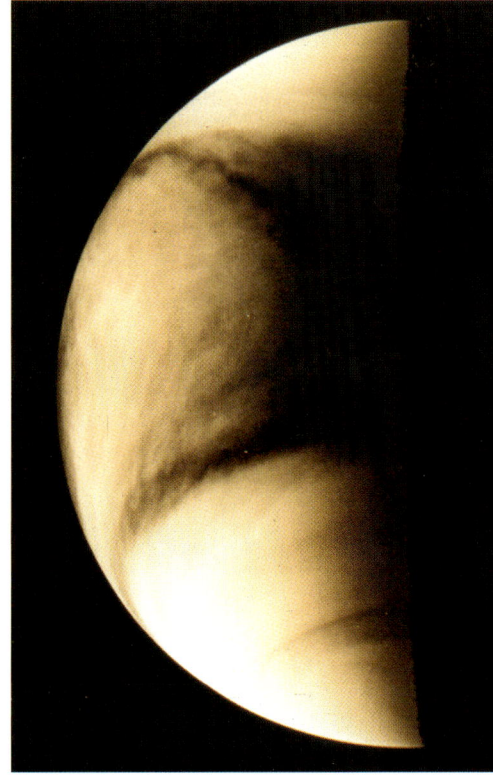

aterrizó en la tremenda atmósfera venusiana y consiguió transmitir información durante más de veinte minutos soportando una temperatura de 475° y una presión de más de 90 atmósferas. Con la *Venera 9*, en 1975, se obtuvieron las primeras fotografías.
A principios de la década de 1980, la Unión Soviética construyó los últimos modelos de la serie *Venera*, las sondas 14 y 15, después rebautizadas como *Vega 1* y *Vega 2*. Aunque fueron enviadas a encontrarse con el cometa Halley, al pasar cerca del planeta ambas dejaron caer dos módulos y dos globos atmosféricos que efectuaron mediciones a una cota de 50 km. Unos años antes, los estadounidenses lanzaron sus dos sondas *Pioneer-Venus*, también equipadas con pequeños módulos para alcanzar la superficie del planeta. La sonda que hasta ahora ha contribuido de manera fundamental al conocimiento de Venus es sin duda la *Magallanes,* que al principio de los noventa ha efectuado una cartografía de la superficie mucho más precisa y amplia que las anteriores.

Rotación y revolución

Entre todos los planetas presentes en el interior del Sistema Solar, Venus es el único, además de Urano, que gira alrededor de su eje de este a oeste. Por lo general, los cuerpos tienden a girar alrededor del Sol en la misma dirección en la que

Ríos de lava
En estas imágenes de la superficie venusiana se ve muy bien un río de lava solidificada y, por lo tanto, opaca al radar, porque no ha sido erosionada por la atmósfera.

VENUS

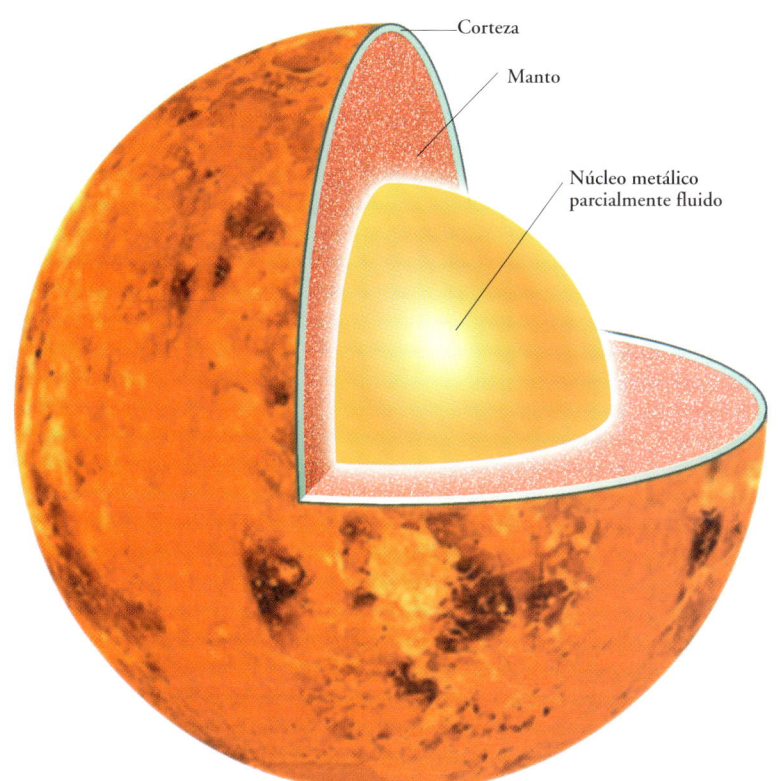

DATOS DE VENUS

Distancia media del Sol: 108, 2 millones de km (mín. 107,4, máx. 109)
Diámetro ecuatorial: 12.103 km
Velocidad orbital media alrededor del Sol: 35,03 km/s
Periodo de rotación: 243d 00h 14m (retrógrada)
Periodo de revolución: 224,70d
Satélites conocidos: ninguno
Masa (Tierra = 1): 0,815
Volumen (Tierra = 1): 0,857
Densidad media: 5,25 g/cm^3
Temperatura mínima en la superficie: circa 470 °C
Inclinación del eje: 177° 3'
Inclinación de la órbita con respecto a la eclíptica: 3°,4
Presión en la superficie (Tierra = 1): 90
Atmósfera: anhídrido carbónico (96%), nitrógeno (3,2%), presencia de oxígeno y de otros elementos

El interior de Venus
Venus tiene un núcleo de cerca de 3.000 km de radio, un manto bastante espeso y una corteza de 60 km.

se mueven sobre sí mismos, es decir, de oeste a este. Los astrónomos han definido el movimiento *contrario* de Venus con el término *retrógrado*. Su lenta velocidad de rotación es ligeramente inferior a la de revolución. Para completar una vuelta sobre su eje Venus emplea 243 días y necesita 225 para recorrer la órbita completa, casi circular, alrededor del Sol.
En Venus, por lo tanto, a diferencia de la Tierra, donde la alternancia entre la noche y el día viene marcada por la rotación, el periodo en el que el Sol permanece en el horizonte depende de la duración del movimiento de revolución.

La superficie de Venus

Con mucha probabilidad, en la superficie de Venus, poco después de su formación, había grandes masas de agua. Con el paso del tiempo, se desarrolló un proceso que condujo por un lado a la evaporación de los mares, y por otro a la liberación del anhídrido carbónico presente en las rocas y que pasó a la atmósfera. Se produjo un mecanismo circular que, debido al acentuado efecto invernadero, provocó un aumento de la temperatura y un incremento en las tasas de evaporación del agua. Al poco tiempo, las aguas desaparecieron de la superficie de Venus y la mayor parte del anhídrido carbónico se fue a la atmósfera.
El aspecto del suelo de Venus es el de un desierto rocoso iluminado por una luz amarillenta, en la que predominan los tonos naranjas y marrones del terreno. Presenta además amplias llanuras onduladas y escasas montañas; las depresiones del relieve son el puente justificativo de la existencia de océanos prehistóricos en el planeta. Las sondas enviadas a Venus han localizado huellas recientes de actividad volcánica. Según el reflejo que producen la ondas del radar en algunas zonas, se detectan la presencia de terrenos opacos, caracterizados por una lava que emergió hace poco tiempo.
El elemento que favorece tales conclusiones es la densidad de la atmósfera del planeta que, al erosionar rápidamente la parte superficial del magma, saca fuera un estrato de sulfuro de hierro muy sensible a los ecos del radar.
Las rocas venusianas tienen una composición semejante a las rocas basálticas terrestres; esto, unido a que la morfología de los escenarios observados, tanto de los cráteres volcánicos y de impacto como muchas huellas de fenómenos tectónicos, son tan variados que hacen pensar que Venus ha tenido una historia geológica muy compleja y activa.

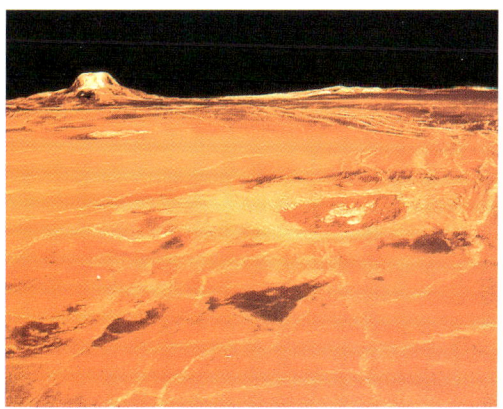

Los continentes

En el hemisferio norte, a caballo del ecuador con el sur, se han localizado dos regiones que podemos asociar a la idea de continente, por la mayor elevación con respecto al nivel medio de la superficie. Estas áreas son las llamadas *Tierras de Ishtar* y *Tierras de Afrodita*. La primera tiene una extensión algo inferior a los Estados Unidos y en ella se encuentran las mayores cimas del planeta: los montes Maxwell, que alcanzan una altitud de 11.000 metros.
La Tierra de Afrodita tiene una superficie mayor que África. Por el centro se encuentra el monte Maat, un volcán con una altitud de 8.000 m y del cual han salido coladas de lava bastante recientes. Este continente está recorrido por un complejo sistema de enormes cañones de origen tectónico, tan enormes que a veces alcanzan longitudes de varios centenares de kilómetros, profundidades de 2 a 4 km y anchuras de hasta 280 km.

El interior de Venus

Venus, como la Tierra, tiene una estructura interna caracterizada por una corteza espesa de unos 20 km, un manto de materiales fluidos de un espesor de 2.800 km y un núcleo central de material ferroso de un radio de 3.200 km. El núcleo de hierro debería crear un campo magnético pero no lo hay. Por otro lado, el viento solar, que bate directamente contra los estratos superiores de la atmósfera, los ioniza, contribuyendo así a crear una vía de pérdida que produce a su vez un campo magnético inducido.

Llanuras de Venus
Una característica llanura venusiana reconstruida en tres dimensiones a partir de los datos obtenidos por la sonda Magallanes. Cerca del 65% del suelo de Venus está constituido por llanuras.

La atmósfera de Venus

Los datos proporcionados por las sondas enviadas a Venus indican que el constituyente principal de su atmósfera es anhídrido carbónico (más del 96%) más unas pequeñas cantidades de nitrógeno, oxígeno, argón, bióxido de azufre y vapor de agua. Al tratarse de moléculas complejas, la columna de gas que ocupa un metro cuadrado del terreno *pesa* mucho, por lo que la presión en la superficie es muy grande: cerca de 90 atmósferas.
Es interesante estudiar la evolución de la atmósfera de Venus y compararla con la de la Tierra. Para hacerlo, es muy útil tener en cuenta los gases llamados *inertes* (helio, neón, argón, kriptón y xenón), pues aunque reaccionan con dificultad, aparecen hoy en las mismas proporciones que tenían en la época de la formación del planeta.
Por ejemplo, la cantidad de kriptón presente en la atmósfera de Venus es muy superior a la que se esperaba que tuviera partiendo de su presencia en la Tierra. Es posible que Venus acumulara una gran cantidad de gases en el origen de la historia del Sistema Solar, cuando el viento solar era muy intenso con respecto al actual. El lugar ocupado por Venus ha actuado como pantalla para los planetas terrestres más lejanos del Sol, la Tierra y Marte, impidiendo que sobre estos últimos llegara una cantidad parecida de gases inertes.
Otros componentes importantes de la atmósfera de Venus están relacionados con la química y los procesos de formación de las nubes.
La distribución de H_2S, SO_2 y H_2O está asociada a la producción de gotas de ácido sulfúrico en los distintos estratos nubosos.

Estrías complejas en la atmósfera
La envoltura perenne de nubes que rodea Venus forma unas estructuras complejas con formas de estrías macroscópicas y que son las que impiden que se pueda ver la superficie.

Estructura atmosférica

Las mediciones de la *Pioneer-Venus* se iniciaron a una altitud de 200 km, pero se realizaron observaciones entre los 60 y 140 km de altitud. Estos datos han puesto en evidencia la peculiaridad de la atmósfera de Venus con respecto a la terrestre: mientras en nuestra atmósfera hay tres regiones claramente diferenciadas, en Venus se puede sólo distinguir entre lo diurno y lo nocturno. En el primer caso hay una termosfera de tipo terrestre con una temperatura que oscila entre –90 °C (a 100 km de altitud) y +27 °C (en la esosfera). En el segundo, en cambio, la termosfera no existe y la temperatura disminuye pasando de los –90 °C (a 100 km) a los –170 °C (a 150 km). La diferencia de temperatura entre el lado diurno y el nocturno son muy marcadas. Entre los 100 km y el estrato superior de las nubes (a cerca de 70 km) la temperatura varía mucho.
A una altura de cerca de 95 km se han observado variaciones diurnas de más de 25 °C. Dado que el 90% de la atmósfera se encuentra entre la superficie y los 28 km de cota, esta franja resulta demasiado densa y *compacta* y es la consecuencia del calentamiento del Sol.
Por encima de los 28 km se dan temperaturas diferentes en función de la latitud.

Efecto invernadero

Mediciones efectuadas con distintos instrumentos confirman que la temperatura en la superficie de Venus alcanza los 470 °C, debido a su composición y a su atmósfera densa y compacta. El porcentaje de anhídrido carbónico presente es muy superior al que presentan las rocas calcáreas terrestres; como Venus se mueve en una órbita más cercana al Sol, recibe más calor, que al calentar su superficie libera anhídrido carbónico de las rocas y aumenta la opacidad de la atmósfera. Ésta deja pasar las radiaciones solares (que calientan la superficie) pero no los rayos infrarrojos, que son desviados desde el suelo a la zona oscura, aumentando todavía más la temperatura.
A este mecanismo se le conoce con el nombre de *efecto invernadero*. El anhídrido carbónico es el responsable de este efecto en un 55%, otro 25% se debe al vapor de agua y lo que queda depende de las nubes.

LA ATMÓSFERA DE VENUS

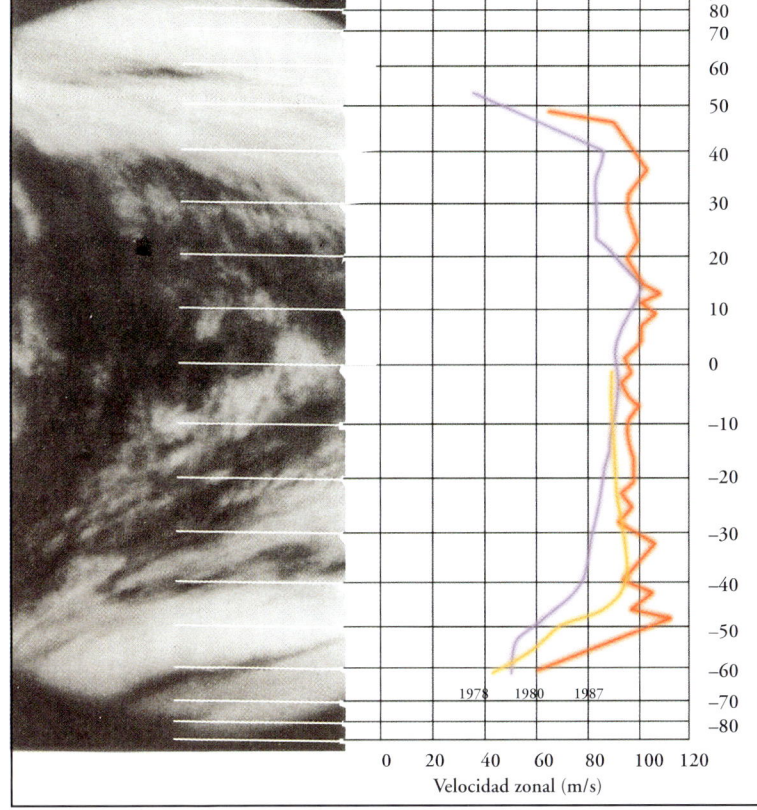

La estructura de la atmósfera
El gráfico muestra la evolución de la presión y de la temperatura en la atmósfera de Venus en función de la altura. La temperatura (expresada en grados Kelvin) es la curva que atraviesa el dibujo.

Vientos intensos
La ilustración y el gráfico muestran la velocidad de los vientos en distintas latitudes; está medida con respecto a la velocidad de rotación del planeta y en tres años diferentes.

Nubes

La atmósfera de Venus está dividida en estratos y en cada uno de ellos la composición y estructura de las nubes es diferente. En las partes altas hay un estrato de niebla formado por gotas menudas de ácido sulfúrico; esta neblina no es perenne pero aparece y desaparece cada varios años. Por debajo, entre los 47 y los 52 km de altitud, hay una capa de nubes, también de ácido sulfúrico, pero condensado en gotas de mayor diámetro y con forma de partículas; en estas altitudes la densidad es muy alta y, por lo tanto, la visibilidad muy escasa. Siguiendo hacia abajo, la atmósfera debería aparecer ya libre de partículas sólidas, pero la realidad es que sigue siendo tan densa como para limitar la visibilidad del horizonte.
En la parte alta de la atmósfera existe una corriente de azufre y de ácido sulfúrico de origen fotoquímico que requiere la presencia de rayos ultravioletas (que no consiguen llegar a los estratos inferiores). Las gotas de ácido sulfúrico se diluyen en las regiones más bajas, donde se encuentran las moléculas de agua; el tamaño de estas partículas es importante, ya que regula las precipitaciones: a mayor tamaño, más probabilidades de lluvia.

Rayos y relámpagos

Un sorprendente descubrimiento fue el constatar la presencia de rayos y relámpagos por debajo del estrato de las nubes. La *Venera 1* y la *Venera 2* registraron, en el estrato comprendido entre los 32 y 2 km, señales electromagnéticas iguales a las que producen las tormentas terrestres.
Los relámpagos de Venus son mucho más potentes que los nuestros y su frecuencia es más rápida: hasta 25 por segundo. A partir de nuestros conocimientos sobre los rayos terrestres, podemos deducir que en los estratos más bajos de la atmósfera venusiana es probable que existan cristales de hielo (del agua) y que además se dé un movimiento vertical y veloz de las masas de aire. Los rayos podrían estar relacionados con los volcanes, y una prueba de esto viene de la mano de la *Pioneer-Venus,* que ha registrado un elevado número de rayos y relámpagos por encima de los volcanes en *Beta Regio,* una región de Venus.

COMPARACIÓN DE ATMÓSFERAS

Tabla comparativa de las composiciones de las atmósferas de la Tierra y de Venus. Las cifras se refieren al número de moléculas por m³ en relación al número total de moléculas por m³ en la atmósfera terrestre:

	TIERRA	VENUS
N_2	0,79	3
O_2	0,20	<0,002
Ar	0,01	indicios
CO_2	0,0003	86
H_2O	~ 0,02	~ 0,01
Total	1,00	90

Marte

El planeta rojo, Marte, ocupa el cuarto lugar en alejamiento respecto al Sol. Su nombre deriva del dios de la guerra y esta apelación procede del color rojizo con el que se le ve en el cielo. A Marte se le puede ver a simple vista, y por las informaciones obtenidas gracias a las sondas espaciales se concluye que es un planeta muy parecido a la Tierra y el único en el que podrá desembarcar el ser humano en tiempos futuros.

Un mundo parecido al nuestro
En la superficie de Marte se ven los perfiles de tres volcanes: arriba se percibe el casquete polar.

La superficie de Marte

La superficie de Marte presenta muchas similitudes con la de la Luna, aunque su morfología es mucho más compleja con cráteres, llanuras, cañones y volcanes.
Un rasgo importante es la presencia de agua (sobre todo en las regiones polares), manifestada en los estratos más superficiales de las rocas con las que forma el llamado *permafrost*.
Al igual que sucede en la Tierra, el eje de rotación de Marte está inclinado y por lo tanto se dan alternancia de estaciones con sus correspondientes cambios de temperatura superficial. La temperatura media se mueve en torno a –40 °C con unas puntas de –14 °C durante el verano y –120 °C en invierno.
Las estructuras geológicas de Marte no son el resultado de una tectónica de placas. El enfriamiento, y el correspondiente aumento del espesor de su corteza, han impedido una evolución de tipo tectónico. En otras palabras, se puede considerar a Marte como un planeta de una sola placa, con características ya sea endógenas, es decir, *internas* (como por ejemplo la emergencia de materiales magmáticos y el volcanismo), ya sea exógena (como el impacto de meteoritos que han producido la fusión de la corteza).

El suelo marciano
Una imagen de la superficie de Marte tomada por la sonda Viking I en julio de 1976. El aspecto es el de un desierto árido y rocoso, semejante a muchos desiertos terrestres.

Los dos hemisferios de Marte no son iguales: el septentrional presenta llanuras lisas y una modesta craterización, mientras que en el meridional hay por lo menos cinco veces más de cráteres que en la otra mitad. Esto se debe a que es más viejo el hemisferio sur, data de hace cerca de 3.800 millones de años, época en la que se dio un gran bombardeo de meteoros que afectó a todo el Sistema Solar.
Entre los dos hemisferios hay una franja con una morfología particular, llamada la región de Tharsis, rodeada de grandes moles volcánicas con los montes de Arsia, Pavonis, Acreus, Olympus y el Valles Marineris, una compleja estructura de cañones.

Lechos de ríos

En la superficie de Marte hay muchas formaciones con forma de canales que recuerdan las cuencas de los ríos en la Tierra; algunas alcanzan una anchura de 200 km. Las hay de dos tipos: el primer tipo es un canal que se divide en cursos pequeños y tortuosos con muchas ramificaciones fluviales; el otro, bastante profundo –llamado *outflow*– y regular a lo largo de toda su extensión.
Sobre el origen de estos fenómenos circulan dos hipótesis: según la primera se trataría de ríos tradicionales con agua en su superficie y con un clima apacible; para la otra hipótesis estos ríos se han producido por corrientes de aguas violentas e imprevistas producidas por la fusión del estrato del permafrost. Un ejemplo de este tipo sería el Valles Marineris, de una longitud de 5.000 km y cuyo origen se debe posiblemente al impacto de enormes masas de agua liberadas imprevistamente.

Cañones y lechos fluviales
Imagen del cañón Noctis Labyrinthus, situado en el extremo occidental del Valles Marineris. La superficie de Marte evidencia la presencia, en un pasado, de agua en estado líquido.

Océanos

A pesar de que el clima actual sea frío y seco, Marte muestra una evidente acción erosiva de agua y hielo. Lechos fluviales imponentes, llanuras periglaciales, permafrost y casquetes helados sirven para demostrar que a lo largo de su historia geológica el clima ha sido moderado, permitiendo la presencia de agua en la superficie. Las primeras eras geológicas sufrieron intensos bombardeos meteoríticos y un volcanismo difuso; durante este periodo, la erosión del agua en los antiguos cráteres generó los lechos de los ríos. La corriente de agua necesaria para estas erosiones no puede explicarse sólo por la fusión y la salida de agua al estado del permafrost; tuvo

MARTE 51

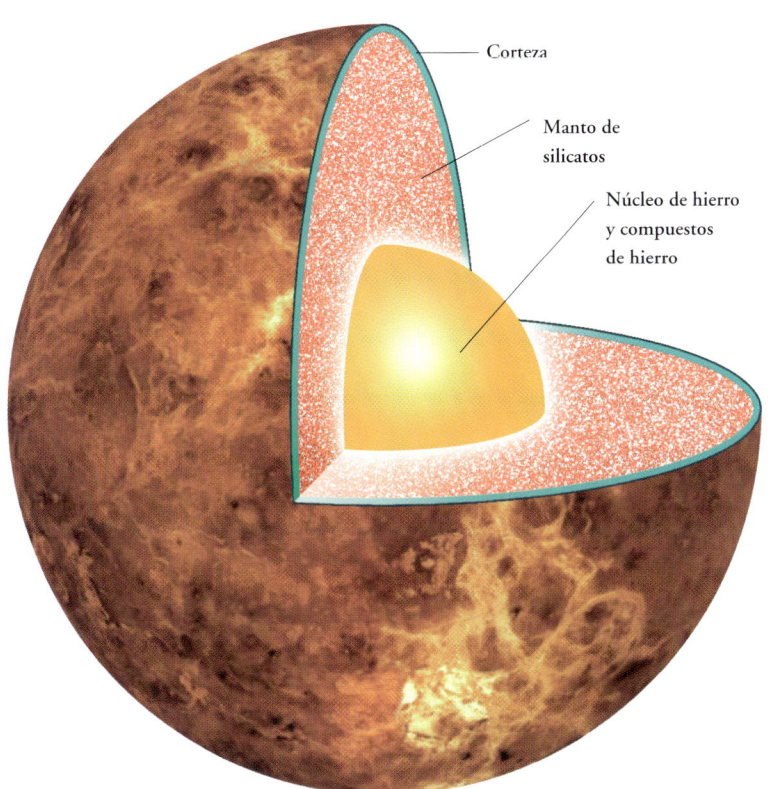

DATOS DE MARTE

Distancia media del Sol: 227,9 millones de km (mín. 206,7; máx. 249,1)
Diámetro ecuatorial: 6.786 km
Velocidad orbital media alrededor del Sol: 24,1 km/s
Periodo de rotación: 24h 37m 23s
Periodo de revolución: 687d
Satélites conocidos: 2
Masa (Tierra = 1): 0,108
Volumen (Tierra = 1): 0,150
Densidad media: 3,9 g/cm³
Temperatura mínima en la superficie: –50 °C
Inclinación del eje: 25° 11'
Inclinación de la órbita con respecto a la eclíptica: 1°,9
Presión en la superficie (Tierra = 1): 0,006
Atmósfera: anhídrido carbónico (casi 96%), nitrógeno (2,7%), argón (1,6%), restos de oxígeno (0,13%), vapor de agua (0,03%).

Interior de Marte
Marte tiene un núcleo de 1.500 km de radio, un manto de un espesor cercano a los 1.800 km y una corteza de 100 km.

El monte Olympus
En Marte hay unos volcanes impresionantes. El más alto de todos, conocido como monte Olympus, mide 27 km de altura, el triple del Everest Terrestre.

que darse también un ciclo hidrodinámico, con circulación atmosférica de vapor de agua. La distribución en todo el planeta de cuencas fluviales hace pensar que el clima fue agradable y regular. Una consecuencia casi obligada es la existencia de océanos estables que permitan el ciclo del agua: evaporación del mar, condensación en las nubes y precipitaciones sobre el suelo. El final del ciclo y la correspondiente filtración del agua por rocas porosas puede que impidieran que la pequeña masa del planeta no consiguiera retener los gases que componían la atmósfera, y por lo tanto, que éstos se perdieran en el espacio.

Después de la primera era con un clima estable prolongado se dieron probablemente episodios aislados pero repetidos de formaciones de océanos en la superficie. Esto explicaría los canales del tipo *outflow*, la existencia del Valles Marineris y todas las demás fracturas que se extienden por los montes Tharsis. La formación de océanos más recientes se debería esencialmente a la fusión del permafrost debido al volcanismo, teoría confirmada por la presencia de cañones que hay siempre cerca de las estructuras volcánicas. La presencia de agua genera cambios en la atmósfera, que se llena de vapor de agua y de anhídrido carbónico liberado del suelo. El efecto invernadero aumenta, provocando mayores temperaturas que

producen inundaciones desde los casquetes polares. Un ciclo acaba con la infiltración lenta y constante del agua en el terreno, que en Marte es muy poroso.

Al contraerse el océano se reducen también sus efectos en la atmósfera y aumenta la refracción (debido al hielo que se forma en la superficie) y, por lo tanto, disminuye la temperatura. Cuando un ciclo acaba, toda el agua vuele a ser prisionera del suelo. Dado que la temperatura interna del planeta ha bajado con el paso del tiempo, también la actividad volcánica ha ido apagándose, el clima se ha estabilizado en los actuales valores y difícilmente podrá repetirse otro ciclo oceánico.

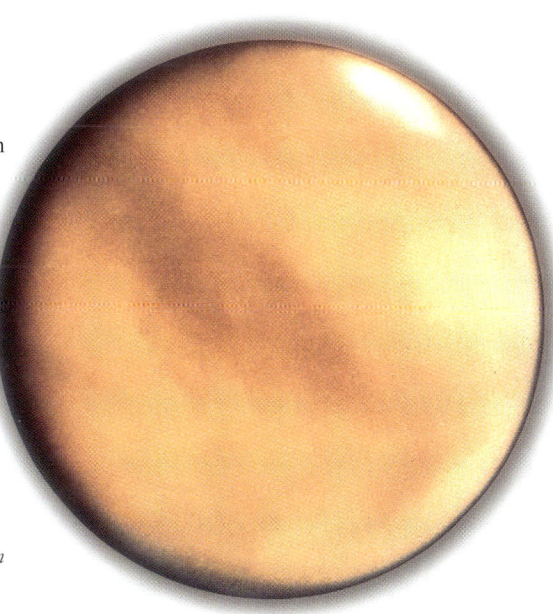

Las observaciones de Marte
Visto con un instrumento amatorial, Marte se presenta como un disco rojo de tamaño pequeño en el que se pueden distinguir algunos detalles: los casquetes polares y regiones más claras y más oscuras.

La atmósfera

Las sondas han revelado que la atmósfera de Marte está formada por 96% de anhídrido carbónico, 2,7% de nitrógeno y 1,6% de argón; el oxígeno supone sólo el 0,13% y el vapor de agua el 0,03%. La presión es muy baja, cerca de seis milésimas de la terrestre. Un hipotético astronauta que se encontrase sobre la superficie de Marte vería el cielo rojizo, por la presencia constante de polvo en suspensión transportado por el viento.

La baja densidad hace que los vientos muevan muy poco el calor y que haya grandes diferencias de temperaturas en función del área. Las nubes marcianas están formadas por agua y anhídrido carbónico, y se parecen a las terrestres, pero tienen un aspecto ciclónico cerca de las elevaciones del terreno que, con su altura, modifican las condiciones meteorológicas circunstantes.

52 EL SISTEMA SOLAR

Tormenta de arena
Reconstrucción del Rift Valley marciano partiendo de los datos de la sonda Viking. *Con el cambio de estaciones, la arena del suelo se eleva produciendo grandes tormentas.*

60° S; en estas latitudes el estrato de anhídrido llega a 50 cm. Alrededor de los casquetes se extienden áreas en las que hay depósitos de polvo mezclado con hielo; estos sedimentos se ven muy bien en los lados de las grietas y de los cañones.

Con la llegada del calor, el anhídrido carbónico sublima migrando hacia el polo opuesto. Puede suceder alguna vez que la sublimación se produzca demasiado rápida: en este caso fluyen a la atmósfera enormes cantidades de gases que generan vientos acompañados de tempestades de polvo a escala planetaria, capaces de oscurecer la atmósfera incluso durante algunas semanas antes de que el polvo vuelva a depositarse en el suelo.

Una atmósfera ligera
Marte posee una atmósfera muy ligera, como demuestra el hecho de que su superficie sea visible. Sólo en los bordes, donde el espesor prospectivamente es mayor, se nota más nítida.

Los polos de Marte

Los polos son unas de las pocas características que pueden observarse desde la Tierra con un pequeño telescopio. Estas áreas están cubiertas por sendos casquetes de hielo de agua, a los que en invierno se superpone hielo seco, es decir, de anhídrido carbónico. Durante la estación fría, los dos casquetes polares se agrandan, llegando respectivamente a los 60° de latitud N y los

Fobos y Deimos

Al igual que la mayoría de los planetas del Sistema Solar, Marte tiene también satélites naturales. El planeta rojo tiene dos lunas, Fobos y Deimos, que en griego significan respectivamente «miedo» y «terror». Les fueron asignados esos nombres por ser los compañeros del dios de la guerra en el libro XV de la *Ilíada* de Homero.

Curiosamente, la hipótesis de que Marte poseyese dos satélites fue lanzada mucho antes de su descubrimiento, realizado en agosto de 1877 por el astrónomo estadounidense Asaph Hall (1829-1907). Un siglo y medio antes el escritor británico Jonathan Swift hace afirmar a los científicos de Laputa, la isla volante de *Los viajes de Gulliver*, que Marte tiene dos lunas; análogamente, Voltaire en su libro *Micromega* afirma que el habitante de Sirio y el de Saturno, al pasar cerca de Marte, «vieron dos lunas que hacen de satélites a este planeta y que escapan a las miradas de los astrónomos». La explicación

VIDA EN MARTE

Tras la polémica de principios del siglo XX sobre la naturaleza de los canales observados por Schiaparelli y el éxito de algunos libros de ciencia ficción que describían la vida en Marte, el interés por este planeta ha ido siempre en aumento. Por este motivo, cuando las sondas han comenzado a enviar imágenes y datos se ha producido una gran decepción al descubrir, primero, que en la superficie no había ningún objeto manufacturado o restos de alguna civilización marciana *(Mariner 4)*, y después porque no se ha encontrado ningún vestigio de cualquier forma de vida primitiva *(Viking 1 y 2)*. Los laboratorios de las sondas *Viking* han realizado experimentos bioquímicos que han confirmado la ausencia de cualquier forma de actividad biológica y de moléculas orgánicas en las muestras del suelo.

En los últimos años, sin embargo, se han recogido en la Antártida algunos meteoritos que probablemente tienen un origen marciano y que parece que llevan en su interior alguna traza de vida. El más conocido de estos meteoritos es el ALH 84001. En el verano de 1996, unos investigadores de la NASA afirmaron que habían identificado en su interior unas estructuras fósiles que eran derivaciones de actividad biológica. Su historia, según estos científicos, ha sido la siguiente: se formó en Marte hace unos 4.500 millones de años y fue expulsado por un impacto al espacio, después de haber viajado por él durante cerca de 15 millones de años, cayó en la Antártida hace unos 13.000 años y allí fue descubierto en 1984.

En su interior se han identificado unas estructuras minerales que podrían ser un resto fósil de actividad de bacterias existentes en el planeta rojo hace miles de millones de años. La presencia de moléculas llamadas técnicamente *hidrocarburos aromáticos policíclicos* parece ser la muestra de la evolución de algunos compuestos orgánicos bastante complejos; existen también varios agregados magnéticos y sulfuros de hierro que normalmente en la Tierra son producidos por bacterias anaeróbicas.

Se trataría, por lo tanto, de la primera prueba de vida, aunque sea a un nivel extremadamente simple, en un cuerpo celeste extraterrestre. Un artículo publicado en 1998, aunque la verdad es que alimenta bastante dudas sobre sus resultados, demuestra, en cambio, que el meteorito ha sufrido en el curso de su larga estancia en la Tierra una contaminación mucho mayor que la que se consideró en un principio.

El debate sobre la cuestión está abierto y durará mucho, por lo menos hasta que las numerosas misiones a Marte previstas para los próximos años nos permitan dar una respuesta definitiva sobre si hay vida en Marte; en cualquier caso, si de veras la ha habido, ha sido en un pasado muy lejano.

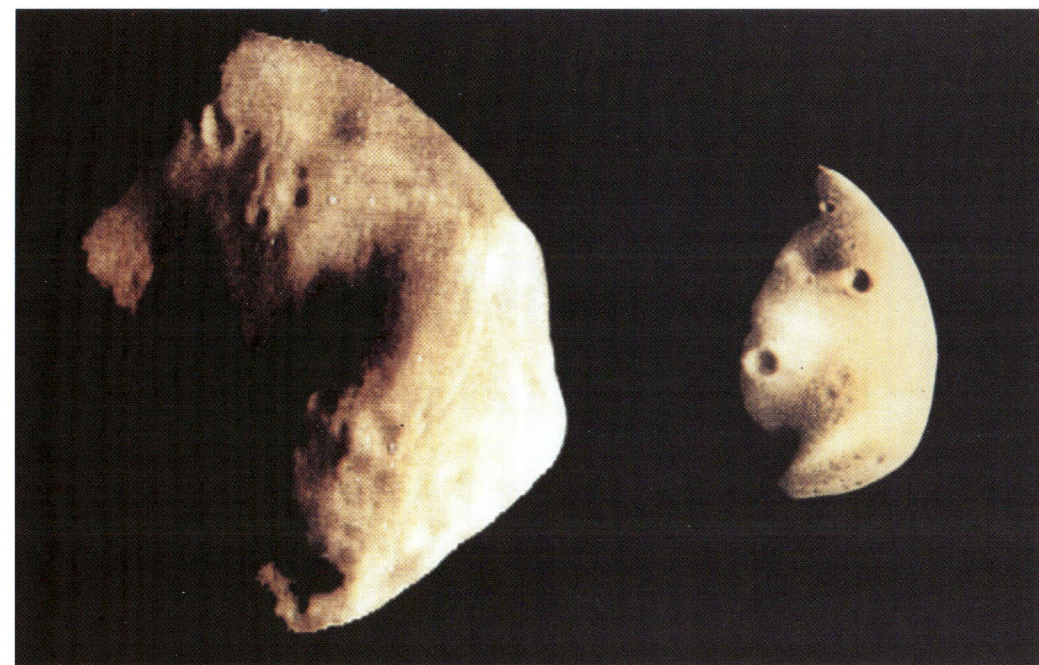

LOS SATÉLITES DE MARTE

FOBOS
Fecha de descubrimiento: 12/8/1877
Dimensiones: 27 × 21 × 19 km
Periodo de revolución: 7h 39m
Distancia de Marte: 9.400 km
Densidad media: 2 g/cm³

DEIMOS
Fecha de descubrimiento: 10/8/1877
Dimensiones: 15 × 12 × 11 km
Periodo de revolución: 30h 17m
Distancia de Marte: 23.400 km
Densidad media: 1,7 g/cm³

para ambas previsiones reside en el hecho de que los dos escritores conocían las teorías de Kepler, según el cual, si la Tierra tenía un satélite y Júpiter cuatro, Marte, por una simple regla de tres, debía tener dos. Naturalmente esta teoría, por muy sugestiva que parezca, carece de todo fundamento, pero una afortunada coincidencia ha hecho que en el caso del planeta rojo todos hayan acertado.

Dos mundos misteriosos

Aunque se sabe mucho sobre Marte, se ignora casi todo sobre sus satélites. Las fotografías nos los muestran como dos objetos muy irregulares. Comparados con otros cuerpos del Sistema Solar, parecen asteroides, a los que se parecen, además, por otros motivos. Sus dimensiones son pequeñas: Fobos tiene una longitud máxima de 27 km y Deimos 15 km; sus superficies presentan muchos cráteres. Su albedo, es decir, la propiedad de reflejar la luz, es muy bajo, un 6% en Fobos y 7% en Deimos.

Los satélites de Marte
Fobos (a la izquierda) y Deimos (a la derecha), son los dos satélites de Marte. Su aspecto, semejante al de dos asteroides, plantea fuertes interrogantes sobre su origen.

Su composición es semejante a la de los asteroides compuestos fundamentalmente por rocas carbonatadas. Por la densidad de los cráteres se estima su edad en cerca de 3.000 millones de años, un poco inferior a la edad del Sistema Solar.
Fobos orbita a sólo 9.400 km de Marte, y a pesar de esta corta distancia hay zonas de este último que resultan invisibles. Su superficie está dominada por el gigantesco cráter Stickney, con un diámetro de 10 km, es decir casi un tercio de su longitud máxima. Se trata de un cráter producido por un choque que destrozó el satélite y que estuvo a punto de destruirlo por completo.
Deimos, a diferencia de su hermano mayor, no tiene ni un solo cráter que supere los 2,3 km de diámetro. Una característica común a los dos satélites es que poseen un tiempo de rotación sincronizado con el de la órbita, pero la distancia de Deimos a Marte le sitúa en la órbita sincronizada; por tanto, se encuentra siempre en la vertical del mismo punto. Tanto Deimos como Fobos están cubiertos de una capa fina de regolito.

El origen de los satélites

El gran parecido entre Fobos y Deimos con un determinado tipo de asteroides induce a pensar que Marte ha captado dos de ellos; mucho más teniendo en cuenta que la franja principal de planetoides está un poco más allá de la órbita marciana. Perturbaciones generadas en Júpiter podrían haber empujado algunos cuerpos menores hacia las regiones interiores del Sistema Solar, favoreciendo así el proceso de atracción. Sin embargo, la forma de las órbitas de Fobos y Deimos son muy regulares y casi coincidentes con el plano ecuatorial de Marte, por lo que hacen improbable esta explicación.
Otra hipótesis es que ambos satélites hayan nacido de la fragmentación de un único satélite orbital alrededor de Marte, como testimonia su forma. Pero aun en el caso de que hubieran surgido de un solo objeto partido por un impacto, sus orígenes, en cualquier caso, hay que situarlos hace miles de millones de años.

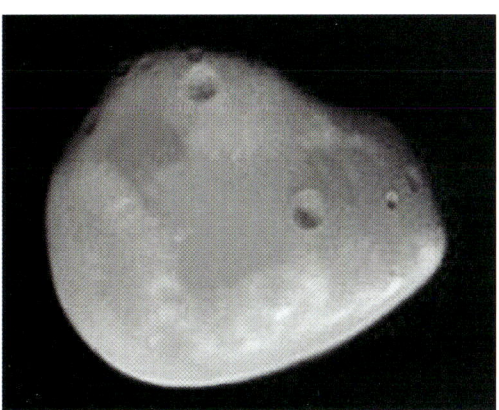 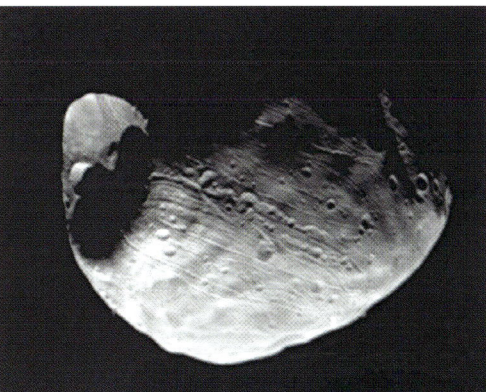

Cuerpos craterizados
Imágenes de Deimos (a la izquierda) y Fobos (al lado). El aspecto de este último está dominado por la presencia del gran cráter Stickney.

Exploraciones a Marte

Marte, como ya se ha dicho, es visible a simple vista tan fácilmente que incluso en la Antigüedad ya se sabía que su camino en el cielo a lo largo del año no es regular. Gracias a la enorme cantidad de datos obtenidos por las observaciones de Tycho Brahe, Kepler consiguió interpretar correctamente el movimiento de Marte, que tiene una órbita elíptica. El tiempo de rotación del planeta lo determinó con gran precisión Cassini, en 1666, que lo estimó en 24h 40m, muy cerca del valor real de 24h 37m 24s.

El astrónomo italiano Giovanni Schiaparelli, que fue el director del Observatorio de Brera, realizó una serie de importantes observaciones del planeta con motivo de la gran oposición que tuvo lugar en 1877 que le permitieron trazar unos mapas que mostraron mares y tierras firmes, que conducían a la demostración de la existencia de canales en la superficie.

Estos canales se interpretaron al principio como cursos de agua estrechos e irregulares, pero después como estructuras rectilíneas artificiales y navegables. Tales resultados tuvieron una difusión enorme en todo el mundo hasta tal punto que se suscitó un debate internacional sobre la hipótesis de que los canales fueran más o menos artificiales, y que incluía la hipótesis de fondo de si Marte poseía o había poseído una civilización avanzada. Las polémicas

Toma ampliada
Fotografía de las paredes de un cañón lateral del Valles Marineris tomada el 4 de enero de 1998 por la sonda Mars Global Surveyor a lo largo de sus 48 órbitas alrededor del planeta rojo.

empezaron a apagarse con los estudios de otro astrónomo italiano, Vicenzo Cerulli, que demostró que los canales, en realidad, no eran otra cosa sino el resultado de una elaboración mental de estructuras al límite de la visibilidad: en definitiva, era una ilusión óptica sugerida por el inconsciente. En 1907, incluso Schiaparelli, con un auténtico espíritu científico, admitió su error y confirmó la hipótesis de Cerulli, cerrando casi por completo la polémica.

La conquista del planeta rojo

La conquista de Marte lleva desde hace cientos de años en el imaginario de los seres humanos.

Rocas, piedras y polvo
El suelo de Marte, visto por las sondas que se le han acercado, aparece como un desierto rocoso y árido. Los análisis realizados, hasta el momento, no han dado muestras concluyentes de actividad orgánica.

La primera sonda
Un fotomontaje que muestra una sonda de la serie Mariner acercándose a Marte. Las sondas Mariner, durante los años sesenta y setenta, han sido las primeras en acercarse al planeta rojo.

Este planeta, tal vez porque es relativamente parecido a la Tierra, desde siempre ha despertado la fantasía de científicos y escritores. Desde los tiempos de H. G. Wells con *La guerra de los mundos* (1898), pasando por los escritos de Werner von Braum, que imaginó una misión científica plausible a Marte, hasta la película de los años noventa *Mars Attacks,* ha inspirado un enorme número de novelas sobre alienígenas y la vida extraterrestres.

En la base de todo esto se encuentra probablemente el trabajo de Schiaparelli, corroborado por las observaciones del estadounidense Percival Lowell, que construyó ex profeso un observatorio en Arizona para contemplar Marte.

Las sondas *Viking* en los años setenta nos han demostrado, por el contrario, que Marte no sólo no está habitado, sino que es un lugar árido y poco habitable partiendo de los mínimos estándares terrestres. A pesar de todo, esto no significa que en un pasado no haya podido estar habitado por alguna forma de vida elemental; el descubrimiento, en agosto de 1996, de un meteorito de origen marciano en la Antártida, que parece que encierra restos fósiles de una posible derivación orgánica, ha avivado el deseo de que este descubrimiento sea cierto e incrementado como nunca los esfuerzos para llevar a una persona al planeta rojo.

Marte será sin duda el primer auténtico planeta colonizado, después de la Luna, pero hasta que eso se produzca el camino todavía es muy largo y se necesita más información detallada sobre la historia pasada y presente del planeta.

EXPLORACIONES A MARTE

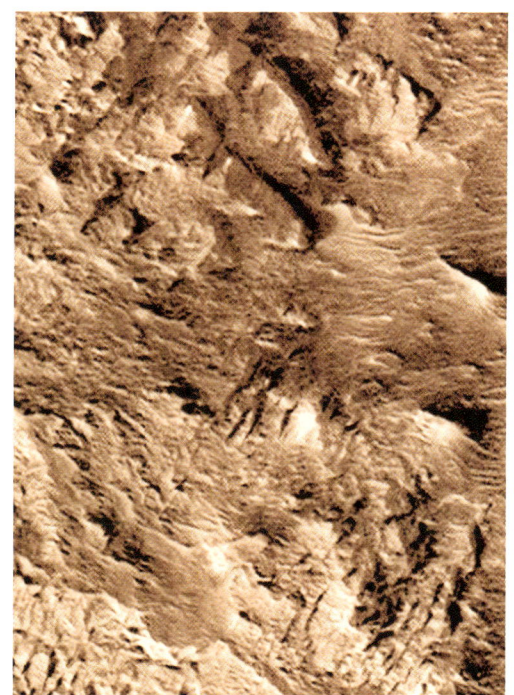

Los planetas terrestres o telúricos
Lugar de aterrizaje de una de las sondas Viking. *La piedra que se ve en segundo plano es la de mayor tamaño descubierta en Marte por las* Viking. *Abajo a la izquierda se ve un trozo de la propia nave.*

Señales eólicas
Área marciana denominada Hebes Chasma. Se observan estructuras complejas caracterizadas por dunas de formas variadas, lo que indica que los vientos han soplado en distintas direcciones.

Sondas hacia Marte

Sólo la exploración directa con las sondas ha permitido conseguir datos precisos con los que poder resolver muchos enigmas hasta ahora irresolutos. Uno de los momentos más importantes ha sido el envío de las dos sondas estadounidenses *Viking*, que han ampliado nuestros conocimientos y permitido entender mejor la geología de Marte.

Antes de ellas hubo toda una serie de naves pequeñas durante casi diez años que proporcionaron el conocimiento y la experiencia para construir las *Viking* y hacer posible el desembarco de instrumental humano en la superficie marciana. La primera sonda que llegó a las proximidades del planeta rojo fue la *Mariner 4*, que, en julio de 1965, envió 22 fotografías sobrevolando la superficie del planeta a 10.000 km de altura. En 1969, *Mariner 6*, que llevaba por primera vez un ordenador reprogramable desde la Tierra, disparó 75 fotografías a 3.429 km de altitud y mostró el casquete polar sur. También la URSS, en esos mismos años, envió una serie de sondas que, con diferente fortuna, recogieron una gran cantidad de datos; entre otras expediciones hay que señalar la *Mars 2* (1971) y *Mars 4, 5 y 6* (1973-1974).

En cualquier caso, fueron los estadounidenses los que descubrieron con la *Mariner 9* la montaña más alta de todo el Sistema Solar, el monte Olympus, que se eleva 27 km sobre el suelo de Marte.

La misión de las *Viking* resultó un auténtico éxito: las dos sondas aterrizaron con una diferencia de poco más de un mes la una de la otra (agosto y septiembre de 1976) en dos zonas diferentes del planeta, a una distancia entre sí de 6.000 km, para explorar situaciones diferentes. El brazo del telescopio que llevaban permitió recoger muestras del suelo que fueron analizadas después en el laboratorio de a bordo.

Además del laboratorio bioquímico, en cada uno de los módulos de aterrizaje se habían puesto

MOVIMIENTO RETRÓGRADO

Cuando se mira Marte desde la Tierra se percibe que a lo largo de un año cambia la dirección de su movimiento en el cielo, e incluso, en algunos periodos, parece que va hacia atrás.

A este fenómeno le llaman los astrónomos *movimiento retrógrado*. En realidad, el cambio de dirección es sólo aparente y se debe al hecho de que la órbita de Marte es externa con respecto a la Tierra.

Lo que sucede es que Marte se mueve más despacio que nuestro planeta y, como muestra el dibujo de abajo, se queda detrás de la Tierra, que, en un cierto sentido, lo adelanta. Esto desde la Tierra se ve como un movimiento retrógrado del planeta rojo.

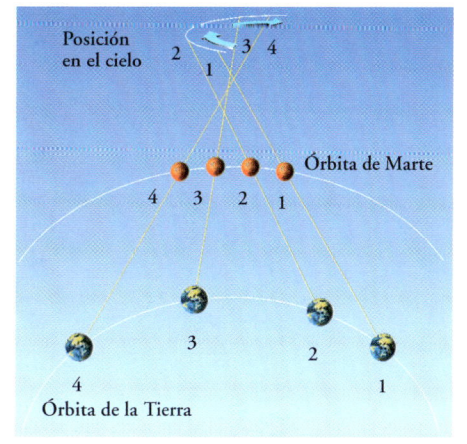

instrumentos meteorológicos, una telecámara digital y un sismógrafo.

Construidas para transmitir datos durante tres meses, las dos sondas tuvieron una vida mucho más larga: *Viking 2* interrumpió sus comunicaciones en 1980 y *Viking 1* dejó de funcionar en 1982.

Mars Pathfinder

El 4 de julio de 1997 aterrizó en Marte la sonda *Mars Pathfinder:* la primera exploración con la más alta tecnología que ha abierto las puertas a la exploración humana en Marte. Durante casi dos meses y medio, *Mars Pathfinder*, con su pequeño rover *Sojourner*, ha disparado más de 16.000 fotografías y realizado 15 análisis químicos pormenorizados del suelo y de rocas marcianas. Además ha estudiado la atmósfera, la meteorología y los vientos. Esta misión puede calificarse de histórica: preparada hasta en sus más mínimos detalles, ha llevado a Marte la más avanzada tecnología terrestre.

Esta misión ha abierto un nuevo capítulo en las exploraciones interplanetarias de la NASA, al poner las bases para la construcción de sondas pequeñas, no muy caras y rápidas de construir. La primera exploración marciana con personas debería escoger para el aterrizaje un lugar seguro y científicamente interesante, es decir, un lugar desde el que se pueda dar respuestas al mayor número de cuestiones de carácter geológico y paleontológico planteadas. De ahí la importancia de las exploraciones de avanzadilla como la *Mars Pathfinder*, que al ritmo de una cada dos años irán recogiendo datos fundamentales para la primera gran misión humana, prevista para los primeros decenios de este siglo.

Los asteroides

Al igual que los planetas, los asteroides son cuerpos de tipo rocoso que orbitan alrededor del Sol. Pero, aunque por sus características sean muy similares a los cuerpos mayores del Sistema Solar, sus pequeñas dimensiones impiden que se les pueda clasificar como planetas a todos los efectos. Por este motivo, se les llama también *planetoides*.

La franja principal

Las dimensiones de los asteroides conocidos son muy variadas. Los más grandes pueden tener un diámetro de más de 250 km, incluso Ceres llega a los 1.000 km; Ceres fue el primer asteroide descubierto, y lo hizo Giuseppe Piazzi el 1 de enero de 1801. Los asteroides más pequeños tienen diámetros de apenas unas decenas de centímetros y, por lo tanto, parecen cantos rodados. La mayoría de los asteroides, decenas de miles, se concentra en la región del Sistema Solar situada entre la órbita de Marte y la de Júpiter, a una distancia de 2 UA del Sol. Se sitúan en una zona conocida como *la franja de los asteroides*, que mide entre los 100 y 300 millones de km.

Algunas teorías sostienen que los asteroides son restos de un planeta que orbitaba entre Marte y Júpiter y que hace centenares de millones de años explotó y se deshizo al chocar con un cuerpo gigantesco, tal vez un cometa. Hoy la teoría más aceptada sugiere que los asteroides son *planetas incompletos:* el intenso campo gravitatorio de Júpiter ha impedido que estos restos se congreguen para formar un solo cuerpo. Si esto hubiese ocurrido, el planeta resultante sería tan grande como la mitad de la Luna.

Clases de asteroides

Nuestros conocimientos actuales sobre los asteroides proceden sobre todo de las observaciones realizadas con telescopios terrestres y, en los últimos tiempos, de los datos enviados por la sonda espacial *Galileo* durante la travesía que realizó por la franja principal en su viaje a Júpiter. También se ha conseguido mucha información de los análisis químicos realizados a muestras de rocas caídas en la Tierra. A través de estos datos se han establecido las diferencias entre los distintos tipos de asteroides conocidos y clasificarlos en tres familias; los criterios de clasificación se han basado en las características morfológicas y en la composición química. La morfología de un asteroide se deduce del estudio de la variación de su luminosidad durante una rotación. Los asteroides, como por otro lado todos los cuerpos de tipo planetario, no emiten luz propia, sino que resultan visibles porque reflejan la luz solar. Al girar sobre sí mismos van presentando al Sol una parte de su superficie, y dado que son cuerpos muy irregulares, la cantidad de luz que reflejan es muy desigual.

Siguiendo estos criterios, la mayoría de los asteroides se pueden subdividir en tres categorías: asteroides carbonáceos (de tipo C), silíceos (de tipo S) y metálicos (de tipo M). Los asteroides de tipo C son los más numerosos (cerca del 75%) de los conocidos. Se localizan, principalmente, en la parte exterior de la franja de asteroides y son los menos luminosos. Su composición química carece de hidrógeno, helio y otros elementos volátiles. Los asteroides de tipo S (cerca del 17%) pueblan el área interna de la franja y son algo más brillantes que los de tipo C; están compuestos de minerales de hierro mezclado con silicato de magnesio. Los asteroides de tipo M, por último, incluyen todas las variedades restantes. Se encuentran en la zona centro de la franja y están compuestos principalmente por minerales de

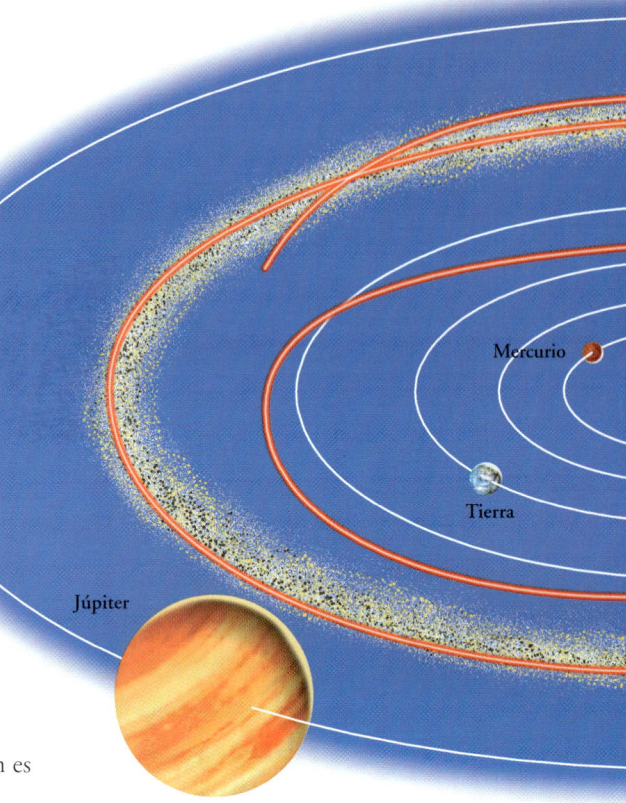

Familias de asteroides
Se suele creer que los asteroides son rocas gigantescas que viajan solitarias por el cosmos. La verdad es que, aunque las distancias recíprocas entre algunos de ellos sean muy grandes, lo habitual es que viajen en familia.

Gaspra de cerca
Reconstrucción del encuentro entre la sonda Galileo *con el asteroide Gaspra, uno de los poquísimos observados a corta distancia. Sus dimensiones son 15 × 10 × 9 km.*

LOS ASTEROIDES

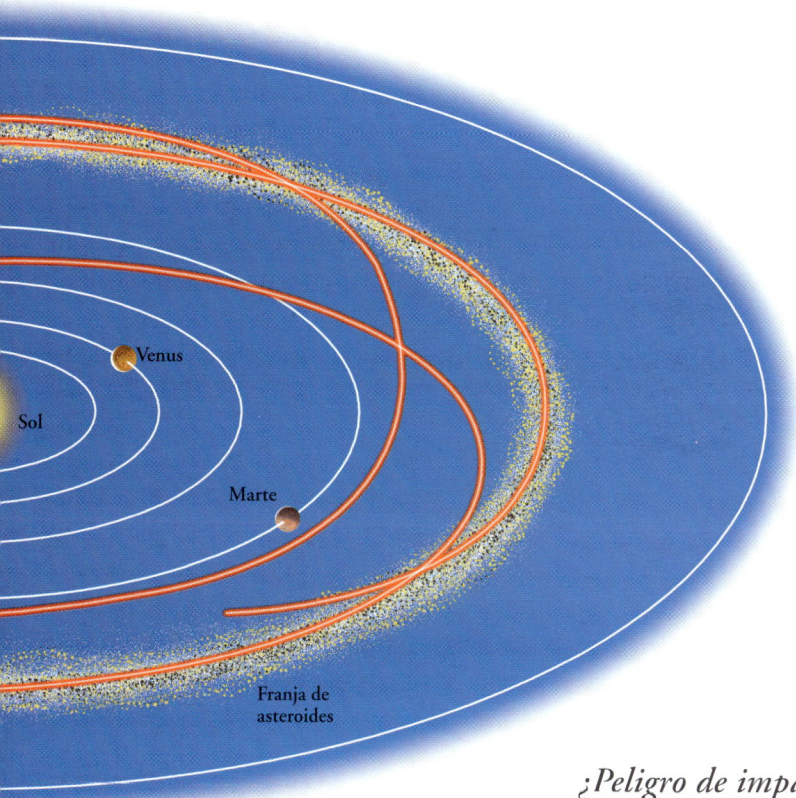

Entre Marte y Júpiter
La franja principal de los asteroides se extiende por la región situada entre la órbita de Marte y la Júpiter. Las dimensiones de los asteroides varían desde un millar de kilómetros a un grano de arena.

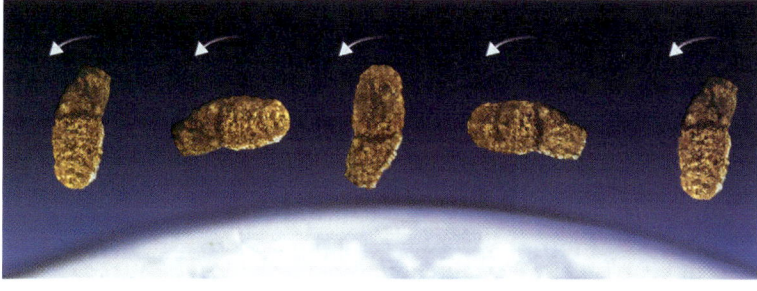

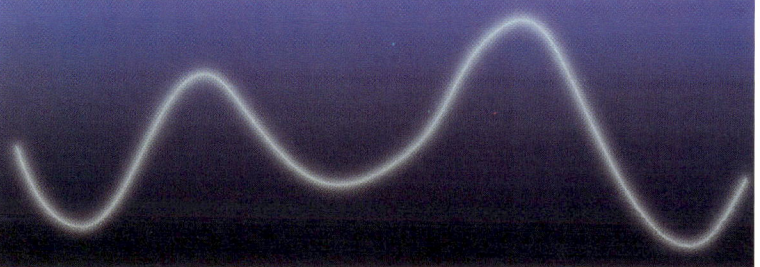

La curva de la luz de un asteroide
Variaciones de luminosidad de un asteroide en función de su rotación. El asteroide aparece más luminoso, como se ve en la curva de luz (abajo), cuando muestra mayor superficie.

hierro; su luminosidad es parecida a la de los asteroides de tipo S.

Meteoroides y meteoritos

A los fragmentos de asteroides que van camino de chocar contra la Tierra se les suele llamar *meteoroides*. Cuando un meteoroide entra en la atmósfera terrestre a gran velocidad, la gravedad produce un intenso campo de calor que lo incinera y esto se traduce en el cielo en un rayo de luz. Si el meteoroide no se quema por completo al atravesar la atmósfera terrestre, el fragmento indemne puede llegar a chocar contra la Tierra. En este caso se habla de *meteoritos*. Si los meteoritos son de gran tamaño, pueden dejar huellas evidentes en la superficie terrestre en forma de cráteres, que tienen unas dimensiones, en líneas generales, veinte veces mayor que el meteorito que los ha producido.

¿Peligro de impacto?

No todos los asteroides se encuentran en la franja principal. Algunos gravitan en torno al Sol en la misma órbita de Júpiter, formando dos grupos distintos, uno que precede al planeta y otro que le sigue: son los llamados *troyanos*, llamados así porque llevan los nombres de los héroes de la guerra de Troya. Otros, como Hidalgo, fueron despedidos de la franja principal al chocar con otros asteroides y ser atraídos por el magnetismo de Júpiter.
Siguen órbitas muy excéntricas, casi parecidas a las de los cometas. En algunos casos, estas órbitas les llevan a una distancia mínima del Sol de casi 1,3 UA y por lo tanto a distancias muy próximas a nuestro planeta.
Algunos se limitan a atravesar la órbita de Marte y a quedarse fuera de la de la Tierra. Otros, en cambio, interceptan la órbita de la Tierra, incluso varias veces al año. Es el caso, respectivamente, de los asteroides Eros y Apolo. En la actualidad se tienen localizados 250 asteroides cuyas órbitas podrían interceptar la terrestre. Pero se sospecha que éstos sólo son una mínima parte de los que en realidad hay, por lo menos un millar más, cuyas órbitas todavía no se conocen.
El más grande de ellos es Ganímedes 1036 y tiene un diámetro de unos 40 km.
La probabilidad de que un asteroide impacte con la Tierra es muy baja, pero no imposible. Muchos de los cráteres que se observan en nuestro planeta demuestran, de hecho, que en un pasado se han estrellado contra nuestro planeta cuerpos celestes de grandes dimensiones.
Concretamente, según una teoría muy conocida, fue el impacto de un asteroide de por lo menos 10 km de diámetro, producido hace cerca de 65 millones de años, lo que llevó a la extinción de los dinosaurios.

ALGUNOS DE LOS PRINCIPALES ASTEROIDES

Nombre	Diámetro (km)	Distancia del Sol (UA)	Periodo de revolución (años)	Excentricidad de la órbita	Periodo de rotación (Horas)
Ceres	930	2,77	4,60	0,08	9,1
Palas	552	2,77	4,61	0,239	10,1
Vesta	521	2,36	3,63	0,089	10,6
Igea	419	3,15	5,60	0,100	18
Psique	249	2,92	4,99	0,139	4,3
Juno	242	2,67	4,36	0,257	7,2

Júpiter, el gigante del Sistema Solar

El planeta más grande del Sistema Solar, Júpiter, tiene una composición tal que se parece más al Sol que a un auténtico planeta. Sucede que casi todo él es gas y está compuesto, sobre todo, por hidrógeno y helio. Es uno de los cinco planetas conocidos desde la Antigüedad y, después de Venus, el más luminoso.

En el complejo mundo religioso y mítico greco-romano se le identificaba con el más poderoso de los dioses del Olimpo: Zeus, en Grecia, y Júpiter, en Roma, de donde tomó el nombre definitivo.

El aspecto de Júpiter, observado con un telescopio pequeño, se caracteriza por estructuras bandeadas alternas, de colores y paralelas al ecuador, unas claras (zonas) y otras oscuras (bandas).

Observaciones históricas

Galileo Galilei, en 1610, fue el primer científico que realizó observaciones sistemáticas sobre el disco de Júpiter. Él imaginó el planeta en el *Sidereus Nuncius* (obra publicada en 1610) como un círculo ligeramente achatado.

También observó los cuatro satélites mayores de Júpiter: Io, Europa, Ganímedes y Calisto, que hoy se les conoce como los satélites (lunas) galileanos (o mediceos, porque Galileo los había llamado así en honor a sus mecenas).

Pero para una observación más detallada del disco de Júpiter hubo que esperar hasta 1630, cuando Zucchi determinó las bandas que lo cruzan, y fue Robert Hooke, en 1664, el que empezó a notar las manchas. Al año siguiente Gian Domenico Cassini descubrió la Gran Mancha Roja: una enorme estructura oval en la zona surtropical, que le permitió calcular el periodo de rotación del planeta (9h 56m). Cassini, además de observar con bastante precisión las estructuras visibles de la banda ecuatorial, cuyo periodo de rotación evaluó en 9h 51m, consiguió medir también el achatamiento polar del planeta, equivalente a 1/5 de su diámetro.

Gracias a la aparición de los telescopios reflectantes, más luminosos y dotados de espejos de vidrio revestidos de plata, se pudieron realizar observaciones más precisas que llevaron a estudios detallados sobre las características del planeta. Durante todo el siglo XIX, la naturaleza física de Júpiter supuso una cuestión extremadamente debatida. Mientras que a principios del siglo se pensaba que el planeta tenía una consistencia similar a la Tierra, a finales del mismo siglo se expuso la teoría de la existencia de una gran atmósfera con nubes altas y extremadamente frías, movidas por unas turbulencias sólo explicables por la interacción con una fuente de calor interna. Fue también en esta época cuando se localizó en el espectro de Júpiter unas bandas de absorción características, que pronto se explicaron por el metano y el amoniaco que cubren el planeta por encima de las capas de las nubes.

Un mundo completamente diferente al nuestro
Júpiter no tiene una superficie sólida; por lo tanto, lo que se ve es el estrato más externo del gas que lo forma. Dicho gas, en movimiento vertical, produce figuras espectaculares.

Rotación diferencial

Entre todos los planetas del Sistema Solar, Júpiter es el que tiene el periodo de rotación más corto. Como sucede en los demás planetas gaseosos, también Júpiter tiene una rotación diferencial: en

Un inmenso vórtice
Imágenes de la Gran Mancha Roja tomada por la sonda Voyager 1. Este vórtice ciclónico se puede ver incluso con simples prismáticos.

Manchas claras
En las nubes jupiterinas se observan a menudo manchas ovales de color blancuzco.

JÚPITER, EL GIGANTE DEL SISTEMA SOLAR

DATOS DE JÚPITER

Distancia media del Sol: 778,3 millones de km (mín. 740,9; máx. 815,7)
Diámetro ecuatorial: 143.000 km (polar 134.700 km)
Velocidad orbital media: 13,1 km/s
Periodo de rotación ecuatorial: 9h 50m 30s
Periodo de revolución: 11,86a
Satélites conocidos: 16
Masa (Tierra = 1): 317,9
Volumen (Tierra = 1): 1.319,6
Densidad media: 1,3 g/cm^3
Temperatura media en la superficie: −150°C
Inclinación del eje: 25° 11'
Inclinación de la órbita con respecto a la eclíptica: 1°,9
Atmósfera: hidrógeno (82%), helio (18%), restos de otros elementos

Dimensiones
Nuestro planeta con sus casi 13.000 km de diámetro cabría perfectamente en la Mancha Roja del planeta gigante.

otras palabras, no gira como un cuerpo sólido, sino que lo hace con una velocidad que varía mucho en función de la latitud. El periodo de rotación oscila de 9h 50m en la franja del ecuador a las 9h 55m en latitudes más alejadas. Esta velocidad de rotación ha producido en el planeta un gran achatamiento polar: el diámetro de los polos es de 134.700 km frente a los 143.000 km del ecuador.

Estructura interna de Júpiter

Las hipótesis sobre la estructura interna de Júpiter hablan de un núcleo compacto de roca y hielo, en parte formado por hidrógeno y helio incluidos, que constituye casi el 4% de la masa. Lo cubre una capa de hidrógeno metálico, cuyos electrones están desligados de protones simples, pero que son libres para moverse en ambiente caracterizado por una presión de cerca de 3 millones de atmósferas terrestres. La capa sucesiva representa una transición entre el estrato de hidrógeno metálico y el compuesto por una mezcla líquida de helio e hidrógeno molecular. Encontramos después una atmósfera, formada por hidrógeno y helio gaseosos con presencia de otros compuestos.

¿De dónde procede el calor?

Las mediciones de la energía emitida por Júpiter, generalmente en forma de radiaciones infrarrojas, revela que equivale a 1,5 veces la absorbida por el Sol; esto demuestra claramente que Júpiter posee una propia fuente interna de calor.
Este exceso de energía deriva de la potencia gravitacional acumulada durante el proceso de formación del planeta; Júpiter tiene todavía mucho calor en su interior: cerca de 30.000 °K. Este calor al fluir hacia el exterior encuentra numerosos obstáculos debidos a las mezclas producidas por los movimientos convectivos del hidrógeno metálico.

Campo magnético

Júpiter posee un campo magnético casi doce veces más intenso que el de la Tierra, y un eje magnético inclinado unos 11° con respecto al de rotación. La existencia del campo magnético se explica por la presencia, en el interior del planeta, de hidrógeno metálico líquido que, al ser un buen conductor y girar a gran velocidad, genera campos magnéticos.
Las características del campo magnético jupiterino son semejantes a las del terrestre: también en Júpiter hay dos polos magnéticos, pero invertidos, por lo que la aguja de la brújula en este gigante gaseoso indicaría el Sur y no el Norte.

Interior de Júpiter
Croquis de la hipotética constitución interna de Júpiter. Alrededor del núcleo sólido hay espesos estratos de hidrógeno en estado metálico y líquido. Fuera está la atmósfera.

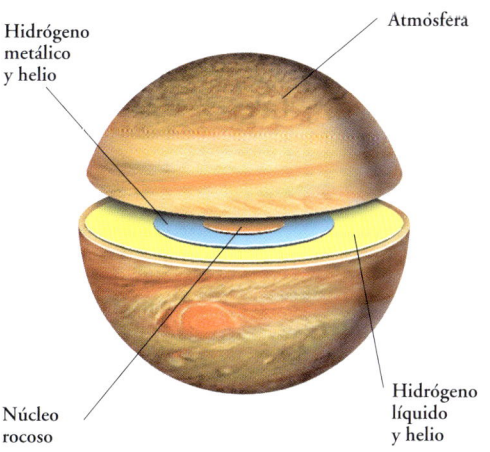

Las exploraciones de Júpiter

A pesar de la enorme distancia de la Tierra, Júpiter ha sido explorado por seis sondas: *Pioneer 10* y *11*, *Voyager 1* y *2*, *Ulises* y *Galileo*. *Pioneer 11*, lanzada en 1973, después de explorar los alrededores de Júpiter, llegó hasta Saturno (1979), mientras que *Pioneer 10*, que partió de la Tierra en 1972, abandonó el Sistema Solar en 1983.

Gracias al proyecto *Pioneer*, por primera vez el ser humano pudo estudiar y observar de cerca los gigantescos planetas gaseosos.

El ambicioso proyecto *Voyager* fue desarrollado previendo la alineación de los planetas externos, un fenómeno que se repite cada 200 años; esto permitió explorar a Júpiter, Saturno, Urano y Neptuno en un mismo viaje.

En marzo de 1979, *Voyager 1* sobrevoló a una distancia mínima de Júpiter y envió a la Tierra tal cantidad de datos y de imágenes que los científicos han necesitado muchos años para analizarlos; *Voyager 2* estuvo más lejos del planeta, pero proporcionó imágenes increíbles e importantísimas informaciones sobre las lunas medíceas. Con el desarrollo de la tecnología electrónica, los cerebros de las sondas se van haciendo cada vez más capaces de realizar investigaciones *in situ* y de tomar decisiones de una manera autónoma.

Ulises y Galileo

La meta de *Ulises* no era Júpiter, sino las regiones polares del Sol. Para alcanzar su objetivo y salir

Lo que ven las sondas
Movimientos turbulentos y espectaculares (abajo a la izq.), característicos de la atmósfera de Júpiter, se deben a otros movimientos convectivos que se dan en los estratos inferiores.

del plano de la eclíptica, se hizo que *Ulises* pasase antes alrededor del plano ecuatorial de Júpiter con el fin de que recibiera el impulso de su fuerza gravitatoria. De *Ulises* no llegaron imágenes, dado que la nave no llevaba cámaras, pero sí suministró información importante sobre el campo magnético de Júpiter, especialmente en lo relativo al anillo de plasma que orbita alrededor del planeta y que está centrado sobre el satélite Io. El plasma es el resultado de la ionización de parte del viento solar de las partículas de azufre y oxígeno cargadas

Paracaídas en las nubes
Representación pictórica de la sonda lanzada por la Galileo *para estudiar el interior del planeta gigante. La sonda pequeña aguantó casi una hora antes de reventarse por la presión.*

eléctricamente y arrojadas por los volcanes que hay en Io.

La sonda *Galileo*, que alcanzó Júpiter en 1995, fue muy importante para el desarrollo y utilización posterior de sistemas informáticos automatizados. Un objetivo primordial de la

SONDAS A JÚPITER

Sonda	Lanzamiento	Vehículo	Resultados científicos
Pioneer 10	3/3/1972	Atlas-Centauro	Primer vuelo sobre Júpiter
Pioneer 11	6/4/1973	Atlas-Centauro	Paso sobre Júpiter; primer vuelo sobre Saturno
Voyager 2	20/8/1977	Titán 3/Centauro	Se sobrevuela Júpiter, Saturno, Urano y Neptuno
Voyager 1	5/9/1977	Titán 3/Centauro	Sobrevuelo de Júpiter y Saturno; descubrimiento de los volcanes en Io y de los anillos de Júpiter
Galileo	18/10/1989	Space Shuttle	Se suelta una sonda en la atmósfera de Júpiter. Exploración cercana de los satélites galileanos
Ulysses	6/10/1990	Space Shuttle	Estudio del campo magnético de Júpiter

LAS EXPLORACIONES DE JÚPITER

Las primeras exploraciones
Las primeras exploraciones a Júpiter datan de 1972-1973, con la sonda Pioneer, *una de ellas representada en la ilustración (a la izquierda) mientras se acerca a la Gran Mancha Roja.*

Las manchas se podrían haber formado por vórtices más o menos persistentes que flotan acumulando energía gravitacional y se mantienen, por lo menos en el caso de las de mayor tamaño, al absorber a las más pequeñas.

La Gran Mancha Roja

La Gran Mancha Roja es un gigantesco vórtice de altas presiones recorrido por una corriente ascendente que se eleva una decena de kilómetros por encima de las nubes circundantes. Tiene una estructura ciclónica, y una duración nunca vista en la Tierra. Las masas emplean seis días en dar una vuelta completa alrededor de su centro. Con respecto a las hipótesis sobre su origen, unos proponen que se trata de una sola onda con una sola cresta, es decir, un solo movimiento en dirección norte-sur de las líneas del flujo, normalmente orientadas de este a oeste. Otra explicación posible es la de que se trata de un cambio de las nubes que forma parte de estructuras más profundas, en este caso hay que suponer un sistema de vórtices estable en el flujo este-oeste. Simulaciones realizadas en ordenador han demostrado que este tipo de vórtices poseen una alta resistencia a las perturbaciones y que las grandes manchas se desarrollan a costa de las pequeñas, como sucede en realidad.

misión era que un módulo pequeño capaz de suministrar información sobre la atmósfera de Júpiter descendiera de la sonda madre en órbita alrededor del planeta.
Tras una serie de problemas que retrasaron el lanzamiento de 1986 a 1989, resultó que la antena principal no se abría; los datos se transmitían por medio de una segunda antena, mucho más pequeña. La bajada del módulo en la atmósfera de Júpiter se produjo en diciembre de 1995: el módulo consiguió soportar las adversas condiciones ambientales durante 57 minutos. Los resultados obtenidos demostraron que había una densidad y una temperatura muy superiores a las esperadas. A diferencia de las informaciones suministradas por la sonda *Voyager*, esta vez no se identificaron nubes de agua y los porcentajes de helio, neón, oxígeno y azufre resultaron inferiores a los valores esperados por los científicos.

nitrógeno y otros compuestos. La variedad de colores de las nubes atmosféricas indica la altura en la que se encuentran en la atmósfera: las más altas son rojas, un poco más abajo están las blancas, todavía más abajo las marrones, mientras que en los estratos más bajos son azulonas.
En la Tierra, los vientos se producen por variaciones térmicas horizontales debidas al mayor calentamiento por parte del Sol en las regiones tropicales. En Júpiter, los vientos soplan alternativamente de este a oeste de una manera más fuerte que en la Tierra. Se cree que el mecanismo que los produce sea análogo al de nuestro planeta, al menos en la parte de la atmósfera de Júpiter que recibe la luz del Sol.

Atmósfera, nubes y manchas

La única estructura visible, cuando se mira Júpiter, es su atmósfera, con sus típicas nubes y manchas. Las nubes se disponen en capas paralelas desde el ecuador y se ven claras u oscuras según se trate de corrientes calientes (ascendentes) o frías (descendentes). La atmósfera contiene diversos gases, entre ellos metano, amoniaco, hidrógeno, helio, carbono,

Seis años esperando un encuentro
Otra imagen pictórica de la sonda lanzada por la nave Galileo sobre las nubes de Júpiter. La entrada en la atmósfera se produjo el 17 de diciembre de 1995, después de seis años de viaje.

Los satélites mediceos

De las dieciséis lunas de Júpiter descubiertas hasta ahora, las cuatro observadas por Galileo y por él dedicadas a la familia Médici (Io, Europa, Ganímedes y Calisto) son las más grandes tanto en tamaño como en importancia. Se pueden ver a lo largo del ecuador de Júpiter, con sus órbitas inclinadas, y, al observarlas, se percibe que se mueven hacia adelante y hacia atrás, pero siempre sobre la misma línea y mostrando la misma cara hacia Júpiter. A tres, por lo menos, se las ve siempre.

Volcanes en Io

La superficie de Io está formada por un impresionante paisaje de rocas escarpadas y fallas. Las fotografías enviadas por la *Voyager 1* permitieron comprender el proceso que pudo darse en la superficie de este satélite. Una de ellas muestra una depresión volcánica circular de cerca de 50 km de diámetro escarpada y rodeada por largas corrientes de lava. El aspecto es semejante al observado en otros cuerpos: una caldera, es decir, un enorme cráter con fondo llano que tuvo que formarse sobre el ahondamiento de una formación volcánica preexistente o por una explosión. Se han identificado también más de cien chimeneas cuyas dimensiones superan los 25 km de

Una pequeña familia
Un fotomontaje de los cuatro satélites mediceos de Júpiter. Se trata de verdaderos y auténticos pequeños mundos, cada uno con sus propias características.

diámetro. Las coladas fluorescentes, que proceden de los supuestos centros volcánicos, son multicolores: negras, amarillas, rojas, naranjas y marrones. Estas lavas probablemente estarán formadas por basaltos coloreados de azufre puro; algún científico ha sugerido la existencia de lagos de azufre. Unos días después del encuentro de la *Voyager 1* con Júpiter, un investigador, examinando una foto, notó una gran forma luminosa en sombrilla más allá de la orla del hemisferio meridional a unos 270 km de altitud. Se trataba de una gran nube producida por una erupción volcánica. Investigaciones posteriores han demostrado la existencia de nuevos volcanes activos que lanzan penachos de fuego que alcanzan hasta los 300 km de altura, a una velocidad de 1 km/s. De las nueve chimeneas volcánicas observadas por el *Voyager 1*, siete todavía estaban activas cuando sobrevoló por allí el *Voyager 2* cuatro meses después. Evidentementes las erupciones volcánicas son muy frecuentes y deben durar de unos meses a un año.

Océanos en Europa

La edad de la superficie de Europa puede oscilar entre unos centenares de millones de años y los mil millones de años; la luna está cubierta por una corteza de hielo tan lisa como una bola de billar.
Hasta los más escépticos están de acuerdo en admitir que lo más probable es que hubo un océano líquido en la historia geológica de Europa; las últimas imágenes de la sonda *Galileo* hacen pensar que la explicación más plausible para explicar sus características morfológicas está precisamente en la actual existencia de un océano subterráneo. Las fotografías muestran muchas fracturas sobre la superficie helada, que parecen grandes icebergs.
Además de todo esto, se ve una serie de fracturas en la capa superficial del hielo, muy parecidas a

Grande y luminoso
Ganímedes es el mayor de los satélites mediceos y el tercero absoluto del Sistema Solar. En su superficie se ven cráteres de impacto cubiertos de hielo.

¿Un océano bajo el hielo?
Las líneas visibles en la superficie de Europa se interpretan en la actualidad, gracias a las imágenes enviadas por la sonda Galileo, *como profundas fracturas de la corteza helada.*

LOS SATÉLITES MEDICEOS 63

Un mundo geológicamente vivo
La extraordinaria actividad geológica y volcánica de Io, debida a los efectos de las mareas inducidas por Júpiter, fue descubierta casualmente gracias a las imágenes enviadas por las sondas Voyager.

Calisto

De los cuatro mediceos, Calisto es el satélite más exterior y el menos denso. Su suelo se caracteriza por estar salpicado de cráteres que, aunque poco profundos, son mucho más numerosos que en cualquier otro cuerpo del Sistema Solar. Como aparentemente el suelo de Calisto no parece haber sufrido cambios sustanciales en los últimos mil millones de años, se cree que esta luna tiene la superficie más antigua del Sistema Solar. En el exterior hay una capa espesa de hielo y roca de casi 300 km de grosor que tuvo que ser una capa de agua y hielo; el núcleo rocoso ocupa un volumen con un radio de 1.200 km. La superficie de Calisto aparece recubierta de cráteres. La parte izquierda del hemisferio dirigido hacia Júpiter está dominada por un sistema de anillos concéntricos con respecto a una cuenca central circular, más clara, de 600 km de diámetro. La explicación más probable para esta cuenca es que se formara por la caída de un cuerpo mucho más grande; el enorme golpetazo que produjo los anillos se originó cuando la corteza del satélite todavía no era lo suficientemente rígida como para mantener su forma topográfica como ha sucedido con las depresiones de este tipo. Los anillos podrían haberse formado nada más producirse el choque o luego por *rebote* en la región central del satélite y el correspondiente reajuste de la superficie circundante; después la corteza de hielo se solidificó, llegando la congelación hasta capas interiores muy profundas.

espesor de 500-600 km y un núcleo de auténtica roca.
En Ganímedes se han identificado varias clases de terrenos: uno acribillado por cráteres, que ocupa decenas de kilómetros cuadrados; otro, que rodea al anterior, formado por tierras más jóvenes surcadas por hendiduras. Este último suelo comprende crestas de poca altura y valles de distinta edad, con una anchura que llega hasta 15 kilómetros y una longitud de muchos centenares de kilómetros. La presencia de estas cuencas puede deberse a un mecanismo semejante al que en la Tierra hace que emerjan materiales del manto por una fractura de la corteza. Durante su evolución, en la superficie de Ganímedes podrían haberse desarrollado algunas placas semejantes a las nuestras; éstas, aunque al principio empujara una hacia la otra, ahora están fijas.
El suelo helado se ve cubierto de cráteres de diferentes edades, aunque, como media, son más antiguos que los de Europa.

las que se dan en hielos antárticos o en un lago helado durante el deshielo de primavera. Por lo tanto, debe de haber algo, con un movimiento convectivo, que provoca las roturas: un líquido a mayor temperatura.
Después de estos resultados excepcionales, los científicos de la NASA han decidido prolongar la misión *Galileo* durante dos años más para obtener una cartografía más precisa de la superficie de Europa.

Ganímedes

Ganímedes es el mayor de los satélites mediceos y el más brillante.
Es también una de las mayores lunas del Sistema Solar, con un diámetro solo inferior a la luna de Saturno, Titán, y a la de Neptuno, Tritón. La superficie de Ganímedes está cubierta por una corteza de hielo de un grosor de 100 km; por debajo debe de haber una capa de materiales semisólidos (probablemente barro con agua) del

Un choque antiguo
Esta imagen de Calisto muestra el sistema de anillos concéntricos que domina su lado dirigido hacia Júpiter. Dichos anillos se formaron seguramente tras el impacto de un enorme asteroide.

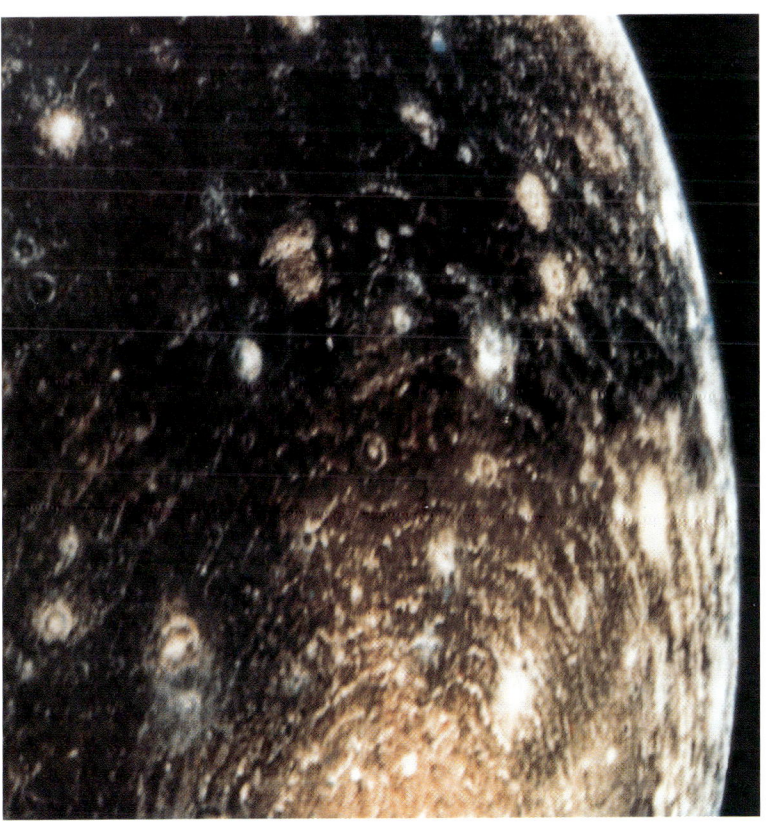

LOS SATÉLITES MEDICEOS

Satélite	Distancia de Júpiter (km)	Periodo órbita (días)	Radio (km)	Masa (grammi)	Densidad media (g/cm³)
Io	421.600	1,77	1815	$8,94 \times 10^{25}$	3,57
Europa	670.900	3,55	1569	$4,8 \times 10^{25}$	2,97
Ganímedes	1.070.000	7,16	2631	$1,48 \times 10^{26}$	1,94
Calisto	1.883.000	16,69	2400	$1,08 \times 10^{26}$	1,86

Satélites menores y anillos de Júpiter

El tercer sistema de anillos alrededor de planetas del Sistema Solar descubierto fue el de Júpiter. El primero, por supuesto, fue el de Saturno (1655) y el segundo el de Urano (1977). De los tres, el de Júpiter es el menor.

Descubrimiento de los anillos

Los anillos alrededor de Júpiter se descubrieron gracias a imágenes enviadas por la sonda *Voyager 1* en marzo de 1979. Gracias a las informaciones obtenidas por este método se pudo programar la *Voyager 2* para que obtuviera mejores imágenes de los anillos.
Estas fotos se realizaron durante dos intervalos muy breves del viaje: antes del encuentro con Júpiter y apenas superado. Las primeras imágenes mostraron los anillos desde un ángulo muy pequeño, de 10°, mientras que las del segundo encuentro se realizaron con un ángulo de 180°.

Generalidades y morfología

Los anillos se encuentran en el plano ecuatorial de Júpiter a una distancia de 55.000 km de las nubes más altas de la atmósfera. Están formados por polvo y fragmentos pequeños de partículas (del diámetro de 5 mm); son prácticamente invisibles, pues retienen muy poca luz solar.
El sistema de los anillos tiene tres componentes morfológicamente distintos. El primero comprende un anillo muy brillante, plano y circular, aunque se achata en los bordes (segundo componente); el tercer elemento es una enorme ala que cubre los otros dos, por arriba y por abajo del plano del anillo brillante en una extensión de más de 10.000 km.
Este ala parece extenderse hacia el interior, hasta el fondo de la atmósfera del planeta. Todo el sistema está limitado exteriormente por el satélite Adrastea.
Al componente más visible y luminoso se le llama *el anillo brillante*. Gracias a las imágenes de la *Voyager 2* se ha podido calcular su tamaño, que es de cerca de 6.400 km con un espesor máximo de 30 km. Los límites externos están muy definidos, pero los internos son más confusos.

Adrastea, Metis y los anillos

La materia de los anillos procede muy probablemente de dos satélites internos de Júpiter: Adrastea y Metis, descubiertos en 1979. El polvo que forman los anillos es el resultado de un proceso muy complejo que afecta también a Io. La materia expulsada por Io durante las frecuentes erupciones de sus volcanes se dispersa en el espacio por su débil atracción gravitacional, entonces choca contra Adrastea y Metis levantando polvo y arrancando pequeños fragmentos que se sitúan alrededor del ecuador de Júpiter en forma de anillos. Tienen órbitas muy parecidas y, como ya se ha dicho, se encuentran muy próximos al borde exterior del anillo brillante. Su periodo orbital es de casi 7 horas; sus reducidas dimensiones ha evitado su destrucción por efecto de las mareas de Júpiter, aunque, como cada vez realizan órbitas más estrechas, su destino final será precipitarse sobre el planeta.
La órbita de Metis está más estudiada, aunque no se ha hecho desde la Tierra. Lo más probable es que sean cuerpos oscuros con diámetros de unas pocas decenas de kilómetros (para Metis se cree que 40). Su interacción orbital recuerda las de algunas parejas de satélites de Saturno.

Amaltea

Después de Adrastea y Metis, descubiertos gracias a las sondas, el siguiente satélite en cuanto a la distancia es Amaltea, que fue localizado por Barbard en septiembre de 1892. Esta luna es la última descubierta por observaciones visuales

Anillos finísimos
Fotomontaje que muestra el sistema de anillos de Júpiter, descubiertos gracias a las imágenes enviadas por la sonda Voyager *en 1979.*

SATÉLITES MENORES Y ANILLOS DE JÚPITER

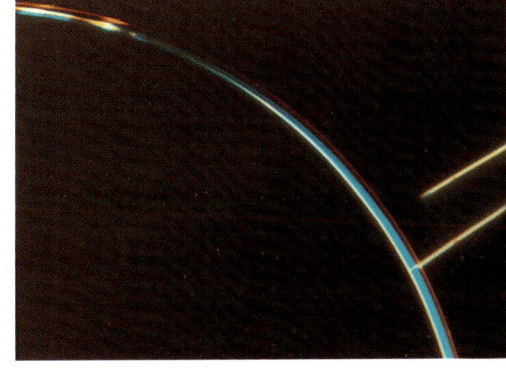

Eclipse de Sol
El disco de Júpiter se encuentra exactamente delante del Sol, eclipsándolo; así pueden verse los anillos. Nótese la dificultad para observarlos.

A contraluz
El disco a contraluz de Júpiter permite observar los finísimos anillos fotografiados por la sonda Voyager 2.

superficiales contienen azufre procedente de Io. Como Io, Amaltea emite más calor del que absorbe del Sol, tal vez por efecto de las corrientes inducidas por el campo magnético de Júpiter.

Tebe

Entre la órbita de Amaltea y la de los satélites galileanos se encuentra Tebe. Su radio orbital es de cerca de 221.900 km, sus dimensiones 55 × 5 km y su albedo es de 0,05. No sabemos mucho más de este objeto, pero probablemente, a lo largo de su historia geológica ha pasado por los mismos procesos que Amaltea.

Satélites externos

Los demás satélites menores describen órbitas más externas que los mediceos. Se los suele dividir en dos grupos partiendo de sus órbitas e, incluso, de sus orígenes. Los cuatro más interiores son Leda, Himalia, Lisitea y Elara, que tienen una órbita inclinada (cerca de 28°) sobre el plano ecuatorial de Júpiter; Leda es el más pequeño. Las otras cuatro lunas que quedan (Ananké, Carmen, Pasífae y Sinope) están más lejos y se mueven en órbitas excéntricas pero parecidas y con movimiento retrógrado. La inclinación de sus planos orbitales es de 150°. Esto sugiere que estas lunas externas sean lo que queda de un antiguo gran asteroide que en el pasado fue atraído por Júpiter y después destruido.

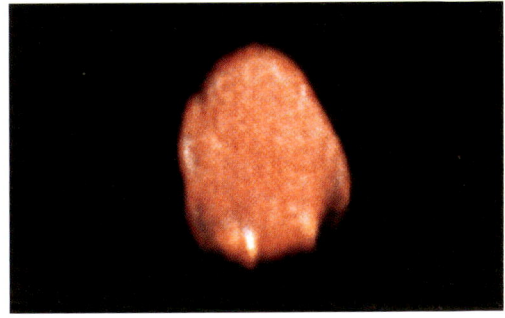
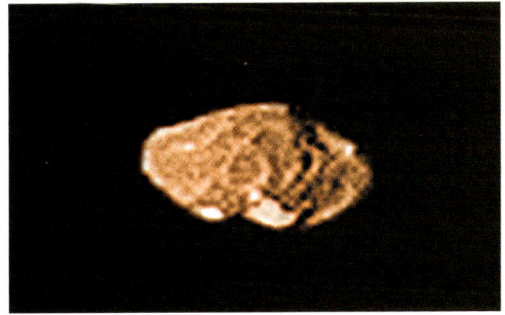

Amaltea
Dos imágenes de Amaltea, el más grande de los pequeños satélites de Júpiter. Amaltea tiene una forma muy irregular y alargada.

directas y no por fotografías. Pero ha sido sólo gracias a las imágenes enviadas por el *Voyager* cuando se ha podido conseguir información sobre sus características físicas: su superficie es oscura, irregular y muy característica. Aunque esta luna, en comparación con las medidas del sistema de Júpiter, es pequeña (270 km), es un objeto primordial con respecto a la mayoría de los asteroides y también en comparación con Fobos, el satélite de Marte que tiene una superficie parecida. Su perfil irregular y su superficie llena de cráteres sugieren una fragmentación por impacto y una composición interna muy semejante a la de los asteroides. Algunos cráteres son demasiado grandes, si se los compara con sus propias dimensiones: uno de ellos (Pan) tiene un diámetro de 100 km y otro (Gea) 80 km. Amaltea es el objeto más rojo de todo el Sistema Solar. La explicación puede ser que sus estratos

SATÉLITES MENORES DE JÚPITER

Satélites	Año del descubrimiento	Radio de la órbita (km)	Periodo de la órbita (días)	Radio o dimensiones (km)	Masa (kg)	Densidad (g/cm³)
Himalia	1904/5	127.960	0,295	93	$9,56 \times 10^{18}$	2,8
Amaltea	1892	128.980	0,298	270 × 165 × 150	$1,91 \times 10^{16}$	1,8
Elara	1904/5	181.300	0,498	38	$7,77 \times 10^{17}$	3,3
Tebe	1979/80	221.900	0,675	55 × 45	$7,77 \times 10^{17}$	1,5
Metis	1979/80	11.094.000	238,72	20	$9,56 \times 10^{16}$	2,8
Adrastea	1979	11.480.000	250,6	circa 20	$1,91 \times 10^{16}$	4,5
Pasífae	1908	11.720.000	259,22	25	$1,91 \times 10^{17}$	2,9
Sinope	1914	11.737.000	259,65	18	$7,77 \times 10^{16}$	3,1
Carmen	1938	21.200.000	631	20	$9,56 \times 10^{16}$	2,8
Lisitea	1938	22.600.000	692	18	$7,77 \times 10^{16}$	3,1
Ananké	1951	23.500.000	735	15	$3,82 \times 10^{16}$	2,7
Leda	1974	23.700.000	758	8	$5,68 \times 10^{15}$	2,7

Saturno

Es posible que Saturno sea el planeta más bello y espectacular. Su color que tiende al amarillo y sus anillos le convierten en uno de los objetos astronómicos más observados por los amantes del cielo. Incluso con un telescopio pequeño o unos prismáticos se puede observar este planeta único, que es el segundo en tamaño, después de Júpiter, del Sistema Solar.
Saturno es el único planeta que tiene una densidad media inferior a la del agua; si se encontrase en medio de un océano, lo suficientemente grande para que cupiese, se disfrutaría del fantástico espectáculo de verlo flotar en la superficie.

Observar Saturno
El planeta de los anillos se puede ver muy bien, incluso con pequeños instrumentos que permiten distinguir los anillos y las tenues bandas horizontales que caracterizan su disco.

Observaciones históricas

El primero que observó Saturno con un instrumento óptico fue Galileo, en 1610, y se dio cuenta de que a los lados del planeta había dos cuerpos, mejor dicho dos *protuberancias*, que desaparecieron en los años siguientes para volver a aparecer después pero con otra forma.
Fue Huygens, en 1656, el que aclaró las dudas de Galileo al sugerir la posibilidad de que *aquello* fuera un anillo inclinado alrededor del planeta. Como había observado una sombra en el disco del planeta, estaba en condiciones de determinar la naturaleza circular de los dos cuerpos observados por Galileo.
En 1675 Giandomenico Cassini consiguió ver una división en el interior del anillo, que desde entonces lleva el nombre del astrónomo italiano. Cassini descubrió también las bandas horizontales que atraviesan el planeta, semejantes a las de Júpiter, pero mucho menos marcadas y con colores más tenues.
El periodo de rotación de Saturno se midió a finales del siglo XVIII. William Herschel consiguió, tras estudiar minuciosamente algunas características peculiares de las bandas del planeta, calcular el valor de 10h 16m que coincide prácticamente con el real que es 10h 13m.

El gigante gaseoso

Saturno es el segundo de los cuatro gigantes gaseosos del Sistema Solar y tiene la misma estructura del gran Júpiter. Incluso sus componentes principales son los mismos: hidrógeno y helio.
Como ya se ha planteado antes, una de las peculiaridades del planeta de los anillos es su baja densidad, la más baja de todos los planetas; la prueba de esta característica se confirma por su forma. Saturno aparece achatado por los polos, con un enorme abultamiento en el ecuador, de hecho el diámetro desde un polo al otro es casi un 10% menos que el ecuatorial; en Júpiter la diferencia es de un 6%. El achatamiento tan pronunciado se debe también a la diferente velocidad de rotación en función de la latitud: en los polos, el periodo de rotación es de 10h 38m, mientras que en el ecuador es de 10h 13m.
Para completar una órbita alrededor del Sol, Saturno emplea 29 años y medio, manteniéndose a una distancia media de 9,5 Unidades Astronómicas (cerca de 1.400 millones de km), que viene a ser 9,5 veces la distancia que hay entre el Sol y la Tierra. A esta distancia, la luz solar llega muy débil, unas 90 veces inferior a la que llega a nuestro planeta.

Los colores de Saturno

Aunque por estructura y composición son muy semejantes, el aspecto de los dos grandes planetas es muy diferente. El disco de Saturno, que no presenta colores vivos peculiares como su

Un anillo, mil anillos
El extraordinario sistema de anillos de Saturno, aquí en una imagen con colores falseados, comparado con las dimensiones de la Tierra.

SATURNO

DATOS DE SATURNO

Distancia media del Sol: 1.427 millones de km (mín. 1.347; máx. 1.507)
Diámetro ecuatorial: 120.000 km (polar 108.000 km)
Velocidad orbital media: 9,6 km/s
Periodo de rotación ecuatorial: 10h 13m 23s
Periodo de revolución: 29,46a
Satélites conocidos: 18
Masa (Tierra = 1): 95,181
Volumen (Tierra = 1): 761,446
Densidad media: 0,69 g/cm^3
Temperatura media en la superficie: –180°C
Inclinación del eje: 26° 44'
Inclinación de la órbita con respecto a la eclíptica: 2°,5
Atmósfera: hidrógeno (96%), helio (3%), metano (0,4%), restos de otros elementos

Blanco y ocre
Fotografía ampliada de una zona superficial de Saturno tomada por la sonda Voyager 2. Los tenues colores del planeta se deben a los compuestos de amoniaco que forman los distintos estratos de nubes.

El hemisferio sur de Saturno
Una imagen con falsos colores del hemisferio sur de Saturno. La foto se realizó desde Voyager 1 a una distancia de casi 8 millones de km. Se ve la sombra proyectada sobre el disco del satélite Dione.

Atmósfera

hermano mayor Júpiter, se caracteriza por unos matices muy tenues. Las bandas están menos marcadas, tal vez por la cantidad de nubes que se generan a más profundidad. Los hidrocarburos de los estratos superficiales contribuyen a que los matices de los colores de las bandas de Saturno sean más delicados. Los colores de un planeta dependen de las sustancias que hay en su atmósfera y en Saturno las tintas dominantes son el blanco de las nubes de amoniaco y el ocre de hidrosulfuro de amoniaco presente en las formaciones situadas un poco por debajo de las anteriores.
El interior de Saturno debería parecerse al de Júpiter. Según el modelo hoy aceptado, el centro del planeta está formado por un núcleo rocoso;

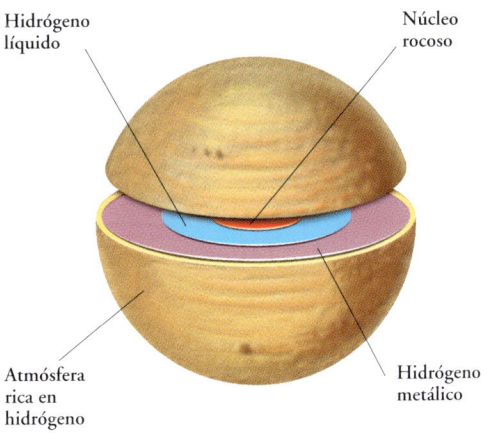

La estructura de Saturno
La estructura interna de Saturno es muy parecida a la de Júpiter: Un núcleo sólido rodeado de amplios estratos de hidrógeno metálico líquido, y una atmósfera formada predominantemente por hidrógeno.

alrededor suyo se extiende una región de hidrógeno metálico líquido, donde el hidrógeno se presenta con todas las características de un metal. Por encima, se extiende un estrato de hidrógeno y de helio moleculares, que llega hasta las regiones inferiores de la atmósfera, que ocupa la región más externa de Saturno.

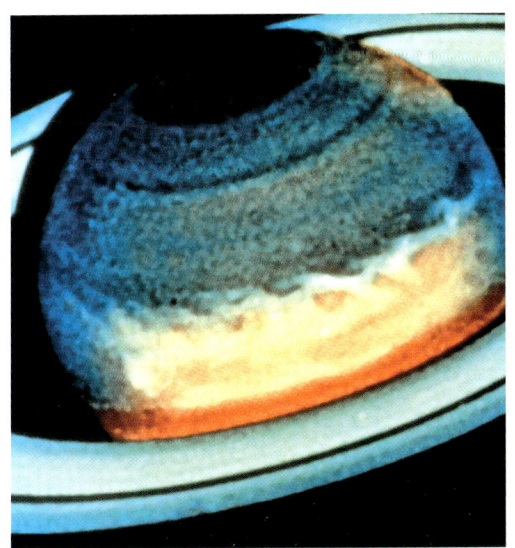

Saturno en falsos colores
Imagen con falsos colores del disco y de parte de los anillos. Nótense las bandas paralelas al ecuador de la atmósfera y una zona clara muy activa.

En los planetas gaseosos resulta muy difícil establecer lo que es la superficie y dónde comienza la atmósfera. Por eso, en astronomía se tiende a considerar la *altura cero* el punto en el que la temperatura, como sucede en la Tierra, se invierte. Por lo general, la temperatura disminuye con la altura, pero los gases

Voyager... y vale
Reconstrucción artística del acercamiento de una sonda Voyager a Saturno. Las sondas Voyager han sido las únicas, durante casi veinte años, que se han acercado a los planetas exteriores.

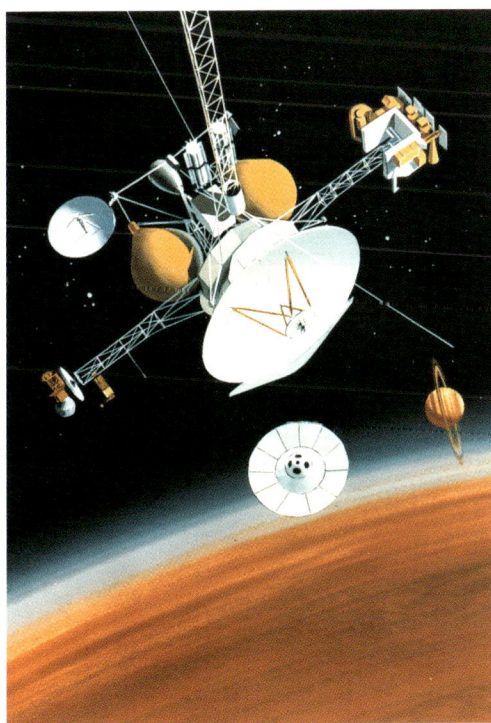

EL SISTEMA SOLAR

Similitudes con el planeta gigante
Fotografía ampliada de las nubes de Saturno. Los detalles tienen una resolución de 60 km y muestran características similares a las ya vistas en Júpiter.

atmosféricos absorben parte de las radiaciones solares, lo que determina un aumento de la temperatura; en Saturno es el metano el que provoca el aumento.

La atmósfera del planeta está formada por un 96% de hidrógeno, un 3% de helio y un 0,4% de metano gaseoso; un centenar de kilómetros por debajo del nivel 0 las temperaturas bajan mucho y la presión es muy elevada (cerca de 1 atmósfera), así que el amoniaco se condensa y penetra en las amplias nubes blanquecinas muy fáciles de observar.

Las investigaciones llevadas a cabo han demostrado que Saturno, al igual que Júpiter, emite más energía de la que recibe del Sol, en relación 2/1. Este fenómeno puede explicarse porque el helio se comprime en las zonas centrales de Saturno. El calor generado de esta manera sería suficiente como para atraer movimientos convectivos que crearían en la atmósfera corrientes cálidas ascendentes y corrientes frías descendientes que buscarían los estratos más bajos.

Los vientos

En la Tierra, lo que determina la circulación atmosférica es la radiación solar (que produce diferencias de temperaturas entre los polos y el ecuador). En Saturno, en cambio, es la propia fuente de calor interna la que crea los mecanismos para que se produzcan los vientos. A esto hay que añadir la rápida rotación del planeta, la segunda después de Júpiter, que contribuye no poco a convulsionar la atmósfera. En Saturno se han medido vientos que alcanzan los 1.800 km/h, una velocidad elevadísima que ni siquiera alcanzan los vientos de Júpiter. Estos fenómenos se distribuyen por igual y simétricamente en los dos hemisferios, pues la influencia de la inclinación del eje y, por lo tanto, de sus efectos sobre la alternancia de estaciones es demasiado pequeña para provocar un efecto tan significativo en un planeta tan lejano del Sol.

También en Saturno se dan estructuras ciclónicas capaces de durar mucho (incluso años), pero no tienen ni las dimensiones ni la espectacularidad de las que se producen en Júpiter, como por ejemplo la Gran Mancha Roja.

Viajes pasados y futuros
Representación artística de la sonda Voyager 1 *en órbita alrededor de Saturno (abajo). Hacia Saturno está viajando ahora la sonda* Cassini, *que llegará a su destino en 2004.*

SONDAS A SATURNO

Por los alrededores de Saturno han pasado tres naves diferentes, que han enriquecido el patrimonio del conocimiento sobre este planeta y permitido realizar descubrimientos científicos importantes. La primera fue la sonda *Pioneer II*, que, después de haber visitado Júpiter, llegó a los alrededores de Saturno en septiembre de 1979. Las fotografías que envió a la Tierra permitieron localizar anillos que no son visibles desde la Tierra y una pequeña luna llamada 1979S1.

La segunda nave que se acercó fue la sonda *Voyager 1*, que alcanzó Saturno en noviembre de 1980, pasando a una distancia de 64.000 km y realizando un reconocimiento de los principales satélites. *Voyager 2* sobrevoló el planeta en agosto de 1981 y siguió viaje a Urano y Neptuno; recorrió una órbita diferente de su gemela, con el fin de completar la recogida de datos.

La NASA, en colaboración con la ESA, ha lanzado en 1997 la sonda *Cassini*, que debe visitar el sistema de Saturno, orbitando sobre el planeta 40 veces. Si todo se produce como está previsto, la llegada se producirá en 2004, después de que la sonda haya pasado por Venus y Júpiter; desde aquí, a través del efecto onda gravitacional, será lanzada con un gran acelerón con el fin de gastar menos combustible.

SATURNO

el disco del planeta.
Las imágenes enviadas por las sondas muestran que estos anillos están formados por millones de anillos menores alternados por medio de lagunas, que recuerdan los surcos de los discos LP.
Algunos de estos pequeños anillos, que constituyen la estructura microscópica del sistema, no son círculos perfectos, sino elipses, y casi todos están cubiertos de una fina capa de polvo.
El origen de los anillos de Saturno no está claro del todo; puede que se hayan formado a la vez que el planeta, pero no son un sistema estable y el material del que están hechos se renueva periódicamente.
Es probable que esto se produzca cuando algún satélite pequeño choca contra el planeta y se destruye.

El campo magnético

La composición interna de Saturno, con la presencia de un líquido conductor como el hidrógeno metálico, produce, por el efecto dinamo, un campo magnético, pero que resulta ser más bajo de lo que cabría esperar. El motivo probablemente esté ligado al hecho de que la inclinación recíproca entre el eje de rotación y el del campo magnético es de casi 1°, mientras que en Júpiter la diferencia es casi de 10°.
Alrededor de Saturno se extiende una magnetosfera que adquiere una forma alargada en las regiones del espacio de detrás del planeta debido al cruce de fuerzas del campo magnético planetario con el de las partículas del viento solar. La forma de la magnetosfera de Saturno es totalmente igual a la de Júpiter y la de los otros planetas que tienen campo magnético.

SATURNO EN LA MITOLOGÍA

Identificado con la figura griega de Cronos, Saturno es una divinidad latina e itálica.
Según la leyenda, escapó de Grecia huyendo de la furia de su hijo Zeus (Júpiter según la tradición latina) y llegó a Italia; allí enseñó a los hombres el cultivo de la agricultura, que supuso el inicio de una era feliz, la edad saturnina, la más cantada por los poetas latinos. A este dios agreste se le representaba como un viejo de mirada severa, abundante cabellera y densa barba. Su nombre probablemente deriva del latín *sata*, campos sembrados, y su culto fue importante sólo en Roma.

Las lunas de Saturno

Saturno tiene 18 satélites *oficiales*. Puede que tenga muchos otros más pequeños (casi asteroides) que todavía no se han descubierto. La influencia gravitacional ejercida por algunos de los satélites de Júpiter permite la presencia en órbitas estables del material que produce los anillos.
La mayoría de las lunas de Saturno son unos lugares muy inhóspitos, formados por lo general por rocas y hielo, como demuestra claramente dada su considerable reflexión.
Titán, además de ser el satélite más grande de Saturno, con un diámetro de más de 5.000 km, es, por su tamaño, la segunda luna del Sistema Solar, después de Ganímedes de Júpiter. Su atmósfera extremadamente densa (más del 50% de la terrestre) está formada por un 90% de nitrógeno, más un discreto porcentaje de metano. Se cree que en su superficie se producen lluvias de metano y que hay incluso mares de esta sustancia.

Anillos y satélites
Las sondas han demostrado de manera irrefutable que alrededor de Saturno orbitan millares de anillos, unos muy grandes y otros extremadamente finos.

Lo que es cierto es que estas enormes formaciones están presentes en todos los gigantes gaseosos, lo que lleva a concluir que existen unos mecanismos comunes, relacionados con la estructura de estos planetas.

Los anillos

Cuando se piensa en Saturno es imposible no tener en cuenta sus anillos.
Las sondas han confirmado que los cuatro planetas gaseosos tienen anillos, pero sólo los de Saturno son tan hermosos como perfectamente visibles.
Como sugirió Huygens, los anillos de Saturno no son sólidos, sino el resultado de una miríada de pequeñísimos corpúsculos celestes que orbitan alrededor de la región ecuatorial del planeta.
Hay tres anillos principales y otros cuatro más débiles; todos juntos reflejan mucha más luz que

Primera visita
Representación pictórica del acercamiento a Saturno de la sonda Pioneer 11, *la primera que llegó a los alrededores del planeta de los anillos.*

Los satélites de Saturno

Saturno tiene muchos satélites. El más grande es Titán, descubierto por Christian Huygens en 1665, Cassini descubrió cuatro: Japeto, Rea, Tetis y Dione, en la última década de 1600. En 1789, Herschel localizó otros dos, Mimas y Encelado. Hiperión fue descubierto en 1818 por dos astrónomos de Cambridge, en los Estados Unidos. En el siglo XX, los análisis de las fotografías han añadido otros dos más: Febe y Jano.
Las observaciones de las lunas de Saturno exigen mucha habilidad y paciencia y además la gran luminosidad de sus anillos hace la operación todavía más difícil. Antes de que las sondas *Voyager* llegaran al sistema de Saturno, los satélites que se conocían de Saturno eran los nueve citados; en la actualidad se conocen 18. Con instrumental terrestre sólo puede verse Titán, que aparece como un disco pequeño, los demás apenas se perciben como unos puntos de luz apagada.

Titán

Titán es el satélite más grande de los que giran alrededor de Saturno, y el segundo de todo el Sistema Solar después de Ganímedes, en Júpiter. Orbita alrededor de Saturno a una distancia media de 1.221.900 km, emplea unos 16 días para completar un giro y tarda casi 30 años en dar una vuelta completa, con su planeta, alrededor del Sol. Como su periodo de rotación coincide con el de revolución, como sucede con

Cráteres en Rea
La superficie de Rea está totalmente craterizada, y recuerda la del planeta Mercurio. Después de Titán, Rea es el satélite más grande de Saturno, con un diámetro de más de 1.500 km.

la Luna de la Tierra, Titán siempre presenta la misma cara a Saturno.
Titán es el único satélite del Sistema Solar con una atmósfera densa, una vez y media más que la de la Tierra, lo que ocasiona algunas coincidencias con este planeta: en ambos el nitrógeno molecular es el componente más importante de la atmósfera.
En Titán se están llevando a cabo estudios de paleoclimatología porque se cree que la originaria atmósfera terrestre era muy semejante a la descubierta en esta lejana luna; el estudio de la atmósfera de Titán podría proporcionar informaciones valiosísimas para la reconstrucción de la evolución de la vida en la Tierra.
Las primeras imágenes que se recibieron de Titán se tomaron en 1980 por la sonda *Voyager 1*, y mostraban que su color dominante, el naranja, se debía a una espesa capa de moléculas orgánicas de su atmósfera. Pero su densidad impide ver la superficie, lo que ha alimentado todo tipo de especulaciones sobre lo que hay debajo, que va desde un océano de etano a una árida meseta rocosa.

La atmósfera y la superficie de Titán

La densidad de la atmósfera es tan grande que la presión sobre la superficie de Titán es de 1,5 veces (1,5 bar) la terrestre. La temperatura podría estar entre los 90 °K y los 100 °K. El componente principal de la atmósfera es el nitrógeno (90%), pero también hay metano (menos del 10%); la presencia de este gas ya se conocía por los estudios realizados con infrarrojos en 1944.
También se ha encontrado hidrógeno, monóxido de carbono y etano. Para la ciencia, la superficie

El cañón de Tetis
Tetis presenta una de las estructuras más sorprendentes del Sistema Solar. Se trata de un gigantesco cañón que se extiende de una región polar a la otra, con más de 100 km de longitud.

de Titán sigue siendo su misterio más grande. Muchas mediciones radiométricas y espectroscópicas llevadas a cabo demuestran que es muy heterogénea, lo que hace improbable que haya un océano global. Por el momento, la hipótesis más aceptada es que los líquidos orgánicos están almacenados por arriba y por abajo de la superficie (en lagos) y que ésta estaría formada por hielo y rocas. No puede excluirse ni siquiera la existencia de montañas.
Es probable que en tiempos remotos Titán haya estado expuesto a grandes bombardeos de meteoros; por eso, en su superficie, puede haber cráteres enormes llenos de hidrocarburos líquidos.

Los demás satélites

Las órbitas de los satélites más internos (Mimas, Encelado y Tetis) están relacionadas entre sí. Sus periodos de revolución están en resonancia y se han visto otros cuerpos pequeños también en resonancia del mismo material que los anillos. Se les considera *satélites pastores* pues con su presencia garantizan órbitas estables a los propios anillos. Todas las lunas de Saturno, menos las tres más externas, llevan una rotación

El misterio de Japeto
La característica más evidente de Japeto es su diferente reflexión del hemisferio dirigido a Saturno con respecto al otro. Algunos estudiosos opinan que el hemisferio oscuro debió de experimentar una explosión.

LOS SATÉLITES DE SATURNO

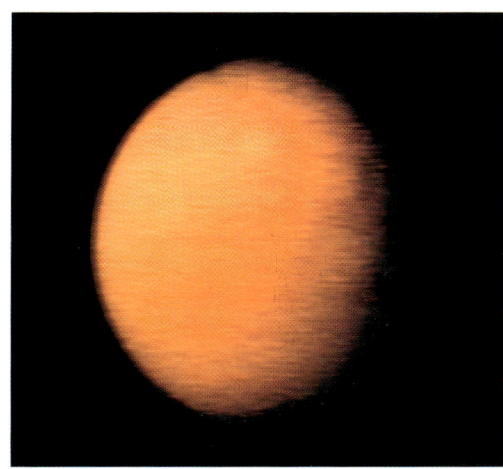

El gigante Titán
Titán, con sus más de 5.000 km de diámetro, es uno de los mayores satélites del Sistema Solar y el que tiene mayor densidad.

LOS SATÉLITES DE SATURNO

Nombre	Radio de la órbita (km)	Diámetro (km)	Periodo (hora)
Pan	133.600	20	13,80
Atlas	137.700	40 × 20	14,45
Prometeo	139.400	140 × 100 × 74	14,71
Pandora	141.700	110 × 90 × 66	15,09
Epimeteo	151.400	140 × 116 × 100	16,66
Jano	151.500	220 × 190 × 160	16,67
Mimas	185.500	394	22,62
Encelado	238.000	502	32,89
Tetis	294.700	1048	45,31
Telesteo	294.700	30 × 20 × 16	45,31
Calipso	294.700	24 × 22 × 22	45,31
Dione	377.400	1118	65,69
Helena	377.400	34 × 32 × 30	65,74
Rea	527.000	1528	108,42
Titán	1.221.900	5150	382,69
Hyperión	1.481.000	410 × 260 × 220	510,64
Japeto	3.560.800	1436	1903,9
Febe	12.954.000	220	13 210,8

sincronizada. Es decir, que presentan siempre la misma cara al planeta, exactamente igual a lo que hace la Luna con la Tierra.
Casi todos los satélites de Saturno describen órbitas circulares con respecto al plano ecuatorial, pero las de Japeto y Febe son inclinadas con ángulos de 14°,7 y 150° respectivamente. Febe es el único satélite que se mueve alrededor de Saturno en dirección contraria a los otros.

Tamaños diferentes

Las dimensiones de los satélites de Saturno son muy diferentes; los hay tan pequeños como asteroides y tan grandes como Mercurio. Por lo general, su densidad es baja, por debajo de 1,5 g/cm^3, lo que significa que uno de sus componentes principales tiene que ser el hielo. Una hipótesis razonable consiste en admitir que los componentes son un 30-40% de roca y un 60-70% de hielo. Sólo Titán tiene suficiente masa porque su composición de roca y hielo son equivalentes.
Las informaciones obtenidas de las sondas interplanetarias sugieren que, en general, cuanto más lejos se está del Sol, la densidad de los planetas y satélites disminuye.
En conjunto, los satélites de Saturno tienen menos densidad que los de Júpiter y, por lo tanto, su porcentaje de hielo es mayor. La presencia de hielo en el interior de un satélite baja su punto de fusión y facilita (gracias al aumento de temperatura) la actividad geológica, como efectivamente se ha demostrado que pasa en muchos satélites de Saturno.

Algunos ejemplos

Japeto tiene un diámetro de 1.500 km y una densidad próxima a la del hielo del agua. El hemisferio dirigido siempre hacia Saturno es, por lo menos, cinco veces más luminoso que el otro: esta diferencia ya la señaló Cassini a finales del siglo XVII. Probablemente en el hemisferio más oscuro hay materiales poco reflectantes y existe la hipótesis de que este polvo llegue de Febe; aunque también se piensa que el polvo puede haber surgido de una explosión y lo ha vuelto negro.

Hemisferios diferentes
Dione (abajo) tiene mayor densidad que los demás satélites. Además, sus dos hemisferios son muy diferentes: uno presenta llanuras y cráteres pequeños y el otro los restos de un bombardeo.

Las características de Febe, en cambio, hacen pensar que en realidad no es otra cosa sino un asteroide cautivo.
Las imágenes de Rea muestran una superficie cubierta de cráteres. Es un terreno muy parecido al de los altiplanos de la Luna y de Mercurio, con la diferencia de que los cráteres más jóvenes de Rea no están rodeados por anillos del material expulsado. La superficie de Rea se puede dividir en dos zonas morfológicamente distintas: la parte más occidental de la región polar muestra cráteres con un diámetro entre 30 y 100 km y muchos cráteres pequeños. En la parte más oriental, en cambio, faltan los grandes y hay muchas depresiones.
Dione, con un diámetro de 1.100 km, es el satélite que tiene la densidad más alta, después de Titán. También los dos hemisferios de esta luna tienen una morfología diferente. Uno presenta muchas estrías luminosas que atraviesan los cráteres de diámetros entre 50 y 100 km, el otro tiene una luminosidad casi constante.
En Dione hay llanuras, así que su número de cráteres es más reducido que en los otros satélites.

En los anillos de Saturno

Sin ninguna duda, la característica más espectacular de Saturno son sus anillos. Orbitan alrededor del planeta sobre el plano del ecuador con una inclinación de 28° con respecto al de Saturno en torno al Sol. Esto significa que desde la Tierra los anillos se ven distintos según las posiciones en las que se encuentren ambos planetas: se los puede ver tanto de perfil como de plano total.

Composición y estructura

Los anillos están formados por un número enorme de partículas con un índice de reflexión muy alto, por eso se los ve desde grandes distancias. A pesar de ser muy sutiles, su esplendor supera el del interior del planeta. Entre las partículas que forman los anillos hay cristales de hielo de agua y otros materiales rocosos cubiertos de hielo. La estructura entera de los anillos tiene un diámetro de más de 275.000 km, mientras que su espesor no supera el kilómetro. La masa completa de los anillos es muy pequeña: si se hiciera con ella un solo cuerpo, su diámetro no superaría los 100 km.
Cuando se observa el sistema de anillos, se distinguen tres formaciones principales que por

Vistos desde abajo
La fotografía de abajo, tomada por la sonda Voyager 1, muestra a Saturno y sus sistemas de anillos vistos desde un insólito ángulo. También se nota, abajo a la derecha, la sombra de los anillos en el disco del planeta.

comodidad se les llama A, B y C, y otras cuatro más pequeñas, definidas también con letras del abecedario. El anillo B es el central, más ancho y brillante; dentro se encuentra el anillo C, que es casi transparente, mientras que el A se localiza fuera del B. La estructura no es continua; los anillos están separados por unas zonas oscuras llamadas *divisiones*.
La más grande, la que separa el anillo B y el A, recibe el nombre del gran astrónomo italiano Cassini; otra división importante es la de Encke, situada dentro de A.
Las observaciones han demostrado que los anillos a su vez están formados por muchísimos subanillos muy sutiles y separados a su vez por otras divisiones. Los científicos sugieren que las lagunas las han creado unos satélites pequeños que giran alrededor de los anillos y que con su presencia *limpian* la zona.

Una travesía peligrosa
El 12 de noviembre de 1980, la sonda Voyager 1 atravesó los anillos de Saturno de norte a sur para obtener información precisa. En su travesía, la sonda sufrió muchos choques, pero consiguió pasar.

La división de Cassini

Entre los anillos B y A se encuentra la división de Cassini, con un espesor de 4.000 km. Al contrario de lo que se pensaba, en su interior hay estructuras secundarias, aunque con poco material. Para explicar la presencia de estas zonas con una densidad tan baja (las divisiones) –que son muchas en todos los anillos– hay que recurrir al concepto de *resonancia*. Se dice que las órbitas de dos cuerpos están en resonancia cuando el cociente entre los periodos de revolución de los dos cuerpos se puede expresar como la relación entre dos números enteros bajos; por ejemplo, si un periodo es el triple del otro, los cuerpos están en resonancia 1:3. La causa por la que algunas zonas están casi vacías se debe a que las partículas en esas regiones sienten más la atracción gravitatoria de los satélites más externos y se mueven hacia estos cuerpos mayores, dejando vacía dicha región.
A los satélites de este tipo se les llama también *satélites pastores*.

Anillos D, C y B

De dentro afuera, se pasa por el primer anillo, D, caracterizado por una luminosidad muy baja.

HIPÓTESIS SOBRE LA NATURALEZA DE LOS ANILLOS

El primero que se dio cuenta de la auténtica naturaleza de los anillos fue el francés Simon de Laplace, que en 1785 lanzó la hipótesis de que se trataba de unas estructuras formadas por innumerables cuerpos sólidos de dimensiones muy pequeñas que orbitaban en torno a Saturno y que, al observarse desde lejos, daba la impresión de que fuera una estructura continua.
En 1856, James Clerck Maxwell demostró que estas partículas estaban distribuidas en estructuras menores adyacentes, anulares y de un grosor que no se podía comparar con la de los anillos mayores.
Otra contribución fundamental fue la del matemático Edouard Roche, que demostró la imposibilidad de que un cuerpo de grandes dimensiones pudiera orbitar a una determinada distancia del planeta, ya que éste sería destruido por el campo magnético del cuerpo mayor. La zona *sometida* a la presencia de los satélites se le llama *lóbulo de Roche* y al borde externo *límite de Roche*. Calculando el límite de Roche para Saturno, los astrónomos se dieron cuenta de que se encontraba más allá del anillo externo, confirmando que los anillos tenían que estar formados por cuerpos muy pequeños.

La parte más interna del anillo termina en las capas superiores de la atmósfera de Saturno. Pasado éste se encuentra el anillo C, más ancho y complejo que el anterior; en su interior hay muchas bandas separadas por otros anillos secundarios menos transparentes.

En la parte externa de C hay una laguna de 270 km, precedida y seguida por dos anillos con los bordes muy nítidos. Entre los cuerpos que acompañan al anillo C los hay de hasta dos metros.

El límite entre los anillos B y C está marcado por una zona con pocas partículas, de una anchura de 3.600 km, llamada *división francesa*. La formación principal de todo el sistema es el anillo B (28.800 km), el más visible. La parte principal está dividida en varios anillos menores y lagunas; las dimensiones de los cuerpos que lo forman varían de unos metros a decenas de kilómetros.

En la parte exterior del anillo (los últimos 10.000-15.000 km) hay unas extrañas estructuras conocidas como *manchas radiales*. Tienen la forma de triángulos estrechos con la base dirigida hacia el planeta; los materiales de su interior son pequeñísimos, del orden de micrómetros. Estas estructuras no son estables: duran unas diez horas y su presencia se justifica por la interacción entre las moléculas del agua (presente en forma de hielo) ionizada y el campo magnético de Saturno. Cuando los electrones, que están sueltos cerca del anillo, neutralizan los iones, las formaciones desaparecen.

Anillos A y F

Más allá de la división de Cassini se encuentra el anillo A, en cuyo interior está la división de Encke. Ésa está muy cerca del borde exterior del anillo y se localiza en una región con un periodo de revolución en resonancia con el satélite Mimas. Todavía más externo aparece el anillo E, subdividido en anillos mucho más finos. El más exterior de todos se subdivide a su vez en 10 filamentos, que pueden tener su origen en las perturbaciones gravitatorias producidas por dos satélites pastores que hay en los alrededores.

El aspecto de los anillos
Por los movimientos recíprocos de la Tierra y de Saturno, los anillos de este último nos aparecen con inclinaciones diferentes. Cuando los anillos están de perfil son prácticamente invisibles.

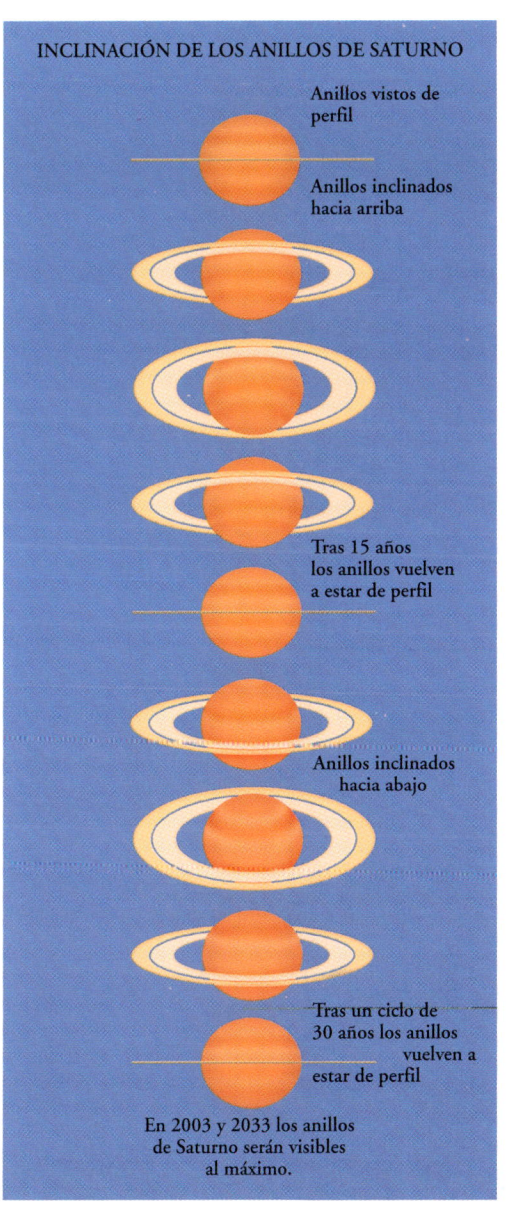

Anillos en primer plano
En el dibujo de la derecha se representan los anillos principales del sistema de Saturno con las divisiones mayores, reconstruidas a partir de los datos enviados por las sondas Voyager.

Urano

El séptimo planeta del Sistema Solar más alejado del Sol pertenece a la familia de los gigantes gaseosos como Júpiter. Fue descubierto en el siglo XVIII, a pesar de encontrarse en los límites de visibilidad a simple vista.

El descubrimiento de Urano

Cuando en la noche del 13 de marzo de 1781 William Herschel estaba observando con un instrumento óptico la constelación de Géminis, se encontró con una estrella en una parte del cielo en la que no debería estar.
Este objeto celeste que el famoso astrónomo estaba mirando no tenía las características de una estrella, pues no era puntiforme, aunque sí redondo. Durante varias noches siguió observando esa parte del cielo y se dio cuenta de que ese objeto llevaba un movimiento más lento que el de las estrellas. Al principio, Herschel pensó que se trataba de un cometa, a pesar de que estos astros nunca se ven tan nítidos y claros, y el objeto en cuestión era muy brillante y bien definido.
La noticia se difundió con rapidez entre los astrónomos de toda Europa, que se pusieron a calcular las dimensiones aproximadas del objeto y de su órbita. En mayo de 1871 la comunidad científica estaba convencida de que William Herschel, de 41 años de

El color de Urano
El color azul-verdoso que caracteriza el disco de Urano se debe a la presencia en su atmósfera del gas metano que absorbe las radiaciones complementarias, es decir, las rojas.

edad, había descubierto el séptimo planeta. Las primeras evaluaciones demostraron que se trataba de un planeta muy alejado del Sol, más del doble que de la Tierra a Saturno. Este descubrimiento duplicó de golpe las dimensiones del Sistema Solar hasta entonces conocido.

Una particularidad de Urano

Urano es el único planeta del Sistema Solar cuyo eje de rotación está tan inclinado que prácticamente va paralelo a la eclíptica el polo norte se encuentra, nada menos, que debajo del plano de su órbita. Para alguien que desde la Tierra observe los polos de Urano los verá alternativamente durante la mitad del tiempo de su rotación, es decir durante casi 42 años. La razón de esta extraña característica de Urano todavía no se sabe a qué se debe, pero la hipótesis más difundida es la del impacto con otro cuerpo celeste.

Urano y la Voyager

En enero de 1986, la sonda *Voyager 2* sobrevoló Urano durante unas horas.
A pesar de su corta estancia, la sonda pudo enviar información valiosísima, gracias a la cual se ha podido ampliar el conocimiento del planeta. Las imágenes enviadas por la sonda confirmaron la existencia de esporádicos sistemas de nubes y de una espesa nube de metano presente en las capas más altas de la atmósfera. De la *Voyager* han llegado imágenes de los satélites de Urano, diez más de los cinco que ya se conocían. *Voyager 2* pasó a poco más de 30.000 km de la superficie de Miranda, y envió unas fotografías con una resolución de apenas un kilómetro.
Por lo que respecta a la estructura interna, Urano es semejante a los otros gigantes gaseosos. Su densidad es parecida a la de Júpiter, pero su masa es mucho menor, lo que impide la formación en el interior del planeta de hidrógeno metálico líquido.
Por debajo de uno de los estratos más externos formado por hidrógeno y helio hay una región rica en amoniaco, metano y otros compuestos con carbono y nitrógeno, además del hidrógeno y helio molecular. El centro del planeta está ocupado por un núcleo de roca.

Una breve visita
La sonda Voyager 2 *sobrevoló Urano el 24 de enero de 1986. El encuentro duró unas pocas horas, después la sonda prosiguió su viaje hacia Neptuno.*

Los anillos
También Urano tiene un sistema de anillos sutiles: se localizan en el ecuador del planeta y tienen un espesor muy pequeño con respecto a su diámetro.

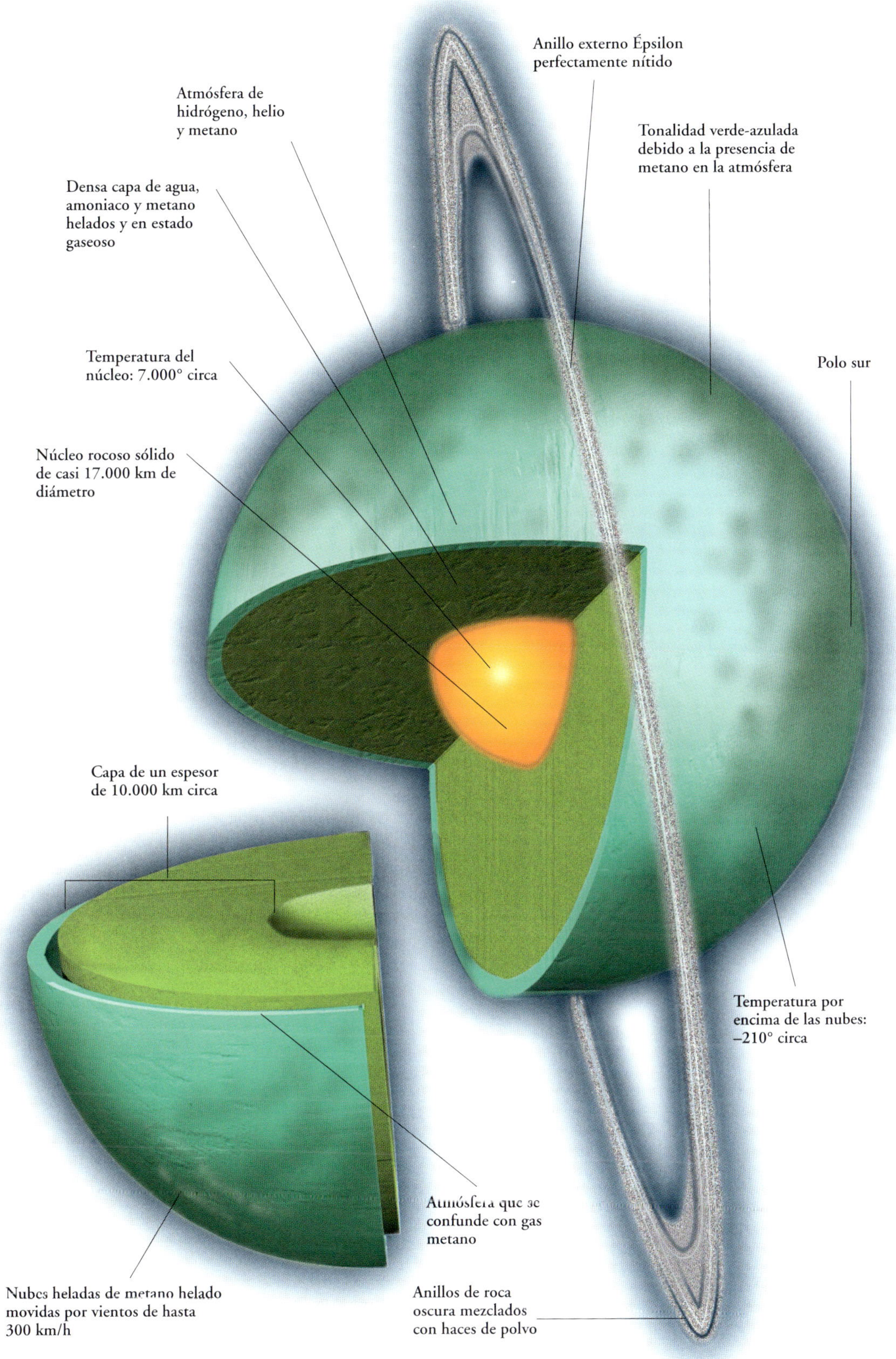

URANO

DATOS DE URANO

Distancia media del Sol: 2.896,6 millones de km (mín. 2.735, máx. 3.004)
Diámetro ecuatorial: 51.118
Velocidad orbital media: 6,8 km/s
Periodo de rotación: 17h 12m (retrógrado)
Periodo de revolución: 84,01a
Satélites conocidos: 17
Masa (Tierra = 1): 14,531
Volumen (Tierra = 1): 62,181
Densidad media: 1,29 g/cm^3
Temperatura media en la superficie: –210°C
Inclinación del eje: 97° 55'
Inclinación de la órbita con respecto a la eclíptica: 0°,8
Atmósfera: hidrógeno (83%), helio (15%), metano (2%)

Estructura interna de Urano

Urano, como Júpiter y Saturno, es un planeta fundamentalmente gaseoso. Eso hace que sus dimensiones sean todavía más pequeñas y que su núcleo, en proporción, sea muy grande.

dirección contraria a la de la rotación. Urano tiene también un gran campo magnético con una extraña característica, cual es que el eje magnético no sólo no coincide con el de rotación, sino que su ángulo es mucho más elevado: casi 55°. De todos los gigantes gaseosos, sólo Urano presenta una aparente uniformidad y una escasa actividad atmosférica. Esto podría deberse al hecho de que sólo el 30% del calor que irradia procede de su interior, mientras que el 70% se debe a las radiaciones solares; en el caso de los otros la relación es al revés, la mayor parte del calor emitido procede de las partes más profundas. Puede que Urano haya perdido una gran parte de calor interno en las fases iniciales de su formación.

Un solo encuentro

Hasta ahora sólo la sonda Voyager *se ha aproximado a Urano. Casi toda la información fidedigna que se tiene sobre este planeta se debe a esta sonda.*

La atmósfera

El disco de Urano parece uniforme, con una tenue coloración azul-verdosa, de vez en cuando interrumpida por nubes blanquecinas. Su color se determina por el fenómeno de la absorción de la luz solar; parte del hidrógeno y del metano absorben en el rojo y el infrarrojo deja que se filtre el verde y el azul.

Las escasas formaciones de nubes y vientos presentes en latitudes medias se mueven a unos 600 km/h en la dirección de los paralelos, es decir siguiendo la rotación del planeta. Los vientos que se forman en latitudes más bajas son más débiles, a unos 360 km/h, y se mueven en

Anillos y satélites de Urano

El sistema de anillos alrededor de Urano fue descubierto por casualidad, en 1977, cuando se estaban estudiando la ocultación de parte de Urano por una estrella brillante. La presencia de los anillos se confirmó después con la nave espacial *Voyager 2*, que añadió otros dos a los nueve descubiertos desde la Tierra. La capacidad de reflejar la luz de los anillos de Urano es muy baja; por este motivo se ven mal y se tardó tanto en descubrirlos. Las dimensiones de las partículas de polvo que forman los anillos son de unos centímetros y de superficie irregular. Estos anillos, lo más seguro, es que tengan menos de 100 millones de años y podría ser que se hubieran formado a partir de que una pequeña luna chocara con un meteorito o un cometa.

Por lo general, se nombra a los anillos en función del tamaño de su radio orbital con los siguientes nombres: 6, 5, 4, Alfa, Beta, Eta, Gamma, Delta y Épsilon; su distancia del planeta está comprendida entre los 40.000 y los 50.000 km. El anillo Épsilon es con mucho el más ancho y excéntrico: su anchura está comprendida entre los 20 y los 100 km.

El descubrimiento de los anillos
Una imagen pictórica de Urano con sus anillos. El descubrimiento de los anillos se realizó en 1977 gracias a un telescopio de infrarrojos de 91 cm de diámetro.

Satélites pastores

Era de esperar que hubiera muchos satélites pequeños gobernando las órbitas de los finos anillos. Dos de estos satélites pastores se han encontrado en ambos lados del anillo Épsilon. Su borde externo, que se interrumpe bruscamente, corresponde a una de las posiciones de resonancia de uno de los dos satélites; lo mismo sucede con el borde interior del otro satélite.

No se han encontrado satélites pastores en otros anillos.

El límite neto del anillo Épsilon indica que su grosor es inferior a 150 metros. La escasa presencia de partículas más pequeñas se debe al resultado de una acción de la misma atmósfera de hidrógeno del planeta. La distribución de partículas microscópicas de polvo es muy compleja y recuerda la del anillo D de Saturno. Tuvo suerte la cápsula espacial *Voyager 2*, pues cuando pasó a través del plano de este anillo, a una distancia de 116 km del planeta, fue bombardeada por proyectiles microscópicos.

Los satélites de Urano

Tras el descubrimiento del planeta, Herschel siguió con sus observaciones y, en 1887, descubrió dos lunas: Titania y Oberón; en 1851, el astrónomo inglés William Lassel encontró otras dos de las cinco principales: Ariel y Umbriel. Los cuatro nombres fueron escogidos por el hijo de William Herschel, John; estas cuatro lunas son las únicas del Sistema Solar que no tienen un nombre procedente de la mitología griega o romana. Sus nombres corresponden a personajes de la literatura inglesa.

En 1948, el astrónomo Gerald Kuiper descubrió la última de las lunas principales de Urano: Miranda. *Voyager 2* añadió diez lunas más y otras tres se descubrieron más tarde, lo que hacen un total de 18.

Los cinco satélites principales parece que han tenido, por lo menos, en el origen de su historia, actividad geológica. Resulta sorprendente que esta misma actividad geológica se haya podido producir. Cuerpos tan pequeños (Ariel es 1/3 de la Luna y Miranda 1/6) no deberían tener ningún

Anillos y polvo
Una imagen con teleobjetivo de los anillos de Urano. Se nota la presencia de materia entre un anillo y otro. También esta fotografía ha sido realizada por la sonda Voyager 2.

Los dos satélites
En la imagen de abajo se ven dos satélites pastores, marcados con sus nombres provisionales 1986U8 y 1986U7 que mantienen constante la órbita del anillo.

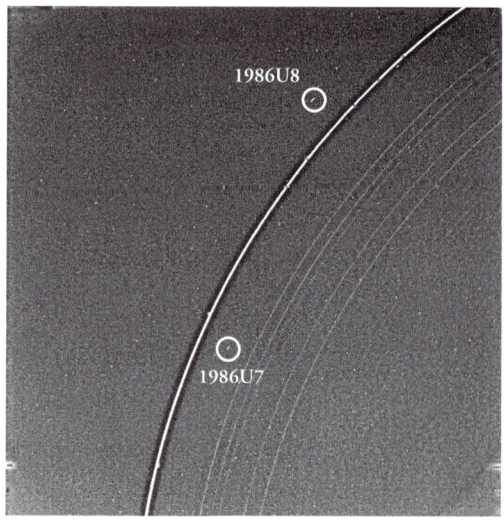

ANILLOS Y SATÉLITES DE URANO

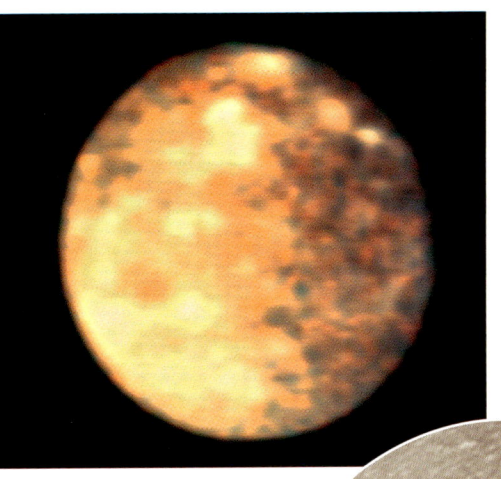

Un satélite de agua
Imagen de Titania. El 50% de este satélite es hielo de agua.

Los cráteres de Oberón
En el centro del disco de Oberón, se notan algunos de los grandes cráteres de impacto cubiertos de material oscuro.

LOS SATÉLITES DE URANO

Nombre	Distancia del planeta (km)	Radio (km)	Año de descubrimiento
Cordelia	50.000	13	1986
Ofelia	54.000	16	1986
Blanca	59.000	22	1986
Crecida	62.000	33	1986
Desdémona	63.000	29	1986
Julieta	64.000	42	1986
Porcia	66.000	55	1986
Rosalinda	70.000	27	1986
Belinda	75.000	34	1986
1986U10	75.000	20	1999
Puck	86.000	77	1985
Miranda	130.000	236	1948
Ariel	191.000	579	1851
Umbriel	266.000	585	1851
Titania	436.000	789	1787
Oberón	583.000	761	1787
Calibán	7.200.000	30	1997
Sycorax	12.200.000	60	1997

tipo de actividad. El motivo de esta singularidad podría deberse a la fuerza de las mareas que ejerce el gigante gaseoso sobre los cuerpos que le orbitan. Otro factor que los ha hecho geológicamente activos es su alto porcentaje rocoso: para Oberón y Titania esta proporción está entre el 40% y el 60%: los elementos radiactivos contenidos en las rocas producen calor.

Oberón y Titania

Son los dos satélites más grandes y externos. Sus superficies, ricas en hielo de agua, reflejan casi el 30% de la luz solar y son de color gris uniforme. Oberón presenta muchas fallas, pero sin indicios de fragmentación tectónica. Su superficie está cubierta, casi por completo, de grandes cráteres con diámetros de hasta 100 km. En Titania la superficie presenta signos de actividad tectónica global. Hay fosas tectónicas con fallas de distensión. A pesar de los abundantes cráteres, se cree que los impactos son recientes.

Umbriel y Ariel

Umbriel no presenta signos de actividad geológica. La luna está cubierta de amplios cráteres pero sin las características radiales que les suelen acompañar. Ariel, en cambio, presenta un terreno completamente diferente. Es el más reflectante de los cinco satélites mayores y su superficie puede que sea la más joven. En Ariel hay indicios de actividad geológica a gran escala.

Miranda

Miranda es uno de los mundos más extraños de los descubiertos hasta ahora. La superficie muestra formaciones geológicas complejas y peculiares. La parte más antigua está formada por llanuras craterizadas en épocas relativamente recientes. Superpuestas a estas llanuras hay tres enormes regiones ovales con diámetros comprendidos entre los 200 y 300 km, mucho más jóvenes que las llanuras. Estas áreas están formadas por haces paralelos de crestas y picos; en los fondos se ven materiales oscuros y claros. Tanto la región oval como las llanuras están surcadas por fosas tectónicas con una profundidad de 20 km que cubren el perímetro del satélite. Hay indicios de coladas, aunque en menor cantidad que en Ariel.

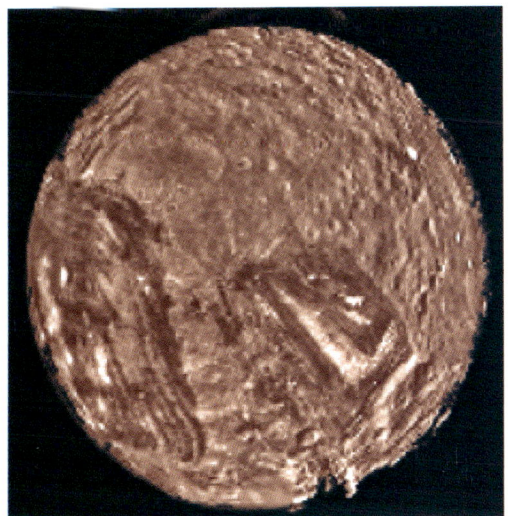

Ariel y Miranda
El nombre de Ariel (a la derecha) procede de un personaje de *La tempestad* de Shakespeare. Miranda (a la izquierda), con un diámetro de apenas 500 km es una de las lunas pequeñas de Urano.

Neptuno

Tras el descubrimiento de Urano, los astrónomos se dieron cuenta de que su movimiento presentaba unas ciertas anomalías que quedarían explicadas si existiera otro planeta más lejano que alterara su órbita. Los primeros estudios en esta dirección se realizaron en 1821 por Alexis Brouard. Ese mismo año, Friedrich Bessel sugirió en una carta a H. Olbers que había otro planeta más.

Aproximación al problema

Para calcular los errores de la órbita real de Urano con respecto a la supuesta teóricamente había que pasar por alto los efectos gravitacionales de Saturno y Júpiter. Era un problema matemáticamente muy difícil de resolver: algunos científicos pensaban, incluso, que era imposible.
Afortunadamente, dos matemáticos se pusieron a estudiar el asunto sin saber nada el uno del otro: John Couch Adams y Urbain Leverrier. Como punto de partida, Adams supuso que el hipotético planeta debería estar a 38 unidades astronómicas del Sol, el doble que Urano. Esta cifra estaba muy cerca de la calculada por la ley de Titus-Bode (una secuencia matemática empírica que parecía reproducir de una manera

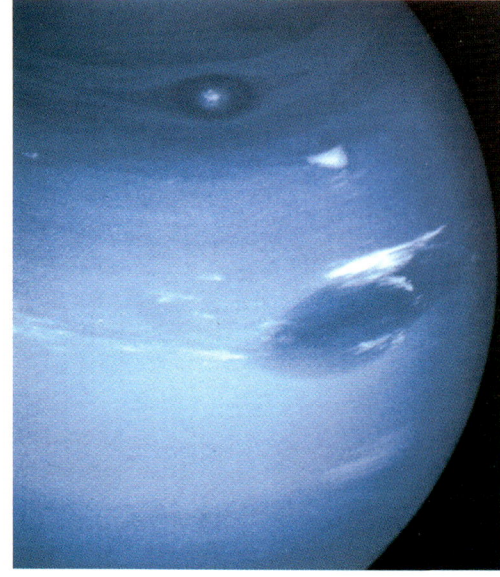

Manchas claras y oscuras
La atmósfera de Neptuno está surcada por un discreto número de nubes y manchas de tipo ciclónico como las de Júpiter. A la derecha se ve una gran mancha oscura, observada por la Voyager 2.

muy precisa la distancia de los dos planetas del Sol). La solución de Adams fue presentada a Airy, del Observatorio de Greenwich, pero no se le hizo caso.

Se retoma la idea

Urbain Leverrier se enfrentó al problema de la existencia de Neptuno en junio de 1845. El desinterés de la comunidad astronómica francesa por ese tipo de investigaciones le llevó a enviar sus resultados al propio Airy en Inglaterra. Y entonces se dieron cuenta de la importancia del trabajo de Adams. A partir de 1846 se organizó un programa de observación en el Observatorio de

Vientos a 2.000 km/h
La aparente inmovilidad del disco de Neptuno esconde vientos que pueden alcanzar más de 2.000 km/h. Las nubes están formadas por metano, en los estratos externos, y amoniaco, en los internos.

Cambridge, pero sin resultados positivos. En agosto del mismo año Leverrier presentó otro estudio más detallado sobre la posible situación del planeta. Su trabajo fue muy alabado y se valoró su gran habilidad matemática, pero nadie le ofreció la posibilidad de confirmar sus previsiones con observaciones telescópicas. Al punto de tirar ya la toalla, Leverrier se dirigió a Joham Galle, un astrónomo del Observatorio de Berlín. El 23 de septiembre de 1846, Galle recibió la carta de Leverrier: esa misma noche, junto a un estudiante recién licenciado, Heinrich d'Arrest, dirigió el telescopio hacia la posición indicada por su colega francés. Una hora más tarde localizaron el tan buscado planeta en una posición muy próxima a la indicada por los cálculos de Leverrier.
El descubrimiento se atribuyó a Leverrier, pero cuando los ingleses trataron de reclamar su paternidad, la Academia de las Ciencias de París protestó y hubo un intercambio agrio de acusaciones. Al final se reconoció la aportación de Adams que con Leverrier está considerado como uno de los descubridores de Neptuno.

Un satélite prisionero
Neptuno y su satélite Tritón, fotografiados por la sonda Voyager 2. *Tritón, el mayor de los satélites de Neptuno, probablemente se formó en la franja de Edgeworth-Kuiper.*

NEPTUNO

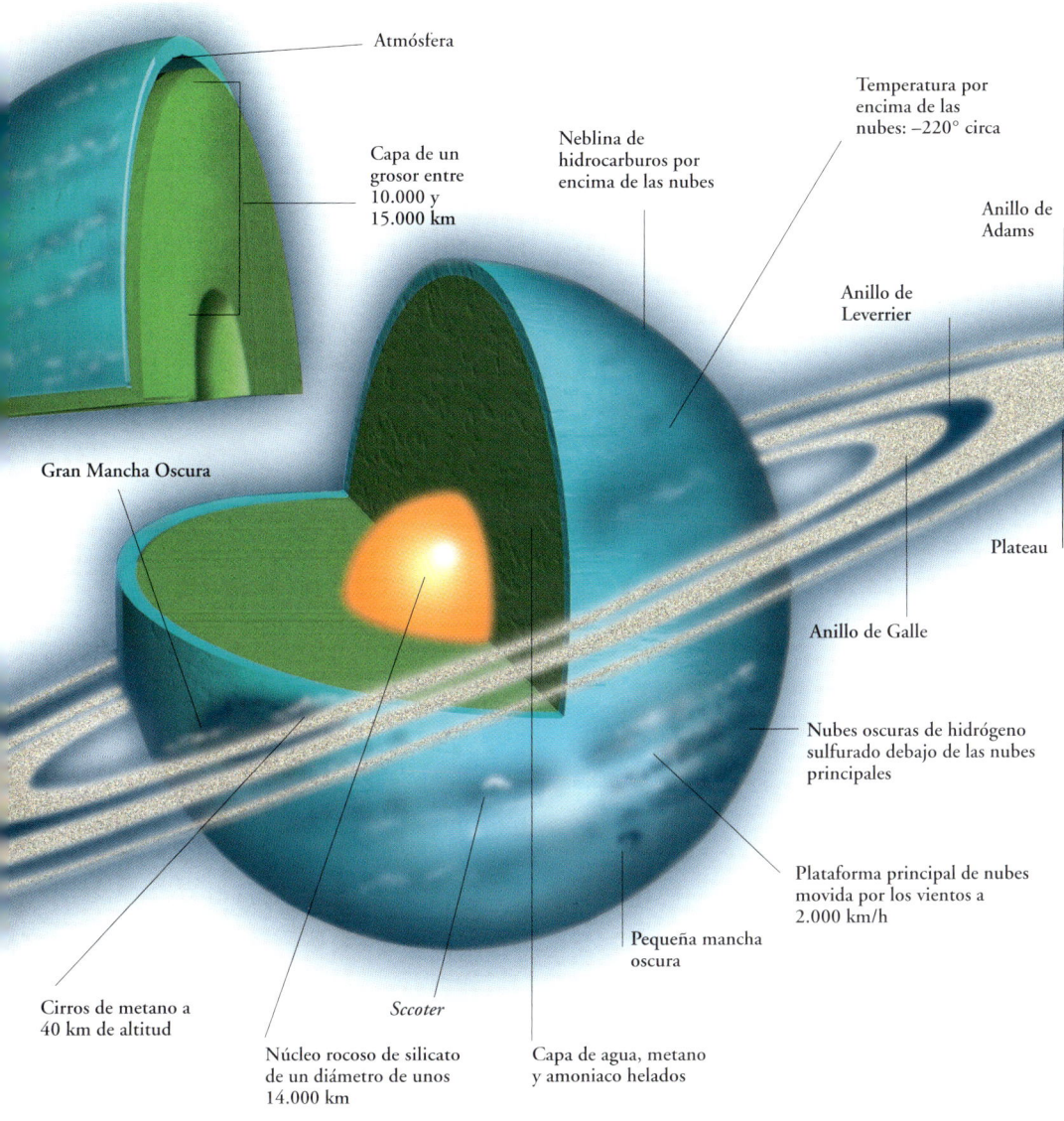

Estructura interna de Neptuno
Estructura interna de Neptuno y sus características principales. Gaseoso, como los otros planetas gigantes, Neptuno se parece mucho a Urano en su estructura.

Telescopio Espacial han demostrado, sin embargo, que ha desaparecido, a no ser que esté oculta por otra formación.

El gigante azul

El color azul que caracteriza este enorme planeta se debe a la presencia de metano en su atmósfera, que absorbe los rayos rojos y deja libres los azules; además de metano hay hidrógeno y helio. En la atmósfera se ven cirros plateados en superficies de hasta miles de kilómetros, a una altitud de 50 km. Neptuno posee una fuente de calor interna muy intensa, y así lo ha confirmado la sonda *Voyager 2* al comprobar que emite el triple de energía de la que absorbe del Sol. Esto podría explicar la diferencia de actividad entre la atmósfera de Neptuno y la de Urano. El calor producido en las regiones centrales de Neptuno genera movimientos convectivos, que son el origen de los grandes vientos existentes en la atmósfera. Urano, en cambio, es el único de los cuatro gigantes gaseosos que no tiene una fuente calórica interna, lo que explicaría su ausencia casi total de perturbaciones.
Por último, Neptuno tiene, como Urano, un campo magnético cuyo eje está muy inclinado (47°) con respecto al de rotación.

Composición de Neptuno

La única sonda que ha sobrevolado Neptuno ha sido la *Voyager 2*, en agosto de 1989. La cápsula pasó a tan sólo 4.500 km de su polo norte y descubrió seis satélites nuevos.
Neptuno, como Urano, es un planeta gaseoso muy particular: al revés que Júpiter y Saturno, su núcleo sólido es más grande que su masa total.
Bajo los estratos superficiales de la atmósfera, los compuestos principales, agua, amoniaco y metano, se condensan formando cristales y, en capas más profundas, hielo. El metano tiene un punto de congelación inferior y por lo tanto las nubes más altas son de este elemento; el estrato de nubes de metano esconde formaciones de amoniaco y agua.
La atmósfera de Neptuno se caracteriza por una discreta actividad, vientos muy fuertes (de más de 2.000 km/h) y grandes manchas que duran mucho tiempo. Un ejemplo puede ser la Great Dark Spot (Gran Mancha Oscura), observada por la *Voyager 2*, situada en una latitud de 31° S y del tamaño de la Tierra. Esta formación ciclónica se extiende por casi 10.000 km y emplea unos 10 días en realizar su rotación completa, en dirección contraria a las agujas del reloj. Observaciones recientes hechas con el

DATOS DE NEPTUNO

Distancia media del Sol: 4.496,6 millones de km (mín. 4.456, máx. 4.537)
Diámetro ecuatorial: 49.528 km
Velocidad orbital media alrededor del Sol: 5,4 km/s
Periodo de rotación: 16h 06m (retrógrado)
Periodo de revolución: 164,8a
Satélites conocidos: 8
Masa (Tierra = 1): 17,135
Volumen (Tierra = 1): 57,675
Densidad media: 1,64 g/cm³
Temperatura media en la superficie: –220 °C
Inclinación del eje: 28° 48'
Inclinación de la órbita con respecto a la eclíptica: 1°,8
Atmósfera: hidrógeno, helio, metano

Otra vez la Voyager 2
Composición artística del acercamiento de la *Voyager 2 a Neptuno*. Como Urano, este planeta ha sido visitado sólo una vez en la historia de las exploraciones espaciales.

Anillos y satélites de Neptuno

La primera sospecha de que Neptuno tenía anillos de arco incompleto (es decir, que aparentemente no hay circunferencias completas, sino trozos) se planteó a mediados de los años ochenta. En esa época se realizaron experimentos de ocultaciones de estrellas en los que se veía un relampagueo rápido y brillante un poco antes y después de que el planeta ocultase a la estrella en cuestión. La explicación de este fenómeno llegó en 1989 con las imágenes de la sonda *Voyager 2*, que mostraba un sistema de anillos muy poco luminoso. Adams está formado por tres arcos prominentes llamados Libertad, Igualdad y Fraternidad.

La existencia de estos arcos es muy difícil de explicar porque de las leyes del movimiento se esperaría que se distribuyesen formando un anillo uniforme en poco tiempo. Los efectos gravitacionales de Galatea, una luna situada dentro del anillo, no parecen suficientes como para partir los arcos.

Las telecámaras de la *Voyager 2* descubrieron otros anillos más allá del anillo de Adams (situado a 63.000 km del centro de Neptuno): el anillo Leverrier (a 53.000 km) y el más débil de todos, el Galle (42.000 km). Una prolongación exterior al anillo Leverrier, llamada Lessell, está limitada a su vez por el anillo Arago (57.000 km).

En una imagen ampliada, el arco Fraternidad del anillo Adams aparece enrollado sobre sí mismo como las hebras de una cuerda. Los científicos

Neptuno eliminado
Una imagen de los anillos de Neptuno. Para que se vean bien se ha utilizado el truco de quitar de la foto al planeta, pues con su luminosidad los habría ocultado.

Arcos y anillos
En la parte baja de la ilustración, se ven los arcos de uno de los anillos que rodean Neptuno. La luz del planeta (arriba a la izquierda) se difunde a través de los corpúsculos de polvo que hay en las zonas próximas.

sostienen que se debe al material del que están formados los anillos, que al principio estaba compacto pero que después se ha ido dispersando, mientras orbitaba alrededor de Neptuno.

Los satélites de Neptuno

Antes de la llegada de *Voyager 2* sólo se conocían dos satélites en este planeta: Tritón y Nereida, con unas órbitas inclinadas respectivamente de 20° y 30° sobre el plano ecuatorial. Tritón, además, es el único satélite del Sistema Solar con movimiento retrógrado. La sonda ha descubierto otras seis lunas, con diámetros comprendidos entre los 60 y los 400 km que se mueven sobre un plano casi coincidente con el ecuador de Neptuno y con movimiento de revolución directo.

Anillos previstos
Detalle de los dos anillos más brillantes de Neptuno. La presencia de los anillos alrededor de este planeta fue una hipótesis propuesta muchos años antes de que se materializara el descubrimiento.

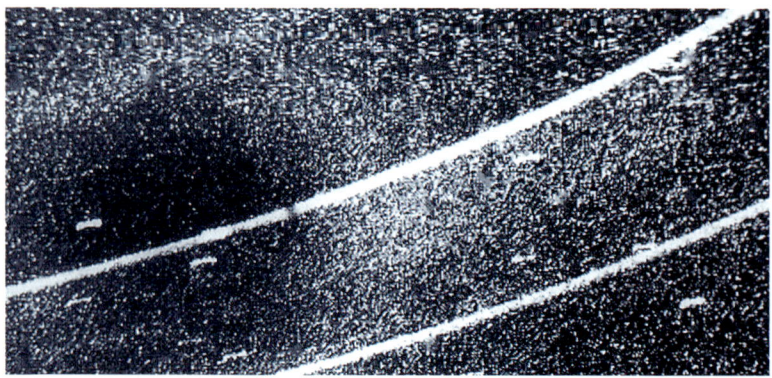

Tritón

El satélite de Neptuno, Tritón, fue descubierto en 1846, apenas unas semanas después que el planeta. Las imágenes de Tritón, el satélite más grande de Neptuno, se encuentran entre las más interesantes de las realizadas por la sonda *Voyager 2*: cañones, cráteres, cumbres con lagos de hielo y amoniaco, hendiduras en el terreno tan largas que parecen autopistas forman un paisaje perturbador y fascinante. El descubrimiento más significativo, sin embargo, fue el de unos extraños volcanes en su superficie. A diferencia de los terrestres, que lanzan magma a altas temperaturas, los de Tritón se parecen más a los géiseres y emiten chorros de gas (nitrógeno evaporado en estado líquido), pero también compuestos oscuros de carbono provenientes del subsuelo. El material eruptivo sale lanzado hasta decenas de km por encima de la tenue atmósfera. Tritón tiene una densidad relativamente alta si se la compara con las otras lunas y, como ya se ha dicho, se mueve con movimiento retrógrado. Estas dos características han llevado a la comunidad científica a pensar que el satélite no es un miembro originario de la familia de Neptuno. La densidad de Tritón (2,0 g/cm^3) es mayor que la de las lunas de hielo de Saturno (por ejemplo Rea) y esto hace pensar que sólo el 25% de su masa sea hielo y el resto roca. Debido a su órbita retrógrada, las mareas entre Neptuno y Tritón proporcionan energía al satélite, frenando su órbita y acelerando la rotación de Neptuno.

Un satélite cautivo

Tritón parece que se ha formado de una manera independiente de Neptuno en la parte más externa del Sistema Solar, probablemente en la franja de Kuiper, y poco después fue atraído por

ANILLOS Y SATÉLITES DE NEPTUNO

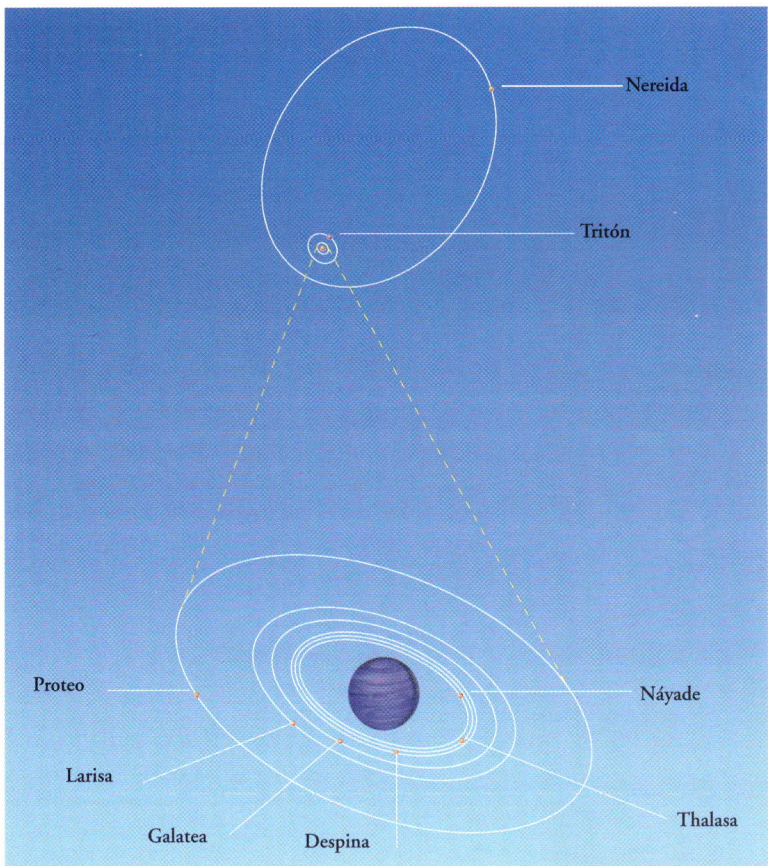

Las órbitas de los satélites
Representación esquemática de las órbitas de los principales satélites de Neptuno. Nereida es la más lejana de todas.

LOS SATÉLITES DE NEPTUNO

Nombre	Radio (km)	Distancia (km)	Descubridor	Fecha
Náyade	29	48.000	Voyager 2	1989
Thalasa	40	50.000	Voyager 2	1989
Despina	74	52.500	Voyager 2	1989
Galatea	79	62.000	Voyager 2	1989
Larisa	104 × 89	73.600	Voyager 2	1989
Proteo	209	117.600	Voyager 2	1989
Tritón	1350	354.800	W. Lassell	1846
Nereida	170	5.513.400	G. Kuiper	1949

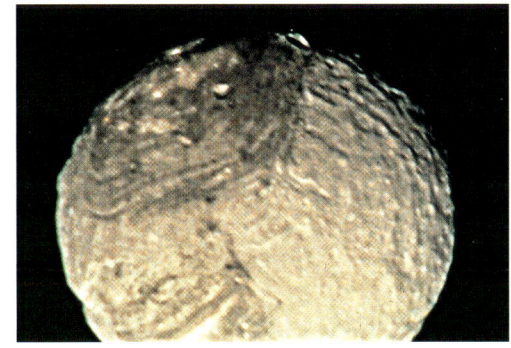

El segundo satélite
Proteo, el segundo satélite de Neptuno en cuanto a su tamaño, tiene un diámetro de casi 400 km. Fue descubierto por la sonda Voyager 2.

la gravedad del planeta. Las fuerzas de las mareas atribuidas a la atracción produjeron después los géiseres.

Algunas áreas de la superficie de Tritón, que ocupan casi 1.000 km de diámetro, tienen el aspecto de la piel de melón.

El casquete polar sur presenta estrías oscuras que podrían deberse a recientes erupciones de materiales procedentes de estratos subterráneos. La superficie, en conjunto, está recubierta de nitrógeno y hielo de metano, y refleja muy bien la luz solar. Esto, unido a la gran distancia del Sol, hace de la enorme luna uno de los cuerpos más fríos del Sistema Solar.

La temperatura superficial es de 38° por encima del cero absoluto; a estas temperaturas, el nitrógeno, el metano y el anhídrido carbónico se presentan en estado sólido.

Tritón tiene un eje de rotación con una inclinación de 157° con respecto al de Neptuno (que a su vez tiene una inclinación de 30° sobre su órbita). Así que el satélite tiene una orientación con respecto al Sol semejante a la de Urano: las regiones polares y las ecuatoriales están dirigidas hacia el Sol.

Las lunas pequeñas

Las cuatro lunas más interiores del sistema de Neptuno son: Náyade, Thalasa, Despina y Galatea, descubiertas por la *Voyager 2* en 1989.

Hacia Tritón
Imagen de Tritón tomada por la nave Voyager 2 mientras se acercaba. Empiezan a notarse las largas fisuras características de esta luna.

Son lunas muy pequeñas, parecidas a los asteroides por su forma irregular. La más próxima a Neptuno, Náyade, toma el nombre de las ninfas de las fuentes y los ríos. Thalasa, la segunda (en orden de distancia) deriva su nombre de la voz griega que significa 'mar'. Despina era la hija de Poseidón y Demetra, mientras que Galatea era la ninfa de la que estaba enamorado el cíclope Polifemo, hijo de Poseidón.

Larisa es el quinto satélite; en la mitología era la madre de Pegaso. Aunque oficialmente se descubrió en 1989 junto a otras, esta luna ya había sido observada en 1981 a través del método de la ocultación estelar y tiene una superficie llena de cráteres. Proteo es la sexta luna de Neptuno; su nombre es el del dios marino que tenía la facultad de cambiar de forma cuando quería. Es un pequeño universo con tan sólo 200 km de diámetro, cuya superficie gris y oscura refleja sólo el 6% de la luz solar que recibe.

La abundancia de cráteres podría indicar una historia geológica llena de colisiones con asteroides. Proteo presenta una forma muy irregular, lo que sugiere que siempre ha debido de ser frío y rígido en toda su historia geológica. Las imágenes de la sonda *Voyager 2* han mostrado una superficie con muchas estructuras semejantes a cráteres y otras que parecen

surcos alineados. La poca resolución de las imágenes ha impedido un estudio más profundo.

La luna más externa, Nereida, una de las ninfas del mar, la descubrió en 1949 Kuiper. Su órbita excéntrica indica que podría tratarse de un asteroide atraído por la fuerza de la gravedad de Neptuno procedente, tal vez, de la franja de Kuiper.

El sistema de Plutón

Hace sólo una decena de años tratar de definir las características de Plutón hubiese sido una tarea del todo imposible. Estaba demasiado lejos y era demasiado pequeño para revelar sus misterios a pesar de la tecnología avanzada de los telescopios terrestres; ni siquiera las sondas *Pioneer* y *Voyager* pudieron alcanzarlo en sus exploraciones a los planetas externos del Sistema Solar. Por eso, todo lo que se ha dicho sobre este planeta era puramente hipotético. Pero ahora se cuenta con técnicas nuevas de observación (especialmente el ojo de Hubble Space Telescope, HST), que han recogido tantos datos fiables como para trazar un panorama suficientemente preciso del sistema Plutón-Caronte (su satélite natural) y tratarlo como a cualquier otro objeto del Sistema Solar. Y no sólo eso: las informaciones recogidas han resultado ser tan importantes como para que se vea necesaria una expedición con una sonda automática que pueda mostrar de cerca este extraño doble objeto celeste.

Un poco de historia

El descubrimiento de Plutón tiene aspectos verdaderamente fascinantes. En 1880 se comenzó la búsqueda de un planeta que orbitase entre 50 y 100 unidades astronómicas del Sol, responsable de las perturbaciones en la órbita de Urano que no podían atribuirse al campo magnético de Neptuno.
Percival Lowell, conocido estudioso de Marte, se dedicó por completo a esta búsqueda, pero después de catorce años de intenso trabajo murió con «la mayor desilusión de su vida», según palabras del hermano, porque estaba convencido de la existencia del planeta que no pudo localizar.
Catorce años después de su muerte, el 13 de marzo de 1930, un joven asistente del Observatorio de Flagstaff, Clyde Tombought, pudo dar al mundo la noticia del descubrimiento del nuevo planeta. Se encontraba a sólo 6° de la posición supuesta por Lowell.
Se le llamó Plutón, el dios de los infiernos, pero también como homenaje a Percival Lowell por las dos primeras letras: PL.
El estudio de las documentaciones a disposición de los astrónomos reveló que Plutón en realidad había sido fotografiado por el Observatorio Lowell al menos en dos ocasiones cuando Lowell vivía y por otros astrónomos unas quince veces. Estas circunstancias permitieron precisar la órbita.
Plutón ha vuelto a la actualidad gracias a las fotografías del HST, pero para interpretarlas primero hay que recopilar toda la información básica que se tiene sobre el planeta y su satélite. Hoy se sabe que tanto Plutón como Caronte distan del Sol más de 39 unidades astronómicas, algo así como 5.900 millones de km. Debido a esta enorme distancia el tiempo que tarda en dar una vuelta alrededor del Sol viene a ser 248 años terrestres. Desde el día en que se descubrió Plutón, y sobre todo su satélite (1978), la órbita, la densidad y el radio de los dos objetos han ido definiéndose cada vez con más precisión.

El interior de Plutón

Conocidos los valores de densidad, radio y periodo de rotación de Plutón *(véase cuadro)* y partiendo de la abundancia cosmológica del agua y de los silicatos que puede haber a esa distancia del Sol, se ha tratado de definir la estructura interna del planeta.
Se han propuesto dos estructuras diferentes y, por el momento, ninguna de las dos sale mejor parada. El primer modelo supone que debajo de la superficie cubierta por diversos elementos, en especial nitrógeno, metano y óxido de carbono, haya un estrato de un grosor de cerca de 230 km formado por hielo, que se subdivide a los 130 km de profundidad, donde se piensa que el hielo pasa de una estructura molecular a otra, debido a la presión soportada. Por debajo, estaría el núcleo de roca silicata parcialmente hidratada.
El segundo modelo plantea también un primer nivel de hielo de unos 250 km de espesor, pero

Un planeta doble
Representación pictórica de Plutón con su satélite Caronte. Las recíprocas dimensiones de los dos cuerpos hacen de este sistema un auténtico planeta doble.

Observar Plutón
Plutón y Caronte, como se ven con un telescopio terrestre potente. Para observar este planeta se necesita un telescopio de, al menos, 25 cm de diámetro.

Estructura interna de Plutón
Plutón, aunque con características peculiares, es un planeta sólido de tipo terrestre, con un núcleo, una capa y una superficie. Sus componentes principales son el agua y el metano.

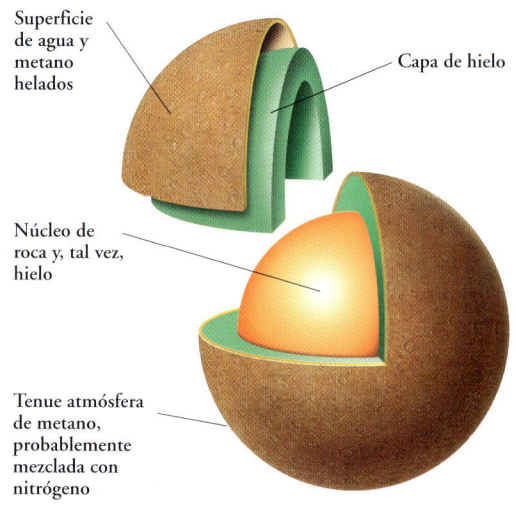

Superficie de agua y metano helados
Capa de hielo
Núcleo de roca y, tal vez, hielo
Tenue atmósfera de metano, probablemente mezclada con nitrógeno

EL SISTEMA DE PLUTÓN

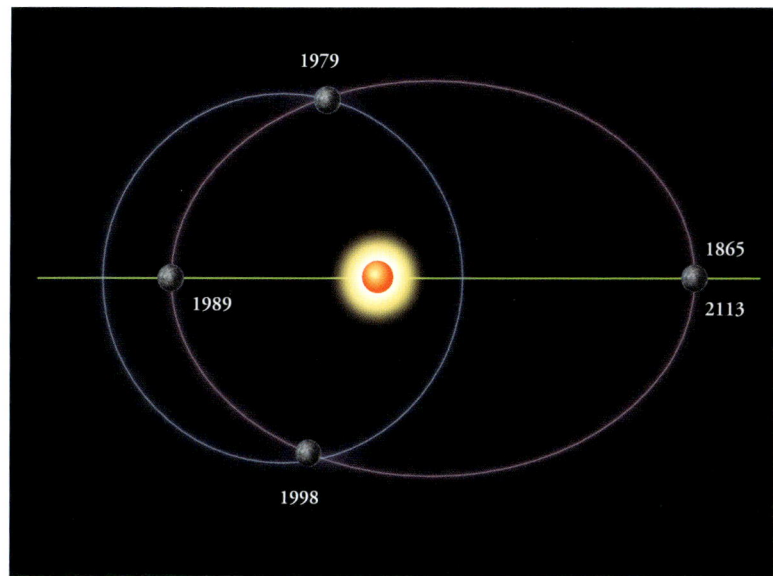

No siempre el último
*Las órbitas de Neptuno (en azul) o de Plutón (en violeta) se cruzan por la elíptica tan marcada de la órbita plutoniana.
Por lo tanto, hay periodos (el último ha sido de 1979 a 1998) en los que Neptuno se convierte en el planeta más lejano del Sol.*

DATOS DE PLUTÓN

Distancia media del Sol: 5.900 millones de km (mín. 4.425; máx. 7.375)
Diámetro ecuatorial: 23.900 km
Velocidad orbital media alrededor del Sol: 4,7 km/s
Periodo de rotación: 6d 8h (retrógrado)
Periodo de revolución: 247,7a
Satélites conocidos: 1
Masa (Tierra = 1): 0,002
Volumen (Tierra = 1): 0,005
Densidad media: 1,1 g/cm^3
Temperatura media en la superficie: –230 °C
Inclinación del eje: 122°
Inclinación de la órbita con respecto a la eclíptica: 17°,2
Presión en la superficie (Tierra = 1): 10^4-10^6
Atmósfera: nitrógeno, metano

luego, antes del núcleo interno de silicato, propone un estrato de materia orgánica de un espesor de 100 km.
La presencia del hielo se explica como la consecuencia de su separación de las rocas originarias que formaban el planeta, cuando éste fue investido por uno o varios asteroides que recalentaron su interior. Pero, aunque se demostrase que no hubo ningún impacto entre un cuerpo externo y Plutón, la ascensión del agua a las partes altas del planeta se explicaría simplemente como consecuencia del calor que emiten los elementos radiactivos presentes en las rocas del núcleo.
Volviendo a la superficie del planeta, hay que recordar que hace años se vieron, durante su rotación, variaciones de brillo en la superficie (definidas con mucha precisión por el HST) que demostraban que había unas áreas más claras y otras más oscuras. Hoy se cree que el material que aparece más brillante está formado principalmente por nitrógeno sólido al que se han añadido otras moléculas.
Investigaciones espectroscópicas obtenidas desde la Tierra indican que la presencia de metano debe ser el 1,1% de su masa. Así pues, es el metano el que formaría manchas homogéneas distintas de las otras, y tendrían temperaturas más altas que las zonas circunstantes. El óxido de carbono podría ser otro constituyente de la superficie, pero en cantidades inferiores al 1%. Pruebas de laboratorio, realizadas reconstruyendo las condiciones superficiales de Plutón, hacen suponer que el nitrógeno pueda presentarse en cristales de dimensiones incluso métricas.

No sólo nitrógeno

Las variaciones de temperatura durante las largas estaciones del planeta determinarían los cambios del nitrógeno; en otras palabras, durante el año plutónico las estructuras cristalinas del nitrógeno pasarían a una densidad mayor o menor, lo que produciría las variaciones de luminosidad que se observan en su superficie.
Hay que recordar que el nitrógeno, el metano y el óxido de carbono no tienen por qué ser los únicos elementos presentes en su superficie, aunque, a pesar de los esfuerzos realizados hasta ahora, no se haya podido observar otras moléculas. A partir de las investigaciones llevadas a cabo por los satélites IRAS con infrarrojos, ha surgido la hipótesis de que algunas regiones de Plutón no estén cubiertas principalmente de nitrógeno, pues muestran una capacidad reflectante muy baja, un color rojizo y una temperatura muy baja. La composición, pues, de tales manchas oscuras que se encuentran cerca del ecuador y en algunos puntos de los polos no se conoce, pero bien podría incluir materiales orgánicos sólidos. La superficie de Caronte, en cambio, es menos reflectante que la de Plutón.
Observaciones espectroscópicas llevan a la conclusión de que su superficie debe de estar cubierta de agua helada y de otros elementos no identificados que son los que darían las manchas grises que se observan en la superficie del satélite.
Determinar con precisión la composición de otras áreas tanto de Plutón como de Caronte resulta de extrema importancia para

¿Objetos trasneptunianos?
Una representación pictórica de Plutón, Caronte y otros cuerpos menores. Se trata probablemente de objetos de la franja de Kuiper.

84 EL SISTEMA SOLAR

El origen de Caronte
Una de las hipótesis sobre el origen de Caronte afirma que este satélite nació de un choque entre Plutón y un objeto de gran tamaño.

indirecta, interactúa con la atmósfera, como pasa con Tritón, uno de los satélites de Neptuno, pues en muchos aspectos se le parece; por último, han sido de gran ayuda los modelos realizados en ordenador.

Partiendo sólo de las clarísimas variaciones de reflexión en la superficie, tiene que haber grandes diferencias de temperatura en el plano horizontal, que influirían obviamente en la atmósfera superior. A partir de algunos modelos las variaciones laterales de reflexión alcanzan hasta el factor 2, hecho único en el Sistema Solar. Basándose en los datos de las ocultaciones, parece que las variaciones verticales de temperatura pueden llegar hasta los 20-30 grados Kelvin por cada kilómetro.

El conjunto de las investigaciones con los sistemas arriba descritos llevarían a una subdivisión vertical de la atmósfera en dos partes: la más externa, por encima de los 1.215 km, y la más interna, la de abajo. A 1.215 km, la presión atmosférica debería ser del orden de 2,33 microbares y el límite entre los dos niveles estaría marcado por un estrato de aerosol. La presión en la superficie

comprender el origen de estos dos cuerpos situados en el extremo del Sistema Solar. Conocer mejor estos objetos significa descubrir, por ejemplo, si la materia orgánica de la que están formados estaba ya presente en la nube interestelar que ha dado origen al Sistema Solar o si se ha formado con el paso del tiempo sobre la superficie después del bombardeo cósmico o por procesos fotoquímicos.

La atmósfera

Los datos que se tienen sobre las características de la atmósfera de Plutón se han obtenido por diversos medios: directamente, durante una ocultación estelar; del estudio de su superficie, porque ésta seguramente, de una manera

Perfecta resolución
Plutón y Caronte vistos por el Telescopio Espacial Hubble el 21 de febrero de 1994. En las primeras fotos que llegaron a la Tierra separar los dos cuerpos parecía imposible.

PLUTÓN OBSERVADO POR EL TELESCOPIO ESPACIAL HUBBLE

Éstas son algunas de las primeras imágenes obtenidas por el Telescopio Espacial Hubble. Dan una idea del 85% de la superficie del planeta. Se pueden observar las distintas regiones claras y oscuras que hacen de Plutón un objeto con contrastes a gran escala, único en el Sistema Solar, si se excluye la Tierra. Las imágenes permiten definir una docena de *provincias* con diferente grado de reflexión. Algunos de los grandes contrastes que cruzan la superficie habría que interpretarlos como estructuras topográficas semejantes a cuencas o cráteres de impacto. Sin embargo, gran parte de las características de la superficie de Plutón están relacionadas, muy probablemente, con la distribución de las áreas heladas, que se moverían por la superficie durante los ciclos estacionales. En las cortas estaciones cálidas, en las que Plutón se acerca al Sol, una parte de las áreas heladas se sublima (es decir se transforma directamente en gas), haciendo más espesa la atmósfera. Después, cuando el planeta se aleja, parte de la atmósfera se condensa y cae sobre el planeta en forma de *nieve*, dando lugar a las lagunas de las áreas más brillantes.

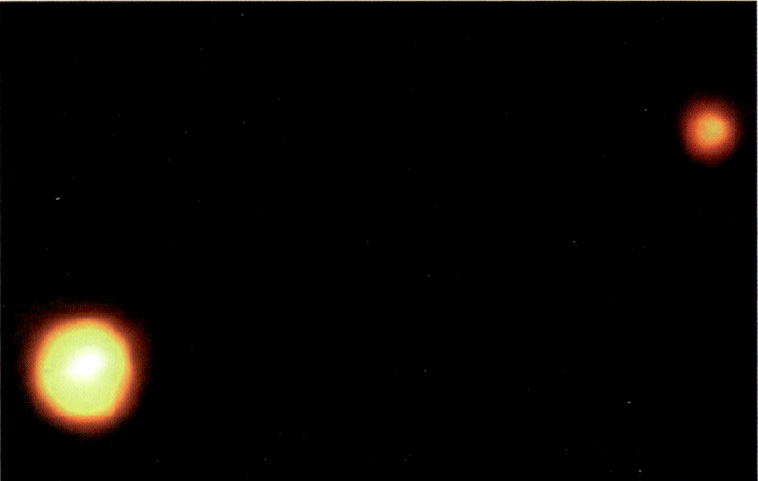

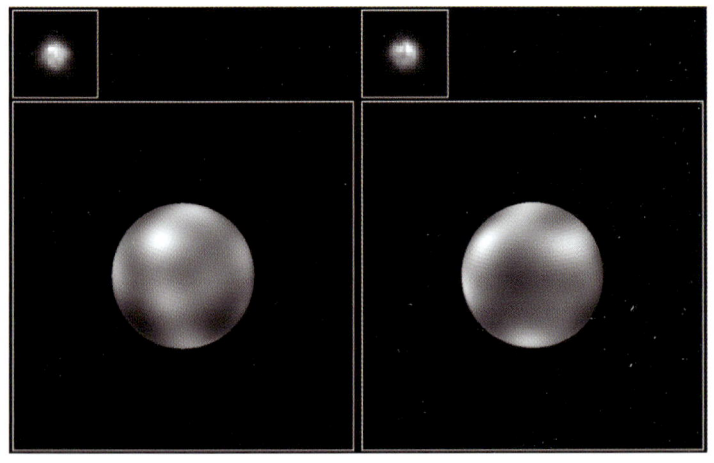

PLUTO EXPRESS MISSION

Para conocer de cerca el sistema Plutón-Caronte está en fase de estudio una misión científica, llamada *Pluto Express Mission*, que podría realizarla Estados Unidos con la colaboración de Rusia. El objetivo de esta misión sería estudiar los dos cuerpos con una sonda de poco peso y tecnología avanzada que fuera capaz de:
- revelar las características geológicas y geomorfológicas de los dos cuerpos;
- realizar un mapa de sus componentes químicos;
- determinar la composición de la atmósfera, su estructura térmica y las características del aerosol;
- estudiar las características de los límites del Sistema Solar.

La sonda podría enviarse con un cohete ruso o americano y llegar a la meta, viajando a 18 km/s en unos 12 años. Realizaría tres vuelos sobre Venus y uno sobre Júpiter para obtener *ayuda* gravitatoria. Una microsonda de construcción rusa se separaría de la nave nodriza para alcanzar la superficie de Plutón. La sonda principal tendría que orbitar a una altura de 15.000 km cartografiando el planeta con una resolución de 5-10 km.

tendría que variar entre los 3 y los 160 microbares, con una temperatura que estaría entre los –228 °C y los –238 °C. Estos valores son semejantes a los calculados por la presión atmosférica en el suelo de Tritón. Aunque la presión sea muy baja, tendría que ser suficiente como para dar lugar a procesos físicos, como consecuencia de las grandes variaciones laterales de temperatura.

El componente principal de la atmósfera es el nitrógeno molecular (N_2), y se cree que ha evolucionado a partir del material que forma la superficie del planeta. Ahora bien, como para las temperaturas que hay en el suelo de Plutón el nitrógeno resulta demasiado volátil con respecto al óxido carbónico y al metano, este último debería ser el componente principal.

A todo esto, en la atmósfera tendría que haber moléculas, átomos, iones derivados de los procesos fotoquímicos como hidrógeno y nitrógeno atómicos, ácido cianhídrico, C_2H, además de otros hidrocarburos.

El hidrógeno atómico y el molecular, por ser extremadamente ligeros, tienden a evaporarse en el espacio.

Por lo tanto, o la cantidad de metano presente en el momento de la formación del planeta era tan grande que todavía hoy no se ha evaporado, o esta sustancia sale a la superficie del planeta desde su interior.

El origen de Plutón y Caronte

Dada la singularidad de las características físicas y orbitales de estos dos cuerpos celestes, parece razonable sostener que el conocimiento del origen del sistema Plutón-Caronte descubriría algunos de los misterios que rodean el nacimiento del Sistema Solar. Entre sus parámetros particulares, si no únicos, cabe señalar:
- la elevada inclinación de sus órbitas sobre el plano de la eclíptica: casi 17°,2;
- sus pequeñas dimensiones con respecto a los otros planetas externos del Sistema Solar;
- el acoplamiento *spin*-órbita, es decir, el hecho de que el periodo de revolución de Caronte alrededor de Plutón sea igual al periodo de rotación de Plutón. En otras palabras, Caronte está siempre fijo sobre el mismo punto de la superficie de Plutón: es un satélite natural que ni surge ni se oculta nunca;
- la diferencia entre las características superficiales de los dos cuerpos y puede que también entre sus núcleos.

Todo esto hace pensar que Plutón y Caronte no han nacido ni por acumulación ni por fisión, como alguien había supuesto. El único escenario que explicaría la mayor parte de los parámetros de este sistema binario sugiere un choque entre Plutón y algunos asteroides gigantes, puede que con diámetros de 1.000 km y más. Éstos resquebrajaron el planeta arrancando muchos materiales que, durante casi 10 millones de años, se reagruparon alrededor de Plutón, formando su satélite Caronte.

Aunque también puede que, como sugieren las teorías más recientes, estos dos cuerpos sean, con Tritón, los tres mayores representantes de la categoría de objetos conocidos situados en los límites del Sistema Solar como cuerpos de la franja Edgewort-Kuiper.

En los límites del Sistema Solar
Una imaginaria sonda acercándose a Plutón y Caronte. Plutón es el único planeta del Sistema Solar que no ha sido sobrevolado todavía por una sonda; esta laguna puede que se corrija pronto.

La franja Edgeworth-Kuiper

Desde el descubrimiento de Urano, la comunidad científica notó que su órbita parecía perturbada por la presencia de otro cuerpo de tipo planetario. Esas suposiciones llevaron al descubrimiento de Neptuno. Otra vez, cálculos rigurosos demostraron que allí había residuos de difícil justificación partiendo de los parámetros de ambos planetas. En 1930, Clyde Tombaugh descubrió Plutón, y parecía que la historia había llegado a su fin. Pero aparecieron unos científicos diciendo que todo lo relativo a las órbitas planetarias no estaba resuelto. Así nació la leyenda del *planeta X*, un planeta fantasma situado más allá de la órbita de Plutón que con su magnetismo altera el movimiento de otros compañeros más internos. A pesar de los esfuerzos realizados, nunca se ha encontrado.

¿Los tres de la misma familia?
Tritón, el satélite de Neptuno, podría pertenecer a la franja Edgeworth-Kuiper junto con Plutón y Caronte. Los tres cuerpos tienen características parecidas.

Una conjetura adivinada

Existe otro enfoque del asunto desde los años cincuenta. Kenneth E. Edgeworth (astrónomo-

Todo oscuro
Representación artística del panorama que vería un hipotético observador situado en uno de los cuerpos de la franja Edgeworth-Kuiper. La mayoría de los cuerpos son irregulares.

gentleman irlandés) y Gerard P. Kuiper (astrónomo de origen holandés), en 1949 y 1951 respectivamente, dedujeron, independientemente, estudiando la nebulosa de la que se formó el Sistema Solar, que parecía extraño que ésta terminase de una manera tan brusca y a una distancia del Sol semejante a la longitud de la órbita de Neptuno. Ambos supusieron la existencia de un conjunto de cuerpos sólidos de dimensiones medianas y pequeñas que poblaran las lejanas regiones. La hipótesis no pudo demostrarse entonces porque esos cuerpos estaban mucho más allá de las posibilidades del instrumental de la época. Pero en los últimos años se han descubierto un gran número de cuerpos que confirman las previsiones de Edgeworth y Kuiper.

Millones de cuerpos celestes

Hoy se cree que la franja de Edgeworth-Kuiper, como se le llama normalmente, tiene una forma achatada que se extiende a una distancia del Sol entre las 30 y las 100 UA y que contiene unos 70.000 objetos de dimensiones superiores a los 10 km. Con muchas posibilidades, hasta puede haber otras regiones todavía más lejanas, mucho más allá de cualquier posibilidad de observación. Es probable incluso que dentro de la franja orbiten 10 millones de cuerpos de dimensiones

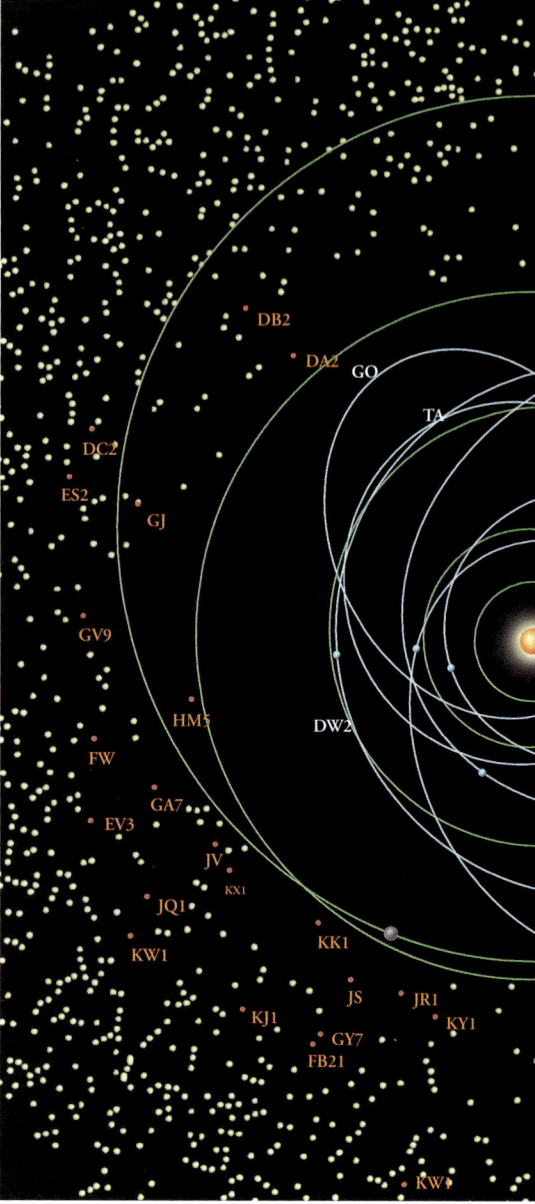

Distribución de los Centauros
Esquema que representa la distribución espacial de muchos de los Centauros conocidos y sus órbitas (en azul) comparadas con las de los planetas (en verde).

superiores a los 10 km y 10.000 millones mayores de un kilómetro.
Puede que la órbita de uno de estos cuerpos se altere por la acción gravitatoria de los planetas gigantes, haciéndole atravesar la órbita de Neptuno. En ese caso es muy probable que un acercamiento muy próximo con Neptuno lo proyecte fuera del Sistema Solar. En cambio, es bastante raro que uno de estos cuerpos esté dentro de una órbita que le haga acercarse a los planetas gigantes y mucho menos a los terrestres.
Los objetos de la franja Kuiper, los visibles a los que se les llama *Centauros*, pueden suministrar mucha información sobre las condiciones existentes en el Sistema Solar originario. Como ya propuso Kuiper, los Centauros representan

LA FRANJA EDGEWORTH-KUIPER

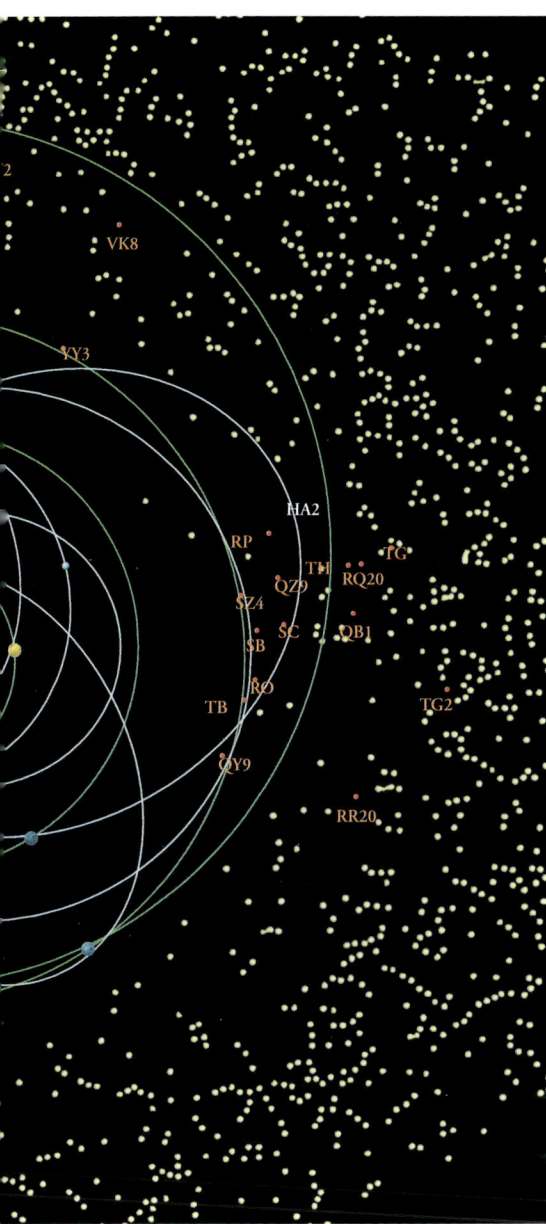

observaciones tomadas dos años antes, se notó que Quirón había duplicado su luminosidad. Esto nunca se había producido en un asteroide y era algo bastante común en los cometas. Nuevos estudios confirmaron la naturaleza cometaria del objeto, que en esa ocasión mostraba una débil cabellera y cola, aunque muy pequeña.

Pero dadas las dimensiones de Quirón, resultaba que como cometa era demasiado grande, casi diez veces más de lo normal. En la duda se le empezó a llamar P/Quirón, es decir, con una nomenclatura característica de los cometas. Desde entonces se han acumulado muchas evidencias observativas de otros objetos del mismo tipo que hoy ya se cuentan por decenas.

¿De dónde salen?

Las órbitas inestables de los Centauros hacen pensar que no se han formado en las regiones donde hoy se localizan, sino probablemente más lejos. Podrían ser, incluso, los prototipos de una categoría de objetos a los que podríamos definir como *cometas en transición*. Formados en la franja de Kuiper, han sido atraídos por los planetas gigantes y llevados a regiones más interiores del Sistema Solar.

La comunidad científica empieza a preguntarse si la franja Kuiper es sólo un vivero de los cometas a corto plazo o se forman otro tipo de objetos. Por ejemplo, surgen dudas sobre Plutón, su satélite Caronte y Tritón, el satélite de Neptuno. Estos tres cuerpos son muy parecidos entre sí y muy diferentes de sus *vecinos*, como Neptuno. Tienen una densidad superior a la de los planetas gigantes y parámetros orbitales bastante raros. Además Plutón presenta la curiosa característica de que

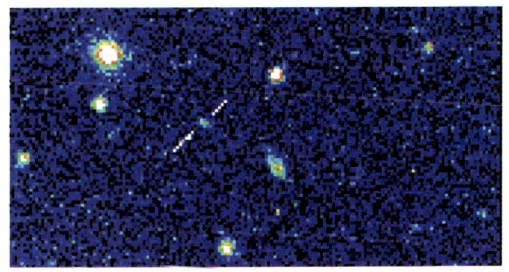

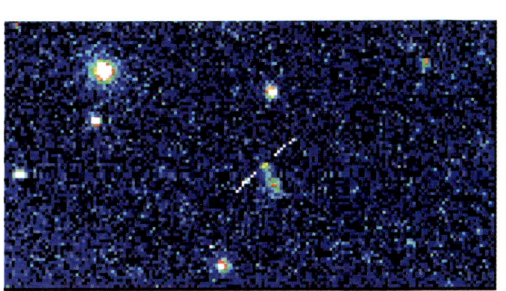

con toda probabilidad los núcleos de los cometas a corto plazo.

El primero de los Centauros

Quirón es con mucho el más grande los Centauros del cielo y debe su nombre al centauro mitológico más sabio y justo: el maestro de Zeus. Su primera aparición, por así decirlo, se produjo en 1977, cuando se notaron manchas en unas fotografías tomadas a unos asteroides. Se calculó que sus dimensiones estarían entre 160-200 km y su órbita de afelio se calculó en 18,9 UA del Sol, y el perihelio en 8,42 UA, con un periodo de revolución de 50 años. Se le catalogó como asteroide y recibió el nombre de 2060 Quirón.

Pero su historia no había hecho más que comenzar. En 1998, comparando las

GERARD P. KUIPER (1905-1973)

GERARD P. KUIPER (1905-1973)
Nacido en Holanda, Kuiper pasó la mayor parte de su vida en los Estados Unidos, y adquirió su nacionalidad.

Su nombre está asociado, fundamentalmente, a la franja de objetos transneptunianos, hoy conocida como *franja Edgeworth-Kuiper*, pero él se ocupó de varios campos de la astronomía. Muy importantes han sido sus estudios sobre la superficie de la Luna; además descubrió Nereida, el mayor satélite de Neptuno, y Miranda, el quinto satélite de Urano. En 1944 obtuvo la primera evidencia de la presencia de una atmósfera alrededor de una luna del Sistema Solar, lo que le llevó a descubrir la atmósfera de Titán, el principal satélite de Saturno. Propuso uno de los primeros sistemas de clasificación espectral de las enanas blancas y se interesó por los sistemas de las estrellas binarias.

su movimiento está en resonancia 3:2 con respecto al de Neptuno, lo que significa que mientras Plutón da dos vueltas alrededor del Sol, Neptuno da tres. Estos tres cuerpos podrían ser los últimos supervivientes de un número mucho mayor de cuerpos celestes de dimensiones parecidas, que fueron atraídos por Neptuno; por un lado, se quedó con Tritón hasta el punto de transformarlo en su propio satélite y por otro *estabilizó* por resonancia la órbita del sistema Plutón-Caronte, previendo la posible colisión con los planetas gigantes. De hecho, la órbita de Plutón se cruza con la de Neptuno, haciendo que el primero, durante algunos periodos, esté más cerca del Sol que el segundo; sin embargo, la resonancia de las órbitas evita el choque. Una confirmación de todo esto se encuentra en las características orbitales de otros Centauros descubiertos. Muchos presentan la misma resonancia de Neptuno con Plutón. Así pueden acercarse a la órbita de Neptuno sin correr muchos riesgos. A los Centauros, por esta característica, se les llama *los plutonios*. El 35-40% de ellos tiene perihelios que se cruzan con la órbita de Neptuno, como Plutón, y afelios alrededor de 39 UA; los otros Centauros (no plutonios) por lo general están más alejados del Sol.

Objetos débiles
Las imágenes del descubrimiento del 1993 SC (marcado con trazos blancos), un probable Centauro. Su corto movimiento entre las estrellas demuestra su pertenencia al Sistema Solar.

Los cometas

Los cometas son conocidos desde la Antigüedad. Sus imprevistas apariciones en el cielo, con sus características largas colas luminosas, fueron consideradas por los pueblos antiguos, en muchas ocasiones, como augurios de periodos nefastos y de grandes desgracias. El motivo de tales creencias puede estar ligado a la extremada rapidez con la que estos cuerpos pasan por el cielo en medio de los demás astros y al hecho de que, en algunos casos, se pueden ver incluso de día. Estos aspectos hicieron suponer en la Antigüedad que se trataba de una manifestación de la cólera divina ante el comportamiento desordenado de los seres humanos.

Fue durante el Renacimiento y gracias a Tycho Brahe cuando los cometas adquirieron la categoría de objetos celestes. Johannes Kepler descubrió que estaban regidos por movimientos predeterminados; después, gracias a los trabajos de Isaac Newton, se vio que los cometas tenían una órbita elíptica o hiperbólica.

El cometa Halley

El primero que calculó con precisión la órbita de un cometa, hasta el punto de predecir su siguiente aparición, fue el astrónomo británico Edmund Halley (1656-1742). Al analizar la

El rey de los cometas
El cometa Halley a su paso en 1986. En 1682, Edmund Halley estudió este cometa y dedujo su carácter periódico, por eso predijo su vuelta en 1758.

Estructura de un cometa
1) Núcleo; 2) Cabellera; 3) Cola de polvo; 4) Cola de gas; 5) Recorrido orbital del cometa; 6) Viento solar. La cola de gas va en dirección contraria a la del Sol; la de polvo se curva siguiendo la órbita del cometa.

relación de los cometas que se habían visto desde 1337, y gracias a la teoría de la gravitación universal descubierta hacía poco tiempo por Newton, se dio cuenta de que las características del cometa observado en 1682 correspondía a los cometas que habían aparecido en 1607 y 1531. Halley, entonces, se puso a trabajar en la hipótesis de que fuera el mismo objeto; tras calcular su órbita predijo que volvería a aparecer en 1758; desgraciadamente, no vivió lo suficiente como para ver confirmada su teoría, pues sus cálculos fueron exactos: el 25 de diciembre de 1758 el cometa fue localizado por el astrónomo alemán Johann Palitzsch justo en el lugar previsto por Halley.

Con el tiempo y el avance de los estudios arqueo-astronómicos se descubrió que los primeros avistamientos del cometa Halley se remontaban al 2467 a.C., aunque la primera documentación oficial sobre la aparición de este cometa la realizaron los astrónomos chinos en el 240 a.C. Desde esa fecha, el cometa se ha presentado más de 29 veces (cada 76 años); su última aparición fue en 1986.

El origen de los cometas

Los cometas son cuerpos formados por una cabeza que comprende un núcleo rodeado de una cabellera luminosa de gas. La característica más peculiar de estos cuerpos celestes es una vistosa cola, cuando sus órbitas se acercan al Sol, que a menudo se alarga por el espacio por decenas de millones de kilómetros y que se mueve siempre en dirección contraria al Sol. Entre los restos de la nebulosa protosolar, es decir, del disco de gas y polvo del que surgieron el Sol y los planetas, quedaron otros muchos cuerpos menores; unos se esparcieron dentro de las órbitas de los planetas (los asteroides) y otros acabaron mucho más allá de los planetas más lejanos: los cometas. Una cantidad enorme de estos pequeños objetos rocosos de diámetro de unos kilómetros y de forma muy irregular, ricos en componentes gaseosos y hielo, se mueven en una órbita comprendida entre los 30.000 y 50.000 unidades astronómicas.

El núcleo del cometa Halley
El núcleo del cometa Halley tomado por la sonda Giotto *en marzo de 1986. Hasta hoy ha sido la única vez que una sonda ha fotografiado un núcleo de cometa a tan corta distancia.*

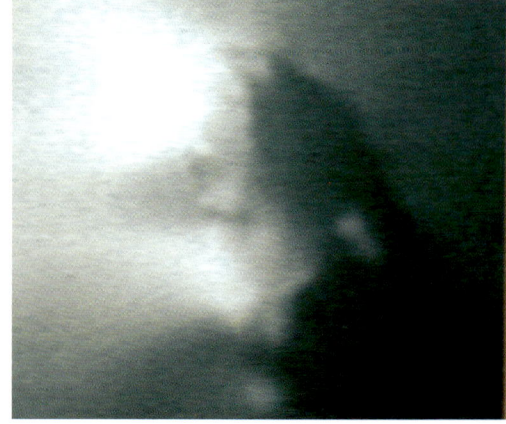

LOS COMETAS   89

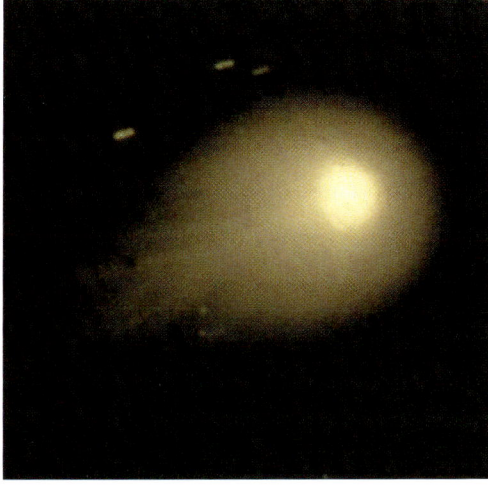

Del pasado lejano
La cabellera del cometa Halley en su paso de 1986. Sus ciclos periódicos de 76 años fueron registrados por los astrónomos de hace más de dos mil años.

órbita de Neptuno. Esa franja fue propuesta por los astrónomos Kenneth Edgeworth y Gerard Kuiper en 1951, y en la actualidad se la conoce como la franja Edgeworth-Kuiper.

Distintas órbitas

Las perturbaciones gravitacionales obligan al cometa a modificar su propia órbita, que le hace acercarse cada vez más hacia el interior del Sistema Solar. Es entonces cuando sufre la influencia de la gravedad que ejercen sobre él los planetas, sobre todo Júpiter, el más grande de todos. Algunos cometas se mueven siguiendo una órbita hiperbólica que les lleva a acercarse una sola vez a las proximidades del Sol para después volver al espacio interestelar; otros, en cambio, se estabilizan en órbitas elípticas que les permiten pasar muchas veces cerca del Sol, haciéndolos periódicamente visibles.

Los cometas de periodo corto son los que realizan una revolución en un tiempo inferior al centenar de años. Por lo general, siguen órbitas con una inclinación sometida a su elíptica, análoga a la de los planetas.

Lejos del Sol un cometa es invisible, al igual que muchos otros cuerpos, pero conforme se acerca a las regiones interiores del Sistema Solar, el calor producido por el Sol hace que sublime parte del hielo presente en el núcleo, que es el que forma la cabellera y la cola junto con otros gases. Con el tiempo y tras centenares de pasos, el cometa de periodo corto va consumiendo, por evaporación, el material del que está compuesto, haciéndose oscuro y tan pequeño como otros muchos cuerpos.

A veces la Tierra, en su rotación alrededor del Sol, encuentra materiales (polvos y gases) abandonados por un cometa, los cuales al atravesar la atmósfera terrestre crean espléndidos enjambres de meteoros, conocidos como estrellas fugaces.

La cabellera

Cuando un cometa forma la cabellera, lo primero que evapora es el monóxido de carbono; y el anhídrido carbónico después, al llegar a las regiones de Júpiter y Marte, evapora el hielo. Dada la poca gravedad que ejerce su núcleo, el gas emitido se expande por el espacio y continuamente va reemplazándose por nuevas emisiones; la evaporación se produce sólo en el lado que mira al Sol, pues es el lado activo del cometa.

Los elementos principales, además de los ya citados, son el formol y el metano, aunque en la

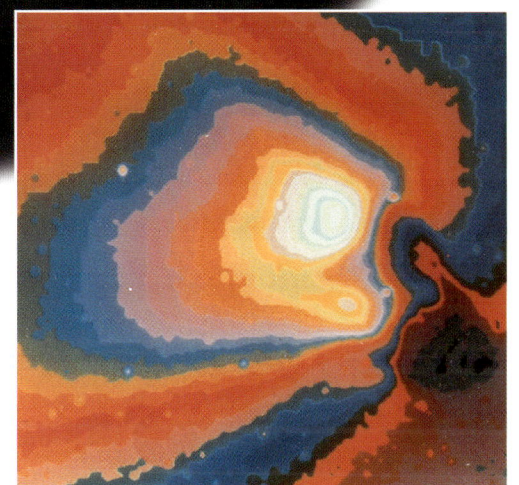

La influencia gravitacional de los planetas, a la que seguramente se añade la de las estrellas más próximas, provocan que muchos cometas modifiquen su órbita, yéndose hacia las regiones de los planetas mayores, y allí se hacen visibles.

El astrofísico holandés Jan Oort (1900-1992) fue el primero que propuso la hipótesis de la existencia de una *nube* de cometas en los confines del Sistema Solar. A esas distancias del Sol, la temperatura se acerca al cero absoluto, temperatura que mantiene en estos objetos el monóxido de carbono, el metano y el azufre en forma molecular, que a sólo unas decenas de grados Kelvin se hacen gaseosos.

El número de núcleos cometarios presentes en la nube de Oort alcanza probablemente el centenar de miles de millones, aunque en los últimos años se ha sugerido que el *vivero* de los cometas de periodo corto sea una franja formada por más de mil millones de objetos situada más allá de la

Fuentes de colores falseados
Otra imagen del núcleo de Halley (arriba a la izquierda), tomada por la sonda Giotto y trabajada con colores falseados. El núcleo es la mancha oscura de abajo a la derecha; la mancha blanca del centro es una fuente de partículas.

Cabellera y cola
Esquema (derecha) que muestra la estructura de un cometa con sus diferentes componentes.

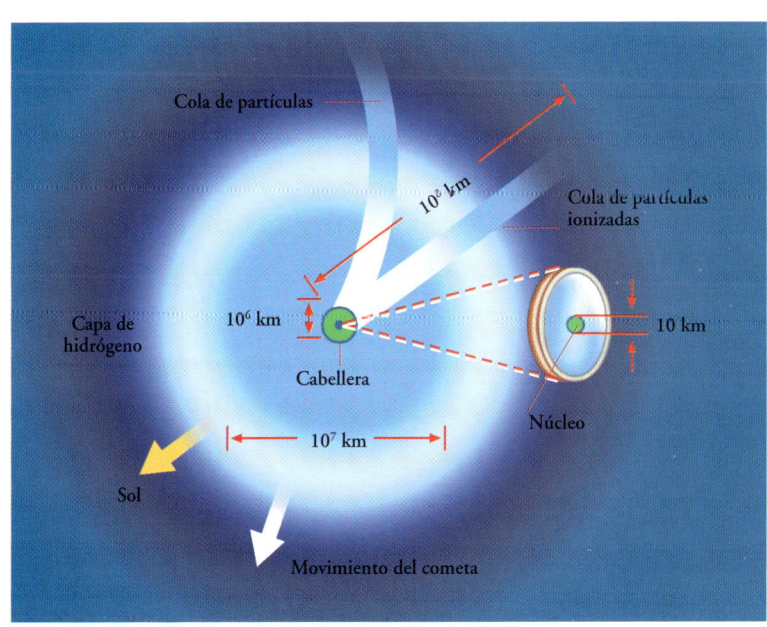

cabellera haya también abundantes cantidades de partículas sólidas y corpúsculos de polvo de diámetros inferiores a las décimas de micra. El material lanzado por el núcleo con violentos embates puede llegar a extenderse en el espacio por centenares de millones de km de longitud. Esa fluorescencia va en línea recta pero, debido a la presión de las radiaciones solares, el material va en dirección contraria al Sol, formando una cola de polvos que se van separando en función de sus dimensiones.

Se cree que la temperatura de este halo que rodea el núcleo, en las zonas donde se encuentran los manantiales, es de casi 70 °C bajo cero, y en las zonas más alejadas llega hasta los –250 °C. Sólo cuando las moléculas presentes en la cabellera se separan debido a su escasa densidad, liberando energía, la temperatura sube hasta los –170 °C.

A pesar de que el diámetro medio de la cabellera viene a ser de unos 100.000 km, su densidad y masa, en cambio, son muy pequeñas. Algunas moléculas, durante el recorrido que va desde el núcleo a la cola, se descomponen e ionizan por las radiaciones solares ultravioletas; en las regiones próximas al Sol la tasa de descomposición de las moléculas de la cabellera es más rápida por la confluencia del viento solar. La luminosidad aparente de un cometa depende de su distancia al Sol y a la Tierra. El brillo es proporcional casi a la cuarta potencia de su distancia del Sol, lo que indica que los cometas no sólo reflejan la luz, sino que la absorben y hasta emiten una cierta cantidad.

Como consecuencia de todo esto, un factor importante a tener en cuenta para determinar la luminosidad de un cometa es la actividad solar que haya en un determinado momento; ante un aumento brusco de esta actividad se ha observado que en un cometa que se esté acercando al Sol su luminosidad crece imprevisiblemente y de una manera notoria. En

La nube de Oort
Se cree que la nube de Oort, el vivero de cometas de periodo largo, tenga un diámetro de casi 100.000 unidades astronómicas y que tenga una forma esférica cuyo centro sea el Sol.

Cita espacial
Representación artística del encuentro entre la sonda Giotto y el cometa Halley. Lanzada el 2 de julio de 1985, la sonda alcanzó el cometa en marzo del año siguiente.

los cometas de periodo corto la luminosidad va decreciendo poco a poco de un fase a otra y por las pérdidas de materiales que a cada paso por el Sol le supone.

El núcleo

El astrónomo estadounidense Fred Whipple lanzó la idea de que los cometas son parecidos a «una bola de nieve sucia». Ese modelo ha sido confirmado por las imágenes enviadas por la sonda *Giotto* de la Agencia Europea, que en 1986 se acercó al cometa Halley. En el núcleo rocoso de este cometa se han localizado hielo de agua, polvo y otros gases congelados, además de otros compuestos sólidos orgánicos.

La reverberación de los núcleos de los cometas es muy baja: el Halley, por ejemplo, absorbe más del 97% de la luz que le llega.

Esto les hace invisibles cuando se encuentran a grandes distancias del Sol y los gases están todavía congelados. Los núcleos pueden presentar coloraciones diversas que pasan del negro al gris o al rojo según los nexos que se realicen entre el polvo y el hielo de la superficie.

El núcleo de los cometas, cuya composición se conoce desde hace mucho tiempo gracias a los

El cometa West
La espectacular cola del cometa West, que apareció en 1975. Alcanzó su máxima luminosidad en 1976; al cruzar el perihelio, su núcleo se partió en cuatro fragmentos.

Molestados en sus órbitas
La órbita de un cometa de la nube de Oort puede ser alterada, por ejemplo, por una estrella que esté de paso. En este caso, el cometa puede precipitarse hacia el interior del Sistema Solar.

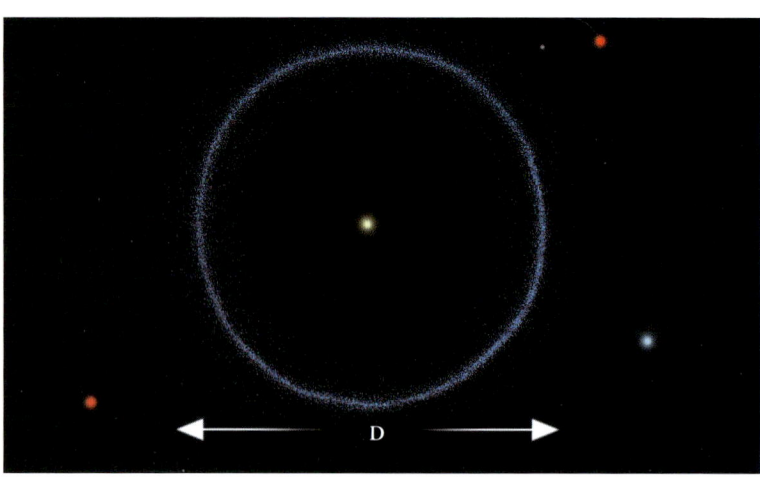

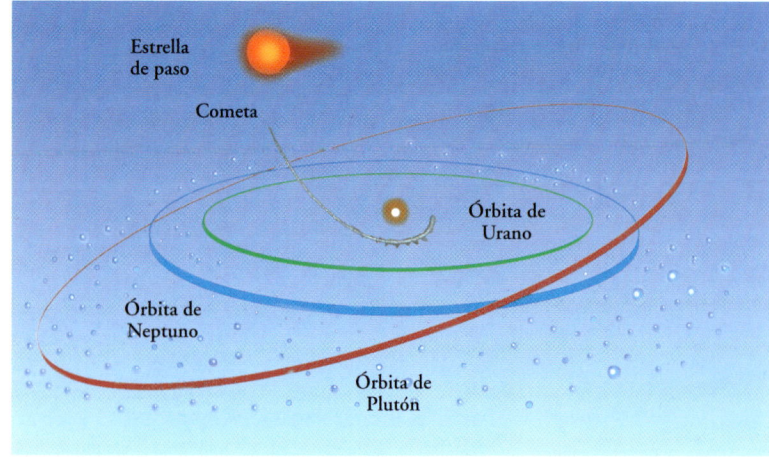

análisis espectrales de los gases emitidos, está formado por silicatos comunes, elementos en forma atómica y también molecular compuestos de carbono, oxígeno, hidrógeno y nitrógeno, y radicales OH.
El núcleo de un cometa tiene forma elipsoidal con tres ejes y dimensiones que varían entre uno y una decena de kilómetros; por ejemplo, el de Halley mide $8,2 \times 8,4 \times 16$ kilómetros; la densidad, por lo general, es muy baja, con valores comprendidos entre 0,2 y 1,2 veces los del agua. Los núcleos de los cometas, los otros cuerpos celestes, giran alrededor de un eje y tienen periodos muy diferentes que oscilan entre las horas y una decena de días.

Una cola múltiple

Cuando un cometa se hace brillante y visible, la característica fundamental que lo evidencia es su cola. A pesar de las enormes dimensiones que la cola puede alcanzar, en un km^3 suyo hay menos materia que en un mm^3 de atmósfera normal. La cola producida por los gases de la cabellera apunta siempre en dirección opuesta al Sol.
En tiempos se pensó que las radiaciones solares eran la única causa de la dirección de la cola,

Las dos colas del Hale-Bopp
El cometa Hale-Bopp (la imagen es de febrero de 1997) ha sido uno de los más luminosos de este siglo. En la foto se ven muy bien sus dos colas: de polvo (abajo) y de iones (azul).

pero hoy se sabe que la razón principal hay que atribuírsela al efecto producido por el viento solar.
El viento solar son partículas eléctricas que despide el Sol; la fuerza que éstas ejercen sobre las moléculas del gas de la cabellera es cien veces superior a la de la gravedad del Sol; así que las moléculas son empujadas hacia atrás. Sin embargo, el viento solar no es constante y sus cambios producen sutiles estructuras apreciables en las colas de los cometas; los *flares* y otras manifestaciones de la actividad solar también pueden influir en la forma de la cola.
En realidad, un cometa posee por lo general dos colas: una de gas ionizado y otra de polvo. Las colas de polvo, de color amarillento, por lo general tienen forma curva y plegada y están formadas por simples partículas sólidas emitidas cuando el núcleo soltó el gas. En estas colas influye tanto la fuerza de la gravedad como la fuerza de la presión de las radiaciones solares; ahora bien, como esta última es muy grande y hay partículas pequeñas muy pequeñas, se produce una separación del polvo según las

dimensiones de sus corpúsculos. Las partículas mayores se quedan cerca de la cabellera y las micrométricas salen despedidas en dirección contraria al Sol.
La visibilidad de esta cola depende de muchos factores, de la cantidad de polvo y de cristales de hielo que tenga, del contraste con el fondo del cielo y también del ángulo entre la dirección Tierra-cometa y su plano orbital.
La cola de gas, de color azulado debido al monóxido de carbono, está formada por moléculas expulsadas por el núcleo, y es la que alcanza mayores dimensiones (incluso 100 millones de km). Al contrario de las colas de polvo, las gaseosas son siempre rectilíneas. En ellas hay estructuras, nódulos y condensaciones que cambian continuamente; pero uno de los fenómenos más espectaculares es sin lugar a dudas la separación brusca de la cabellera, con la consiguiente sustitución de la vieja cola de gas por la nueva. La cola gaseosa se hace visible al excitarse las moléculas con las radiaciones solares que emiten frecuencias características.

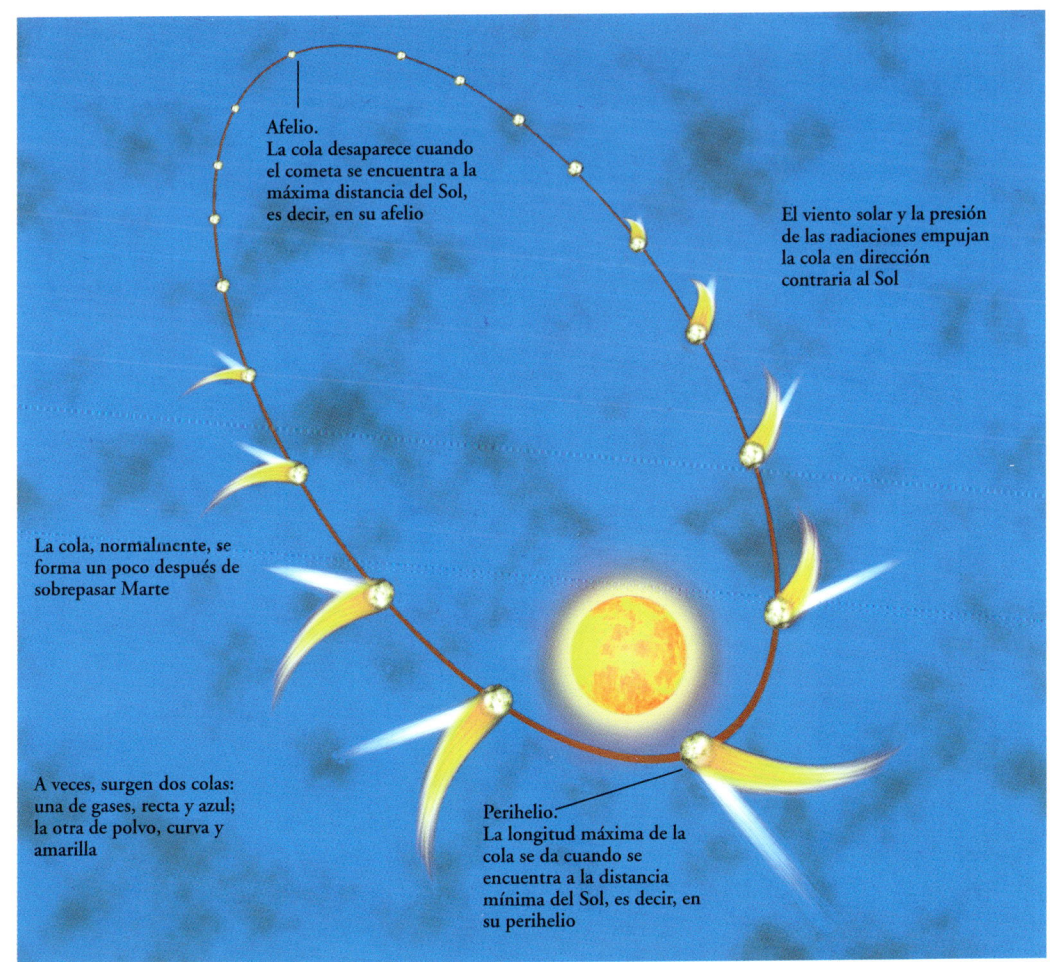

Loca carrera en el Sistema Solar
El esquema ilustra el viaje de un cometa. Al revés de lo que pudiera pensarse, al cola, que es la característica más importante, acompaña al cometa sólo durante una parte de su viaje.

Meteoros y meteoritos

¿Quién no ha oído hablar de las *lágrimas de san Lorenzo*? La lluvia de meteoros que todos los años, en torno al 10 de agosto, congrega a cientos de personas es sólo una muestra del fenómeno que tiene lugar todas las noches. Esas *lágrimas* se producen todas las noches con diferentes características. El nombre popular de *estrellas fugaces* está justificado por el hecho de que, a simple vista, estos objetos parecen puntiformes, como las estrellas propiamente dichas. Pero en realidad no son estrellas, sino partículas de polvo cósmico que, llegadas a las proximidades de la atmósfera terrestre, se recalientan por rozamiento dejando detrás de sí una estela luminosa.

atraerse recíprocamente. Y esas recombinaciones son las responsables de la luminosidad. Si la estela es muy *profunda*, se hará visible incluso a grandes distancias. Hay casos en los que los meteoros alcanzan una luminosidad muy grande, llegando incluso a superar a estrellas y planetas muy luminosos: se habla en estos casos de *bólidos*. La luz producida por un bólido puede llegar a iluminar un paraje. Éstos recorren grandes espacios de la bóveda celeste, a veces se deshacen en fragmentos y no es raro que produzcan boatos. Por supuesto que tales fenómenos sólo los producen los meteoritos de grandes dimensiones, cuyos fragmentos pueden incluso caer a la Tierra.

Cómo observar los meteoros

La primera regla consiste en situarse en un horizonte lo más amplio posible: en ese caso, ya se dispone de un gran panorama de la bóveda celeste. En segundo lugar, hay que confiarse en los propios ojos, ya que cualquier instrumento, incluso unos prismáticos de gran campo, lo que hace es reducir la parte del cielo observable a pocos grados, mientras que a simple vista el campo visual llega hasta la decena de grados. Después hay que saber cuál es la mejor hora para observar el meteoro. Así que, como éstos no son otra cosa que polvo cósmico recogido por la Tierra en su camino alrededor del Sol, el mejor momento de la noche para ir a la caza de estrellas es la segunda mitad, después de las cero

Estelas en el cielo

¿Cómo es posible que minúsculas partículas de polvo, en algunos casos de dimensiones milimétricas, puedan producir estelas tan luminosas, visibles a decenas de kilómetros de distancia? Ante todo hay que advertir que lo que se ve no son las partículas de polvo incandescentes, sino la estela que dejan tras de sí. Desde el momento en que un cuerpo entra en contacto con la atmósfera se produce un enorme rozamiento con sus estratos, cada vez más cargados de gases, lo que genera un calentamiento. Durante este proceso, el objeto convierte su energía cinética en energía térmica, que se distribuye entre su propio cuerpo y los átomos de la atmósfera. Un gran número de estos átomos, al recibir la energía, se ionizan ocasionando de esta manera una larga estela de iones. Los iones y los electrones producidos, al tener cargas de signo contrario, tienden a

Un resplandor en el cielo
Entre las huellas dejadas por una estrella en el negativo fotográfico aparece de repente y rectilínea la estela de un meteoro.

El radiante
Por un efecto de perspectiva, debido al movimiento de revolución terrestre, los meteoros pertenecientes a un enjambre parecen proceder todos del mismo punto, llamado radiante.

METEOROS Y METEORITOS

PRINCIPALES ENJAMBRES DE METEOROS

Nombre	Periodo	Máxima actividad
Cuadrántidas*	1-6 enero	3-4 enero
Perseidas	25 julio-18 agosto	12 agosto
Oriónidas	16-26 octubre	21 octubre
Leónidas	15-19 noviembre	17-18 noviembre
Gemínidas	7-15 diciembre	13-14 diciembre

*Las Cuadrántidas llevan el nombre de la constelación del Cuadrante que se encontraba cerca del Boyero.

Cráteres en la Tierra
El Meteor Crater, en el desierto de Arizona, uno de los cráteres de impacto más conocidos. Se cree que se formó hace unos 50.000 años por el impacto de un cuerpo de unos 10 m de diámetro.

horas. En este periodo los encontraremos, incluso en la parte de la Tierra que adelanta a su órbita.

Cometas y lágrimas

Mientras describe su órbita alrededor del Sol, la Tierra va limpiando el cosmos del polvo que se encuentra en el camino, quitándolo de en medio con su fuerza de gravedad. Boicoteando este trabajo de limpieza actúan los cometas, que al desparramar sus materiales siguen echando en

Una lluvia excepcional
Imagen de la lluvia de Leónidas que se produjo en 1966. En esa ocasión la frecuencia del enjambre aumentó de una manera vertiginosa, llegando a una decena de meteoros por minuto.

los espacios siderales más partículas de polvo. El material *diseminado* se sitúa en las órbitas más próximas a las del cometa que las emitió. Si la Tierra pasa por las proximidades de esas órbitas, tendrá más posibilidades de limpiar ese material y por lo tanto de hacer que se vean esos meteoros.
Así es como hay que explicar la génesis de los llamados *enjambres meteoríticos*, es decir familias de meteoros que, en algunos periodos del año, son visibles gracias a su actividad más o menos intensa. El caso más conocido es el de las *lágrimas de san Lorenzo*, producido por el cometa Swift-Tuttle.
Por efecto de la perspectiva, parece que los meteoros procedan de un único punto, llamado *radiante*. La localización de los radiantes con respecto a las constelaciones da el nombre de los enjambres. Los meteoros conocidos como Perseidas se llaman así porque su radiante se

Luz de átomo
Los meteoros se ven cuando un cuerpo entra en la atmósfera y se recalienta por rozamiento. Los átomos del aire se ionizan y se recombinan emitiendo luz.

encuentra en la constelación de Perseo. Algunos enjambres pueden, en casos excepcionales, presentar algunos picos de actividad de gran intensidad: se habla entonces de auténticas lluvias de meteoros.

Los meteoritos

Como ya se ha dicho, algunos meteoros puede que no se desintegren del todo y que alcancen incluso la superficie terrestre; en este caso el objeto que se encuentre en la Tierra recibirá el nombre de meteorito. Según su composición química, los meteoritos se clasifican en tres categorías: sideritos (meteoritos metálicos formados por una aleación de hierro y níquel), aerolitos (meteoritos rocosos compuestos fundamentalmente por silicatos) y siderolitos (constituidos tanto por silicatos como por una aleación metálica). Los aerolitos son los más abundantes, casi el 65% de los meteoritos conocidos; el 30% son sideritos y el 5% restante está representado por los siderolitos.

Piedras en el espacio
Ejemplo de meteorito. Estos objetos rocosos y metálicos, provenientes del espacio interplanetario, se encuentran entre los más antiguos del Sistema Solar y por lo tanto encierran valiosísima información.

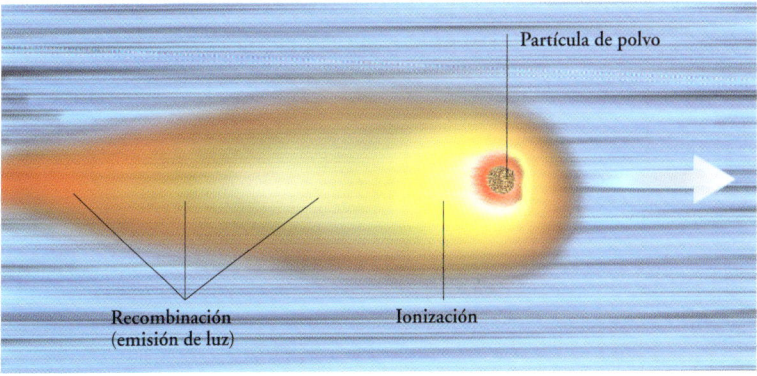

Los rayos cósmicos

A principios del siglo XX empezó a consolidarse la hipótesis de la existencia de una forma de radiación corpuscular procedente de una fuente externa a la Tierra. Fueron los estudios realizados sobre fenómenos relativos a la conductibilidad eléctrica en los gases lo que sugirió dicha hipótesis. En mediciones realizadas en el laboratorio se había notado que cualquier electroscopio, después de cargarlo eléctricamente, no mantenía indefinidamente la carga. Tal fenómeno se podía explicar sólo a partir de la hipótesis de que todas las partículas presentes en el aire circunstante no fueran eléctricamente neutras, sino que algunas estaban ionizadas. Una vez aquí, había que averiguar el mecanismo que provocaba la ionización del aire. En un primer momento se pensó que se debía al efecto de las radiaciones procedentes de elementos radiactivos presentes en la corteza terrestre. Pero esta hipótesis fue abandonada enseguida gracias a los primeros experimentos realizados en cotas altas, durante los cuales se percibió que los electroscopios tendían, por lo general, a descargarse incluso en lugares que estaban alejados de fuentes radiactivas naturales.

En 1912, los físicos Hess y Kolhoerster iniciaron una larga serie de experimentos en cotas elevadas (de 5 a 9 km) colocando el instrumental en globos aerostáticos. Estos experimentos demostraron que la velocidad de descarga de un electroscopio tendía a aumentar en cotas por encima de los 1.500 metros. El resultado sólo

cabía interpretarlo a partir de la hipótesis de que la ionización de la atmósfera aumentaba en función de la altura. La única explicación posible era, por lo tanto, que existiera una forma de radiación en los estratos altos de la atmósfera, cuyo origen tenía que ser necesariamente extraterrestre. Estas radiaciones recibieron el nombre de rayos cósmicos.

Desencuentros y transformaciones
Esquema gráfico de la interacción entre un protón de rayo cósmico y un núcleo atmosférico, con la producción de varias partículas secundarias, más o menos pesadas.

Fuera de la Vía Láctea
Imagen de la galaxia NGC 4565, que se presenta de perfil para quien la observe desde la Tierra. Una pared de los rayos cósmicos tiene un origen extraterrestre.

Naturaleza de los rayos cósmicos

En el momento de su descubrimiento, los rayos cósmicos eran, sin ninguna duda, las radiaciones más penetrantes de todas las conocidas. La primera hipótesis sobre su naturaleza la lanzó el físico inglés Millikan. Para él, los rayos cósmicos estaban formados por fotones extremadamente cargados (rayos gamma), que una vez absorbidos por la atmósfera interactuaban con ella. Según Millikan, existía la posibilidad de que procesos de fusión nuclear en el gas interestelar produjeran tales fotones. Esta teoría duró poco. En 1929, los científicos alemanes Bethe y Kolhoerster, con la ayuda de un contador Geiger-Muller, demostraron que las radiaciones cósmicas tenían cargas eléctricas y que, por lo tanto, eran de tipo corpuscular.

En la década de 1930, el americano Blackett y el italiano Giuseppe Occhialini realizaron unos experimentos por medio de reveladores particulares, las cámaras de niebla, y demostraron que las partículas cósmicas eran capaces de producir aglomeraciones de partículas secundarias. Los rastros dejados por las partículas

Las partículas se hacen ver
Huellas de partículas elementales dejadas dentro de un revelador que permite su visualización. Los rayos cósmicos, interactúan con la atmósfera, produciendo varias clases de partículas.

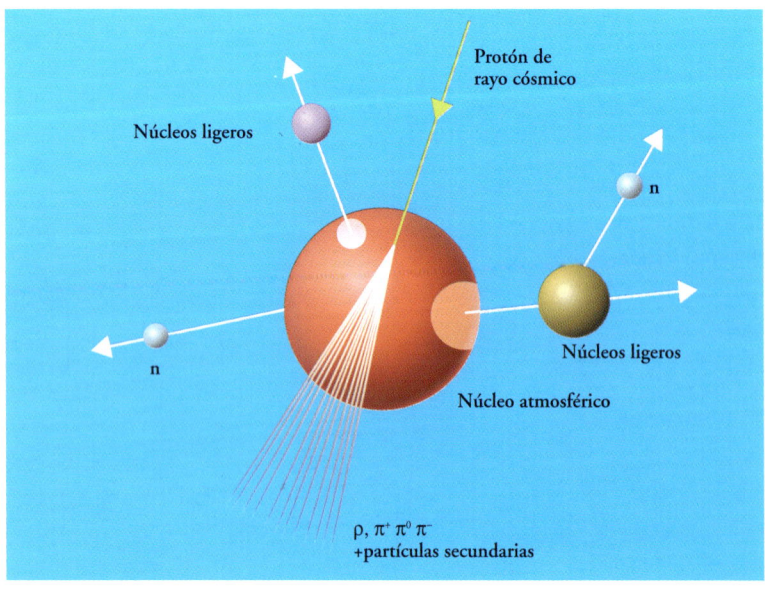

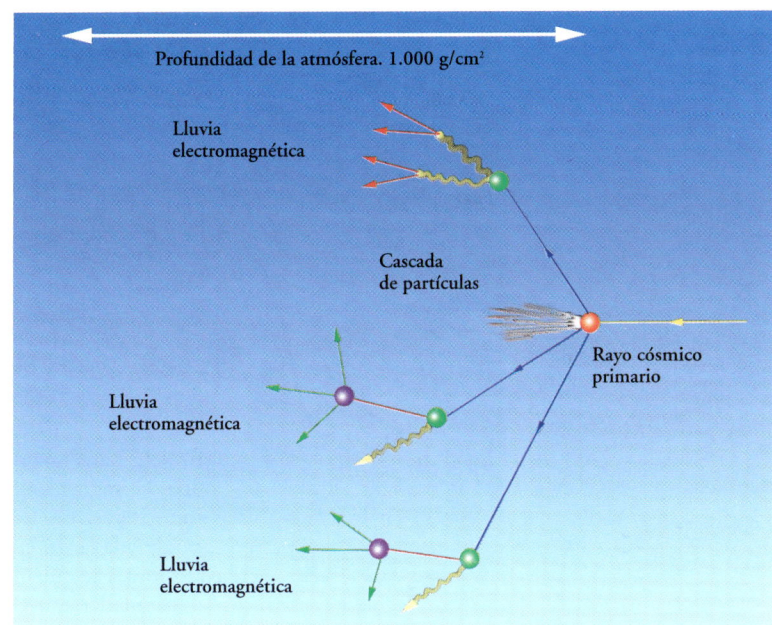

Aglomeraciones secundarias
Esquema que muestra la producción de la radiación secundaria en los estratos altos de la atmósfera. Las partículas producidas son mesones π y núcleos secundarios.

GIUSEPPE OCCHIALINI (1907-1993)

Una de las contribuciones más importantes para el estudio de los rayos cósmicos ha sido la proporcionada por el italiano Giuseppe Occhialini. Terminada la carrera en Florencia, a los 22 años, pasó la primera parte de su vida profesional trabajando en los Laboratorios Cavendish de Cambridge, donde colaboró de una manera activa en buscar técnicas sobre la revelación de partículas –asunto que ya había sido propuesto por el ilustre físico italiano Bruno Rossi–, y que permitieron el descubrimiento del positrón. Desgraciadamente, a pesar de que no cabe ninguna duda sobre su gran contribución científica, Occhialini no tuvo nunca la satisfacción de recibir el Premio Nobel, a pesar de que estuvo a punto de conseguirlo tanto en el año 1948 como en 1950. En 1952, se le nombró profesor de Física en la Universidad de Milán, donde fundó un grupo de investigación para el estudio de los rayos cósmicos y de las partículas elementales. Junto a Edoardo Amaldi, impulsó el desarrollo de la entonces incipiente investigación espacial europea y fue uno de los padres fundadores del proyecto europeo que condujo al lanzamiento del satélite COS-B para observaciones gamma. En su honor, lleva su nombre el satélite SAX, realizado por la Agencia Espacial Italiana, para el estudio del Universo con rayos X.

en algunos casos se separaban en muchos más segmentos, cada uno de los cuales generaba una nueva partícula. Estos estudios llevaron en poco tiempo a proponer que las interacciones se verifican también en los estratos superiores de la atmósfera y que, en realidad, había dos componentes diferentes en radiaciones cósmicas: uno de tipo primario y otro de tipo secundario.

Radiaciones primarias

Como las radiaciones cósmicas están formadas por partículas, eso significa que están sometidas a la acción de los campos magnéticos, entre ellos el terrestre. Eso contribuye a que se formen, alrededor de la Tierra, regiones con mayor densidad de partículas con carga positiva que en otras, como por ejemplo la franja Van Allen. Por los estudios realizados sobre el comportamiento de los rayos cósmicos dentro del campo magnético terrestre se ha deducido que las radiaciones cósmicas primarias están formadas fundamentalmente por partículas con carga positiva. Más concretamente: protones (cerca 1,87%), núcleos atómicos (desde hidrógeno y helio hasta núcleos más pesados) y positrones. Un porcentaje menor corresponde a electrones y rayos gamma. Ambos serían el producto secundario de las interacciones nucleares que se producen entre otras partículas cósmicas y los gases presentes en el espacio interestelar.

Radiaciones secundarias

El componente primario de las radiaciones cósmicas, cuando atraviesa la atmósfera, es absorbido, produciendo por la interacción nuclear los rayos cósmicos secundarios. Al nivel del mar se observa sólo el componente secundario y no hay ni rastro del primario. Cuando un núcleo de la atmósfera es golpeado por una partícula de las radiaciones primarias, por ejemplo un protón, se producen otros núcleos, la mayoría de las veces radiactivos, y otras partículas, entre ellas muones y mesones, que caen rápidamente emitiendo electrones, positrones y neutrones. Cuando, por el contrario, la partícula cósmica es un nucleón, la interacción con los núcleos atmosféricos no provoca ninguna disgregación y la formación de partículas es de otro tipo.

Origen de los rayos cósmicos

Todavía hoy no se sabe si los rayos cósmicos se producen en esta galaxia o si proceden de fuentes que están fuera de ella. Esa duda surge ante la imposibilidad de determinar cuál es la dirección de llegada de los rayos cósmicos y, por lo tanto, de localizar sus fuentes. La influencia de los campos magnéticos sobre los rayos cósmicos determina, de hecho, continuos cambios que hacen imposible identificar la dirección original de procedencia.
La hipótesis más aceptada, en lo que se refiere a la emisión de rayos cósmicos, es que exista una fuente galáctica y otra extragaláctica.

Abundancia de elementos químicos
La abundancia relativa de los elementos químicos en el Sistema Solar, en los meteoritos y en los rayos cósmicos (en el eje de accisas se recoge el número atómico). Resulta evidente que, en la parte del hidrógeno y el helio (los dos primeros elementos), hay más cantidad de rayos cósmicos.

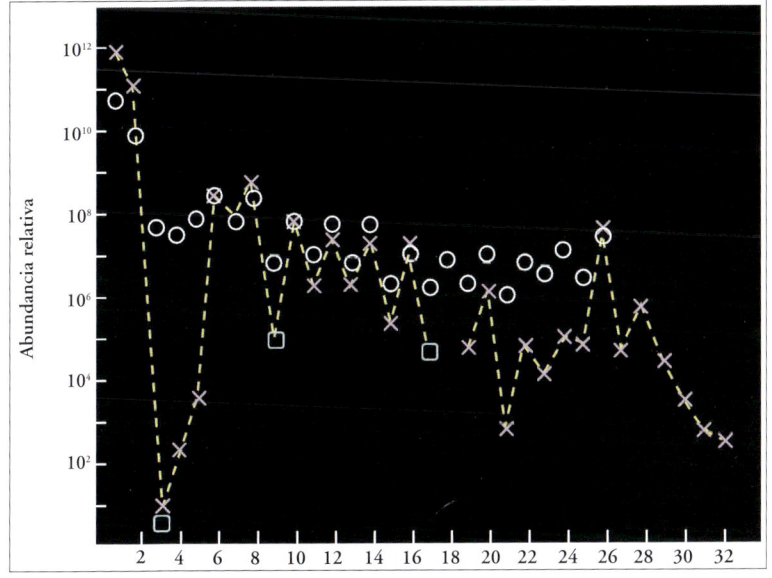

X = Sistema Solar
□ = Meteoritos
O = Rayos cósmicos

La búsqueda de vida en el Sistema Solar

El desarrollo de las exploraciones espaciales ha permitido alargar los límites de la biología de la Tierra a otros planetas, cometas, meteoritos y al espacio en general. Así ha nacido una nueva ciencia: la exobiología, que trata de entender mejor los postulados necesarios para que se produzca vida a partir de materia inanimada, su evolución y su distribución en la Tierra y en el Universo.

Moléculas simples y complejas

Desde 1970, la NASA ha añadido a las líneas clásicas de investigación, como la biología social, la fisiología humana, o la medicina aeroespacial, la exobiología, que postula como líneas maestras el esquema de la evolución cósmica desde el origen de elementos, que están en la base de la vida, a la evolución química y biológica de estos mismos elementos, e incluso la aparición de formas de vida más compleja y la posible existencia de formas de vida diferentes fuera de la Tierra. También la ESA (Agencia Espacial Europea) tiene proyectos de investigación en este sentido, la mayoría en laboratorios del espacio.
Un requisito fundamental para el desarrollo de la vida es que se formen moléculas simples a partir de las relaciones que el carbono establece con otros elementos, que es el primer paso para la formación de biomoléculas más complejas, como los aminoácidos. Estas reacciones químicas sólo pueden darse en una atmósfera que, por un lado, garantice unas determinadas condiciones ambientales de presión, temperatura y aportes energéticos (permitiendo la existencia de una hidrosfera y de una superficie sólida), y por otro, impida que las moléculas recién formadas se agrupen en rayos ultravioletas o en otros rayos de alta energía. Si se admite como franja de temperatura tolerable de –100 °C a +100 °C, nuestro Sistema Solar poseería una franja *habitable* entre 0,85 y 1,37 unidades astronómicas, que es donde están Venus, la Tierra y Marte. Ahora, actualmente Venus tiene una temperatura en su superficie de 464 °C, así que es muy difícil que permita el desarrollo de cualquier forma de vida, a pesar de que es muy probable que en su atmósfera se den reacciones que favorezcan la formación de moléculas prebióticas.

El asunto de Marte

Desde el principio de las exploraciones espaciales Marte ha sido el centro de interés de la

Marte
Detalle de la superficie de Marte. En los próximos años varias misiones espaciales irán buscando vida.

Los misterios de Titán
Titán, satélite de Saturno, es uno de los pocos satélites del Sistema Solar que tiene atmósfera. La misión Cassini-Huygens lo estudiará con detalle en 2004.

exobiología y son muchas las misiones enviadas que ya han traído datos orbitando a su alrededor y hasta aterrizando en él. Por primera vez en la historia de las exploraciones espaciales, las sondas *Viking 1* y *2* tuvieron, entre los objetivos fundamentales de sus misiones, la búsqueda de evidencias de formas de vida. Los tres experimentos biológicos realizados por las sondas *Viking* ha descubierto una inesperada y enigmática actividad química en el suelo marciano, pero no han demostrado de manera irrefutable la presencia de microorganismos vivientes en los alrededores de los puntos en los que se ha aterrizado. Según los biólogos responsables de las misiones, Marte es autoesterilizante: la combinación de radiaciones solares ultravioletas, aridez extrema del suelo y la naturaleza oxidante de los procesos químicos que allí se dan impide la formación de organismos vivos en el suelo marciano. Sin embargo, es cierto que ha habido agua en Marte, aunque haya sido en épocas remotas (hace más de mil millones de años), y que en la composición de sus rocas aparecen biomoléculas originarias. Permanece, pues, abierta la posibilidad de que Marte haya estado habitado en un pasado muy lejano por formas de vida (por ejemplo micróbicas) que se pudieran desarrollar en ese ambiente; los recientes descubrimientos de unas posibles huellas de estas simples formas de vida en un meteorito proveniente de Marte y encontrado en la Antártida parecen confirmar esta hipótesis.

Titán

Entre los cuerpos del Sistema Solar hay dos que interesan mucho a la exobiología: Titán, la luna gigante de Saturno, y Europa,

LA BÚSQUEDA DE VIDA EN EL SISTEMA SOLAR

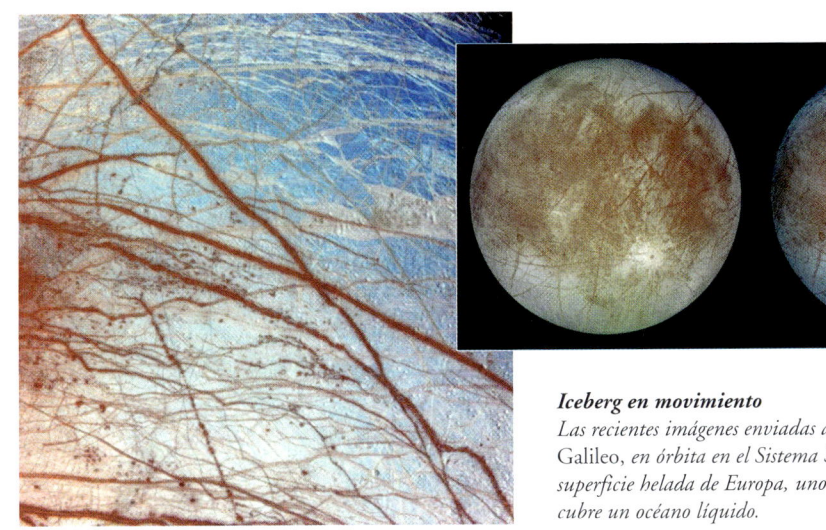
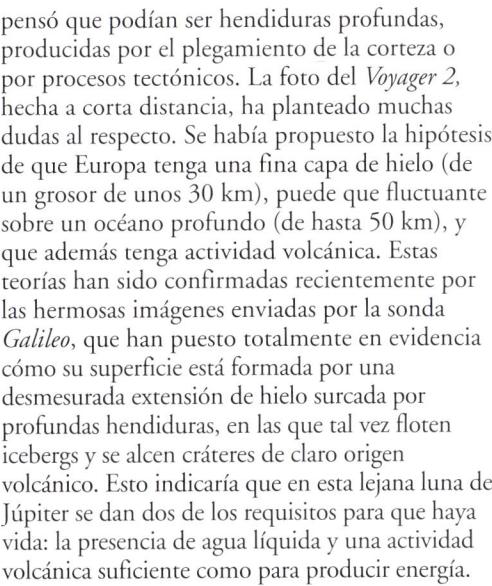

Iceberg en movimiento
Las recientes imágenes enviadas a la Tierra por la sonda Galileo, en órbita en el Sistema Solar, hacen suponer que la superficie helada de Europa, uno de los satélites galileanos, cubre un océano líquido.

uno de los satélites de Júpiter.
Titán, el más grande de los satélites de Saturno, es un planeta de dimensiones semejantes a la Luna con una gruesa atmósfera de nitrógeno-metano y una densidad de más del 50% de la terrestre. La temperatura y la presión en su superficie son respectivamente de 94 °K (−180 °C) y 1,5 atmósferas. La atmósfera de Titán, aunque tenga nitrógeno como la terrestre, no tiene nada de oxígeno, si bien puede que este elemento se encuentre en el hielo debajo de su superficie: si llegase más luz solar su atmósfera podría parecerse mucho a la de la Tierra originaria. A pesar de su poca luz se producen procesos fotoquímicos que convierten parte del metano atmosférico en otras moléculas orgánicas, como el etano. Otros hidrocarburos más complejos forman las partículas de una neblina que a veces caen en la superficie cubriendo un espeso estrato de material orgánico.
Muchos científicos coinciden en señalar que Titán es demasiado frío para que la vida se pueda desarrollar en él, pero los más audaces especulan con la posibilidad de formas de vida desarrolladas en lagos cubiertos de hidrocarburos líquidos calentados por el calor interno del planeta.

Una misión a Titán

Saturno y Titán son el destino de la misión *Cassini-Huygens*, que partió en 1997 y que tiene prevista la llegada a Saturno en 2004. Entre sus objetivos más importantes se encuentran el estudio de la variabilidad de las nubes y las nieblas de Titán y las características de su superficie a escala regional. Para realizar estos estudios, Cassini usará la sonda *Huygens* equipada con un laboratorio informatizado. *Huygens* entrará en la atmósfera de Titán y lo primero que hará será medir la capa de niebla que hay por encima y por debajo de las nubes. Cuando descienda, instrumental específico medirá la temperatura, presión, densidad y equilibrio energético de la atmósfera. Después, cuando la sonda salga de la capa de nubes, una videocámara tomará imágenes del panorama general. Muchos científicos consideran que Titán está cubierto de lagos y océanos de metano y etano, por lo que la sonda *Huygens* va protegida para poder actuar en un medio líquido.
En cualquier caso, tanto si Titán presenta o no formas de vida, cosa que sí se espera, desentrañar interacciones químicas en esta lejana luna ayudarán a comprender mejor la química de la Tierra originaria y el origen de la vida.

Los icebergs de Europa

Europa, uno de los satélites de Júpiter, tiene una peculiaridad: está formado por más de 95% de agua. Esto justifica el interés que este cuerpo celeste ha despertado en la exobiología. En una fotografía de baja resolución tomada por la sonda *Voyager 1*, en los comienzos de los años ochenta, Europa mostraba un número muy elevado de líneas intersecantes. Al principio se pensó que podían ser hendiduras profundas, producidas por el plegamiento de la corteza o por procesos tectónicos. La foto del *Voyager 2*, hecha a corta distancia, ha planteado muchas dudas al respecto. Se había propuesto la hipótesis de que Europa tenga una fina capa de hielo (de un grosor de unos 30 km), puede que fluctuante sobre un océano profundo (de hasta 50 km), y que además tenga actividad volcánica. Estas teorías han sido confirmadas recientemente por las hermosas imágenes enviadas por la sonda *Galileo*, que han puesto totalmente en evidencia cómo su superficie está formada por una desmesurada extensión de hielo surcada por profundas hendiduras, en las que tal vez floten icebergs y se alcen cráteres de claro origen volcánico. Esto indicaría que en esta lejana luna de Júpiter se dan dos de los requisitos para que haya vida: la presencia de agua líquida y una actividad volcánica suficiente como para producir energía.

El futuro

Los resultados que la sonda *Galileo* está proporcionando, obtenidos a través de su exploración, junto con el descubrimiento hecho recientemente por la sonda *Lunar Prospector* de cantidades significativas de agua en el fondo de algunos cráteres lunares, han dado un nuevo impulso a las exploraciones dirigidas dentro del Sistema Solar por medio de sondas automáticas. Todo hace presagiar que en los próximos años, con el aumento de programas para exploraciones a Marte por un lado, y gracias a los resultados que la sonda *Cassini-Huygens* podrá suministrar en sus exploraciones sobre los planetas gigantes y de sus lunas por otro, muchos y nuevos conocimientos se añadirán a los que actualmente ya se tienen sobre los posibles lugares del Sistema Solar en los que ha habido hasta ahora o todavía hay condiciones para el nacimiento y evolución de la vida.

¿Vida en los cometas?
Según algunas teorías pintorescas, los cometas podrían haber sembrado la Tierra de materiales orgánicos en un pasado muy lejano. En la foto, el cometa Hale-Bopp el 24 de marzo de 1997 cerca de la galaxia Andrómeda.

Planetas de otras estrellas

A simple vista, en condiciones óptimas de visibilidad, se pueden ver unas 6.000 estrellas; con prismáticos o un telescopio pequeño se ven ya tantas que su número es inconmensurable. Y se trata sólo de una galaxia, de la Vía Láctea. En el Universo puede que haya algo así como cien mil millones de galaxias, cada una con cientos de miles de millones de estrellas. Y sin embargo, a pesar de este desmesurado número de estrellas conocidas y observables, hasta hace apenas unos años no había trazas de la existencia de ningún planeta, que no fuera uno de los nueve del Sistema Solar.

Una increíble discrepancia

¿Cómo se explica esta enorme diferencia entre el número de estrellas y el de planetas conocidos? Sólo hay dos motivos. El primero se debe a que los planetas no emiten luz propia y brillan sólo cuando reflejan la luz de las estrellas sobre las que orbitan: son, por lo tanto, unos cuerpos muy débiles. Esta dificultad probablemente podría superarse fácilmente, por lo menos en los casos de los planetas que no estén demasiado lejos, utilizando poderosos telescopios de nueva tecnología acoplados a reveladores electrónicos extremadamente sensibles. El segundo motivo reside en que la debilidad de la luz de los eventuales planetas, aunque estén muy cerca, queda anulada por la luz mucho más intensa de las estrellas que le rodean y sobre las que orbitan, con el resultado de hacerse indistinguibles.
La búsqueda de planetas extrasolares se basa fundamentalmente en dos categorías de métodos: directos e indirectos. A la primera categoría pertenecen todos los sistemas que, aun no permitiendo ver el planeta, sí dejan intuir su presencia, por ejemplo cuando se estudia una estrella alrededor de la cual orbita dicho planeta. En ese caso, las observaciones se dirigen hacia las estrellas cercanas para analizar su luz con técnicas diversas y poder descubrir eventuales anomalías y restos de la presencia de cuerpos orbitantes.
Con los métodos directos, en cambio, se trata de ver el planeta auténtico y verdadero. Son investigaciones muy difíciles, pues en este caso se necesita separar la luz del planeta de la de la estrella. Son de gran importancia las mediciones efectuadas de la longitud de los rayos infrarrojos del espectro electromagnético. A diferencia de las estrellas, los planetas son objetos muy fríos que emiten la mayor parte de su energía en infrarrojos. Se obtiene así que a tales longitudes de onda la diferencia de emisión entre estrella y planeta se reduce, haciendo más ágiles las observaciones.

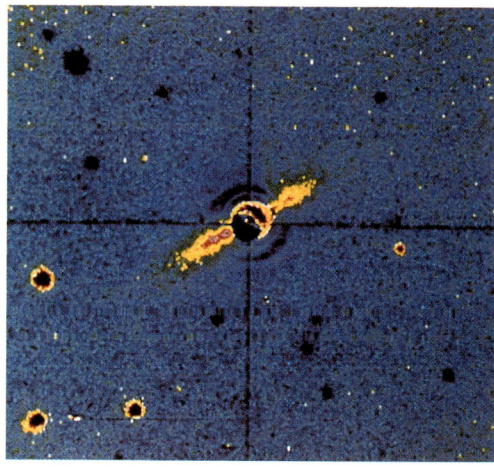

El primer disco protoplanetario extrasolar
Una imagen histórica: el disco protoplanetario de la estrella Beta Pictoris fotografiado por Smith y Terrile, en 1983. Se trata del primer caso de evidencia observada de un objeto de esa naturaleza.

Técnicas variadas

Los métodos indirectos clásicos son dos y se basan en medir la posición o la velocidad de una estrella. El movimiento de las estrellas está determinado por la fuerza de la gravedad de otras estrellas o simplemente por sus órbitas alrededor del centro de la galaxia; para las estrellas relativamente cercanas el movimiento es bastante evidente, mientras que para las lejanas es prácticamente imperceptible. Por lo general, estos movimientos tienen un carácter regular basado en trayectorias más o menos rectilíneas (al menos en pequeñas escalas temporales) y con velocidad constante.
Gracias a la astrometría, es decir, la rama de la astronomía que permite efectuar ajustadas mediciones sobre las posiciones de los astros, se puede monitorizar el movimiento de una estrella durante un largo periodo con el fin de identificar eventuales anomalías que puedan atribuirse a la presencia de un planeta.
El segundo método indirecto, mucho más utilizado que el anterior, se basa en la valoración de la velocidad radial, es decir, de la velocidad del cambio de posición de la estrella con respecto al componente que dicha velocidad tiene en la dirección Tierra-estrella. Si en el movimiento de la estrella no se encuentran perturbaciones debidas a la presencia de uno o más planetas, la velocidad de la estrella resulta uniforme. Si, por el contrario, hay algún cuerpo de grandes dimensiones en los alrededores, como por ejemplo un planeta del tipo de Júpiter, entonces se puede suponer que la velocidad de la estrella cambia periódicamente, con un periodo igual al del planeta que gira a su alrededor y que le atrae unas veces por un lado y otras por otro alterando así su movimiento.
Por lo que se refiere a los métodos directos para la búsqueda de planetas externos al Sistema Solar, hay que tomar como referencia los resultados obtenidos gracias al satélite IRAS (Infra-Red Astronomical Satellite), lanzado en 1983. Gracias a él se ha descubierto que algunas estrellas emiten en infrarrojos unas radiaciones más elevadas de lo que cabría esperar. En un principio, se creyó que este fenómeno se debía a la presencia de materia fría (polvo y gas) que creaba una especie de discos o husos alrededor de estas estrellas. Pasado un tiempo, los astrónomos

Las variaciones de la velocidad radial
Si una estrella tiene un planeta en una órbita alrededor suyo, se acelera en la dirección del planeta. Sus rayas espectrales, entonces, se desvían ligeramente unas veces hacia el rojo y otras hacia el azul, como se ve en el esquema.

Un planeta gigante
La estrella 51 Pegasi (al lado) ha sido una de las primeras en las que se ha visto que la técnica de medir las velocidades radiales es válida. El gráfico resultante (a la derecha) muestra un movimiento perfectamente sinodal que sugiere la presencia de un cuerpo orbitante de masa por lo menos parecida a la de Júpiter.

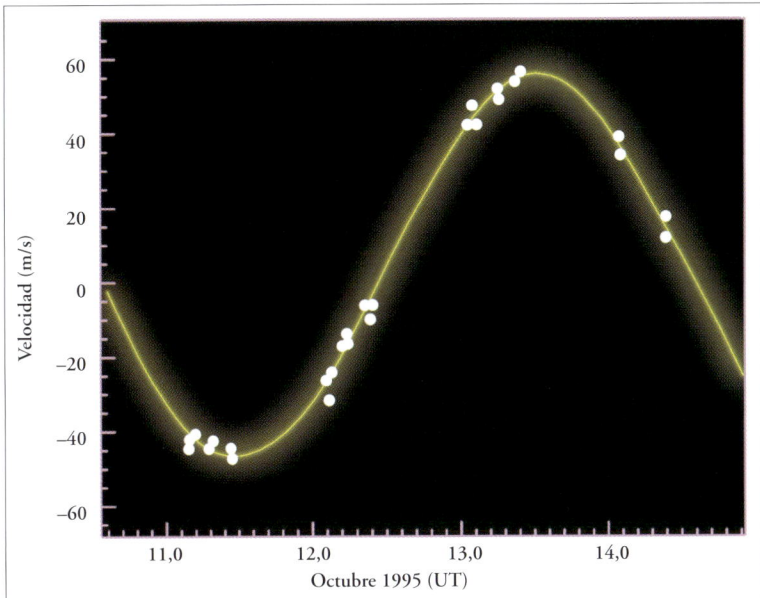

estadounidenses Smith y Terrile han podido demostrar la existencia de un disco alrededor de la estrella Beta Pictoris, gracias a un telescopio dotado de un instrumento que enmascaraba la luz de la estrella central.

A pesar de que este sistema no permite ver los planetas, puede en cambio mostrar qué estrellas tienen discos con un polvo parecido al que se cree que ha dado lugar a los planetas del Sistema Solar. En los últimos años, gracias al Telescopio Espacial Hubble, se han observado en la región de la nebulosa de Orión bastantes discos con polvo de esta clase, y se han denominado *proplyd*, es decir, *proto-planetary disk* (discos protoplanetarios).

Los descubrimientos recientes

En los últimos años ha tenido lugar una auténtica explosión de descubrimientos en este campo. A finales de 1995 dos astrónomos suizos del observatorio de Ginebra anunciaron el descubrimiento de un planeta en torno a la estrella 51 Pegasi. En esta estrella, semejante al Sol, del tipo espectral G, se han visto oscilaciones de la velocidad radial de cerca de 50 m/s que se pueden atribuir a la presencia de un planeta de masa parecida a la de Júpiter que orbita alrededor de una estrella con un periodo de algo más de 4 días. Este hecho coloca al planeta a una distancia de tan sólo 7 millones de kilómetros de la estrella, es decir, casi ocho veces más cerca de lo que está Mercurio del Sol. La verdad es que se trata de una situación muy anómala y que escapa a los modelos teóricos desarrollados por los astrónomos con respecto a la formación de los sistemas planetarios, que tienden a negar que planetas de las dimensiones de Júpiter puedan formarse en las proximidades de la estrella central; si acaso, aceptan que se generen planetas de tipo terrestre, por supuesto más pequeños. Si esas mediciones ya corroboradas por otras investigaciones se fundamentan, habría que reconsiderar todas las teorías admitidas hasta ahora sobre la formación de los sistemas planetarios en general y quizás también sobre la formación el Sistema Solar.

Y esto es sólo el principio. Desde 1996 hasta hoy se han identificado, por distintos equipos de trabajo, por lo menos unos quince casos de estrellas *sospechosas* de tener planetas: 70 Virginis, 47 Ursae Majoris, Ro Cancri, Tau Bootis, Lalande 21185, entre otras.

El futuro

Todavía estamos lejos de poder observar de verdad los planetas de otras estrellas; sin embargo, en estos últimos años se han dado pasos de gigante en este terreno. Es razonable pensar que dentro de veinte años ya tengamos noticias fehacientes sobre la existencia de sistemas planetarios semejantes al nuestro y puede que consigamos verlos directamente con poderosos telescopios actualmente desconocidos. En este punto será interesante descubrir si hay planetas semejantes a la Tierra, y en caso afirmativo, si hay vida en ellos.

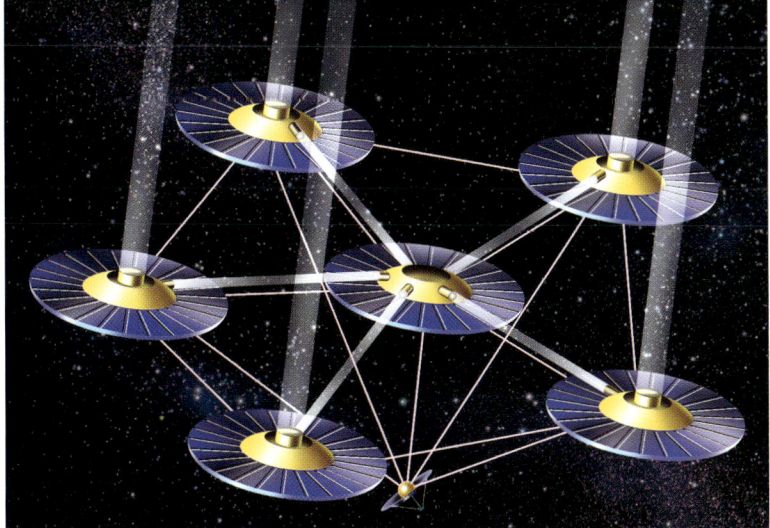

Telescopios futuros
Composición artística de los seis telescopios del proyecto Darwin para situarlos en órbita a unas 5 UA del Sol, entre Marte y Júpiter.

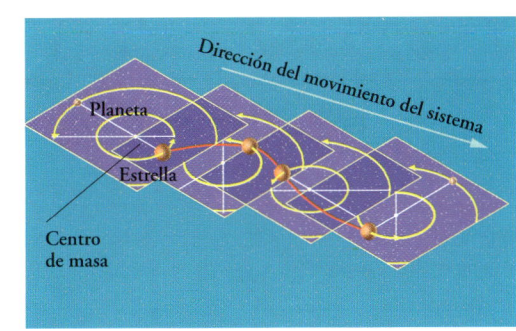

Un movimiento ondular
Esquema del movimiento del centro de la masa de un sistema en el que está presente un planeta en órbita alrededor de una estrella.

Estrellas y galaxias

Vuelven a lo alto al quemarse las fábulas.
Al primer viento, caerán con las hojas.
Pues venga otro suspiro,
Y retornará un nuevo resplandor.

(Giuseppe Ungaretti, *Estrellas*)

La segunda parte de este libro se ocupa de todo lo que está fuera del Sistema Solar.

Se cruzarán dos grandes espacios: el primero es nuestra galaxia, la Vía Láctea, que engloba más de cientos de miles de millones de estrellas, una de ellas es nuestro Sol, con su corte de planetas. Hay estrellas calientes y estrellas frías, estrellas solitarias y sociedades de estrellas, y además otro tipo de objetos: las nebulosas difusas, las planetarias y los restos de supernovas.

El segundo espacio, más alejado, es el Universo extragaláctico, habitado por centenares de miles de millones de galaxias, algunas parecidas a la nuestra y otras muy diferentes. Desde las galaxias cercanas al Grupo Local se llega enseguida a los confines del Universo conocido, donde los grandes telescopios nos muestran las madejas de galaxias y los misteriosos cúmulos galácticos activos.

Un Universo-isla
Si pudiéramos mirar la Vía Láctea desde fuera, veríamos probablemente un panorama bastante parecido al que se ve en la ilustración. Un pequeño Universo de cien mil millones de estrellas; un Universo-isla, como solía decirse en el siglo XIX.

Los nombres de las estrellas y de las constelaciones

Desde siempre, el ser humano se siente en la obligación de dar un nombre a cualquier cosa que le entra por los sentidos; los cuerpos celestes no se han escapado a esta ley.

Los primeros objetos que recibieron un nombre fueron los astros más visibles, después llegaron los más pequeños.

La astronomía nació ante la necesidad de establecer con precisión los periodos del inicio y del final de las estaciones, dato de gran utilidad para programar las actividades productivas agrícolas: el baile regular de las constelaciones en el cielo proporcionó un extraordinario *reloj anual*, y no sorprende que hayan sido pueblos fundamentalmente agrícolas, como los egipcios y los caldeos, los primeros en ocuparse del estudio sistemático del cielo. La identificación de determinadas estrellas al salir y ponerse el Sol ha sido de gran ayuda en la determinación exacta del inicio y final de las estaciones. Por lo tanto, la identificación de algunas estrellas con nombres propios permitía tener una referencia concreta en los informes oficiales.

Los nombres propios de las estrellas

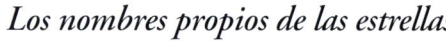

El nombre propio de muchas estrellas procede de la posición que ocupan en su constelación: por ejemplo, Cisne Deneb, que significa «la cola del

Constelaciones abandonadas
El abad francés Lacaille dividió, en el siglo XVIII, la constelación Nave de Argos en cuatro más pequeñas: Quilla, Popa, Velas y Brújula.

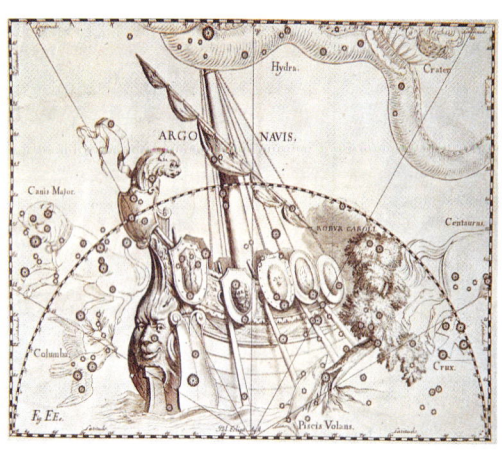

cisne», se encuentra donde se supone que está la cola del cisne celeste. Los nombres de otras están relacionados con particularidades varias. Es el caso de Regulus, en la constelación de Leo, llamada así porque está muy cerca de la eclíptica, posición que le da una cierta importancia, de ahí el nombre de *reyecito*.

Otro ejemplo puede ser el de la estrella Ómicron en la constelación de la Ballena, más conocida como Mira, en latín 'maravilla', debido a su característica de cambiar la propia luminosidad hasta el punto de hacerse invisible durante mucho tiempo.

La mayoría de los nombres de las estrellas se pusieron en la Antigüedad, de ahí que casi todas tengan nombres griegos o latinos y, con mucha frecuencia árabes; sin embargo, no es el caso de Mira, nombre que le fue atribuido por Johannes Hevelius hacia la mitad del siglo XVII.

Aportación árabe

El pueblo árabe fue un gran conocedor del cielo, y gracias a sus trabajos, gran parte de la cultura clásica, especialmente la de la antigua

Constelaciones de la Antigüedad
Una de las representaciones más antiguas del cielo es la estatua conocida como Atlas Farnese, copia romana del siglo II d.C. de un modelo griego. El héroe Atlas sostiene la esfera celeste sobre sus hombros.

Grecia, consiguió salvarse durante la Edad Media y ser *redescubierta* por el mundo occidental durante el Renacimiento. Entre las obras estudiadas por los árabes se encontraba el *Almagesto* de Ptolomeo. El origen árabe de muchos nombres procede precisamente de este proceso un poco tortuoso, la verdad: traducción al árabe de la obra del gran astrónomo griego con los correspondientes nombres e indicaciones sobre las posiciones de las estrellas en las constelaciones. Cuando el *Almagesto* llegó a manos de los científicos occidentales, tuvieron que retraducirlo de nuevo y dejaron muchos nombres de las estrellas en árabe y otros griegos con dicción árabe. Así, por ejemplo, la estrella que en un principio llevaba el nombre del lugar que ocupaba el pie del centauro, hoy se la conoce como Rigel.

La obra de Bayer y de Flamsteed

Sólo en época reciente se ha sentido la necesidad de dar un nombre a cada estrella, por lo menos a las visibles. Gracias a Johann Bayer (1572-1625),

Hiparco de Nicea
Hiparco (190-120 a.C.) representado mientras escruta el cielo utilizando un tubo que le servía para aislar una estrella. En su obra se inspiró Ptolomeo para realizar su Almagesto.

El cielo del Renacimiento
Grabado de Durero de 1515. Representa las constelaciones del hemisferio norte, incluidas las zodiacales. También están representadas las estrellas más brillantes.

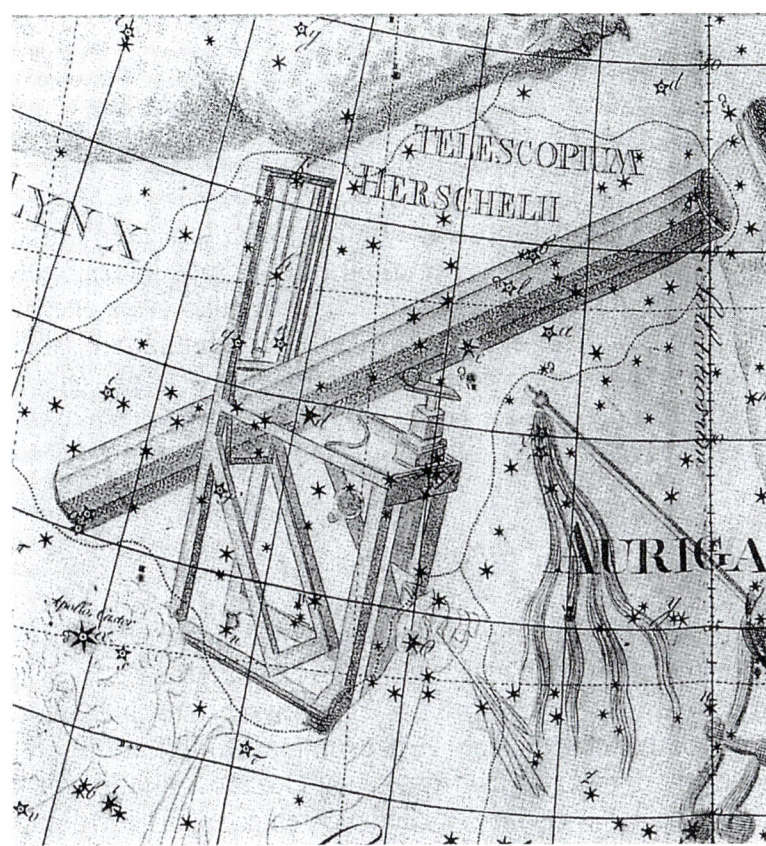

Constelaciones abandonadas
A la constelación Telescopio de Herschel hoy nadie la llama así. El mismo fin han tenido otras constelaciones, como La Encina del Rey Jorge o la Nave de Argos, que se han dividido.

se fijó un criterio para nombrar todas las estrellas del firmamento: Bayer indicó con la primera letra del alfabeto griego, alfa, la estrella más brillante de cualquier constelación, seguida del genitivo latino de la constelación correspondiente: la estrella más luminosa de Leo es, por tanto, Alfa Leonis (Alfa de Leo); la segunda más brillante recibirá el nombre de la segunda letra del alfabeto griego, es decir, beta, con el genitivo de la constelación, y así sucesivamente. Naturalmente, de esta manera no se podía dar un nombre a todas las estrellas, pues muchas constelaciones, a simple vista, tienen más estrellas que letras el alfabeto griego. Pero una vez concluido éste, Bayer proponía seguir con el abecedario latino.

John Flamsteed (1646-1719) resolvió el problema dándole a cada estrella un número, seguido del genitivo de la constelación; dentro de cada constelación lleva el número 1 la estrella con ascensión recta más baja, la 2 la siguiente y así sucesivamente hasta llegar a la última estrella. No se trata, pues, de una escala basada en la luminosidad, sino en un orden de derecha a izquierda con respecto a quien mira el cielo.

Con la revisión de los límites de las constelaciones, actualizada en la primera mitad del siglo XX por la Unión Astronómica Internacional, algunas estrellas que se atribuían a una constelación ahora están en otra cercana. Por convención, todavía se mantienen los nombres históricos: así la 10 Ursae Majoris, que como sugiere el nombre antiguo formaba parte de la constelación de la Osa Mayor, ahora pertenece al Lince.

UNA CURIOSA COINCIDENCIA

Naturalmente, lo que es verdad para las constelaciones vistas desde la cultura occidental o del Próximo Oriente, no lo es en otras partes del mundo, ya sea en China o en América. Los pueblos que vivieron en esas regiones han identificado a las constelaciones con otros nombres.

Sin embargo, hay un caso curioso y es el de la Osa Mayor. Esta constelación ha sido identificada como una osa, a pesar de su cola desproporcionada, tanto en la antigua Grecia como en América del Norte.

Por supuesto que de aquí no se puede deducir que las dos culturas antiguas hayan estado en contacto, pero la anécdota queda ahí.

Los nombres de las estrellas variables

El descubrimiento de estrellas que no tenían un brillo constante, sino variable más o menos regular, ha impuesto una nomenclatura que permite distinguir estos astros raros de los normales.

Así, se ha decidido llamar con letras latinas mayúsculas, seguidas del genitivo de la constelación correspondiente, a las estrellas variables. Sin embargo, la primera estrella variable descubierta en una constelación no fue designada con la letra A, sino con la R, la segunda con la S y así sucesivamente. La A no fue utilizada hasta después de la Z. Una vez que se hubieron utilizado todas las letras del abecedario, se empezó de nuevo con RR, seguida de RS y así otra serie. Por poner un ejemplo: R Leonis es la primera estrella variable descubierta en Leo.

Los modernos catálogos estelares

El uso del telescopio ha hecho que se necesite una identificación para todas las estrellas observables con estos instrumentos poderosísimos.

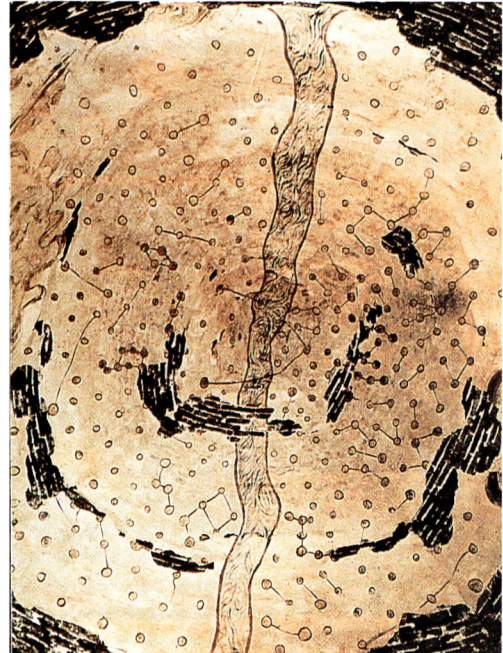

Las observaciones de los chinos
Un antiguo mapa celeste chino con la estela de la Vía Láctea en el centro. Los chinos han dejado numerosos testimonios de sus observaciones que todavía hoy son de gran utilidad.

Se han realizado catálogos que incluyen todas las estrellas visibles hasta una determinada magnitud. A esta serie pertenecen los catálogos conocidos con las siglas HD y SAO.
En ellos, a cada estrella se la identifica con la sigla del catálogo seguida de un número: por ejemplo, la compañera visible de Cisne X-1 es la estrella HD 226868.
Aunque esta nomenclatura es menos fascinante que nombres como Antares (el rival de Marte) o Fomalhaut (Boca del Pez), desde un punto de vista científico es mucho más precisa.

formado por agrupaciones de estrellas y, muy probablemente, coincidirán en pocos casos con las oficiales.
Es una cosa divertida que cada cual puede probar por juego, aunque, en realidad, era la metodología que seguían los antiguos astrónomos cuando escrutaban el cielo para establecer periodicidades o extraer presagios de futuro. La necesidad de recurrir a un sistema de referencia trajo como consecuencia las constelaciones, que en muchos casos se codificaron en épocas muy lejanas. Otra posible razón para establecer constelaciones pudo ser el deseo innato de humanizar cualquier espacio, poblándolo de cosas y de nombres comunes y conocidos para hacerlo más familiar. Naturalmente este proceso no ha afectado a todas las estrellas del firmamento, sino sólo a las más visibles desde las latitudes en las que vivían los que las observaban y que fueron los responsables de la creación de las primeras constelaciones.

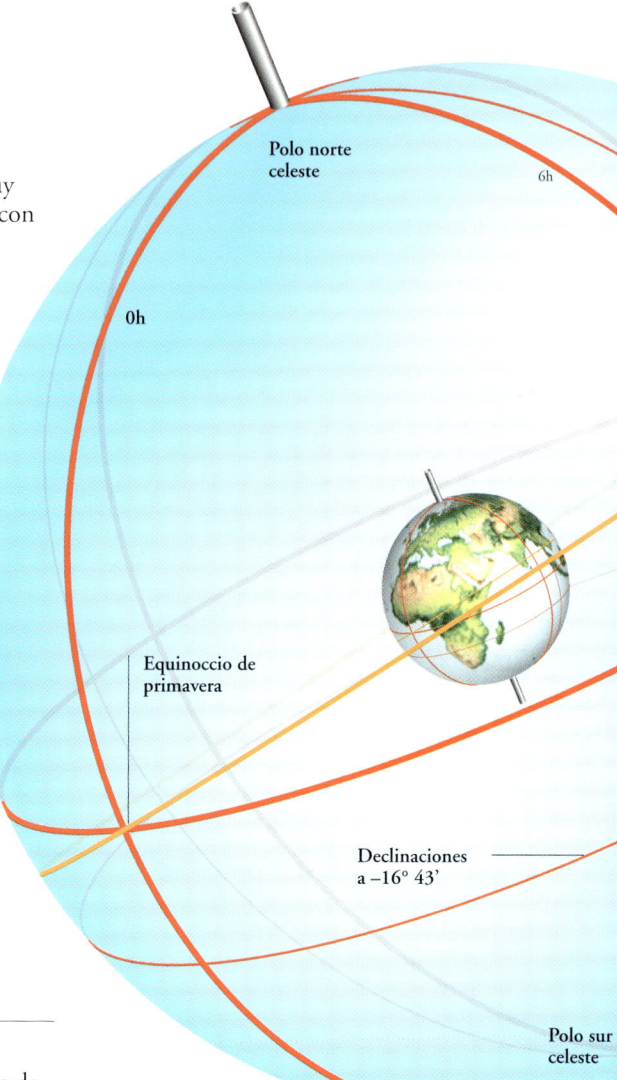

Las constelaciones

Si miramos el cielo a simple vista en una noche clara, lejos de las luces de la ciudad, se puede ver una gran cantidad de astros que brillan con diferente luminosidad. Casi sin darnos cuenta, nuestros ojos empezarán a asociar al menos las más brillantes por grupos; involuntariamente, crearemos nuestro propio sistema de constelaciones

América Central: los mayas
Los códices mayas nos permiten reconstruir, por lo menos parcialmente, la geografía del cielo ideada por este pueblo. Los mayas, sin embargo, no han dejado ningún mapa celeste.

Las constelaciones históricas

Las primeras denominaciones de las constelaciones parece ser que se pusieron en la antigua Grecia; las primeras noticias fehacientes de agrupaciones de estrellas se remontan a esta cultura, aunque otros pueblos que vivieron en Mesopotamia en épocas anteriores trazaron la primera codificación.
Arato, que vivió en el siglo III a.C., fue el primero en hablar de constelaciones, aunque las que él describe no se encuentran en la bóveda celeste observable desde su latitud. Con toda probabilidad, las constelaciones de las que habla Arato fueron introducidas un par de milenios antes por un pueblo que vivió cerca de la latitud 35° N. En ese periodo, la única cultura que se desarrolló en esa latitud fue la acadia, que estuvo en Mesopotamia; a esta población, por lo tanto, hay que atribuirle la primera clasificación celeste que dio lugar a las constelaciones

Coordenadas celestes
Una representación esquemática de las coordenadas celestes (ascensión recta y declinación) utilizadas normalmente para determinar con precisión las posiciones de los objetos del cielo.

utilizadas por los griegos.
Algunas tablillas mesopotámicas que recogen las constelaciones de Arato parecen confirmar la exactitud de esta afirmación.
Las constelaciones acádicas estaban relacionadas con las figuras de la mitología local y no fue hasta bastante más tarde cuando tomaron otros nombres de la cultura minoica, presente en el Mediterráneo oriental. En este tránsito de un pueblo a otro se produjo la sustitución de los nombres y de los personajes ligados a estas constelaciones hasta alcanzar la fusión con las leyendas de la mitología clásica.
Algunas constelaciones representan auténticas familias celestes. Un ejemplo evidente en este sentido es el formado por Casiopea, Cefeo, Andrómeda, Pegaso, Perseo y la Ballena, ya que todas tienen que ver con el mito del salvamento de Andrómeda por parte de Perseo.

La función de crear tales parentelas era la de hacer más fácil la memorización de los cambios de las constelaciones en la esfera celeste, por eso se agrupaban en una misma familia constelaciones que estaban en la misma región del cielo.

Existe además el caso de las constelaciones de Capricornio, Acuario, Piscis y Ballena, que si bien todo el grupo no forma parte de un mito común, en cambio todas las constelaciones están relacionadas con el agua.

No se trata de una casualidad, sino del hecho que estas constelaciones ocupan la región del cielo que antiguamente era conocida con el nombre de Aguas Celestes, cosa verosímil porque el Sol visitaba estas zonas de la bóveda celeste en la estación de las lluvias en las latitudes de los pueblos que crearon estos agrupamientos.

Constelaciones de otros pueblos

Como ya se ha dicho, el proceso por el que se llega a la determinación de constelaciones no es unívoco; por tanto, otros pueblos pueden crear otras. Esto es precisamente lo que ha pasado, por ejemplo, con los chinos. El cielo chino tiene más constelaciones que el nuestro, casi más de doscientas. Esto procede del hecho de que los chinos consideran también astros de dimensiones más pequeñas que no se han tenido en cuenta en el mundo occidental. Por lo tanto, los nombres son más, diferentes y, por lo general, tienen que ver con la personalidad del Imperio Celeste y no sólo con animales verdaderos o fantásticos.

Las constelaciones modernas

La parte del cielo que se puede observar en latitudes más meridionales a las que vivieron los primeros que dieron nombres a las constelaciones empezó a observarse con los primeros viajes por mar, hacia finales de la Edad Media. Entonces aparecieron nuevas constelaciones. El abad francés Nicolas-Louis de Lacaille fue el astrónomo que más contribuyó a la creación de nuevos asterismos. Introdujo catorce nuevas constelaciones, entre ellas Hornillo, Pitón, Escultor, Máquina Neumática, Microscopio y Telescopio. Con toda probabilidad su propósito era enaltecer los logros del ingenio humano.

Antes, otros astrónomos también habían dado vida a nuevas constelaciones en el hemisferio boreal, como por ejemplo Paloma y Unicornio, introducidas y descritas por el holandés Plancius.

Si pocas son las posibilidades de reconocer en las constelaciones más antiguas las formas de las figuras a las que están asociadas, tal empresa es ya imposible con las constelaciones modernas, pues además la mayoría está formada por estrellas tan poco luminosas que prácticamente su inclusión sirve para llenar los huecos entre otros asterismos.

Constelaciones abandonadas

El proceso de creación de las constelaciones no fue algo sencillo, como podría pensarse: las constelaciones hoy conocidas son el resultado de un proceso que ha durado siglos y que ha llevado al abandono de muchos asterismos caídos en desuso o nunca utilizados.

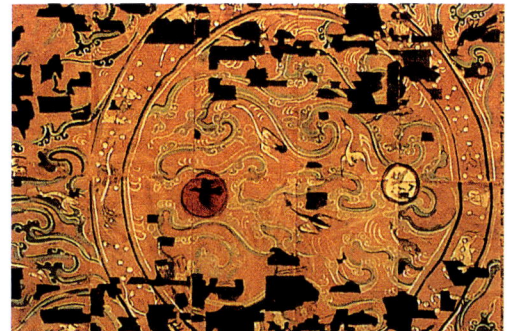

Mapa celeste chino
Los mapas chinos, que se consideran entre las representaciones más antiguas de la esfera celeste, representan a los astros sin diferenciar su brillo.

Muchas constelaciones propuestas por varios astrónomos nunca fueron aceptadas por la comunidad científica. A menudo se quería rendir un homenaje al propio soberano, como ocurrió con la Encina de Jorge, inventada por Edmund Halley en honor al rey Jorge II. Otras, en cambio, aunque procedían de la Antigüedad, cayeron en desuso, como la constelación Nave de Argos, subdividida en cuatro más pequeñas: Quilla, Popa, Velas y Brújula, tal vez porque al ser demasiado grande era poco práctica como punto de referencia y, además, era más voluminosa que las demás.

El mundo de las constelaciones ha cambiado a lo largo del tiempo. En el siglo XX, con el fin de no caer de nuevo en el error y evitar confusiones, se quiso de una vez por todas fijar su número, sus nombres y sus límites. Fue en 1930 cuando la Unión Astronómica Internacional fijó las 88 constelaciones que hoy se pueden observar en los atlas astronómicos.

Los observatorios modernos
En la actualidad para observar el cielo hay que instalar los telescopios en lugares alejados de luces artificiales y que tengan condiciones meteorológicas favorables, como los Andes, Canarias o Hawai.

Antigua Mesopotamia
Los pueblos de Mesopotamia, mucho antes que los mediterráneos, nombraron muchas de las constelaciones que todavía hoy pueblan el cielo.

Características de las estrellas

Si se mira el cielo, aun sin ningún instrumento, se puede distinguir la característica más evidente de las estrellas, es decir, su brillo. Hay estrellas muy luminosas y las hay más débiles; las visibles a simple vista, en condiciones atmosféricas óptimas, son 6.000. Unos prismáticos o un telescopio abren un escenario indeterminado y permiten ver millones de estrellas tanto de la Vía Láctea como de galaxias externas.

Ptolomeo y el Almagesto

El primer intento de catalogar las estrellas a partir de su luminosidad se debe al extraordinario astrónomo helenístico Hiparco de Nicea, en el siglo II a.C. Entre sus obras, casi todas perdidas, se encuentra un catálogo estelar con casi 850 estrellas especificadas por medio de sus coordenadas y su brillo. Los datos recogidos por Hiparco, que por otro lado fue el descubridor del fenómeno de la precisión de los equinoccios, fueron retomados y ampliados por Claudio Ptolomeo, que vivió en Alejandría de Egipto en el siglo II d.C. Su obra fundamental *Almagesto* consta de 13 libros en los que incluye y reordena toda la astronomía matemática antigua, exponiéndola de una manera clara y coherente. En esta monumental obra había también un catálogo estelar que aumentaba el de Hiparco, de cuatro siglos antes, en más de mil estrellas.

En el catálogo de Ptolomeo, que fue universalmente admitido durante más de mil años, las estrellas estaban divididas en seis clases: las más brillantes fueron llamadas de primera magnitud (o de primera grandeza), las que eran un poco más débiles eran de segunda, y así hasta llegar a las apenas perceptibles a simple vista, que se las clasificaba con magnitud 6. El término

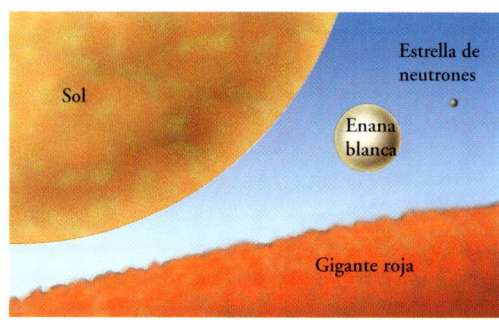

Comparación de dimensiones
Una gigante roja, semejante a nuestro Sol (1,5 millones de kilómetros de diámetro), puede ser incluso cien veces más grande; una enana blanca, en cambio, puede llegar a ser cien veces más pequeña.

magnitud se utiliza hoy para indicar la luminosidad de los objetos celestes, no sólo de las estrellas sino también de las nebulosas o las galaxias.

Las magnitudes modernas

Hacia la mitad del siglo XIX, el astrónomo inglés Norman Pogson perfeccionó el método de clasificación de las estrellas por su luminosidad, característica ya utilizada por Hiparco y Ptolomeo. Como entre una clase y otra había una diferencia de brillo de casi dos veces y media (por ejemplo, una estrella de la tercera magnitud tiene un brillo 2,5 superior a una de cuarta), Pogson introdujo una nueva convención a partir de la cual entre una estrella de primera y una de sexta, es decir, entre dos estrellas separadas por cinco magnitudes, existe una relación luminosa de 100 a 1. De tal modo la relación del brillo entre una clase de estrellas y otra pasaba de 2,512 a 1, un número que multiplicado cinco veces por sí mismo nos da el resultado exacto de 100. Este sistema permitía mantener la escala antigua, pero dándole mayor rigor matemático. Como estrella de referencia se tomó al principio la Estrella Polar, a la que la convención atribuyó la magnitud 2,12, con el fin de respetar al máximo las magnitudes introducidas por Ptolomeo; después, cuando se comprobó que la Estrella Polar era una variable, se buscaron otras características de brillo estable. Con el paso del tiempo y con el perfeccionamiento de la tecnología instrumental se pudieron medir luminosidades muy precisas, del orden de una décima y después de una centésima de magnitud (por ejemplo, entre las estrellas brillantes, Deneb tiene una magnitud 1,25, Aldebarán, 0,85, Vega 0,04, y las estrellas más luminosas en esta escala presentan incluso magnitudes negativas: Sirio –1,47, Cánopo –0,72, Arturo –0,04).

Magnitudes relativas y absolutas

Las magnitudes medidas con instrumentos adecuados y aplicados a los telescopios (los fotómetros) indican la cantidad de luz que sale de una estrella y llega al observador situado en la Tierra. Esta luz tiene que recorrer obviamente la distancia que separa la estrella de la Tierra, y como es natural, cuanto más lejos esté la estrella más débil parecerá; por eso se habla de magnitudes relativas. Si todas las estrellas

Luces y distancias
La intensidad luminosa de una estrella disminuye inversamente al cuadrado de la distancia. Lo que significa que, si a una determinada distancia de la estrella un telescopio recoge una cierta cantidad de luz, al doble de distancia se necesitan cuatro telescopios del mismo tipo para recoger la misma luz.

> ### MAGNITUDES Y DISTANCIAS
>
> Existe una relación, matemáticamente muy sencilla pero importantísima para los cálculos astronómicos, que une la magnitud relativa *m*, la absoluta *M* y la distancia *d* de una estrella. Dicha relación se expresa con esta fórmula:
>
> $$m - M = -5 + 5\log(d).$$
>
> Se comprende muy bien que, dado que la magnitud relativa es muy fácil de medir con un fotómetro, si se conoce la distancia de una estrella se puede obtener su magnitud absoluta, es decir, su luminosidad intrínseca. Viceversa, si a través de especulaciones teóricas sobre el tipo de estrella se puede lanzar una hipótesis sobre la magnitud absoluta, también se puede obtener la distancia. ¡Esta relación es un instrumento formidable en manos de los astrónomos y astrónomas!

CARACTERÍSTICAS DE LAS ESTRELLAS

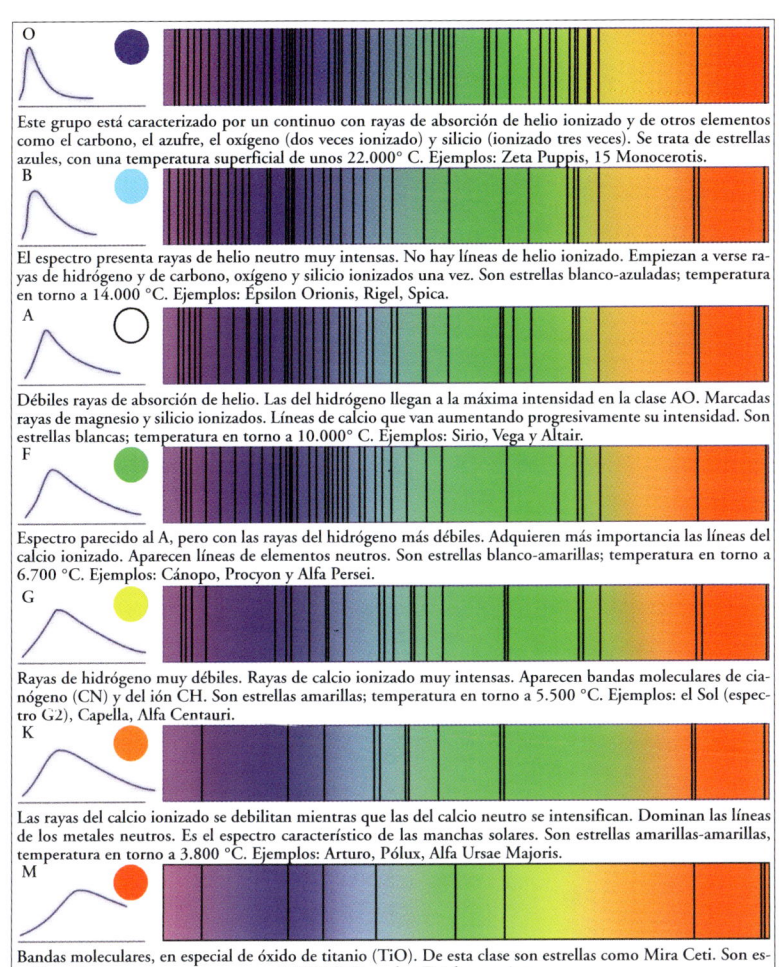

O
Este grupo está caracterizado por un continuo con rayas de absorción de helio ionizado y de otros elementos como el carbono, el azufre, el oxígeno (dos veces ionizado) y silicio (ionizado tres veces). Se trata de estrellas azules, con una temperatura superficial de unos 22.000° C. Ejemplos: Zeta Puppis, 15 Monocerotis.

B
El espectro presenta rayas de helio neutro muy intensas. No hay líneas de helio ionizado. Empiezan a verse rayas de hidrógeno y de carbono, oxígeno y silicio ionizados una vez. Son estrellas blanco-azuladas; temperatura en torno a 14.000 °C. Ejemplos: Épsilon Orionis, Rigel, Spica.

A
Débiles rayas de absorción de helio. Las del hidrógeno llegan a la máxima intensidad en la clase A0. Marcadas rayas de magnesio y silicio ionizados. Líneas de calcio que van aumentando progresivamente su intensidad. Son estrellas blancas; temperatura en torno a 10.000° C. Ejemplos: Sirio, Vega y Altair.

F
Espectro parecido al A, pero con las rayas del hidrógeno más débiles. Adquieren más importancia las líneas del calcio ionizado. Aparecen líneas de elementos neutros. Son estrellas blanco-amarillas; temperatura en torno a 6.700 °C. Ejemplos: Cánopo, Procyon y Alfa Persei.

G
Rayas de hidrógeno muy débiles. Rayas de calcio ionizado muy intensas. Aparecen bandas moleculares de cianógeno (CN) y del ión CH. Son estrellas amarillas; temperatura en torno a 5.500 °C. Ejemplos: el Sol (espectro G2), Capella, Alfa Centauri.

K
Las rayas del calcio ionizado se debilitan mientras que las del calcio neutro se intensifican. Dominan las líneas de los metales neutros. Es el espectro característico de las manchas solares. Son estrellas amarillas-amarillas, temperatura en torno a 3.800 °C. Ejemplos: Arturo, Pólux, Alfa Ursae Majoris.

M
Bandas moleculares, en especial de óxido de titanio (TiO). De esta clase son estrellas como Mira Ceti. Son estrellas rojizas; temperatura en torno a 1.800 °C. Ejemplos: Betelgeuse, Antares.

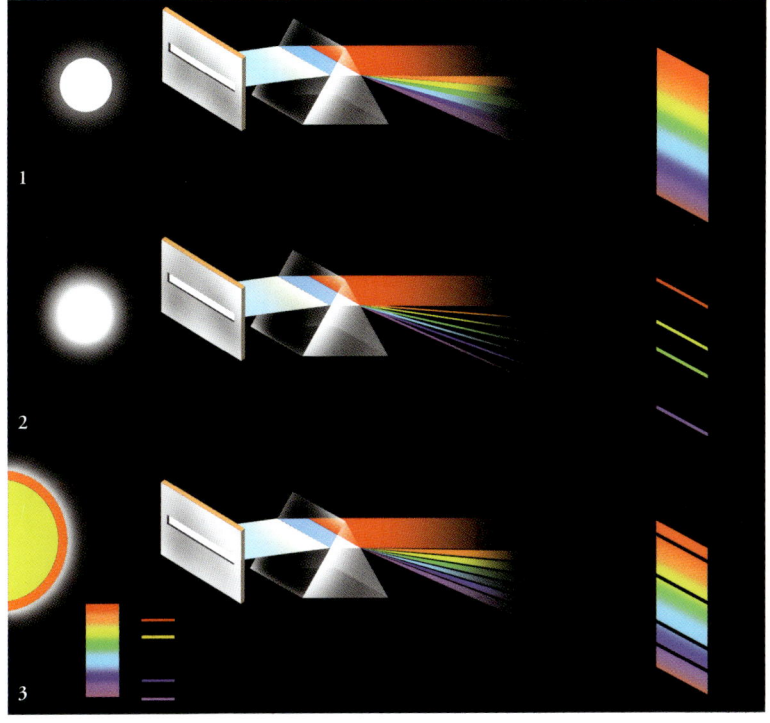

Los espectros
Los tres tipos de espectro: continuo (1, sin rayas); de emisión (2, con líneas brillantes sobre fondo oscuro); de absorción (3, con rayas negras).

Los colores de las estrellas

El color de una estrella vine determinado por la longitud de onda que, en el espectro electromagnético, presenta el máximo de su emisión. Ésta, a su vez, depende de la temperatura superficial de la estrella.

fueran iguales, al medir su magnitud de esta manera se obtendría también la distancia de la estrella. Pero no es así, pues hay unas estrellas muy brillantes y otras muy débiles. Para poder comparar la luminosidad de las estrellas, independientemente de su distancia de la Tierra, se ha introducido la magnitud absoluta. Corresponde al brillo que una estrella tendría si estuviera situada a una distancia convencionalmente estándar y fijada en 10 pársec (1 pársec = 3,26 a.l.). Como la luz se debilita con la distancia, para saber la magnitud absoluta de una estrella hay que conocer con exactitud su distancia de la Tierra.

Estrellas de colores

Otra característica fundamental de las estrellas es su color. A simple vista, si se mira con atención al cielo se ve que algunas estrellas tienen un color diferente al blanco de la mayoría. Hay estrellas amarillas, azules, naranjas, rojas. El color de una estrella es una información fundamental, pues indica la temperatura de la superficie del astro. Las estrellas rojas son las más frías, con una temperatura superficial de 2.000-3.000 grados; las amarillas, como el Sol, tienen una temperatura intermedia de 5.000-6.000 grados y las blancas y azules son las más calientes y llegan a 50.000-60.000 grados. Por supuesto que los núcleos de las estrellas tienen temperaturas más altas: ¡llegan hasta decenas de millones de grados!

Rayas misteriosas

Si se hace pasar la luz de una estrella por un prisma, es decir, por un dispositivo óptico que separa los colores, se obtiene el famoso espectro. Se le suele representar como una banda luminosa continua con los colores del arco iris, interrumpida por rayas oscuras. Estas líneas son los auténticos documentos de identidad de la estrella, pues revelan la composición química de sus estratos superficiales. Cada elemento químico tiene la propiedad de plasmarse en el espectro con una raya de una determinada anchura según su longitud de onda característica que siempre es igual; si se comparan las rayas obtenidas de una estrella con las de los elementos químicos conocidos, se determinan los componentes de la estrella. Las rayas principales son obviamente las relativas al hidrógeno y al helio, que son los principales constituyentes de las estrellas; pero a menudo hay también muchas líneas de elementos metálicos: calcio, sodio, hierro, y otros. En el espectro del Sol, extremadamente brillante y por lo tanto muy fácil de estudiar, se han visto rayas de prácticamente todos los elementos químicos.

LOS TIPOS ESPECTRALES

Las rayas visibles en el espectro de una estrella son una especie de huella digital que permite clasificar los astros por características similares. La clasificación espectral actual está formada por siete clases principales, designadas por las letras del abecedario O, B, A, F, G, K, M y que indican el orden de temperatura decreciente. La secuencia de estas siete clases se memoriza con la frase anglosajona: *Oh, Be A Fine Girl, Kiss Me!* (¡Oh, sé una buena chica, bésame!) cuyas letras iniciales de las palabras son las siete clases espectrales. Ejemplos de estrellas de los distintos tipos son:

O: Mintaka   G: Capella
B: Rigel   K: Aldebarán
A: Sirio   M: Betelgeuse
F: Procyon

Cómo nace una estrella

Las estrellas nacen cuando una nube interestelar, formada esencialmente por gases y polvo, se contrae por efecto de la fuerza gravitatoria. Con telescopios ópticos estas zonas aparecen como manchas oscuras que destacan sobre un fondo luminoso; se las conoce como *Núcleos gigantes de nubes moleculares*, ya que tienen hidrógeno en forma molecular. Estos sistemas, cuyo diámetro alcanza a veces los 300 años luz, son las estructuras con más masa de la galaxia junto con los cúmulos globulares. Para estudiar sus propiedades se usan grandes radiotelescopios, los únicos instrumentos capaces de recoger las débiles radiaciones de longitud de onda milimétricas procedentes de las nubes moleculares. Una región de formación de estrellas, bastante cercana al Sistema Solar, es la nebulosa de Orión, visible incluso a simple vista. La comunidad científica sostiene que las primeras galaxias se formaron porque la materia no estaba distribuida uniformemente en el interior del Universo en expansión, y después en su interior, conforme la materia se condensaba en nubes debido a la gravedad, se fueron formando poco a poco la estrellas.
Las estrellas más jóvenes, a las que se les llama *Poblaciones I*, se han formado a partir de los restos de las explosiones de las estrellas más viejas, las de la Población II. La explosión de una estrella produce una onda de choque que al entrar en colisión con una nebulosa vecina favorece su contracción.

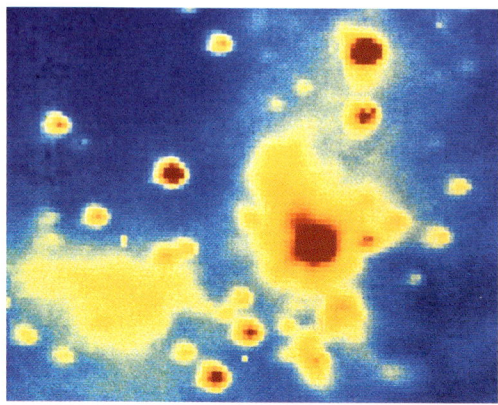

T-Tauri y polvo
Imagen en infrarrojos del núcleo Kleinmann Basso. Las estrellas jóvenes T-Tauri (en rojo) calientan el polvo que las rodea (amarillo), que emite radiaciones infrarrojas.

Los glóbulos de Bok

Mientras una parte de la nebulosa se condensa, empiezan a constituirse cúmulos de materia bajo forma de esferas oscuras y densas de gases y polvo: son los llamados *glóbulos de Bok*. El nombre se debe al astrónomo estadounidense de origen holandés que los señaló por primera vez, Bart Bok (1906-1983). Estos glóbulos tienen una masa casi 200 veces superior a la del Sol.
Mientras un glóbulo de Bok sigue condensándose, su masa crece atrayendo hacia sí una gran cantidad de materia cada vez mayor de las zonas que le rodean gracias a su fuerza de gravedad. Como el interior del glóbulo se condensa más deprisa que el exterior, éste empieza a calentarse y a dar vueltas sobre sí mismo. Después de algunos centenares de millares de años de contracciones se forma una protoestrella.

Evolución de una protoestrella

Gracias al aumento de masa, la gravedad hace que se condense cada vez más la materia del centro de la protoestrella. La energía liberada del gas que la sujeta en el interior se transforma en calor, y la presión, la densidad y la temperatura de la protoestrella aumentan. El aumento de la temperatura hace que la estrella brille con un color rojo oscuro.
La protoestrella es muy grande, y como la energía térmica se difunde por toda la superficie, esta última se queda relativamente fría. Sin embargo, en el núcleo, la temperatura crece hasta alcanzar millones de grados Celsius; la rotación se hace cada vez más rápida, de tal manera que su forma esférica perfecta empieza a cambiar achatándose. Este proceso dura millones de años. Las estrellas jóvenes son mucho más difíciles de verse, porque todavía están cubiertas de una nube de polvo oscura que no puede atravesarla la luz. Sin embargo, se pueden localizar con telescopios especiales de infrarrojos, ya que este polvo es transparente para esta radiación. El núcleo caliente de la protoestrella está rodeado de un disco rotante de una materia con capacidad de atracción cada vez mayor. El núcleo alcanza tanto calor que expulsa materia por los dos polos, en los que la resistencia es mínima. Los fragmentos expulsados, cuando es encuentran con el medio interestelar, se frenan y se dispersan lateralmente formando estructuras de gota o de arco conocidas como *objetos de Herbig-Haro*.

Discos en Orión
Una región de la nebulosa Orión, en la que hay discos protoplanetarios.

Pilares en el cielo
La nebulosa Águila muestra columnas de gas frío, pilares de formaciones estelares.

CÓMO NACE UNA ESTRELLA

De gas a estrella
Esquema de los tres estadios del proceso de formación de una estrella, proceso que dura decenas de millones de años.

los átomos de hidrógeno en helio. Así es como se activa entonces el *reactor nuclear* de la protoestrella, que se transforma en una auténtica estrella. Después se desencadena un gran viento estelar, que rompe la envoltura de polvo que le rodeaba, permitiendo así que vea la luz proveniente del astro que acaba de formarse. Este estadio toma el nombre de *fase T-Tauri* y puede durar hasta 30 millones de años. A partir de los restos de gases y polvo que hay alrededor de la estrella pueden surgir planetas.

La cobertura de una nueva estrella puede producir ondas de choque que atraviesen las nebulosas. Estas ondas hacen que se condense materia nueva y el proceso de formación estelar continúa a través de la nube entera de gases y polvo.

Las estrellas de dimensiones pequeñas son débiles y frías, mientras que las grandes son calientes muy brillantes. Durante la mayor parte de su

Asociación en infrarrojos
La onda infrarroja GGD27 vista por un telescopio de 2,1 m de diámetro, que muestra una asociación de estrellas jovencísimas cubiertas por una envoltura de polvo.

¿Estrella o planeta?

Cuando la temperatura de la superficie de la protoestrella ha llegado a miles de grados, lo que sucede después depende de la masa que tenga el objeto que se está formando: si su masa es pequeña, inferior al 10% de la del Sol, no producirá el suficiente calor como para desencadenar reacciones nucleares y no se transformará en una auténtica estrella.
Se calcula que la masa mínima necesaria para que un cuerpo en contracción se convierta en una estrella es de 0,08 veces la masa del Sol. Una nube de gas con menos masa seguirá condensándose por la acción de la gravedad, enfriándose gradualmente y convirtiéndose en una especie de objeto en transición entre una estrella y un planeta, cual es el caso de las *enanas blancas*.
El planeta Júpiter es un ejemplo de objeto demasiado pequeño como para convertirse en estrella. Si hubiese tenido más masa, puede que se hubiesen producido en su interior las reacciones nucleares y eso, junto a la acción del Sol, habría dado vida a un sistema de estrellas binario.

Las reacciones nucleares

Si la protoestrella tiene una masa suficiente sigue condensándose por el efecto de la gravedad. La presión y la temperatura en el núcleo crecen, alcanzando esta última los 10 millones de grados, suficientes para que se inicie la fusión de

Unas decenas de millones de años
Las estrellas que forman el núcleo abierto de las Pléyades son ejemplos de estrellas relativamente jóvenes, todavía cubiertas por la envoltura de gas del que se han formado.

vida, una estrella tiene que mantener un delicado equilibrio. La fuerza de la gravedad tiende a romperla y a reducir sus dimensiones, mientras que la energía producida en su interior tiende a dilatarla hacia afuera y hacerla cada vez más grande. En tanto que estas dos fuerzas se mantengan en equilibrio, la estrella permanece estable y se dice que se encuentra en la fase de su *secuencia principal*.

Estrellas variables

Según la concepción aristotélica, el Universo está poblado por cuerpos celestes que son eternos e inmutables en el tiempo. Esta concepción del Universo fue superada, gracias al empleo de los primeros anteojos, durante el siglo XVII.
Las observaciones realizadas en los siglos posteriores demostraron que en realidad los cuerpos celestes distan mucho de ser inmutables y que si lo parecían era sólo por la falta de material adecuado para observarlos. En realidad ya está admitido que la variabilidad sea una de las características comunes a todos los cuerpos estelares. La física ha demostrado que cada estrella a lo largo de su existencia pasa por diferentes fases evolutivas en el curso de las cuales sus características principales como el color y la luminosidad sufren tremendas transformaciones.
Naturalmente, estos cambios se dan en las magnitudes propias de la vida de una estrella, es decir, en decenas y centenas de millones de años, demasiados, pues, para que un ser humano pueda ser testigo de ello. Algunas clases de estrellas, sin embargo, muestran variaciones significativas de luz en tiempos muy cortos de sus periodos evolutivos, del orden de meses, días e incluso horas. Y estos cambios se pueden corroborar midiendo repetidas veces el flujo de una estrella durante varias noches sucesivas.

En el caso de una variación en el flujo debida al cambio de las condiciones atmosféricas se comprobará ese mismo efecto en todas las estrellas que se examine.
Una vez obtenidas las mediciones fiables, una manera eficaz para visualizar las eventuales variaciones de luminosidad de una estrella consiste en construir su *curva de luz*, un diagrama que muestre el cambio de su magnitud aparente en función del tiempo.

Las variables de núcleo
En los cúmulos globulares, el de al lado es NGC 5897, con frecuencia hay estrellas variables con características singulares, llamadas variables de núcleo, como RR Lyrae o W Virginis.

Variables intrínsecas y menos

Las estrellas que no tienen una magnitud constante reciben el nombre de variables. La variabilidad de algunas no es real, sino aparente. Se trata, la mayoría de las veces, de estrellas que forman parte de un sistema binario. En este caso, cuando el plano orbital del sistema está más o menos alineado con el punto de vista del observador, puede suceder que una de las dos estrellas quede eclipsada (tapada) por la compañera y que, por lo tanto, se vea menos brillante. En estos casos el fenómeno de variabilidad es periódico y se repite a intervalos parecidos al periodo orbital del sistema binario. A estas estrellas también se les llama *binarias eclipsantes*.
Existen además las *variables intrínsecas*, que son estrellas en las que las variaciones de

El problema de las mediciones

Ahora bien, esto no es tan sencillo como pudiera parecer. Hay que tener en cuenta que no se dan las mismas condiciones atmosféricas en observaciones seguidas, pues siempre hay algún cambio significativo, incluso en una misma noche. Por este motivo puede suceder que los valores del flujo relativo a una estrella ofrezcan diferencias sustanciales.
Es muy importante saber distinguir entre los cambios casuales del flujo verdadero, debidos al cambio de luminosidad intrínseca de la estrella, y los aparentes, debidos al cambio de las condiciones atmosféricas. Para ello basta con cotejar los flujos relativos de la estrella que se está observando con los de otras estrellas de referencia presentes en el campo del telescopio.

Cefeidas en Andrómeda
Dos imágenes de Cefeidas en la galaxia de Andrómeda (marcada con puntos) tomadas en días diferentes; se distinguen muy bien las variaciones de luminosidad de las estrellas.

ESTRELLAS VARIABLES

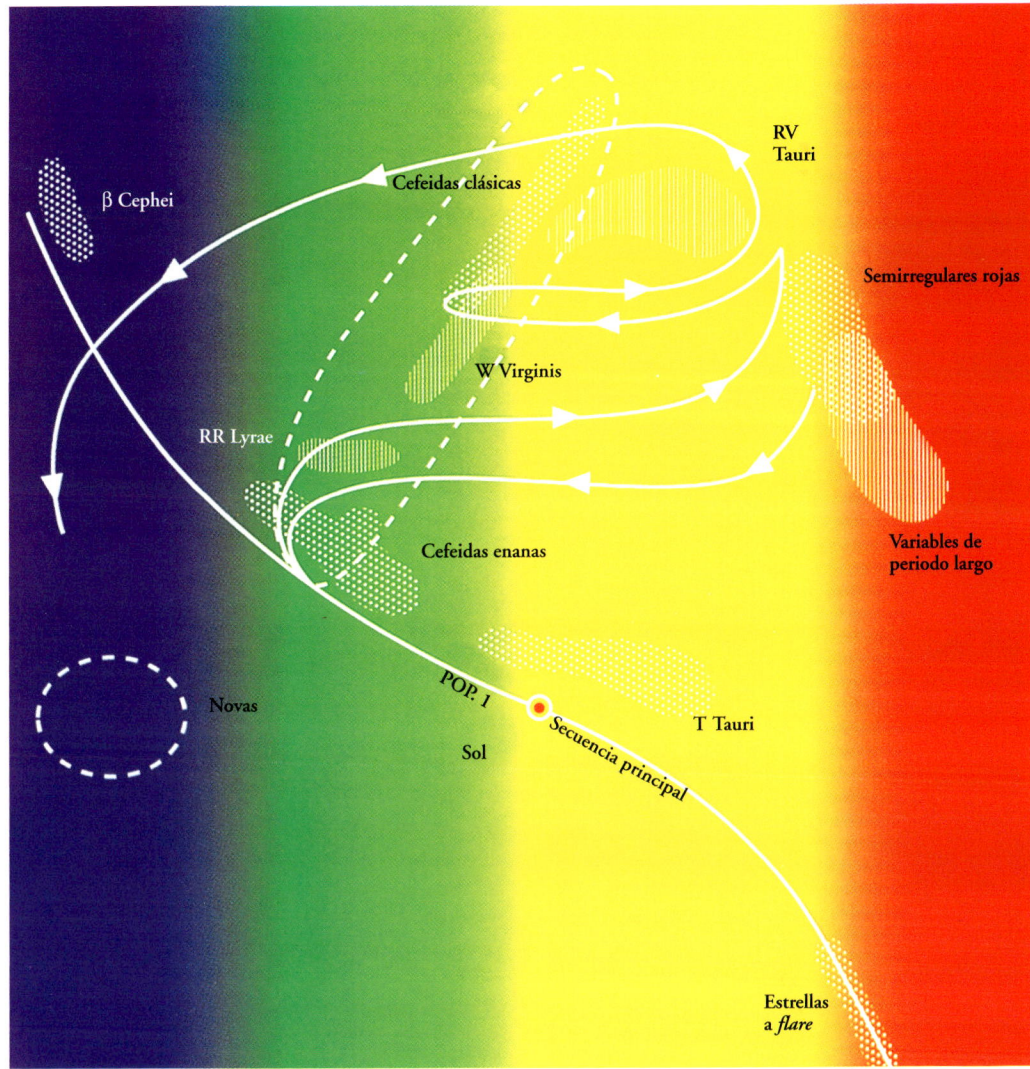

Variables en el diagrama H-R
Los distintos tipos de variables se sitúan en regiones diferentes del diagrama de Hertzsprung y Russell, aunque, por lo general, suelen estar fuera de la secuencia principal.

EL CALENDARIO JULIANO

Con el fin tener un cómputo continuo y correlativo, en astronomía, las fechas se expresan en días julianos.
En este sistema, que comenzó a usarse en el siglo XVI, el tiempo se mide en días, a partir del día 4.713 a.C.
Al revés del día solar, el día juliano, empieza a mediodía y no a medianoche. Por ejemplo, el 3 de agosto de 1996 corresponde al 2.450.299 en el calendario juliano.

Las Cefeidas

En otras estrellas, en cambio, la magnitud puede cambiar más regularmente y las oscilaciones observadas pueden incluso ser periódicas. Eso quiere decir que se repiten en el tiempo a intervalos más o menos regulares. En estos casos, obviamente, incluso la forma de la curva de la luz sigue el mismo camino periódico caracterizado por alternancias máximas y mínimas.
La diferencia de magnitud registra, entre cada máximo y mínimo sucesivos, una determinada longitud de curva de la luz, y el intervalo del tiempo entre dos máximos sucesivos define el periodo de variabilidad de la estrella. A las estrellas de este tipo se les llama *variables pulsantes*. La comparación entre las características de las curvas de luz de estas variables (forma, amplitud) y la longitud de sus periodos aporta otro criterio de subclasificación. Según este criterio, las estrellas variables se subdividen en diversas clases por su relación con una estrella prototipo, de las que cada una toma su nombre. Se habla así de estrellas Cefeidas, para indicar que la variación que las define tienen las características de Delta Cephei.
Aunque parezca un criterio bastante arbitrario, es el más sencillo del que se podía echar mano. Una subdivisión aparentemente más lógica de las estrellas variables, basada en su tipo espectral, no se podía aplicar porque de muchas no se conoce su espectro. Genéricamente, en el diagrama H-R se las sitúa en la región de las supergigantes.
La distinción entre los distintos tipos de estrellas variables, en realidad, es muy compleja porque, a su vez, cada clase se vuelve a subdividir en otras numerosas subclases.

luminosidad se deben a un cambio en los parámetros físicos, como por ejemplo su radio o temperatura. A lo largo de los años se han observado muchos tipos de estrellas variables: actualmente, en la Vía Láctea, hay catalogadas unas 30.000. El primer criterio de clasificación es subdividirlas en dos tipos diferentes en función de su variabilidad. En algunas estrellas se observan variaciones transitorias de magnitud que incluso pueden reproducirse en periodos irregulares. Éstas forman la clase de *variables eruptivas* o cataclísmicas como las novas y las supernovas. En las variables eruptivas las variaciones de luz están relacionadas con violentas erupciones provocadas por bruscas alteraciones en la estructura de la estrella que, según se produzcan en los estratos superficiales o internos, provocan su destrucción parcial (novas) o total (supernovas). Solamente en el caso de las novas estos fenómenos se repiten con el tiempo y, entonces, se habla de novas recurrentes.

Variaciones y pulsaciones
Curvas de luz y de velocidad radial de Delta Cephei. El máximo de brillo corresponde al mínimo de velocidad en dirección a la Tierra, es decir, a la expansión máxima.

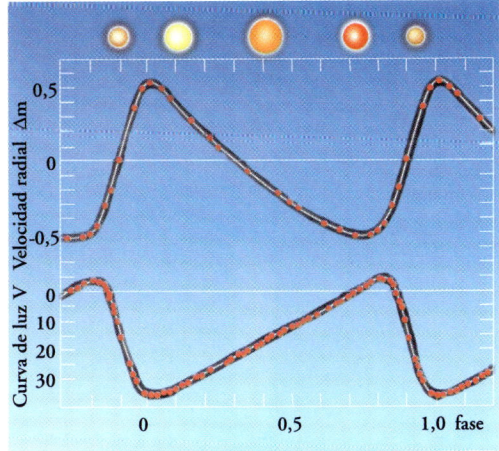

Estrellas dobles

En el panorama celeste, las estrellas no son cuerpos solitarios, sino que forman asociaciones, cúmulos con más o menos componentes. Pero, a veces, la relación que se da es todavía más estrecha. En muchos casos, incluso, las estrellas se acoplan formando lo que en astronomía se llaman estrellas dobles o binarias, en las que los cambios que se producen en una estrella influyen en la otra.

El descubrimiento

La existencia de estrellas dobles, como se les llama ahora, fue uno de los primeros descubrimientos que se hicieron con anteojos astronómicos. Una de las primeras binarias identificadas como tal fue Mizar, en la Osa Mayor, y lo consiguió el astrónomo italiano Riccioli. Dado el enorme número de estrellas en el Universo, automáticamente se dedujo que el caso de Mizar no sería el único: pronto se confirmó la hipótesis. En 1804, el gran astrónomo William Herschel sacó provecho de las observaciones realizadas durante más de 24 años al publicar un catálogo en el que se identificaba a casi 700 estrellas dobles.
De todas maneras, al principio no estaba claro si la pareja de estrellas observadas estaban unidas entre sí o si la asociación era producto de la perspectiva, sobre todo teniendo en cuenta que, en muchos casos, las estrellas de una pareja tenían distinto brillo, lo que hacía suponer que se encontraban a distancias diferentes. Para resolver la cuestión había que buscar la manera de medir las distancias de algunas de ellas utilizando el clásico método de la paralaje. Algunas observaciones las realizó el mismo Herschel. Sorprendentemente, el cambio de posición paraláctica de una estrella con respecto a otra no era el previsto. En lugar de una oscilación simétrica con periodos de seis meses, Herschel observó que cada estrella dejaba en el cielo un rastro más complejo, de forma elipsoidal. Dado que, según las leyes de la mecánica celeste, dos cuerpos unidos gravitacionalmente siguen una órbita elíptica, las observaciones de Herschel llevaban a la conclusión de que las estrellas dobles tenían que estar unidas físicamente y que, por lo tanto, constituían un sistema binario.

Clasificación de las estrellas dobles

Las estrellas dobles se subdividen en tres clases: binarias visuales, fotométricas o eclipsantes y espectroscópicas. Esta clasificación no se refiere a las diferencias intrínsecas particulares entre las distintas clases de estrellas, sino sólo al modo como se ha hecho la asociación.
Se llaman binarias visuales aquellas estrellas binarias reconocidas como tales por el movimiento de una con respecto al de la que se supone que es su compañera. Actualmente hay identificadas unas 70.000 dobles visuales, pero sólo del 1,1% de ellas se conoce con precisión su órbita. Esta escasez de datos no tiene por qué sorprendernos. Los periodos orbitales pueden ser del orden de algunas decenas de años por no decir siglos. Reconstruir su órbita supone reunir pacientemente sus posiciones, medidas durante bastantes decenios de observaciones varias.
En muchos casos, por desgracia, sólo se consigue una *cobertura* parcial de toda la órbita y el trozo que falta hay que deducirlo de los datos que se tengan. Puede suceder, además, que el plano orbital del sistema esté inclinado con respecto a la línea visual y que, por lo tanto, la órbita reconstruida de este modo es sólo aparente y hasta puede ser muy distinta de la real. De todas maneras, si la medición de la órbita aparente es bastante precisa, se puede llegar a la órbita real del sistema binario siguiendo las dos primeras leyes de Kepler.
Una vez fijada la órbita real, conociendo el periodo y la separación angular de las dos estrellas, se puede utilizar la tercera ley de Kepler para calcular la masa total de las dos estrellas una vez conocida su distancia.

Dobles y variables
Algol (en una imagen obtenida por ordenador) es el ejemplo más conocido de estrella doble que, dada la inclinación de su plano orbital, produce el fenómeno de una variable en eclipse.

Un vampiro sideral
Un caso concreto de sistemas dobles es el de las novas, en las que se produce un intercambio de materia entre las dos estrellas. La más sólida chupa gas a la otra, una gigante.

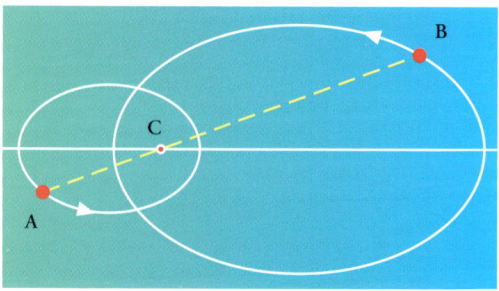

El centro de masa
Las dos estrellas A y B y el centro de masa C del sistema están siempre en la misma línea. La distancia de cada estrella a C es inversamente proporcional a su masa.

ESTRELLAS DOBLES

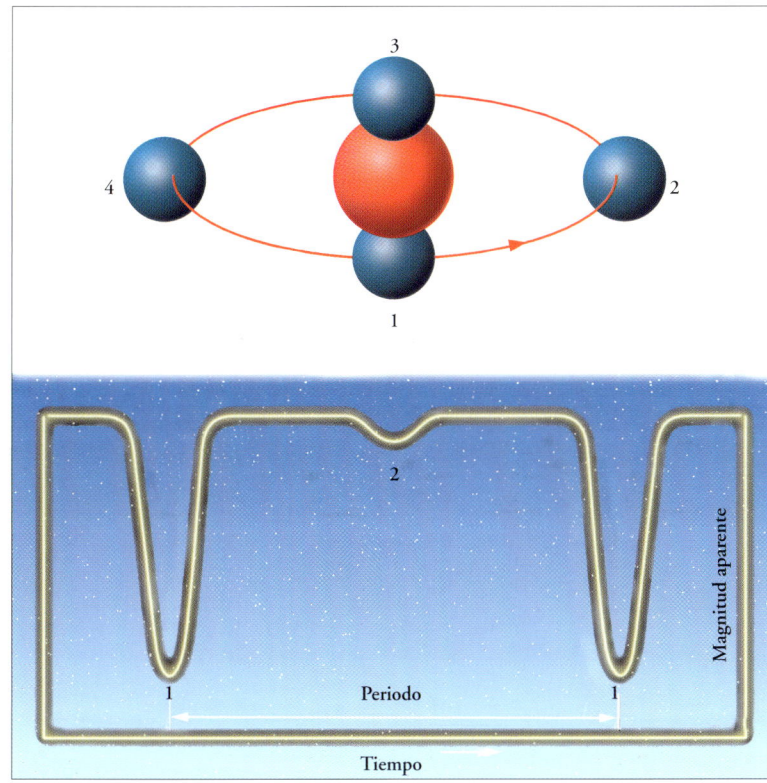

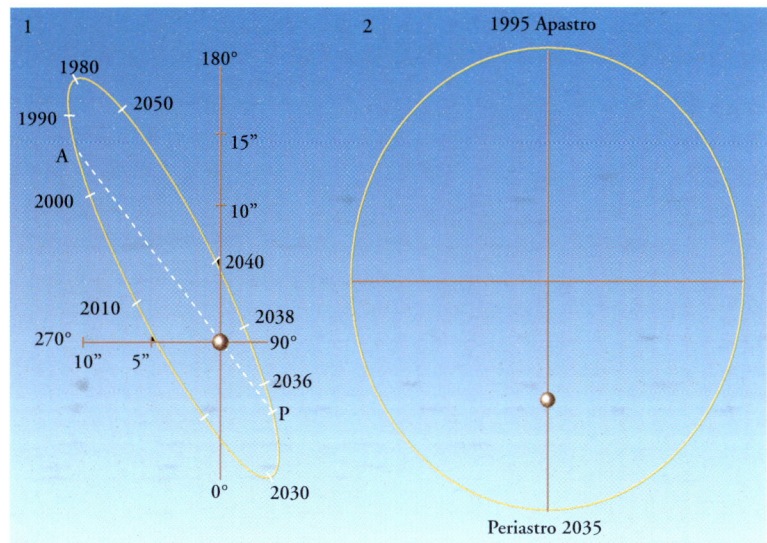

El sistema doble de Alfa Centauro
La órbita aparente de este sistema aparece mucho más inclinada que la real porque el plano orbital forma un ángulo de 11° con la línea visual (arriba).

Dos mínimos diferentes de luminosidad
La característica curva de luz de una variable eclipsante (a la izquierda) con un mínimo más profundo (1) y otro secundario (2).

Binarias fotométricas

Las binarias fotométricas son aquellas estrellas cuyo carácter binario se puede determinar exclusivamente sólo a través de las variaciones periódicas de luminosidad producida por los eclipses recíprocos de una estrella sobre la otra. Por ese motivo, a estas estrellas también se las conoce con el nombre de variables *eclipsantes*. Naturalmente, para que se produzcan los eclipses de una estrella con su compañera se necesita que el plano orbital esté de perfil con respecto a la línea visual. Cuanto más alineado con respecto al observador se encuentre el plano orbital, el eclipse será más total y, por lo tanto, mucho más marcada la diferencia de luz. Así que, al estudiar la curva de luz de una binaria eclipsante se puede medir la inclinación del plano orbital.
Por la curva de luz se puede incluso obtener el periodo orbital del sistema. Puesto que a lo largo de una órbita completa se producen dos eclipses, la curva de luz se caracterizará por la presencia de dos mínimos de intensidad. El intervalo de tiempo que pasa entre tres mínimos sucesivos de la curva de luz tiene que coincidir por lo tanto con el periodo orbital. Los periodos de las binarias fotométricas son mucho más breves que los de las binarias visuales: de unas horas a pocos días.

Una estrella destrozada
Fotografía de la estrella 12 Persei, obtenida con medios interferométricos, que muestra a las claras su carácter binario, porque la imagen de la estrella sí rompe en tres partes.

Binarias espectroscópicas

La espectroscopia estelar, por medio del efecto Doppler de las rayas espectrales, permite verificar si dos estrellas aparecen muy juntas porque existe proximidad entre ellas o por un simple error de perspectiva. Con esta técnica se pueden localizar estrellas binarias que están tan próximas que ni siquiera con telescopios potentes se las puede separar, como sucede con las binarias visuales. A estas binarias con la *firma* característica del efecto Doppler en los espectros suele llamárseles binarias espectroscópicas. Por supuesto que todas las binarias no son espectroscópicas. De hecho, con el fin de que el corrimiento Doppler de las rayas espectrales pueda verificarse, las dos estrellas tienen que alejarse y acercarse alternativamente en dirección radial, lo que implica que el plano orbital se oriente de una manera caractcrística. Cuando forma un ángulo

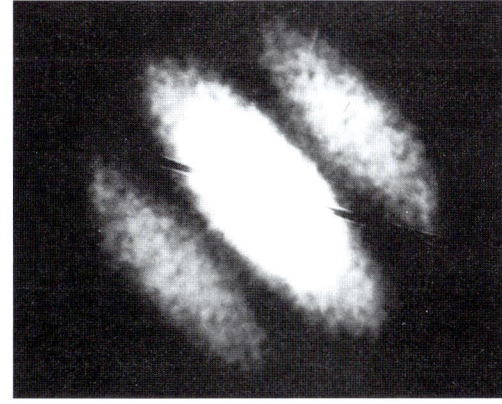

de 90° con respecto a la visual del observador, el sistema se ve *de canto* y las dos estrellas orbitan a la misma distancia del observador.

¿Cuántas binarias hay?

Las observaciones demuestran que las estrellas binarias son, por lo general, muy comunes en la Vía Láctea. Sin embargo, es muy difícil determinar el porcentaje de binarias y de simples. Haciendo un cálculo por encima, partiendo del número de estrellas binarias identificadas y del resto de la población estelar, parecería que las primeras tenían que estar en minoría. Y sin embargo, esa conclusión sería equivocada y fruto de lo que en astronomía se considera el *efecto selección*. Para afirmar rotundamente que una estrella es binaria tienen que estar muy claras sus características esenciales e identificarse fácilmente. Esto supone tener claras unas pautas muy severas en el momento de la observación. En el caso de las binarias visuales, por ejemplo, su separación angular no puede ser inferior a la capacidad resolutiva de los telescopios; por lo tanto, no tienen que estar muy lejos del observador. Análogamente, las binarias fotométricas y espectroscópicas tienen que ser lo suficientemente brillantes como para captar las oscilaciones de su flujo y medir con precisión la longitud de onda en las rayas espectrales.
La muestra de estrellas exploradas es demasiado pequeña.
Según los modelos teóricos hay que suponer que éstas estarían entre el 30% y el 70% de la población estelar completa.

Las novas

Las variables eruptivas o cataclísmicas son estrellas binarias formadas por una enana blanca y una estrella con secuencia principal, como el Sol, o de posfrecuencia, como una gigante roja. Las dos estrellas del sistema siguen órbitas muy cercanas, con periodos característicos de pocas horas. Su separación orbital, por lo tanto, es muy reducida, por lo que se influyen mutuamente, dando lugar a fenómenos espectaculares.

Emisiones ultravioletas y X

En las variables eruptivas, la enana blanca interactúa gravitatoriamente con su compañera, robándole los gases de sus estratos superficiales, los cuales al caer en su superficie la calienta hasta alcanzar temperaturas de 100 millones de grados, de tal manera que su energía gravitatoria aumenta y se transforma en radiaciones.

Las variables eruptivas se mueven fundamentalmente en las regiones ultravioletas del espectro o en los rayos x de baja energía. Algunas de las primeras ondas de rayos x estelares localizadas por el satélite UHURU han resultado ser variables eruptivas. El estudio de la emisión de rayos x de las variables eruptivas es importante porque permite deducir las

Caída tras el máximo
En algunas novas la fase de decaimiento puede pasar por fases de reajustes durante las cuales su brillo fluctúa periódicamente siguiendo siempre su evolución general. Esto es lo que sucede por ejemplo en la nova Persei 1901 cuya curva de luz se recoge abajo.

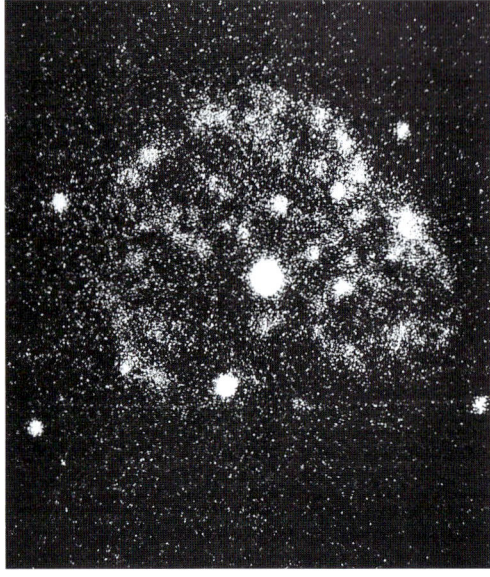

Cien años después
Imagen de la nube que se formó alrededor de la nova Persei 1901. La foto fue tomada hace 100 años con un telescopio de 1,8 m en el Observatorio de Aciago.

condiciones físicas en las que se da el proceso de crecimiento en la enana blanca. En la banda óptica, las variables eruptivas se vienen observando desde la mitad del siglo XIX gracias a los cambios tan impetuosos de su brillo en determinadas épocas y que se recogen en sus curvas de luz con la presencia de picos. Se dividen en grupos según las características de sus curvas de luz durante la fase variable.

Las novas clásicas

Las novas clásicas se distinguen de las otras variables eruptivas por el hecho de que sus resplandores ópticos no tienen carácter repetitivo. La amplitud de la curva de luz, además, está mucho más marcada y se alcanza el máximo antes que en otros sistemas. Normalmente, el máximo de luz se obtiene en pocas horas, durante las cuales la nova aumenta una media de 12 magnitudes, que equivale a un flujo 60.000 veces más alto.

Le cuesta muchísimo más alcanzar el máximo mínimo del brillo. La nova permanece en los valores máximos durante un periodo de tiempo que oscila entre unos días y unos meses, después su brillo comienza a decaer, primero muy deprisa y al final muy despacio, para acabar como una supernova. La duración de esta fase depende de los casos, pero siempre es del orden de unos años.

En las novas clásicas estos fenómenos están asociados a reacciones de fusión incontrolada que se producen en los estratos superficiales de la enana blanca, ricos en hidrógeno *robado* a la otra componente del sistema binario. Pero conforme se va produciendo la transferencia de la masa de la compañera a la enana blanca, la capa de hidrógeno tiende a comprimirse y a calentarse, alcanzando temperaturas cada vez más elevadas, por lo que comienza la fusión en helio. Ésta se produce de una manera muy violenta provocando erupciones que pueden verse como resplandores de luz.

Al crecer la superficie radiante de la estrella hay un aumento de su luminosidad, de tal manera que el pico máximo en la curva de luz corresponde a la máxima expansión de la estrella. Durante su fase explosiva, las novas se hacen extremadamente luminosas.

La magnitud absoluta máxima es de -6 y -9, respectivamente, desde las novas más lentas a las más rápidas.

Las novas, por lo tanto, pueden verse incluso en

Un anillo de material eliminado
Imagen del huso en expansión de la nova Cygni 1922. Esta nova ha sido una de las más brillantes y estudiadas en los últimos años. La fotografía está tomada en 1994 por el Telescopio Espacial Hubble.

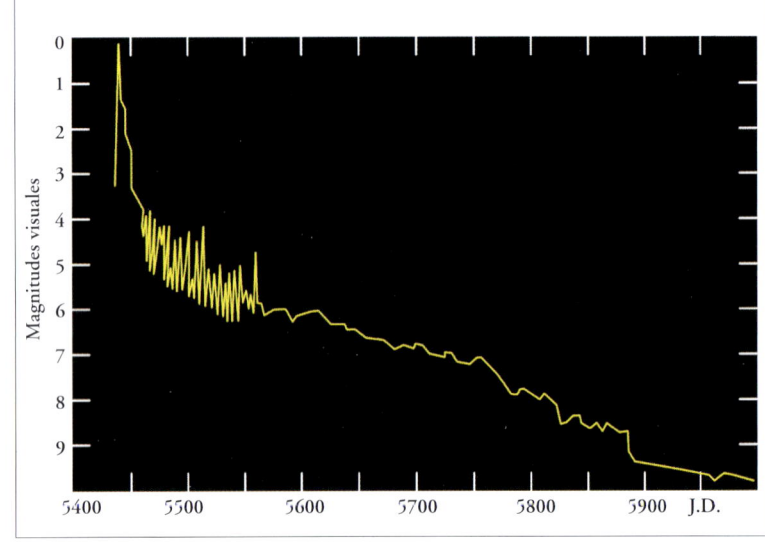

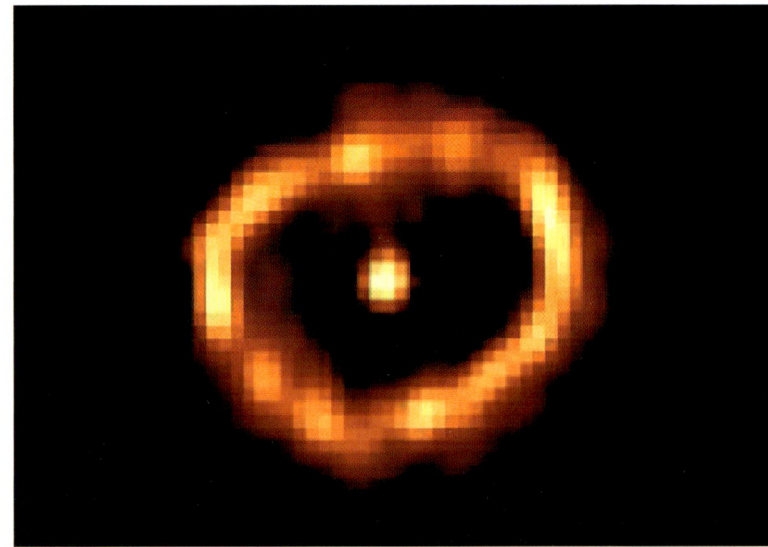

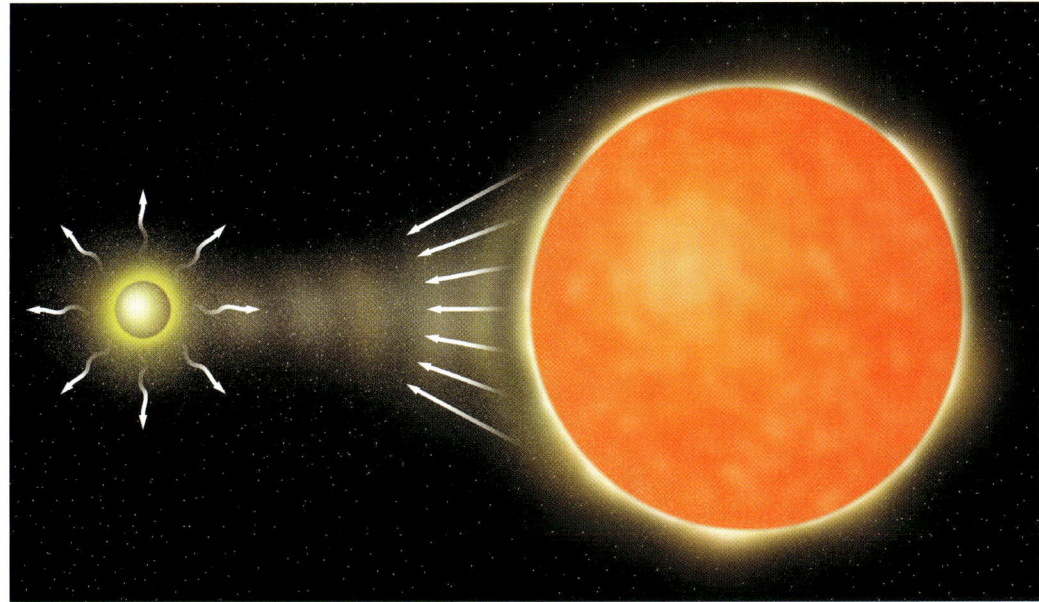

Novas y distancias
Representación esquemática del fenómeno físico de intercambio de materia que genera una nova. Las novas se utilizan con frecuencia como punto de referencia para medir distancias.

otras galaxias. Ahora bien, lo que se ve es la magnitud aparente de la nova, pero su magnitud absoluta, por lo general, no se percibe a priori, a menos que se conozca su distancia. Sin embargo, sí puede determinarse, con una cierta seguridad, la magnitud absoluta de una nova comparándola con novas de las que se sepa su distancia, partiendo del supuesto razonable de que evolucione de manera parecida. En este caso, la magnitud absoluta del máximo (M) se obtiene de la siguiente fórmula:
$M = -10,9 + 2,3 \log(t)$, donde t es el tiempo (en días) necesario para que la curva de luz de la nova baje tres magnitudes.

NOVAS O «FERTILIZANTES» CÓSMICOS

Las explosiones de novas provocan una expansión en las capas superficiales y en la atmósfera de la enana blanca. Junto a la supernova (que expulsa al espacio una cantidad de materia enorme), las novas también contribuyen notablemente a enriquecer la composición química del gas interestelar. Parte de los materiales químicamente pesados observados en los espectros de estrellas jóvenes procederían de explosiones de novas producidas en un pasado remoto y que fueron capturados por la protoestrella en formación.

Novas enanas y recurrentes

Un subtipo de novas es el de las enanas, cuyo prototipo es U Geminorum. Sus resplandores ópticos tienen características semejantes a las que se pueden observar en las otras novas, pero la curva de luz no es igual, pues tiene intensidades menores (cerca de 5 magnitudes) y los lapsos de tiempos más o menos regulares alcanzan como

Historia de una nova
En las cuatro ilustraciones de al lado se muestra la aparición de la nova Cygni 1975, una de las novas más brillantes. Las fotos, tomadas por el telescopio del Observatorio de Teramo (con 20 cm de apertura), recogen respectivamente: 1) el campo estelar antes de la aparición; 2) la nova en el máximo punto de luz; 3) la nova en la quinta magnitud; 4) la nova un mes después de la explosión, cuando de la magnitud inicial de 1,7 había pasado a la 8.

media 120 días y en algunos casos el año. Las explosiones luminosas se producen en el transcurso de pocos días o de pocas horas, y después el brillo de la nova desciende paulatinamente en pocas semanas hasta llegar al nivel original.

Una explicación a este comportamiento diferente hay que encontrarlo en los distintos mecanismos físicos que producen la explosión luminosa. En las U Geminorum esto se debe a un cambio imprevisto en el crecimiento de la materia en la enana blanca que provoca un aumento de energía. Las observaciones realizadas sobre algunas novas enanas en fase de eclipse, es decir, cuando una enana blanca y el disco que la rodea están tapadas por la otra estrella acompañante, indican claramente que la fuente origen de luz dominante no es la de la estrella acompañante sino la que procede del disco; esto significa que, de alguna manera, también interviene en el proceso de crecimiento.

Las novas recurrentes es otra categoría que se encuentra entre las novas clásicas y las enanas. Como su mismo nombre indica, las explosiones luminosas se repiten y en éste son semejantes a las novas enanas, con la diferencia de que el intervalo de tiempo entre un resplandor y el siguiente es del orden de una decena de años. El incremento del brillo durante esta explosión luminosa está mucho más marcado (cerca de 8 magnitudes) y esto las hace más semejante a las novas clásicas.

Cúmulos abiertos

Los cúmulos abiertos o galácticos son unos sistemas estelares muy fáciles de reconocer. Se trata de conjuntos formados por decenas o millares de estrellas, de las cuales una docena puede verse a simple vista. Cuando se los observa aparecen como una región del cielo con una densidad de estrellas mucho mayor al resto de la bóveda celeste. En algunas situaciones la densidad es muy evidente; en otras, en cambio, no lo es tanto y hay cúmulos que son muy difíciles de separar de las estrellas del fondo. Para saber si un determinado número de estrellas pertenecen a un cúmulo o si se trata de astros que están relativamente cerca en el espacio y que no se les ve cerca por un efecto de perspectiva, hay que estudiar el movimiento y medir la distancia de los astros a la Tierra. Las estrellas que forman parte de un mismo cúmulo tienen tendencia a moverse en la misma dirección; además, si algunas estrellas aparentemente próximas entre ellas también se encuentran a la misma distancia del Sistema Solar, entonces es muy probable que estén unidas por la fuerza de la gravedad y que formen un cúmulo abierto.

Clasificación de los cúmulos

Las dimensiones de estos sistemas varían entre los 6 y los 30 años luz, con una dimensión media de 12 años luz. Las estrellas se distribuyen de una manera irregular sin ninguna forma concreta. Para clasificarlos hay que tener en cuenta sus dimensiones angulares (que dependen de las dimensiones reales del cúmulo o de su distancia a la Tierra), el número de estrellas, su concentración y su luminosidad.
El astrónomo estadounidense Robert Trumpler, en 1930, propuso una clasificación basada en todas estas particularidades. Dividió los cúmulos en cuatro clases según su concentración estelar,

Ptolomeo lo vio
Al cúmulo abierto M6, en la constelación de Escorpión, se le conoce con el nombre de Mariposa. Se extiende por un área casi tan amplia como la Luna llena y ya lo citó Ptolomeo.

que fijó con los números romanos del I al IV (el I indica el tipo de cúmulo más denso). Después, dentro de cada una de estas categorías, subdividió los cúmulos con los números 1, 2 y 3, por la homogeneidad de la luz de sus estrellas: al grupo 1 iban los cúmulos que parecía que todas sus estrellas tenían más o menos la misma luminosidad. Por último, definió otras tres categorías en función del número de estrellas que hubiera en el sistema. En la primera (designada con una *p*, del inglés *poor*, «pobre») estaban los cúmulos formados por menos de 50 estrellas, la segunda *m* (de medio) recogía los de 50-100 estrellas y la tercera *r* (de rico) aquellos que tenían más de 100 estrellas. Según esta clasificación, por poner un ejemplo, el cúmulo catalogado como I3p es un objeto formado por menos de 50 estrellas, con mucha densidad y magnitudes muy diferentes.

Familias de estrellas homogéneas

Las estrellas que pertenecen a un mismo cúmulo abierto tienen la característica fundamental de ser homogéneas.
Esto es así porque todas han nacido de la misma nube de gases y por lo tanto tienen la misma composición química desde el principio. Incluso se puede pensar que todas hayan nacido

En los alrededores de Zeta Orionis
La nebulosa NGC 2024, en Orión, está asociada a un cúmulo estelar. En este conjunto verdaderamente amplio y variado se encuentra la nebulosa Cabeza de Caballo.

en la misma época y que tengan la misma edad.
Las diferencias que se aprecian entre ellas hay que atribuirlas a sus diferentes evoluciones en función, fundamentalmente, de la cantidad de masa que tenía cada una en el momento de su formación. Se sabe que las estrellas de mucha masa tienen una vida más corta que las de poca masa porque evolucionan más deprisa. Por lo general, los cúmulos abiertos son objetos formados por estrellas relativamente jóvenes y se encuentran situados, la mayoría de las veces, en los brazos de la espiral de la Vía Láctea. En estas regiones, de hecho, se dio en un pasado no muy lejano (y todavía hoy) una intensa formación de estrellas.
Unos cuantos ejemplos de estas familias pueden ser NGC 2444; NGC 2264 y NGC 6530 a los que se les calcula una edad de unas pocas decenas de millones de años que, tratándose de estrellas, es muy poco.

Edad y composición química

Las estrellas de los cúmulos abiertos están relacionadas por su fuerza de gravedad. Esta unión no es muy sólida, y la prueba es que están sometidas a desintegraciones, producidas por sus tiempos demasiados largos (del orden de centenares de millones de años). Antes o después, los movimientos casuales de cada una de las estrellas que forman el cúmulo, al ser atraídas por la gravedad de los astros situados en los alrededores, tienden a romper el cúmulo. Por esto es difícil encontrar, en los cúmulos abiertos, estrellas muy viejas. Hay excepciones,

Las joyas del espacio
Imagen con colores falseados del cúmulo abierto NGC 4755, llamado también Joyero por la belleza de las estrellas que lo forman.

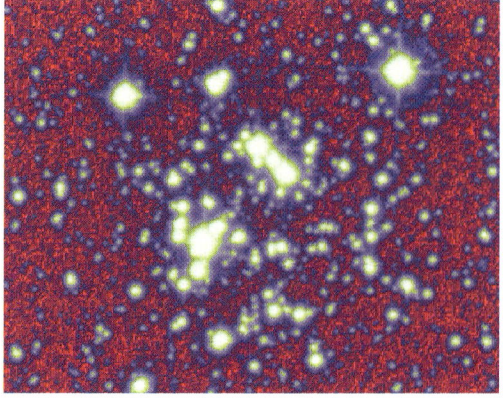

CÚMULOS ABIERTOS

LOS DIEZ CÚMULOS ABIERTOS MÁS IMPORTANTES

Nombre	Constelación	Descripción
M45 (Pléyades)	Tauro	Más de 100 estrellas en 2°. Seis estrellas B de magnitud por debajo de 5
M44 (Pesebre)	Cáncer	Unas 50 estrellas en 70'. Una decena de estrellas de magnitud inferior a 7
M7	Escorpión	Unas 80 estrellas de magnitud superior a 7 en unos 80' de diámetro
Híades	Tauro	Más de 100 estrellas en un diámetro de 5°. Muchas estrellas entre 3 y 4 de magnitud
M6	Escorpión	Cerca de 80 estrellas de magnitud superior a 7 en un diámetro de 20'
M47	Popa	Treinta estrellas de una magnitud por encima de 5 en un diámetro 25'
M35	Géminis	Cerca de 200 estrellas de magnitud superior a 8 en un diámetro de 25.
Eta Persei	Perseo	Más de 200 estrellas en 18'.
Ji Persei	Perseo	Cerca de 150 estrellas en 18'. Junto al anterior forma el *cúmulo doble de Perseo*
M67	Cáncer	Más de 200 estrellas de magnitud superior a 9 en casi 25' de diámetro

Un cúmulo en el Escudo
El cúmulo estelar abierto, en la ilustración, se encuentra en la constelación del Escudo. Está a 5.000 años luz de la Tierra y su magnitud es 5.

sobre todo entre los cúmulos más densos porque al estar más pegadas las estrellas, resisten mejor la atracción y viven más. Entre ellos se encuentra NGC 6791, formado por cerca de 10.000 estrellas y con una edad de casi 10.000 millones de años. Las órbitas de estos cúmulos giran, la mayor parte del tiempo, por el plano galáctico, luego tienen menos probabilidades de encontrarse con grandes nubes moleculares con las que chocar y arriesgar la supervivencia.
La composición química de las estrellas de los cúmulos abiertos que se encuentran en la órbita de la Vía Láctea cerca del Sol es parecida a la del mismo Sol. Sin embargo, existe una diferencia de composición en función de la distancia del centro de la galaxia: cuanto más alejado del centro se encuentra un cúmulo, menos elementos metálicos tiene. La composición química guarda la misma proporción con la edad del cúmulo que con sus estrellas simples.

Asociaciones de estrellas

Una clase especial de cúmulos son las *asociaciones de estrellas*. Se trata de sistemas formados, principalmente, por estrellas de los primeros tipos espectrales (O o B, las más cálidas y luminosas). Se han catalogado más de cien y sus dimensiones llegan hasta los 600 años luz. Hay que saber que estos sistemas tienden a disgregarse con el tiempo, en una decena de millones de años.
Existen además otras dos clase de asociaciones de estrellas: las de tipo R y las de tipo T. En el primer caso se trata de estrellas relacionadas con las nebulosas difusas, grandes nubes de gas y polvo que se iluminan por los astros recién nacidos en su interior. En el segundo caso se trata de estrellas de tipo T-Tauri, astros de tipo solar con grandes emisiones de hidrógeno, al encontrase todavía en una presecuencia principal.
Se cree que los cúmulos abiertos conocidos son sólo una pequeña parte de los existentes; probablemente la mayoría de los comprendidos en un radio de 7.000-8.000 años luz de la Tierra han sido catalogados (un par de millares), pero se calcula que en nuestra galaxia haya entre 50.000 y 100.000.

El cúmulo doble de Perseo
Una hermosa imagen del famoso cúmulo doble de Perseo, formado por la pareja Eta-Ji. Se trata de uno de los cúmulos abiertos más bellos y fácilmente reconocibles en el cielo invernal.

Cúmulos globulares

Los cúmulos globulares con sus centenares de millares o de millones de estrellas son fascinantes: tienen una forma casi esférica y las estrellas bullen tan pegadas entre sí que ni siquiera con telescopios potentes es fácil individualizarlas, sobre todo en la zona central. Pocos estudios han resultado ser tan fecundos para la astrofísica como los cúmulos globulares. Son de importancia capital en muchos campos de la astrofísica, como para conocer la evolución estelar, los procesos en la formación de las galaxias, la estructura de nuestra Galaxia e incluso para fijar la edad del Universo.

La forma de la Vía Láctea

Se da por seguro que los cúmulos globulares nacieron en el momento de la formación de nuestra galaxia: la nube de gas protogaláctico tenía, antes de las convulsiones gravitatorias, una forma esférica. Durante los espasmos, hasta que se llegó al achatamiento formando la órbita galáctica, fue dejando tras de sí fragmentos de materia, gases y partículas, que fueron contrayéndose a su vez y generando cúmulos globulares. Estos objetos se formaron antes de la órbita y se quedaron en el lugar donde habían nacido, perfilándose en una estructura esférica, el halo, alrededor del cual se desarrollaría el plano galáctico. Por eso, los cúmulos globulares están colocados simétricamente alrededor de la Vía Láctea.

El estudio de sus posiciones y las mediciones realizadas para saber sus distancias del Sol han permitido determinar sus respectivas distancias del centro galáctico y por lo tanto saber nuestro alejamiento del centro que se calcula en unos 30.000 años luz.

Cúmulos globulares en galaxias externas
Este cúmulo globular pertenece a la galaxia externa Andrómeda. Se trata de G1, o Mayall II: está formada, al menos, por 300.000 estrellas de mucha edad, y se encuentra a casi 130.000 años luz del núcleo de la galaxia a la que pertenece.

Los cúmulos globulares son sistemas estelares muy viejos. Su edad oscila entre los diez y los veinte miles de millones de años y son el punto de unión con la teorías que explican el origen del Universo. Como se cree que la edad de los cúmulos es la misma que la edad de nuestra galaxia y como, además, se considera que las galaxias se formaron más o menos todas juntas, para obtener la edad del Universo basta con añadir a la edad de los cúmulos globulares el tiempo transcurrido desde el origen del Universo hasta la formación de las galaxias, un tiempo bastante breve con respecto a la edad de un cúmulo globular y por tanto factible.
En este sentido, sabiendo la edad de estos cúmulos se puede determinar la edad del Universo. Sin embargo, este procedimiento es muy complicado y está lleno de incertidumbres. La dificultad mayor reside en calcular la edad de los cúmulos.

El interior del núcleo de los cúmulos

Las regiones centrales de estos sistemas están muy pobladas, casi mil veces más que las regiones próximas al Sol. Hasta el último decenio no se había podido determinar con certeza lo que había en los núcleos, es decir, saber qué objetos había allí.
La posibilidad de ver el interior de los cúmulos globulares permite estudiar mejor la dinámica de las estrellas que la forman. Esto es importante para conseguir información de carácter general sobre los sistemas de cuerpos unidos por la fuerza de la gravedad, como es el caso de los cúmulos, y para estudiar la interacción entre las estrellas que lo constituyen, ya sea a través de las observaciones directas ya sea por medio de simuladores informáticos.
La densidad tan elevada y las aglomeraciones de estrellas que se dan en los cúmulos favorecen las colisiones entre ellas, lo que conduce a la formación de otros cuerpos incluso muy singulares (como las estrellas *blue straghers*) o al nacimiento de un sistema binario, cuando el choque entre dos estrellas no lleva a su destrucción sino a la recíproca captura de energía gravitatoria.
Si una de las dos es una estrella de neutrones, el

Satélites de las galaxias
Abajo, distribución de cúmulos globulares en el interior de una galaxia como la Vía Láctea. Forman una órbita esférica y se mueven como satélites alrededor del centro de la galaxia.

Diez millones de estrellas
Foto de Omega Centauri, el mayor y más brillante cúmulo globular de la Vía Láctea. Este cúmulo gigante está formado por casi diez millones de estrellas. Mediciones rigurosas sobre las posiciones de algunas de ellas han permitido determinar la órbita del cúmulo alrededor del centro de la galaxia.

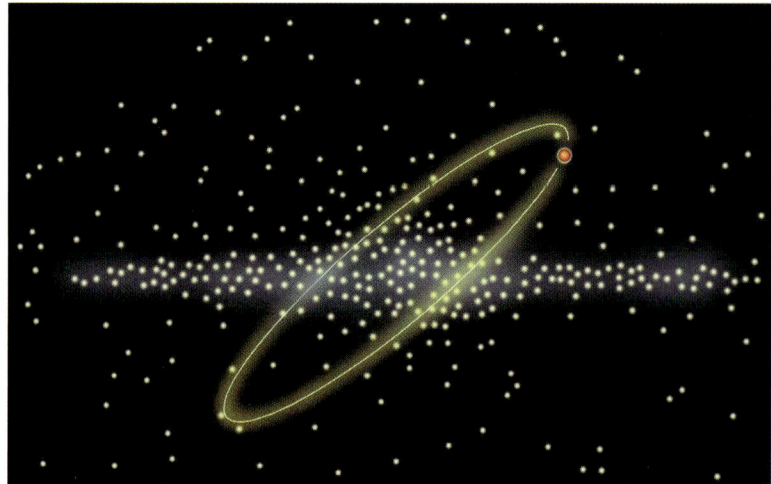

CÚMULOS GLOBULARES 119

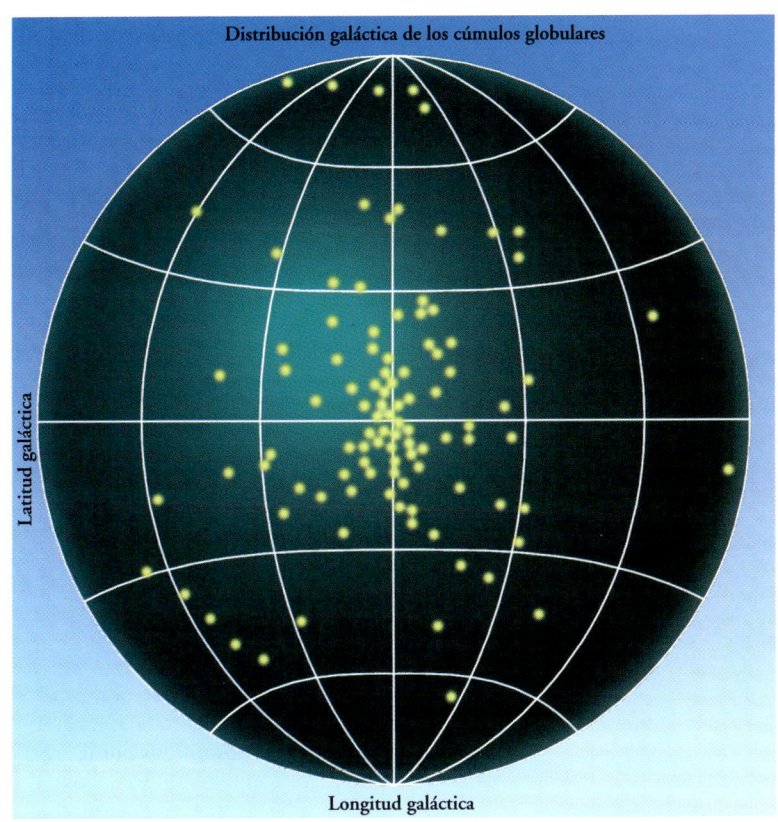

Los datos reales
Representación de la distribución de los cúmulos globulares en la Vía Láctea basada en datos reales. Están representados 132 (de los casi 400 conocidos actualmente). El núcleo galáctico está en el centro de la ilustración.

CÚMULOS GLOBULARES CAPTURADOS

En los últimos años se está trazando un panorama cada vez más exacto sobre la dinámica de los cúmulos globulares de nuestra galaxia. El estudio de las distintas familias dinámicas de cúmulos ha llevado a la hipótesis de que algunos de los que hoy se encuentran en la región externa de la galaxia, concretamente en la parte más exterior, no nacieron a la vez que los demás cúmulos, sino que han tenido que ser capturados en el campo gravitatorio de la Vía Láctea. Sería el caso de los cúmulos Pal 12, Terzan 7, Ruprecht 106, Arp 2 y IC 4499.

sistema binario puede transformarse en una corriente de rayos X; entonces, la compañera entrega parte de su propia materia a la estrella de neutrones.

Familias de cúmulos globulares

En realidad los cúmulos globulares, desde el punto de vista de su distribución espacial dentro de nuestra galaxia, no forman una categoría homogénea.
Se pueden distinguir por razones dinámicas cuatro familias según su distancia al centro de la galaxia y su composición química. De hecho hay cúmulos globulares con altos y bajos contenidos metálicos (es decir, elementos diferentes al hidrógeno y al helio). Por estos componentes metálicos se sabe de qué tipo de materia interestelar se han formado. Los menos metálicos ocupan la periferia de la galaxia y son los más viejos. Los que tienen más componentes metálicos son más jóvenes porque se han formado de materia enriquecida con metales expulsados al medio interestelar como consecuencia de las explosiones de las supernovas: a esta familia pertenecen los *cúmulos orbitales*, que se encuentran en la órbita galáctica. Además, en el halo se distinguen los *cúmulos internos*, si su distancia al centro galáctico es inferior a la del Sol; los *cúmulos externos*, si su distancia es mayor a la del Sol pero inferior a 200.000 años luz, y los *cúmulos extremos* si su distancia al centro galáctico es todavía mayor.

M5 en Serpiente
Cúmulo globular M5 en la constelación de la Serpiente (arriba), formado por 100.000 estrellas. Situado a una distancia de casi 26.000 años luz, se encuentra en los límites de verlo a simple vista. Con prismáticos se capta todo su esplendor.

Efectos ambientales

El estudio de las características de los cúmulos y sus subdivisiones en familias no es un mero ejercicio clasificatorio, sino que es importante para ver cuáles son los efectos del medio físico en la evolución de un cúmulo. En este caso, el *medio* es el resto de la galaxia.
En concreto, parece que el campo gravitacional de la órbita de nuestra galaxia desempeña un papel muy importante en la vida de un cúmulo. De hecho, los cúmulos globulares se mueven alrededor del centro galáctico en órbitas tan elípticas que hasta atraviesan periódicamente la órbita de la galaxia. Esto viene a suceder cada 100 millones de años.

La gravedad y la fuerza de las mareas que actúan sobre los cúmulos en el medio galáctico son tan intensas que un cúmulo, a la larga, viene destruido. Se cree que parte de las estrellas viejas que hoy se encuentran en la galaxia formaban parte, en su origen, de cúmulos globulares que se fueron disgregando sucesivamente. Se calcula que se destruyen 5 cúmulos cada mil millones de años. Se habla por lo tanto de una influencia del medio ambiente galáctico en la evolución dinámica de un cúmulo globular.
La fuerza gravitatoria que la masa galáctica ejerce sobre un cúmulo reduce incluso sus dimensiones: estrellas que se encuentran a distancias tan grandes del centro del cúmulo como para notar más la atracción gravitacional del disco galáctico que la atracción del cúmulo en sí son *arrancadas*: este fenómeno es conocido como *evaporación* de las estrellas del cúmulo.

Casi a simple vista
Imagen del cúmulo globular M15, uno de los más luminosos de nuestra galaxia. Se encuentra en la constelación de Pegaso y tiene una luminosidad más o menos equivalente a la de una estrella de magnitud 6,5. Su distancia aproximada es de casi 30.000 años luz.

Las nebulosas

Entre los *ingredientes* del Universo, además de estrellas, planetas y galaxias, hay también nebulosas difusas. Éstas desempeñan un papel importante en la historia del cosmos, pues los astros nuevos se crean precisamente dentro de ellas. El material del que están constituidas tiene dos componentes: gas y polvo. El gas es el originario, es decir, que se formó en el mismo momento en que nació el Universo, cuando surgieron el hidrógeno y el helio que dieron lugar a las primeras estrellas. Los elementos más pesados son más recientes y proceden del interior de estrellas cuando éstas explotaron y lanzaron estos materiales al espacio interestelar. Las partículas presentes en las nebulosas están formadas por una mezcla de carbono, en distintos estados de agregación, y de silicatos, con restos de otros materiales orgánicos; el gas, en cambio, es sustancialmente hidrógeno. Así que las nebulosas son regiones en las que el tenue medio interestelar se ha hecho muy denso por la gravedad, y se han formado unas nubes que al crecer en masa y volumen han atraído la materia circundante. En algunos casos tales nubes se hacen visibles, ya que las estrellas recién formadas en su interior excitan los átomos, haciéndolos luminosos.

jóvenes cercanas y se convierten a su vez en ondas electromagnéticas. Las segundas, en cambio, no emiten radiaciones propias pero reflejan las de las estrellas más próximas, adquiriendo el mismo color; un ejemplo clásico es la tenue nubosidad azulina que rodea el cúmulo abierto de las Pléyades. Las nebulosas oscuras, por último, son densas concentraciones de polvo que tienen una gran capacidad para absorber la luz, aunque se hacen visibles sólo cuando tienen detrás de ellas una luz suficiente sobre las que destacar.

Muchas de las nebulosas se pueden ver a simple vista. En otros casos son suficientes unos prismáticos o un telescopio pequeño. Dentro de estas últimas están las recogidas en el catálogo de Messier, realizado en la segunda mitad del siglo XVIII por el homónimo astrónomo francés.

La nebulosa más brillante del hemisferio norte es Orión, catalogada como M42. Puede que sea el primer objeto hacia el cual los amantes del cielo dirigen sus instrumentos en las largas noches invernales.

Pero también hay otras bellísimas nebulosas, como las que se citan a continuación.

Observar las nebulosas

Hay muchísimas nebulosas en el cielo, pero sustancialmente se las puede clasificar en tres tipos: nebulosas de emisión, de reflexión y oscuras, en función de los fenómenos que en ellas se producen y de su aspecto. Las primeras brillan porque sus átomos están excitados por las radiaciones ultravioletas que emiten las estrellas

Nebulosas de Sagitario

La nebulosa Laguna, M8, se encuentra en la constelación de Sagitario, la zona del cielo en la que se producen más objetos celestes de esta naturaleza. De hecho, en esa dirección se halla la región más rica de la Vía Láctea (hacia el centro de la galaxia) y las nubes de polvo se manifiestan prácticamente en el plano galáctico.

M8 está asociada a un núcleo abierto, como suele suceder en estos casos. Como ya se ha

América del cielo
La nebulosa Norteamérica se llama así por su gran parecido con el continente norteamericano. Está a unos 4° E de Deneb, en el Cisne. Contiene el núcleo NGC 6996.

Nubes con núcleo
M27, la Dumbbell Nebula 'nebulosa del manubrio', es un ejemplo de nebulosa planetaria y se encuentra en la constelación del Unicornio. Tiene unas dimensiones de 80' × 60'. En su interior se encuentra el núcleo NGC 2244, en los límites de la visibilidad a simple vista.

dicho, las nebulosas son zonas de formación estelar y a menudo van acompañadas de estrellas jóvenes y brillantes. Con unos simples prismáticos se distinguen ya algunos detalles de M8, pero con otros más potentes se ven más cosas, como una línea oscura que se pierde hacia el interior de la nebulosa.

En el núcleo abierto, NGC 6539, se han observado una cuarentena de estrellas de magnitudes de 8 a 13; su luz excita los átomos de la nebulosa haciéndolos visibles.

En M8 también se ven varios glóbulos de Bok, regiones oscuras de una decena de millares de UA de diámetro. La distancia de M8 se calcula entre 3.000 y 4.000 años luz.

M20, llamada también nebulosa Trífida por estar formada por tres gajos, es otra nebulosa de Sagitario del tipo de emisión.

Fue descubierta por Le Gentil, alrededor de 1750, pero su primera descripción la hizo Messier en 1764, y fue William Herschel el que localizó las líneas oscuras que la dividen en tres sectores triangulares. Con unos prismáticos se distingue bien su parte luminosa, como una zona redondeada de 10' de diámetro. Las zonas oscuras que dividen en gajos las nubes se deben a la presencia de polvos y gases fríos. La distancia de M20 es de cerca de 3.200 años luz.

Siguiendo en Sagitario, en el medio de la Vía Láctea, se halla M24. Se ve a simple vista, y seguramente fue descubierta mucho antes de lo que dicen las crónicas oficiales que atribuyen la

LAS NEBULOSAS

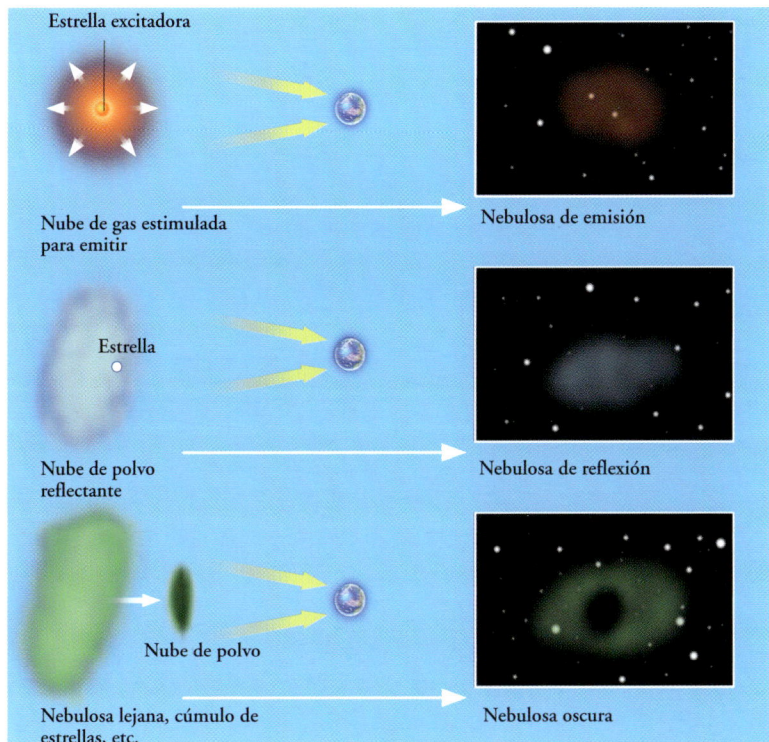

Las nebulosas difusas

Las nebulosas difusas se dividen en tres categorías: de emisión, de reflexión y oscuras. En el esquema se muestra el origen de los tres tipos. Las primeras son nubes cuyos átomos se excitan por las radiaciones que emiten las estrellas cercanas, jóvenes y brillantes. La radiación, primero la absorbe la nube y después la suelta. El segundo modelo comprende nubes cuyos átomos reflejan sólo las luces de las estrellas cercanas, por eso presentan el mismo color que la estrella de la que reflejan su luz. Por último, las nebulosas oscuras son regiones de polvos que impiden ver cualquier objeto luminoso que se encuentra detrás.

Una de las nebulosas más espectaculares
La nebulosa Laguna, M8, en Sagitario, es una de las más bellas del cielo. Tiene una magnitud media de 5,9 y contiene el cúmulo abierto NGC 6530, formado por estrellas cálidas blanco-azules.

primera observación a Messier, el cual calculó su diámetro en 1,5°.

Un Águila en la Serpiente

M16, la nebulosa Águila, fue descubierta por De Cheséaux en 1746 e, independientemente, por Messier casi veinte años después. Se encuentra en los márgenes de la constelación del Escudo, cerca de los límites de la constelación de la Serpiente. Dentro se nota una región oscura, que en su parte septentrional se alarga hacia el centro de la nube. El núcleo asociado está formado por muchas decenas de estrellas, algunas de las cuales son muy débiles y rojas.

Las estrellas más brillantes tienen magnitudes comprendidas entre 8 y 11 y espectros O y B, es decir, clásicas estrellas cálidas y jóvenes. M16 es una nebulosa de emisión, aunque también tiene aspectos de las de reflexión.
Su distancia se evalúa entre 5.000 y 11.000 años luz, probablemente 7.500.

Las nebulosas planetarias

Además de las difusas, hay otra clase de nebulosas conocidas como *planetarias*. Su nombre se debe al hecho de que los primeros observadores las confundieron con planetas, por su forma circular. Están formadas por capas de gases que emiten las estrellas cuando se encuentran en un estadio avanzado de su propia evolución.
La nebulosa planetaria más conocida puede que sea M57, en la constelación de Lira, aunque no se la puede localizar con facilidad debido a su poca luminosidad superficial. Existe además la M27, la Dumbbell Nebula, «nebulosa del manubrio», en la constelación de la Raposilla. Fue descubierta en 1764 por Messier, que al observarla en su telescopio de un centenar de aumentos percibió su forma oval. Con pequeños telescopios de aficionados se capta su característica forma elíptica. M27 dista de la Tierra entre 500 y 1.000 años luz y tiene un diámetro real, en su distancia mayor, de 2,5 años luz.

Trozos de nebulosa
Otra nebulosa bellísima es Trífida, M20. Su nombre se debe a que sus regiones de polvo oscuro parece que la dividen en tres partes. Se encuentra en Sagitario y tiene una magnitud 7,5.

PRINCIPALES NEBULOSAS DIFUSAS

Nombre	Ascensión recta	Declinación	Dimensiones
M42 (Orión)	5h 35',5	−5° 28'	90 × 60
M78	5h 46',7	+0° 03'	8 × 6
Roseta	6h 33',7	+4° 58'	80 × 60
M20 (Trífida)	18h 02',0	−22° 60'	20 × 20
M8 (Laguna)	18h 04',1	−24° 20'	45 × 30
M16 (Águila)	18h 18',8	−13° 49'	120 × 25
M17 (Omega)	18h 20',9	−15° 59'	40 × 30°

El diagrama de Hertzsprung-Russell

Entre los parámetros que caracterizan una estrella, los dos más fundamentales son la temperatura y la magnitud absoluta. La primera está directamente relacionada con el color de la estrella y éste, a su vez, con el tipo espectral, es decir con las líneas visibles obtenidas por la descomposición de la luz a través de un prisma. La clasificación actual en uso divide las estrellas, según su espectro, en siete clases principales y se designan con las siguientes letras del abecedario: O, B, A, E, G, K, M. En esta secuencia, la temperatura decrece de la decena de millares de grados de las estrellas de tipo O (las absolutamente más calientes) a los 2.000-3.000 grados del tipo M.
La magnitud absoluta, es decir, su luminosidad intrínseca, indica la cantidad de energía emitida por la estrella y puede calcularse conociendo la distancia que hay entre la Tierra y el astro o por deducción.

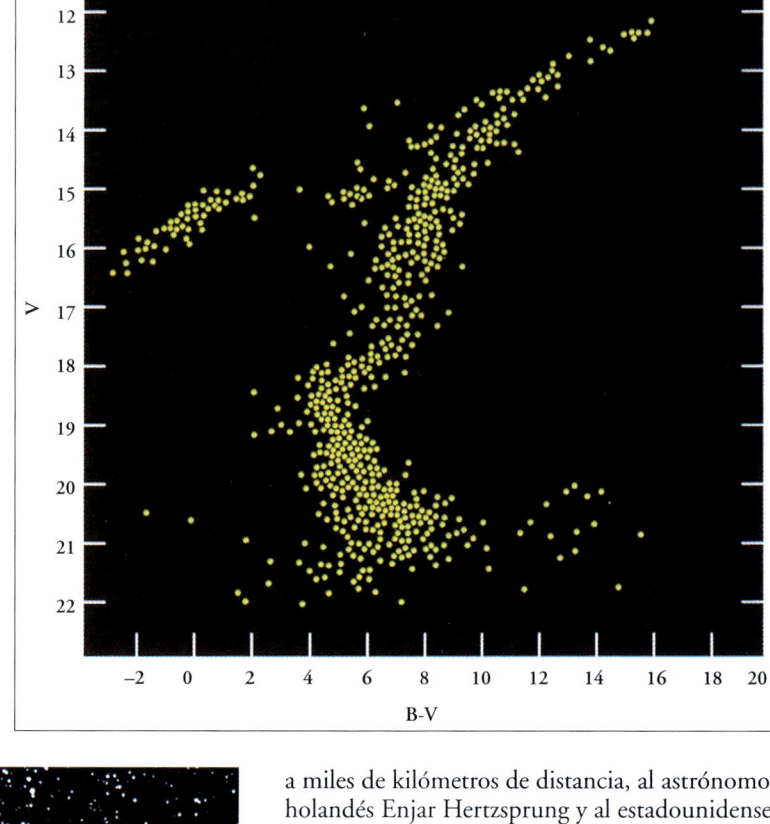

Estrellas viejas
Diagrama H-R de un cúmulo globular típico de estrellas muy viejas y evolucionadas (a la derecha). En este caso, el diagrama recoge el cúmulo globular M5 y muestra en el eje horizontal un tamaño (B-V) conocido como índice de color.

Una idea formidable

La idea les vino independientemente, en torno a 1913, a dos científicos que trabajaban entre ellos

M5 en la Serpiente
El cúmulo globular M5 (NGC 5904) en la constelación de la Serpiente se encuentra a unos 27.000 a.l. y tiene una magnitud aparente de 6,2.

a miles de kilómetros de distancia, al astrónomo holandés Enjar Hertzsprung y al estadounidense Henry Norris Russell. Ambos construyeron un gráfico teórico que relacionaba los dos parámetros estelares arriba mencionados: en el eje horizontal las temperaturas, y en el vertical la magnitud absoluta. El resultado fue un diagrama al que se le dio el nombre de los dos astrónomos, como un homenaje a su colaboración y no competición, como a veces sucede en el campo científico: el diagrama de Hertzsprung-Russell o sencillamente diagrama H-R.

Un muestrario de estrellas

Pero veamos cómo se construye un diagrama H-R. Ante todo hay que tener un muestrario de estrellas: por ejemplo, se pueden escoger algunas de las que se sepa con certeza su distancia, con el fin de calcular sus magnitudes absolutas.
Para conseguir esto basta con establecer una

EL DIAGRAMA DE HERTZSPRUNG-RUSSELL

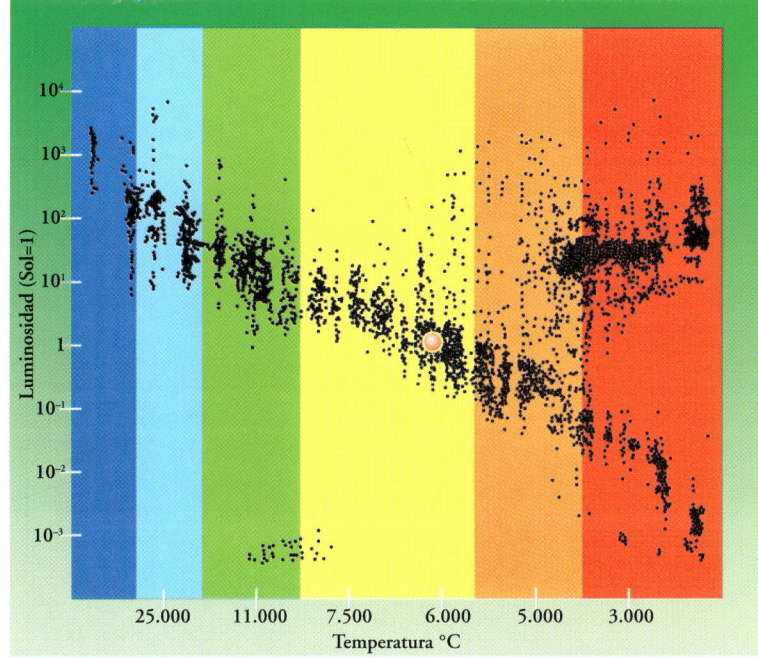

El diagrama
Un clásico diagrama H-R (a la izquierda). Se relaciona la luminosidad y la temperatura (o el color) de las estrellas. En este diagrama se nota que los astros se distribuyen en tres regiones principales: la secuencia principal, la zona de las gigantes rojas y la de las enanas blancas.

La roja Arturo
Arturo, en la constelación del Boyero, fue la primera estrella de la que se determinó su temperatura superficial (3.900 °C).

DIAGRAMA H-R Y SU EVOLUCIÓN

Las distintas zonas del diagrama Hertzspruna y Russell (secuencia principal, región de las gigantes rojas y de las enanas blancas) no representan tanto familias de estrellas con características físicas diferentes sino astros con edades diferentes.
Por lo tanto, si se pudiera seguir una simple estrella durante toda su evolución, se la vería moverse por el diagrama unas veces con rapidez (cuando pasara de la secuencia principal a la fase de las gigantes rojas) y otras muy despacio.

La secuencia principal

simple relación basada en el hecho de que la intensidad luminosa de cualquier fuente energética, ya sea una vela, una bombilla o una estrella, varía con la distancia según una ley matemática: la intensidad de las radiaciones luminosas I a una determinada distancia d de la fuente es inversamente proporcional a d'.
Prácticamente esto significa que si la distancia se duplica, la intensidad luminosa se reduce a un cuarto; si la distancia se lleva al triple, se reduce a un noveno, y así sucesivamente.
Luego, hay que localizar otras estrellas de muestra para la temperatura.
Para ello se identifica su tipo espectral, que se define por colores y, por lo tanto, se deducen las temperaturas.
Actualmente, sin embargo, se usa mucho, en vez del tipo espectral, otro parámetro equivalente conocido como *índice de color*. Éste se puede obtener midiendo las magnitudes de la estrella con longitudes de onda diferentes (por ejemplo, utilizando filtros que dejen pasar sólo el azul o el amarillo) y calculando luego la diferencia entre los valores obtenidos.
Estos dos parámetros se colocan en un plano de coordenadas con la temperatura decreciente de izquierda a derecha en el eje de las abscisas y la luminosidad absoluta, conforme aumenta de abajo hacia arriba.
Sólo con esto ya se puede notar que las estrellas se agrupan en algunas zonas bien definidas.

En el diagrama H-R, las estrellas tienden a situarse en una franja diagonal que va de arriba a la izquierda hacia abajo a la derecha. Esa banda se denomina *secuencia principal* y las estrellas que la forman se dice que son *estrellas de la secuencia principal*. El Sol entra en este grupo y se sitúa entre las estrellas amarillas, con temperatura superficial de unos 5.600 grados. Las estrellas presentes en la secuencia principal son las que se encuentran en la fase *tranquila* de su vida, durante la cual, dentro de los cúmulos, los átomos de hidrógeno se funden formando helio. Esta fase, que viene a durar el 90% de la vida de una estrella, justifica la presencia de tantas estrellas dentro de la secuencia principal. De cada 100 estrellas, por lo menos 90 están en esta fase, aunque distribuidas en posiciones diferentes según su temperatura y luminosidad. Pero hay otra información mucho más importante de lo que la secuencia principal parece sugerir. El hecho de que esta franja sea tan estrecha demuestra el difícil equilibrio que subyace en las estrellas entre la fuerza de la gravedad, que tira hacia dentro, y la fuerza de las reacciones nucleares, que empuja hacia el exterior. Así que una estrella como el Sol, con sus 5.600 grados de temperatura, para mantener el equilibrio entre estas dos fuerzas debe tener una magnitud absoluta, es decir, una luminosidad intrínseca, de +4,7, como resulta del diagrama H-R.

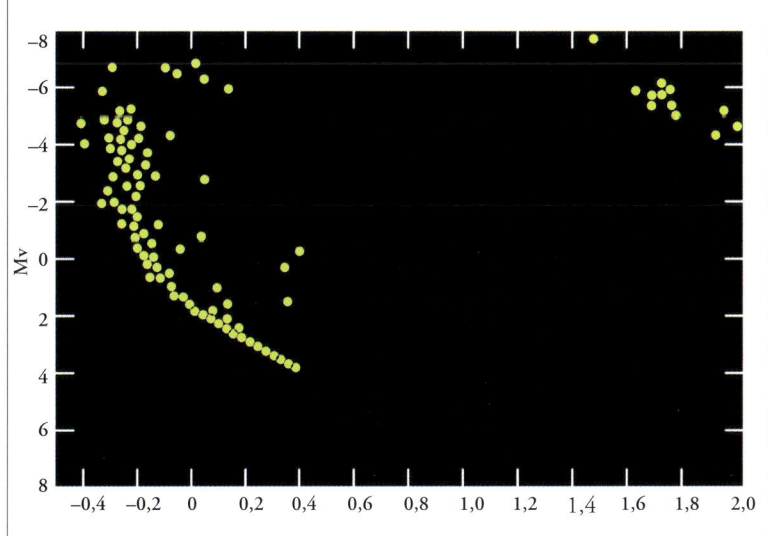

Estrellas jóvenes
El diagrama H-R de un cúmulo abierto es típico de las estrellas jóvenes. En este caso, el diagrama se ha hecho para el doble cúmulo abierto H y Ji Persei.

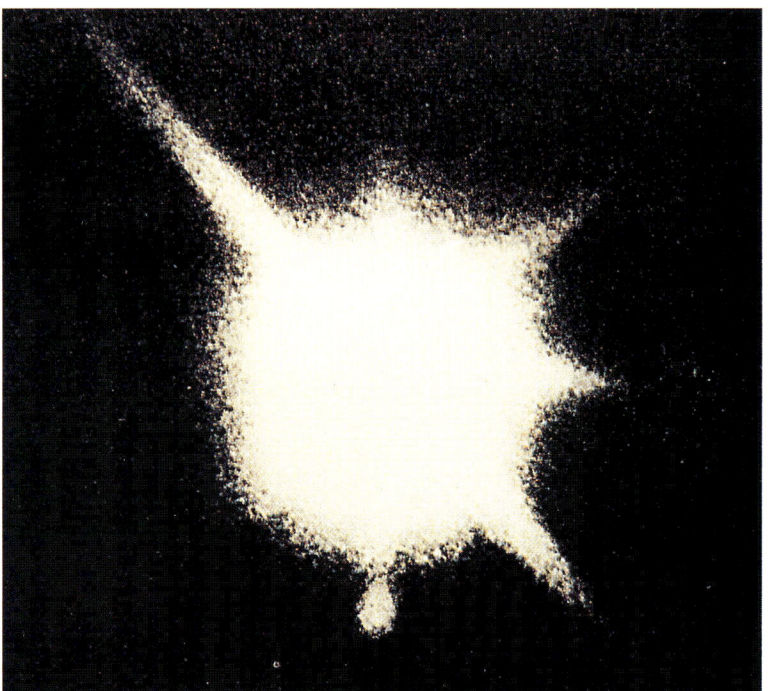

Estrellas de pre-secuencia
En los diagramas H-R de grupos de estrellas muy jóvenes (a la derecha) se nota que no hay ninguna enana blanca ni ninguna gigante roja. Todas las estrellas se encuentran en la secuencia principal, aunque algunas no la hayan alcanzado todavía, y están a la derecha.

Una enana blanca
Imagen ampliada de Sirio (a la izquierda) que aparece con su compañera, Sirio B, una enana blanca: es el ensanchamiento de uno de los rayos que parten de Sirio.

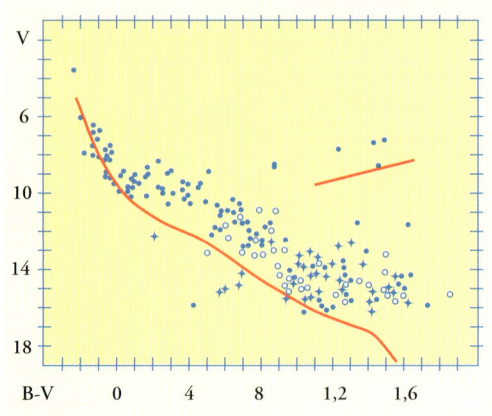

Gigantes rojas y enanas blancas

En la zona de arriba a la derecha, fuera de la secuencia principal, se halla el área de las gigantes rojas. Estas estrellas se caracterizan por tener una temperatura muy baja (alrededor de los 3.000 grados), pero muchísima más luminosidad que cualquier estrella con la misma temperatura de las que se encuentran en la secuencia principal.

Ante esta situación hay que preguntarse: si la temperatura la determina la energía que emite una estrella, ¿cómo es posible que estrellas con idéntica temperatura puedan tener luminosidades tan diferentes? La explicación se debe al hecho de que las más luminosas son también las más grandes y naturalmente las que tienen una superficie radiante mucho mayor. Por eso precisamente reciben el apelativo de *gigantes*, porque sus diámetros pueden llegar a ser 200 veces mayores que el Sol, y que incluso pueden estar a una distancia de 300 millones de kilómetros, que es el doble de la distancia Sol-Tierra.

Pues bien, aplicando este mismo criterio se puede explicar la presencia de un grupo pequeño de estrellas, abajo a la izquierda del diagrama; se trata de estrellas blancas muy calientes pero poco luminosas. Con la misma temperatura de las grandes y calientes estrellas blanco azules de la secuencia principal, ésas tienen unas dimensiones más pequeñas con respecto a las últimas. Son las *enanas blancas*, estrellas muy densas y compactas, 100 veces más pequeñas que el Sol, con un diámetro parecido al de un planeta como la Tierra. Tienen tal densidad que un centímetro cúbico de su materia pesaría casi una tonelada en la Tierra.

Información preciosísima
Un ejemplo de espectro estelar. Por las rayas se puede saber, entre los otros parámetros, la temperatura superficial de la estrella.

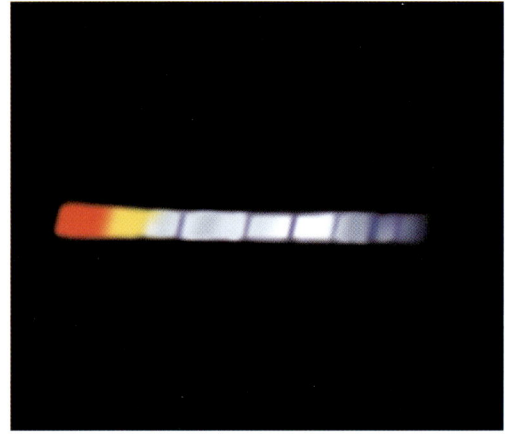

EL PLANO CARTESIANO

Se llama plano cartesiano –en honor del gran filósofo y matemático francés del siglo XVII, René Descartes, latinizado en Cartesio– al plano sobre el cual se dibujan dos rectas o ejes, generalmente perpendiculares entre sí, y sobre las que se fijan escalas con sus correspondientes unidades cuantificables. El eje horizontal es el llamado eje X o de las abscisas, y el vertical es el eje Y o de las ordenadas. Un punto en el plano cartesiano se identifica unívocamente por una pareja de números a los que se les llama coordenadas cartesianas. En los dos ejes se pueden establecer medidas de cualquier tamaño físico: longitudes, tiempos, temperaturas, etc. Estos gráficos son muy útiles porque permiten comprobar de un vistazo cómo una determinada dimensión varía en función de otra. Por ejemplo, en el caso del diagrama H-R, se puede ver cómo varían las magnitudes absolutas de estrellas en función de su temperatura.

Diagrama H-R y cúmulos

Las estrellas de los cúmulos estelares son muestras muy interesantes para medirlas con el diagrama H-R.

Si se parte de la hipótesis de que esas estrellas se encuentren más o menos a la misma distancia de la Tierra, se concluye que la diferencia de luminosidad entre las estrellas de un cúmulo tiene que deberse a diferencias *intrínsecas,* que nada tienen que ver con la distancia.

Por lo tanto, se puede utilizar, en este caso, la magnitud relativa (que es más fácil de medir) en lugar de la absoluta, con el fin de representar el diagrama H-R del cúmulo.

En lo que se refiere a la distribución de las estrellas, los diagramas H-R de cúmulos distintos se caracterizan la mayoría de las veces por situaciones extremadamente diferentes.

Los diagramas de cúmulos abiertos jóvenes como M8 o NGC 2264 son bastante diferentes a los estándares.

La secuencia principal se ve muy bien, pero las estrellas se encuentran demasiado desperdigadas, sobre todo por las zonas bajas. Esto se debe al hecho de que los cúmulos están poblados por estrellas jóvenes que apenas tienen unas decenas o centenas de millones de años. En un periodo tan corto de tiempo, las estrellas menos compactas y luminosas, que evolucionan muy despacio, no han conseguido todavía *estabilizarse;* son estrellas de pre-secuencia. En el diagrama H-R, las estrellas que están en esta fase aparecen a la derecha de la secuencia principal, aunque van moviéndose muy despacio hacia ella hasta que poco a poco alcancen su equilibrio.

EL DIAGRAMA DE HERTZSPRUNG-RUSSELL

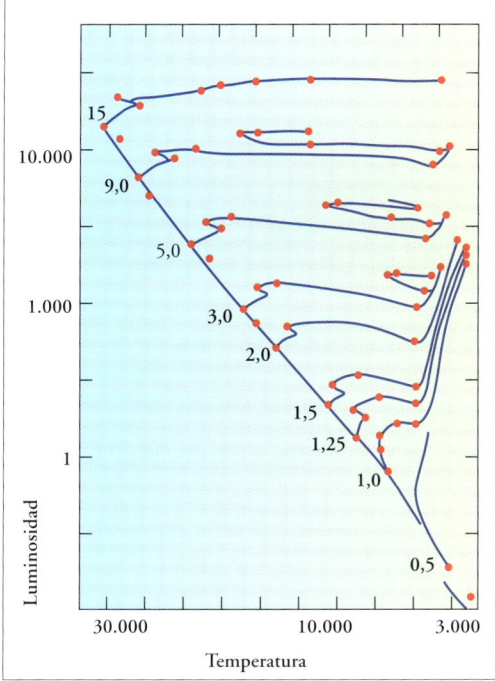

Evolución de las estrellas en el diagrama H-R
Restos evolutivos de las estrellas a la salida de la secuencia principal. Una estrella que tiene la masa del Sol ocupa la posición 1,0. Conforme crece su masa, las estrellas aumentan en luminosidad y se sitúan cada vez en las partes más altas del diagrama.

Los cúmulos globulares

En los diagramas H-R de los cúmulos globulares, formados por estrellas muy viejas, la localización de la secuencia principal es bastante ardua y puede que sólo se vea una mancha por la zona inferior, donde se sitúan las estrellas más frías. Esto sucede por el simple hecho de que las estrellas calientes y luminosas están ya casi acabando la fase estable de su vida y se separan de la secuencia principal hacia la derecha, la zona de las gigantes rojas o todavía más allá hacia la región de las enanas blancas. En efecto, si se pudiera seguir la evolución de una estrella durante un arco de tiempo que cubriera un centenar de millones o algunos miles de millones de años, se la vería moverse lentamente en el diagrama H-R conforme se van modificando sus características.

Por ejemplo, cuando una estrella acaba de quemar el hidrógeno que hay en su propio cúmulo, su estrato sale de la secuencia principal moviéndose hacia la parte derecha del diagrama. Esto sucede antes, como ya se ha dicho, con las estrellas de gran masa, que son también las más luminosas (y que evolucionan más deprisa) y se necesitan tiempos cada vez más largos conforme la masa de las estrellas va siendo progresivamente menor. La secuencia principal, por lo tanto, *se va* hacia la derecha, conforme las estrellas la van abandonando poco a poco con el paso del tiempo.

El punto de la secuencia en la que ésta se *tuerce* se llama *turning point*, «punto de retorno», y permite valorar con una cierta precisión la edad de las estrellas del cúmulo. Cuanto más alto esté el *turning point*, el cúmulo es más joven, y cuanto más bajo, el cúmulo es más viejo.

Un instrumento poderoso

El diagrama de Hertzsprung-Russell representa, por lo tanto, un instrumento excelente para estudiar la evolución de las estrellas a lo largo de su existencia, en la cual sufren cambios y transformaciones a veces muy profundas. En realidad, se puede afirmar que las estrellas que se observan en el cielo no es que tengan características propias, sino que lo que las diferencia es la fase en la que se encuentran. Con este diagrama se puede medir la distancia de las estrellas. Una vez calibrado, se toma como referencia una estrella que pertenezca a la secuencia principal, de la que sí se sabe su temperatura superficial (este parámetro es por lo general muy fácil de medir), y ver dónde se coloca en el diagrama.

Entonces se ve qué magnitud absoluta le corresponde a esa temperatura; después, conocidas las magnitudes relativa y absoluta, se obtiene la distancia.

En resumen, se puede afirmar que el diagrama H-R representa, de hecho, uno de los instrumentos más poderosos y versátiles con los que cuenta la astrofísica moderna.

El nido estelar
Orión: en el recuadro se ve la nebulosa Cabeza de Caballo, una de las principales zonas de formación de estrellas.

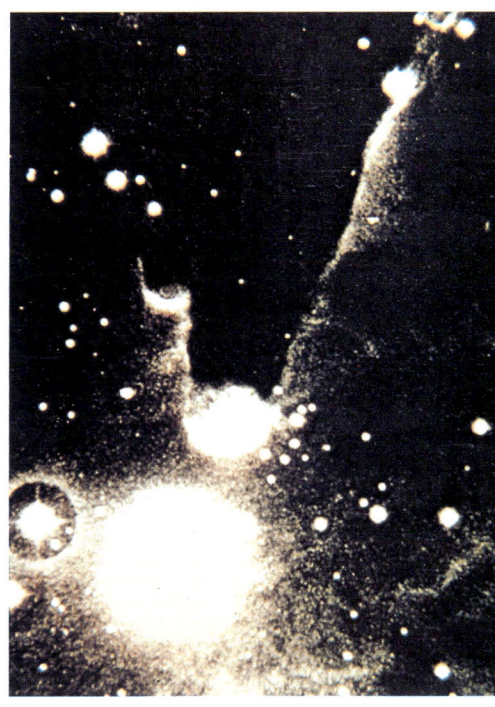

Estrellas recién nacidas
Fotografía de la nebulosa oscura en el interior de la región ocupada por la nebulosa difusa NGC 2264. Hay estrellas muy jóvenes y muy luminosas.

EL ÍNDICE DEL COLOR

El índice del color es un parámetro fundamental de la astrofísica moderna. En esencia, es la diferencia entre las magnitudes que una estrella presenta a dos longitudes de onda diferentes.
Se pueden sacar infinitos índices de color, midiendo magnitudes a varias longitudes de onda visibles (amarillo, azul, rojo...) y también con longitudes de onda fuera de ventana óptica, por ejemplo, con infrarrojos y después combinando todas las diferencias posibles. La importancia de este parámetro reside en el hecho de que permite comparar la cantidad de energía que una estrella emite a diferentes longitudes de onda, y que la energía depende por completo de la temperatura de la superficie del astro.
El índice de color más importante es el llamado B – V (se lee B menos V) y representa la diferencia entre las magnitudes en el azul y en el visible (que corresponde al amarillo).

La evolución de las estrellas

La vida de una estrella está regulada por el influjo de dos fuerzas contrarias: la gravedad, que tiende a contraerla, haciéndola incluso que choque contra otros cuerpos por el efecto de su propio peso, y la fuerza producida por las reacciones nucleares que se engendran en su propio núcleo y que tiende a expandirla hacia el exterior. Durante su fase de formación, la estrella, densa y compacta, está sometida a la gravedad: ese fenómeno ocasiona un increíble recalentamiento que alcanza temperaturas elevadísimas, casi 10-20 millones de grados, suficientes como para provocar las reacciones nucleares de transformación de hidrógeno en helio.

Después, durante un largo periodo de tiempo, las dos fuerzas se equilibran y la estrella permanece estable. Una vez que el combustible nuclear del cúmulo se ha consumido, el astro entra en una fase de gran inestabilidad que se manifiesta en que los efectos de la gravedad se alternan con los de expansión.

Se trata de un momento crítico en el que entran en juego varios factores como la temperatura, la densidad y la composición química. El elemento decisivo, sin embargo, es la masa: ella es la que condiciona de una manera preponderante si la estrella explotará como una supernova o si se convertirá en una enana blanca, una estrella de neutrones o un agujero negro.

Cuando se gasta el hidrógeno

De todos los cuerpos celestes, sólo los objetos con mucha masa (más de 80 veces la masa de Júpiter) pueden convertirse en estrellas, mientras que los de poca masa (hasta 17 veces la masa de Júpiter) se transforman en planetas. También hay cuerpos con masa intermedia, demasiado grandes para considerarlos planetas y demasiado pequeños y fríos porque en su interior se producen reacciones nucleares típicas de las

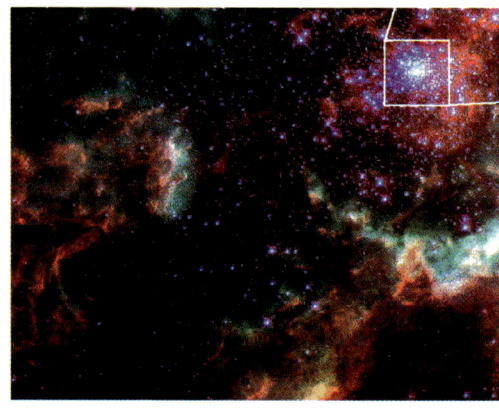

estrellas. A estos cuerpos, oscuros, poco luminosos y muy difíciles de observar, se les denomina enanas marrones.

Una vez que se ha formado la estrella a partir de las nubes de gases interestelares, como ya se ha dicho, pasa por un largo periodo de equilibrio. Después, en cambio, se hace inestable y el destino que la espera puede tener recorridos diferentes. Supongamos una estrella pequeña, de una masa solar comprendida entre 0,1 y 4. Una de las características de las estrellas de poca masa es que en las capas más internas no hay convección, es decir, el material del que están hechas no se mezcla, como sucede en las estrellas

Como capas de cebolla
Estructura de una estrella de gran masa al final de sus reacciones nucleares (abajo). En el centro se encuentra el elemento más pesado, el hierro, y conforme se sale hacia el exterior están los elementos cada vez más ligeros.

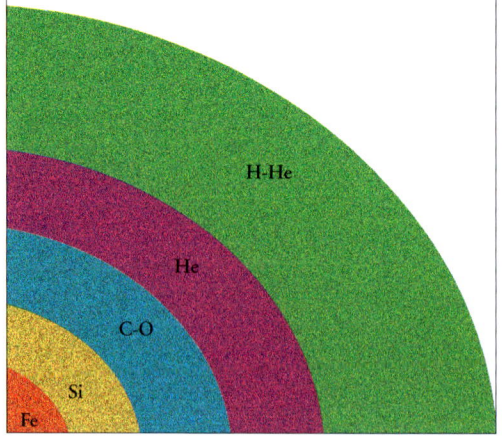

De las supergigantes a las enanas blancas
Comparación entre las dimensiones de algunas estrellas. En el diagrama de la izquierda se ve el Sol (una estrella de la secuencia principal), una enana blanca y una gigante roja.
(Derecha) Una estrella de neutrones, un agujero negro y una enana blanca. Los diámetros de las distintas estrellas están expresados en kilómetros.

Formación de grupos
A menudo, las estrellas forman grupos dentro de los cúmulos u otras asociaciones. Un ejemplo (a la izquierda) es el cúmulo 30 Doradus, en el que hay una familia de estrellas gigantes.

de gran masa. Esto significa que cuando el hidrógeno comienza a gastarse en el cúmulo, no se reemplaza por otro nuevo hidrógeno procedente de los estratos más externos. El hidrógeno va quemándose a través de las capas que rodean al cúmulo, el cual poco a poco se transforma, casi por completo, en helio. Conforme el cúmulo de helio se contrae y se calienta, los estratos superficiales restablecen su propia estructura y la estrella, en el diagrama H-R, abandona lentamente la secuencia principal. En esta fase la densidad de la materia en el centro de la estrella aumenta, y el material del cúmulo *degenera*, adquiriendo una consistencia particular diferente de la de la materia normal.

Materia degenerada

La conclusión principal, en esta situación de materia *degenerada*, es que la presión depende sólo de la densidad del gas y no de su temperatura, al revés de lo que suele suceder normalmente.

La estrella, en el diagrama de H-R, se mueve hacia la derecha y luego hacia arriba, acercándose a la región de las gigantes rojas; sus dimensiones aumentan enormemente y la temperatura de las capas externas disminuye.

Una gigante roja puede tener un diámetro del orden de centenares de millones de kilómetros. Cuando el Sol atraviese esta fase, se tragará Mercurio y Venus y puede que la Tierra; si no es así, la recalentará tanto como para hacer imposible la vida en ella.

La temperatura del cúmulo de una estrella en evolución aumenta porque, como ya no se dan

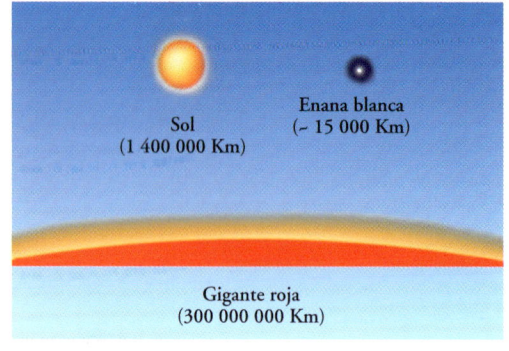

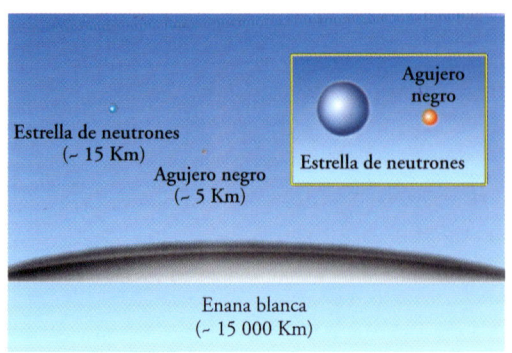

LA EVOLUCIÓN DE LAS ESTRELLAS

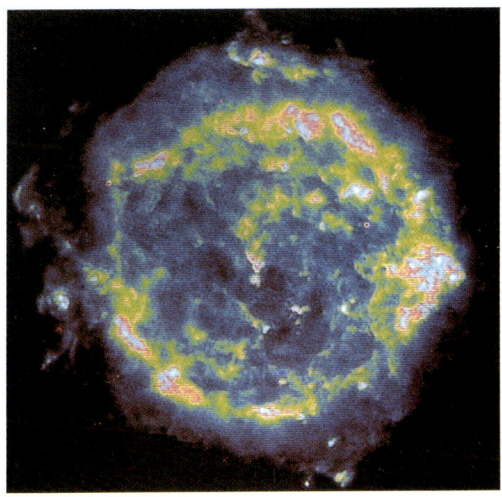

Apocalíptico final
Estrella de gran masa destinada a acabar su existencia con una explosión de supernova. Lo que queda es un resto de supernova como Casiopea, en la foto.

El monstruo Eta Carinae
Una de las estrellas con más masa de nuestra galaxia es Eta Carinae (arriba). Comparada con el Sol, su masa es casi cien veces superior y su luminosidad cien millones de veces.

expulsión de las capas externas tiene una temperatura superficial muy alta (del orden de 100.000 °K); la estrella se mueve hacia el extremo izquierdo del diagrama H-R y desciende hacia abajo, disminuye su luminosidad porque se reducen sus dimensiones.

La estrella alcanza lentamente la zona de las enanas blancas, estrellas de diámetro muy pequeño (del orden de un planeta como la Tierra) pero extremadamente densas un millón y medio de veces más que el agua. Un centímetro cúbico de materia de una enana blanca en la Tierra pesaría cerca de una tonelada.

Una enana blanca está destinada a acabar su existencia sin explotar, simplemente consumiéndose poco a poco. En realidad, se afirma que el enfriamiento es lento porque desde el principio de la historia del Universo ninguna enana blanca ha alcanzado todavía la muerte térmica.

reacciones nucleares, éste se contrae para conseguir una temperatura capaz de poner en marcha la fusión de helio. Cuando esto sucede, el imprevisto aumento de temperatura del cúmulo produce un cambio explosivo, y la estrella se mueve muy deprisa hacia la izquierda en el diagrama H-R: se trata del llamado *helium flash*. La estrella se encuentra, por lo tanto, en una situación en la que el núcleo de helio se quema junto al hidrógeno, que en cambio queda reducido a una simple capa que rodea el núcleo. Eso, en el diagrama H-R, evoluciona de nuevo horizontalmente hacia la derecha.

Últimas fases de la evolución

Cuando todo el helio del núcleo se ha transformado en carbono, en el núcleo la temperatura crece mucho y a la vez la estrella va aumentando de masa, a veces hasta tales niveles que comienza a quemarse el carbono y se produce otra nueva explosión. Tanto si esto sucede como si no, los últimos estadios evolutivos de una estrella van siempre acompañados por una enorme pérdida de la masa de su superficie; esta pérdida se da también en otras etapas, y en momentos circunstanciales, en los cuales los estratos externos son expulsados como una enorme bola. En este caso se forma una nebulosa planetaria, es decir, una capa esférica de materia que se mueve por el espacio a decenas o incluso centenares de km/s.

El destino final de la estrella depende, otra vez más, de la masa residual del astro al cabo de todas las peripecias evolutivas por las que ha pasado y se han descrito. Si en las repetidas contracciones y expansiones la estrella ha expulsado suficiente materia por debajo del límite 1,44 masas solares, se convierte en una enana blanca. Este límite, llamado límite de Chandrasekhar, en honor del astrofísico paquistaní Subrahmanyan Chandrasekhar, es la masa máxima permitida por la teoría, para que la estrella vaya frenando su propio colapso ayudada por la presión ejercida desde el cúmulo por los electrones que están muy pegados los unos a los otros.

El cúmulo estelar que queda después de la

En cambio, estrellas con una masa varias veces la del Sol explotarán, como es el caso de las supernovas. En la explosión, la estrella puede destruirse del todo o no. En el primer caso resulta un *resto de supernova*, es decir, una nube de gases formada con los restos de la estrella. En el segundo caso quedaría un objeto muy denso: una estrella de neutrones o un agujero negro.

Nacimiento de estrellas en el Telescopio Espacial
Detalle de la nebulosa planetaria Helix (NGC 7293) en Acuario (arriba). Se notan algunos grumos producidos por la interacción entre los gases de la nube y el denso medio interestelar.

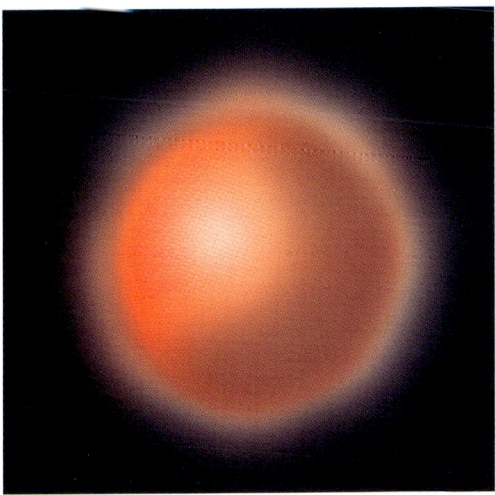

Primero fría y luego caliente
Dos ilustraciones (a la derecha) de dos fases evolutivas de una estrella de poca masa. En la primera se la ve en la fase de gigante roja; en la segunda, el cúmulo de la estrella está a punto de convertirse en una enana blanca.

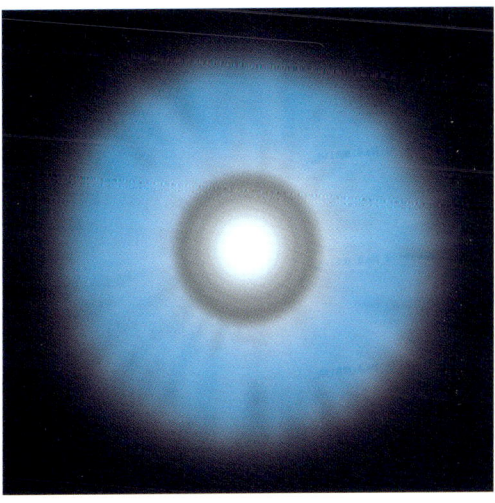

La distancia de las estrellas

Cuando se mira al cielo a simple vista, todas las estrellas, hasta las más brillantes, parecen puntos luminosos situados a la misma distancia; la bóveda estelar aparece como una gran alfombra o cortina colgada por encima de nuestras cabezas. Esta percepción algo tendrá que ver con que las posiciones de las estrellas se expresen sólo con dos coordenadas (la ascensión recta y la declinación) y no con tres, pues las estrellas no se encuentran en una superficie plana, sino en un espacio tridimensional. Ni siquiera los telescopios ayudan en este tipo de observaciones: incluso ni siquiera en las imágenes tomadas por el Telescopio Espacial Hubble se aprecia si las estrellas están cerca o lejos.

La profundidad en el espacio

La evidencia de que el Universo tiene una tercera dimensión, es decir, profundidad, es una conquista relativamente reciente; además, hasta principios del siglo XIX, con el perfeccionamiento del instrumental adecuado, no se ha podido medir aceptablemente las distancias de algunas estrellas. La primera en medirse fue 61 Cygni, por el astrónomo F. W. Bessel, y resultó estar a casi 10 años luz. El método utilizado por Bessel fue el conocido como *paralaje anual*, que sigue teniendo plena vigencia para medir distancias estelares. Se trata de un método puramente geométrico que no necesita hipótesis previas sobre los objetos de los que se quiere obtener su distancia; basta simplemente con medir el ángulo y así se obtiene el resultado buscado.

La operación en sí es fácil pero no tanto como para conseguir la medición exacta; lo que pasa es que los ángulos que hay que medir, debido a la enorme distancia de las estrellas, son demasiado pequeños, y están en los límites de las posibilidades de un telescopio. Por ejemplo, piénsese que el ángulo de paralaje de la estrella más cercana, Proxima Centauri, en el sistema triple de Alfa Centauri, es inferior a un segundo arco (0",76 exactamente), es como si se quisiera ver una moneda de cien pesetas a una decena de kilómetros. Así que, cuanto más lejos se mire, el ángulo se hará más pequeño.

Errores inevitables

Por muy bien que se definan las paralajes, éstas están sometidas a errores, que aumentan conforme crece la distancia. Aunque con los telescopios actuales se pueden medir ángulos de hasta milésimas de segundos de arco, a 30 años luz el error en la medición se acerca al 7%, a 150 al 35% y a 350 al 79%. Para medir con estos errores tan grandes, mejor no hacerlo. Por eso sólo merece la pena medir las distancias de unos pocos miles de estrellas que se encuentran, como muy lejos, a un centenar de años luz. Pero téngase en cuenta que sólo en la Vía Láctea hay más de cien mil millones de estrellas a 100.000 años luz.

Existen algunas variantes del método de la paralaje anual: una consiste en la paralaje secular. El método se aprovecha del movimiento del Sol, y por lo tanto de todo el Sistema Solar, cuando va hacia la constelación de Hércules a la velocidad de 20 km/s. Este movimiento en el espacio permite obtener, para medir la paralaje, una base de datos muy grande, y mucho mayor cuanto más tiempo pase. En diez años puede haber casi 40 veces más datos que los conseguidos con el movimiento de la Tierra

La primera paralaje
La estrella 61 de la constelación del Cisne (a la izquierda) fue la primera estrella medida, por Bessel en 1838, con la paralaje 0,31" (el valor aceptado actualmente es 0,29"), lo que la sitúa a 11,2 a.l.

alrededor del Sol. Luego sólo queda aplicar el consabido método trigonométrico y calcular la distancia de la estrella deseada.

Las distancias de los cúmulos

Los cúmulos estelares, sobre todo los abiertos, son de gran ayuda a la hora de medir distancias estelares. Las estrellas del cúmulo están relativamente cerca entre ellas, y, por lo general, se subestiman sus distancias recíprocas en aras a conseguir la distancia entre cúmulo y la Tierra. Esto significa que se puede razonablemente suponer que todas las estrellas de un cúmulo están a la misma distancia de la Tierra y que, por lo tanto, al medir la distancia de una de ellas se obtiene también la distancia de las demás. Además, como en los cúmulos hay muchas estrellas, se pueden realizar aplicaciones de métodos estadísticos que reducen los errores. Un método muy usado para medir las distancias de los cúmulos es el llamado de *puntos convergentes*. Este método parte del hecho de que si se observa durante mucho tiempo las estrellas de un cúmulo abierto, da la sensación de que todas se mueven (por efecto de la perspectiva) hacia un punto común, el llamado punto de convergencia. Pues bien, por medio de rigurosas mediciones de los ángulos y de las velocidades radiales (es decir, de la velocidad de aproximación y alejamiento de la estrella con respecto a la Tierra) se puede deducir la distancia del cúmulo. Este método da un error en las mediciones de casi el 15% a 1.500 años luz y se hace inútil para distancias superiores a los 15.000 años luz, que en cualquier caso es una distancia considerable, al menos en la Vía Láctea.

Main Sequence Fitting

Para obtener la distancia de cúmulos más lejanos, por ejemplo de las Pléyades, se puede actuar del modo siguiente: Se hace un diagrama H-R en el que se colocan, en el eje vertical, las magnitudes relativas (y no las absolutas, porque están ligadas a la distancia que es la que se quiere calcular), y en el horizontal las temperaturas. Después se compara el diagrama obtenido con el de las Híades, que tiene una forma muy parecida, es decir, que hay mucha semejanza entre sus secuencias principales.

Al superponer los dos diagramas procurando que coincidan al máximo se puede *situar* en el eje vertical la secuencia principal del cúmulo del que se quiere obtener la distancia; de este modo se lee en el gráfico la magnitud absoluta de las estrellas del cúmulo y de aquí se saca la distancia del segundo a partir de la fórmula: m – M = 5log (d) – 5, donde *m* es la magnitud relativa, *M* la absoluta y *d* la distancia.

Este procedimiento, llamado en inglés *Main Sequence Fitting* (literalmente 'ajustamiento de la secuencia principal'), se puede aplicar a varios cúmulos abiertos, como NGC 2362, Alfa Persei, III Cephei, NGC 6611. Se ha tratado de calcular la distancia del famoso doble cúmulo de la constelación de Perseo (H y × Persei), en los que hay muchas estrellas supergigantes de gran luminosidad, y también de las Cefeidas, utilizadas, como se verá, para calcular distancias; los resultados, sin embargo, han sido discordantes. Con el método *Main Sequence Fitting* se pueden medir distancias de hasta 20.000-25.000 a.l., que cubriría un quinto del diámetro de nuestra galaxia.

Las Híades: una piedra miliar
Fotografía del cúmulo abierto de las Híades, en la constelación de Tauro. Este cúmulo, situado a unos 140 años luz de la Tierra, desempeña un papel muy importante a la hora de escalar distancias.

Los alrededores en 3D
Al medir la distancia de las estrellas más cercanas al Sol (izquierda) se puede reconstruir una imagen tridimensional de los alrededores de nuestra estrella. En esta ilustración se ven las estrellas que se encuentran dentro de una distancia de unos 20 años luz.

LAS DIEZ ESTRELLAS MÁS CERCANAS DE LA TIERRA

Nombre	Paralaje	Distancia en a.l.
Sol	150 millones de km	8 minutos luz
Alfa Centauro	0",760	4,3
Estrella de Barnard	0",552	5,9
Wolf 359	0",431	7,6
BD +36° 2147	0",402	8,1
Sirio	0",377	8,6
Luyten 726-8	0",365	8,9
Ross 154	0",345	9,4
Ross 248	0",317	10,3
Épsilon Eridani	0",305	10,7

ESTRELLAS Y GALAXIAS

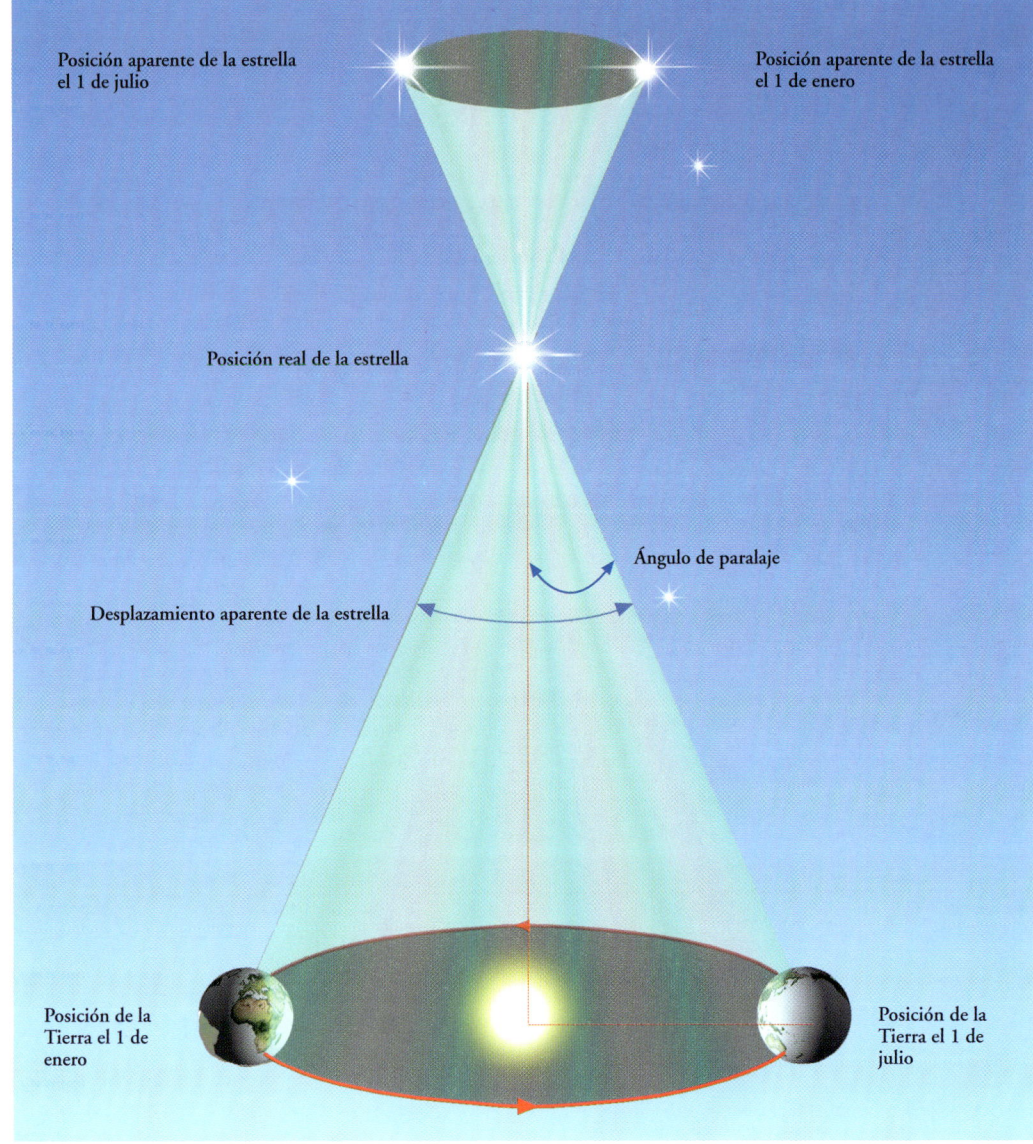

WILHELM BESSEL (1784-1846)

Wilhelm Bessel publicó la primera medición con paralaje sobre la estrella 61 Cygni, en 1838. En realidad, un año antes, Friedrich Struve había medido la paralaje de Vega, pero no la publicó, porque no estaba convencido de sus cálculos, que, en cambio, resultaron buenos.

La paralaje estelar
Con el método de la paralaje se calcula la distancia de las estrellas cercanas. A un astro se le observa dos veces con un intervalo de seis meses. Mientras, como la Tierra se mueve siguiendo su órbita, la estrella aparece desplazada. La mitad de este desplazamiento es aparente y es la que se llama paralaje: cuanto más grande sea, mayor será la estrella.

Cefeidas y variables pulsantes

En el capítulo dedicado a las estrellas variables se habló de las Cefeidas. Se trata de estrellas pulsantes que se expansionan y contraen continuamente con periodos de tiempo que vienen a durar entre 1 y 50 días, cuya consecuencia es el cambio de luminosidad. La propiedad más interesante de las Cefeidas es que el periodo de pulsación está relacionado con su magnitud absoluta: cuanto más largo es el periodo, más luminosa es la estrella. Así que si se consigue identificar una Cefeida en el cielo, y medir su periodo, se puede calcular, con la fórmula citada antes, su distancia. Por otro lado, como las Cefeidas son estrellas muy luminosas, se las puede ver tanto en la Vía Láctea como en la galaxia externa más próxima (M31 o Nube de Magallanes) y determinar la distancia. El Telescopio Espacial Hubble ha conseguido identificar Cefeidas incluso en galaxias más lejanas, fuera del Grupo Local al que pertenece la Vía Láctea, ampliando así el conocimiento sobre la escala de las distancias del Universo.

Intensidad de la luz y distancia

La luz que procede de cualquier objeto celeste se ve más débil conforme el objeto está más lejos. La ley física que expresa esta disminución es una de las leyes de la óptica más conocidas y que afirma que la intensidad luminosa I es inversamente proporcional al cuadrado de la distancia d: $I \sim I/d^2$.

Por ejemplo, si una galaxia que está situada a 10 millones de años luz de distancia tiene una determinada luminosidad, una galaxia idéntica que se encuentre al doble de distancia, es decir 20 millones de años luz, tendrá una luminosidad de tan sólo un cuarto de la precedente. Al margen de la relación matemática, lo que interesa aquí es que entre estas dos unidades I y d existe una relación precisa y medible. Llevando este discurso al campo estrictamente astronómico, la intensidad luminosa representa la magnitud absoluta M de un determinado objeto celeste del que se quiere obtener su distancia.

Cúmulos globulares y abiertos
Fotografía del cúmulo globular M4 en Escorpión, el más próximo al Sistema Solar: 7.000 a.l. Los cúmulos representan objetos privilegiados para medir sus distancias.

Las siete hermanas
El cúmulo abierto de las Pléyades (M 45 o NGC 1432) en la constelación de Tauro, es importante para escalar distancias.

LA RELACIÓN PERIODO-LUMINOSIDAD

Las Cefeidas son extraordinarios indicadores de distancia, ya que el periodo de su oscilación está directamente relacionado con su magnitud absoluta. Por eso, es básica la fórmula siguiente:

$$M = A - B\log(P)$$

donde A y B son constantes, P es el periodo en días y M es la magnitud absoluta.

La determinación de las dos constantes es muy difícil y esto hace que los científicos estén obteniendo diferentes resultados. La fórmula que parece más fiable, propuesta por dos los famosos astrónomos Sandage y Tamman en 1984, es:

$$M = -2{,}46 - 3{,}4\log(P) + C$$

en la que C es un término que tiene en cuenta la absorción interestelar, es decir, el debilitamiento que la luz de las estrellas sufre a la largo de su viaje a la Tierra.

Siguiendo con la fórmula de antes, $m - M = 5\log(d) - 5$, que en realidad es una consecuencia directa de la ley de la atenuación de la intensidad luminosa; se puede señalar que, dado que m (magnitud relativa) siempre se puede medir con un fotómetro, si se conoce M, se podrá obtener d que es la única incógnita. Así que es evidente que si fuera posible tener clasificados los objetos celestes de luminosidad intrínseca (es decir, magnitud absoluta) conocida, se podría utilizar la fórmula para conseguir la distancia.

Bombilla de muestra

Los objetos celestes con las características arriba señaladas son los llamados *bombillas de muestra* o *bombillas estándares*. En la base de este concepto hay una hipótesis muy importante, cual es que todos los objetos que formen parte de un determinado tipo de muestra tengan la misma magnitud absoluta. Además de las Cefeidas, se utilizan como *bombillas de muestra* muchos otros tipos de objetos: las variables W Virginis y RR Lyrae, que son unas estrellas pulsantes semejantes a las Cefeidas, y que son el tipo de las que se encuentran, sobre todo, en los cúmulos globulares; las estrellas supergigantes rosas y azules, de gran luminosidad: las novas, estrellas binarias que aumentan imprevisiblemente su luminosidad de una manera irregular; y las supernovas, estrellas de mucha masa que al final de su existencia explotan de una manera espectacular y destructiva. Estas últimas son visibles incluso aunque estén en galaxias muy lejanas, porque al explotar durante muy poco tiempo se hacen extremadamente luminosas, incluso más que toda la galaxia de la que forman parte.

Todos los objetos señalados forman parte de los llamados *indicadores primarios* de distancias, porque suministran la base sobre la que calibrar métodos que sirvan para ir más allá del Universo.

Absorción interestelar

Uno de los mayores problemas ligados a los distintos métodos para medir las distancias descritas antes es el de la absorción interestelar. Resulta que la luz de un objeto lejano en su viaje hacia la Tierra tiene que recorrer enormes distancias; en este largo recorrido puede encontrarse con regiones del espacio interestelar llenas de polvos y gases que absorben parte de la luz; cuando ésta llega a los telescopios situados en la Tierra, se la evalúa más débil de lo que es en realidad; en astronomía esta absorción se llama *extinción* de la luz. Tasar el valor exacto de esta extinción es fundamental si se quiere utilizar métodos como el de la bombilla de muestra.

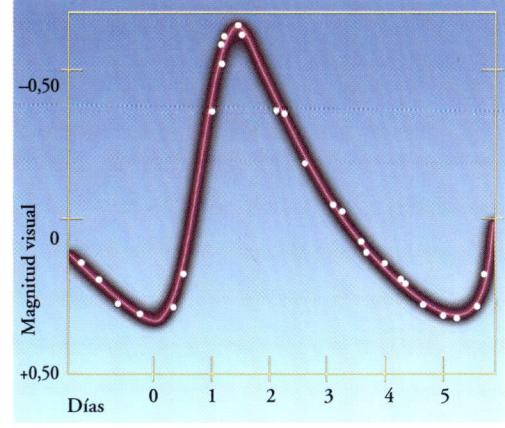

La primera de las Cefeidas
Curva de luz de Delta Cephei. En las Cefeidas, el periodo de fluctuación de la luz está unido a la magnitud absoluta de la estrella. Esto permite utilizarlas como indicadores de distancia.

Dado que el problema que se desea resolver es la magnitud, es importante que las medidas sean fiables y que no dependan del lugar del espacio que se está observando.

Si se observa un objeto de nuestra galaxia, calcular la extinción es más fácil porque basta con recapitular los polvos y los gases presentes en la Vía Láctea, que se conocen bastante bien. Si este objeto, en cambio, se encuentra en otra galaxia, entonces, además de la posible extinción debida al trayecto que la luz realiza en la Vía Láctea, hay que tener en cuenta también la posibilidad de que una parte de esa luz haya sido absorbida en el recorrido realizado en la galaxia de partida, y este cálculo es mucho más difícil. Hay otros muchos métodos para medir distancias del cielo, basados en principios completamente distintos a los ya expuestos. Sin embargo, conviene señalar que algunos métodos no dejan de ser escalones de una alta escalera, y cada uno de los cuales es el peldaño que lleva al escalón siguiente.

La medición de la paralaje constituye el fundamento de escala ideal, que en sus tramos más altos llega a galaxias y a los quásares lejanos, a miles de millones de años luz.

Cefeidas en M100
Imágenes de una Cefeida en la galaxia M 100. Las fotografías, tomadas por el Telescopio Espacial Hubble con varios días de diferencia la una de la otra, muestran las variaciones de luminosidad de las estrellas, y sirven para determinar la distancia de la galaxia.

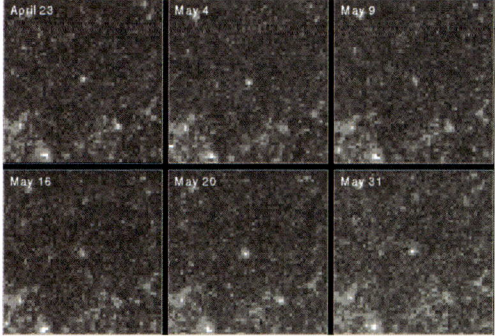

Las supernovas

También las estrellas nacen, crecen, viven y mueren. Su fin les puede llegar con tranquilidad o dramatismo, como es el caso de las estrellas con mucha masa, que concluyen su existencia con una explosión espectacular: hablamos de las supernovas.

El descubrimiento de las supernovas

Aunque durante muchos siglos los estudiosos desconocían su naturaleza, las supernovas se encuentran entre los cuerpos celestes más observados desde épocas antiguas. Muchas de ellas son tan brillantes que se las distingue a simple vista e incluso en pleno día.
Las primeras observaciones de las que se tiene noticia por las crónicas de la Antigüedad datan del 185 d.C. En los siglos siguientes, sucesos de este tipo se observaron con una cierta regularidad y cada vez con más regularidad se anotaban escrupulosamente los datos. A los astrónomos que prestaban este servicio en las cortes de los emperadores de la antigua China, por ejemplo, se deben los registros de muchas de la supernovas descubiertas en ese lejano pasado.

Tenues filamentos de gas
El famoso resto de supernova de la Vela, en la constelación homónima. Producido por la explosión de una estrella hace 10.000 años, se encuentra a una distancia de unos 1.500 a.l. y alberga una púlsar.

Entre éstas hay que hacer una mención especial a la supernova que explotó en 1054, en la constelación de Tauro, cuyos restos forman hoy la nebulosa del Cangrejo, por su forma característica.
Las observaciones sistemáticas de las supernovas por parte de los astrónomos occidentales empezaron con bastante retraso. Sólo hacia la mitad del siglo XVI, según las crónicas científicas, empezaron a ocuparse del fenómeno.
Las primeras observaciones de supernovas,

La Crab Nebula
La nebulosa Cangrejo, M1 (a la izquierda), vista por un telescopio terrestre; (a la derecha) detalle fotografiado por el Telescopio Espacial Hubble. La flecha indica la púlsar asociada.

realizadas por astrónomos europeos, las empezaron, en 1572 y en 1604, Tycho Brahe y Johannes Kepler. Concretamente, la de Kepler fue la última supernova galáctica visible a simple vista.
Fue necesario esperar a 1885 para descubrir la primera supernova extragaláctica, en la galaxia Andrómeda, obra del astrónomo E. Hartwig. A partir de la década de 1920, gracias al uso de los negativos fotográficos, el descubrimiento de supernovas ha ido creciendo cada vez más. En la actualidad hay identificadas por lo menos un millar.
Buscar supernovas es una actividad que exige paciencia y constancia para observar el cielo buscando ese acontecimiento que aparece de repente con un brillo inusitado y por lo tanto fácilmente reconocible. Los cazadores de supernovas forman un círculo bastante restringido: no más de una docena de astrónomos, pero que pueden presumir de haber descubierto más de 20 supernovas en su vida. El primer puesto en esta curiosa clasificación general lo ocupa el astrónomo Fred Zwicky que desde 1936 ha conseguido identificar 123 explosiones.

LAS SUPERNOVAS

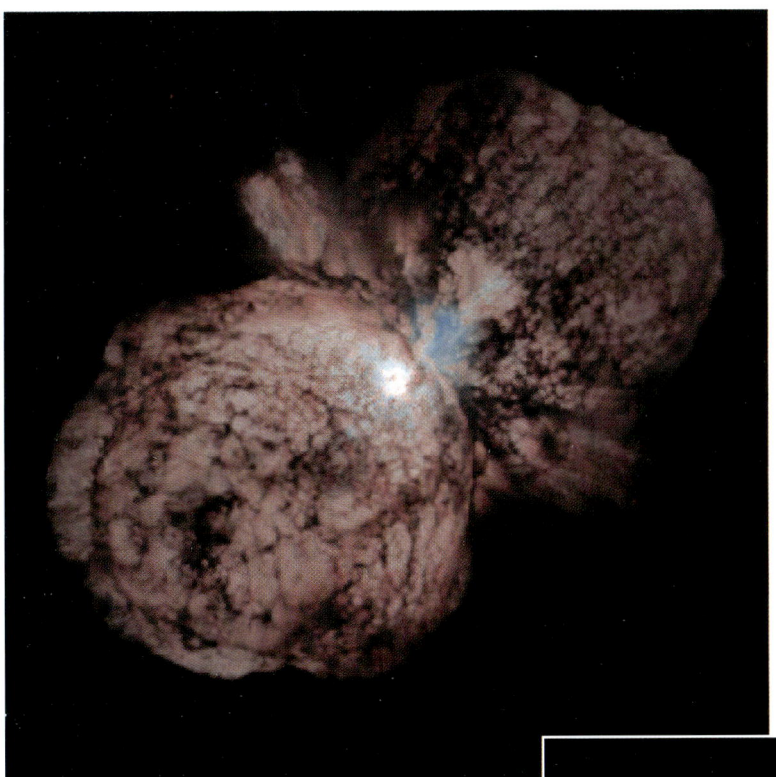

La más cercana
Doble anillo (a la derecha) de materia expulsada por SN 1987A, que explotó en 1987 en la Gran Nube de Magallanes. Ha sido la supernova más cercana explotada en los últimos 450 años.

Objeto misterioso
Eta Carinae (a la izquierda) es una de las estrellas más misteriosas del cielo. Hace casi 150 años, de improviso, se hizo muy luminosa y enseguida se debilitó de nuevo. Los astrónomos creen que pudo tratarse de una estrella a punto de explotar como una supernova.

¿Qué son las supernovas?

Las supernovas son acontecimientos catastróficos que significan el último acto de la evolución de las estrellas de gran masa. Durante esta violenta explosión se libera, en unos pocos segundos, una cantidad de energía del orden de 10^{54} erg equivalente a la que ha emitido a lo largo de toda su vida.

Los mecanismos que provocan estas explosiones varían según se trate de una estrella binaria o aislada. En el primer caso, la explosión de la supernova se produce sólo si la estrella compañera es una enana blanca. La enanas blancas son estrellas de masa solar que, al llegar al final de sus días, se contraen hasta el punto de alcanzar las dimensiones de un planeta. En determinadas condiciones críticas, la enana blanca interactúa gravitatoriamente con su compañera absorbiendo materia de sus estratos superficiales. La materia capturada cae en la enana blanca calentando y poniendo en marcha las reacciones nucleares que llevan a su destrucción.

En el segundo caso, es la propia estrella la que explota, una vez que en su interior se han desarrollado todos los ciclos de fusión. En ese estadio, la gravedad toma la delantera y la estrella empieza a contraerse muy deprisa. Se genera un calentamiento imprevisto que pone en marcha en el cúmulo de la estrella las reacciones nucleares controladas que liberan tanta energía como para provocar un explosión que destruye la estrella.

La explosión deja detrás de sí una nube de gases en expansión, llamados *restos de supernova*, que no son otra cosa sino los restos de las capas superficiales de la estrella destruida.

La morfología de los restos de supernova es extremadamente variada y depende de las condiciones en las que se produzca la explosión de la estrella progenitora y de sus características intrínsecas. Por otro lado, la expansión de la nube no es igual en todas las direcciones; depende de con qué gas interestelar se encuentre, adquirirá una forma u otra que se irá modificando con el tiempo del orden de miles de años.

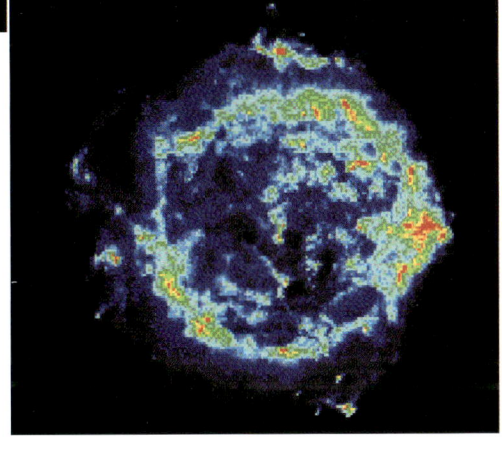

Existe... pero no se ve
Se cree que la supernova que ha generado el resto denominado Casiopea A explotó entre 1650 y 1700. Sin embargo, ningún registro histórico recoge tal hecho. Casiopea A tiene unas dimensiones del orden de 4 pársec, y es la fuente energética más intensa de todo el hemisferio boreal, así como productora de rayos X.

Características de las supernovas

Las supernovas son un ejemplo particular de estrellas variables eruptivas. Como cualquier variable, una supernova presenta una curva de luz con trazos fáciles de interpretar. En primer lugar, la supernova se caracteriza por un rápido incremento de la luminosidad, que dura unos días hasta alcanzar el máximo, ahí permanece durante una decena de días; luego su luminosidad comienza a disminuir de una manera discontinua hasta caer de un modo casi regular.

Al interpretar la curva de luz se puede saber cómo ha sido la dinámica de la explosión y estudiar su evolución. La parte de la curva que va desde el inicio de la subida hasta el máximo corresponde a la explosión de la estrella, mientras que el descenso sucesivo marca la expansión y los enfriamientos de las capas de gases.

ASTRÓFILOS Y SUPERNOVAS

Al tratarse de objetos muy brillantes y, por lo tanto, muy fáciles de observar incluso con telescopios pequeños, las supernovas son los objetos celestes preferidos por los astrófilos de todo el mundo. Por otro lado, la caza de supernovas exige una dedicación constante y paciente, virtudes de las que están más dotados los astrófilos que los astrónomos profesionales. Su contribución está siendo extraordinariamente fundamental. Desde 1990 han descubierto unas cincuenta supernovas.

Un ejemplo rotundo que demuestra que en algunos casos la gran ciencia no está reservada sólo para profesionales.

Las enanas blancas

En el *zoo estelar* existen innumerables tipos de estrellas de múltiples tamaños, colores y brillos. De todas, quizá, las que resultan más fascinantes son las estrellas muertas (en el sentido de que tienen cúmulos inertes), seguramente por su naturaleza misteriosa y por el hecho de que su estructura interna es completamente diferente a las estrellas normales. Estas estrellas son, por orden decreciente de masa, las enanas blancas, las estrellas de neutrones y los agujeros negros, y constituyen la categoría de las estrellas colapsadas, definidas así por su densidad.

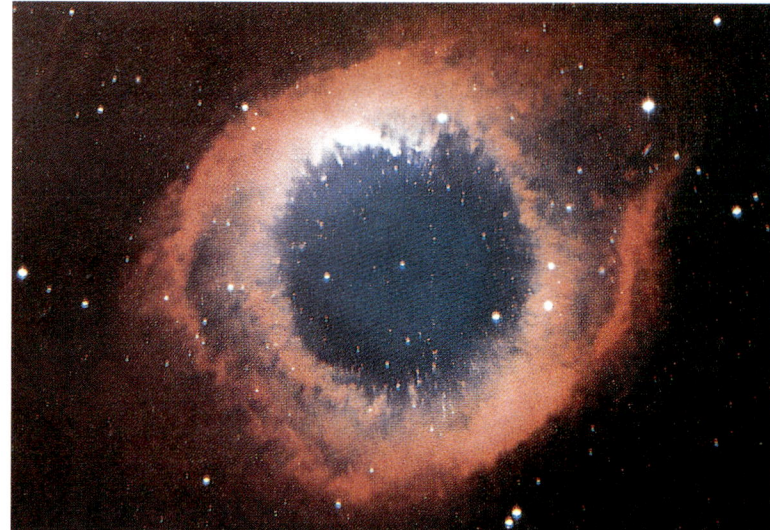

Helix Nebula
Una espléndida imagen de la nebulosa Hélice (Helix Nebula, NGC 7293) en la constelación de Acuario. La estrella del centro es una enana blanca que ha generado una nebulosa planetaria.

El descubrimiento

Al principio, la naturaleza de las enanas blancas era un auténtico enigma, a pesar de que se sabía que eran estrellas más compactas que las normales. La primera enana blanca individualizada y estudiada fue Sirio B, la compañera de Sirio, la estrella más luminosa del cielo. Aplicando la tercera ley de Kepler, los astrónomos consiguieron establecer que la masa de Sirio B debía estar entre 0,75 y 0,95 masas solares. Por otra parte, su brillo era inferior al del Sol. Dado que la luminosidad de una estrella depende del cuadrado de su radio (además de la temperatura), de estos datos se deducía que la estrella tenía que ser muy pequeña. En 1914, W. S. Adams consiguió el espectro de Sirio B, y de aquí, un primer valor de su temperatura (casi 8.000 °C). Combinando la temperatura con la luminosidad, consiguió determinar su radio, que resultó ser de 18.800 km (la verdad es que mide tres veces menos).

Las primeras enanas blancas
Sirio B, la compañera de Sirio, ha sido la primera enana blanca descubierta a principios del siglo XX. Su luz débil estaba enmascarada por la de Sirio, la estrella aparentemente más brillante del cielo.

Las primeras investigaciones

Este resultado suponía el descubrimiento de una nueva clase de estrellas. Adams, en 1925, había medido la longitud de onda de algunas rayas de emisión en el espectro de Sirio B y se había encontrado con que era mucho mayor de lo previsto. Ahora bien, el desplazamiento hacia el rojo de las rayas espectrales emitidas, debido a la fuerza de la gravedad (*redshift* gravitacional), por un cuerpo celeste es una de las consecuencias previstas de la teoría de la relatividad, formulada pocos años antes por Einstein. Aplicando dicha teoría, Adams pudo calcular, por otro camino, el radio de la estrella. La estimación, aunque errónea, coincidía con la cifra obtenida unos años antes.

Con el descubrimiento de otras dos estrellas de características parecidas a Sirio B, Arthur Eddington concluyó que debía de haber muchas estrellas como ésas en el Universo, desde el momento en que tres se habían encontrado en las cercanías del Sol.

A pesar de que la existencia de las estrellas *enanas* estaba bastante consolidada, su naturaleza seguía siendo un misterio. Concretamente, los astrónomos no conseguían explicar cómo una masa tan grande como la del Sol podía concentrarse en un volumen tan pequeño. Así que Eddington concluyó: «Parece probable que la ley de los gases perfectos pierda validez a estas enormes distancias y que las enanas blancas no estén formadas por gases en estado puro».

La naturaleza de las enanas blancas

En el mes de agosto de 1926, Enrico Fermi y Paul Dirac formularon una teoría (la estadística de Fermi-Dirac) que permitía describir el estado de un gas de partículas en condiciones de densidad extrema.

A partir de esa teoría, Fowler consiguió ese mismo año explicar la estructura estable de las enanas blancas al señalar que la estrella se mantenía con su propio peso sin colapsarse contra sí misma debido a la presión que generaba la disgregación de los electrones. Los primeros modelos completos en la estructura interna de las enanas blancas, que tenían en cuenta también los efectos de la relatividad, los realizó el físico indio Chandrasekhar. En uno de sus trabajos, publicado en 1931, recogía un importante descubrimiento realizado por él: las enanas blancas no pueden tener una masa superior a un determinado límite, y éste depende de su composición química.

Ese valor límite está en torno a 1,44 masas solares; en honor de su descubridor se le llama *límite de Chandrasekhar*.

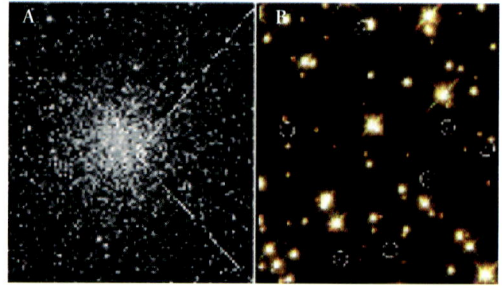

Enanas blancas en M4
Dentro del cúmulo globular M4, en Escorpión, el Telescopio Espacial Hubble ha localizado unas setenta enanas blancas, algunas de ellas están marcadas con círculos.

LAS ENANAS BLANCAS

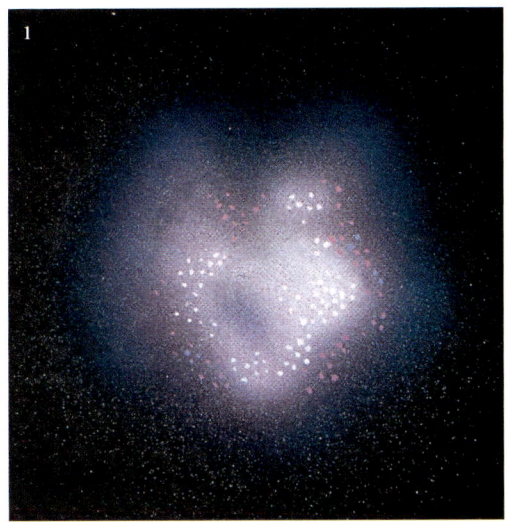

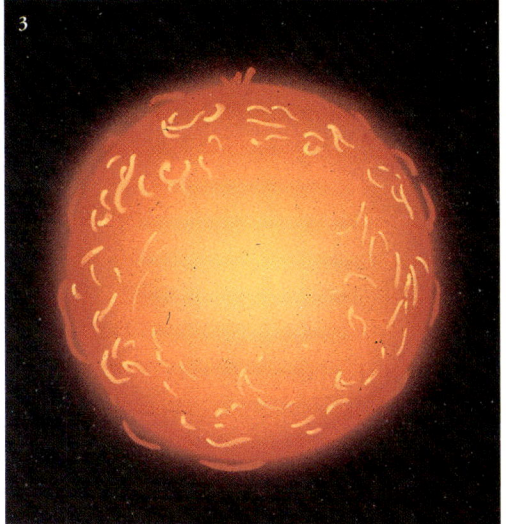
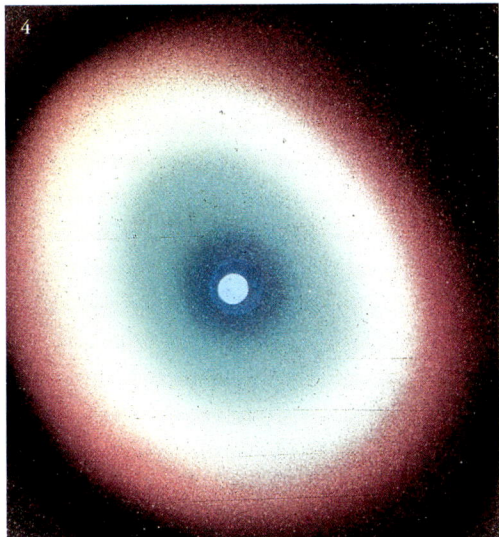

Del gas a la enana blanca
De una nube de polvo (1) se forma una estrella (2), que permanece estable (3) durante mucho tiempo; luego se forma una nebulosa planetaria (4). Al final, lo que queda es una enana blanca (5).

¡Una tonelada por cm³!

Como muy bien indica su nombre, las enanas blancas son estrellas enanas. A pesar de que su masa es semejante a la de una estrella como el Sol, tienen las dimensiones características de un planeta como la Tierra. Su radio es del orden de 6.000 km, es decir, la centésima parte del radio del Sol. Así que considerando su masa y dimensiones, se ve que se trata de estrellas de una densidad muy elevada.
Un centímetro cúbico de materia de una enana blanca pesaría en la Tierra una tonelada. Esta densidad tan alta implica también que el campo de gravedad de la estrella sea muy intenso, casi cien veces el del Sol con paridad de masa.
La enanas blancas, así como las otras estrellas colapsantes, no son muy activas desde el punto de vista nuclear. En realidad son el resultado de un choque entre estrellas de masa inferior a 4 masas solares, que ya han agotado todas las posibles reacciones de fusión nuclear.
Cuando llega este momento la estrella saca su último aliento de vida, al pasar por el estadio de gigante roja, durante el cual en el cúmulo se realiza la fusión del helio. Consumido también el helio, la estrella pasa por varias fases inestables hasta que empieza a contraerse muy despacio sobre sí misma. Durante estas fases, probablemente, libera mucha materia, que se expulsa al espacio en forma de vientos estelares. Estas enormes masas de gases forman estructuras nebulares características a las que se les da el nombre de nebulosas planetarias.

Características

A pesar de que dentro de las enanas blancas no se dan reacciones nucleares, su cúmulo se encuentra a temperaturas muy elevadas. Este calor tiende a salir hacia la superficie de la estrella y desde allí se irradia al espacio. Por tanto, las enanas se van enfriando muy despacio hasta que se hacen invisibles.
La enanas blancas *jóvenes* tienen una temperatura superficial del orden de 20.000 a 30.000 grados; por este motivo, se las ve no sólo enanas sino blancas, mientras que una estrella como el Sol (7.000 grados) aparece amarilla. A pesar de la alta temperatura superficial, dadas sus reducidas dimensiones, resulta que la luz que emite es muy modesta y por lo tanto son estrellas muy débiles, con una magnitud absoluta del orden de 12-16: de 10 millones a 100 mil millones de veces más débiles que el Sol.
El tiempo de enfriamiento de las enanas blancas es larguísimo, tanto que por eso se pueden observar muchas. Esto permite, por lo tanto, estudiar sus propiedades desde un punto de vista estadístico y poderlas incluir en el diagrama H-R donde ocupan una estrecha región muy por debajo de la secuencia principal.

SUBRAHMANYAN CHANDRASEKHAR (1910-1995)

Ha sido, sin ninguna duda, una de las personalidades más importantes en el campo de la física estelar. Nacido en Lahore, en la entonces India británica, consiguió un doctorado de investigación en Física en 1933 en la Universidad de Cambridge. Su nombre está unido a los estudios teóricos sobre la enanas blancas, en los que consiguió aplicar con éxito los nuevos principios de la mecánica cuántica. En 1937 se trasladó a los Estados Unidos, a la Universidad de Chicago, donde permaneció durante casi 60 años en el Observatorio de Yerkes.
Además de por su trabajo científico, a Subrahmanyan Chandrasekhar se le recuerda por su gran contribución a la didáctica de la astronomía. Muchos de los libros que escribió durante su carrera los usan todavía los estudiantes de astronomía de todo el mundo como libros de texto fundamentales. En 1983 recibió, junto con W. A. Fowler el Premio Nobel de Física.

Estrellas de neutrones y púlsares

La palabra *púlsar* procede de la contracción *pulsating star*, es decir, «estrella pulsante». Y es que la característica principal de estos objetos reside en no emitir radiaciones de una manera continua, sino por impulsos regulares. Estos impulsos u oscilaciones son muy rápidos. La duración de uno solo (llamado *periodo*) viene a ser de una décima de milisegundo o, como mucho, de una décima o centésima de segundo. A pesar de que la forma y el periodo del impulso varían de una púlsar a otra, son más o menos constantes en cada una de ellas, y las variaciones sólo pueden apreciarse en periodos de tiempo muy largos.

Dada la regularidad de sus oscilaciones, las púlsares funcionan casi como auténticos cronómetros cósmicos. Su periodo disminuye con el tiempo siguiendo una tasa extremadamente baja, del orden de 10^{44} s/s. Es decir que cambia un segundo cada 10^{14} segundos, es decir, ¡3 millones de años!

1 Núcleo
2 Flujo de neutrones
3 Corteza sólida
4 Eje de rotación
5 Partículas saturadas
6 Líneas del campo magnético
7 Emisión púlsar

¡Treinta revoluciones por segundo!
Resto de una supernova (arriba) del Cangrejo, en la constelación de Tauro, con la púlsar homónima, la más famosa del cielo, que tiene un periodo de rotación de 33 milisegundos.

Una señal regular

La historia del descubrimiento de las púlsares es muy curiosa. La primera PSR 1919+21, fue hallada en 1967 por Jocelyn Bell y Anthony Hewish, de la Universidad de Cambridge. Bell, una joven recién licenciada en Física, estaba realizando unos estudios sobre radioastronomía como corolario de su propia tesis, cuando notó unas ondas electromagnéticas de moderada intensidad que procedían de una región del cielo próxima al plano galáctico.

Lo más extraño era que la señal aparecía intermitente, es decir, aparecía y desaparecía con intervalos regulares de 1,377 s.

Se dice que Bell salió corriendo a contárselo a su director de tesis, el cual no le dio ninguna importancia interpretándolo como una interferencia debida a alguna señal de radio terrestre. Sin embargo, la señal seguía manifestándose igual, independientemente de la supuesta actividad de radio terrestre, muestra inequívoca de que tenía otro origen, procedente de un campo no identificado.

En cuanto el descubrimiento fue publicado, muchos se pusieron a fantasear sobre señales emitidas por una fantasmagórica civilización extraterrestre.

La naturaleza de las púlsares, sin embargo, ha sido después aclarada sin necesidad de recurrir a alienígenas.

La naturaleza de las púlsares

Tras el descubrimiento de la primera púlsar, llegaron muchas otras, y la comunidad astronómica tuvo que admitir que se trataba de una nueva clase de ondas celestes, a lo que parecía bastante comunes. Los cuerpos celestes más abundantes en el Universo son las estrellas, y parecía lógico pensar que las púlsares fueran cuerpos de tipo estelar. La explicación más coherente de sus pulsaciones era que éstas fueran el resultado de una rápida rotación de la estrella sobre su propio eje. En este caso, medir los periodos permitía también sacar conclusiones sobre la naturaleza de estos objetos: pues si un cuerpo gira más rápido de una determinada velocidad máxima, se disgrega por efecto de su fuerza centrífuga. Esto implicaba que tenía que existir un valor mínimo del periodo de rotación. Al hacerse los cálculos se obtuvo que una estrella para girar con un periodo de pocos milisegundos, como los que se habían observado en algunas

El campo magnético
Las púlsares poseen un campo magnético tan intenso que influye en todo el espacio circundante. Las líneas de fuerza de dicho campo surgen de dos posiciones opuestas conocidas como polos magnéticos.

Pulsantes como faros
Esquema ilustrativo del fenómeno de la pulsación característica de las púlsares. Como se nota en la figura, la oscilación se produce al no coincidir el eje de rotación con el magnético.

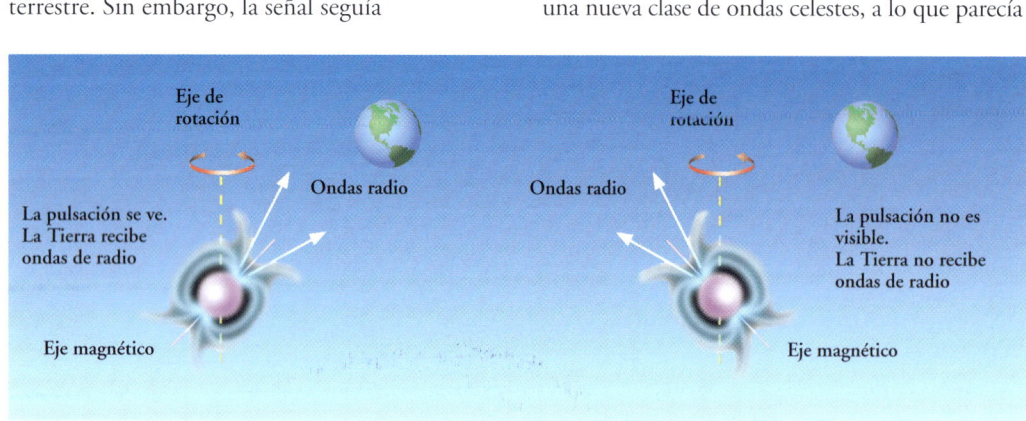

ESTRELLAS DE NEUTRONES Y PÚLSARES

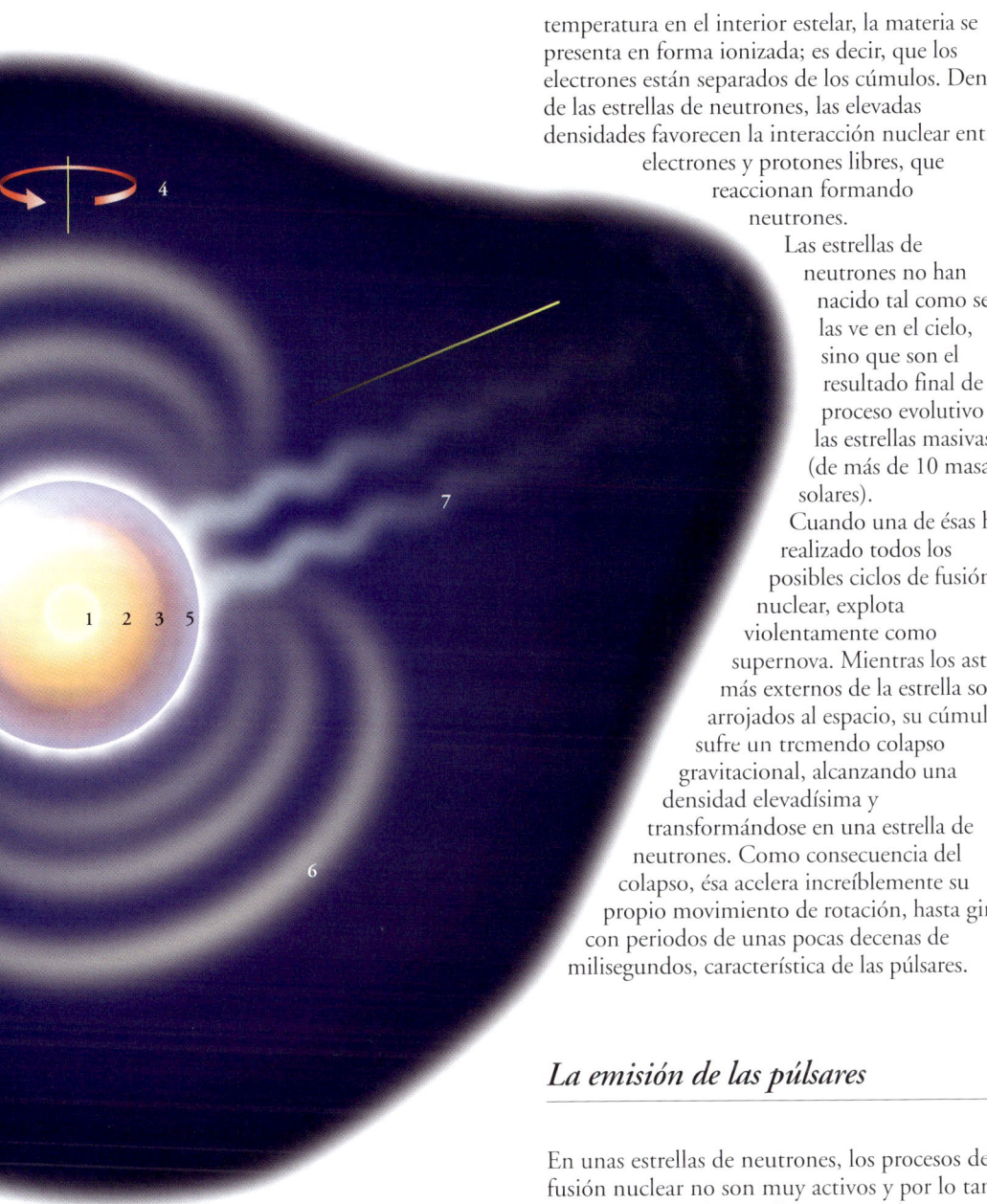

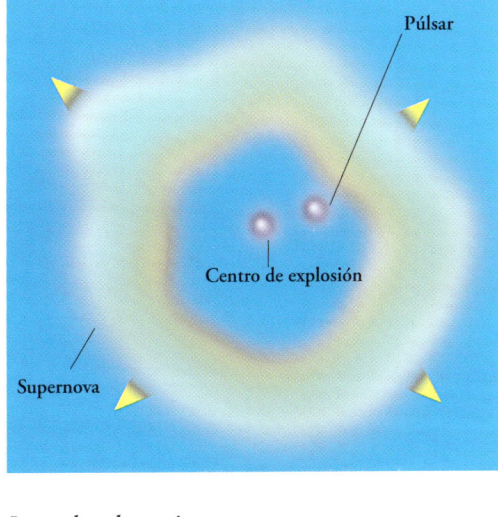

Lanzadas al espacio
Por el efecto del culetazo producido al explotar una supernova, la púlsar viene lanzada al espacio alejándose de su lugar de nacimiento a velocidades del orden de centenares de kilómetros por segundo.

temperatura en el interior estelar, la materia se presenta en forma ionizada; es decir, que los electrones están separados de los cúmulos. Dentro de las estrellas de neutrones, las elevadas densidades favorecen la interacción nuclear entre electrones y protones libres, que reaccionan formando neutrones.

Las estrellas de neutrones no han nacido tal como se las ve en el cielo, sino que son el resultado final de un proceso evolutivo de las estrellas masivas (de más de 10 masas solares).

Cuando una de ésas ha realizado todos los posibles ciclos de fusión nuclear, explota violentamente como supernova. Mientras los astros más externos de la estrella son arrojados al espacio, su cúmulo sufre un tremendo colapso gravitacional, alcanzando una densidad elevadísima y transformándose en una estrella de neutrones. Como consecuencia del colapso, ésa acelera increíblemente su propio movimiento de rotación, hasta girar con periodos de unas pocas decenas de milisegundos, característica de las púlsares.

La emisión de las púlsares

En unas estrellas de neutrones, los procesos de fusión nuclear no son muy activos y por lo tanto en el interior de la estrella no se produce energía. La emisión de la púlsar, de hecho, no se produce en el interior sino en la parte externa, en las regiones próximas a la superficie.
Una estrella de neutrones posee un campo magnético de gran intensidad millones de veces más grande que el del Sol y contagia al espacio circundante, creando una zona de influencia conocida como magnetosfera. La estrella de neutrones introduce en la magnetosfera montones de electrones y positrones que se aceleran por su propia rotación hasta alcanzar una velocidad próxima a la de la luz. El campo magnético influye también en el movimiento de estas partículas que tienden a moverse a lo largo de líneas de fuerza siguiendo una trayectoria en espiral.
De este modo, sueltan una parte de su energía cinética en forma de radiaciones electromagnéticas.
Tales emisiones, suceden a costa de la energía rotacional que, al disminuir hace que aumente el tiempo del periodo de rotación. Por lo tanto, las púlsares más viejas son las que tienen un periodo de pulsación más largo.
El periodo suele cambiar de una manera regular. En algunos casos sufre bruscas disminuciones imprevistas. Estos fenómenos, conocidos como *glitches*, son el resultado de microsismos que se originan en la estructura externa de la estrella de neutrones: es decir, de los verdaderos movimientos estelares que producen un reasentamiento en el movimiento de rotación de la estrella y, por lo tanto, de su periodo.

púlsares, tenía que tener una densidad del orden de 10^{14} g/cm³, es decir, como los cúmulos atómicos. Por poner un ejemplo, esa estrella tendría una masa como la del Monte Everest, concentrada en el volumen de un terrón de azúcar.

Las estrellas de neutrones

Estas características corresponden a un tipo de estrella del que, desde la década de 1930, ya se había supuesto su existencia, hablamos de las estrellas de neutrones. Son objetos de una masa equivalente a 1,5 veces la del Sol, concentrada en un radio de tan sólo 10 km. Las estrellas de neutrones están formadas esencialmente por neutrones, partículas elementales carentes de carga eléctrica y que junto con los protones forman los cúmulos atómicos. Por su elevada

Las púlsares en el cielo
Distribución de las púlsares dentro de la Vía Láctea. Las posiciones de los distintos objetos se expresan en coordenadas galácticas. Como se ve, la mayor parte de estos objetos se encuentran en el plano galáctico.

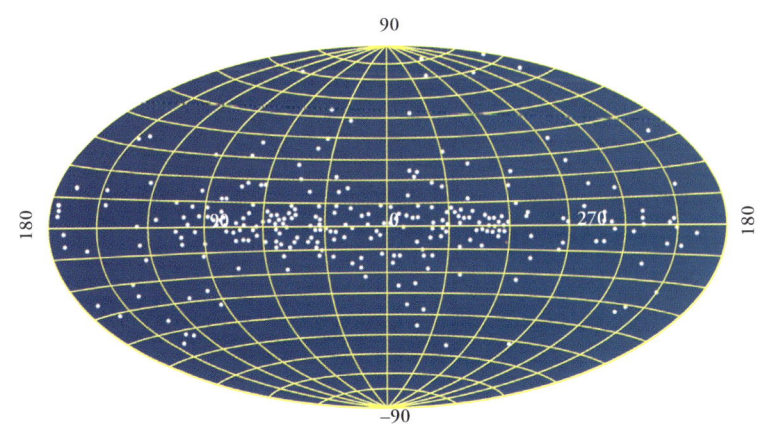

Agujeros negros

Las imágenes astronómicas fascinan por la variedad de formas y colores que ofrecen. En ellas se pueden reconocer la infinidad de cuerpos diferentes que pueblan el Universo: estrellas de todos los colores y tamaños, galaxias con su característica forma en espiral e incluso nebulosas con las formas y los colores más sugestivos. Pero en este inmenso *zoo cósmico* también hay unos ejemplares más curiosos que otros. Entre los más misteriosos, fascinantes y excitantes se encuentran los agujeros negros de los que todavía no se conoce su naturaleza.

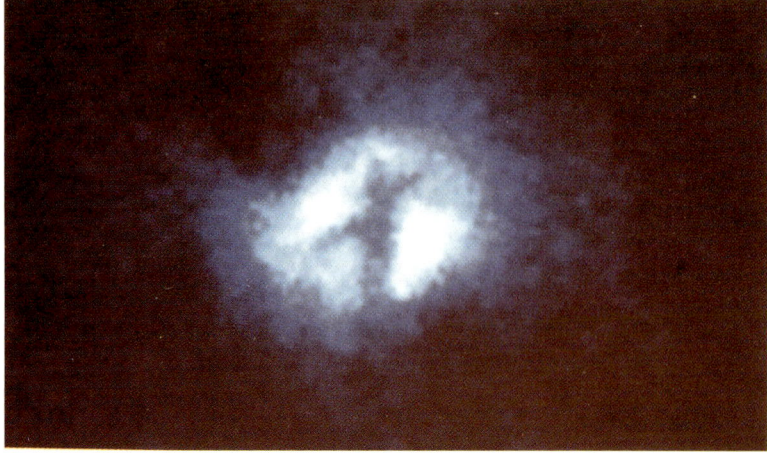

Agujero negro gigante
Imagen del cúmulo de la galaxia M51 tomada por el Telescopio Espacial. La región en forma de × se ha producido por la presencia de un agujero negro de casi cien millones de masas solares.

La velocidad de fuga

En el lenguaje popular, el término *agujero negro* representa una especie de pozo sin fondo en el cual cualquier cosa que caiga desaparece sin dejar huellas. Pero ¿qué son en realidad los agujeros negros? Para entenderlo bien hay que remontarse a trescientos años atrás. En el siglo XVIII, el matemático francés Pierre Simone de Laplace, mientras estudiaba la teoría gravitacional, intuyó la existencia de estos agujeros. Se sabe que el cuerpo de una determinada masa, por ejemplo la Tierra, posee un campo gravitacional que ejerce una fuerza de atracción sobre los cuerpos que la rodean. Por este motivo, un objeto lanzado al aire vuelve a caer al suelo. Sin embargo, si este mismo objeto se lanza a una velocidad suficiente, escapa a la atracción de la gravedad de la Tierra y se aleja en el espacio. La velocidad mínima necesaria para que esto suceda es la denominada *velocidad de fuga* y en el caso de la Tierra es de 11 km/s. La velocidad de fuga depende de la densidad del cuerpo celeste que genera el campo gravitacional.

En concreto, a más densidad, mayor es la velocidad que el cuerpo tendrá que desarrollar para alejarse de la superficie del cuerpo celeste. Con estas premisas se puede proponer la hipótesis, como hizo hace tres siglos Laplace, de que existen en el Universo cuerpos de una densidad tan elevada que su velocidad de fuga tiene que ser superior a la de la luz, es decir 300.000 km/s. En este caso ni siquiera la luz conseguiría escapar a la fuerza gravitacional de semejante cuerpo y permanecería atrapada en el interior de su campo magnético. Como un cuerpo semejante no podría emitir luz, sería completamente invisible y sólo podremos imaginarlo como un gran agujero, negro por supuesto. Naturalmente la teoría formulada por Laplace era el resultado de su tiempo y, por lo tanto, extremadamente simple. Además, en la época de Laplace todavía no se había formulado la teoría de la mecánica quántica y considerar la luz como un cuerpo material podría haberse tomado como un insulto a la razón conceptual. En los primeros años del siglo XX, precisamente con el nacimiento y desarrollo de la mecánica cuántica, se descubrió que la luz, que hasta ese momento se creía que era sólo una onda electromagnética, en algunas circunstancias se comportaba como un conjunto de partículas materiales. Este concepto se desarrolló luego dentro del conjunto de la *teoría de la relatividad general* de Albert Einstein, publicada en 1915, y fue retomada en 1916 por el físico alemán Karl Schwarzschild, que puso las bases matemáticas de la teoría de los agujeros negros. En este contexto, sí se podía justificar la idea de que la luz se sometiese también a la acción de la fuerza

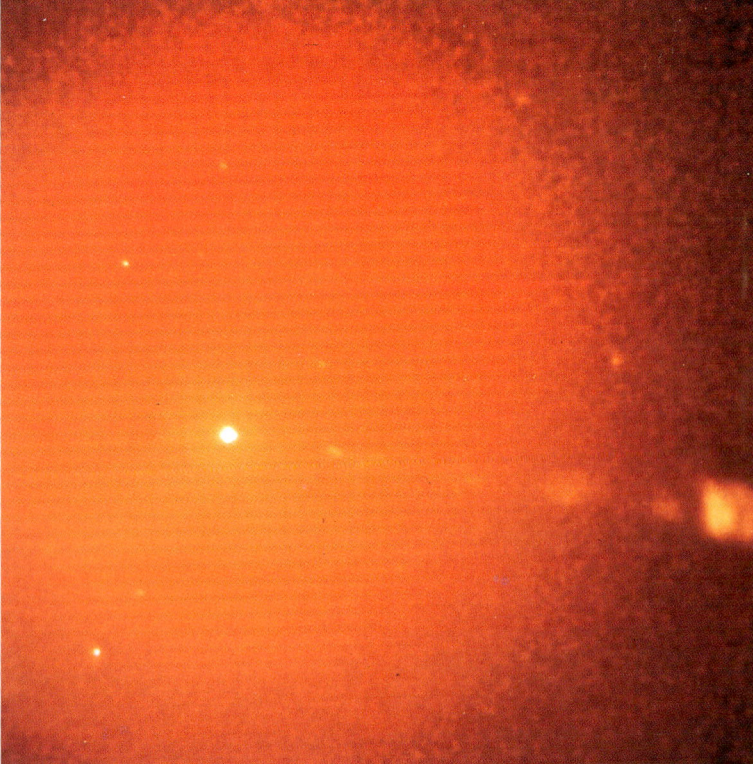

El cúmulo de M87
En el cúmulo de la galaxia activa M87 el Telescopio Espacial ha obtenido este disco de gas caliente en rotación (a la izquierda) alrededor de un cuerpo invisible; puede que sea un agujero negro de 3.000 millones de masas solares.

Robo de materia
La mayor parte de los agujeros negros de tamaño estelar podrían pertenecer a sistemas binarios. En estos casos se produce una acción de canibalismo de una estrella sobre su compañera.

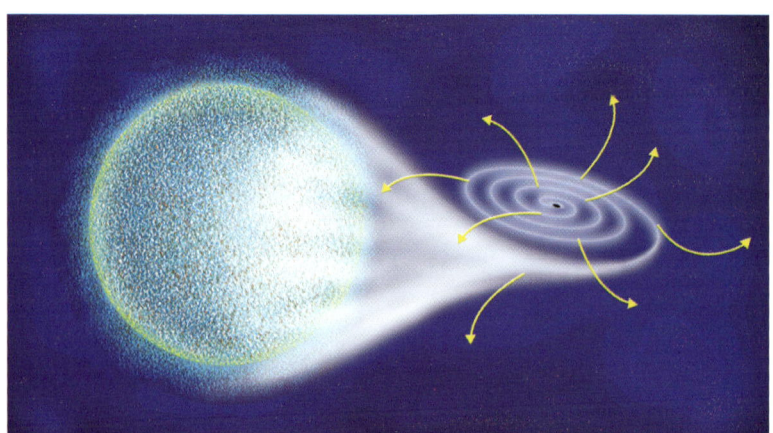

AGUJEROS NEGROS

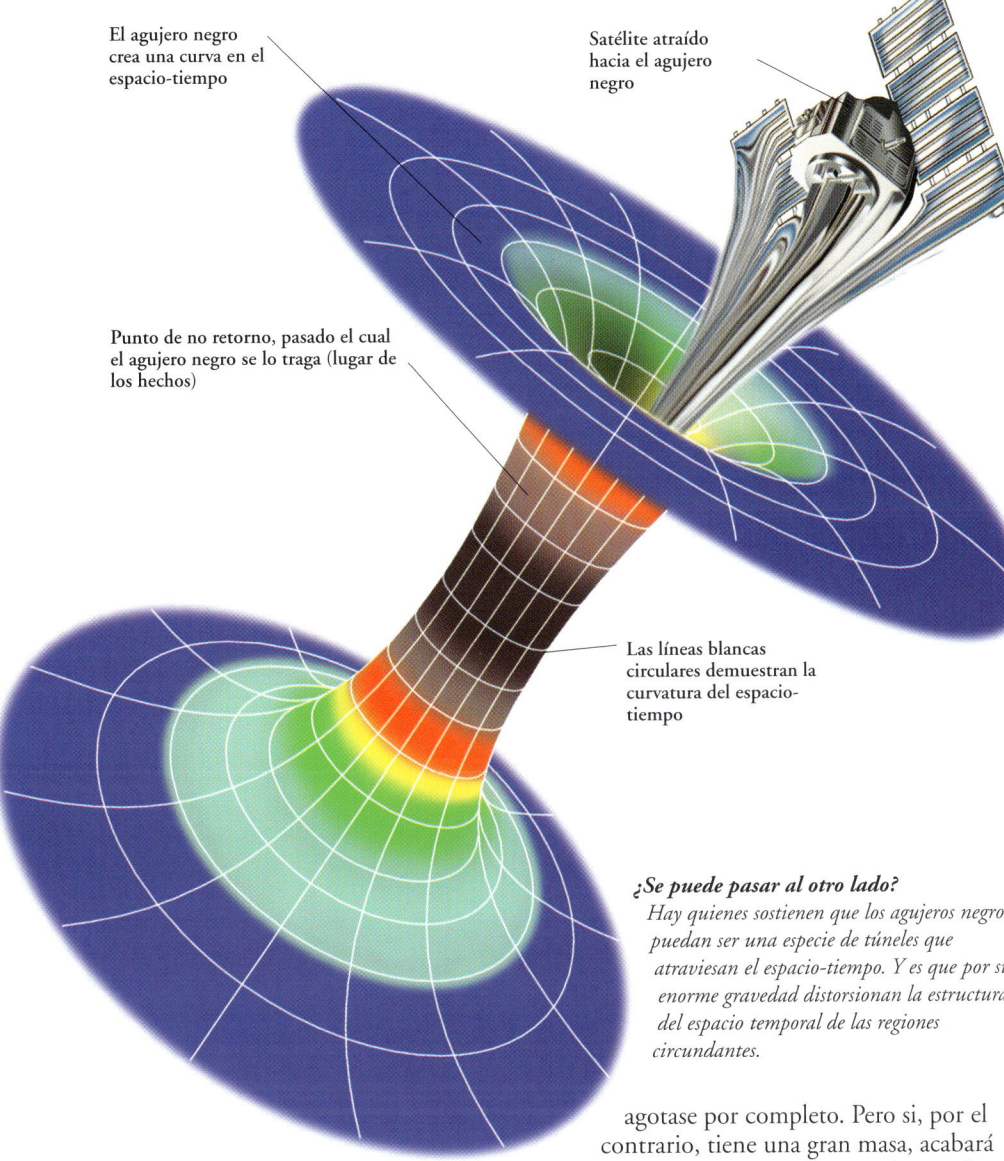

El agujero negro crea una curva en el espacio-tiempo

Satélite atraído hacia el agujero negro

Punto de no retorno, pasado el cual el agujero negro se lo traga (lugar de los hechos)

Las líneas blancas circulares demuestran la curvatura del espacio-tiempo

¿Se puede pasar al otro lado?
Hay quienes sostienen que los agujeros negros puedan ser una especie de túneles que atraviesan el espacio-tiempo. Y es que por su enorme gravedad distorsionan la estructura del espacio temporal de las regiones circundantes.

física teórica. La teoría de la relatividad general formulada por Albert Einstein establece que las leyes de la física se alteran por un campo gravitatorio local.
En sustancia, el tiempo transcurre con ritmos diferentes según las diferentes intensidades de los campos gravitacionales (por ejemplo, el tiempo pasa más despacio en las proximidades de un agujero negro y mucho más deprisa cerca de una estrella como el Sol).
Además, el agujero negro no influye sólo en el tiempo, sino que también transforma la estructura del espacio circunstante. Según la relatividad general, la presencia de un campo gravitacional generado por un cuerpo con masa como un agujero negro distorsionaría la estructura del espacio circunstante y hasta su geometría sería distinta. Esto quiere decir que en las proximidades de un agujero negro el camino más corto para unir dos puntos en el espacio no sería la línea recta, sino la línea curva, cuya forma viene determinada por la entidad de la distorsión espacial y, por lo tanto, por la misma masa del agujero negro. Esto es lo que sucede fuera, pero ¿qué es lo que sucede en realidad dentro de un agujero negro?
Esta pregunta todavía permanecerá sin respuesta durante mucho tiempo, tal vez por siempre jamás. Las condiciones físicas dentro de un agujero negro son tan diferentes de los modelos reproducibles experimentalmente como para que resulte insólita cualquier previsión. Por este motivo, surgen tantas teorías, por otro lado, imposibles de confirmar o desmentir.
Entre las más audaces, hay una que apuesta por que los agujeros negros, dado que distorsionan de una manera tan indiscutible el espacio y el

de la gravedad. Con casi dos siglos de adelanto, Laplace había tenido, aunque de una manera gratuita, una de las intuiciones más importantes de la historia de la física.

¿Cómo nacen los agujeros negros?

Los agujeros negros, cuyo nombre fue aplicado en 1967 por el astrofísico estadounidense John Wheeler, son el resultado final de la evolución de las estrellas de gran masa, es decir, de más de 5 masas solares. Cuando la estrella ha consumido todas sus reservas de combustible nuclear y ya no se producen reacciones en su cúmulo, da su última y definitiva contracción. Este paso supone, en la práctica, la muerte de la estrella. A partir de aquí el destino de la estrella depende exclusivamente de su masa.
Si la estrella tiene una masa inferior a pocas masas solares, seguirá contrayéndose hasta que

agotase por completo. Pero si, por el contrario, tiene una gran masa, acabará su existencia con una enorme explosión de supernova.
La estrella deja detrás de sí las huellas más débiles de su existencia. Tras la explosión, su cúmulo sufre lo que se dice un *colapso gravitacional completo* durante el cual la masa restante forma una esfera extremadamente compacta, con una densidad de 10.000 veces la del cúmulo atómico.

Efectos de la relatividad

Para la ciencia, los agujeros negros son un excelente laboratorio natural donde comprobar las hipótesis más avanzadas en el campo de la

Vista de un agujero negro
Representación pictórica de un agujero negro tal como lo vería un (improbable) observador que se encontrase en un planeta que girase a su alrededor.

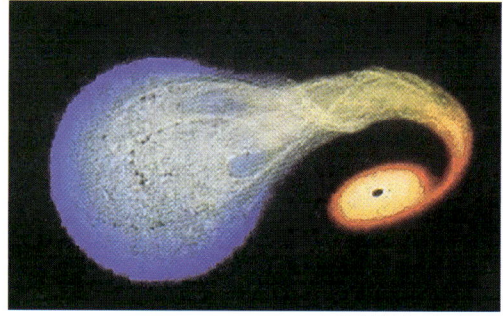

Primer agujero negro de talla estelar
Representación pictórica del sistema binario Cygnus X-1. El primer agujero negro estelar que se acreditó, en 1971, en este sistema en la constelación del Cisne.

ALGUNOS CANDIDATOS A AGUJEROS NEGROS

Nombre	Distancia (a.l.)	Masa (m. solares)	Magnitud	Estrella compañera
Cygnus X-1	8.000	10-15	9	Supergigante O
LMCX-3	175.000	4-11	17	Enana B
LMCX-1	175.000	4-10	14	Gigante O
A0620-200	3.000	3,3-4,2	18	Enana K
V404 Cygni	11.000	8-15	18	Enana K
Nova Nuscae 1991	10.000	4-6	20	Enana K
Nova Ophiuchi 1977	10.000	> 4,1	21	K
J0422+32	8.000	4,5	22	Enana M
J1655-40	10.000	4-5,2	17	F-G
GS2000+25	8.000	5,3-8,2	22	Enana K

tiempo, representan una especie de *cancela* a otras dimensiones. Dicho más explícito: se entraría por un agujero negro y se saldría por otro agujero negro a un lugar diferente del espacio y, tal vez, del tiempo.

Se puede creer que los agujeros negros constituyan un medio para viajar en el espacio a velocidad instantánea o incluso para viajar en el tiempo. Cuando se llega a este punto es bastante difícil establecer el límite preciso entre la especulación teórica y la fantasía. La eventualidad más creíble, con bases científicas, que se puede afirmar es que cualquier objeto, incluso una astronave, que se precipitase en un agujero negro sería inmediatamente triturado por su inmenso campo gravitacional.

Clases de agujeros negros

¿Cuántos agujeros negros hay en el Universo? Según las teorías sobre la evolución estelar, las estrellas de gran masa representan la mayoría, así que los agujeros negros o las estrellas candidatas a ser agujeros negros son muy abundantes. Como las estrellas tienden a nacer por parejas o, como se dice técnicamente, en *sistemas binarios*, los agujeros negros no serían objetos solitarios, sino que la mayoría de ellos irán acompañados por una estrella.

Además de los agujeros negros de tipo estelar, producidos tras el colapso gravitacional subsiguiente a la explosión de una estrella de gran masa, existe también una familia que se la podría definir como de *hermanos mayores*. Éstos se generarían, en el interior del cúmulo de las galaxias, inmediatamente después del colapso gravitacional, de la materia que se va acumulando en el centro galáctico durante miles de millones de años. Se trata, en este caso, de agujeros negros gigantescos con una masa equivalente a algunos centenares de millones de masas solares y equivalentes al 1% de la masa de la galaxia anfitriona. Por este motivo también se les llama *agujeros negros supermasivos*.

Según las teorías más recientes, todas las galaxias,

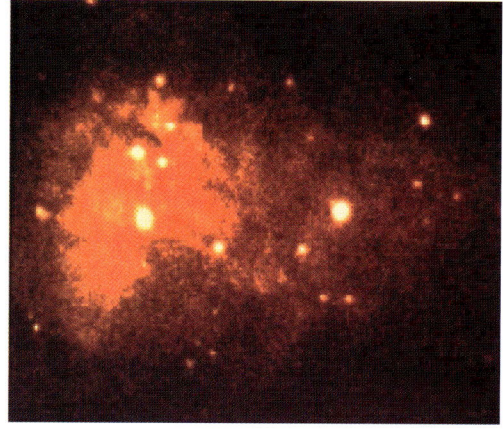

Un candidato en la Nube de Magallanes
Un candidato a agujero negro se ha localizado en el sistema binario × conocido con el nombre de LMC X-1, que se encuentra en la Gran Nube de Magallanes, a 170.000 años luz de la Tierra.

comprendida la Vía Láctea, tendrían como centro un agujero negro y ésa sería precisamente la causa de que la acción gravitacional de la mayor parte de la materia luminosa se concentrase en las regiones centrales. Esto significaría que los agujeros negros, durante tanto tiempo considerados por los físicos una simple abstracción teórica o incluso peor, un parto de la fantasía, habría que considerarlos como los objetos más normales que pueblan el Universo.

Estudio de los agujeros negros

No se puede ver un agujero negro, por la sencilla razón de que son invisibles. Por este motivo, hasta hace unos decenios, bastantes astrofísicos se negaban a admitir ni siquiera como planteamiento teórico su existencia. En astrofísica, sin embargo, hay otras líneas de trabajo. Un ejemplo incuestionable es la existencia de la materia oscura, tan invisible como los agujeros negros, pero identificable por la fuerza gravitatoria que ejerce sobre la rotación de las galaxias en espiral.

Con estos métodos también se pueden localizar los agujeros negros de una manera indirecta, observando su interacción con el espacio que les rodea. Partamos, por ejemplo, del caso de un agujero negro en un sistema binario. Ése va acompañado de una estrella y ambos giran alrededor de un punto común, llamado *centro de masa del sistema*. Resulta que la compañera es una estrella visible, pero el agujero negro permanece *escondido* y su existencia ignorada.

Un disco con dos flujos
La materia que un agujero negro estelar, en un sistema binario, transporta de la estrella compañera entra en órbita alrededor del agujero formando el llamado disco de crecimiento que emite rayos X.

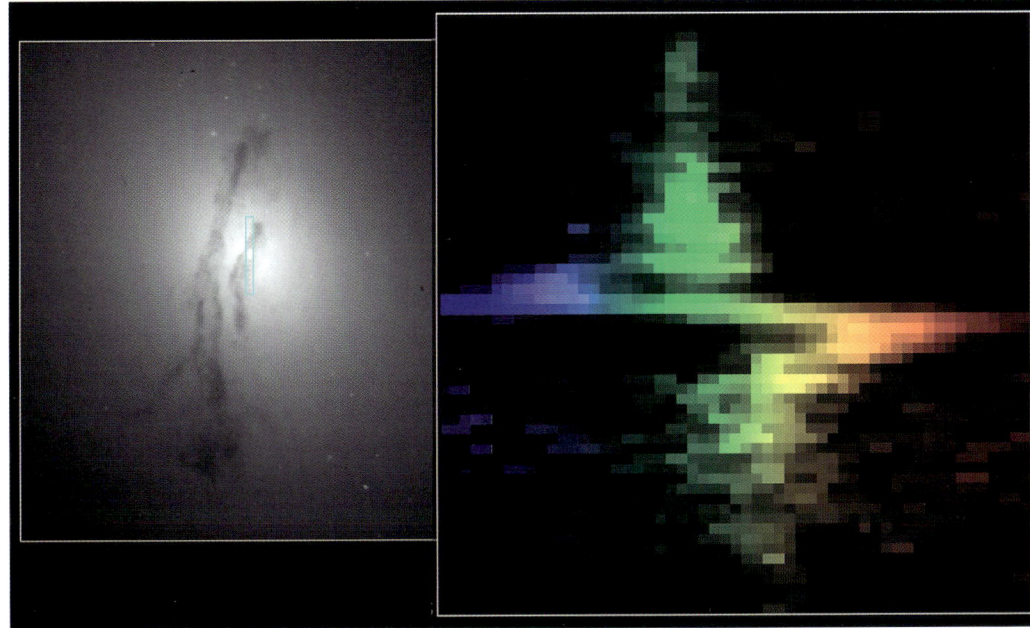

Una caza difícil
(A la izquierda) En el cúmulo de la galaxia M84 (extremo izquierda) se esconde un agujero negro, por lo menos eso parece mostrar el movimiento de gases en esa región (al lado).

Una galaxia engullida
El cúmulo de la galaxia NGC 4261, visto por el Telescopio Espacial Hubble, donde parece que hay un enorme agujero negro. El disco que se ve es lo que queda de una galaxia pequeña caída en el pasado.

Sin embargo, está emitiendo radiaciones y, por lo tanto, el agujero negro está demostrando su presencia. Como ya se ha visto, posee un campo gravitacional de gran intensidad. Cuando en el sistema binario se dan ciertas condiciones críticas, determinadas por la separación orbital de las dos estrellas y por el radio de la estrella compañera, el agujero negro actúa con su gravedad sobre ésta *chupando* los gases de su superficie.

El gas empieza a retorcerse alrededor del agujero negro en órbitas cada vez más estrechas, formando un disco llamado de *crecimiento*, que después de precipitarse desaparece sin dejar rastro. En la caída, el gas adquiere energía gravitatoria y se calienta por rozamiento dinámico hasta alcanzar temperaturas del orden de millones de grados. A temperaturas tan elevadas emite unas radiaciones electromagnéticas muy fuertes: rayos X.

A un agujero negro solitario podría considerársele como un campo de rayos x si sólo absorbiese materia del medio interestelar. Para producir un flujo de radiaciones suficientes como para manifestar claramente su naturaleza, tendría, además, que estar dentro de nubes gaseosas de gran densidad, como nubes moleculares gigantes.

Por lo tanto, ser fuente de rayos x es una de las características de los sistemas binarios que albergan agujeros negros. Así que los *cazadores de agujeros negros* disponen de un criterio válido para localizar su presencia en el interior de los sistemas binarios. Por este motivo, la búsqueda de agujeros negros ha ido pareja al desarrollo de las misiones de la astronomía X.

Candidatos a agujeros negros

El criterio expuesto, como muchos otros que hay, sólo sirve para seleccionar las binarias X como potencialmente interesantes. Sin embargo, ellas tan sólo suministran algunos indicios pero no son una prueba irrefutable.

Por este motivo los astrónomos más prudentes prefieren hablar de tales objetos como de *candidatos a agujeros* negros.

La manera más segura de resolver la cuestión sería *pesar* la masa de las dos estrellas del sistema binario.

Una vez determinada la masa del objeto colapsado es fácil comprobar si esos valores coinciden con los previstos para una estrella de neutrones o para un agujero negro.

Un ejemplo: como la masa de una estrella de neutrones es casi 1,5 masas solares, cualquier objeto con un valor máximo que oscile alrededor de 3 masas solares habrá que asociarlo inmediatamente a un agujero negro. El problema, en el caso de las binarias X con los agujeros negros, es que no se puede determinar con precisión la masa y hay que contentarse, la mayoría de las veces, con aproximaciones por defecto. En otras palabras, sólo se puede afirmar que una determinada masa en cuestión es superior o inferior a un determinado valor.

De todas maneras, con este tipo de estudios se ha podido establecer, con una cierta seguridad, la presencia de agujeros negros en algunas binarias X. El primero fue localizado en X Cygnus X-1 a principios de los años setenta. Las observaciones realizadas en los últimos años con satélites X y telescopios ópticos han ampliado sustancialmente el número de candidatos a agujeros negros, sin olvidar que los agujeros negros estelares son ya una realidad astrofísica casi definitivamente confirmada.

CLASES DE AGUJEROS NEGROS ESTELARES

Además de los agujeros negros ideales previstos por Karl Schwarzschild en 1916 y los estudiados por Robert Oppenheimer en 1939, que consideran el colapso gravitacional de una estrella que no gira con simetría esférica, han sido objeto de estudio otras clases de agujeros negros partiendo del hecho de que en el Universo la rotación es un fenómeno general. La verdad es que no se conoce ninguna estrella que no se mueva y por lo tanto las estrellas masivas, las progenitoras de los agujeros, girarán. Además, la mayoría de los cuerpos celestes conocidos tienen irregularidades, no presentan simetría esférica y son focos de campos magnéticos.

Actualmente, partiendo de estas consideraciones, se cree que hay cuatro clases de agujeros negros:
1) agujeros negros de Schwarzschild: no giran y se caracterizan sólo por la masa;
2) agujeros negros de Reissner-Nordstrom: con masa y carga eléctrica pero no giran;
3) Agujeros negros de Kerr: con masa y rotación, pero sin carga eléctrica;
4) Agujeros negros de Kerr-Newmann: caracterizados por la masa, la rotación y la carga eléctrica.

La Vía Láctea

Cuando se mira al cielo por la noche, es imposible no notar esa banda blanquecina y mate que atraviesa la esfera celeste y que lleva el nombre de Vía Láctea. Se ve desde cualquier posición de la superficie terrestre, forma un auténtico anillo pero desde la Tierra sólo se ve una parte. A nuestros ojos, la Vía Láctea aparece con una débil luminosidad difusa, pero en realidad está formada por millones de estrellas que el ojo humano no es capaz de distinguir y asimilar. Fue Galileo Galilei el primero que estudió de una manera sistemática la Vía Láctea con un anteojo que él mismo se construyó. En realidad, la franja de estrellas que vemos es el disco de nuestra galaxia tal como se ve desde la Tierra.

El disco de la Vía Láctea

La Vía Láctea es una galaxia en espiral; está formada por un cuerpo principal plano con forma lenticular, de un diámetro de más de 100.000 años luz, dentro del cual se encuentran la mayoría de las estrellas.
La morfología del disco no es compacta y dentro hay estructuras curvas que parten del núcleo y se extienden hacia la periferia de la galaxia. Dichas estructuras son los llamados *brazos de la espiral,* zonas de materia con elevada densidad donde todavía se están formando nuevas estrellas a partir de nubes de gases y polvo interestelar. El núcleo galáctico se encuentra en la zona central de esta estructura lenticular y aplanada que es el disco.
Alrededor del disco se encuentra la orla, una estructura con simetría esférica ocupada por las estrellas más viejas y por los cúmulos globulares, que representan los sistemas estelares más antiguos de nuestra galaxia. Tienen una característica forma esférica y una elevada densidad estelar. Los cúmulos globulares se encuentran entre los objetos más atractivos para observarlos con telescopio.
El Sol se sitúa en el plano galáctico a una distancia de casi 28.000 años luz del centro. Esto significa que está colocado en una posición periférica, a casi dos tercios del radio galáctico a partir del centro. Dado que estamos literalmente inmersos en la galaxia y la estamos viendo desde dentro, lo que vemos del disco es la franja de estrellas (la Vía Láctea) proyectada sobre la esfera celeste. Tal perspectiva hace difícil saber cuál será la verdadera estructura tridimensional que tenga en realidad la galaxia.
Por este motivo, a pesar de que el ser humano lleva observando el firmamento desde hace milenios, sólo en el siglo XIX se empezó a tener una idea clara de la forma y dimensiones de nuestra galaxia.

Herschel y el conteo estelar

William Herschel fue el primer astrónomo que estudió de una manera científica la distribución de las estrellas en la esfera celeste. Lo que trataba de conseguir era información sobre la posición que el Sol ocupa entre las estrellas. A partir de 1780, ideó un plan para contar sistemáticamente las estrellas visibles: dividió la esfera celeste en áreas cuadradas y se puso a contar las estrellas que aparecían en cada cuadrante. Herschel comprobó que conforme se iba acercando a las zonas del cielo más próximas a la Vía Láctea, el número de estrellas por cuadrante aumentaba.
Entonces, Herschel, partiendo de la cartografía bidimensional del cielo, construyó la estructura tridimensional de la Vía Láctea, y así llegó a la conclusión de que la mayoría de las estrellas estaba distribuida en una estructura aplanada, dentro de la cual, junto a otras estrellas, se encontraba el Sol. Immanuel Kant, ya en 1755, había sugerido una morfología para la Vía Láctea semejante a la que localizó Herschel, que hay que recordar que fue el primero en formular una hipótesis sobre la estructura de la galaxia, partiendo de observaciones empíricas.
Al aplicarse la fotografía a la astronomía, las investigaciones sobre la Vía Láctea aumentaron y mejoraron. J. Kapteyn, en los primeros años del siglo XX, se dedicó a analizar fotografías con el fin de comprender la estructura del Universo a partir de la distribución que las estrellas tienen en el cielo. El trabajo de contar estrellas fue ultimado en la década de 1920 y llevó a Kapteyn a la conclusión de que nuestra galaxia era un sistema plano, casi centrado en el Sol, que venía a estar a 2.100 años luz del centro galáctico.

Shapley y la escala del Universo

Las medidas sobre el tamaño de nuestra galaxia han sido siempre un problema de gran importancia, en lo estrictamente relacionado con el debate sobre las dimensiones del Universo. ¿Nuestra galaxia contiene todo

El centro de la galaxia
Imagen, con colores falseados, del centro de la Vía Láctea. La fuente luminosa en el medio es Sagitarius A, una activa región donde se forman estrellas próxima al núcleo galáctico.
El centro está rodeado por un anillo de gases (el círculo rosa). El anillo externo muestra nubes moleculares (anaranjadas) y de hidrógeno ionizado (área rosa).

LA VÍA LÁCTEA

situándolo a 33.000 años luz de nosotros, en la dirección de Sagitario. Según él, la galaxia resultaba ser decididamente más grande que lo que se creía hasta ese momento. Por otro lado, a partir de esas medidas, el Sol no se encontraba en el centro galáctico sino en una posición bastante distante. La verdad es que lo que Shapley había descubierto por el análisis de la distribución en los cúmulos globulares fue luego confirmado en investigaciones posteriores: hoy se sabe que el Sol se encuentra en el plano galáctico de la galaxia, a 28.000 años luz del centro y que orbita alrededor de sí mismo a una velocidad de 250 km/s, empleando más de 200 millones de años en dar una vuelta completa. Otro paso adelante se dio cuando, en 1923, Edwin Hubble, que se encontraba estudiando la nebulosa Andrómeda, comprobó que su distancia de la Tierra era de cerca de un millón de años luz, lo que la situaba decididamente fuera de nuestra galaxia.

La estructura en espiral

En 1903 Easton había sugerido la posibilidad de que nuestra galaxia tuviera una forma espiral, basándose en un mapa de la Vía Láctea. Esta hipótesis fue retomada luego por Baade, 1950, partiendo de estudios relativos a las poblaciones estelares y a su edad. En concreto, los brazos espirales aparecían llenos de objetos muy luminosos y jóvenes. Por último, fue Morgan quien demostró la existencia de brazos espirales en las cercanías del Sol. Hace poco, la forma en espiral de la galaxia quedó ya definitivamente demostrada con el estudio de la distribución del hidrógeno neutro en el disco galáctico, como resulta de la radiación de la longitud de onda de 21 centímetros emitida con este gas. A través de estas emisiones se ha podido trazar un mapa de la distribución del hidrógeno en nuestra galaxia, dejando manifiestamente claro que tiene, en efecto, una típica forma espiral.

Un vórtice de estrellas
Representación artística de la Vía Láctea vista desde el exterior. Se trata de una galaxia en espiral clásica, con un núcleo central muy conspicuo, de casi 100.000 años luz de diámetro.

Un camino en el cielo
Dos imágenes de la banda luminosa de la Vía Láctea vista con teleobjetivos de gran angular con cielo especialmente oscuro.

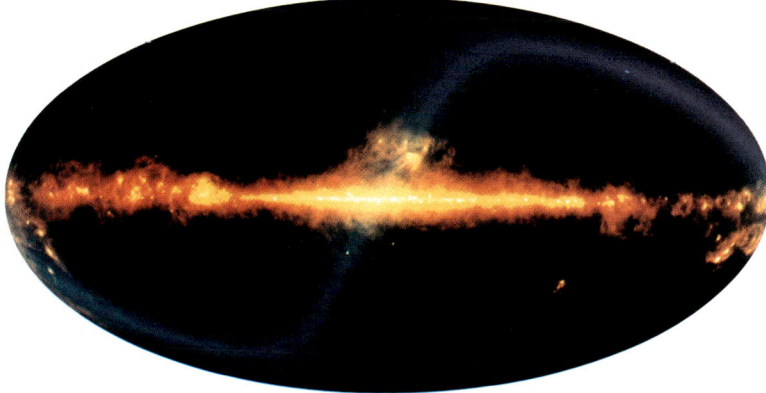
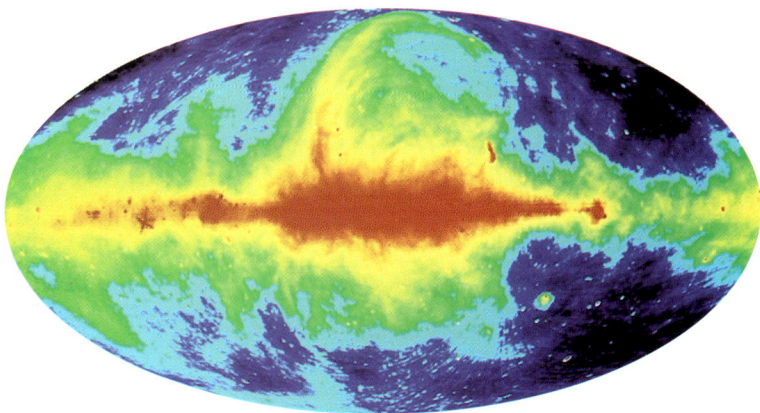

A distintas longitudes de onda
Dos imágenes compuestas de la Vía Láctea tomadas con infrarrojos (a la izquierda) y radio (a la derecha). Cada una muestra características distintas de nuestra galaxia.

Movimientos en la Vía Láctea

Desde la placidez de un sillón nos cuesta creer que estamos viajando en el espacio, participando de todos los movimientos de nuestro planeta y de los que éste realiza junto con el Sistema Solar dentro de la Vía Láctea y también del movimiento que esta última produce en la expansión del Universo. No pasa un segundo en el que no estemos participando en una frenética carrera, y el hecho de que no nos demos cuenta se debe a la regularidad de los movimientos que se producen con una velocidad siempre constante.

Un enorme tiovivo

Nuestra galaxia, la Vía Láctea, tiene una característica forma espiral, semejante a la de otras muchas galaxias. Si pudiéramos mirarla *por arriba* (es decir, desde el polo norte galáctico), veríamos que tiene un núcleo muy denso y luminoso, poblado por muchas estrellas muy juntas, y que en sus brazos se encuentran más separadas.

En la actualidad hay una rama de la astrofísica, llamada la cinemática estelar, que se ocupa precisamente del movimiento de las estrellas dentro de la Vía Láctea; dado el desarrollo de la espectroscopia, hoy se efectúan observaciones muy precisas.

La espectroscopia estudia los objetos celestes separando la luz que envían a la Tierra en sus colores fundamentales a través del llamado espectro; en éste aparecen unas rayas oscuras que indican la presencia de distintos elementos químicos en el objeto que se estudia. Por otro lado, la posición de las rayas permite valorar el movimiento del objeto en sí: de hecho, por el efecto Doppler, las líneas aparecen desviadas hacia el azul si se está acercando y hacia el rojo si se está alejando. De esta manera se puede construir la llamada *curva de rotación*,

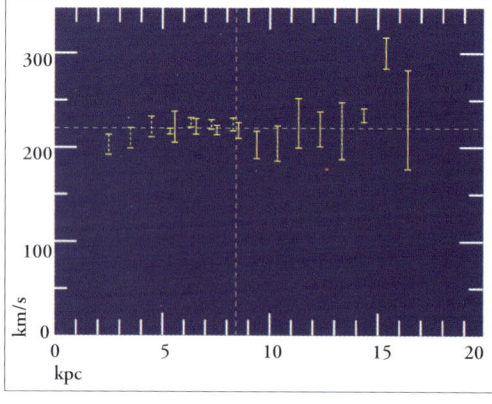

un gráfico que muestra las diferentes velocidades con las que se mueven las estrellas según a la distancia que estén del centro.

Cúmulos y nebulosas
Las regiones centrales de la Vía Láctea, en dirección a Sagitario, fotografiadas desde las islas Mauricio. Se trata de una región muy rica en cúmulos estelares y nebulosas.

La rotación de la Vía Láctea

Con este método se ha averiguado que la Vía Láctea tarda en dar una vuelta sobre sí misma unos 240 millones de años y que el Sol orbita alrededor del centro a 220 km/s, es decir, 800.000 km/h. Debido a estas velocidades es fácil entender que el cielo estrellado que iluminaba las noches en la edad en la que los dinosaurios habitaban la Tierra era distinto al actual, pues durante todo este tiempo el Sol ha realizado, por lo menos, un tercio de su giro alrededor de la galaxia. Las figuras de las constelaciones, tal como hoy las conocemos, entonces eran otras, del mismo modo que habrá otras en el futuro.

La rotación de la Vía Láctea, y la de todas las galaxias en espiral, se produce de una manera diferente, es decir, las estrellas y los objetos celestes más próximos al centro tienen un

Y sin embargo, no se caen...
Esquema que ilustra la curva de rotación de la Vía Láctea. Las diferentes longitudes de las barras verticales expresan cuantitativamente la imprecisión de las medidas.

CINEMÁTICA ESTELAR Y FAMILIAS DE ESTRELLAS

El estudio de la cinemática de las estrellas de la Vía Láctea permite subdividir las estrellas en familias de objetos homogéneos por edad, características físicas y situación dentro de la galaxia. Las estrellas más jóvenes, situadas en los brazos de la espiral, tienen una velocidad de pocos km/s; éstas, de hecho, no han tenido todavía tiempo de interactuar con otras estrellas próximas que podrían atraerse y aumentar la velocidad.

Las estrellas de edad media, que pueblan el plano galáctico hasta una distancia de casi 50.000 años luz del centro, tienen una velocidad ligeramente superior.

Las más viejas, que se encuentran en la orla exterior que rodea la galaxia hasta una distancia de casi 100.000 años luz del centro, tienen en cambio, una velocidad superior a los 100 km/s (parecida a la velocidad de los cúmulos globulares).

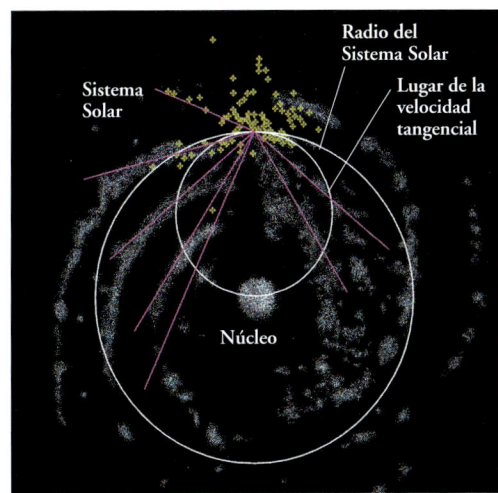

La galaxia aplastada
Una representación del plano de nuestra galaxia como se vería desde el exterior. Se notan los brazos en espiral en las cercanías del Sistema Solar.

El movimiento de los objetos

Por supuesto que las estrellas no son las únicas que se mueven, también lo hacen todos los objetos que pueblan la Vía Láctea: cúmulos abiertos y globulares, nebulosas, etcétera.
Es particularmente interesante el movimiento de los cúmulos globulares, conjuntos muy densos de centenares de miles de estrellas viejas que pueblan a centenares una zona esférica que rodea el núcleo y el plano de la galaxia.
Los cúmulos globulares se comportan como auténticos satélites que giran alrededor del centro de la galaxia en órbitas elípticas, muy alargadas e inclinadas con respecto al plano.
Se mueven a velocidades del orden de 200 km/s, cruzando el plano, más o menos, cada millón de años; son tan densos como para hacerse estables e incluso para que la fuerza de la Vía Láctea no les disgregue cuando se cruzan con su plano.
Todo lo contrario sucede con los cúmulos abiertos, formados por unos pocos centenares o miles de estrellas y que suelen estar situados, la mayoría de las veces, en los brazos de la espiral. Las estrellas que los pueblan no son tan densas como en los cúmulos globulares y esto hace que ésos tiendan a disgregarse, aunque sea en tiempos del orden de miles de millones de años.
En efecto, mientras se conocen cúmulos globulares muy viejos, de más de diez mil millones de años, los abiertos son, en proporción, mucho más jóvenes (se habla del orden de millones y de decenas de millones de años), llegando sólo en algunos casos a superar los mil millones de años.

periodo de revolución más corto que el de las que están lejos.
El estudio de las curvas de rotación de las galaxias suministra información suplementaria. Se puede imaginar, de una manera teórica, el modo de rotación de una galaxia: en las regiones más internas, donde las estrellas están muy juntas y son muy densas, la galaxia se comporta prácticamente como un cuerpo rígido.
En esa región la velocidad con la que las estrellas orbitan alrededor del centro es directamente proporcional a su distancia del mismo centro, y la curva de rotación es en realidad una recta. Pensemos en un disco LP de 33 revoluciones que gira en el plato del tocadiscos desde el centro (que permanece quieto) y se aleja hacia el exterior, cada uno de sus puntos se mueve con una velocidad lineal cada vez mayor y proporcional a la distancia del punto de rotación central.
Es de suponer que en la periferia la galaxia no se comporte como un cuerpo rígido, dado que su densidad es menor. La curva de rotación debería ser *kepleriana*, es decir, semejante a la que regula la velocidad con que los planetas del Sistema Solar orbitan alrededor del Sol, y por lo tanto, hacerse descendente. Lo que se supone sobre la velocidad de revolución de las estrellas es que, a grandes distancias del centro galáctico, su velocidad disminuye constantemente.

observaciones con telescopios normales. Esa masa invisible, la llamada materia oscura, *atrae* todo lo que se encuentra en sus alrededores imprimiendo a los objetos velocidades superiores a las previstas teóricamente.
En la Vía Láctea, de todas maneras, se producen otros muchos movimientos. Por ejemplo, el Sol tiene un movimiento característico que se superpone al de revolución sobre el centro de la galaxia.
Éste se mueve en dirección a la estrella My de la constelación de Hércules a una velocidad de cerca de 17 km/s, es decir casi 60.000 km/h. Para notar ese movimiento hay que observar muchas estrellas del cielo desde direcciones opuestas. Si se mira por un lado y las estrellas parecen alejarse todas juntas de nosotros y por el otro parece que se acercan, eso significa que el Sol se mueve en el espacio. Es como cuando se va en coche por una carretera recta y lisa con árboles en los arcenes: los árboles de delante del coche parece que se acercan, mientras que los de atrás parece que se alejan uniformemente.
Del mismo modo, las estrellas tienen sus movimientos propios, producidos en general por las atracciones locales de estrellas próximas, que las llevan de paseo por la galaxia en distintas direcciones.

La materia oscura

En realidad esto no sucede casi nunca: las curvas de rotación son lisas y, en algunos casos, su tendencia es a subir. Esto se interpreta como una prueba de la existencia de una gran masa invisible que hace que la galaxia sea más densa de lo que parece cuando se practican

De paseo por la galaxia
El Sol, con todo el Sistema Solar, se desplaza hacia el interior de la Vía Láctea en dirección a la estrella My de Hércules, indicada con una flecha.

La formación de las galaxias

Los astrónomos empezaron a catalogar las galaxias cuando Edwin Hubble, en 1923, se dio cuenta de que Andrómeda se encontraba más allá de la Vía Láctea. El éxito de la teoría del Big Bang desembocó en una certeza: en un pasado lejano el Universo fue diferente y con límites en el tiempo.

En la década de 1960, Penzias y Wilson descubrieron las radiaciones cósmicas de fondo: el eco del Big Bang. Esto demostraba que el Universo, inmediatamente después del Big Bang, tenía que ser muy uniforme, sin estrellas, ni galaxias, ni otro tipo de estructuras definidas. La atención de la astronomía se dirigió a realizar observaciones que guardarán relación con esta teoría: ¿cómo ha hecho el Universo, tan plano y homogéneo, para transformarse en este espectáculo de formas y colores, de galaxias en movimiento, de estrellas que se agrupan en cúmulos, galaxias y nuevos cúmulos de galaxias?

Perturbaciones y gravedad

Incluso la superficie del mar, vista desde una distancia lo suficientemente lejos, parece lisa, pues así debía de ser el Universo después del Big Bang. Pero al mirar más de cerca, se ve que la superficie del mar no está quieta, como nada en el cosmos. Por lo tanto, la densidad del Universo originario tenía pequeñas perturbaciones debidas al incesante movimiento de las partículas y de las radiaciones: un gas en continua ebullición como las olas del mar que suben y bajan. El agua del mar se eleva y vuelve a bajar por su propio peso: en este caso la gravedad acaba con todas las perturbaciones del movimiento interno del agua. Por el contrario, en el Universo las perturbaciones de densidad que continuamente se creaban tenían la gravedad de su parte: de hecho, al alcanzar dimensiones lo suficientemente grandes, la fuerza de atracción producida por su misma masa le permitía conseguir más materia de la que estaba alrededor, creando en el Universo esas deshomogeneidades que han quedado hasta ahora.

Dos posibles escenarios

Dos escenarios están en la base de las teorías más en boga de los últimos decenios sobre la formación de la galaxia.
Según la teoría denominada *jerárquica*, las primeras estructuras que surgieron fueron las

Lejanas en el tiempo y en el espacio
El famoso Hubble Deep Field, la imagen más profunda del cielo jamás conseguida. Prácticamente todos los objetos que aparecen son galaxias, algunas todavía en su fase de formación.

que tienen una masa de cerca de un millón de veces la masa del Sol. Las estructuras del tamaño de una galaxia se formaron por agregación de estructuras más pequeñas. El paso siguiente consistió en reunirse las galaxias en grupos y en cúmulos de galaxias que reagrupan decenas, centenas y hasta millares de galaxias juntas, hasta llegar a la estructura más imponente de todo el Universo: los supercúmulos de galaxias donde decenas de cúmulos de galaxias, junto con centenares de miles de grupos más o menos pequeños de galaxias aisladas, se unen por la fuerza de la gravedad.

El punto de vista contrario plantea que las estructuras más pequeñas se formarían por fragmentación de las grandes. La escuela que ha desarrollado esta teoría la encabezaba el

Interacciones y colisiones
Ejemplo de interacción entre galaxias. Se trata de NGC 2207 e IC 2163. Las interacciones entre las galaxias han tenido siempre gran importancia para determinar la forma y el fin de estos objetos.

LA FORMACIÓN DE LAS GALAXIAS

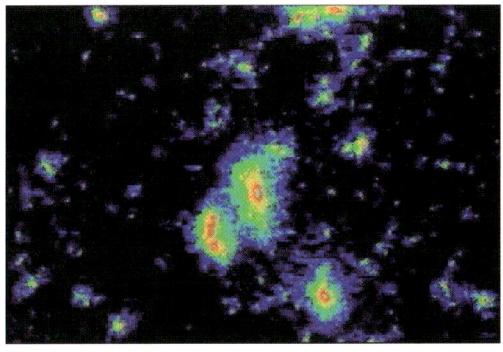

Demiurgos de galaxias
Simulación con ordenador de la formación de una galaxia. El astrónomo Bertschinger y sus colaboradores han conseguido crear galaxias elípticas por fusión de galaxias más pequeñas.

Deshomogeneidades principales
Dos imágenes reconstruidas con los datos del satélite Cobe. (Derecha) Se ven los datos en bruto influidos por el movimiento de la Tierra. (Abajo) El efecto se ha corregido y resaltan más las deshomogeneidades de las radiaciones cósmicas de fondo de las que se cree que se ha formado la galaxia.

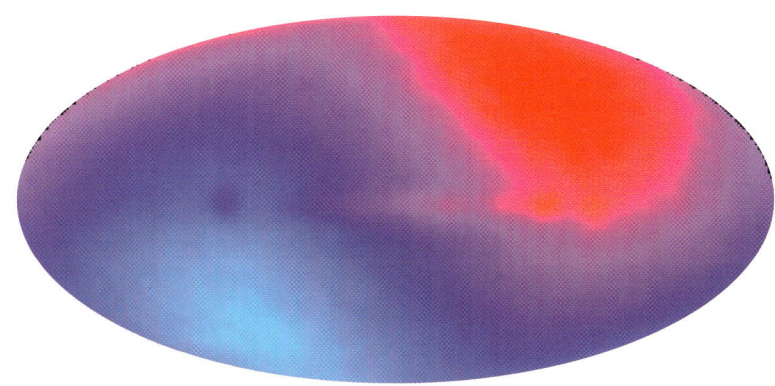

astrónomo soviético Zeldovic, y su teoría de la evolución del Universo proponía que los primeros que se habían formado eran los supercúmulos: millones de miles de millones de masas solares se colapsaron venciendo la presión de los gases y de las radiaciones. Entonces, masas de esta entidad ocupaban extensiones enormes y por lo tanto se resentían mucho de la expansión del espacio iniciada con el Big Bang. La expansión obligaba a la gran estructura que se estaba formando a aplanarse en una dirección, formando una espacie de *hoja de papel* de material denso. Después, el folio de materia, apenas creado, constantemente empujado, empezó a contraerse en otra dimensión, formando filamentos alargados durante millones de años luz. Con el paso del tiempo estos filamentos se fragmentaron en entes más pequeños, dando lugar a los cúmulos de galaxias. Sólo al final, de la nube de gases surgieron las galaxias aisladas.

La teoría a prueba

Sólo desde los últimos veinte años se han podido construir las bases, con observaciones directas de las galaxias jóvenes, que probaran la teoría. En 1980 el astrónomo estadounidense Dressler se dio cuenta de que había una relación entre el tipo de galaxia (elíptica o espiral) y el lugar donde estaba colocada: la llamada *relación morfología-densidad*. Hay más galaxias elípticas dentro que fuera de los cúmulos de galaxias, mientras que el resto del espacio está dominado por las espirales y por las irregulares. En el escenario de la fragmentación, una galaxia nace después del núcleo y, por lo tanto, puede que el entorno influya en el tipo de galaxia que se vaya a formar. Además, los filamentos previstos por esta teoría se observan efectivamente en los mapas de las galaxias construidos sobre bases observadas.
Estos puntos a favor de la teoría de Zeldovic fueron desechados con tan sólo una simple observación realizada por el Telescopio Espacial Hubble, que ha fotografiado galaxias elípticas semejantes en todo a las que se observan en nuestras proximidades, pero formadas sólo dos mil millones de años después del Big Bang. Puesto que para ver las galaxias formadas por completo se necesita que haya pasado, por lo menos, mil millones de años desde su nacimiento, las galaxias elípticas vistas por TEH tienen que haberse formado sólo mil millones de años después del Big Bang. Así que la teoría de la fragmentación ha sido descartada. Las diferencias entre los tipos de galaxias no se paran sólo en el aspecto externo; los astrónomos suelen hablar de *poblaciones estelares*: grupos de estrellas que se han formado en el mismo momento.

Morfología y evolución
Las galaxias NGC 4038 y NGC 4039 se influyen. Algunos astrónomos consideran que las galaxias elípticas pueden haberse formado por choques entre galaxias en espiral.

Existen la población de tipo I, que se ha formado hace poco y que todavía está generando nuevas estrellas, y la población de tipo II, la que tiene estrellas formadas hace mucho tiempo, puede que hace más de mil millones de años después del Big Bang, Por lo tanto, en las galaxias hay estrellas de casi 14.000 millones de años y estrellas jóvenes. Las dos familias se diferencian por el color (las estrellas viejas son por lo general más rojas que las jóvenes) y por la composición química. Un conjunto de estrellas nacido poco después del Big Bang tiene que estar, por fuerza, compuesto de materiales surgidos del Big Bang mismo, cuando todavía no había elementos pesados. Pero las estrellas grandes mueren enseguida, y en la fase final de su vida algunas explotan, produciendo elementos pesados que expulsan al espacio. En los miles de millones de años siguientes, y todavía hoy, las estrellas se forman por lo tanto de material que forma parte de esos nuevos elementos.

Galaxias jóvenes y viejas

Las observaciones han demostrado que las galaxias elípticas están formadas por estrellas de la población I, viejas y rojas, mientras que el plano de la espiral es azul, con estrellas de población del tipo II, todavía en formación. Es fácil imaginar que los ladrillos principales para la construcción de las galaxias elípticas son las primeras estructuras que se forman con estrellas de población II, y se necesita casi un millón de ellas. Poco a poco las galaxias crecen porque se agregan trozos más pequeños. En algunos casos, sin embargo, los gases, que se contraen para formar nuevas estrellas, poseen y conservan una rotación alrededor de su eje que impide una contracción rápida de la materia. Como no se ha usado el gas, éste puede formar estrellas durante toda la vida de la galaxia, desde su nacimiento hasta hoy.

El Grupo Local

Las únicas galaxias externas a la Vía Láctea que se pueden descubrir a simple vista son la galaxia de Andrómeda, en el cielo boreal, y las dos Nubes de Magallanes, en el cielo austral. Las tres forman parte de un gran sistema, denominado Grupo Local, constituido en su conjunto por decenas (puede que treinta o cuarenta) galaxias que comparten el destino común de orbitar entre 40 y 60 millones de años luz del gran cúmulo de galaxias de Virgo, el cual, un día, puede que se las trague.

¿Otra nueva?
Las dos débiles galaxias Dwingeloo 1 y 2 descubiertas hace poco. La primera podría formar parte del Grupo Local, aunque su distancia sea de casi 10 millones de años luz.

Una familia de 30-40 miembros

Las galaxias del Grupo Local constituyen un laboratorio de observación muy valioso, por su cercanía a la Vía Láctea. La cantidad de objetos variados que pueden observarse en él es la misma que telescopios potentísimos escrutan en los lugares más lejanos del cosmos, con la diferencia de que aquí se puede ver con detalle una simple estrella de las que forman estas galaxias para estudiar su composición.

Para establecer si una determinada galaxia forma parte del Grupo Local se pueden seguir dos criterios. Si se parte de la hipótesis de incluir todas las galaxias que se encuentren a una distancia inferior a una dada, por ejemplo cuatro millones de años luz, hay unos treinta miembros. Si, por el contrario, se parte de la velocidad con la que las galaxias se alejan o se acercan a la nuestra, entonces el grupo se hace un poco más grande, ya que incluye algunos objetos más lejanos. Por otro lado, a pesar de la cercanía, y precisamente por ello, a veces es difícil ver las galaxias enanas que pertenecen al Grupo Local, ya que se siguen descubriendo todavía hoy con nuevas observaciones.

Espirales y elípticas

Los objetos más extendidos y luminosos del Grupo Local son, precisamente, la Vía Láctea y las dos galaxias de Messier M31 y M33. Nuestra galaxia tiene un diámetro de casi 130.000 años luz, algo inferior a la galaxia Andrómeda (M31) que es de casi 200.000 años luz. En ambos casos se trata de galaxias en espiral, aunque la Vía Láctea tenga los brazos un poco más pronunciados. También M33, en el Triángulo, pertenece al mismo tipo, pero con dimensiones más modestas y un diámetro de casi 45.000 años luz.

Las dos galaxias principales, Vía Láctea y M31, están rodeadas por miles de galaxias más pequeñas, irregulares o elípticas enanas que forman a su vez otros subgrupos. En las proximidades de la Vía Láctea se encuentran las Nubes de Magallanes, la pequeña llamada SMC (Small Magellanic Cloud) y la grande llamada LMC (Large Magellanic Cloud), a una distancia de casi 200.000 años luz. También hay que contar con las galaxias enanas de Sagitarius, Ursa Minor, Draco, Sextans, Sculptor, Fornax, Leo I y Leo II. Tanto las pequeñas galaxias esferoidales Sculptor, Draco y Ursa Minor, como por otro lado las Nubes de Magallanes son satélites de nuestra galaxia.

En el grupo de Andrómeda se encuentran las galaxias M32 y M110 (dos galaxias elípticas que orbitan como satélites alrededor de la galaxia Andrómeda) NGC 147 y NGC 185, y los sistemas de Andrómeda I, II, III y probablemente IV. M33, quizás, está unida al grupo de Andrómeda, y posee ella mima una compañera, LGS3.

Cúmulo en M31
Los objetos que aparecen en la imagen (a la izquierda) forman el cúmulo globular G1, en la galaxia Andrómeda. Está formado por casi 300.000 estrellas.

Aparte de las grandes galaxias en espiral como la Vía Láctea, M31 y M33, los otros miembros del Grupo Local son galaxias irregulares o elípticas enanas. Este modelo de distribución es análogo al de los grupos de galaxias.

La más cercana y la más lejana

Durante mucho tiempo los astrónomos han creído que las Nubes de Magallanes eran galaxias externas pero cercanas. Sin embargo, hoy la plusmarca de proximidad la tiene Sag DEG, una galaxia elíptica enana en Sagitario, situada a

EL GRUPO LOCAL

La orla invisible

También la cosmología ha encontrado en el Grupo Local un laboratorio excepcional. Las curvas de rotación de las galaxias han sido los primeros instrumentos que permitieron descubrir la presencia de *materia oscura*, o dicho de otra manera de porciones de materia que no emite luz visible, pero manifiesta los mismos efectos gravitacionales que la masa de las estrellas normales. Este estudio, hecho principalmente sobre galaxias en espiral, ha revelado la existencia de una orla de masa invisible en las regiones más externas.

El fenómeno de la masa oscura presenta un carácter general, pues ha aparecido en amplias regiones aparentemente vacías situadas en el interior de varios cúmulos entre una galaxia y otra. Y es que parece ser que el Universo está formado, en más del 90%, por una materia invisible de naturaleza física todavía desconocida.

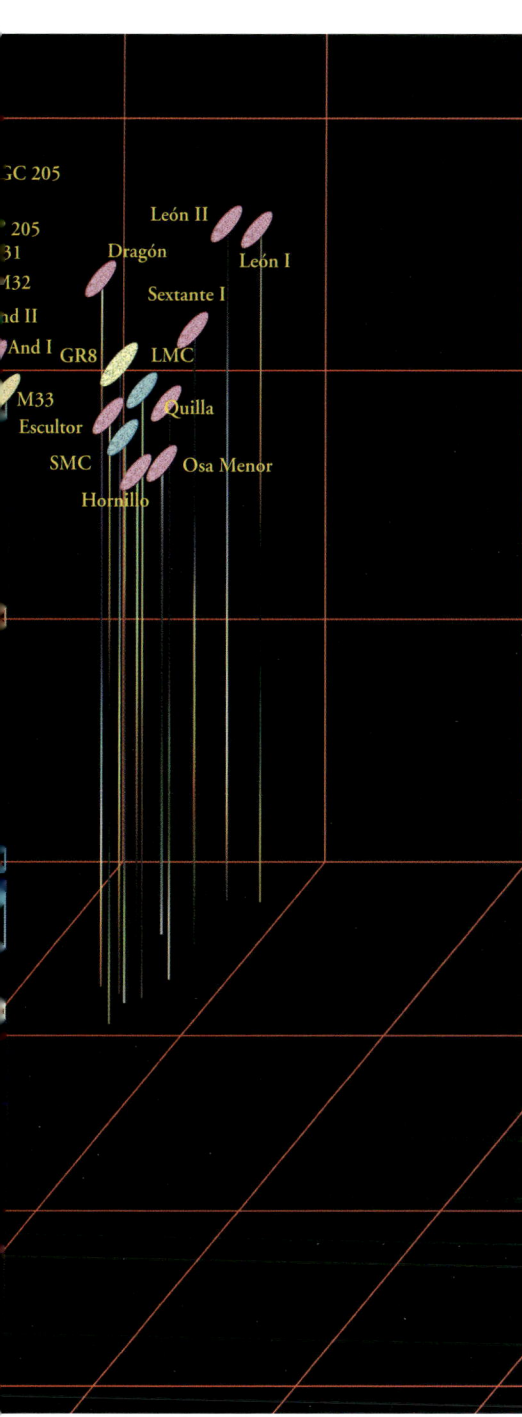

La familia de la Vía Láctea
Esquema tridimensional que muestra la distribución de las galaxias que pertenecen al Grupo Local. La Vía Láctea tiene el símbolo G (Galaxia).

80.000 años luz frente a los 200.000 de las Nubes de Magallanes.
Su descubrimiento tuvo lugar en 1994, debido a su baja luminosidad.
En el subgrupo de la Vía Láctea la galaxia más lejana descubierta hasta ahora es Leo I: una enana esferoidal. Probablemente es el satélite más lejano de nuestra galaxia, situada a una distancia de 600.000 años luz.

RELACIÓN DE LAS GALAXIAS QUE PERTENECEN AL GRUPO LOCAL

Nombre	Ascensión recta (h y min)	Declinación (g y décimas)	Tipo	Magnitud relativa	Distancia millones de a.l.	Diámetro millones de a.l.
Vía Láctea	—	—	Sb-Sbc	(M = −20,5)	—	130
WLM	0 02,0	−15 28	Irr	11,3	2,0	7
IC10	0 20,3	+59 19	Irr	11,7	4,0	6
NGC147	0 33,1	+48 31	E5	10,4	2,2	10
Andromeda III	0 35,3	+36 31	E5	—	2,2	3
NGC185	0 38,9	+48 20	E3	10,1	2,2	6
NGC205	0 40,3	+41 41	E5	8,6	2,2	10
M32	0 42,7	+40 52	E2	9,0	2,2	5
M31	0 42,7	+41 16	Sb	4,4	2,2	200
Andromeda I	0 45,7	+38 00	E3	14,4	2,2	2
SMC	0 52,7	−72 54	Irr	2,8	0,3	0,5
Escultor	0 59,9	−33 42	E3	9,1	0,2	1
Peces	1 03,7	+22 03	Irr	10,0	2,5	12
IC1613	1 04,9	+2 07	Irr	15,5	3,0	0,5
Andromeda II	1 16,3	+33 25	E2	—	2,2	2
M33	1 33,9	+30 39	Sc	6,3	2,5	45
Hornillo	2 39,6	−34 31	E3	8,5	0,5	3
LMC	5 23,9	−69 47	Irr	0,6	0,2	20
Quilla	6 41,7	−50 58	E3	11,8	0,6	0,5
Leo A	9 59,4	+30 45	Irr	12,7	5,0	7
Leo I	10 08,5	+12 18	E3	11,8	0,6	1
Sextante I	10 12,8	−1 41	E	—	0,3	3
Leo II	11 13,5	+22 10	E0	12,3	0,6	0,5
GR8	12 59,2	+14 09	Irr	14,6	4,0	0,2
Osa Menor	15 08,8	+6/ 07	E5	—	0,3	1
Dragón	17 20,2	+57 55	E3	—	0,3	0,5
Vía Láctea	17 45,7	−29 00	Sbc	—	0,03	130
Sag DIG	19 30,0	−17 41	Irr	15,6	4,0	5
NGC6822	19 44,9	−14 46	Irr	9,3	1,7	8
DDO210	20 47,0	−12 51	Irr	15,3	5,0	4
IC5152	22 02,9	−51 17	Irr	11,7	2,0	5
Tucán	22 41,9	−64 25	—	—	—	—
Pegaso	23 28,6	+14 46	Irr	12,4	5,0	8
Sag DEG	18 55	−30 30	—	—	0,08	—

Nota. Los datos que faltan no se conocen con precisión

La distancia de las galaxias

Para fijar las distancias a las que se encuentran las galaxias no se pueden utilizar métodos como la paralaje, que se usa con las estrellas. Son objetos demasiado lejanos. Por lo tanto, hay que recurrir a otros métodos menos seguros y con frecuencia a hipótesis teóricas que muchas veces fallan. Estos cálculos toman como punto de referencia un brillo estándar.

Se trata de localizar en nuestra galaxia objetos celestes que se sepa o se pueda determinar a qué distancia están; de aquí se obtiene su luminosidad intrínseca. Con esto se localiza en las galaxias los objetos parecidos que se quieren medir. La comparación entre la luminosidad aparente y la intrínseca (es decir, entre la magnitud relativa y la absoluta) permite calcular la distancia del objeto y por lo tanto de la galaxia en la que se encuentra.

Brillo de referencia

Como *brillo de referencia* o bombilla estándar se pueden utilizar muchas clases de objetos. Los más utilizados son las estrellas Cefeidas, las supernovas y las novas. Otros, menos seguros, son las estrellas del tipo W Virginis, las gigantes rojas, las supergigantes azules, las variables tipo Mira, etcétera. Todos estos astros se usan como *indicadores primarios* y su distancia se calibra partiendo de observaciones en nuestra galaxia o con especulaciones de tipo teórico.

La Cefeidas tienen la valiosa característica de que su periodo de variabilidad está unido al de su magnitud absoluta; por lo tanto, cuando se mide la primera se obtiene la segunda. Las Cefeidas, además, desempeñan un papel fundamental en la llamada *escala cosmológica de las distancias*. La distancia máxima a la que se puede observar a las Cefeidas con telescopio situado en la Tierra es de casi 15 millones de años luz y, dentro de plano galáctico, se encuentran bastantes galaxias (además de las del Grupo Local), por ejemplo, las situadas en las galaxias de Sculptor, M81, Ic 342 y NGC 5128.

Con el Telescopio Espacial Hubble se pueden observar Cefeidas más allá de los 60 millones de años luz, es decir, que se llega al cúmulo globular de Virgo, del que nuestro Grupo Local es un miembro periférico.

Las supernovas son estrellas que se encuentran en la etapa final de su existencia. Convertidas en inestables, explotan de una manera muy espectacular, alcanzando el máximo de su luminosidad, el brillo de una galaxia entera. Por eso, las supernovas son buenísimas como indicadores primarios, porque son visibles a distancias enormes. Dado que el brillo de las distintas clases de supernovas es más o menos constante, son muy útiles como bombillas estándar, al menos hasta 3.000 millones de años luz.

Las novas, en cambio, son estrellas que se encuentran en sistemas dobles y que su luminosidad aumenta de repente debido a intercambios de materia entre los dos componentes; al tener propiedades variables es difícil utilizarlas como indicadores de distancia, aunque en los últimos años se hayan dado grandes pasos en el conocimiento teórico de estos fenómenos.

Se pueden aprovechar teóricamente hasta las del cúmulo de Virgo (40-60 millones de años luz), pero se han utilizado sólo para verificar la distancia de las Nubes de Magallanes y de la galaxia de Andrómeda.

Uno de los primeros escalones
La Gran Nube de Magallanes. Las observaciones realizadas son importantes para la escala cosmológica de las distancias.

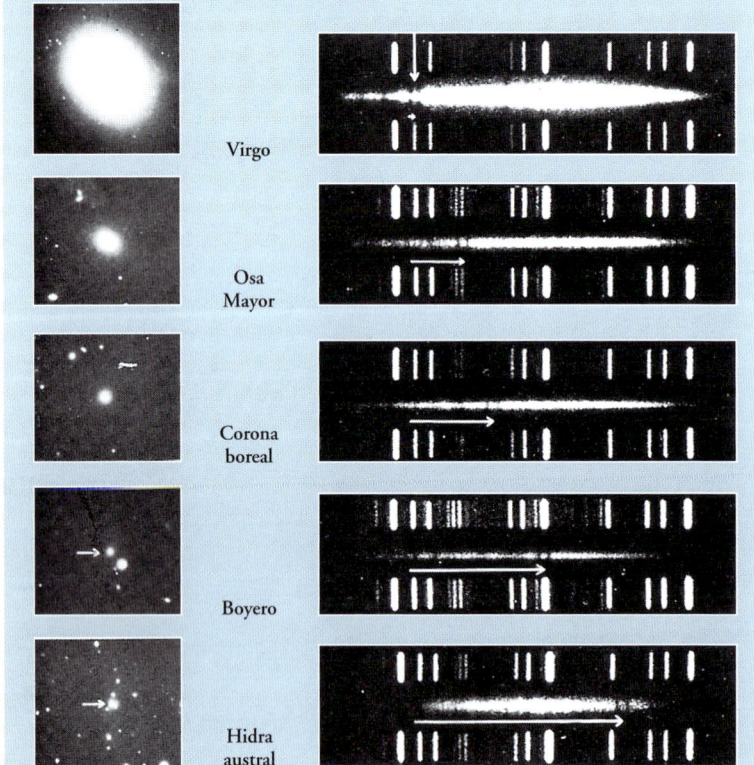

El redshift
Espectros de galaxias situadas a diferentes distancias de la Tierra. Las rayas de los espectros se desplazan hacia el rojo, es el llamado redshift.

No demasiado lejos
Fotografía de la galaxia M83 en la constelación de la Hidra. Se trata de una galaxia entre una espiral normal y una barrada.

LA DISTANCIA DE LAS GALAXIAS

Nubes gaseosas
Parte de la Vía Láctea en la región del Cisne, en la que se observan varias nebulosas y que sirven de indicadores de distancia con respecto a otras galaxias externas.

Indicadores secundarios

Una vez conocida la distancia entre dos galaxias cercanas por medio de los indicadores primarios, se pueden utilizar estos mismos para *calibrar* los indicadores secundarios (menos seguros), que se usan para medir las distancias entre las galaxias lejanas. El principio a seguir es el mismo, pero con cuerpos celestes diferentes.
Entre los indicadores secundarios se encuentran, por ejemplo, las regiones HH, los cúmulos globulares y las estrellas brillantes rojas y azules de los cúmulos. Parece evidente que para ir cada vez más lejos haya que tener en cuenta objetos cada vez más brillantes, tanto que más allá de las estrellas singulares se utilizan grandes nubes de gas ionizado (las regiones HH) o los cúmulos estelares (se usan los globulares y no los abiertos porque los primeros son más parecidos los unos a los otros que los segundos, y además porque son más luminosos). Por medio de los cúmulos globulares se pueden medir distancias de hasta 50 millones de años luz.

Las rayas del espectro

Buscando métodos nuevos y más fiables para determinar las distancias de las galaxias lejanas del Universo, los astrónomos han descubierto que se puede utilizar el espectro.
En 1977 los astrónomos Brent Tully y Richard Fisher notaron que había una relación entre la longitud de las líneas de emisión del espectro que se encuentra a la longitud de onda de 21 cm, y que caracteriza el hidrógeno en estado neutro, con la magnitud absoluta de la galaxia que la emite. Esta raya se ve muy bien, sobre todo si se utilizan los radiotelescopios, en los espectros de las galaxias en espiral; por lo tanto, con tales observaciones se puede, a través de la luminosidad intrínseca, averiguar la distancia de la galaxia.
Cuando se observa el cielo a distancias muy grandes se pueden utilizar como referencia galaxias enteras, las cuales, por otro lado, están oportunamente clasificadas para este fin. Al dividirlas por sus diferentes luminosidades y suponiendo que se conozcan sus magnitudes absolutas, se pueden medir las distancias hasta 500 millones de años luz.
Otro método es el de evaluar las dimensiones de las galaxias. Si se pudiera establecer que todas las galaxias en espiral de un determinado tipo tienen las mismas dimensiones, al medirlas como se ven con el telescopio se podría obtener su distancia.
El último paso es el de utilizar como referencia

SUPERNOVAS PRINCIPALES DE TIPO II EN GALAXIAS EXTERNAS

Nombre SN	Galaxia (NGC)	M
1923a	5236	12,4
1926a	4303	12,5
1936a	4273	15,0
1937a	4157	15,55
1937f	3184	13,75
1940a	5907	14,7
1941a	4559	13,4
1948b	6946	14,4
1957a	2841	14,4
1959d	7331	13,8
1961u	3938	14,3
1965l	3631	14,65
1966b	4688	14,9
1966e	4189	14,7
1968l	5236	11,75
1969l	1058	13,15
1970g	5457 (M 101)	11,75
1972q	4254	15,6
1973r	3627	15,0
1975t	3756	15,6
1979c	4321 (M 100)	12,0
1980k	6946	11,6

M indica la magnitud bolométrica (obtenida sumando la emisión de todas las longitudes de onda) al máximo de su luminosidad.

El grupo M81
Imágenes superpuestas de la galaxia M81 en la constelación de la Osa Mayor. La parte roja está tomada directamente; la azul, con rayos X.

cúmulos de galaxias enteros o por lo menos las galaxias más brillantes dentro de un cúmulo.

La ley de Hubble

El último método para medir las distancias de las galaxias al que vamos a referirnos es el que se deriva de la *ley de Hubble*. Ésta establece una relación de proporcionalidad directa entre la velocidad con la que una galaxia se aleja de la Tierra y su distancia; al medir el primer parámetro, con métodos espectroscópicos, se puede conseguir el segundo. Esta ley depende de una constante, llamada constante de Hubble y que se indica con la letra H_0, cuyo valor es todavía objeto de grandes controversias y ásperos debates en el mundo científico. La esperanza de medir tal relación con las galaxias del cúmulo de Virgo, que se encuentra a *tan sólo* 40-60 millones de años luz y cuya distancia se puede medir por otros métodos, ha estado mal planteada. Determinar con precisión el valor de la constante de Hubble significa poder medir con exactitud tanto las dimensiones como la edad del Universo en el que vivimos.

Cúmulos de galaxias

Las estructuras organizadas más grandes del Universo que se han observado son los cúmulos de galaxias. Están formados por centenares, a veces millares, de galaxias apretadas en un espacio más o menos esférico con un diámetro típico de 10^{23} metros, que corresponde, en unidades de medida más afines a la cosmología, a un 1 megapársec (Mpc) o si se prefiere un millón de pársec (1 pársec = 3,26 años luz). Nuestra galaxia, la Vía Láctea, no está situada en un cúmulo: forma parte del pequeño grupo de unas decenas de galaxias denominado el Grupo Local. La galaxia más parecida a la nuestra y más próxima es la nebulosa de Andrómeda situada a dos millones de años luz.

El cúmulo de Virgo

El Grupo Local se encuentra en la periferia extrema del cúmulo de Virgo, que está situado a una distancia de casi 15 Mpc de la Tierra. Se presenta como una gran concentración de galaxias en dirección de la constelación de Virgo. El primer astrónomo que realizó esta observación fue Charles Messier mientras realizaba su famoso catálogo, pero no fue hasta la década de 1930 cuando se planteó el problema de la distribución de las estrellas y de las galaxias en el Universo. El trabajo de individualizar los cúmulos se empezó a practicar seriamente en 1958, con el catálogo publicado por el astrónomo estadounidense Abell. En los años sesenta, Zwicky y sus colaboradores realizaron también un catálogo de las posiciones y magnitudes de las galaxias y de los cúmulos de las galaxias, pero el de Abell, realizado con criterios más objetivos, es el que se utiliza hoy. Los cúmulos de galaxias son estructuras tan grandes que muchos todavía no han concluido su fase de desarrollo hacia una configuración estable. En otros términos, muchos objetos de este tipo todavía no han alcanzado su equilibrio dinámico y su forma tiene que sufrir cambios, naturalmente en tiempos que se miden en miles de millones de años. Ante esta variedad de formas aparentes, los astrónomos han establecido una clasificación de los cúmulos que sigue una línea según su estado de evolución; se parte de los más irregulares (y probablemente más jóvenes) para llegar a los más regulares, con una densidad de galaxias muy elevada en el centro y de forma esferoidal (puede que los más viejos, los que ya no sufrirán modificaciones en su morfología a no ser que se tropiecen con otros grandes cúmulos).

La riqueza de los cúmulos

Se conocen cúmulos de dimensiones muy diferentes. La variedad de tamaños tiene que ver en astronomía con la riqueza de un cúmulo, o con el número de galaxias brillantes que se pueden contar dentro de 1,5 Mpc desde el centro. Los cúmulos más ricos son los más raros; cuanto más se desciende en la escala de la riqueza, mayor es el número de cúmulos que se pueden observar. Teniendo esto en cuenta, se ha obtenido como distancia media entre dos cúmulos cualquiera, incluso pobres, 42 Mpc. Ahora, para ir desde un cúmulo superrico a otro semejante hay que recorrer una distancia de 188 Mpc.

La riqueza de los cúmulos influye también en su contenido en galaxias. De hecho, se ha observado que cuanto más ricos son los cúmulos más galaxias de tipo elíptico contienen. Esto está relacionado con el hecho de que mayor riqueza implica mayor densidad de galaxias en las regiones más internas del cúmulo. Por lo tanto, los cúmulos más ricos son también, por lo general, los más regulares. Existe la hipótesis de que los cúmulos regulares son los más viejos, y

Un cúmulo lejano
Los cúmulos de galaxias son, con mucho, los objetos más espectaculares del Universo. Contienen miles de galaxias, sobre todo galaxias elípticas.
Abell 1689 (abajo), tiene una redshift *de 0,1847 y, a pesar de estar a casi tres mil millones de años luz, es un cúmulo muy concentrado, lo que indica que se encuentra en un estado muy avanzado de su evolución.*

Un cúmulo en el Pavo Real
Imagen con colores falseados del cúmulo de galaxias Pavo 5.
En el interior de los cúmulos, a menudo, hay grandes cantidades de gases intergalácticos.

El gran cúmulo de Virgo
Imagen del cúmulo de Virgo, el más cercano a la Tierra y centro del Supercúmulo Local. Es especialmente rico en galaxias espirales e irregulares.

En el centro de los cúmulos
Detalle ampliado del supercúmulo MS 03202.

Espejismo cósmico
El cúmulo Cl 0024 reacciona como una lente gravitacional y envía la luz de una galaxia al anillo que está en el fondo. Su luz se amplifica y multiplica al menos cinco veces sobre un anillo circular cuyo centro es el corazón del cúmulo.

CONTENIDO TÍPICO DE LOS CÚMULOS EN FUNCIÓN DE LA MORFOLOGÍA DE LAS GALAXIAS

Tipo de cúmulo	Elípticas	Lenticulares S0	Espirales	Fracciones (E+S0)/Sp
Regulares	35%	45%	20%	4,0
Intermedios (pobres en espirales)	20%	50%	30%	2,3
Intermedios (ricos en espirales)	15%	35%	50%	1,0
Campo fuera de los cúmulos	10%	20%	70%	0,5

entonces se llega a la conclusión de que las galaxias se transforman de espirales en elípticas o lenticulares. Este fenómeno se puede observar en los cúmulos más lejanos, que, de hecho, muestran una gran cantidad de galaxias con colores azules, precisamente como las galaxias en espiral.

Las imágenes obtenidas recientemente con el Telescopio Espacial Hubble han mostrado galaxias en cúmulos situados a miles de millones de años luz (y por lo tanto observadas en sus años jóvenes) de forma espiral y hasta irregulares en cantidades que hoy (es decir, cerca de nosotros) ya no se ven. Los fenómenos que pueden haber conducido a su desaparición hay que buscarlos en dos tipos de fenomenologías: la fusión de dos o más galaxias juntas y la interrupción de la formación de nuevas estrellas dentro de las galaxias. El primero supone un cambio inevitable en la forma de los objetos afectados por las interacciones gravitacionales que se producen en la fase de fusión: simulaciones efectuadas en ordenador han dado como el resultado de la fusión siempre una galaxia esferoidal elíptica.

La formación de estrellas, en cambio, puede cesar si desaparece el gas que hay en el interior de una galaxia. Las interacciones gravitacionales intensas, como se dan en centros próximos, pueden romper el gas del disco de una galaxia en espiral, transformándola inmediatamente en una lenticular, o en una galaxia con un disco pero que no produce estrellas y tiene los colores de una elíptica.

Emisiones X

Los gases intergalácticos de los cúmulos se han examinado en los últimos decenios por medio de observaciones realizadas desde los satélites artificiales equipados con telescopios y cámaras muy sensibles a los rayos X. Las características de los gases les permite producir una cantidad enorme de energía en forma de radiaciones X por el proceso llamado *brehmsstrahlung*, en el cual los electrones del gas de hidrógeno ionizado

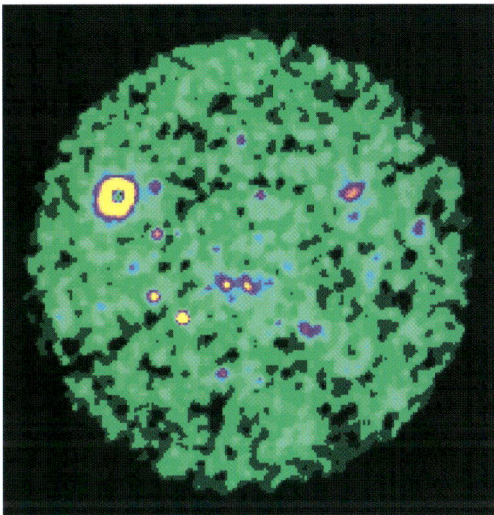

Cúmulos por rayos X
Imagen de rayos x tomada por el satélite alemán ROSAT (ROentgen SATellite) del supercúmulo de Escultor, en la dirección de la homónima constelación. Se nota la gran luminosidad del cúmulo Abell 2211 frente a la escasa de los otros cúmulos que también forman parte del supercúmulo.

se desaceleran y emiten fotones X. Este proceso se da a una temperatura de 10-100 millones de grados, que corresponde a la velocidad térmica de millares de km/s. La misma de la galaxia en sus órbitas caóticas alrededor del centro de gravedad del cúmulo.

La interconexión gases-galaxias se manifiesta también en el equilibrio recíproco que existe y que se ve en los mapas X de los cúmulos, muy parecidos a los de densidades de galaxias: es decir, donde hay más gas también hay más galaxias.

Se cree que ese gas ha sido capturado por la gravedad de las regiones circundantes, y que, por lo tanto, tendría que ser semejante al gas primigenio que impregnaba el interior del Universo antes de que se formase la galaxia y las estrellas. Las observaciones han demostrado que en los gases hay una gran cantidad de hierro, y el hierro es un elemento que sólo se produce en las explosiones de supernovas, por lo que presenta dudas sobre el conocimiento de la historia evolutiva de la galaxia.

Los supercúmulos

La tendencia a la agrupación no se detiene en la escala 1 Mpc propia de los cúmulos de galaxias. En nuestro Grupo Local, al igual que en muchos otros, se forma una gran superestructura cuyo centro, aproximadamente, es el cúmulo de Virgo. Tiene una forma semejante a un gran plano extendido, con un pequeño abultamiento central (el cúmulo de Virgo precisamente) y se le llama Supercúmulo Local. El nuestro es sólo uno entre decenas de supercúmulos que están indicados en los mapas tridimensionales sobre la distribución de las galaxias en el Universo observable.

Cúmulo virilizado
Situado a 120 Mpc de nosotros, el cúmulo de la Cabellera de Berenice es el prototipo de cúmulo regular, en equilibrio dinámico y rico en galaxias elípticas. Técnicamente se dice que está virilizado, lo que significa que la energía cinética de todas las galaxias es exactamente igual a la mitad de la energía potencial gravitacional que limita con las galaxias del interior del cúmulo. En la imagen se ve a la longitud de onda visible.

Núcleos galácticos activos

En la década de 1920 se daba por descontado que las galaxias eran objetos relativamente tranquilos, pues, excepto las supernovas, no se daba en ellas ningún fenómeno violento.
Sin embargo, a partir de 1943 Seyfert hizo notar al mundo científico que en el núcleo de algunas galaxias en espiral sucedían unos extraños fenómenos. Desde entonces los astrónomos han demostrado, por procedimientos diferentes, que hay actividad en los núcleos de algunas galaxias y por lo tanto ha surgido una variedad de nombres para identificarlas: radiogalaxias, galaxias de Markarian, de Seyfert, objetos BL Lacerate, quásar. De todas maneras, en la actualidad se cree que en realidad son manifestaciones diferentes de objetos de una única familia, la de los núcleos galácticos activos o AGN (Active Galactic Nuclei).

Las radiogalaxias

Una galaxia entre un millón es una radiogalaxia, es decir, que emite una cantidad de ondas electromagnéticas muy superior a la de una galaxia normal. Los impulsos más intensos (entre mil y un millón de veces más que la Vía Láctea) están asociados a galaxias elípticas gigantes. Las espirales presentan emisiones radiomagnéticas débiles.
Las emisiones de ondas de las galaxias elípticas, generalmente, no se producen en el espacio interestelar de la galaxia, sino en las regiones externas, donde los telescopios *ven* sólo el espacio vacío. Por lo general, se suele observar

Doble núcleo
Imagen tomada por el Telescopio Espacial del doble núcleo de la galaxia de Seyfert Markarian 315. El más brillante es el centro energético de la galaxia, y está situado a 6.000 años luz del otro.

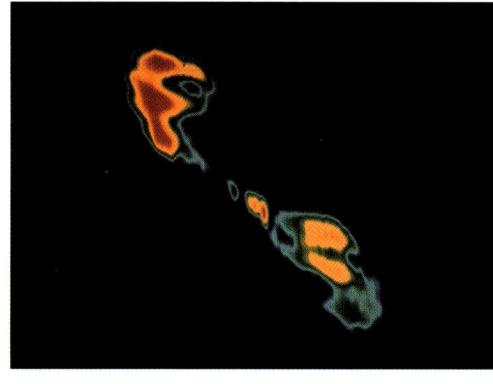

Dos surtidores de materia en el espacio
Una imagen electromagnética de Centaurus A. El flujo de las ondas tiene una longitud de 4 arco-minutos y consiste en una serie de cúmulos, el más famoso de ellos coincide con el que emite rayos X, encontrado con el satélite Einstein. El núcleo de la galaxia es la región brillante, en el centro de esta imagen. La componente nuclear se extiende casi 1 pársec, en dirección a la fuente.

una pareja de flujos radiomagnéticos, que en algunos casos se ramifican por millones de años luz. Se ha visto que el impulso energético sustancial se origina en el núcleo de la radiogalaxia, y que va a alimentar los lóbulos con los flujos de electrones rápidos.

Galaxias de Markarian y Seyfert

Al principio de los años sesenta, el astrónomo armenio B. E. Markarian notó que, entre las galaxias intrínsecamente más brillantes, había algunas cuya zona central emitía sobre todo luz azul, todo lo contrario de las galaxias normales, que en las regiones centrales tienen una luz amarilla, parecida a la del Sol. Una observación más profunda demostró que la energía emitida no era de las estrellas, sino que se debía a procesos desconocidos. Estas galaxias tienen un espectro parecido al de los quásar, casi siempre con rayas de emisión de hidrógeno. Las observaciones demostraron que los núcleos de esas galaxias contienen una gran cantidad de gas excitado por radiaciones de alta frecuencia.
Las galaxias de Seyfert tienen un núcleo central muy pequeño y muy luminoso. Son espirales, y por sus dimensiones y forma, semejantes a la Vía Láctea pero, en el centro, hay una región de 1.000 años luz de diámetro y pueden contener hasta el 40% de la luz visible. Puede que los núcleos sean también la sede de una fuente electromagnética, muy poderosa, pero semejante a la de las grandes radiogalaxias.

Los objetos BL Lacertae

El arquetipo de esta clase de objetos, BL Lac (Lac es la abreviación de Lacertae, la constelación del Lagarto), fue descubierto en 1929 y está considerado como una estrella variable normal cuya luminosidad varía irregularmente en tres magnitudes. Casi cuarenta años después, se descubrió que la radiomagnética VRO 42.22.01 tenía un espectro bastante raro y que además coincidía con BL Lac. Además salieron a la luz otros fenómenos como que las emisiones radiomagnéticas cambiaban su periodo de mes a mes, que la radiación emitida estaba polarizada, y que esta polariazación variaba en tan sólo una semana, mientras que en el óptico los cambios eran mucho más rápidos, casi de un día.
En 1973, Oke y Gunn obtuvieron el espectro de la galaxia elíptica que rodea el núcleo luminoso de BL Lac, estimando su distancia en 420 Mpc.

Los quásares

La palabra se creó en 1963, de la contracción de *Quasi Stellar Radiosource,* 'radiofuente casi estelar'. Se trata de objetos aparentemente parecidos a las estrellas, de elevada luminosidad intrínseca, con muchos corrimientos al rojo, con una media de 0,5 a 4. Si el desplazamiento se debe a la expansión del Universo, los quásares se encuentran a distancias enormes y son los objetos más luminosos que se conozcan. Su esplendor intrínseco es por lo menos cien veces superior al de las grandes galaxias. Uno de los

Un quásar histórico
Imagen del quásar 3C273, uno de los primeros en ser descubierto.

NÚCLEOS GALÁCTICOS ACTIVOS

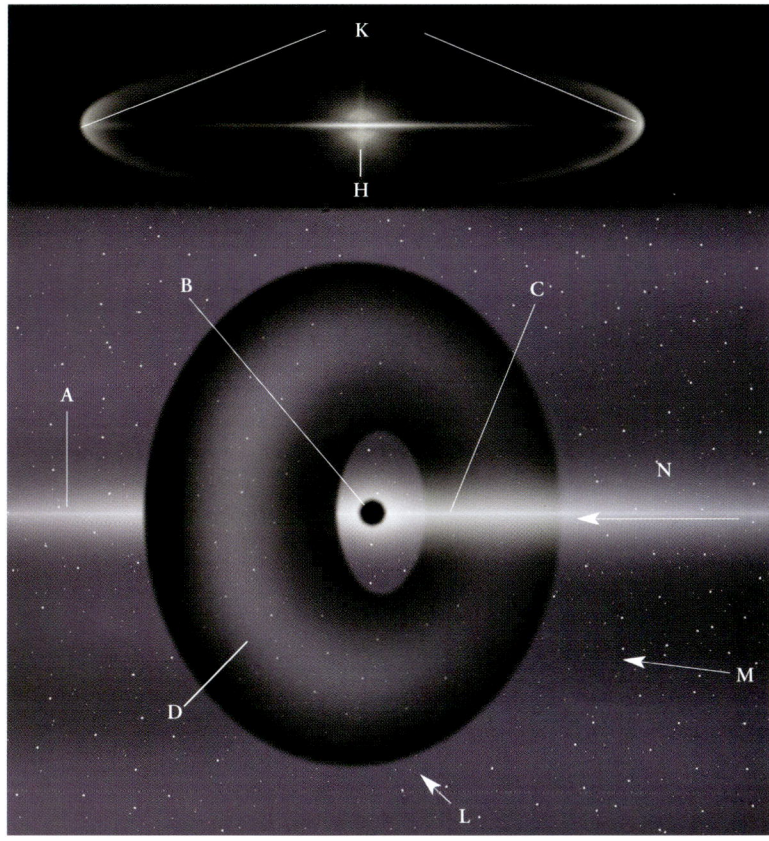

Miembros de una misma familia
El modelo unificado de núcleos galácticos activos: estela alejándose (A), motor central (B), estela acercándose (C), disco denso (D), galaxia anfitriona (H), ondas de radio (K). Blasar, quásar y radiogalaxias serían, según esta hipótesis, la misma clase de objetos vistos desde posiciones diferentes: El observador ve una radiogalaxia (L), un quásar (M), un blasar (N).

Hospitalidad extragaláctica
La quásar PG 0052-251, situada a 1.400 millones de años luz de la Tierra, se encuentra en el núcleo de una galaxia normal en espiral.

descubrimientos más importantes es que su luminosidad cambia de una manera notable en menos de un año. Esta variabilidad hace pensar que la enorme energía que emiten los quásares proviene de una región muchísimo más pequeña que un núcleo de una galaxia normal. Después de estudios realizados con telescopios ópticos se ha notado que sólo unos pocos quásares emiten en longitud de radio, por lo que se prefiere hablar de objetos casi estelares (QSO, de Quasi Stellar Object).

Unificación de modelos

La hipótesis de que la luminosidad de los AGN se debe a que en los núcleos se condensan muchísimas estrellas hay que descartarla porque el volumen del núcleo es demasiado pequeño para contener todas las estrellas que serían necesarias.
En cambio, una manera eficaz de liberar energía procede del aumento de materia en un agujero negro. Hoy está generalmente aceptado que el *motor* de los AGN es precisamente un agujero negro, con una masa típica de un núcleo galáctico (de 100 millones a mil millones de masas solares).
Estudios realizados sobre una misma muestra de galaxias de Seifert y de QSO dan como resultado que ambas presentan una única secuencia, y que son imágenes de la misma población tomadas en épocas diferentes de su vida. Los QSO son más jóvenes; las Seyfert, más evolucionadas. El halo de brillo que acompaña el envejecimiento se debería a la disminución de materia que se produce antes de caer dentro del agujero negro.
Una teoría que en cierto modo unifica a todos

Imágenes con falsos colores
Imagen tomada por el telescopio NTT del ESO que muestra la galaxia que alberga al objeto BL Lacerate PKS 0521-36.

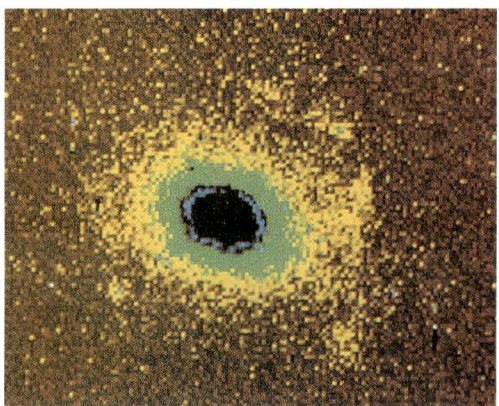

los AGN, propuesta por Peter D. Barthel, sugiere que todos estos objetos pertenecen a una única clase, y que sus diferencias son tan sólo aparentes debidas a las diferentes posiciones del observador con respecto a la fuente.
Las diferencias aparentes se pueden explicar si se admite que una galaxia con un núcleo activo está formada por un *motor central* rodeado por una especie de rosca oscura formada por polvo. Las partículas, expulsadas por la presión de las radiaciones que ejercen los estratos más cercanos al centro, se ven forzadas, ante la presencia de esta corona, a escapar en dirección perpendicular a ella, a través del agujero central. Así es que dejan dos estelas alineadas de partículas que se mueven en el campo magnético de la galaxia. Si la galaxia se orienta de tal manera que las estelas formen un ángulo algo inferior a los 45° con nuestra visual, veremos un núcleo brillante y una estela intensa dirigida hacia nosotros, mientras que la otra se irá haciendo tan débil que difícilmente se la podrá ver: entonces
aparecerá la quásar. Si en cambio el círculo se ve de perfil, las dos estelas y la luz de la galaxia estarán oscurecidas por el polvo. Sin embargo, las ondas radio pasan sin ninguna dificultad a través del anillo: entonces observaremos una radiogalaxia.

La estructura a gran escala del Universo

Uno de los pilares de la cosmología moderna es la hipótesis de que el Universo sea homogéneo y que en su interior la Tierra y la Vía Láctea no ocupen ningún punto relevante.
La observación sistemática de la distribución de las galaxias en la bóveda celeste ha llevado al descubrimiento de cúmulos de galaxias, que aparentemente contradicen la idea de la homogeneidad.

Un Universo fractual

En los años setenta se empezó a medir sistemáticamente la velocidad de alejamiento (el *redshift*) de las galaxias, y por lo tanto, por medio de la ley de Hubble, de su distancia a la Tierra; esto trajo como consecuencia la construcción de los primeros, y toscos, mapas tridimensionales del Universo. Los mapas resultaron sorprendentes, pues mostraban aglomeraciones de galaxias de todo tipo, mucho más lejanas de cualquier previsión teórica. Cada vez que un trozo nuevo del Universo se explora, salen a la luz nuevas estructuras cada vez más grandes, de dimensiones casi iguales al volumen del espacio observado.
Por otro lado, las formas que se iban estudiando se parecían mucho a otras ya vistas en diferentes estructuras naturales y conocidas por distintas disciplinas, desde las cadenas montañosas a las cavidades pulmonares: los fractales.
El universo fractal asume así una estructura jerárquica, en la que las galaxias se reagrupan en cúmulos que a su vez forman parte de supercúmulos y así sucesivamente hasta el infinito. La idea no era nueva y ya en 1908 Charlier propuso una representación del cosmos parecida.

Pero el éxito de la teoría del Big Bang y del principio cosmológico, según el cual el Universo es igual a sí mismo desde cualquier punto de observación, exigían un estudio más profundo. El único modo era el de examinar a fondo el Universo mismo.

Los supercúmulos

La estructura dominante, a gran escala, es la denominada supercúmulo (*supercluster*, en inglés). Nuestro Grupo Local, por ejemplo, está situado en una zona periférica de un supercúmulo, en cuyo centro yace un cúmulo de galaxias de Virgo, a casi 15 Mpc de la Tierra (1 Mpc = 1.000.000 pc; 1 pc = 3,26 años luz). Casi seis veces más allá aparece en el cielo el cúmulo de la Cabellera, que junto con el cúmulo de Abell 1367 forma el supercúmulo llamado precisamente Cabellera.
Las dos estructuras, el supercúmulo local y el de la Cabellera están unidos por los sutiles filamentos que forman numerosas galaxias. El modelo hasta ahora esbozado se repite igual en todas las direcciones del cielo. Hasta 100 Mpc, los supercúmulos de Hidra-Centauro por un lado y los del Escultor y Perseo-Peces por el otro forman un tejido de filamentos y paredes de galaxias que unen las grandes aglomeraciones de miles galaxias formadas por auténticos cúmulos. Estos últimos aparecen como enormes concentraciones que se mantienen unidas por la gravedad, mientras que otras formaciones se separan y quedan libres en el espacio, sin estar unidas a ninguna gran masa gravitacional.
Se sabe que hay otras muchas estructuras más allá de los 100 Mpc, por ejemplo el supercúmulo del Reloj, formado por dos enormes estructuras de dimensiones del orden de 150 Mpc.

Extrañas figuras
La naturaleza fractual del Universo es una realidad cuidadosamente medida, por lo menos en regiones cuyas dimensiones no sobrepasen los 200 Mpc.
Un fractual es una figura en la que, a cualquier escala, una parte pequeña de ella es semejante a la imagen total. Este recurso, propio de la naturaleza, es fácil de reproducir con ayuda electrónica.
La figura muestra un fractual matemático; puede ser la reproducción de un cielo estrellado o incluso de un paisaje terrestre.

La esponja cósmica

Por lo general, se suele comparar la distribución de galaxias en el Universo con una esponja de filamentos que rodean los nódulos (los cúmulos) dejando muchas zonas vacías en su interior. Así es como a los cosmólogos les gusta describir las propiedades del Universo. Es interesante tratar de averiguar si la distribución de las galaxias forma una bola maciza o si ocupan el espacio dejando grandes huecos, en los que muy pocas galaxias se han formado y por donde la materia restante tiende a salir. Sin embargo, la naturaleza fractal del Universo no se ha perdido: si se observan trozos pequeños de la esponja se encontrarán huecos de dimensiones pequeñas, pero si se examina una esponja grande cabe la posibilidad de encontrarse con una enorme bola. Una concepción del Universo homogéneo, como pide la cosmología clásica, se traduce en una concepción que supone esponjas cada vez mayores hasta alcanzar una dimensión a partir de la cual los huecos y nódulos que aparecen ya no aumentan su tamaño, por lo que abandonan la dimensión fractal para entrar en la tridimensional (longitud, anchura y altura), como todos los cuerpos sólidos que conocemos. El test crucial consiste en ir midiendo galaxias que estén cada vez más lejos, tomando como referencia leyes bastante simples. En un cuerpo sólido normal (pongamos por ejemplo una esfera) la cantidad de materia N es proporcional

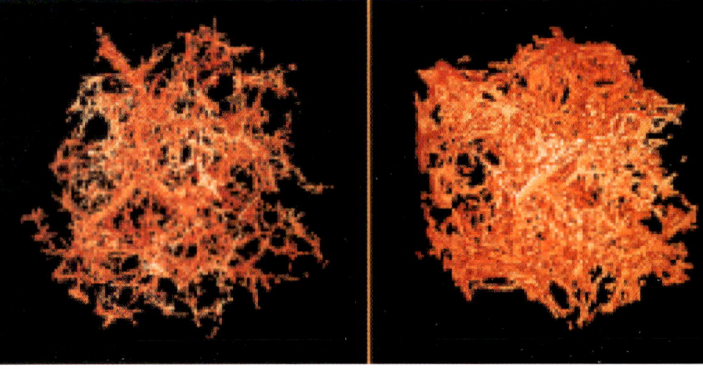

¿Galaxias o esponjas?
Dos simulaciones de las variantes de la CDM (materia oscura fría) visualizada como mapa tridimensional; las galaxias están distribuidas a lo largo de los filamentos, dejando muchas zonas vacías en el medio.

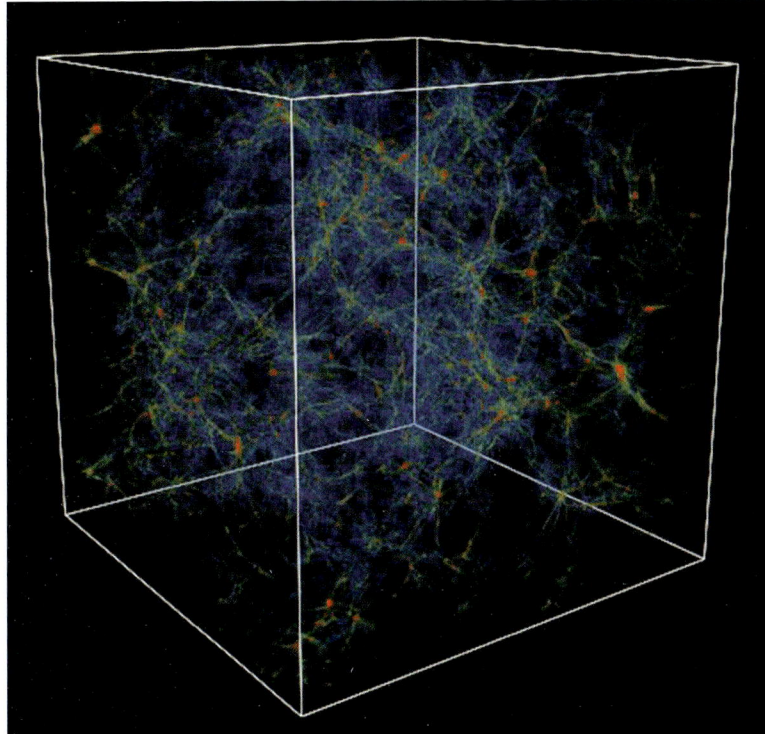
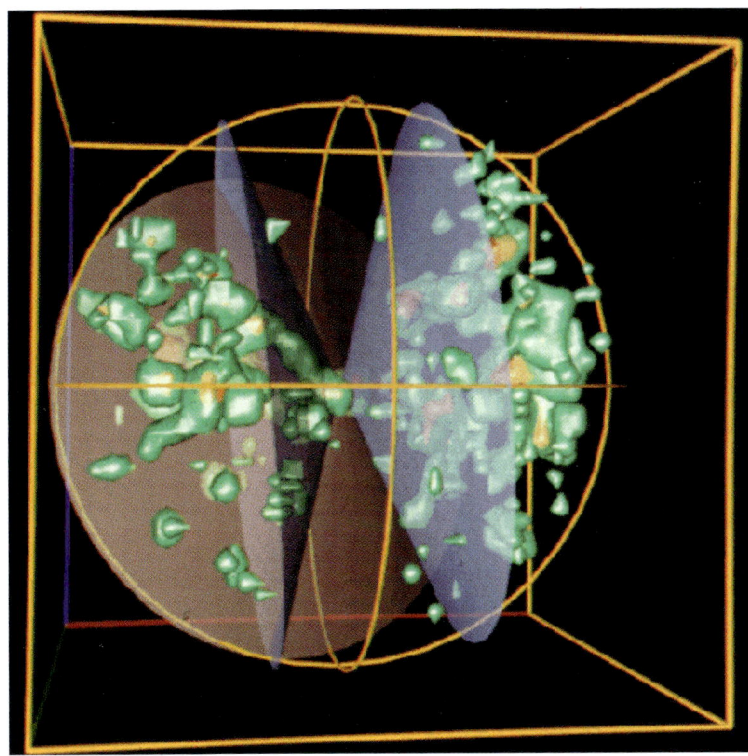

El espacio que nos rodea
Un esquema de la densidad de las galaxias observadas en las cercanías de la Vía Láctea. La zona sin galaxias es la oculta a la vista por el plano de nuestra galaxia

Un cubo en el Universo
La densidad de las galaxias observadas de verdad en las cercanías de la Vía Láctea. La esfera se extiende por todo el supercúmulo local, que tiene su centro en el cúmulo de Virgo, a casi 15 Mpc de la Tierra. La zona sin galaxias es simplemente un efecto debido a la presencia de la Vía Láctea en el cielo que nos impide ver las galaxias externas.

al cubo del radio R. En términos matemáticos: $N \div R^3$. Pues para un objeto de naturaleza fractal, dada la presencia de huecos cada vez más grandes, conforme vaya aumentando R, la cantidad de materia (el número de galaxias, en el caso del Universo) aumentará más lentamente en función de que su exponente D sea menor que 3. Dicho de otra manera: $N \div R^D$. D es la dimensión fractal buscada. Por lo tanto, basta con contar el número de galaxias que se encuentran en un determinado radio para establecer si la ley tiene un exponente igual a tres (del Universo homogéneo) o si la dimensión es fractal (D = 2 o menos).

No existe ninguna duda sobre la naturaleza fractal de trozos pequeños del Universo, que parece ser D = 1,2, más o menos, aunque luego aumenta hasta por encima de 2 cuando se llega a escalas del orden de algunas decenas de Mpc. Las observaciones más recientes parecen demostrar que por encima de la escala 300 Mpc el Universo está lleno homogéneamente de galaxias, así que se salva el principio cosmológico. Sin embargo, un minucioso análisis de los datos deja un espacio abierto a la cosmología orientada hacia lo fractal; se han realizado cálculos para una dimensión fractal a través de la imagen más lejana del Universo: la radiación cósmica de fondo.

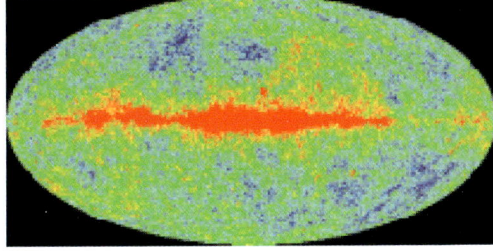

Mejor que COBE
Simulación del próximo experimento proyectado por la NASA, MAP, que permitirá medir variaciones de las radiaciones de fondo con una escala angular todavía más pequeña de la que llevaba COBE. Será interesante comparar los dos resultados para decidir cuál de las dos teorías sobre la formación de las galaxias es la correcta. En la imagen se ve una simulación a partir de datos.

Restos de la gran explosión

La edad del Universo todavía no se sabe con certeza: se puede afirmar que han pasado más de 10.000 millones de años desde el Big Bang. Llevando nuestras observaciones lo más lejos posible en el espacio se llegaría a los tiempos cada vez más remotos a través de la velocidad de la luz. Pero existe un límite a nuestras potenciales observaciones. Los fotones que forman la luz, desde las ondas radio a los rayos X, interactúan con las partículas cargadas y ligeras chocando y cambiando de dirección. En los primeros momentos de su vida el Universo estaba tan caliente que toda su materia estaba ionizada, formada esencialmente por protones y electrones, cargados y libres. Por la luz, ese ambiente sería semejante a una espesa niebla: a unos metros la imagen aparece confusa de color blanquecina. Después de 300.000 años del Big Bang, la temperatura del Universo había bajado lo suficiente como para permitir que los electrones se unieran con los protones, formando así átomos neutros de hidrógeno. En ese momento la niebla empezó a aclararse y el Universo se hizo transparente. El momento de la última interacción entre fotones y electrones es el origen de la radiación de fondo observada en las ondas radio. En la práctica es la primera fotografía del Universo que tenemos. Una fotografía de un gris único, a decir verdad de una intensidad tan uniforme que tan sólo recientemente el satélite COBE ha podido medir unas fluctuaciones del orden de una entre cien mil. Es la discrepancia entre esta imagen extremadamente homogénea y la apariencia apiñada y peculiar de las galaxias, lo que la cosmología trata de explicar con el fin de que podamos comprender cómo se agitaba el Universo en sus primerísimos instantes y cómo la gravedad agrupó las galaxias que se formaron inmediatamente después.

La expansión del Universo

Hay una ley muy conocida en astronomía, la ley de Hubble, que expresa la relación empírica entre la velocidad de alejamiento de los objetos extragalácticos y su distancia, debido a la expansión del Universo. Esa ley, en su simplicidad, es una consecuencia de la teoría de la relatividad general, combinada con los modelos que toman el Big Bang como el principio, en el cual todo el Universo estaba comprimido en un punto de dimensiones pequeñísimas. El hecho de que Edwin Hubble comprobara una ley de esta naturaleza en 1929 ha sido siempre considerado la prueba de la validez del Big Bang.

La ley se escribe $v = H_0$, donde (v) es la velocidad de alejamiento de la galaxia observada, que se puede medir con un análisis espectroscópico y (d) es su distancia. Las dimensiones físicas de la constante H_0 llamada constante de Hubble, son las de la velocidad dividida entre una distancia o la inversa de un tiempo (s^{-1}). En astronomía se suele medir la velocidad en km/s y las distancias en Megapársec (1 Megapársec = 1 Mpc = 1.000.000 pc = 3.260.000 años luz), con la consecuencia de que H_0 suele expresarse en la insólita unidad km/s/Mpc.

La interpretación de la ley es muy sencilla: todas las galaxias se están alejando de la nuestra a una velocidad que es proporcional a su distancia con respecto a nosotros. Cuanto más lejos esté una galaxia, más deprisa se aleja.

El valor de H_0 es, sin embargo, el centro de uno de los debates más apasionados de la astronomía. Conocerlo significa la posibilidad de establecer las dimensiones y la edad del Universo.

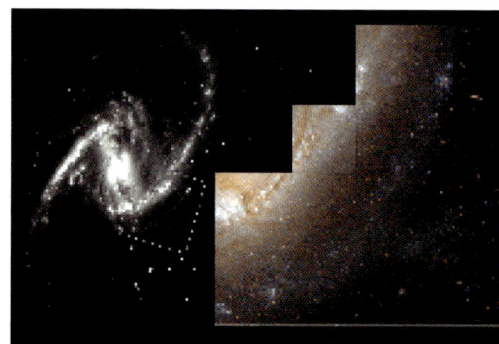

La primera medición

En 1924 Edwin Hubble, mientras estaba midiendo la distancia de Andrómeda y de M33, estableció que las nebulosas en espiral eran galaxias como la nuestra, situadas a distancias enormes. Se dio cuenta entonces de que la velocidad de las galaxias no era casual y que la mayoría de ellas se alejaba de nosotros. En un artículo publicado en 1929 demostró que la velocidad de alejamiento de las galaxias era directamente proporcional a su distancia, obteniendo así la primera medida de la constante de proporcionalidad: para la docena de galaxias de su lista, H_0 valía 540 km/s/Mpc. Un valor altísimo, entre 5 y 10 mayor del que se cree hoy como probable.

Hubble no consiguió dar una explicación a un valor tan alto, aun tratándose de algo de tanta importancia. Cualquier observador situado en un punto del Universo en expansión verá, igual que nosotros, las demás galaxias alejarse siguiendo la ley de Hubble, con el mismo valor de H_0. Por lo tanto, es fundamental comprender

A la caza de las Cefeidas
Ampliación de una zona de la galaxia NGC 1365, espiral barrada enana, en la constelación del Hornillo, que pone en evidencia algunas variables Cefeidas.

que cuanto más retrocedamos en el tiempo, más cerca estarán las galaxias unas de otras. Y cuanto más alto sea el valor de H_0, más rápida irá la expansión del Universo y, en consecuencia, más cerca estará el momento del Big Bang.

El valor para H_0 de 540 km/s/Mpc dado por Hubble era tan elevado que limitaba la edad del Universo en 2.000 millones de años, cuando la edad de algunas rocas terrestres se estima en 4.000 millones de años.

Esta contradicción se dejó en suspenso durante el decenio siguiente y no fue hasta después de la Segunda Guerra Mundial cuando las observaciones de Walter Baade sobre las variables Cefeidas redujeron el valor de H_0, doblando las dimensiones del Universo y desplazando el Big Bang en el tiempo hasta 4.000 o 5.000 millones de años.

Dos valores

El valor atribuido hoy a H_0 tiene dos valores diferentes, propuestos por dos escuelas teóricas: el grupo *texano*, representado por el astrónomo Gerard de Vacouleurs, sugiere un valor muy alto, de casi 100 km/s/Mpc; mientras que el grupo *californiano*, que dirige Allan Sandage, prefiere un valor más bajo de 50 km/s/Mpc.

La controversia arranca de la medición de la

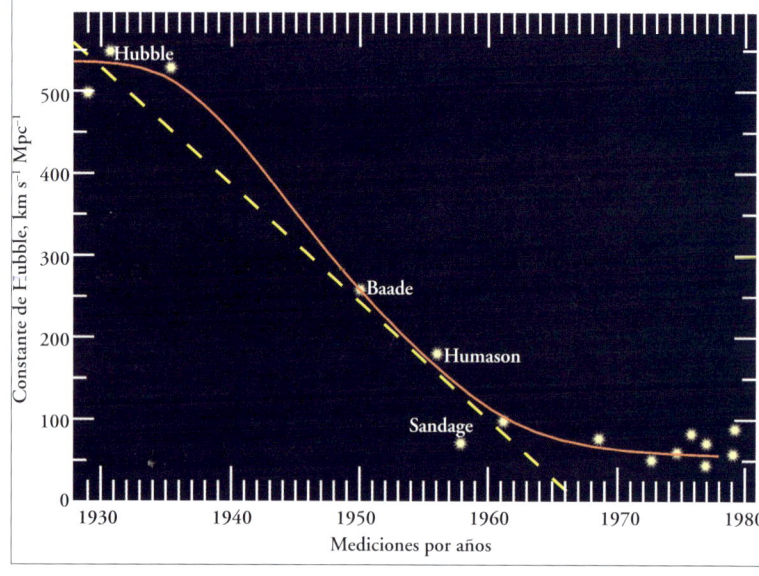

La constante baja
Estimaciones de la constante de Hubble desde los años treinta a los ochenta; el gráfico muestra cómo ha ido bajando notablemente a lo largo del tiempo: el valor H_0 es hoy unas cinco o diez veces menor que el primer valor calculado por Hubble.

Edwin Hubble
A la derecha: una imagen de Edwin Hubble, padre de la cosmología.

LA EXPANSIÓN DEL UNIVERSO

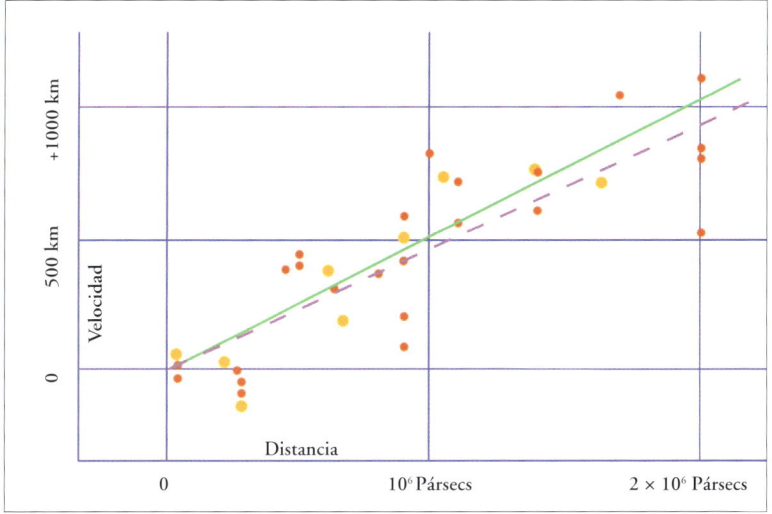

Un gráfico histórico
La proporción velocidad/distancia de las galaxias, en el gráfico original de Hubble (del libro de Hubble The Realm of Nebulae, *1936).*

Galaxia en espiral
Foto sacada por el Telescopio Espacial de la galaxia NGC 4639, cuya distancia ha sido calculada con el método de las Cefeidas.

distancia del cúmulo de galaxias de Virgo, un conjunto de miles de galaxias situado en el centro del Supercúmulo Local en el que nuestro Grupo Local ocupa un punto periférico.
La distancia de las galaxias de Virgo se ha realizado de varias maneras y en algún caso del mismo modo pero con diferentes cálculos. Este es el motivo de la discrepancia de los valores obtenidos, aunque en esta disputa científica también ha habido a veces motivos psicológicos y sociológicos.
El grupo texano, con su escala corta de las distancias, sitúa el cúmulo de Virgo a una distancia de casi 12-14 Mpc, con H_0 de casi 80-100 km/s/Mpc. Estos valores se han establecido partiendo de métodos como la luminosidad de los cúmulos globulares y de las nebulosas planetarias, utilizadas como bombillas estándar y, principalmente, la proporción de Tully-Fisher que relaciona la magnitud absoluta de una espiral con la anchura de las raya emitida por el hidrógeno neutro 21.
La consecuencia principal de un valor alto de H_0 es el de tener un Universo joven, de la edad que la teoría de la evolución estelar asigna a los cúmulos globulares más viejos. Este hecho ha puesto a la comunidad astronómica en contra de la escuela texana. El valor de H_0 medido por Sandage y sus colegas, en cambio, es de unos 40-50 km/s/Mpc. Esto no representa ningún problema para los cúmulos globulares y por lo tanto este valor es más aceptado por la comunidad astronómica internacional.

Un problema abierto

La palabra final a esta controversia llegará cuando el Telescopio Espacial Hubble –llamado así en su honor– proporcione las medidas de las distancias de las variables Cefeidas del cúmulo de Virgo. Algunos resultados ya se tienen: la primera galaxia estudiada ha sido NGH 4321 y ha dado un valor para H_0 de casi 80 km/s/Mpc. La comunidad texana enseguida cantó victoria, hasta que llegó la medición de la NGC 4369 por parte del grupo de Sandage en 1996 que suponía $H_0 = 47$ km/s/Mpc. Parece

El corazón de M31
Toma fotográfica del núcleo de la galaxia de Andrómeda (NGC 224). Nótese que dicho núcleo está separado en dos componentes, una más brillante en el centro y otra más débil alrededor.

que una vez más cada grupo encuentra el valor que le conviene. Los ultimísimos datos proporcionan nuevas estimaciones de la proporción Tully-Fisher con espirales observadas por el Telescopio Espacial, que apoya una vez más los valores de la constante de Hubble en torno a 55 km/s/Mpc.
Pero la verdadera respuesta sólo llegará cuando se hayan medido un número considerable de galaxias.

EL REDSHIFT

Las mediciones de la velocidad con la que las galaxias se alejan de nosotros se realizan con métodos espectroscópicos. Se analiza el espectro de la luz que la galaxia emite y se encuentran sus características (las rayas de emisión y de absorción) que se deben a la presencia de elementos químicos bien sabidos y que por lo tanto tienen una longitud de onda λ conocida por experimentos realizados en los laboratorios terrestres. El efecto Doppler interviene cuando un objeto que emite luz tiene una determinada longitud de onda λ_0 y se mueve con una velocidad (v) con respecto a lo que se está observando. En este caso, la longitud de onda λ observada es mayor (es decir que se desvía hacia el rojo) si la fuente se aleja, y es menor (hacia el azul) si se acerca. La proporción matemática se formula así:

$$\lambda / \lambda_0 = 1 + v/c$$

donde (c) es la velocidad de la luz, equivalente a 300.000 km/s. La cantidad v/c es la llamada *redshift* y se indica con la letra z.

El origen del Universo

La luz que procede de las galaxias lejanas nos dice que se alejan de nosotros a una velocidad que crece conforme se alejan de la Vía Láctea. Se puede explicar este fenómeno admitiendo que nuestro Universo se está expandiendo uniformemente, pero que eso implica que en un pasado tuvo que tener unas dimensiones reducidísimas con respecto a las actuales y, si se va lo suficientemente hacia atrás en el tiempo, se podría lanzar la hipótesis de que haya habido un instante en el que las dimensiones del Universo fueran un punto. Así pues, nuestro mundo tuvo un origen pero ¿qué hechos han llevado a la formación del Universo tal como lo vemos hoy?

El instante inicial

La teoría que supone que hubo un instante inicial en el origen del Universo, es decir, la teoría del Big Bang, habla de una singularidad, al afirmar que en el momento en que todo empezó, este todo era simplemente un punto sin apenas dimensiones. Sin embargo, la teoría cuántica, que cobró fuerza en torno a los años treinta, establece que tiene más sentido hablar de una longitud mínima, por debajo de la cual hablar de distancias carece de sentido. Uno de los fundamentos de esta teoría es el llamado *principio de indeterminación,* debido al físico y premio Nobel Werner Heisenberg, según el cual no se puede dar a la vez, y con infinita precisión, la velocidad y la posición de una partícula o de un cuerpo. La longitud mínima, que marca el límite inferior de las dimensiones del Universo recién nacido es de 10^{-35} m y a

Semillas de irregularidades
Las pequeñas deshomogeneidades en las radiaciones cósmicas de fondo reveladas por el satélite COBE.
A partir de ellas pudieron haberse formado las grandes estructuras del Universo, como los cúmulos globulares.

Y la luz fue hecha
Representación artística (a la derecha) del Universo poco después del Big Bang. El Universo originario era opaco; sólo con el paso del tiempo se hizo transparente a la luz.

este valor se le llama la longitud de Planck. La aparición de un Universo tan microscópico marca el instante cero a partir del cual se cuenta el tiempo. Cuando apareció el Universo estaba calentísimo, hasta tal punto que la materia no podía existir en ninguna forma y las cuatro fuerzas fundamentales de la naturaleza estaban unificadas. Piénsese en lo que sucede cuando se calienta poco a poco la materia: al aumentar la temperatura se produce una energía cada vez mayor a la molecular, que puede llegar incluso a explotar en los componentes fundamentales: los átomos. Después serán los átomos los que se descompongan en sus elementos fundamentales, es decir, el núcleo y los electrones. Luego le llegará el turno al núcleo que se fragmentará en protones y neutrones. Siguiendo con este proceso de descomposiciones en partículas cada vez menores, llegaremos a la unificación de las fuerzas, con la desaparición de la materia bajo forma de radiaciones. En un Universo muy caliente, la materia ordinaria no puede existir, está evaporada en radiaciones.

El Universo empezó enseguida a expandirse y a enfriarse. Las fuerzas, inicialmente unificadas, comenzaron a separarse enseguida: la fuerza de gravedad fue la primera, 10^{-43} segundos después del instante cero, seguida de la fuerza nuclear fuerte, la débil y la fuerza electromagnética

Expansión inflacionaria

Las observaciones realizadas en el campo de las ondas electromagnéticas han demostrado la

reside en el hecho de que el tiempo necesario para que la luz atraviese el Universo desde un extremo al otro, llevando así la información, es superior a la edad del Universo; por lo tanto, esperaríamos que las radiaciones que nos llegan desde cualquier dirección de las profundidades del cosmos tuvieran características distintas, pues vienen de regiones diferentes del espacio que no han tenido la posibilidad de intercambiarse información. Esto es verdad incluso cuando el Universo, en los tiempos más remotos, tenía dimensiones muy reducidas. La casi perfecta uniformidad de las radiaciones fósiles nos hablan inequívocamente de que sí ha habido intercambio de información y que todas las zonas del Universo se han *puesto de acuerdo* en enviar la misma señal. ¿Cómo se puede resolver el problema?

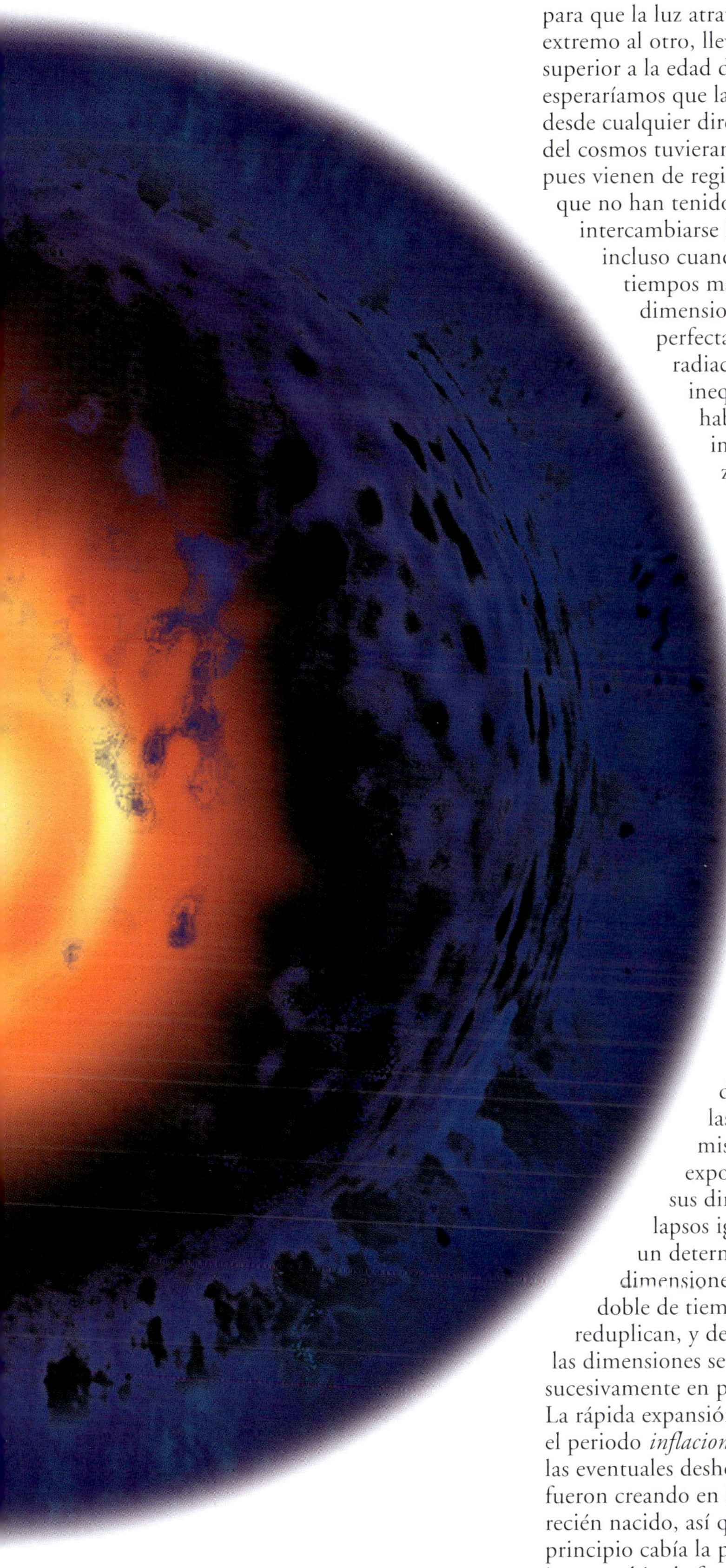

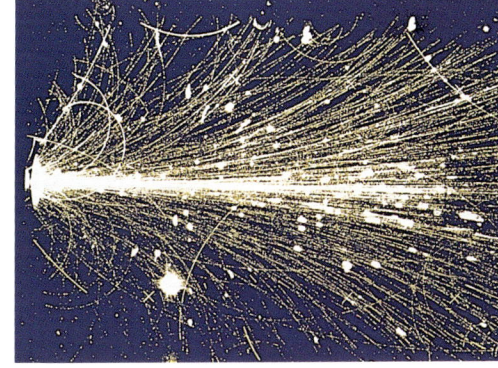

Las dos escalas de la naturaleza
Restos de partículas elementales en un revelador. Cuando se buscan explicaciones sobre el origen del Universo, lo infinitamente grande se funde con lo infinitamente pequeño.

Para explicar la casi perfecta homogeneidad de las radiaciones fósiles, los astrofísicos recurren a una teoría como la de *expansión inflacionaria* (del inglés *inflation*, 'engorde'). Ésta afirma que el Universo habría conocido, nada más nacer, un periodo muy breve en el que la expansión, más que proceder siguiendo las leyes que lo rigen hoy, habría continuado de una manera acelerada creciendo de una manera exponencial a las dimensiones del Universo mismo. Un crecimiento exponencial significa que duplica sus dimensiones con el paso de lapsos iguales de tiempo: al cabo de un determinado lapso de tiempo las dimensiones se duplican; después del doble de tiempo, las dimensiones se reduplican, y después del doble del tiempo, las dimensiones se cuadruplican, y así sucesivamente en progresión geométrica.

La rápida expansión del Universo que se dio en el periodo *inflacionario* llevó a un aumento de las eventuales deshomogeneidades que se fueron creando en la estructura del Universo recién nacido, así que puede pensarse que al principio cabía la posibilidad de que hubiera un intercambio de fotones entre las distintas regiones del espacio, pero que después de la expansión inflacionaria, las regiones del Universo estaban ya tan lejos unas de otras que no podían cambiarse mensajes entre ellas. Por lo tanto, el Universo que hoy vemos no se ha expandido siempre con el mismo índice, sino que ha vivido un momento de expansión acelerada, y por lo tanto habrá existido un periodo, antes de esta fase de rápido crecimiento, en el que era posible que los fotones recorrieran el Universo de un lado a otro, haciéndolo homogéneo. Esto explica por qué las radiaciones cósmicas de fondo nos parezcan tan uniformes allá donde miremos. El proceso inflacionario empezó en torno a 10^{-34} segundos y llegó hasta 10^{-32} segundos después del Big Bang, haciendo que se reduplicaran las dimensiones del Universo cada 10^{-34} segundos.

En este breve tiempo, el Universo vio cómo sus dimensiones se multiplicaban por el factor 2^{100}, es decir, casi 10^{30}. Medidas rigurosas de las radiaciones fósiles obtenidas con el satélite COBE han revelado pequeñas deshomogeneidades.

En cualquier caso, este fenómeno se explica con la teoría cuántica, ya que contempla las pequeñas fluctuaciones en las radiaciones de fondo, así como en otros muchos procesos.

El problema de la densidad

Queda otro problema sin resolver en la teoría inflacionaria que tiene que ver con la densidad de la materia. La teoría de la relatividad general permite establecer el destino final del Universo en función de la densidad de la materia que contiene. Si es inferior a un determinado valor crítico, el Universo está llamado a expandirse hasta el infinito aumentando progresivamente sus dimensiones, aunque lo frene la fuerza de la gravedad, que lo hará, por la recíproca atracción de los objetos con masa. Si, por el contrario, la densidad supera dicho valor crítico, entonces será la fuerza de la gravedad la que dominará y el Universo terminará su expansión contrayéndose hasta llegar a un

existencia de una fuente energética uniforme procedente de todas las regiones del cielo y que se explica como el eco cósmico de la explosión que marcó el inicio del Universo en que vivimos. La extrañeza de estas ondas radio

punto que ha sido definido como el *Big Crunch*, un gigantesco colapso colectivo. Los datos observados muestran que la densidad del Universo está en la actualidad muy cerca del valor crítico; sin embargo, muchas teorías dicen que una ligera desviación del valor crítico ha tenido que irse produciendo poco a poco y que hoy ya debería haber alcanzado unos valores para ser fácilmente observables. Pero para reproducir los datos observables hay que pensar que al principio la densidad se separaba de la crítica en una parte sobre 10^{60}, es decir, casi nada.

Afortunadamente, la teoría de la expansión inflacionaria prevé que, con el mecanismo de la inflación, la densidad roce casi la crítica.

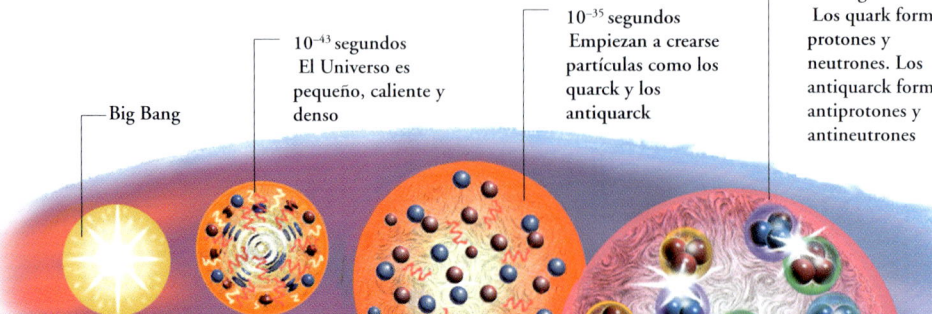

Big Bang

10^{-43} segundos
El Universo es pequeño, caliente y denso

10^{-35} segundos
Empiezan a crearse partículas como los quark y los antiquark

10^{-4} segundos
Los quark forman protones y neutrones. Los antiquark forman antiprotones y antineutrones

Nacimiento de la materia

Conforme la expansión del Universo iba reduciendo su temperatura, empezaron a formarse las primeras partículas que constituyeron la materia. Sin embargo, por cada partícula que se formaba, nacía también una antipartícula, es decir, un corpúsculo igual en todo al primero, pero con una carga eléctrica contraria. Como dos cargas de signo contrario se atraen, las partículas y las antipartículas se fundían, generando en el proceso fotones. Los primeros que se formaron fueron los quark y los antiquark, que dieron lugar a los protones y neutrones.

Todavía no está claro cómo pudo ser, pero lo cierto es que en un determinado momento se rompió la perfecta simetría entre materia y antimateria en beneficio de la primera y así fue como surgió el Universo. Normalmente, partículas y antipartículas se crean por parejas, por lo que no cabe la posibilidad de que haya más materia o antimateria.

Formación de los elementos

El descenso de la temperatura llegó a un nivel en el que las partículas pudieron unirse y formar átomos. El instante en el que se formaron los primeros átomos neutros fue importante porque la materia se hizo transparente debido a las radiaciones, ya que antes los fotones se chocaban continuamente con las partículas simples desviándolas o por lo menos alterándolas. Naturalmente sólo pudieron formarse átomos muy sencillos, es decir, los de hidrógeno, y en sucesivas reacciones nucleares los de helio. Las modernas teorías dicen que el Universo originario se formó casi exclusivamente de hidrógeno y helio (con una presencia testimonial de litio) según una proporción muy precisa, un átomo de helio por ocho átomos de hidrógeno. Las observaciones sobre la composición del Universo confirman dicha proporción, aunque en nuestra época dicho valor ha variado y ha sido alterado por la producción de helio y elementos más pesados en el interior de las estrellas.

Tras la formación de los elementos originarios, nada nuevo sucedió en el Universo durante bastante tiempo. La expansión y el enfriamiento seguían su curso hasta que, poco a poco, la materia empezó a reagruparse para formar las estrellas y las estructuras más complejas que podemos observar hoy.

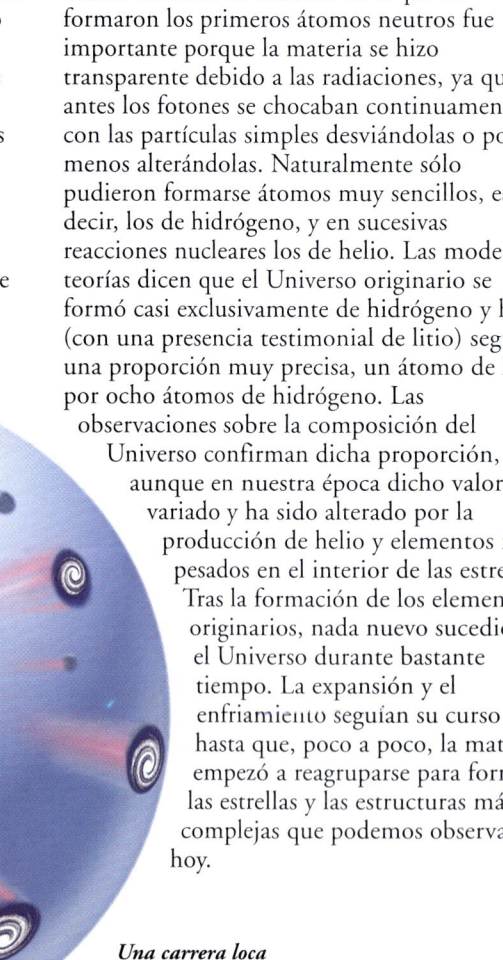

Una carrera loca
La expansión del Universo, que hace que las galaxias se vayan alejando entre sí incluso ahora, es una consecuencia del empuje inicial del Big Bang.

Antes del Big Bang

La teoría del Big Bang, integrada en la expansión inflacionaria, nos permite explicar bien algunas datos observados, como la presencia de una radiación fósil con unas propiedades muy particulares de homogeneidad, la proporción entre el hidrógeno y el helio, y la densidad de la materia en el Universo; además satisface la ecuación de una de las teorías más eficaces que la mente humana ha concebido jamás: la teoría de la relatividad general. Por último establece el principio de todo, pero suscita también una pregunta: ¿había algo antes? En caso afirmativo, ¿qué?

Contestar a estas preguntas es imposible; en efecto, a partir de que el Universo se puso en marcha con el Big Bang, no tiene ningún sentido hablar de antes, sino sólo de después. Sin embargo, teorías recientes sugieren la posibilidad de que nuestro Universo se haya formado dentro de otro Universo, creando así una especie de jerarquía de mundos encerrados el uno en el otro e inaccesibles entre sí. En esta inaccesibilidad reside la imposibilidad de verificar esta sugestiva hipótesis: aunque en nuestro Universo se pudieran estar formando otros universos, ignoraríamos su existencia porque se descolgarían del nuestro y serían inobservables con cualquier instrumento.

A pesar de todo esto, se puede tratar de dar una respuesta, aunque sea parcial, al problema que plantea de qué cosa se ha formado el Universo. Se ha dicho ya que la teoría cuántica se basa en el principio de indeterminación. Una

EL ORIGEN DEL UNIVERSO

formulación de este principio equivalen a la dicha más arriba y que afirma que no se puede determinar con exactitud absoluta la energía de un sistema, ya esté formado por una simple partícula o que sea el Universo mismo.
La indeterminación sobre la energía del sistema está unida a la duración del sistema mismo: cuanto más conozcamos la energía del sistema, más durará éste. Y además este principio permite que se creen continuamente sistemas efímeros, como parejas de partículas y antipartículas, que tienen una vida muy corta. Una interpretación de la teoría cuántica establece que el Universo no sería otra cosa sino el fruto de una de estas fluctuaciones de energía con una duración larguísima, probablemente infinita; se le atribuye una vida eterna al Universo por el hecho de que se supone una energía global exactamente igual a cero. Por extraño que pueda parecer, esta idea no es infundada, desde el momento en que la fuerza de la gravedad es una fuente de energía de signo negativo; el Universo tendría, pues, que haberse creado de la nada.

A pesar del desarrollo tanto en el campo teórico como en el observativo, la respuesta a la pregunta fundamental ¿de dónde venimos? queda sin respuesta y tal vez esta curiosidad no se satisfará nunca.

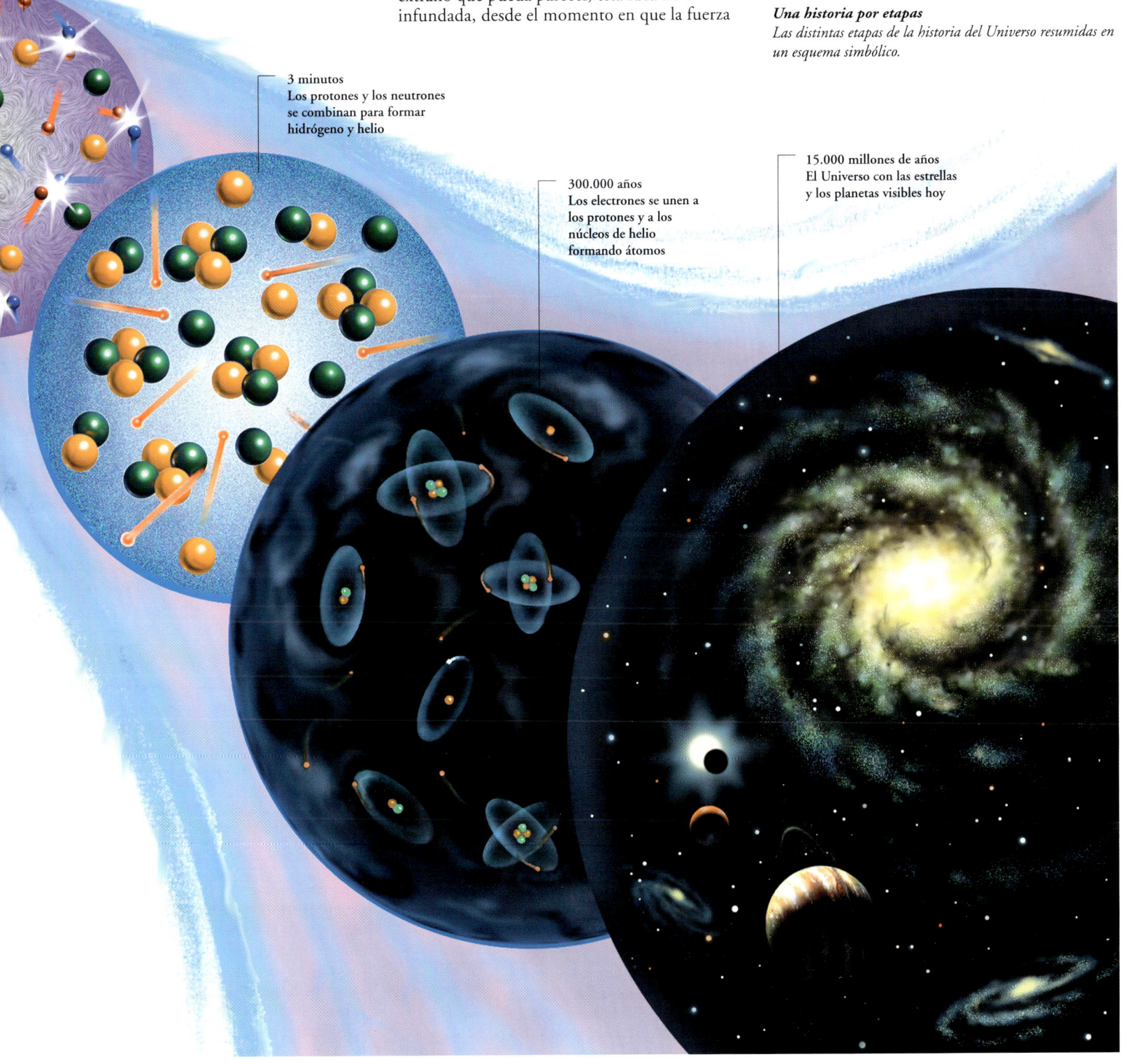

Una historia por etapas
Las distintas etapas de la historia del Universo resumidas en un esquema simbólico.

- 1 segundo
  Aparecen los primeros electrones y protones

- 3 minutos
  Los protones y los neutrones se combinan para formar hidrógeno y helio

- 300.000 años
  Los electrones se unen a los protones y a los núcleos de helio formando átomos

- 15.000 millones de años
  El Universo con las estrellas y los planetas visibles hoy

La búsqueda de vida en el Universo

Muchos astrónomos sostienen que cabe la posibilidad de que haya vida desarrollándose en muchos lugares del Universo. Por desgracia, hasta ahora no hay pruebas concretas de que dicha suposición sea cierta; y, aunque fuera así, no estamos en grado de desarrollar, a corto plazo, la tecnología necesaria que nos permita ir a visitar mundos muy lejanos extragalácticos y tal vez habitados. Sin embargo, nada prohíbe realizar algunas tentativas y hasta enviar mensajes al espacio para que puedan ser interceptados por culturas alienígenas, algo así como soltar papiros en tecnológicas botellas al inmenso océano del Universo. Y viceversa, buscar en la Tierra eventuales mensajes provenientes del cosmos.

El mensaje de Arecibo

El 16 de septiembre de 1974, con motivo de la inauguración del nuevo y potente radiotelescopio de Arecibo (Puerto Rico, Antillas), se lanzó al espacio un mensaje interestelar ya histórico. Ese día el objetivo era el cúmulo globular M13, en la constelación de Hércules, situada a casi 25.000 años luz. La longitud de onda de emisión fue de 12,6 cm equivalente a una frecuencia de 2.382 MHz; la señal tuvo una duración de 169 segundos y requirió mucha potencia. Si por casualidad hubiere algún planeta habitado alrededor de cualquiera de las 300.000 estrellas de M13, y caso de que tuviera una tecnología capaz de descifrar el mensaje y de localizar la fuente, se sabrá dentro de 50.000 años (25.000 para el viaje de ida y otros tantos para recibir la respuesta de vuelta). Como se ve, no es una manera cómoda de mantener una conversación...

Pioneer y Voyager: los mensajeros

Las sondas *Pioneer 10* y *11* fueron lanzadas, respectivamente, el 3 de marzo de 1972 y el 6 de abril del año siguiente, en dirección al Sistema Solar externo; la primera tenía el objetivo de visitar Júpiter y la segunda llegar hasta Saturno. Las misiones salieron estupendamente, pero los científicos se dieron cuenta antes del lanzamiento que la órbita de las dos sondas las llevaría, antes o después, fuera del Sistema Solar.
Los cálculos indican que tras 3.200 años, *Pioneer 10* alcanzará la primera estrella en su recorrido y si alguien, de esos lugares, siente curiosidad por saber de dónde sale este regalo del espacio y consigue recuperarlo, encontrará dentro una caja de aluminio dorado en la que hay grabado un dibujo. El dibujo representa a un hombre y a una mujer (figuras que resultarán totalmente incomprensibles al alienígena correspondiente), el hombre lleva la mano levantada en forma de saludo. En la parte baja de la caja hay una representación esquemática del Sistema Solar con la Tierra bien marcada, y en el centro una especie de sistema de referencia basado en la posición de

El gigante radio
La enorme paellera del radiotelescopio de Arecibo, el mayor del mundo, con el que se envió el mensaje a M13. La estructura suspendida, en la imagen, es el foco del instrumento.

14 estrellas púlsares que sirve para identificar la posición solar dentro de la Vía Láctea. Se espera que si lo encuentra una eventual civilización inteligente, haya estudiado las púlsares como lo hemos hecho en la Tierra y que sepa reconocer las claves del mensaje. Encima hay una representación esquemática de la transición atómica del átomo de hidrógeno que produce una característica raya radioastronómica de frecuencia 1.420 MHz, que corresponde a una longitud de onda de 21 cm y que se espera que se interprete, de alguna manera, como *unidad de medida universal*.
La sonda *Voyager 2* es en la actualidad el objeto terrestre más lejano del planeta madre. Igual que se hizo con las *Pioneer*, también en las sondas *Voyager 1 y 2*, destinadas a que se perdieran en el espacio interestelar después de haber pasado cerca de los planetas externos del Sistema Solar, se colocó un mensaje. Se trata, en este caso, de un videodisco (DVD) con una gran cantidad de información. Contiene imágenes (20 en color y 96 en blanco y negro) y sonidos (60 idiomas diferentes y 90 minutos de músicas típicas de todas las partes del mundo) además de información química y biológica de la especie humana. Se trata, pues,

El objetivo del mensaje
El cúmulo globular M13 hacia el que se envió un mensaje con el radiotelescopio de Arecibo, el 16 de septiembre de 1974. M13 está situado a 25.000 años luz y se encuentra en la constelación de Hércules.

LA BÚSQUEDA DE VIDA EN EL UNIVERSO

MENSAJE CIFRADO

El mensaje lanzado desde Arecibo tenía 1.679 bit de información: este número, 1.679, es el producto de 23 por 73, lo que obliga a situar los bit dentro de un rectángulo de 23 bit de base por 73 de altura.

El mensaje, pensado por el profesor Drake, fundador del SETI, empieza declarando que los números van expresados en códigos binarios; después se especifican los números atómicos de los elementos más importantes para la vida en la Tierra: hidrógeno, carbono, nitrógeno, oxígeno y fósforo. En la representación que va al lado del mensaje, los cuadratines verdes y azules representan, respectivamente, los nucleótidos y la doble hélice del ADN (que es el constituyente de los cromosomas de los que depende la reproducción de la vida con los caracteres genéticos). El bloque blanco colocado verticalmente representa el número (4.000 millones) de nucleótidos de los genes humanos, en rojo; su población total se expresa con el número de la derecha y la altura con el número a su izquierda (en unidades de la longitud de onda de transmisión, es decir, 12,6 cm).

Esta parte, probablemente, será la más difícil de interpretar por los eventuales científicos extraterrestres.

En amarillo va el Sistema Solar, con sus nueve planetas y con el tercero, en orden procedente desde el Sol (la Tierra), muy remarcado. Por último, en morado se representa el radiotelescopio que transmite el mensaje, cuyas dimensiones (casi 305 m) están representadas por la última línea blanca.

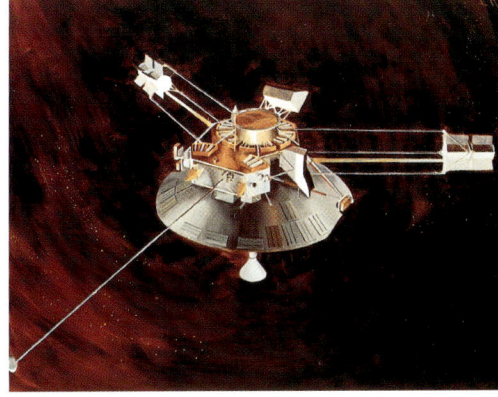

Los mensajeros
La Pioneer, *(arriba), y la* Voyager *(más arriba), las dos sondas que llevan a bordo discos con mensajes para posibles inteligencias alienígenas. Sus viajes durarán miles de años.*

de una especie de *enciclopedia* espacial, que quiere dar testimonio del ser humano y de cómo vive en un remoto ángulo de la Vía Láctea.

El disco está hecho de cobre dorado y va dentro de una funda en la que figuran las *instrucciones* de uso, igual que las que se habían enviado en las sondas *Pioneer*.

También en este caso la clave de lectura es la frecuencia 1.420 MHz de la transición atómica del hidrógeno.

El proyecto SETI

Si el envío de mensajes como los descritos queda en el ámbito de la curiosidad científica, mucho más importante es la búsqueda desde la Tierra de ocasionales señales de radio inteligentes y procedentes del espacio.

En esta línea trabaja el SETI (Search for Extra Terrestrial Intellingences, es decir, 'búsqueda de inteligencia extraterrestre').

Se puede decir que se puso en marcha en 1959, cuando los físicos de la Universidad de Cornell, Giuseppe Cocconi y Philip Morrison,

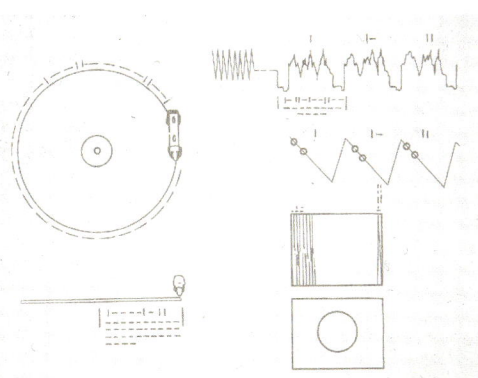

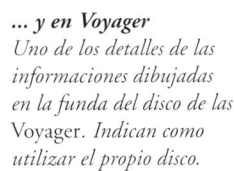

En Pioneer...
Reproducción de los dibujos de la caja que va a bordo de Pioneer, destinada a posibles seres inteligentes.

... y en Voyager
Uno de los detalles de las informaciones dibujadas en la funda del disco de las Voyager. *Indican como utilizar el propio disco.*

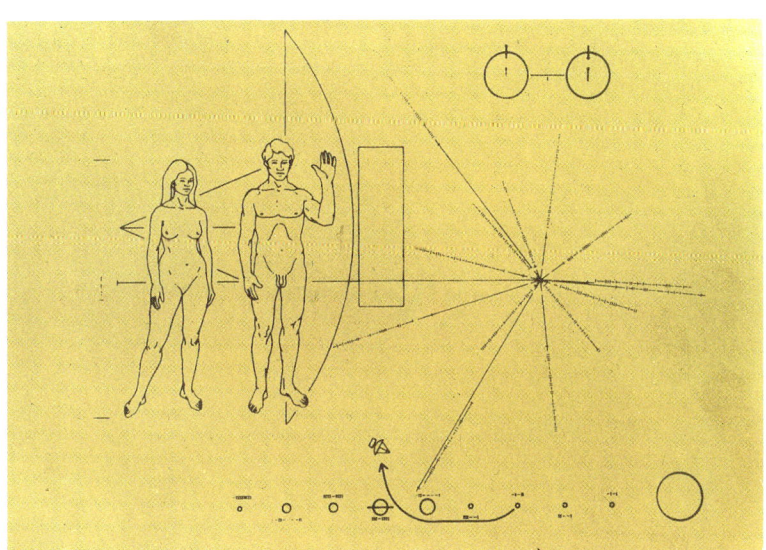

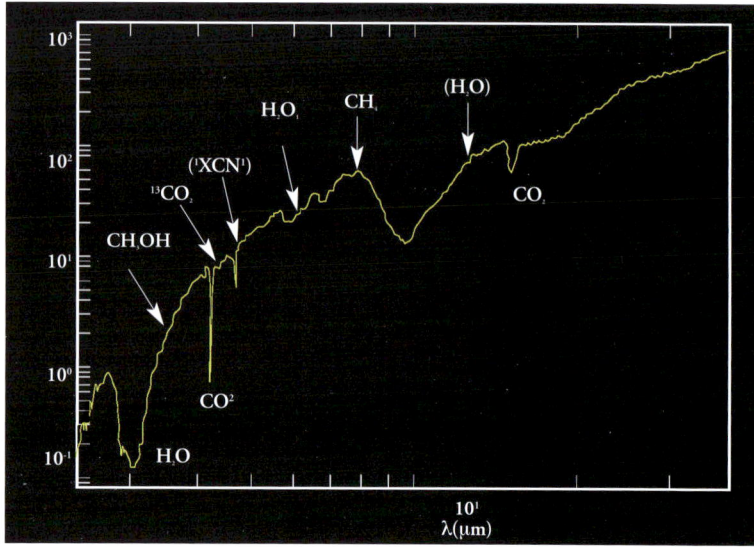

Claros y oscuros
Nube de polvo oscuro (a la derecha) en la constelación de Escorpión.

Moléculas espaciales
Espectro de la nebulosa NGC 7538. En él puede verse la distancia entre las líneas de absorción de algunas moléculas interestelares que se manifiestan con picos hacia abajo. El paréntesis recoge una sustancia de dudosa atribución.

publicaron un artículo en la revista *Nature* en cual exponían que era posible usar microondas para las comunicaciones interestelares. Por otro lado, un joven radioastrónomo, Frank Drake, había llegado a las mismas conclusiones y en 1960 inició las primeras investigaciones sobre ondas electromagnéticas que procedieran de otros sistemas solares, dirigiendo una antena de 25 metros hacia dos estrellas muy parecidas al Sol y relativamente cercanas a la Tierra. Eligió escuchar las eventuales señales de los extraterrestres a través de la *mágica* frecuencia de 21 cm (1.420 MHz).

Si por un lado Drake no tuvo éxito, no encontró nada, por otro lado su proyecto llamado OZMA sí que animó a otros astrónomos a seguir su ejemplo, y entre los más sensibles al proyecto se encontraban los rusos. Esta es la razón por la que en los años sesenta la SETI estaba dominada por la investigación soviética, a pesar de que nunca se hizo de manera continuada.

Más que investigar en estrellas cercanas, los soviéticos prefirieron utilizar antenas omnidireccionales que pudieran cubrir grandes zonas del cielo. Ellos suponían que en el espacio debía de haber pocas culturas tecnológicamente avanzadas, aunque poseyeran potentes sistemas de envío de mensajes por radio.

Al principio de la década de 1970, la NASA se interesó por esta investigación y se ocupó de desarrollar la tecnología necesaria.

Un equipo de investigadores, bajo la dirección de Bernard Oliver, dio cuerpo al proyecto, bautizado como *Proyecto Cíclope*, que hacía hincapié en las tecnologías necesarias para ponerse a escuchar, con un trabajo serio y continuado, eventuales señales de inteligencias extraterrestres.

Algunos de los proyectos que surgieron todavía se están desarrollando o acaban de concluirse, con una tecnología muy puntera. Entre éstos hay que señalar el proyecto META de la Planetary Society, el SERENDIP de la Universidad de California y un programa basado en muchas observaciones de la Universidad estatal de Ohio.

A finales de los setenta, el Ames Research Center de la NASA y el Jet Propulsion Laboratory de Pasadena, en California, decidieron tomar parte activa en la búsqueda de señales extraterrestres.

Propusieron dos estrategias diferentes: el Ames quería examinar 1.000 estrellas semejantes al Sol con un objetivo muy claro, mientras que el JPL proponía investigar en todas las direcciones del cielo. En 1988, casi después de diez años de estudios para definir cuál sería la estrategia mejor, los responsables de la NASA propusieron adoptar la segunda vía. Cuatro años después, con motivo del 500° aniversario del desembarco de Cristóbal Colón en América, se iniciaron las primeras observaciones. Por desgracia, tras el primer año de trabajo, el Congreso americano cortó los fondos al proyecto.

Así que muchos investigadores abandonaron y otros se movieron para encontrar financiación privada. El Proyecto Phoenix ha concentrado los esfuerzos de la parte del proyecto SETI de la NASA conocido como *Target Search*, es decir, el proyecto que proponía examinar las mil estrellas parecidas al Sol en nuestras proximidades. Con tal fin se usaron las mayores antenas que jamás se hayan visto en la Tierra y que ya habían estado en el SETI.

El Serendip

Otro proyecto al que se aludía y que lleva en marcha varios años es el Serendip. Su nombre procede de la filosofía que subyace en él: el término *serendipia* alude, dentro del mundo científico, a los descubrimientos que se hacen por azar mientras se está estudiando otra cosa. La auténtica *serendipia* es un receptor que está en condiciones de analizar un montón de canales radio, pero como no se sabe a priori en qué frecuencia puedan transmitir eventuales inteligencias alienígenas, indaga el mayor número posible.

La primera versión (Serendip 1) entró en funcionamiento en el Observatorio de Hat Creek en la Universidad de Berkeley en 1979, y se proponía analizar cien canales. El segundo, que funcionó entre 1986 y 1988, se colocó en el radiotelescopio de 75 metros de Green Bank, y podía localizar 65.000 canales por segundo. Serendip III empezó a trabajar el 15 de abril de 1992 en el radiotelescopio de Arecibo (el mayor del mundo). En los primeros cuatro años había realizado 10.000 horas de observaciones y cubierto casi el 93% del cielo visible desde esa localidad, por lo menos una vez, y el 43% al menos cinco veces. Los datos de los que ahora se disponen se están analizando, aunque hasta ahora no parece que haya señales dignas de

Hipótesis alienígenas
Hipotéticos planetas habitables, representados según la fantasía del artista. No se excluye que haya otros, además de la Tierra, en el Universo, pero todavía no hay ninguna prueba de ello.

Nubes interestelares
Una espléndida imagen en infrarrojos de la nube interestelar en la región de la estrella Ro Ophiuchi. El objeto más luminoso es una estrella muy densa en formación.

energía de la que tienen las emisiones de radio naturales de la estrella.

Pero considerando sólo las longitudes de onda válidas hay una gama que va entre 1.000 y 2.000 millones de posibilidades. Por este motivo, como por ahora no se está en grado de construir instrumentos capaces de captar todas las frecuencias posibles, hay que empezar la investigación por aquellas que se consideren más plausibles para enviar señales extraterrestres.

En 1959, los físicos Giuseppe Cocconi y Philip Morrison sugirieron sintonizar en la ya citada frecuencia 1.420 MHz que corresponde a la longitud de onda de 21 cm. Esta onda es la que emite el átomo de hidrógeno neutro cuando el electrón cambia su sentido de rotación sobre sí mismo con respecto al protón. Hay que recordar que el hidrógeno es muy abundante en el Universo, que está por todas partes y que, por lo tanto, tiene muchas posibilidades de ser conocido.

Así pues, si una civilización extraterrestre se ha desarrollado, al menos como la nuestra, lo más probable es que conozca este fenómeno y por lo tanto podría utilizar la misma frecuencia oportunamente intensificada y modulada para enviar sus eventuales mensajes.

Otra frecuencia que podrían usar las inteligencias extraterrestres es la emitida por la molécula OH, también muy común en el espacio.

El intervalo de frecuencias que va de los 1.420 a los 1.721 MHz, es decir, de la emisión del hidrógeno a la de la molécula OH, se llama *waterhole*, 'bolsa de agua', alrededor de la cual, como los animales de la sabana alrededor de una charca, hay que imaginar reagrupadas en el universo a las culturas semejantes a la nuestra. De hecho, si el agua es lo que de verdad determina el desarrollo de la vida, se puede pensar que esta frecuencia sea la más indicada para mantener conversaciones a nivel intergaláctico.

interés como para diseñar una observación específica. La última versión, el Serendip IV (instalado en junio de 1997), en el radiotelescopio de Arecibo puede analizar 168 millones de canales cada 1,7 segundos en una banda ancha de 100 MHz, en la frecuencia 1,42 GHz; los resultados se conocerán en los próximos años.

Estos instrumentos son, por así decirlo, *huéspedes* de los radiotelescopios profesionales, y mientras los astrónomos efectúan sus trabajos e investigaciones sobre cualquier objeto del espacio, Serendip se aprovecha para acumular señales electromagnéticas a las frecuencias dichas, en la región del cielo observada. Los datos que recoge pasan vía Internet a la Universidad de Berkeley y allí se analizan por medio de una serie de algoritmos que eliminan las interferencias y separan aquellas señales que tienen alguna posibilidad de tener un origen inteligente y extraterrestre.

¿En qué frecuencia se les puede oír?

Uno de los mayores problemas relacionados con los estudios de las señales extraterrestres es el de escoger la frecuencia justa con la que oírlos.

Se necesita una frecuencia que no se confunda con los ruidos de fondo del Universo. Se excluye investigar con mensajes luminosos porque las estrellas emiten tal cantidad de energía visible que el supuesto mensaje quedaría cubierto por las luces estelares. En cambio, con las ondas radio sucede todo lo contrario: un mensaje artificial puede tener más

LA FÓRMULA DE FRANK DRAKE

La búsqueda de vida inteligente en el Universo parte de los presupuestos actuales de que, a pesar de lo confuso del caso, estadísticamente se puede realizar un contacto.

Partiendo de la hipótesis del número de tecnologías existentes en nuestra galaxia con las que cabría un contacto, Frank Drake y otros investigadores han definido la fórmula que permite dar una respuesta a esta pregunta. Según ellos, el número N de las civilizaciones tecnológicamente avanzadas existentes y en posesión tanto de los intereses como de la capacidad de comunicarse a distancias interestelares puede expresarse así:

$$N = R^* \cdot fp \cdot na \cdot fv \cdot fi \cdot fc \cdot D$$

donde R^* es el ritmo medio de formación de estrellas conseguido de la edad de la galaxia; fp es la fracción de estrellas que poseen sistemas planetarios; n el número medio de planetas en cada sistema planetario con un ambiente favorable para que haya vida; fv es la fracción de dichos planetas habitados en los que se ha desarrollado la vida; fi es la fracción de dichos planetas habitados en los que durante la vida del sol local se desarrollaron formas de vida inteligente; fc es la fracción de planetas poblados por seres inteligentes en los que ha surgido durante la vida del sol local una civilización tecnológica avanzada en el sentido definido antes, y D es la duración de la vida de dicha civilización tecnológica. Basándose en estos datos estadísticos elaborados de una manera tan compleja, Drake y los demás investigadores han llegado a las siguientes conclusiones:

– el número de civilizaciones más avanzadas, desde nuestro punto de vista tecnológico, existentes hoy en la Vía Láctea, podría estar comprendido entre los 50.000 y un millón,
– la distancia media entre las distintas civilizaciones técnicas está comprendida entre unos centenares de años luz y los casi 1.000 años luz,
– la edad media de una civilización tecnológica que se dedique a las comunicaciones interestelares tendría que tener unos 10.000 años o más.

Frank Drake, fundador del SETI.

Las constelaciones

Dos cosas colman mi espíritu de una admiración y veneración siempre nueva y acrecentada: la ley moral dentro de mí y el cielo estrellado por encima de mí.

(Immanuel Kant, *Crítica de la razón práctica*)

La última parte de este libro está dedicada a las constelaciones. Las 88 definidas por la Unión Astronómica Internacional se presentan ordenadas alfabéticamente, en un mapa y con un texto breve; en muy pocos casos, algunas constelaciones de poca importancia del hemisferio austral se agrupan de dos en dos, como por ejemplo Antlia y Pyxis.
A una pequeña introducción sobre leyendas ligadas a la constelación correspondiente sigue un texto explicativo para que después se la pueda localizar en la esfera celeste. También se describen las principales estrellas y los objetos más fáciles de ver (sistemas binarios, nebulosas, cúmulos abiertos, etc.) señalados en el mapa siguiendo una simbología descrita en la leyenda que acompaña cada una de las constelaciones.
Esta leyenda en la parte superior lleva cuatro símbolos ligados a la información posterior:

- La mejor zona para observar la constelación
- Indicaciones para encontrarla
- Hemisferio celeste al que pertenece
- Coordenadas de los límites de la constelación.

Astrófilos trabajando
La pasión por observar el cielo lleva con frecuencia a los astrófilos muy lejos de la ciudad en la que viven. En la actualidad, sólo en la montaña o en lugares muy aislados se puede evitar la luz artificial de los lugares habitados.

Un instrumento para observar el cielo

Convertirse en astrófilo, es decir en un aficionado a la astronomía, es mucho más fácil de lo que parece. Al principio, aun sin ningún equipamiento, se puede comenzar, a simple vista, a observar las constelaciones y familiarizarse con las posiciones de los planetas en el cielo. Luego, para observar más en serio la bóveda celeste, se necesita un telescopio o unos buenos prismáticos y un mapa celeste que nos señale los planetas y los astros.

Primer paso: los prismáticos

Mucha gente de la que se dedica a observar el cielo aconseja empezar por unos prismáticos, con el fin de evitar un gasto que puede ser muy elevado.

Y es que estos instrumentos permiten explorar sistemáticamente una amplia región del cielo y apreciar detalles; además, caso de que se descubra que la pasión astronómica era sólo pasajera, se pueden utilizar para observaciones terrestres.

En las tiendas se pueden encontrar prismáticos de varios tamaños y que ofrecen una amplia gama de prestaciones; estos instrumentos se definen por dos números unidos por el signo × de multiplicar. El primer número indica los aumentos, y el segundo el diámetro de la lente del objetivo expresado en milímetros. Los prismáticos adecuados para uso astronómico son los de 8×40, 7×50 y 10×50; prismáticos mayores necesitan soporte para utilizarlos. En cualquier caso, se recomienda un trípode porque, la verdad, es muy difícil mantener fijos los prismáticos con las manos cuando se mira al cielo durante mucho rato. Con unos prismáticos se puede, por ejemplo, observar los cráteres de la Luna, los movimientos de las lunas galileanas de Júpiter; con la ayuda de un mapa celeste se puede ver, incluso, Urano.

¿Qué telescopio es el bueno?

Hay dos clases básicas de telescopios: los refractores recogen la luz con una lente que actúa de objetivo colocada en la parte anterior del cuerpo (llamado tubo) del telescopio; los reflectores recogen la luz a través de un espejo curvo colocado en la parte posterior del tubo. A los telescopios se les describe siempre por las dimensiones del objetivo o del espejo; por ejemplo, un reflector de 300 mm tiene un espejo principal de ese diámetro. En los dos tipos de telescopios el ocular está separado del cuerpo y es intercambiable; gracias a este accesorio se puede cambiar el aumento y la amplitud del campo visual según nuestras necesidades.

Los reflectores tienen además un espejo secundario para dirigir las imágenes hacia el ocular. Este espejo, de pequeñas proporciones, obstruye parcialmente el principal impidiendo a una parte de su superficie recoger más luz; esto significa que para obtener imágenes de la misma calidad necesitaremos un reflector más grande con respecto al refractor. Sin embargo, los telescopios refractores de buena calidad son, por lo general, muy caros, así que la mayoría de los astrófilos prefiere uno de espejos.

Los refractores más pequeños adaptados para observaciones serias del cielo tienen un diámetro de 50-70 mm, mientras que los reflectores más pequeños, dignos de tenerse en cuenta, tienen diámetros de 110/150 mm. Con un telescopio de este tipo se pueden ver no sólo detalles de la superficie lunar, sino incluso las fases de Venus. Con este tipo de instrumentos se pueden observar los casquetes

Instrumento para abrir boca
Unos prismáticos son una magnífica elección para acostumbrarse a observar el cielo. A diferencia de los telescopios, proporciona una imagen no invertida.

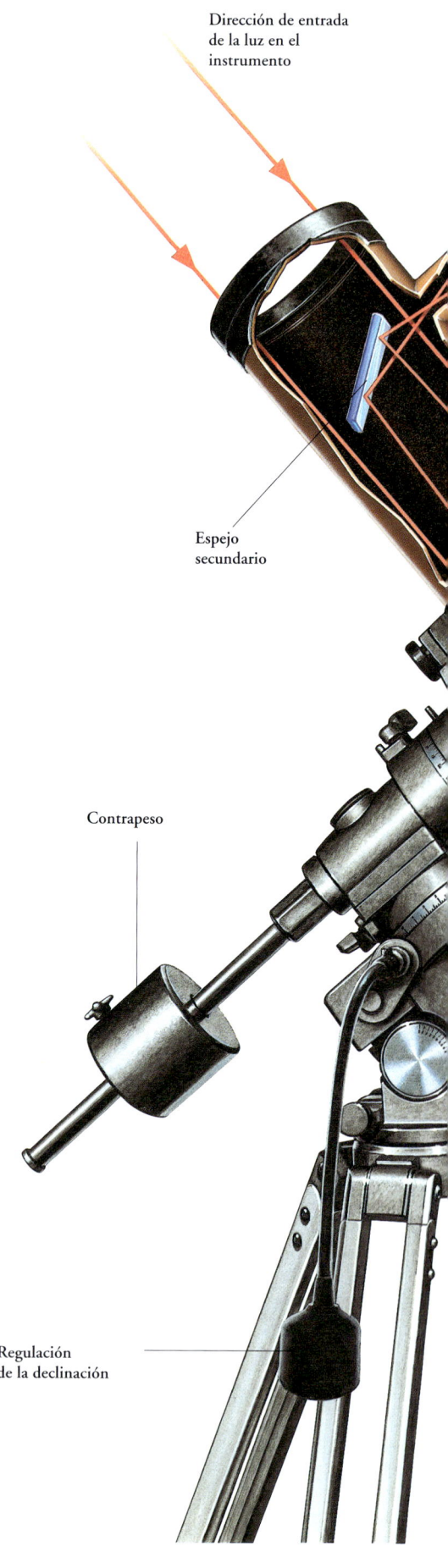

UN INSTRUMENTO PARA OBSERVAR EL CIELO

El primer telescopio de los astrófilos
El clásico telescopio reflector de 114 mm de diámetro es uno de los instrumentos más utilizados por los astrófilos de todo el mundo.

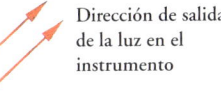
Dirección de salida de la luz en el instrumento

Ocular

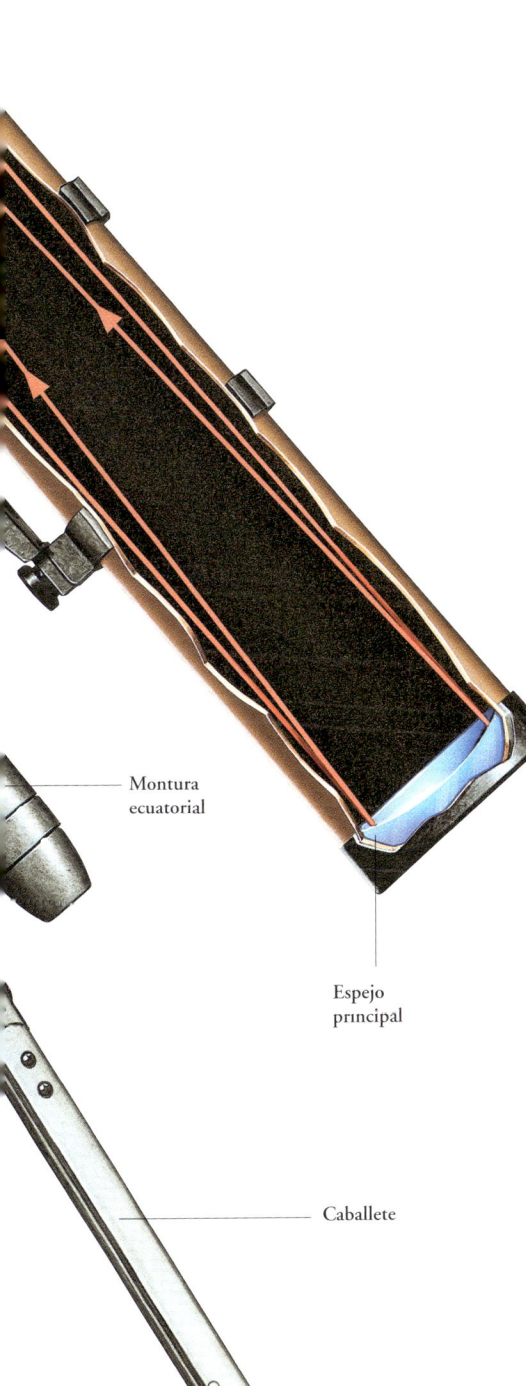

Montura ecuatorial

Espejo principal

Caballete

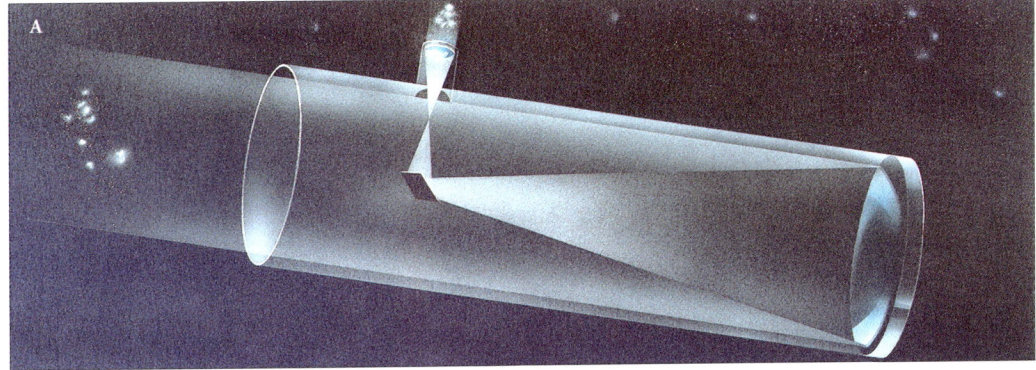

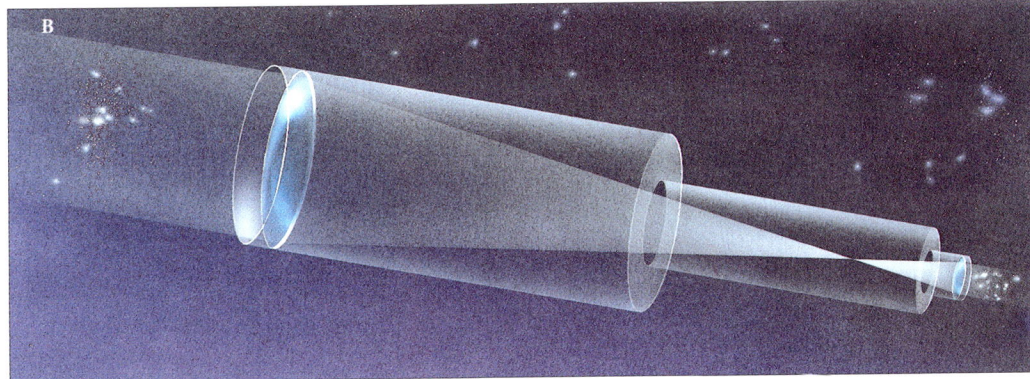

Clases de telescopios
Esquemas simplificados de los dos tipos básicos de telescopios: el reflector (A) y refractor (B).

polares de Marte, la Gran Mancha Roja de Júpiter y los anillos de Saturno.

La adaptación a la oscuridad

Cuando se empieza a observar los planetas con telescopio, localizar detalles puede resultar muy difícil, por lo menos hasta que el ojo no se haya acostumbrado a la oscuridad, y eso requiere unos 15 o 20 minutos.
La nitidez de la imagen depende de la estabilidad del aire; a esta característica se la conoce en astronomía con el nombre de *seeing* (del inglés, *to see* = ver). Si el *seeing* no es bueno, las imágenes oscilan y vibran, por lo tanto no se consigue ver ningún detalle concreto. Si por el contrario el *seeing* es bueno, las imágenes son claras y estables. El *seeing* puede cambiar en nada de tiempo; incluso una noche puede ser malo y darse algunos minutos de visibilidad perfectamente nítida. Hay que tener cuidado en no dirigir el telescopio hacia zonas en las que haya corrientes de aire cálido, como por ejemplo encima de los tejados de las casas, porque el calor produce movimientos de aire. También la claridad difusa de las luces de los centros habitados impide obtener una buena visibilidad de los objetos que se encuentran demasiado bajos en el horizonte.

El diario de observaciones

Cada astrófilo debe tener un diario de sus propias observaciones. En él se anotará los objetos vistos, la hora, la fecha, el instrumento utilizado y otros parámetros que puedan ser útiles para confrontarlos con los de otras noches o incluso de otras personas.
También puede ser útil preguntar a alguien que ya tenga experiencia en observar el cielo. En casi todas las grandes ciudades hay círculos de amantes de la astronomía a quien dirigirse para pedir consejo. Dos asociaciones consolidadas en España son: Agrupación Astronómica de Sabadell. Apartado 50. 08200 Sabadell.
Tel 93 725 5373 . Fax 93 727 2941; y Agrupación Astronómica de Madrid. Apartado 1039. 28012 Madrid.
Tel/fax 91 467 12 68.

Un accesorio moderno
Para grabar imágenes hoy se utilizan los dispositivos electrónicos: los CCI.

El cielo boreal

En esta página y en la siguiente se recogen los mapas del cielo del hemisferio norte celeste, es decir, el boreal. El mapa grande del centro muestra el hemisferio norte completo, con el centro en el polo norte celeste, que coincide casi exactamente con la Estrella Polar, es decir Alfa Ursae Minoris. Debido a la deformación que inevitablemente es introducida cuando se debe proyectar una semiesfera en una superficie plana, el mapa es menos realista en las zonas situadas cerca de los bordes. Se recogen también ocho mapas pequeños que representan el aspecto del cielo en distintas épocas del año y a diferentes horas de la noche, tanto con horizonte norte como sur.
Para utilizar estos mapas deben tenerse en cuenta las siguientes precisiones.

Los mapas del cielo boreal
Mapa general de todo el hemisferio boreal centrado en el polo norte celeste (a la derecha). Los otros mapas (abajo a la izquierda y abajo a la derecha) recogen el cielo observado desde un observatorio situado en el hemisferio norte en los días y las horas indicadas).

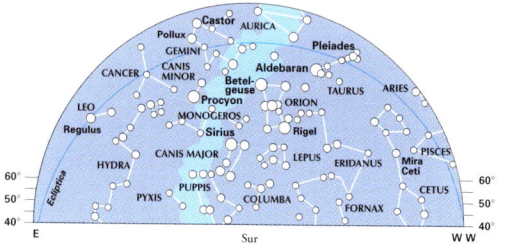

30/11 horas 1,30 - 15/12 horas 0,30 - 1/1 horas 23,30
15/1 horas 22,30 - 30/1 horas 21,30

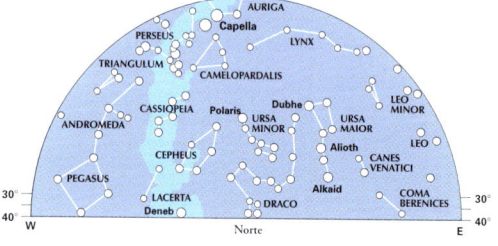

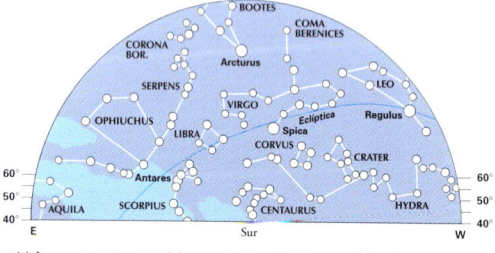

1/4 horas 1,30 - 15/4 horas 0,30 - 1/5 horas 23,30
15/5 horas 22,30 - 30/5 horas 21,30

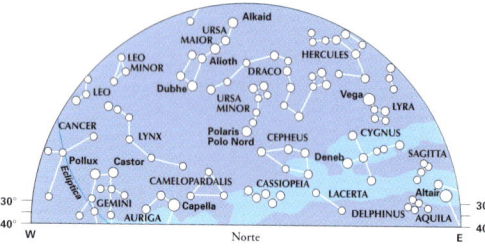

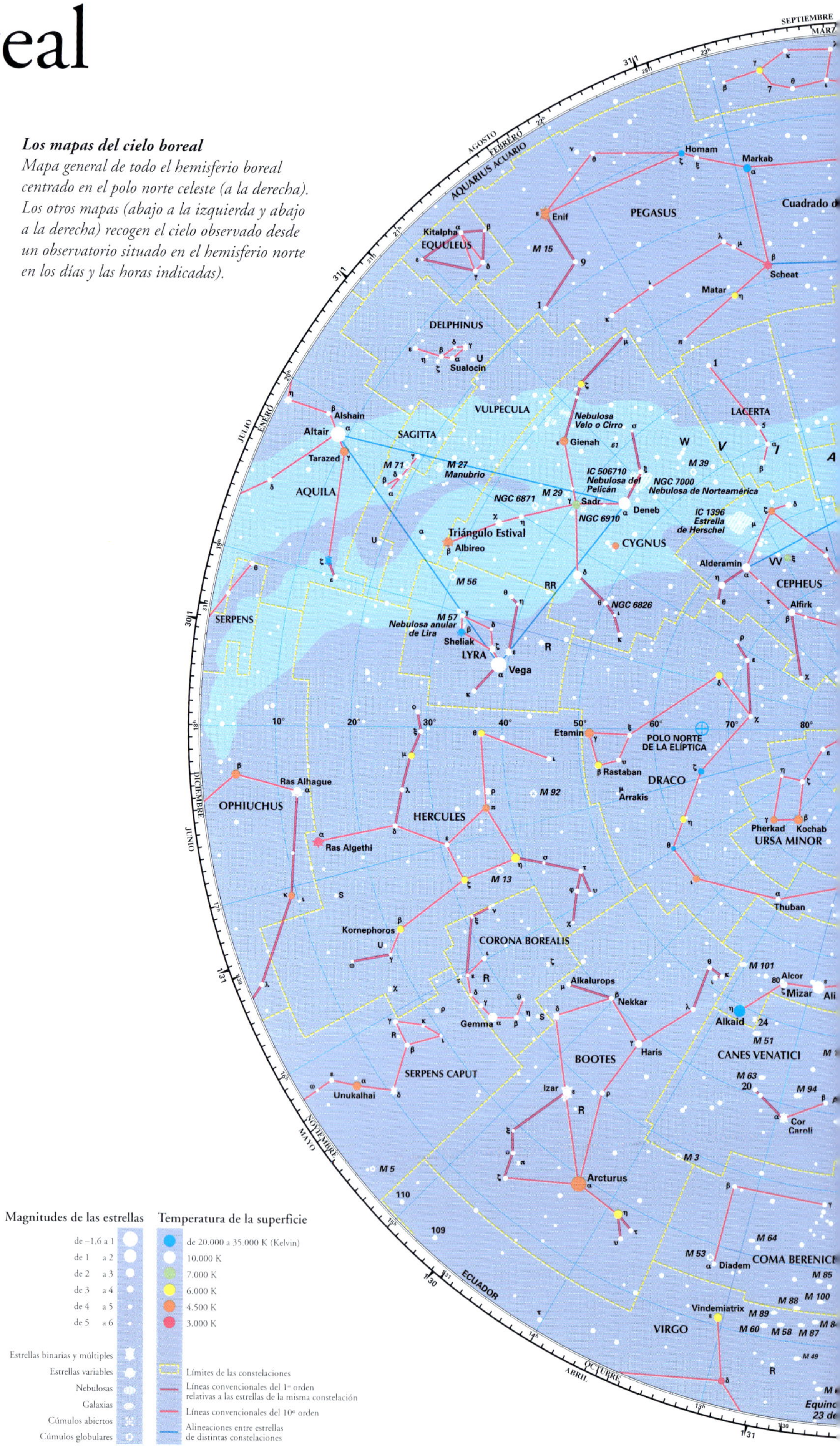

Magnitudes de las estrellas
- de −1,6 a 1
- de 1 a 2
- de 2 a 3
- de 3 a 4
- de 4 a 5
- de 5 a 6

Estrellas binarias y múltiples
Estrellas variables
Nebulosas
Galaxias
Cúmulos abiertos
Cúmulos globulares

Temperatura de la superficie
- de 20.000 a 35.000 K (Kelvin)
- 10.000 K
- 7.000 K
- 6.000 K
- 4.500 K
- 3.000 K

Límites de las constelaciones
Líneas convencionales del 1er orden relativas a las estrellas de la misma constelación
Líneas convencionales del 10º orden
Alineaciones entre estrellas de distintas constelaciones

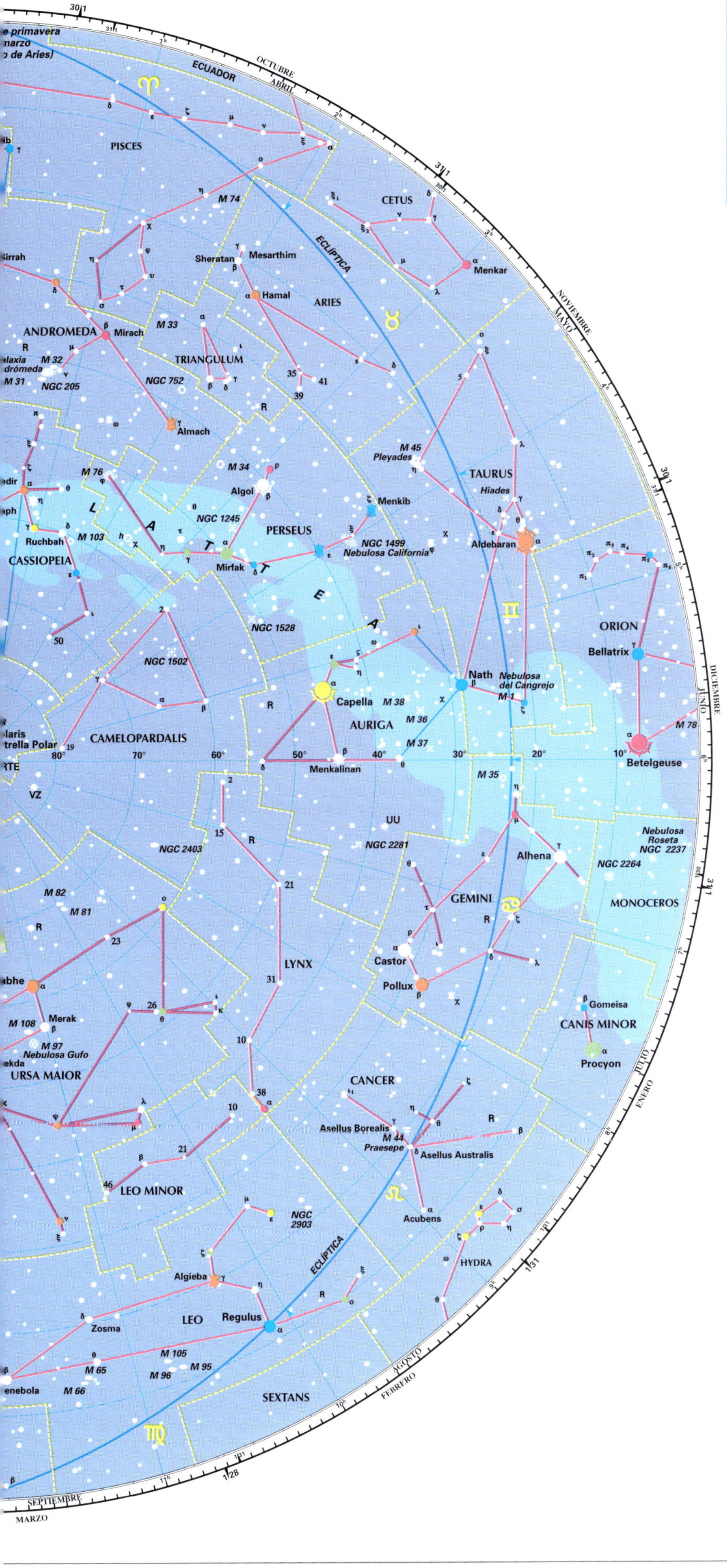

EL CIELO BOREAL

SIGNOS DEL ZODIACO
- Aries
- Tauro
- Géminis
- Cáncer
- Leo
- Virgo
- Libra
- Escorpión
- Sagitario
- Capricornio
- Acuario
- Piscis

Debido al movimiento de rotación de la Tierra (de oeste a este), los objetos celestes parece que se mueven en el cielo de este a oeste. Por eso, el aspecto del cielo, a lo largo de una misma noche, cambia, al menos, parcialmente; en la parte oriental, con el paso de las horas, surgen estrellas que antes no eran visibles, y, viceversa, en la parte occidental las estrellas más próximas al horizonte se ocultan. Además, cualquier objeto celeste culmina (es decir, alcanza su máxima altura en el horizonte) cuando transita por encima del punto cardinal Sur. Al movimiento de rotación de la Tierra hay que añadir el de revolución, por el que aparentemente el Sol se mueve hacia Oriente con el paso de los días, cambiando la propia posición con respecto a las demás estrellas. Por este motivo, las mismas cartas celestes sirven para diferentes fechas del año, siempre que se correspondan a horas diferentes de la noche, como se indica en los mapas pequeños.

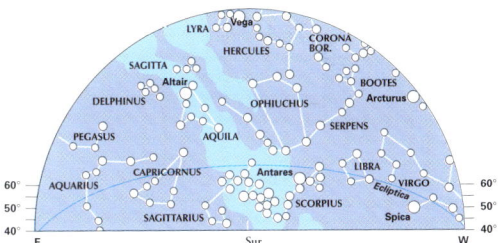

1/6 horas 1,30 - 15/6 horas 0,30 - 1/7 horas 23,30
15/7 horas 22,30 - 30/7 horas 21,30

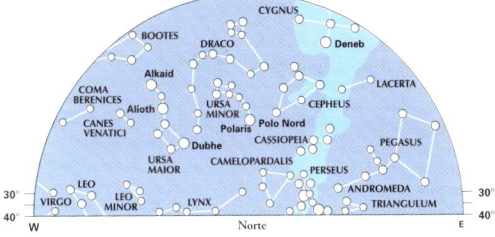

ALFABETO GRIEGO

alfa	α	ny	ν
beta	β	xi	ξ
gamma	γ	omicrón	ο
delta	δ	pi	π
épsilon	ε	ro	ρ
zeta	ζ	sigma	σ
eta	η	tau	τ
theta	θ	ypsilon	υ
iota	ι	fi	φ
kappa	κ	ji	χ
lamda	λ	psi	ψ
my	μ	omega	ω

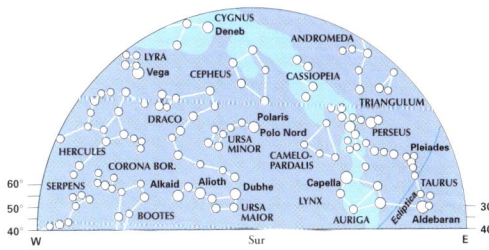

1/9 horas 23,30 - 15/9 horas 22,30 - 1/10 horas 21,30
15/10 horas 20,30 - 1/11 horas 19,30

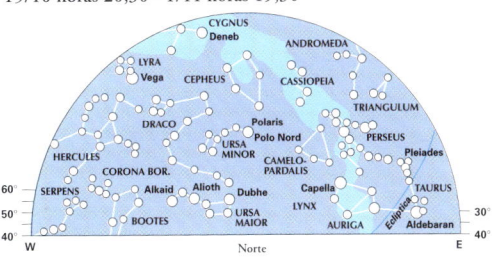

174 LAS CONSTELACIONES

El cielo austral

En esta página y en la siguiente se recogen los mapas del cielo del hemisferio norte celeste, es decir, el austral. De manera semejante a los mapas del hemisferio boreal, el del centro ilustra el hemisferio completo centrado sobre el polo sur celeste, en cuya cercanía, a diferencia de lo que sucede en el hemisferio norte, no hay ninguna estrella que brille en demasía. Los otros ocho mapas recogen aspectos del hemisferio austral en distintos días del año y en horas diferentes de la noche, tanto en la zona del horizonte norte como en el sur. Con respecto al movimiento de la esfera celeste que tiene lugar en 24 horas, la diferencia principal con el hemisferio norte es que, en las regiones australes, los objetos del cielo culminan por la parte del horizonte donde se encuentra el punto cardinal Norte. Por lo tanto, la posición del cielo más interesante para observar, en este

Los mapas del cielo austral
Mapa general de todo el hemisferio austral centrado en el polo sur celeste (a la derecha). Los otros mapas (abajo a la izquierda y abajo a la derecha) recogen el cielo observado desde un observatorio situado en el hemisferio sur en los días y las horas indicadas.

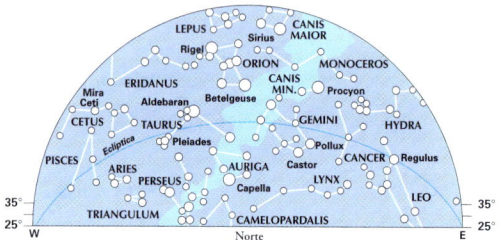

15/12 horas 0,30 - 1/1 horas 23,30 - 15/1 horas 22,30
30/1 horas 21,30 - 15/2 horas 20,30

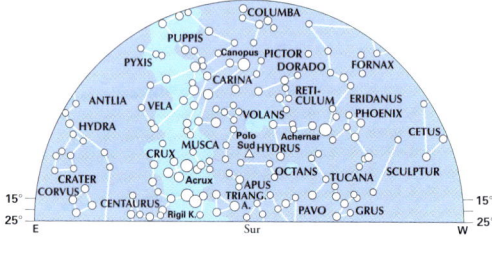

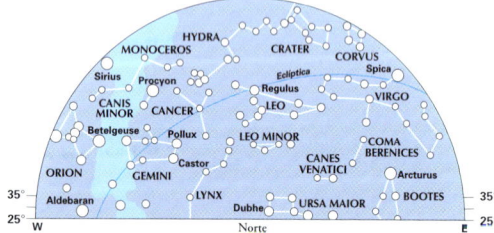

30/1 horas 1,30 - 15/2 horas 0,30 - 1/3 horas 23,30
15/3 horas 22,30 - 30/3 horas 21,30

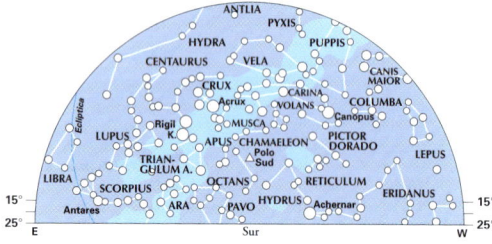

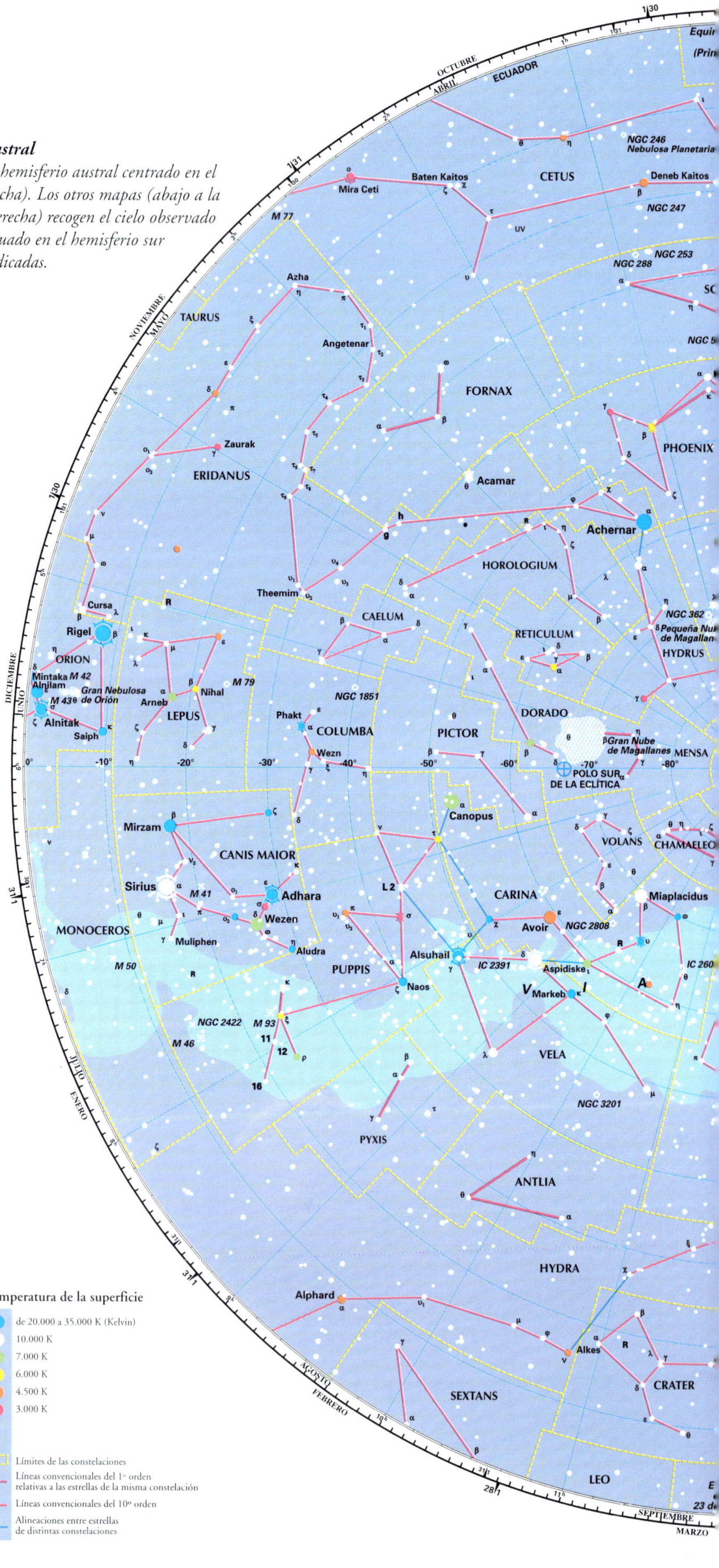

Magnitudes de las estrellas
- de –1,6 a 1
- de 1 a 2
- de 2 a 3
- de 3 a 4
- de 4 a 5
- de 5 a 6

Estrellas binarias y múltiples
Estrellas variables
Nebulosas
Galaxias
Cúmulos abiertos
Cúmulos globulares

Temperatura de la superficie
- de 20.000 a 35.000 K (Kelvin)
- 10.000 K
- 7.000 K
- 6.000 K
- 4.500 K
- 3.000 K

Límites de las constelaciones
Líneas convencionales del 1er orden relativas a las estrellas de la misma constelación
Líneas convencionales del 10º orden
Alineaciones entre estrellas de distintas constelaciones

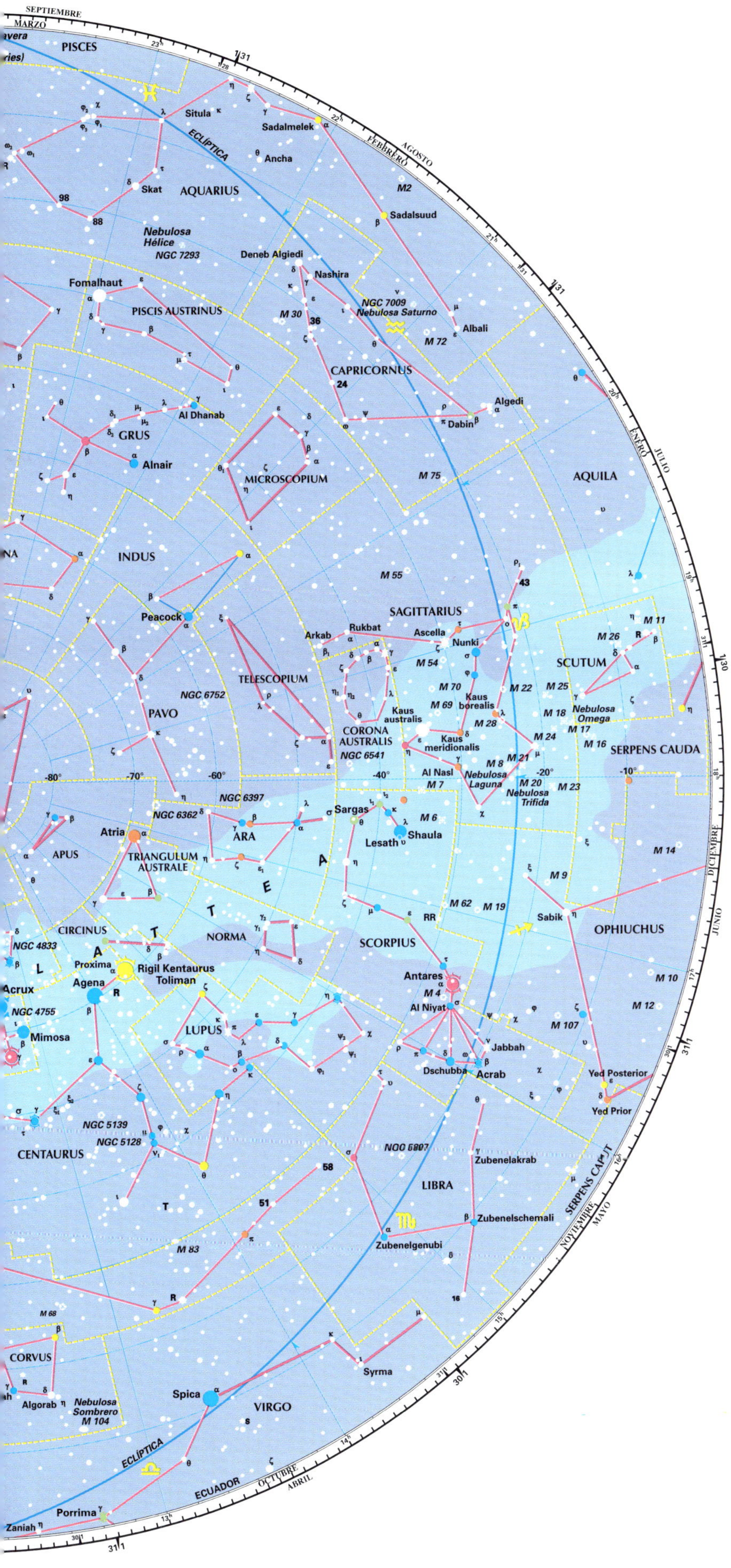

EL CIELO AUSTRAL

SIGNOS DEL ZODIACO
- Aries
- Tauro
- Géminis
- Cáncer
- Leo
- Virgo
- Libra
- Escorpión
- Sagitario
- Capricornio
- Acuario
- Piscis

caso, es la septentrional.

Es importante señalar que en determinadas latitudes europeas se puede ver parte del hemisferio austral. Para calcular hasta qué declinación se puede observar desde un lugar de determinada latitud l, basta aplicar la siguiente fórmula: $D = l - 90°$, donde D es la mínima declinación visible. Así pues, por poner un ejemplo, un observador situado en Madrid (que está situada en una latitud $l = 41° 30'$ N podrá observar hasta $-48° 30'$ ($41° 30' - 90° = -48° 30'$), es decir, hasta los 48° 30' S. Las constelaciones situadas por debajo de dicha declinación ya son inobservables.

Por último, conviene tener en cuenta que sólo las personas que observan el cielo situadas exactamente en el ecuador terrestre (es decir, en latitud 0°) pueden ver, a lo largo de todo un año y de todas las horas de la noche, la bóveda celeste completa, desde un polo al otro, y que, por lo tanto, en cierto modo son unas privilegiadas.

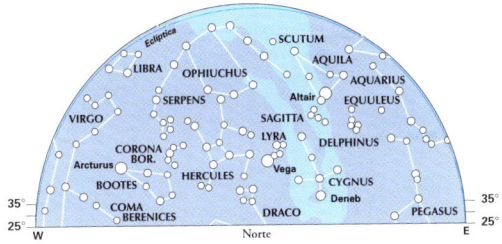

1/6 horas 1,30 - 15/6 horas 0,30 - 1/7 horas 23,30
15/7 horas 22,30 - 30/7 horas 21,30

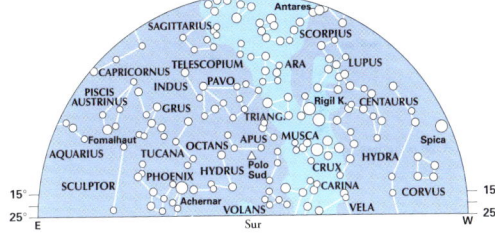

ALFABETO GRIEGO

alfa	α	ny	ν
beta	β	xi	ξ
gamma	γ	omicrón	ο
delta	δ	pi	π
épsilon	ε	ro	ρ
zeta	ζ	sigma	σ
eta	η	tau	τ
theta	θ	ypsilon	υ
iota	ι	fi	φ
kappa	κ	ji	χ
lamda	λ	psi	ψ
my	μ	omega	ω

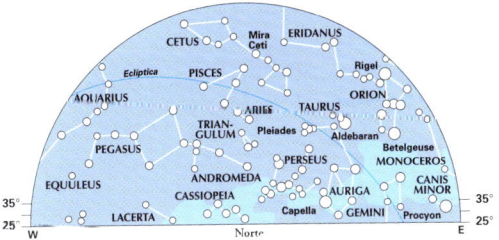

1/10 horas 1,30 - 15/10 horas 0,30 - 1/11 horas 23,30
15/11 horas 22,30 - 1/12 horas 21,30

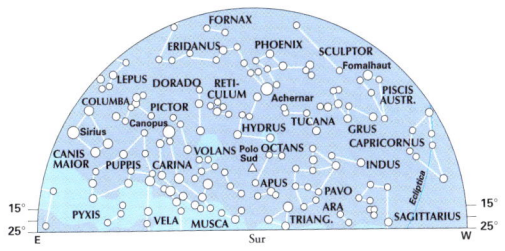

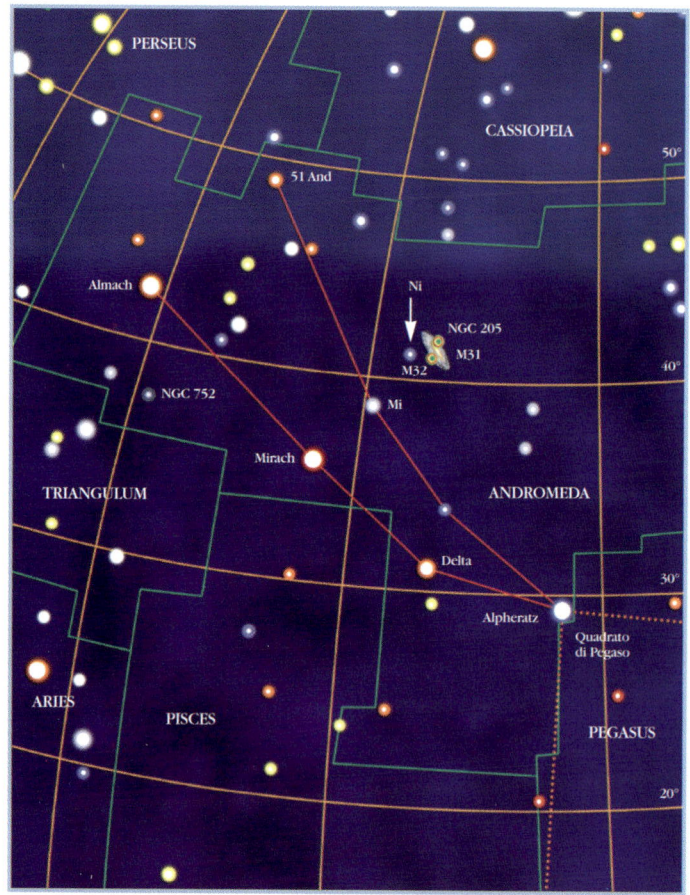

Andrómeda, And *(Andrómeda)*

Conocida desde la Antigüedad, es una de las 48 constelaciones descritas por Ptolomeo.
Andrómeda era hija de Cefeo y de la reina Casiopea; se encontraba encadenada a una roca a punto de ser sacrificada cuando fue salvada por Perseo, que llegó cabalgando en su corcel alado Pegaso.

Para localizar la constelación

Andrómeda se ve desde nuestras latitudes en dirección norte la mayor parte del año.
Se encuentra ligeramente inclinada Norte-Este hacia el Cuadrado de Pegaso. Se la identifica por una alineación de cuatro estrellas que van de Pegaso a Perseo.

Estrellas principales y otros cuerpos

Alfa (Alferatz, 'el hombre del caballo' o Sirrah, 'ombligo') es una estrella de una magnitud 2 blanquiazul. Beta, o Mirach, 'delantal' es una gigante roja normal de magnitud 2. Gamma (Alamak, 'lince del desierto') es un sistema triple, cuyo componente más luminoso es una estrella amarilla de magnitud 2. La gran galaxia en espiral M31 es una de las nebulosas más famosas del cielo. Se trata de un sistema de estrellas, externo a la Vía Láctea, formado por más 300 mil millones de estrellas que se encuentra a una distancia de más de 2 millones de años luz.
Se ve a simple vista como una tenue mancha desenfocada.

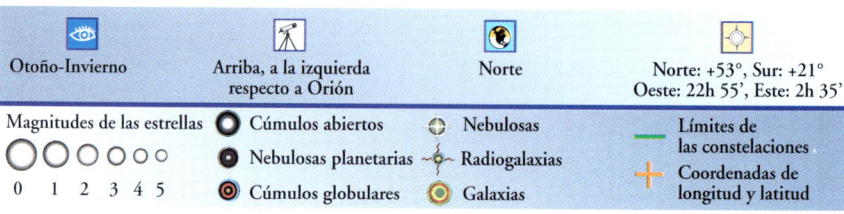

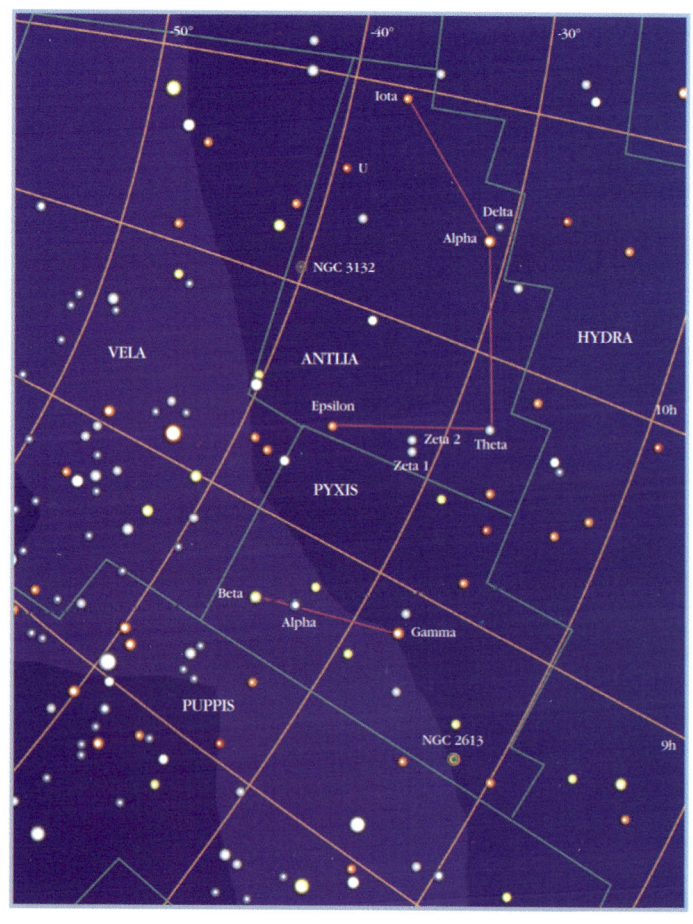

Antlia-Pyxis, Ant-Pyx

(Máquina Neumática-Brújula)

Estas constelaciones fueron introducidas por Nicolas-Louis de Lacaille en el siglo XVIII. La primera procede de la antigua constelación Nave de Argos. La segunda, en cambio, homenajea a la máquina utilizada para hacer el vacío.

Para localizar las constelaciones

Las estrellas más brillantes de la Brújula se encuentran siguiendo la *cintura* de Orión en dirección SE., más allá del Can Mayor y de la Popa.
Se pueden ver durante el invierno pero no muy bien desde nuestra latitud.

Estrellas principales y otros cuerpos

Alfa Pyx, de magnitud 3,7 es una estrella blanco-azul situada a 1.300 años luz. Beta, de magnitud 4, es amarilla y se encuentra a 180 años luz. También Gamma es anaranjada, de magnitud 4 y está a sólo un centenar de años luz.
Alfa Ant, de magnitud 4,3, es de color naranja. No muy lejos se encuentra Delta, una binaria con una separación de 11" y de magnitudes 6 y 9,5.
En la Máquina Neumática hay una nebulosa planetaria, NGC 3132, una mancha luminosa de magnitud 8. En la Brújula hay que señalar una galaxia de magnitud 11, la NGC 2613.

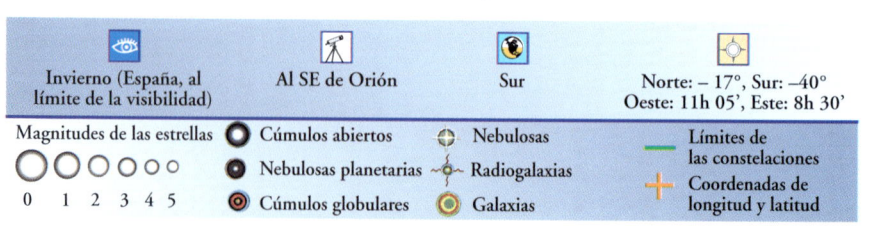

Apus-Musca, Aps-Mus

(Ave del Paraíso-Mosca)

Estas constelaciones no están relacionadas con ningún mito. Bayer las representó en su *Uranometría;* fueron recogidas por primera vez por los navegantes holandeses del siglo XVI F. de Houtman y P. Dirkszoon Keyser.

Para localizar las constelaciones

Al sur de Acrux, la estrella principal de la Cruz del Sur, un grupo de estrellas de magnitud 3 o más forman la mosca celeste.
El Pájaro del Paraíso se encuentra más cerca del polo sur celeste, pero sus astros son menos brillantes.

Estrellas principales y otros cuerpos

La estrella más brillante de la Mosca, Alfa, es una variable azul situada a 330 años luz. Beta es una binaria formada por dos astros de magnitud 3,7 y 4 a una distancia entre sí de 1". Gamma y Delta tienen unas magnitudes de 3,9 y 3,6 respectivamente.
El astro más brillante de Apus es Alfa (mag. 3,8), situada a 220 años luz y con luz anaranjada. Delta es una binaria aparente (mag. 4,8 y 5,3).
En la Mosca hay dos cúmulos globulares NGC 4372, de mag. 7,8, a una distancia de cerca de 17.000 años luz y 1° N de Delta Mus, NGC 4833, de mag. 7,4.

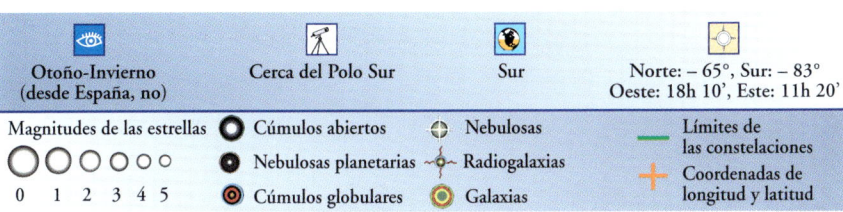

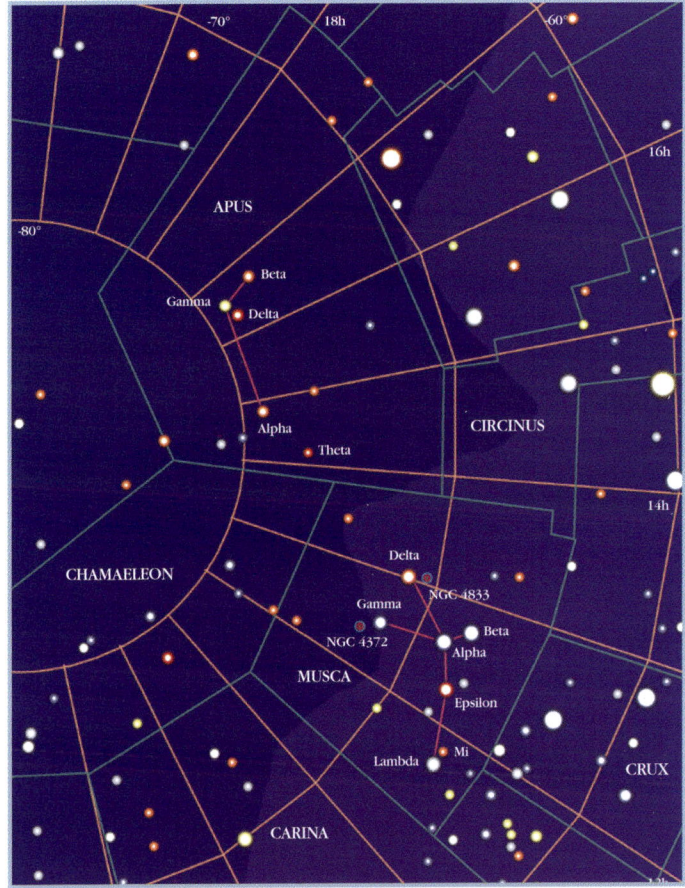

Aquarius, Aqr *(Acuario)*

A Acuario se la conoce desde la Antigüedad. El mito asociado a esta figura es el de Ganímedes, el hermoso hijo de Troo, rey de Troya, que fue raptado por un águila enviada por Zeus desde el Olimpo para que fuera el copero de los dioses.

Para localizar la constelación

La alineación entre Beta y Delta Cap permite localizar uno de los astros más brillantes, Delta, a partir del cual se puede reconstruir Acuario.

Estrellas principales y otros cuerpos

La estrella más brillante de la constelación es Beta (mag. 2,9) y no Alfa (mag. 3,0). Ambas son dos astros gigantes de color amarillo, el primero a 610 años luz y el segundo a 760 con respecto a la Tierra. Una hermosa binaria es Zeta, formada por una pareja de estrellas blancas (mag. 4,3 y 4,5) separadas por 2".
La Hélice (NGC 7293) es una de las nebulosas planetarias más cercanas; su distancia se estima entre los 150 y los 450 años luz.
La nebulosa Saturno (NGC 7009) tiene una magnitud 8, pero sus dimensiones son mucho menores: 40"×25".
Existen además otros dos cúmulos globulares de catálogo de Messier: M2 y M72. M2 tiene una mag. 6,5 y está a una distancia de 40.000 años luz; M72, de mag. 9,3 se encuentra a 55.000 años luz.

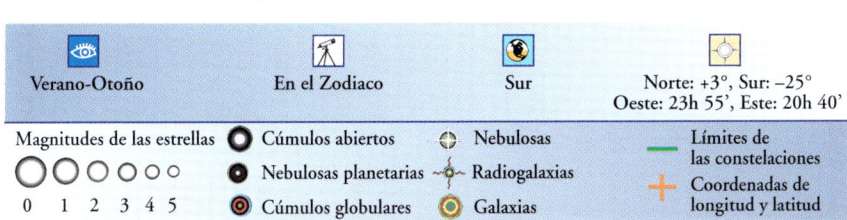

Aquila, Aql *(Águila)*

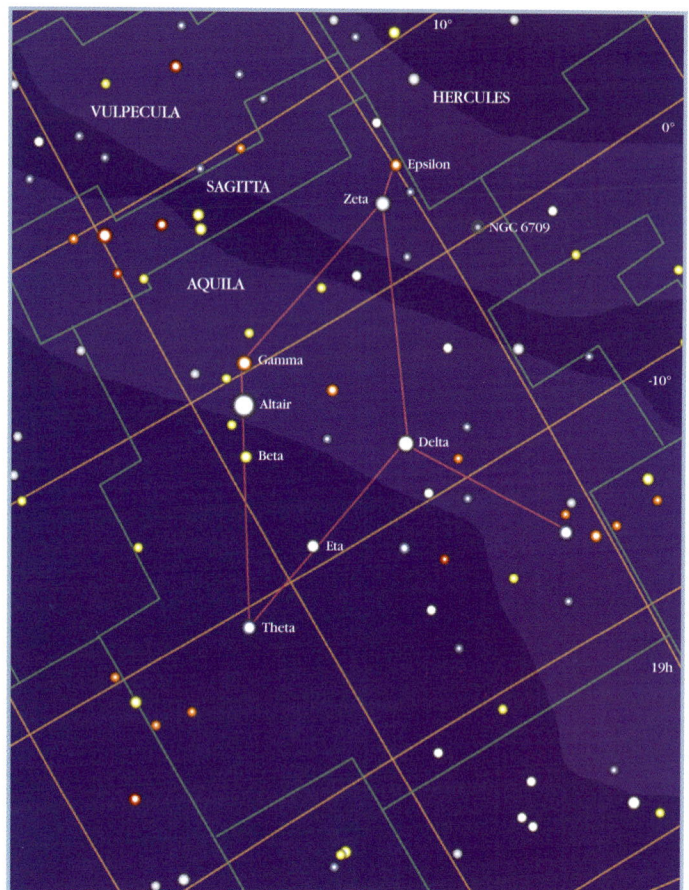

El Águila era conocida ya en la Antigüedad, pero durante muchos siglos tuvo que convivir con Antínoo, situada muy cerca, que fue separada por el astrónomo Argelander en el siglo XIX. En la mitología está ligada a Zeus, dios de los dioses, pues le llevaba los rayos.

Para localizar la constelación

Se puede encontrar el Águila siguiendo la Vía Láctea, a través del largo cuello del Cisne celeste. Una estrella muy brillante situada debajo de la constelación de la Flecha, al oeste del Delfín, indicará que se ha llegado a la constelación buscada.

Estrellas principales y otros cuerpos

Altair (Alfa), *águila volando*, en árabe, es una de las estrellas más cercanas (16,8 años luz) y más brillantes (mag. 0,8). Es uno de los vértices del llamado *Triángulo estival*, junto a Vega y Deneb. Cerca de Altair está Beta (mag. 3,7), o Alshain (*cruz de la balanza*, en árabe), y Gamma (mag. 2,7) o Tarazet, *balanza* en árabe. La primera lleva una compañera de mag. 11,6 a 13". Eta Aql es una Cefeida, su magnitud varía de 3,5 a 4,4 en 7d 4,25h; su distancia de la Tierra es de 1.600 años luz. En el Águila hay algunos cúmulos abiertos, como NGC 6709, un objeto formado por una cuarentena de estrellas situado a unos 2.500 años luz.

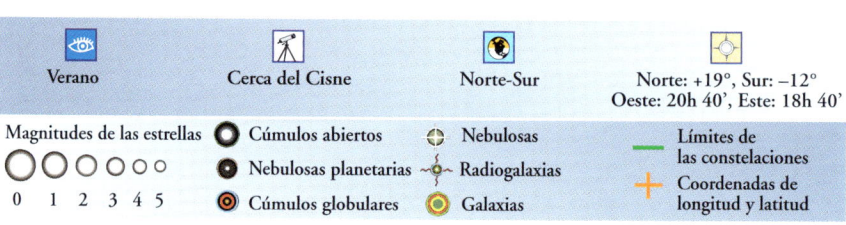

Ara-Pavo, Ara-Pav *(Altar-Pavo)*

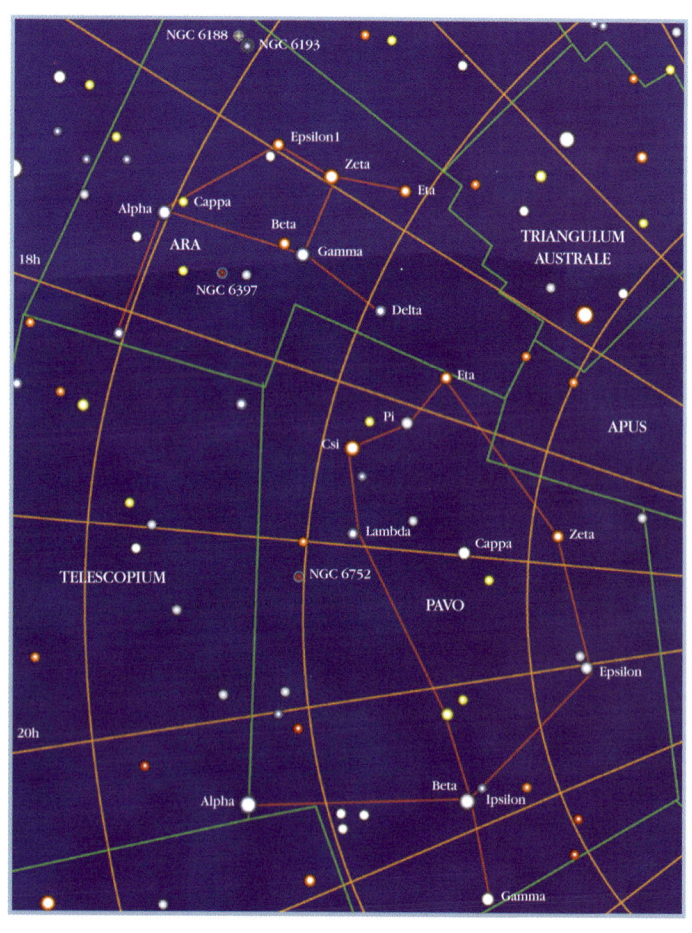

Al contrario que el Pavo, que fue localizada en el siglo XVI, el Altar se conoce desde la Antigüedad clásica y representa el altar en el que el Centauro sacrificó al Lobo.
El Pavo, en cambio, recuerda al pájaro que tenía una cola deseada por los cien ojos de la serpiente Argos.

Para localizar las constelaciones

Las estrellas del Altar ocupan la región del cielo por debajo de la cola del Escorpión.
Siguiendo luego hacia el este la alineación de las estrellas Zeta y Gamma de esta constelación se llega a Alfa de la constelación del Pavo.

Estrellas principales y otros cuerpos

El astro más luminoso del Altar es Beta (mag. 2,9), una estrella amarilla-naranja situada a unos 600 años luz. Beta supera a Alfa en tan sólo 0,1 de magnitud, aunque esta última es más cálida y brilla con una luz azul.
Alfa Pavonis (mag. 1,9) es una estrella con luz espectral situada a 183 años luz. Se ven algunos cúmulos estelares: NGC 6397 en el Altar es un cúmulo globular brillante de mag. 7.
También en el Altar se encuentran NGC 6193, un cúmulo abierto, y la nebulosa gaseosa NGC 6188.
En el Pavo se observa el cúmulo globular NGC 6752.

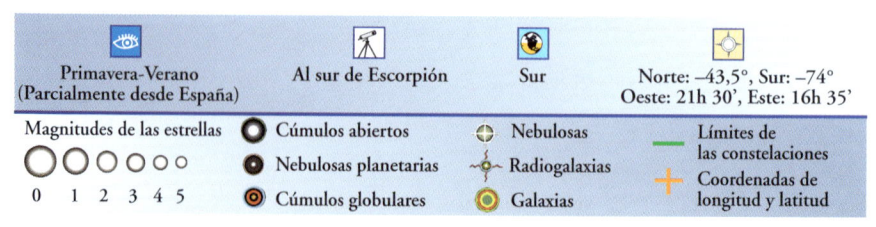

Aries, Ari *(Carnero)*

Como las demás constelaciones del Zodiaco, Aries tiene un origen muy remoto. Según la tradición se trata del carnero alado con el vellocino de oro que Néfele, la reina de Beocia, abandonada por su marido Afamante, mandó a la Tierra para salvar a sus hijos Frixo y Hele que estaban a punto de ser sacrificados por su padre. Después el carnero fue sacrificado a Zeus y su vellocino de oro conquistado por Jasón con los Argonautas.

Para localizar la constelación

Aries se encuentra al sur del Triángulo. Su estrella más luminosa, Alfa, está a unos 20 grados al sur de Gamma And.

Estrellas principales y otros cuerpos

Alfa (mag. 2) es una estrella amarilla situada a 66 años luz. Gamma es una interesante binaria formada por una pareja de astros con la misma magnitud (m 4,8). Lambda también es binaria y se ve la separación de dos estrellas blancas de magnitudes 4,9 y 7,7 con instrumentos sencillos.
En Aries no hay cuerpos que se puedan observar con facilidad: sus galaxias más luminosas tienen una magnitud 11. Entre ellas hay que señalar NGC 772, la más brillante, una espiral situada cerca de Gamma. Sus dimensiones aparentes son 7' × 5'.

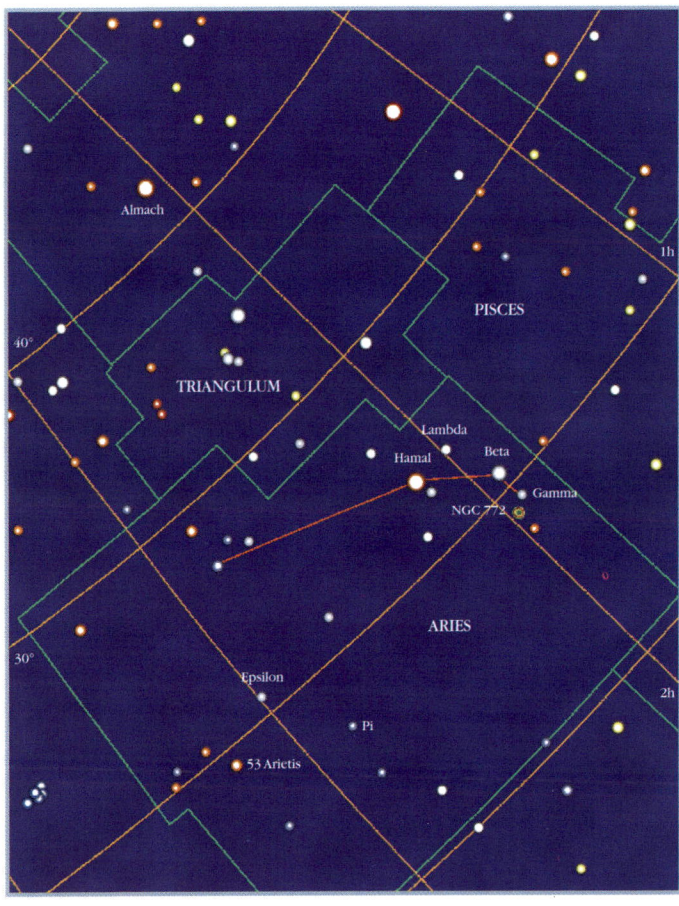

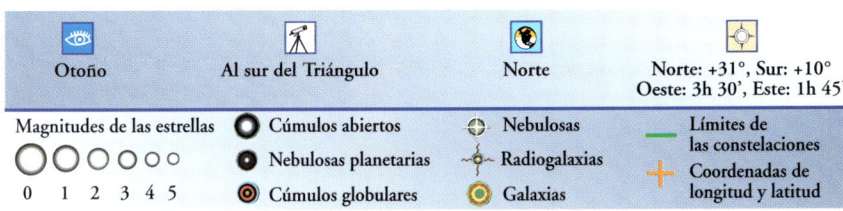

Auriga, Aur *(Cochero)*

El Auriga se conoce desde la Antigüedad. Según la tradición, Capella (Cabra), la estrella más brillante de la constelación, sería la cabra Amaltea, la nodriza que amamantó a Zeus niño.

Para localizar la constelación

Localizar al Cochero es muy fácil: basta con mirar por encima de la constelación de Orión. Se ve un pentágono de estrellas brillantes, la más luminosa es Capella.

Estrellas principales y otros cuerpos

Capella (mag. 0,1, distancia 42 años luz), *cabrita*, es una binaria cuyas componentes son dos gigantes amarillas con un periodo orbital de 104 días. También Beta (mag. 1,9), o Menkalinan, está formada por dos estrellas que periódicamente se eclipsan la una a la otra, por lo que su magnitud varía un décimo en cuatro días. Épsilon es otra binaria con eclipses que oscila entre las magnitudes 2,9 y 3,8 en 27 años.
El Cochero es una constelación con abundantes cúmulos abiertos. El primero es M36 al que con unos simples prismáticos se le pueden descubrir decenas de estrellas blancas. M37 es más grande y luminoso que el anterior y está formado por 150 estrellas que le convierten en magnitud 6. M38 está formado por un centenar de estrellas situadas en un área de 20'.

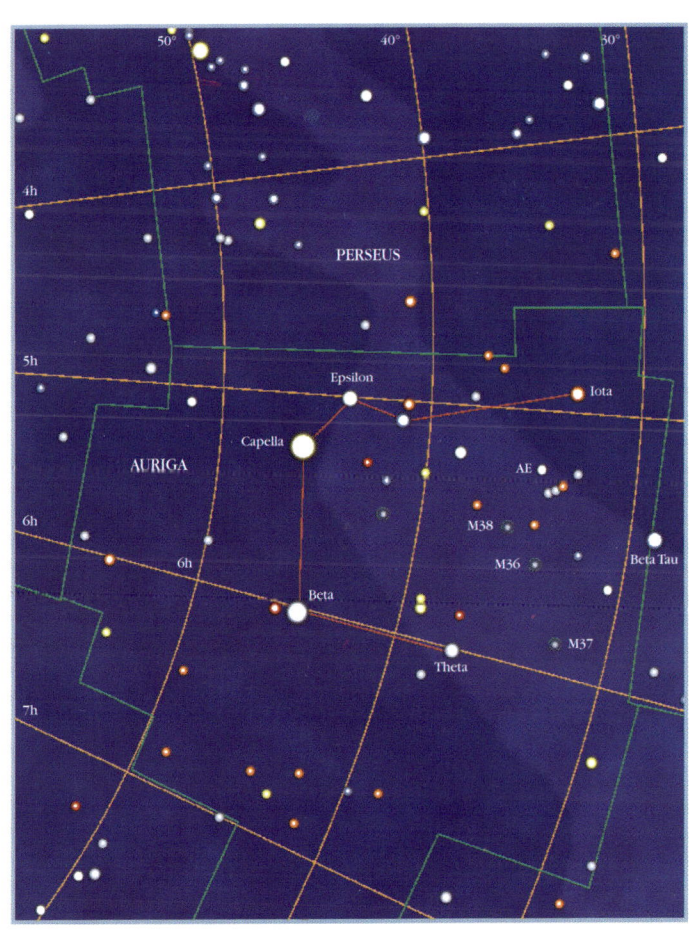

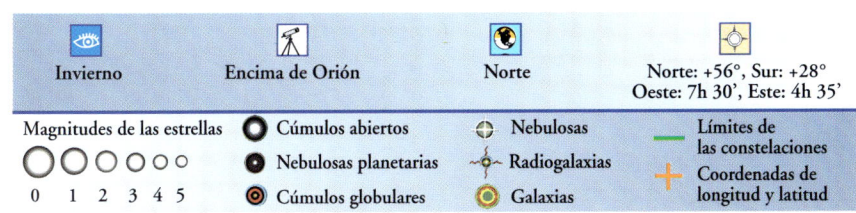

Bootes, Boo *(Boyero)*

Constelación de la Antigüedad, el Boyero, llamada también Bovaro y Boote, está unida a la Osa Mayor. De hecho, representa al guardián de la osa. Ése es precisamente el significado del nombre de la estrella principal de esta constelación: Arturo.

Para localizar la constelación

El Boyero se encuentra detrás de la cola de la Osa Mayor; basta con seguir la curva que forman las tres estrellas del timón del Gran Carro para llegar a Arturo, la estrella más luminosa del hemisferio septentrional del cielo. El resto de la constelación crece hacia el norte de esta estrella.

Estrellas principales y otros cuerpos

Alfa o Arturo es una gigante roja de magnitud –0,05, la cuarta estrella más brillante del cielo.
A Épsilon se la conoce también como Pulcherrima, que en latín significa *bellísima*: se trata de una binaria, cuyos componentes tienen colores y brillos diferentes: la principal (mag. 2,5) es amarilla anaranjada, mientras que la secundaria (mag. 4,9) es blanca azulada. Xi es un sistema de dos estrellas que orbitan una alrededor de la otra en 150 años; su separación es de 7"; las componentes tienen unas magnitudes de 4,7 y 7. La constelación el Boyero no tiene otros cuerpos dignos de señalar.

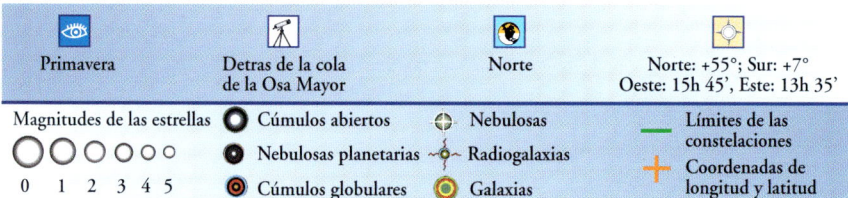

| Primavera | Detrás de la cola de la Osa Mayor | Norte | Norte: +55°; Sur: +7° Oeste: 15h 45', Este: 13h 35' |

Caelum-Columba, Cae-Col
(Buril-Paloma)

El Buril fue creado por el abad Lacaille; la Paloma, en cambio, fue recogida por primera vez por Bayer, en 1603, aunque ya Plancius, astrónomo holandés, la introdujo en 1592.

Para localizar las constelaciones

Paloma y Buril se rozan, pero para identificarlas lo más fácil es tener en cuenta que la primera tiene estrellas muy brillantes.
Partiendo de Sirio, en el Can Mayor, se baja en dirección SO unos 20°. De esta manera se llega a las proximidades de Alfa Col, la estrella más luminosa de las dos constelaciones.

Estrellas principales y otros cuerpos

Alfa Col tiene una magnitud de 2,6 y es una estrella de luz espectral situada a 268 años luz. Beta Col (mag. 3,1) tiene un color amarillento.
El Buril tiene estrellas de magnitud 4 y superiores (la estrella principal, Alfa, tiene mag. 4,4), con luz blanca.
NGC 1851, en la Paloma, es un cúmulo globular de mag. 8; a través de instrumental preciso aparece como una mancha luminosa con aspecto evanescente y un diámetro de 11'.

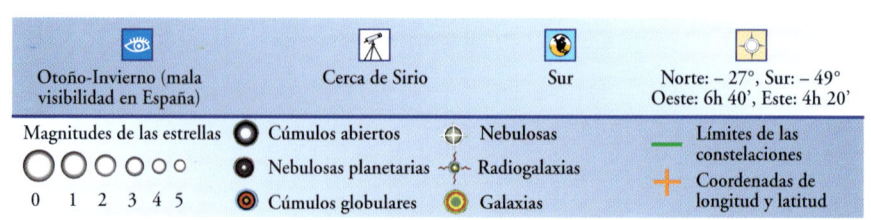

| Otoño-Invierno (mala visibilidad en España) | Cerca de Sirio | Sur | Norte: – 27°, Sur: – 49° Oeste: 6h 40', Este: 4h 20' |

Camelopardalis, Cam *(Jirafa)*

Esta constelación tiene un origen reciente: la situó por primera vez en el planisferio Jakob Bartsch en 1624. La Jirafa recuerda las bodas celebradas entre Isaac y Rebeca, pues la novia llegó a la ciudad de Canaán para la ceremonia montada en una jirafa.

Para localizar la constelación

Para encontrar la Jirafa hay que mirar a la zona ocupada por las estrellas Alfa y Beta UMa, y la característica «W» de Casiopea. La Jirafa comprende la amplia parte de la bóveda celeste que separa estas dos constelaciones.

Estrellas principales y otros cuerpos

Alfa es una supergigante azul de mag. 4,3. Beta (mag. 4,0) es una binaria, con una acompañante de mag. 7,4 situada a 81".
Otra binaria es Σ (sigma) 1694. Está formada por dos astros de luz blanca (mag. 5,3 y 5,8) situados a unas centenas de años luz.
En la Jirafa se pueden ver con telescopio por lo menos dos nebulosas del Grupo Local: NGC 2403 e IC 342. La primera, de mag. 9, está situada a 11 millones de años luz; la segunda tiene una mag. 12.
Un objeto bastante cercano es NGC 1502, un cúmulo abierto situado a 4.000 años luz.

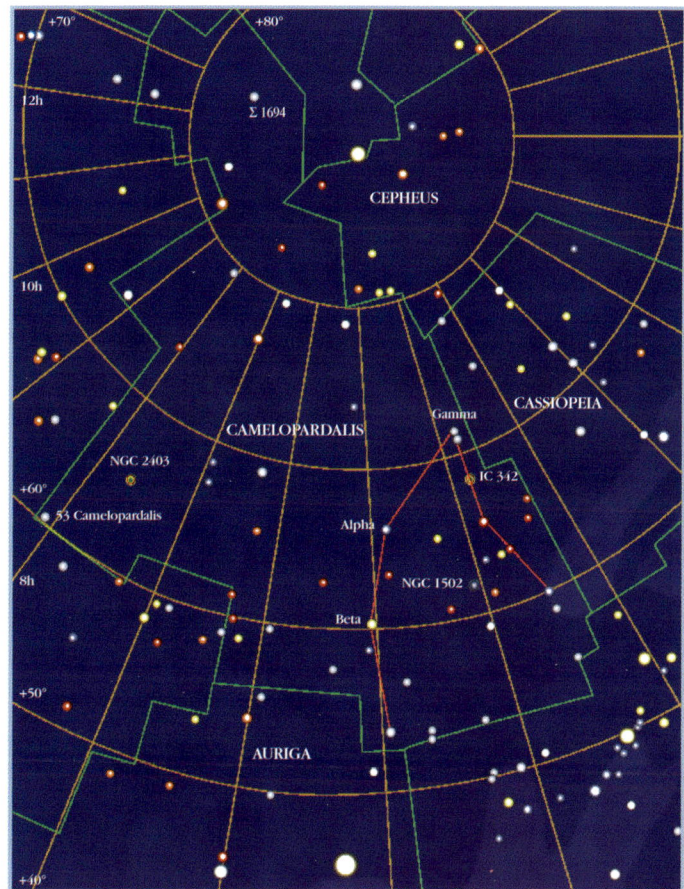

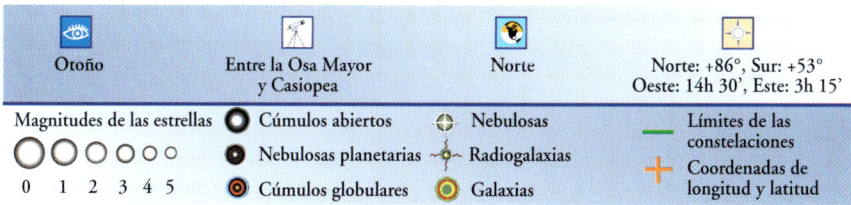

Cancer, Cnc *(Cáncer)*

Cáncer está ligada al cangrejo que mordió a Hércules mientras éste luchaba contra la terrible Hidra. El héroe machacó sin piedad al cangrejo, pero después Juno lo llevó al cielo.

Para localizar la constelación

El cangrejo celeste ocupa la zona opuesta al León y a los Gemelos. Para encontrarlo hay que mirar a Cástor y Pólux, las estrellas más brillantes de Géminis, Procyon, en el Can Menor, y Régulo, en Leo.

Estrellas principales y otros cuerpos

El astro más luminoso es la anaranjada Beta (mag. 3,5), a 190 años luz; le sigue Delta también anaranjada, de mag. 3,9. Gamma (mag. 4,7) es una estrella blanca situada a 160 años luz de la Tierra. Alfa o Acubens (mag. 4,3) es blanca.
El objeto más bello de Cáncer es el cúmulo abierto M44, conocido como Praesepe ('pesebre'). Se le distingue a simple vista y con prismáticos se pueden separar las estrellas. Las dimensiones angulares de este glóbulo son tres veces el diámetro de la Luna llena, mientras que su magnitud es algo más de la cuarta parte. Su distancia es sólo 577 años luz.
Para ver el otro gran cúmulo abierto M67 se necesita, por lo menos, prismáticos; tiene una magnitud de 7 y un diámetro de 0°,5.

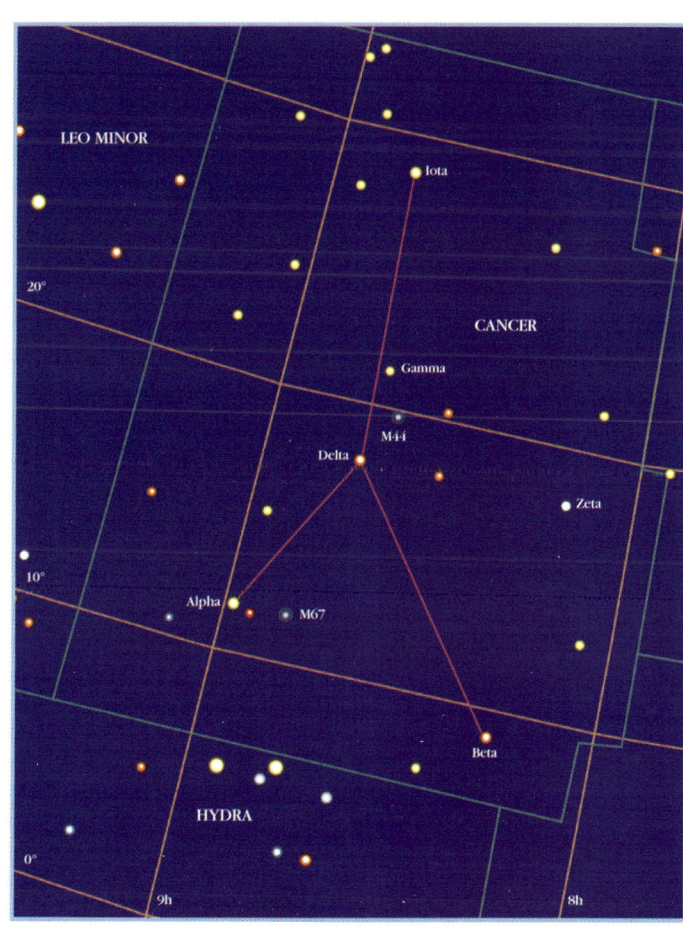

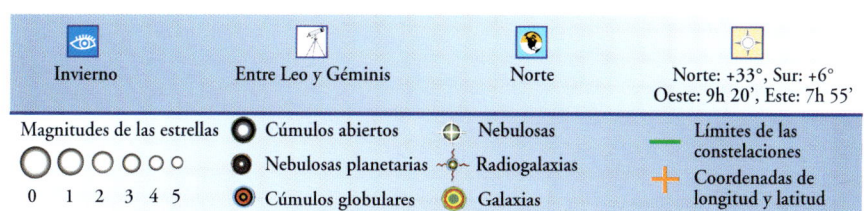

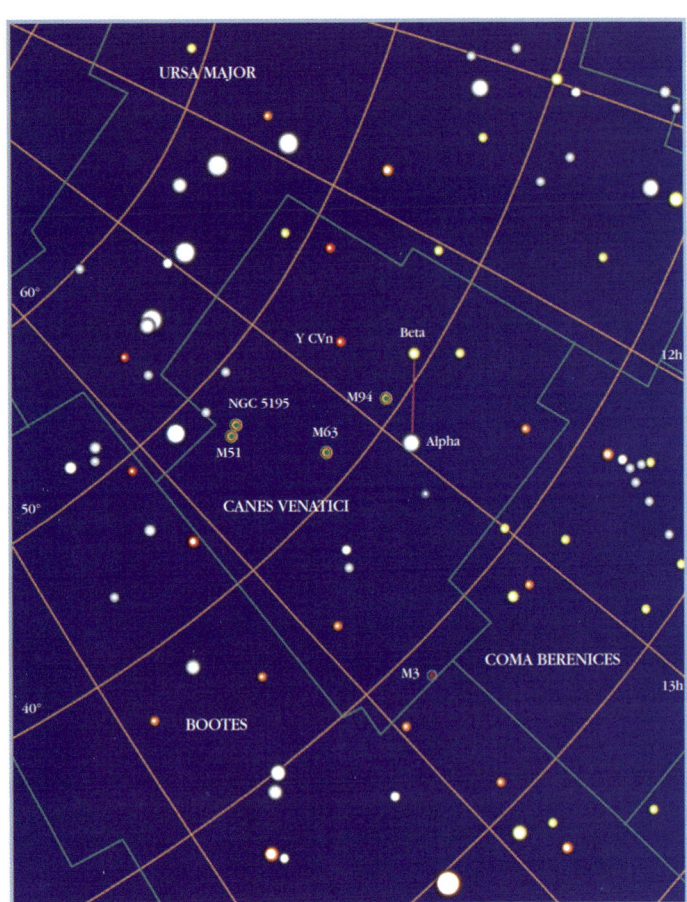

Canes Venatici, CVn *(Lebreles)*

Fue Johannes Hevelius el que introdujo esta constelación en el siglo XVII. Sus dos estrellas más brillantes eran conocidas en la Antigüedad como Jara y Asterión, dos perros legendarios. Tal vez por eso, Hevelius bautizó a la constelación con el nombre de Lebreles.

Para localizar la constelación

Los Lebreles se sitúan entre la Osa Mayor y el Boyero. La estrella más brillante, Alfa, se encuentra a mitad camino entre Arturo, en el Boyero, y Beta UMa.

Estrellas principales y otros cuerpos

Alfa es una binaria formada por dos estrellas (mag. 2,9 y 5,6) con 20" de separación. Beta o Astrión (mag. 4,3) está a una distancia de cerca de 30 años luz. En los Lebreles se encuentra la bellísima galaxia espiral, M51, de mag. 8; hay además otras dos galaxias espirales recogidas en el catálogo de Messier como M63 y M94, respectivamente de mag. 10 y 8.
En los límites meridionales de la constelación se ve el cúmulo globular más bello del cielo: M3. Este cuerpo, situado a 34.000 años luz, tiene una mag. 6.

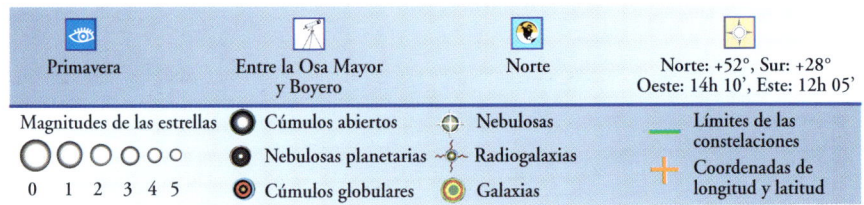

Canis Major, CMa *(Can Mayor)*

Esta constelación es muy antigua; según algunas leyendas representa a uno de los dos perros que acompañaban a Orión.

Para localizar la constelación

Al Can Mayor se le localiza desde Orión: las tres estrellas de la cintura del gigante apuntan hacia SE, que es precisamente la dirección de Sirio.

Estrellas principales y otros cuerpos

La estrella más importante de la constelación, Alfa, y también la más luminosa del cielo es Sirio, la fulgente (mag. −1,4), acompañada por una enana blanca de mag. 8,7. Sirio también es una de las estrellas más cercanas a la Tierra, está a 8,6 años luz.
Beta CMa (mag. 2) recibe el nombre de Mirzam; es una estrella muy cálida, de luz azul, situada a 750 años luz, cuya luminosidad oscila de una manera imperceptible.
En los confines de la constelación se encuentran otros objetos dignos de reseñar: los cúmulos abiertos M41 y NGC 2362. El primero es muy luminoso y está formado por más de 100 estrellas, situadas a más de 2.000 años luz de la Tierra.
NGC 2362 se encuentra cerca de la estrella Tau y está formado por unas 40 estrellas a 4.000 años luz de la Tierra.

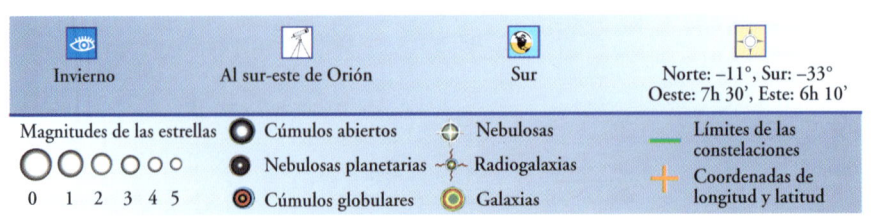

Canis Minor, CMi *(Can Menor)*

Además de representar el perro pequeño de Orión, el Can Menor recuerda la leyenda de Ícaro, el primer hombre que obtuvo el secreto de la vinificación del dios Dioniso.

Para localizar la constelación

Este pequeño asterismo es muy fácil de localizar en el cielo siempre que se mire hacia el sur de Géminis. También se localiza a 30° al este de Betelgeuse, en Orión.

Estrellas principales y otros cuerpos

Alfa Procyon (mag. 0,4) es el astro más brillante. A diferencia de lo que pudiera imaginarse, el nombre de esta estrella no tiene nada que ver con el homónimo animal. En griego Procyon significa 'el que precede al perro', 'el que dirige la jauría'; y es que esta constelación surgió antes que su vecina Can Mayor. Da la casualidad que Procyon, como Sirio, tiene una compañera enana blanca de mag. 10,8.
Beta o Gomeisa es una estrella blanquiazul variable entre la mag. 2,8 y 2,9. Otra variable es S CMi, que en el arco de 333 días oscila entre 6,6 y 13,2 de mag., por lo que nunca se puede ver a simple vista.

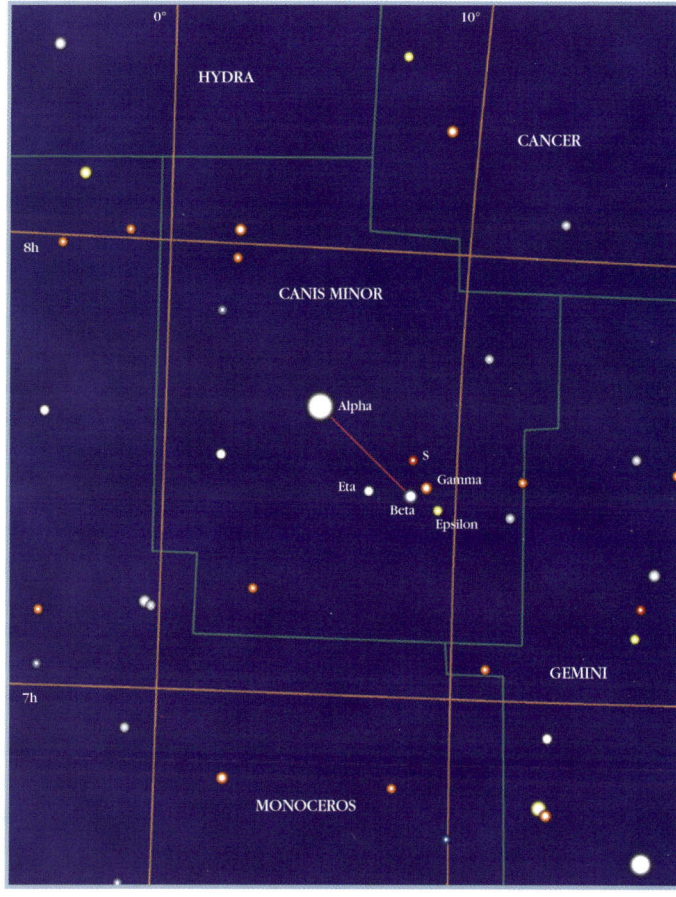

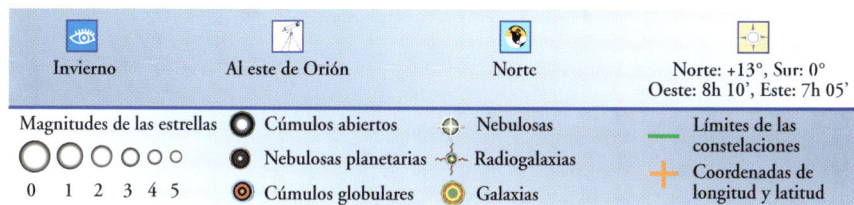

Capricornus, Cap *(Capricornio)*

La constelación zodiacal de Capricornio está relacionada con el dios griego Pan, que tenía cuerpo humano, y cuernos y pezuñas de cabra. Según el mito, Pan advirtió a los dioses de que el monstruo Tefeo iba a atacarlos. Los dioses decidieron engañar al intruso transformándose en peces, pero el cambio con Pan no resultó. Por eso a Capricornio se le representa como un animal mitad pez mitad cabra.

Para localizar la constelación

Partiendo de Beta Sco, en Escorpión, y dirigiéndose unos 60° E se llega cerca de Alfa y Beta Cap.

Estrellas principales y otros cuerpos

Alfa es un sistema múltiple: los dos componentes principales Alfa 1 y Alfa 2 (mag. 4,2 y 3,6) son a su vez binarios: la primera lleva una compañera (mag. 9,2); Alfa 2, en cambio, lleva una secundaria de mag. 11. También la amarilla Beta (m. 3,1) o Dabih, es una binaria, con una compañera espectral de mag. 6. La estrella más luminosa de Capricornio es Delta, de mag. 2,9, conocida también como Deneb Algiedi ('cola del macho cabrío'); es una variable que en el corto arco de un día oscila entre las mag. 2,8 y 3,1.
En Capricornio está M30, un cúmulo globular de mag. 8, situado a 40.000 años luz.

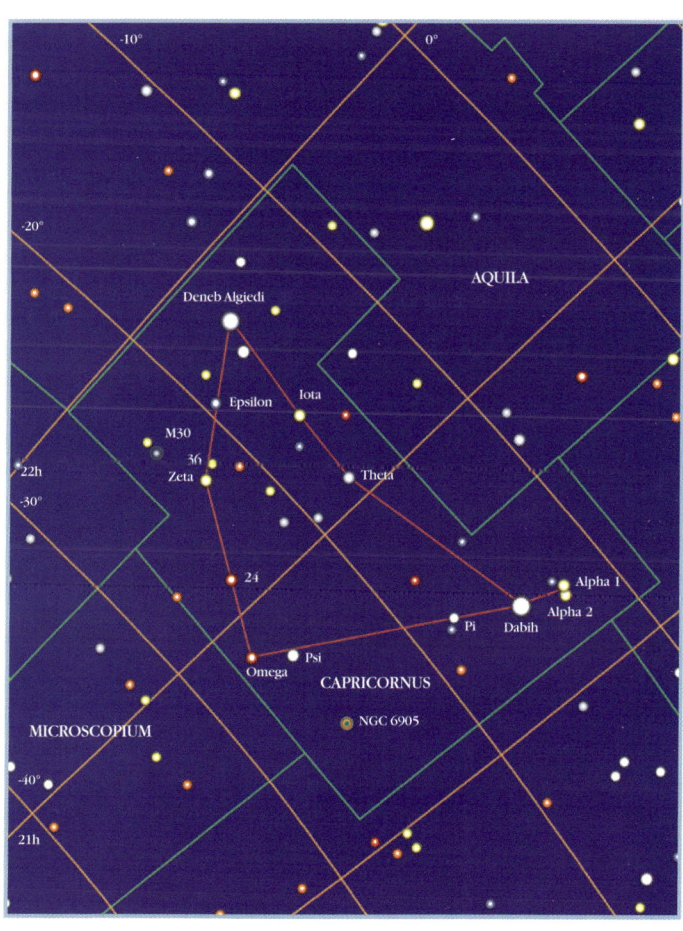

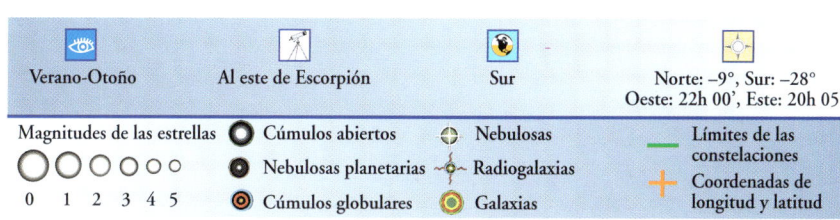

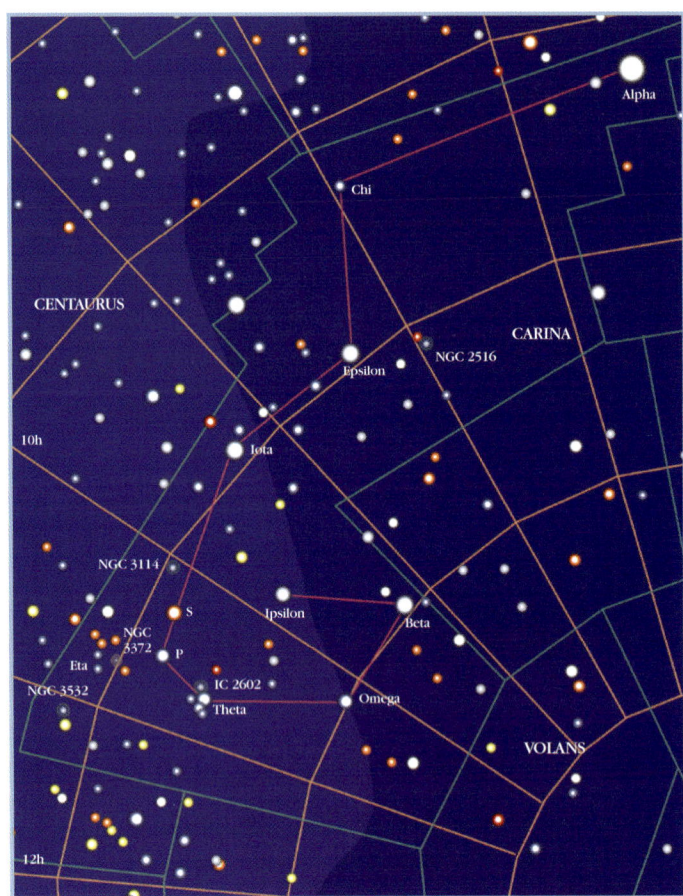

Carina, Car *(Quilla)*

La Quilla es una parte de la antigua constelación de la Nave Argos. Está ligada a la expedición de los Argonautas para conquistar el Vellocino de oro. Su estrella más brillante, Cánopo, toma el nombre del timonel de Menelao.

Para localizar la constelación

Se puede llegar a la Quilla partiendo de las otras constelaciones ligadas a los Argonautas: de hecho se sitúa por debajo, al sur de la Vela y la Popa.

Estrellas principales y otros cuerpos

Alfa Car, Canopo (mag. –0,62) es la segunda estrella más brillante del cielo, después de Sirio; se encuentra a unos 310 años luz. Beta (mag. 1,7) es Miaplacidus, el barco.

Sin embargo, la verdadera atracción de la constelación es Eta. Varía entre las mag. 5,9 y 7,9, pero antiguamente su luminosidad era mucho más alta (mag. –0,8 en 1843).

Alrededor de Eta se nota una nubosidad formada por hidrógeno ionizado. Además de esta nebulosa, conocida también como el *Ojo de la cerradura*, en la Quilla hay algunos cúmulos abiertos ricos y brillantes, como el IC 2602, de mag. 2, y NGC 3532, de mag. 3. Se ven a simple vista los cúmulos abiertos NGC 2516 y NGC 3114.

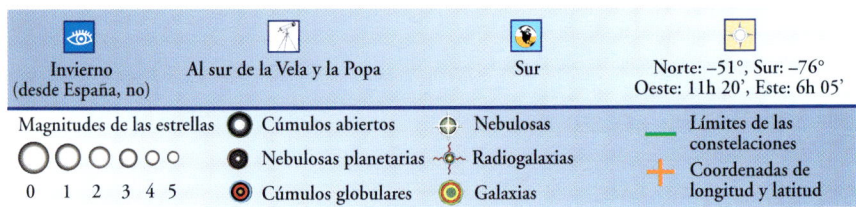

Cassiopeia, Cas *(Casiopea)*

Casiopea era la mujer del rey de Etiopía, Cefeo. Era tan vanidosa que llegó a irritar a las Nereidas, las criaturas del mar. Éstas fueron a quejarse a Poseidón, el cual frageló las costas del reino de Casiopea y sólo el sacrificio de Andrómeda, impedido por Perseo, logró calmar las iras del dios de los mares.

Para localizar la constelación

Se mira el cielo buscando la línea que va desde el Gran Carro hacia el polo norte celeste; una vez superado éste y moviéndose en la misma dirección se localizan cinco estrellas brillantes dispuestas en forma de W o M: es Casiopea.

Estrellas principales y otros cuerpos

Alfa (mag. 2,2), o Schedir ('pecho'), es una estrella anaranjada que lleva una compañera azul de mag. 9. Beta (mag. 2,3) o Caf ('mano pintada') es blanca y situada a 55 años luz.

Casiopea tiene muchos cúmulos abiertos, entre ellos M52 que puede verse con prismáticos. M103, formado por más de cien estrellas en un área celeste de 10'.

Otro cúmulo abierto digno de reseñarse es NGC 7789, comprendido en medio grado; es insólitamente rico, ya que está formado por miles de estrellas. Su distancia se evalúa en 6.000 años luz.

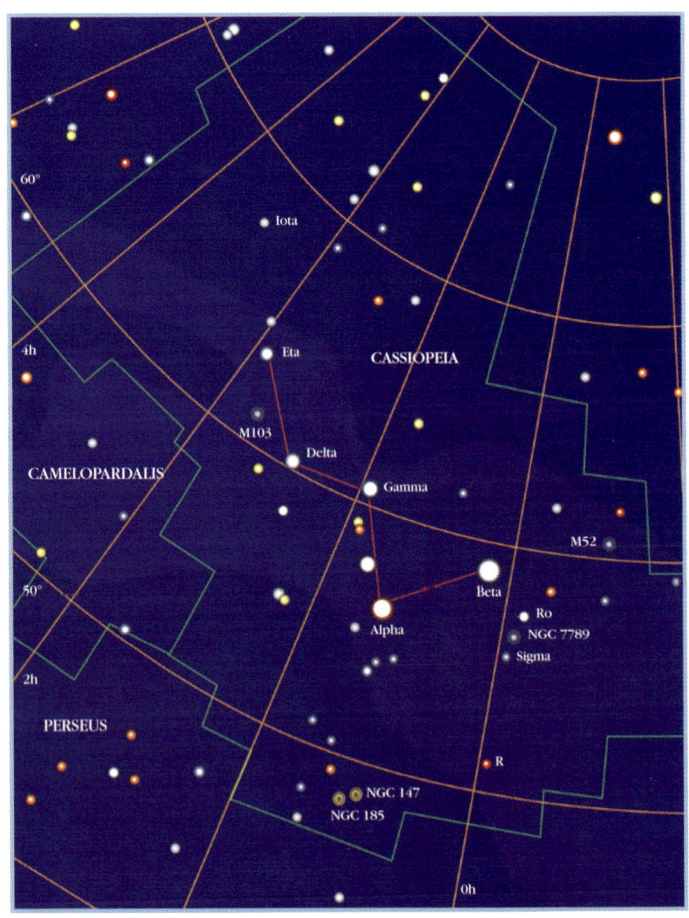

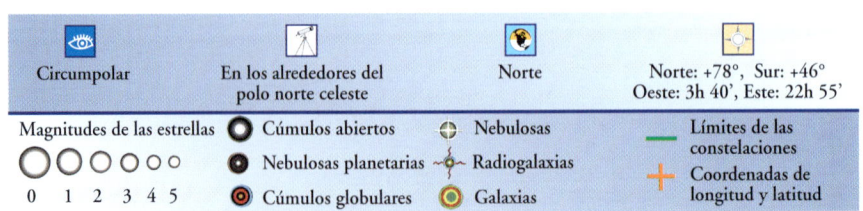

Centaurus, Cen *(Centauro)*

El Centauro representa a Quirón, el ser mitológico con cuerpo de caballo y cabeza humana que educó a Aquiles y a otros héroes griegos.

Para localizar la constelación

La constelación del Centauro se puede localizar uniendo Arturo, en el Boyero, con la Espiga, en Virgo, y siguiendo esta línea hacia el sur.

Estrellas principales y otros cuerpos

Alfa (mag. 0,3), o Rigil Kentaurus, el pie del centauro, es una estrella triple. La más brillante es una estrella parecida al Sol por sus dimensiones y temperatura; va acompañada de una estrella de mag. 1,3 que orbita a su alrededor en 80 años. La tercera estrella del sistema es una enana roja de mag. 11, cuya importancia radica en ser la estrella que está más cerca del Sistema Solar: de hecho se la llama 'Proxima Centauri', y está a 4,249 años luz; orbita alrededor de Alfa Centauri en unos millones de años. Beta, llamada también Agena (mag. 0,6), es una estrella caliente que va acompañada de una mucho más débil.

En la constelación de Centauro se encuentra el cúmulo globular más brillante: Omega Centauri, de mag. 3, pero que no es visible a simple vista.

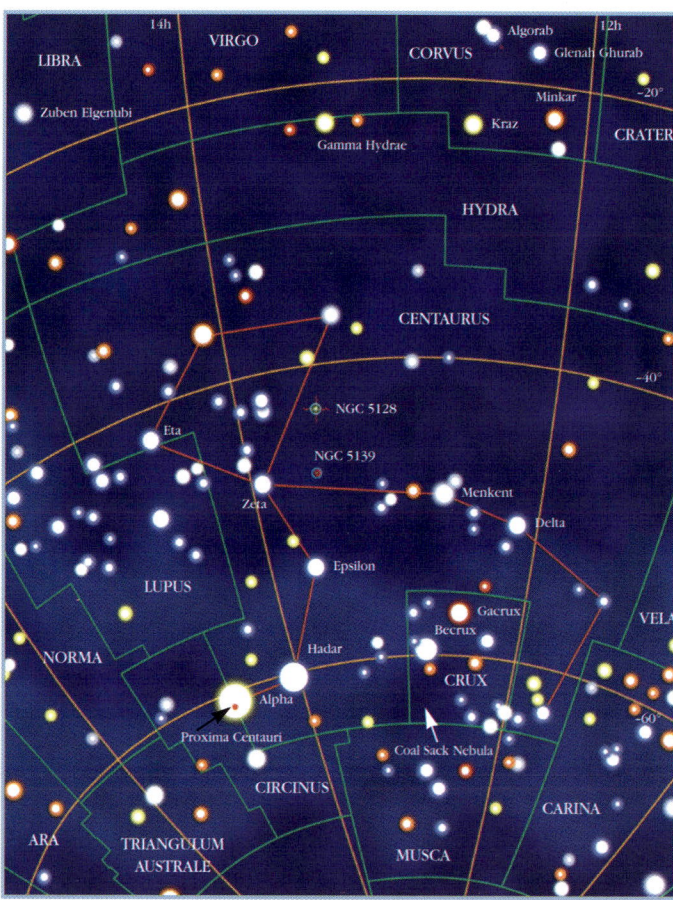

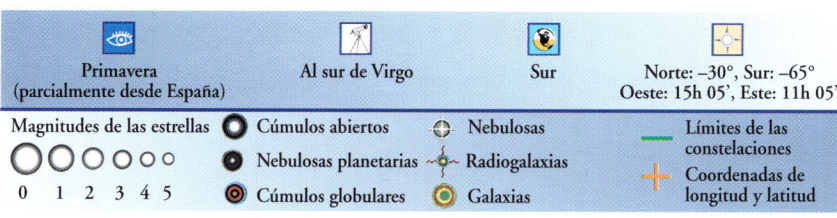

Cepheus, Cep *(Cefeo)*

Según la mitología, Cefeo era el rey de Etiopía; su hija Andrómeda, preparada para un sacrificio, fue salvada por Perseo.

Para localizar la constelación

Para localizar la constelación de Perseo hay que mirar la zona del cielo comprendida entre las constelaciones de Casiopea, la estrella Deneb, en el Cisne, y la Polar.

Estrellas principales y otros cuerpos

Alfa (Alderamín, mag. 2,4) es una estrella blanca situada a 51 años luz. Beta brilla menos, su magnitud varía entre 3,2 y 3,3 en 4 horas y 34 minutos. Delta es el prototipo de una clase de variables de las que se toma el nombre: Cefeidas. Se trata de las clásicas estrellas pulsantes, cuya luminosidad fluctúa de una manera regular, con un periodo que está unido a la magnitud absoluta. Varía entre 3,5 y 4,4 en 5,4 días. Lleva dos compañeras, una de mag. 13 y situada a 20" y la otra de 7,5 y a 41" de la principal.

En Cefeo se pueden encontrar también muchos cúmulos abiertos y algunas galaxias.

NGC 188 es un cúmulo abierto muy antiguo situado a 5.000 años luz. NGC 6946 es una galaxia en espiral de mag. 11 situada a 10 millones de años luz.

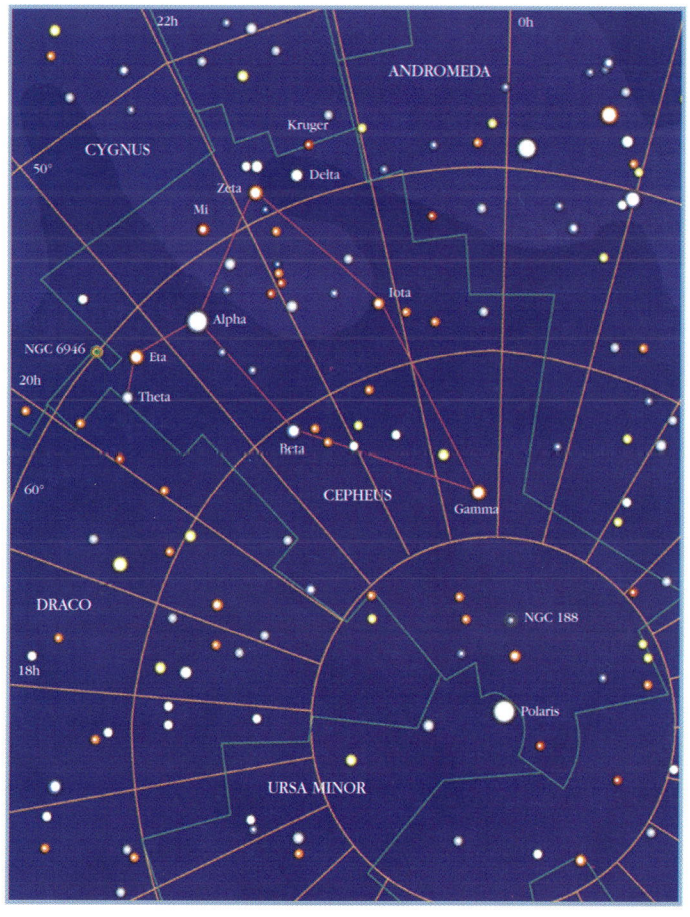

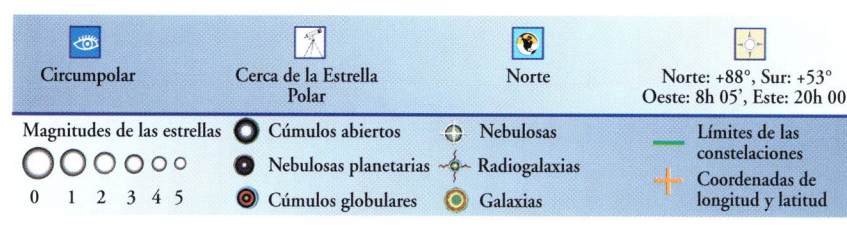

Cetus, Cet *(Ballena)*

La Ballena es el mítico monstruo marino que Poseidón, dios de los mares, mandó a que devorara a Andrómeda, la hermosa hija de Casiopea.

Para localizar la constelación

La línea que va desde Beta And a Alfa Ari nos lleva en dirección SE hacia Alfa Ceti, una de las estrellas más brillantes de la Ballena.

Estrellas principales y otros cuerpos

Alfa (mag. 2,5), o Menkar, la nariz del monstruo marino, es una binaria aparente con una compañera de mag. 5,6. La estrella más brillante es Beta, o Deneb Kaitos, de mag. 2. Una hermosa binaria es también Gamma que va con un astro azul de mag. 6,2.
Sin embargo, la estrella más interesante de la constelación es Ómicron, más conocida como Mira. Durante mucho tiempo fue un misterio, ya que algunos astrónomos la señalaba en sus atlas mientras que otros no hacían mención de ella. Fue Holwarda, un astrónomo que en el siglo XVII descubrió que se trataba de una auténtica estrella variable, que en 331 días pasa de la mag. 2 a la 10. Hoy es el prototipo de toda una clase de estrellas variables.
M77 es una galaxia en espiral localizable cerca de Delta. Tiene una mag. 10 y es una galaxia de Seyfert con un núcleo activo.

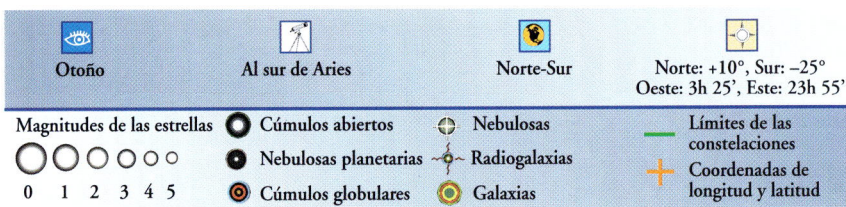

Chamaeleon-Volans, Cha-Vol *(Camaleón-Pez Volador)*

El Pez Volador y el Camaleón no están asociadas con ninguna leyenda. Datan del siglo XVI y fueron recogidas por los holandeses Frederick de Houtman y Pieter Dirkszoon Keyser.

Para localizar las constelaciones

Para encontrarlas hay que partir de la Cruz del Sur y seguir la línea formada por las estrellas Alfa y Gamma yendo hacia el polo sur celeste, y así se llega a las proximidades de Beta Cha. El Pez Volador se encuentra en dirección NO con respecto a ésta.

Estrellas principales y otros cuerpos

La estrella más brillante de las dos constelaciones es Beta Vol (mag. 3,8), anaranjada, situada a un centenar de años luz. Alfa Vol (mag. 4,0) es una estrella blanca. Gamma Vol está formada por una pareja de astros de mag. 3,9 y 5,8 separados entre sí por 13".
La blanca Alfa es la más brillante del Camaleón (mag. 4,1). Tiene casi la misma luminosidad Gamma, anaranjada, situada a 410 años luz. Como objeto secundario digno de reseñar está sólo la nebulosa planetaria NGC 3195, situada entre Delta y Zeta Cha.

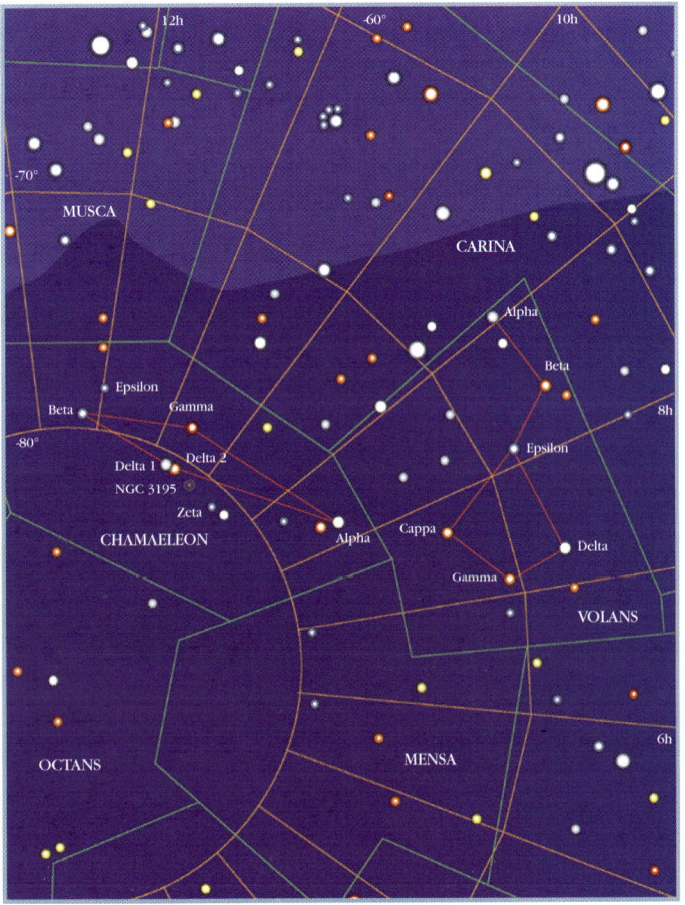

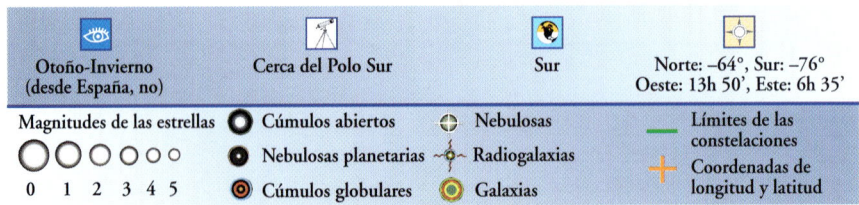

Circinus-Triangulum Australe,
Cir-TrA *(Compás-Triángulo Austral)*

El Compás y el Triángulo Austral tienen distintos orígenes. La primera constelación fue introducida por el abad Lacaille; la segunda por los navegantes holandeses, hacia finales del siglo XVI.

Para localizar la constelación

El Compás se encuentra justo al este de Alfa Centauri, mientras que el Triángulo Austral está más hacia Oriente.

Estrellas principales y otros cuerpos

El astro más brillante de las dos constelaciones es Alfa TrA, y representa uno de sus vértices. Es una gigante que brilla con luz anaranjada y mag. 1,9. Los otros dos vértices del triángulo están marcados por la estrella Beta (mag. 2,9), blanca-azul.
En el Compás es Alfa la dominante; se trata de una variable del tipo Alfa Ven, de mag. 3,2, con variaciones de sólo 0,03 magnitudes. Tiene también una compañera de mag. 8,6 colocada a sólo 15". Binaria es Gamma (mag. 4,5), cuyo astro secundario es una estrella de mag. 5.
El objeto más fácil de observar es un cúmulo abierto, NGC 6035, formado por una treintena de estrellas.

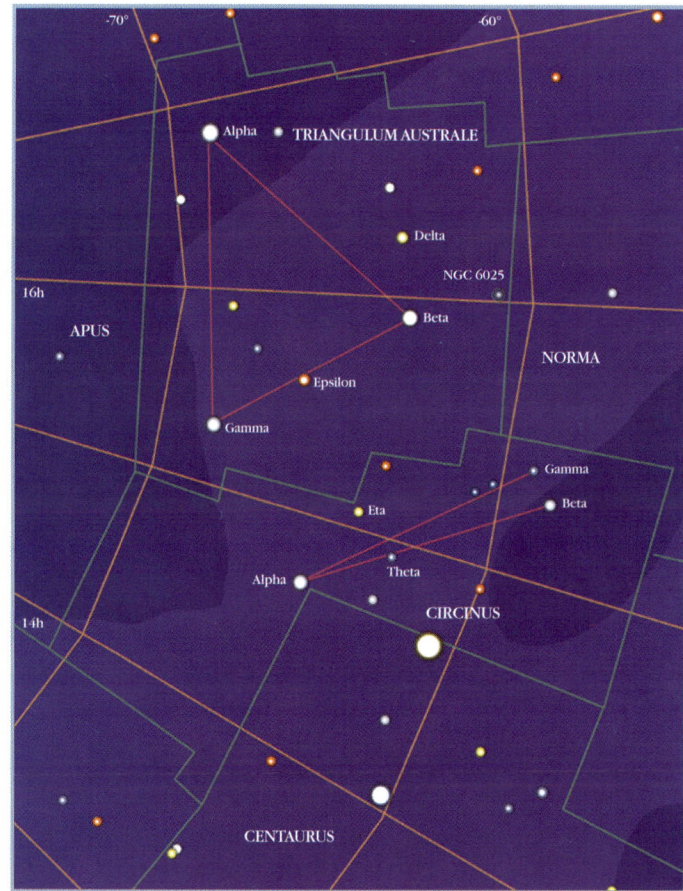

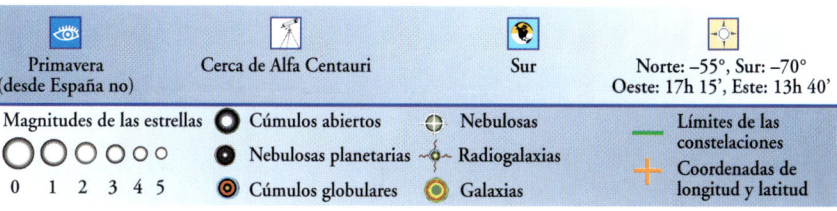

Coma Berenices, Com
(Cabellera de Berenice)

La leyenda cuenta que Berenice, reina de Egipto, sacrificó a los dioses sus maravillosas trenzas de oro a cambio de que su marido volviese sano de la guerra.

Para localizar la constelación

La Cabellera de Berenice se encuentra entre Leo y el Boyero, a la mitad del camino entre Arturo y Denébola ('cola de león'), se ve un poco ladeado hacia el norte un grupo de estrellas débiles con forma de *V* invertida que indica la Cabellera.

Estrellas principales y otros cuerpos

Beta (mag. 4,3) es una estrella amarilla situada a 30 años luz. Alfa, casi del mismo brillo, es una binaria. La mayoría de las estrellas de esta constelación forma parte del cúmulo Melotte 111.
La Cabellera tiene muchas galaxias y otros cuerpos. Pertenecen al cúmulo de Virgo M85, M88, M99 y M100; están situadas a unos 65 millones años luz y brillan entre la mag. 9 y 10. A una distancia estimativa de entre 25 y 50 millones de años luz se encuentra la galaxia M64 (mag. 8). Por último, M53 es un cúmulo globular de mag. 8.

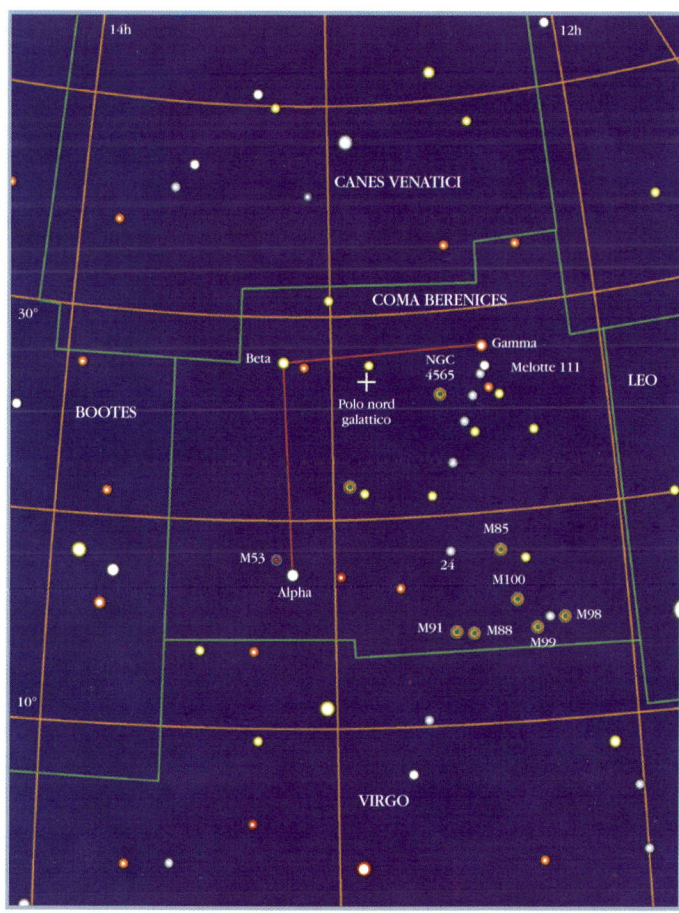

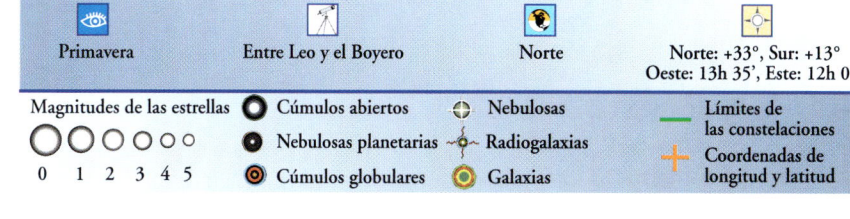

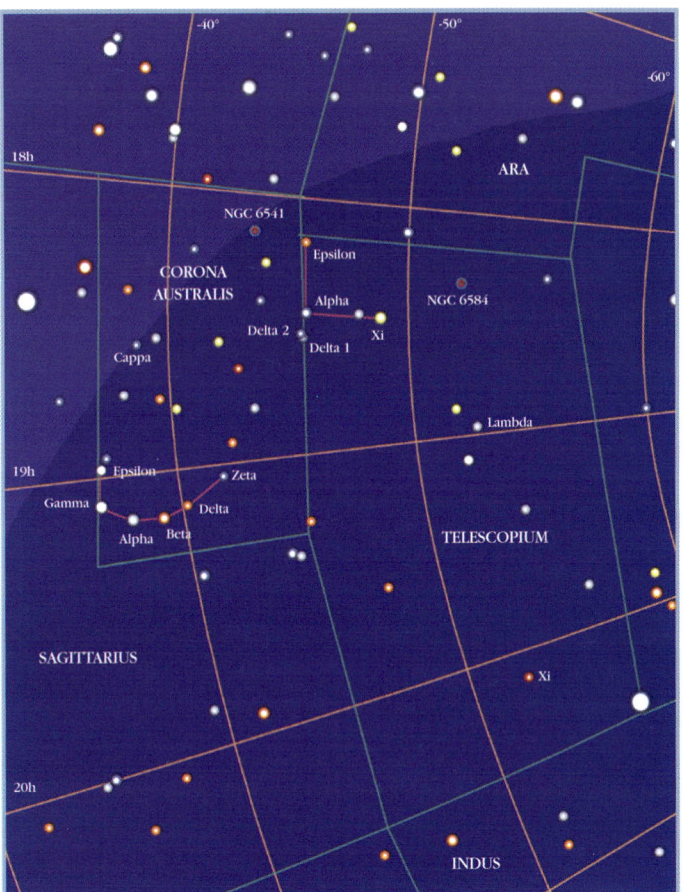

Corona Australis-Telescopium, CrA-Tel *(Corona Austral-Telescopio)*

La Corona Austral, aunque viene citada por muchos autores clásicos, no está relacionada con ningún mito. El Telescopio, en cambio, fue introducida por el abad Lacaille con el nombre de *Tubus Astronomicus*, los telescopios de espejos del siglo XVIII.

Para localizar la constelación

Las dos constelaciones se pueden localizar al sur de Sagitario. Debajo del arco del arquero celeste se ve un semicírculo de estrellitas de mag. 4 y 5: la Corona Austral. Un poco más al sur de la Corona se encuentra el Telescopio.

Estrellas principales y otros cuerpos

La blanco-azulada Alfa Tel (mag. 3,5) es la estrella más brillante de las dos constelaciones. Delta Tel es una binaria formada por dos estrellas blanco-azuladas de mag. 5 y 5,1.
El astro más brillante de la Corona Austral es la blanca Alfa de mag. 4,1. Beta, de la misma magnitud, tiene un color amarillo-naranja. Gamma CrA es una doble formada por dos estrellas de mag. 5.
Existen dos cúmulos globulares. El primero es el NGC 6541, en la Corona de mag. 6; el segundo el NGC 6584, en el Telescopio.

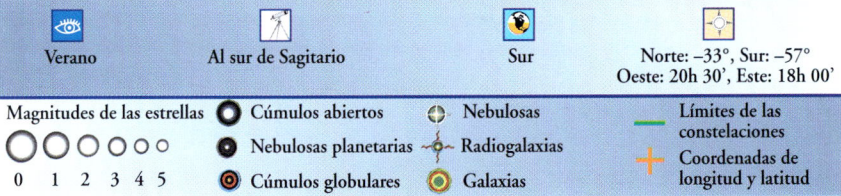

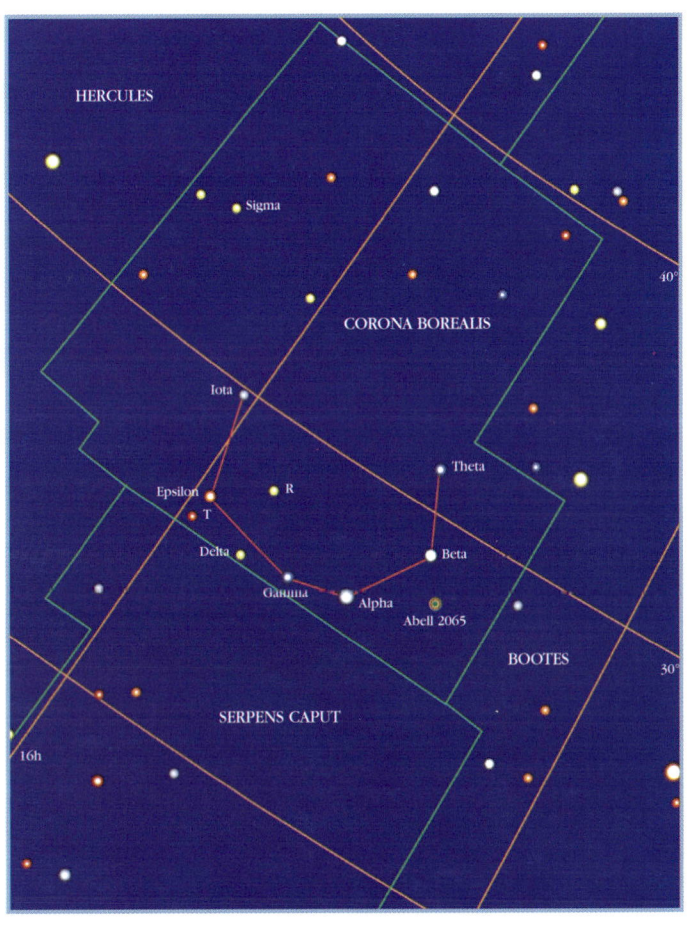

Corona Borealis, CrB
(Corona Boreal)

Según la leyenda, Baco le regaló a Ariadna una corona como regalo de bodas; cuando ella murió, el dios arrojó la corona al cielo donde se quedó en forma de constelación.

Para localizar la constelación

A 20° NE de Arturo (Alfa Boo) se encuentra el arco de las estrellas de la Corona Boreal.

Estrellas principales y otros cuerpos

Alfa (mag. 2,2), o Gemma ('la perla'), es la estrella más luminosa. Tiene una compañera con la que se eclipsa recíprocamente, pero como sus luminosidades son muy bajas los eclipses no son perceptibles a simple vista.
R es el prototipo de una clase de estrellas variables de características bastante singulares. Habitualmente esta estrella es de mag. 5,7; sin embargo, de improviso puede llegar incluso a 14,8. Un comportamiento digno de observarse es el de T CrB, por lo general de mag. 10; este astro sufre explosiones imprevistas que le llevan a alcanzar valores de mag. 2.
La constelación no tiene ningún cuerpo especialmente brillante.

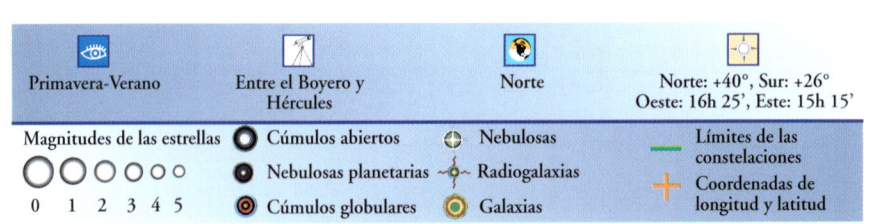

Corvus-Crater-Sextant,
Crv-Cra-Sex *(Cuervo-Copa-Sextante)*

El Cuervo aparece en varias leyendas de la antigua Grecia. Una de ellas dice que era un pájaro enviado por Apolo para que trajera agua en una copa. El Sextante fue introducido por el astrónomo Hevelius para loar el instrumento que perdió en un incendio.

Para localizar la constelación

Las tres constelaciones se encuentran al sur de Leo y de Virgo; a espaldas del norte, se ve, en dirección Este-Oeste, el Cuervo, la Copa y el Sextante.

Estrellas principales y otros cuerpos

Las estrellas más brillantes son Gamma Crv (mag. 2,6), azul, Beta (mag. 2,7), Delta y Epsilon, ambas de mag. 3. Alfa tiene sólo una mag. 4.
Delta Cra es de mag. 3,6. Las otras estrellas de la Copa tienen mag. 4 o más; en el Sextante la estrella más brillante, Alfa, es nada menos que de mag. 4,5
Delta Crv es una binaria formada por una estrella blanca de mag. 3 y una secundaria roja de mag. 9,2.
El objeto más llamativo es la NGC 3115, una galaxia elíptica de mag. 9 en la constelación del Sextante.

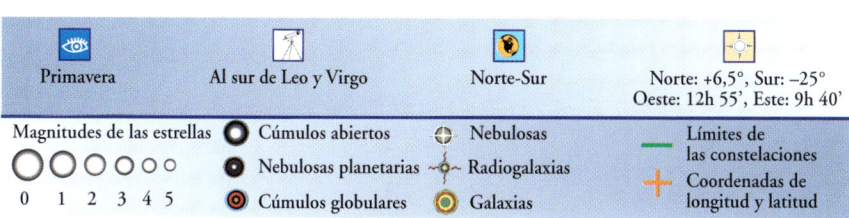

Crux, Cru *(Cruz del Sur)*

Aunque se conoce desde la Antigüedad, las estrellas de la Cruz del Sur formaban parte de Centauro. La Cruz apareció en las banderas de algunos de los estados de Oceanía, como Australia y Nueva Zelanda.

Para localizar la constelación

La Cruz del Sur se encuentra muy cerca de Centauro y no puede verse desde España. La línea Alfa-Beta Cen lleva a la Cruz.

Estrellas principales y otros cuerpos

La estrella más brillante es Alfa o Acrux (mag. 0,9). Si se mira con prismáticos se ve a su compañera, pero un telescopio revela que la componente más brillante está formada por dos estrellas blanco-azules de mag. 1,4 y 1,9. Gamma es otra binaria con componentes de mag. 1,6 y 6,7.
En una noche muy oscura se puede ver, en las proximidades de la Cruz, una zona negra en la Vía Láctea: se trata del *Saco de Carbón*, una nebulosa oscura que se interpone entre la Tierra y las estrellas de la Vía Láctea.
Otro cuerpo es el cúmulo abierto NGC 4755, conocido como *La caja de las joyas*. Se puede ver a simple vista a pesar de su mag. 5, pero con un telescopio pequeño pueden distinguirse decenas de estrellas.

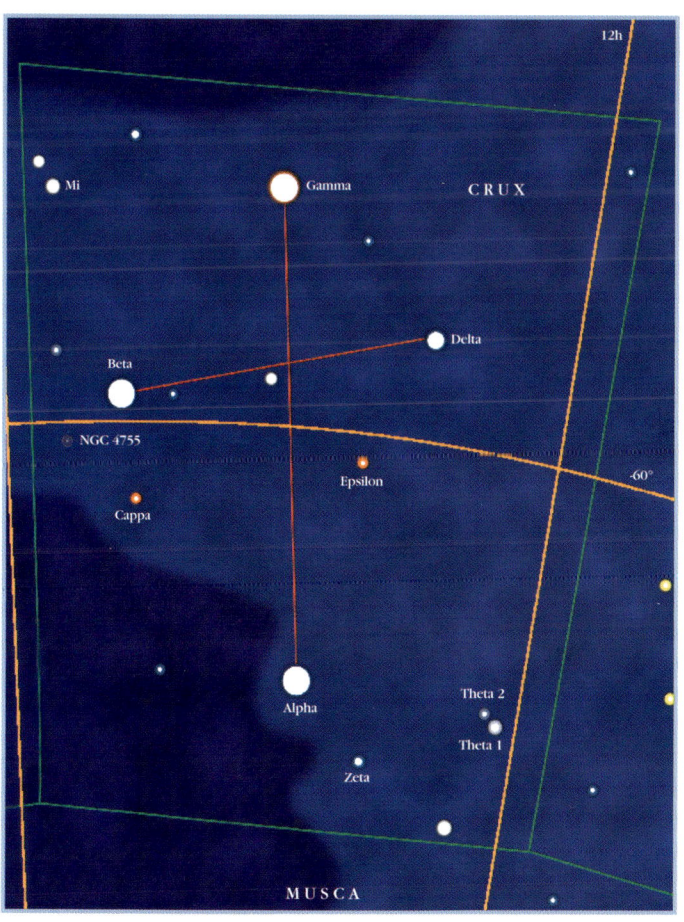

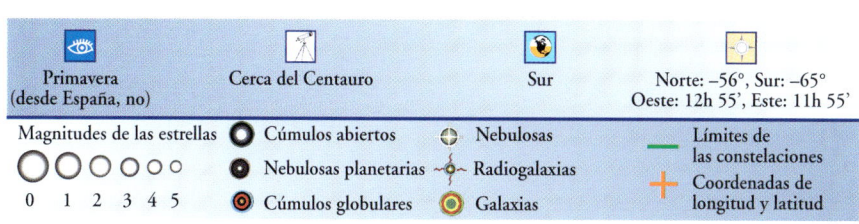

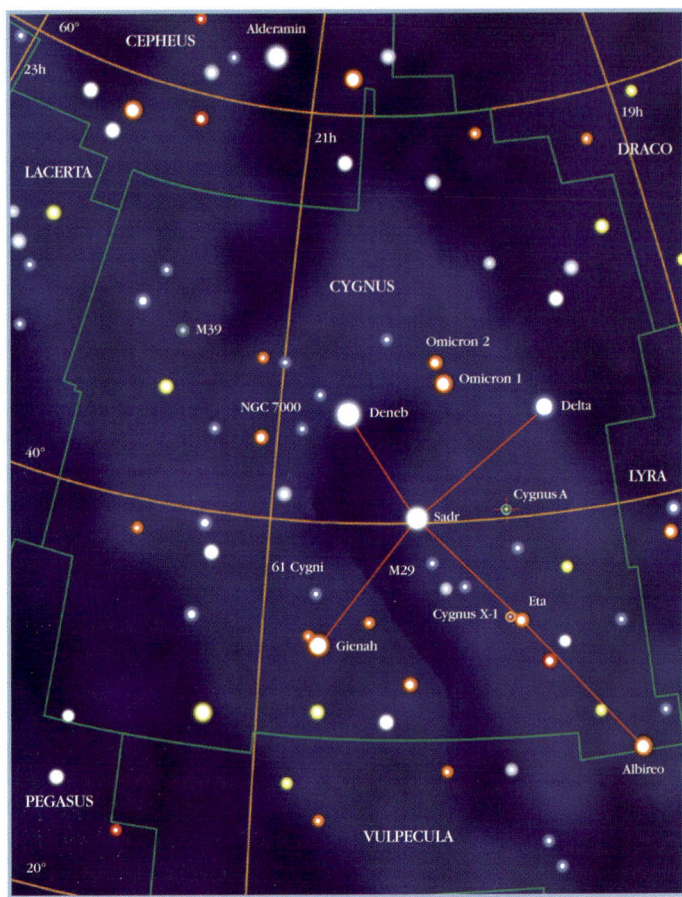

Cygnus, Cyg *(Cisne)*

El Cisne está relacionado con el mito de Zeus, que se enamoró un día de Leda, la hermosa mujer de Tindare, el rey de Esparta. Como la mujer rechazaba las pretensiones amorosas del dios, Zeus se transformó en un cisne para vencer sus resistencias.

Para localizar la constelación

Deneb, la estrella más brillante, se encuentra al oeste de la W de Casiopea, siguiendo la alineación entre Beta y Gamma Cas.

Estrellas principales y otros cuerpos

La blanca Alfa (mag. 1,2) o Deneb, la cola, como se ha dicho, es la estrella más luminosa. Beta (mag. 3,1), o Albireo, es una binaria hermosísima cuya componente principal es una amarilla y la secundaria (mag. 5,1) azulina. Doble también es 61 Cygni (mag. 5,2 y 6,1), pero su importancia procede del hecho de haber sido la primera estrella (Bessel, 1838) que se midió su distancia, que es de 11,4 años luz.

M29 y M39 son dos cúmulos abiertos visibles con prismáticos; el primero se encuentra cerca de Gamma, el segundo a 10° al este de Deneb.

El objeto más conocido de esta constelación es la nebulosa NGC 7000, o *Norteamérica*, una tenue masa de hidrógeno ionizado muy amplia pero poco luminosa.

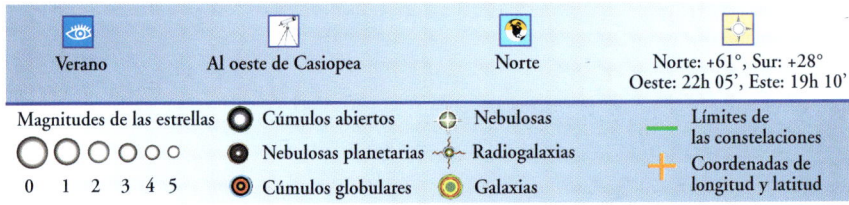

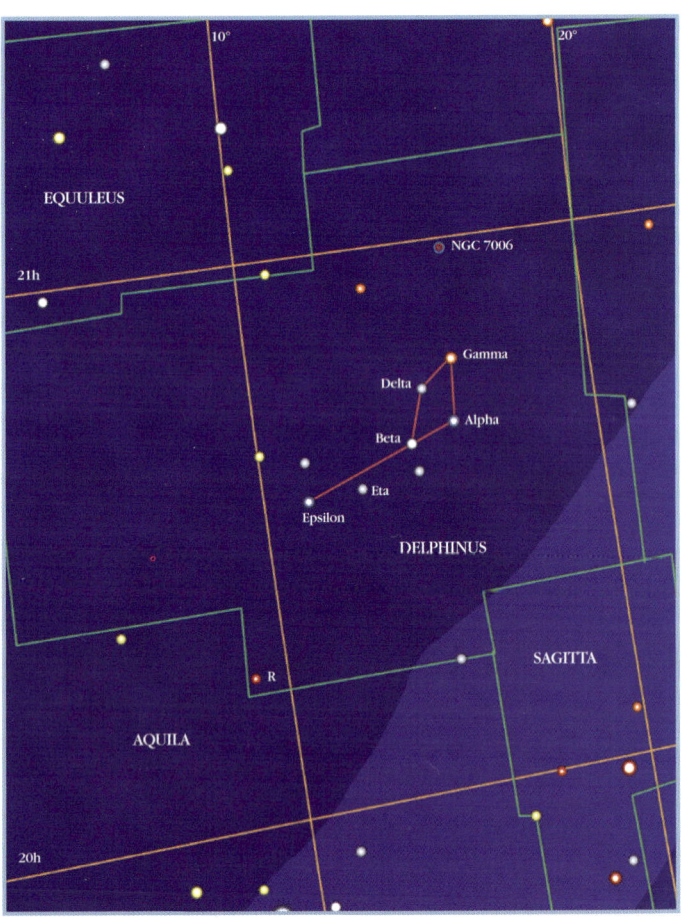

Delphinus, Del *(Delfín)*

Según la leyenda, el Delfín fue el mensajero amoroso de Poseidón, el dios del mar, del que se sirvió para conquistar a Anfitrite, una de las Nereidas.

Para localizar la constelación

Al oeste de la constelación de Pegaso, hacia el lado meridional del característico cuadrado, a unos 30 grados, se encuentra el grupo de estrellas que forman el Delfín.

Estrellas principales y otros cuerpos

Las dos estrellas más luminosas del Delfín son Beta (mag. 3,6) y Alfa (3,8). Beta es una binaria difícil de separar, pues el ángulo entre sus dos componentes (mag. 4,8 y 4,9) varía entre 0",2 y 0",7; el periodo orbital es de unos 26 años y medio. También Gamma es doble: sus componentes tienen una mag. 4,5 y 5,5 y están separadas por casi 10". Una estrella variable es en cambio R, que pertenece a la clase de los cuerpos celestes que tienen como modelo a Mira; su luminosidad varía entre las magnitudes 7,6 y 13,8 en 285 días.

El único objeto digno de mención es el cúmulo globular NGC 7006, de mag. 12, situado a casi 180.000 años luz. Para observarlo hay que usar telescopios de al menos 15 cm de diámetro.

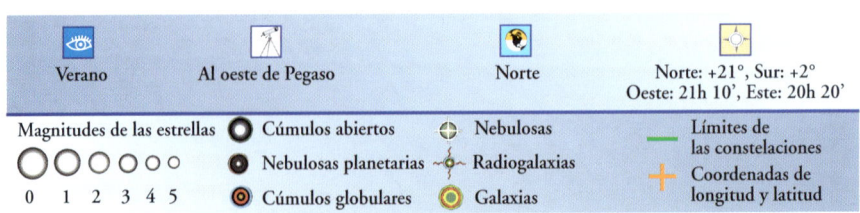

Dorado-Mensa, Dor-Men
(Dorada-Montaña de la Mesa)

En algunos atlas históricos, a la Dorada se la representa como un pez espada. La Mensa o Montaña de la Mesa, fue el nombre que le dio Lacaille para recordar la montaña de Ciudad del Cabo en Suráfrica, desde la que observó el cielo austral.

Para localizar las constelaciones

Encontrar estas dos constelaciones no es tarea fácil; lo mejor es localizar a Cánopo de la Quilla. Entre ella y el polo sur celeste se encuentran primero la Dorada y después la Montaña de la Mesa.

Estrellas principales y otros cuerpos

Alfa Dor tiene una magnitud de 3,3 y un color blanco-azulado. Beta Dor es una Cefeida que en tan sólo 10 días pasa de la mag. 3,5 a 4,1.
La estrella más brillante de la Montaña de la Mesa es la amarilla Alfa, que tiene una mag. 5,1. Otras estrellas de esta constelación son Beta (mag. 5,3), amarilla también, y Gamma (mag. 5,2) de color naranja.
A caballo entre la Dorada y la Mesa de la Montaña se encuentra la Gran Nube de Magallanes (GNM), una galaxia irregular, satélite de la Vía Láctea y a una distancia de 180.000 años luz.

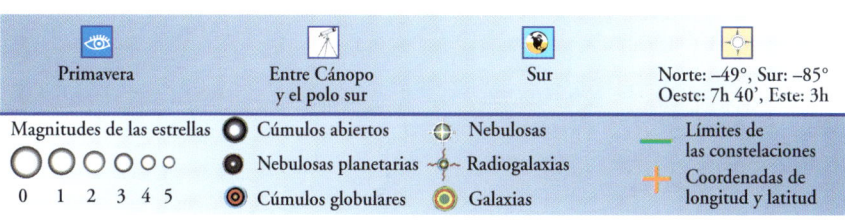

Draco, Dra *(Dragón)*

El Dragón, según la tradición, es el animal que guarda el jardín de las Hespérides, famoso porque en él se encontraba el manzano que daba frutos de oro.

Para localizar la constelación

Aunque es muy grande, el Dragón no tiene estrellas muy luminosas; la cabeza del animal está representada por un cuadrilátero de estrellas situadas entre Hércules y la Osa Menor. El resto del cuerpo se sitúa entre las dos osas.

Estrellas principales y otros cuerpos

Alfa (mag. 3,7) o Thuban, en torno al 2700 a.C., era la estrella polar. Después con la rectificación de los equinoccios el polo pasó donde está en la actualidad. De aquí a 21.000 años, Thuban volverá a estar en el polo. La estrella más luminosa del Dragón es Gamma (mag. 2,2), o Al Tais, 'la cabeza del dragón'. Fue precisamente mientras Bradley observaba esta estrella cuando descubrió el fenómeno de la aberración de la luz, en 1795. Nu es una binaria formada por dos estrellas de luminosidad parecida (mag. 4,9) separadas por 62". Escrutando con prismáticos la estrella 39 Dra, se puede ver una doble formada por una estrella amarilla de mag. 5 y otra azul de mag. 7.
En el Dragón sólo hay un objeto digno de atención: la nebulosa planetaria NGC 6543.

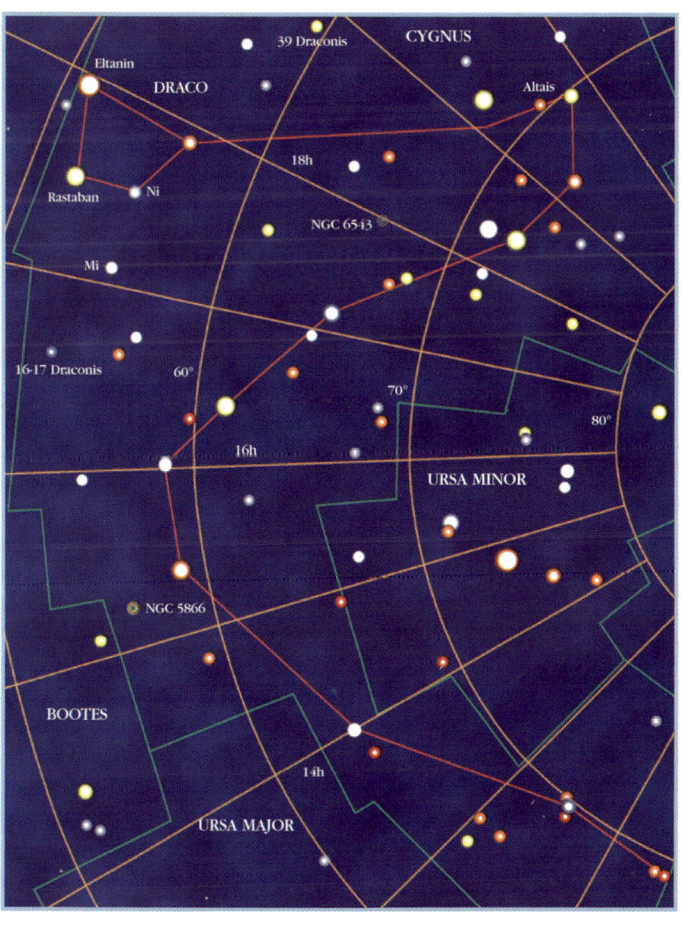

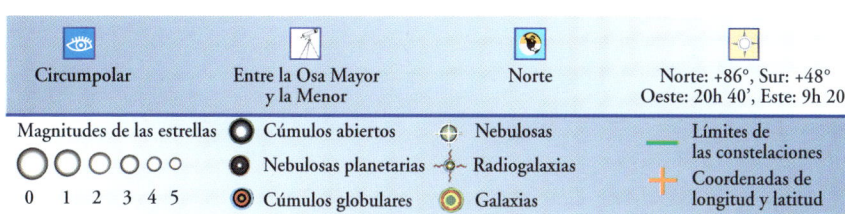

Equuleus, Equ *(Caballo Menor)*

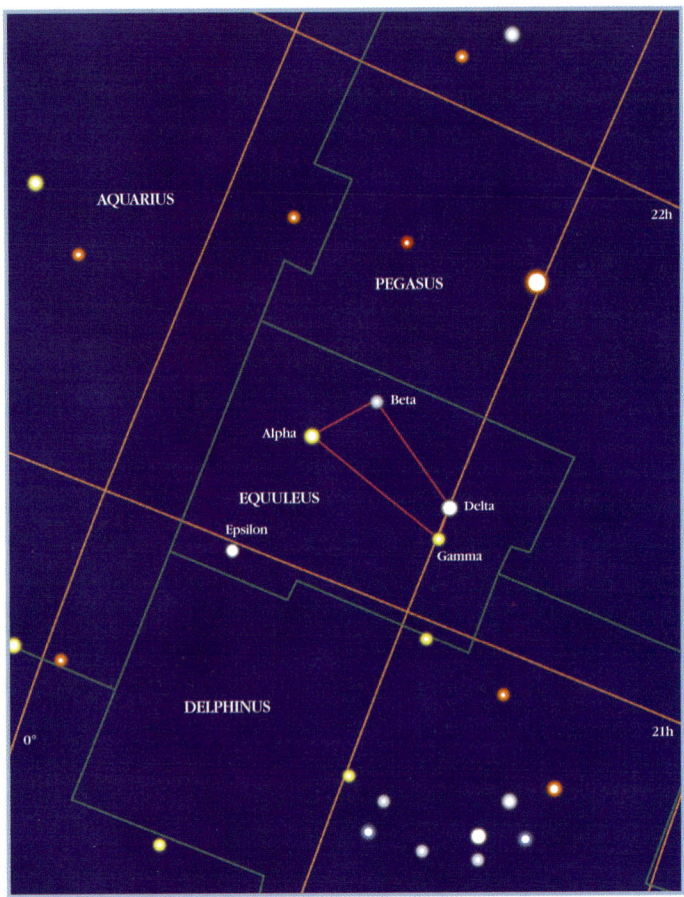

El origen de la constelación del Caballo Menor no está del todo claro. La primera información válida sobre esta constelación la dio Ptolomeo.

Para localizar la constelación

El Caballo Menor se encuentra al este de otro pequeño asterismo: el Delfín. Se distingue por ser un pentágono irregular formado por estrellas de mag. 4 o más.

Estrellas principales y otros cuerpos

El astro más brillante es Alfa, de mag. 3,9. Esta estrella, también llamada Kitel Phard (en árabe, 'parte delantera del caballo'), está a 150 años luz y es una binaria espectroscópica.
Gamma es una variable que oscila entre mag. 4,6 y 4,8. Delta es un sistema triple situado a 50 años luz; dos de sus componentes tienen mag. 5,2 y 5,3 y periodos orbitales equivalentes a 5,7 años, con una separación que varía de 0",37 a 0",1. Se trata de una de las binarias visible durante el periodo más corto que se conoce. A casi 48" de la más luminosa de las dos estrellas está la tercera, de mag. 9,4. También Épsilon es triple: dos estrellas (mag. 6 y 6,3) orbitan alrededor de otra a una distancia de 101 años, y su separación varía de 0",1 a 1"; la tercera, de mag. 7, está a 11".
El Caballo Menor no tiene objetos telescópicos de gran interés.

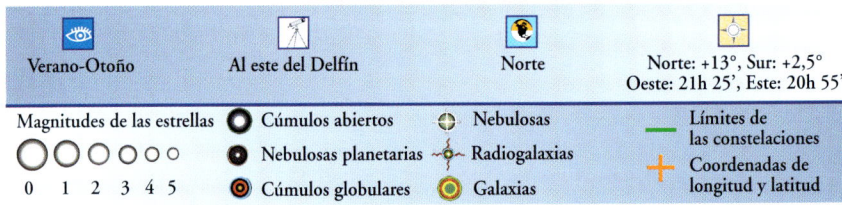

Eridanus, Eri *(Erídano)*

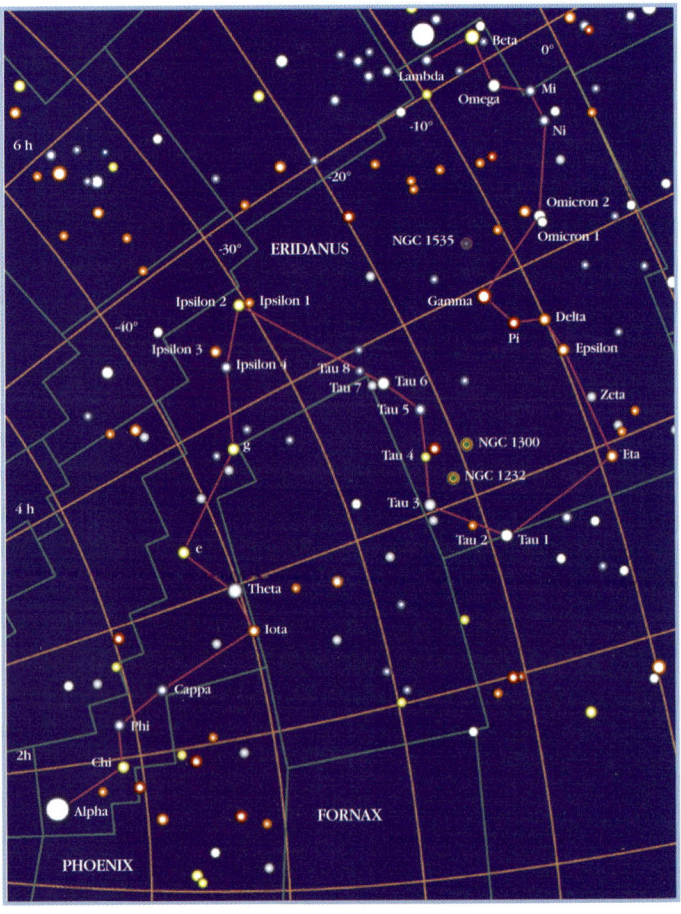

Hay quien sostiene que Erídano hace referencia al río Po y hay quien dice que es al Nilo. En la mitología, Erídano era el dios-río, donde cayó Faetón, el desgraciado hijo de Apolo, fulgurado por Zeus.

Para localizar la constelación

Para localizar a Erídano hay que partir de Rigel, en Orión.
Un poco al NO se encuentra uno de los astros más brillantes de Erídano, que primero apunta hacia el oeste y luego hacia el sur. La estrella más luminosa es Achemar, que se encuentra en los límites con Hidra Austral.

Estrellas principales y otros cuerpos

Alfa, Achemar (mag. 0,5), es un astro de luz blanquiazul. Beta (mag. 2,8), o Cursa, está cerca de Rigel y marca la fuente del río. Se sospecha que alrededor de Épsilon (mag. 3,7) gire un planeta. Theta, que con un pequeño telescopio se pueden distinguir sus dos componentes blancas de mag. 3,2 y 4,4, se llama también Acamar.
En Erídano hay que señalar una nebulosa planetaria y dos galaxias. La primera es NGC 1535, de mag. 9 y con un diámetro de 20". Las galaxias son NGC 1232 y NGC 1300; ambas en espiral y de mag. 10.

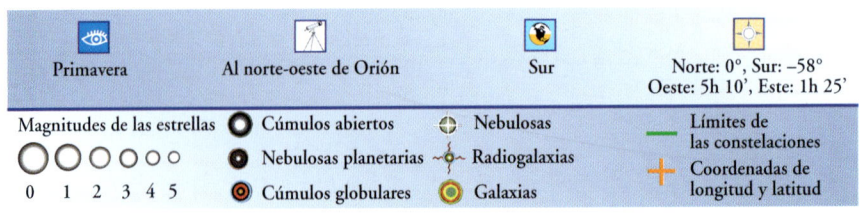

Fornax, For *(Hornillo)*

El Hornillo fue introducido en el siglo XVIII por el abad Lacaille.

Para localizar la constelación

Las pálidas estrellas del Hornillo se pueden encontrar partiendo de la alineación entre Betelgeuse y Rigel, en Orión. Si se sigue esta línea en dirección SO, girando un poco hacia el norte, a unos 10° de Rigel se encuentra el Hornillo.

Estrellas principales y otros cuerpos

El astro más brillante es Alfa (mag. 3,8), una estrella amarilla con una compañera (mag. 6,5) colocada a 4" con periodo orbital de más de 300 años. También Omega es doble, y está formada por un par de estrellas, mag. 5 y 7,7, separadas por poco más de 10".
El Hornillo tiene muy pocas estrellas, pero muchas galaxias, y alberga un cúmulo que se encuentra a 100 millones de años luz. La más luminosa del cúmulo es NGC 1316, de mag. 10. Sus dimensiones son 3',5 × 2',5. Otras dos galaxias, relativamente brillantes, son NGC 1365 y NGC 1399, respectivamente, de mag. 10 y 11; la primera en espiral y la segunda elíptica. También hay una nebulosa planetaria, NGC 1360, de 5' de diámetro, cuyo centro es un estrellita de mag. 9.

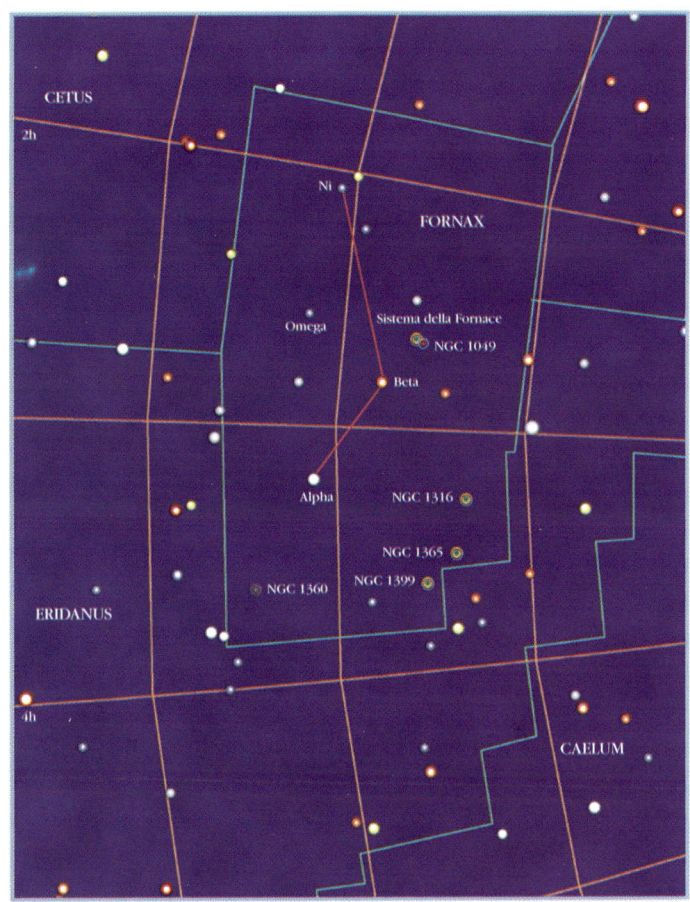

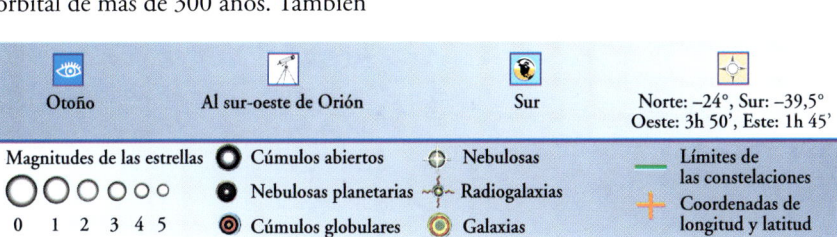

Gemini, Gem *(Géminis o Gemelos)*

Los gemelos celestes son Cástor y Pólux. Según la leyenda, cuando Cástor murió, Pólux, que era inmortal, rogó a Zeus que le permitiera seguir la suerte de su hermano. Entonces, el dios tomó a los dos hermanos con sus manos y los puso en el cielo con forma de constelación.

Para localizar la constelación

Géminis está una treintena de grados al NO de Orión.

Estrellas principales y otros cuerpos

Las dos estrellas más luminosas, Cástor y Pólux, son respectivamente Alfa (mag. 1,6) y Beta (mag. 1,2). Cástor es una doble, con dos componentes de mag. 1,9 y 2,9. Zeta, llamada también Mekbuda, es una estrella variable cuya mag. oscila entre 3,7 y 4,2 en un periodo de diez días.
En la constelación de Géminis se encuentra el cúmulo abierto M35, cuyas dimensiones aparentes superan a la Luna llena e incluye cerca de 120 astros. Aunque a simple vista se ve como una pálida mancha luminosa, es mucho mejor observarla con prismáticos. Su distancia de la Tierra es de unos 2.800 años luz. NGC 2392 es una nebulosa planetaria de mag. 8. La estrella que la ha originado se encuentra en el centro y es de mag. 10.

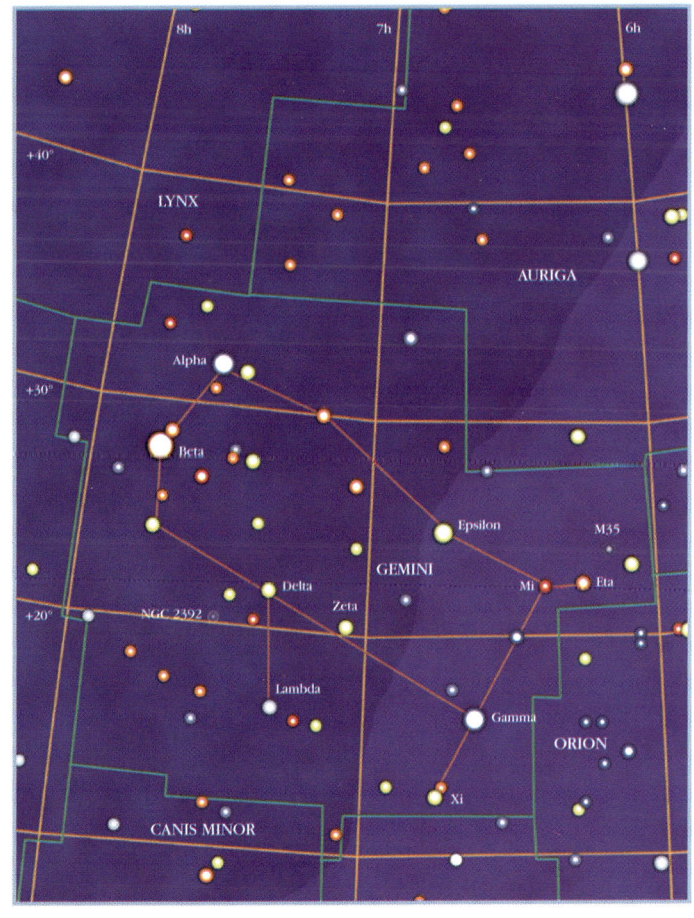

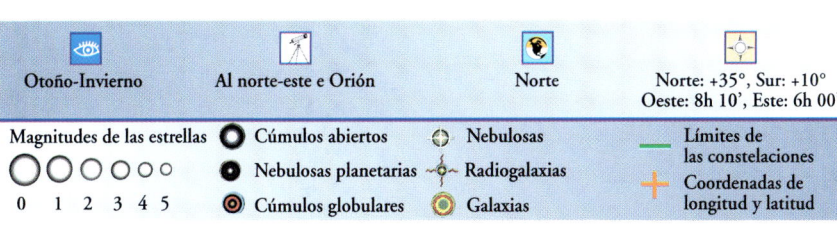

Grus-Indus, Gru-Ind *(Grulla-Indio)*

Fue Bayer, en 1603, el que puso por primera vez en un atlas astronómico a la Grulla y al Indio.

Para localizar las constelaciones

Además de estar formadas por estrellas muy débiles, ambas constelaciones son difíciles de localizar. Se puede tomar como referencia la brillante estrella Fomalhaut en Pez Austral. Al sur, se encuentra la Grulla y aún más abajo el Indio.

Estrellas principales y otros cuerpos

Beta Gru (mag. 2,1) es una estrella roja. Alfa Gru, o Alnair (mag. 1,7), está situada a 101 años luz. La pareja de estrellas formada por Delta 1 (mag. 4) y Delta 2 (mag. 4,1) es una doble aparente.

En el Indio hay que recordar dos sistemas de dobles: Delta, formado por dos estrellas que entre ambas tienen mag. 5,3, y Theta, cuyas componentes tienen mag. 4,5 y 7. La estrella Épsilon (mag. 4,7) es una de las más cercanas a la Tierra, tan sólo a 11 años luz del Sistema Solar.

El Indio no tiene ningún objeto de interés particular; en cambio, en la Grulla hay un grupo de galaxias. Entre ellas NGC 7213, una espiral de mag. 10. Un poco mayor, de dimensiones 8',5 × 4',3, es la galaxia IC 5201, una espiral barrada de mag. 11.

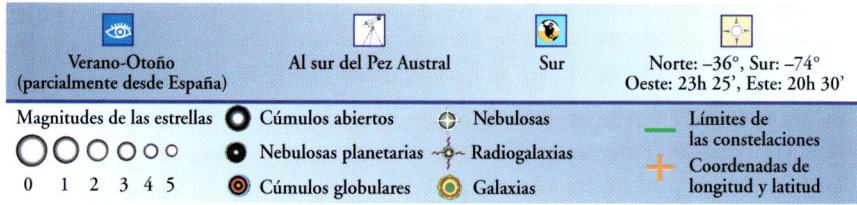

Hercules, Her *(Hércules)*

La leyenda cuenta que Hércules, hijo de Júpiter, fue subido a los cielos por su propio padre, tras su muerte producida involuntariamente por Deyanira.

Para localizar la constelación

La parte importante de Hércules se encuentra entre Arturo, en el Boyero, y Vega, en Lira. También se la puede localizar trazando una línea entre las estrellas Delta, Épsilon y Zeta UMa.

Estrellas principales y otros cuerpos

Alfa o Ras Algethi es doble y variable; la componente principal es una supergigante roja que oscila entre la mag. 3,0 y 4,0 de manera irregular. La secundaria es una estrella verde-azulada. Zeta es una doble con una estrellita roja de mag. 5,5 que orbita durante 34 años alrededor de la principal (mag. 2,8).

La atracción principal de la constelación es M13, el cúmulo globular más brillante del hemisferio boreal, visible a simple vista. Se encuentra entre las estrellas Eta y Zeta y comprende unos centenares de millares de estrellas. Otro cúmulo globular es M92 con características semejantes a M13; con telescopio tiene un aspecto muy compacto.

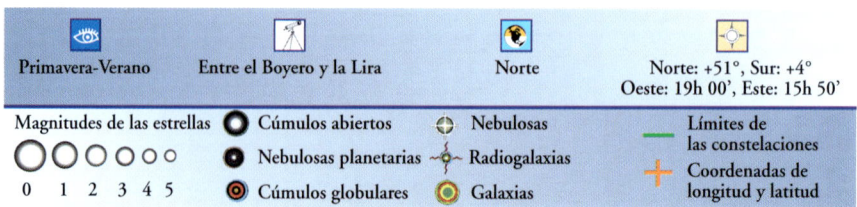

Horologium-Reticulum, Hor-Ret *(Reloj-Retículo)*

Estas constelaciones australes son dos de las agrupaciones evanescentes estelares definidas por el abad Lacaille.

Para localizar la constelación

El Reloj y el Retículo se encuentran en el hemisferio austral, cerca de la Quilla: con exactitud al este de Cánopo, Alfa Car.

Estrellas principales y otros cuerpos

Alfa Ret (mag. 3,4) es la estrella más luminosa de estos dos asterismos: es una estrella amarilla situada a 163 años luz de la Tierra. Gamma es una estrella rosa variable entre la mag. 4,4 y 4,6 en un periodo de 25 días.
Zeta, en cambio, es una doble, fácil de dividir en dos estrellas de mag. 5,2 y 5,5 distantes 310".
El astro más brillante del Reloj es Alfa (mag. 3,9), a 117 años luz. R Hor es una binaria de tipo Mira Ceti; al igual que ésta, refulge durante periodos largos, de casi 407 días y medio, pasando de mag. 5,0 a 14,0.
El único objeto digno de reseñar es la galaxia en espiral barrada NGC 1512, en el Reloj, con brillo aparente que atraviesa el cúmulo.

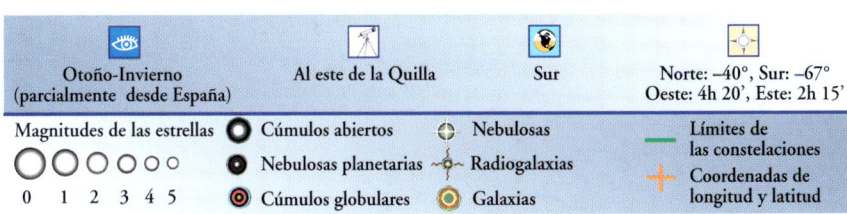

Hydra, Hya *(Hidra)*

Esta constelación lleva el nombre de la hidra de múltiples cabezas que mató Hércules como uno de sus doce trabajos.

Para localizar la constelación

La parte más reconocible de esta constelación es su cabeza, formada por un grupo de seis estrellas que se encuentran a 20" en dirección SO con respecto a Regulus en Leo.

Estrellas principales y otros cuerpos

La estrella más importante es Alfa (mag. 2,0) o Alphard, una estrella anaranjada situada a 177 años luz. Una hermosa pareja de colores diferentes amarillo y azul es la que forma el sistema Épsilon. Las dos componentes tienen mag. 3,8 y 5,3 y están separadas por tan sólo 0",2. M48, a 2.000 años luz. Un cúmulo globular es M68, un objeto de mag. 8. También de mag. 8 es M83, una hermosa galaxia en espiral visible casi a simple vista, a 12 millones de años luz. La nebulosa planetaria NGC 3242 es un disco luminoso de mag. 9 con un diámetro de casi 40" y de color verdastro. NGC 5694, en cambio, es un cúmulo globular de mag. 11 a 120.000 años luz.

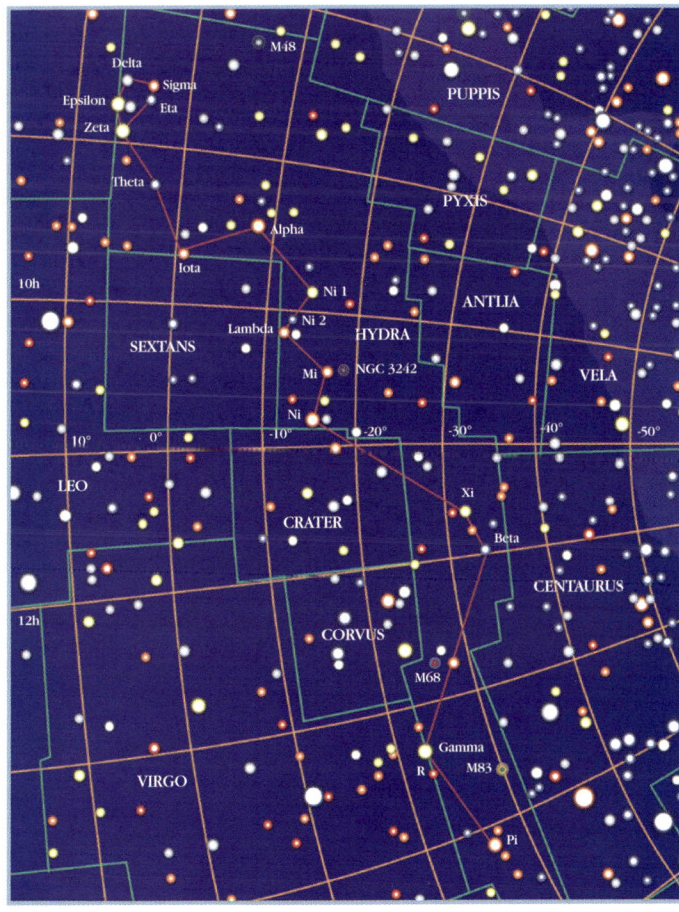

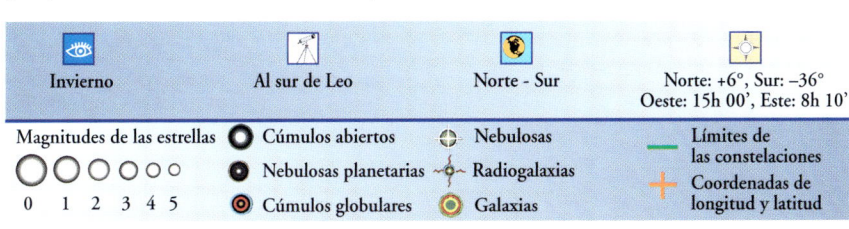

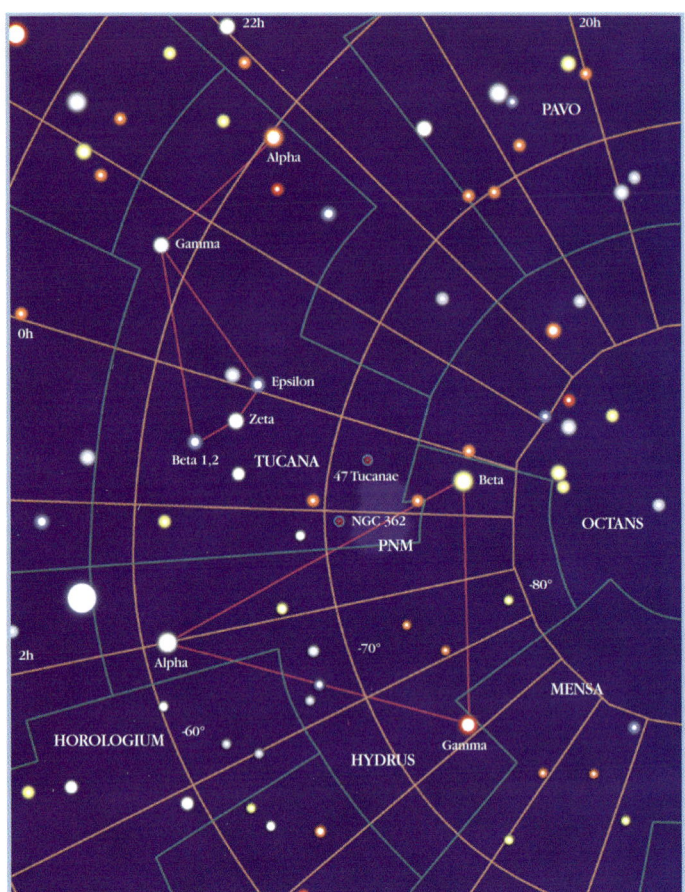

Hydrus-Tucana, Hyi-Tuc
(Hidra Austral-Tucán)

La Hidra Austral y el Tucán fueron introducidas en 1603 por Johann Bayer.

Para localizar las constelaciones

Las tres estrellas más luminosas de la Hydra Austral forman un triángulo situado al oeste del Altar; el Tucán está al oeste de la Hidra.

Estrellas principales y otros cuerpos

El astro más luminoso de la Hidra Austral es Beta (mag. 2,8), mientras que Alfa es de mag. 2,9. Los dos astros, el primero amarillo y el segundo blanco, distan respectivamente 24 y 71 años luz de la Tierra. Gamma tiene mag. 3,2. La estrella más brillante de Tucán es una naranja situada a 130 años luz. En el Tucán se encuentran dos maravillas de la bóveda celeste: la Pequeña Nube de Magallanes que es un cúmulo globular visible a simple vista y 47 Tucán. La primera es una galaxia satélite de la nuestra situada a una distancia media de 200.000 años luz. 47 Tucán, en cambio, se encuentra a 15.000-20.000 años luz y aparece como una estrella desenfocada de mag. 4. Otro cúmulo globular en Tucán es NGC 362, de mag. 7.

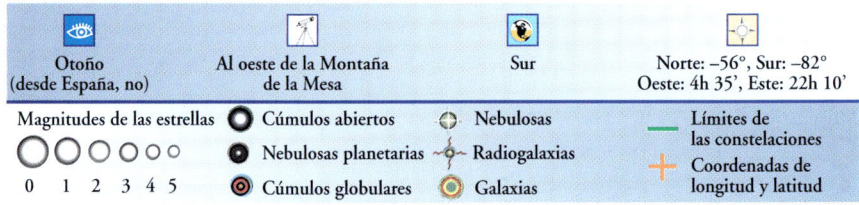

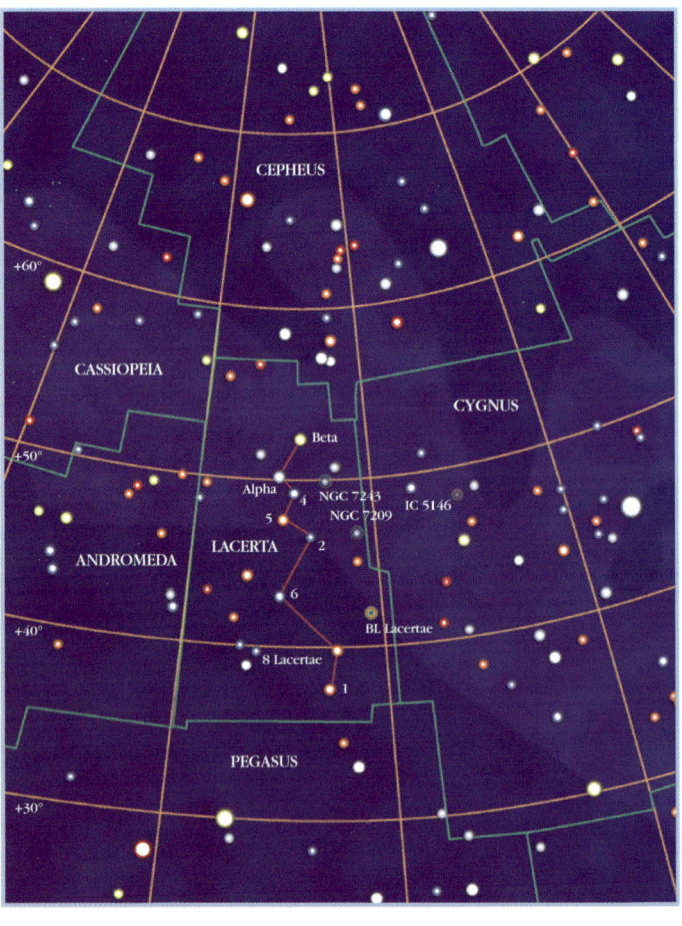

Lacerta, Lac *(Lagarto)*

Recogida en el atlas de Hevelius en 1690 por primera vez, la constelación del Lagarto no está asociada con ninguna leyenda antigua.

Para localizar la constelación

Está situada a unos 20 grados al este de Deneb, la estrella que marca la cola del Cisne. El cuerpo del Lagarto va en dirección Norte-Sur.

Estrellas principales y otros cuerpos

Alfa (mag. 3,8) es una estrella blanca situada a 102 años luz. Beta (mag. 4,4) es una amarillenta y se encuentra casi al doble de distancia que Alfa. Se completa el cuerpo del Lagarto siguiendo la serpentina que se forma, más allá de Beta y Alfa, por unas estrellas marcadas con números de Flamsteed 4, 5, 2, 6 y 1.

Hay dos cúmulos abiertos dignos de señalarse: NGC 7209 y NGC 7243. El primero de mag. 9 tiene una extensión de 20"; el segundo también de 20" y mag. 6. El objeto más interesante, de todas maneras, es BL Lacertae. No es una estrella variable, como podría esperarse de su nombre, sino una galaxia de mag. 13 colocada a miles de millones de años luz. Es el prototipo de una clase de galaxias que emiten una gran cantidad de energía.

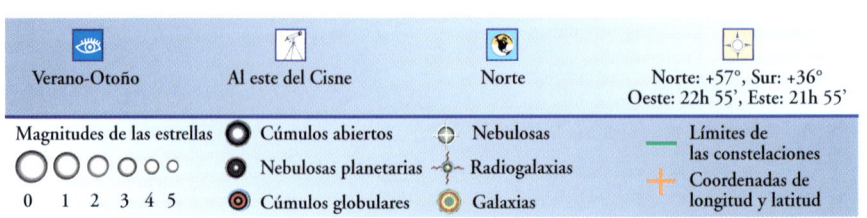

Leo, Leo *(Leo o León)*

La constelación de Leo, según la leyenda, hace referencia al horrible e invulnerable león de Nemea que, al fin, lo mató Hércules.

Para localizar la constelación

El León se encuentra en la parte de las constelaciones zodiacales, entre Cáncer y Virgo.

Estrellas principales y otros cuerpos

La estrella azul Alfa de Leo (mag. 1,4) es Regulus, que en latín significa 'reyecito'. Tiene una compañera roja de mag. 8, observable con prismáticos. La segunda estrella más luminosa es Beta, o Denébola (mag. 2,1), que representa la cola del León. Gamma, o Algieba, es una doble con dos componentes, amarillas y de mag. 2,4 y 3,6, que alcanzarán la máxima separación, de 5", dentro de cien años.

R Leo, al oeste de Regulus, es una estrella variable que en un año pasa de mag. 4,4 a 11,3.

En Leo hay muchas galaxias. Las más importantes forman dos parejas: M65-M66 y M95-M96. La más brillante es M66, de mag. 8; M65 y M96 son de mag. 9, mientras que M95 es de mag. 10. Su distancia a la Tierra es parecida (40 millones de años luz). Otra galaxia de mag. 9 es M105, que no está lejos de M95 y M96.

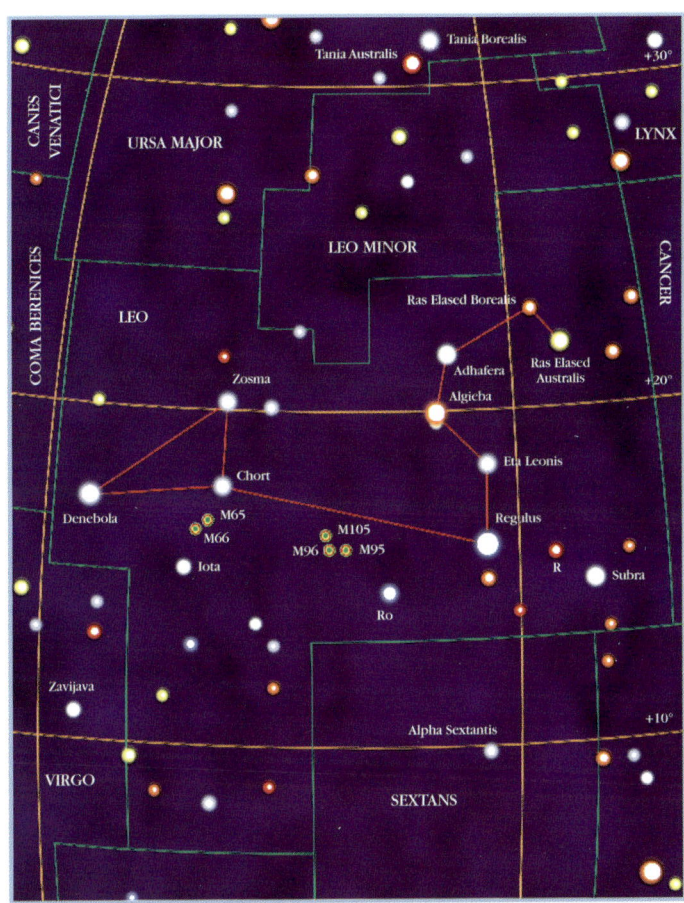

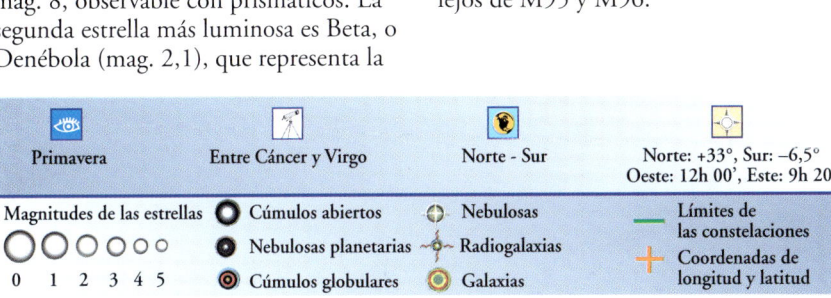

Leo Minor, LMi *(León Menor)*

Esta constelación fue introducida por el astrónomo Johannes Hebelius en 1690. No está asociada a ninguna leyenda clásica o moderna.

Para localizar la constelación

Las débiles estrellas del León Menor se encuentran a mitad del camino entre Leo y las patas posteriores de la Osa Mayor.

Estrellas principales y otros cuerpos

A la estrella más brillante de la constelación se la conoce con el número Flamsteed 46, y tiene una mag. 3,8; dista de la Tierra 140 años luz. La segunda en luminosidad es Beta (mag. 4,2), amarilla, distante de la Tierra a 146 años luz. En la constelación del León Menor se encuentra una variable del tipo Mira, la variable gigante roja de la constelación de la Ballena; se trata de la estrella marcada con la letra R. Durante casi 372 días su luminosidad varía entre 6,3 de máximo y 13,2 de mínimo.

Aunque carece de estrellas vistosas, el León Menor tiene varias galaxias, todas están comprendidas en el catálogo NGC, y se conocen con los números 3344, 3430 y 3486. Se trata de objetos bastantes difusos con las magnitudes de 10, 12 y 11 respectivamente.

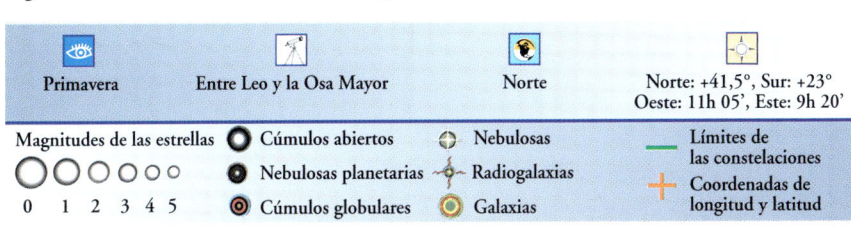

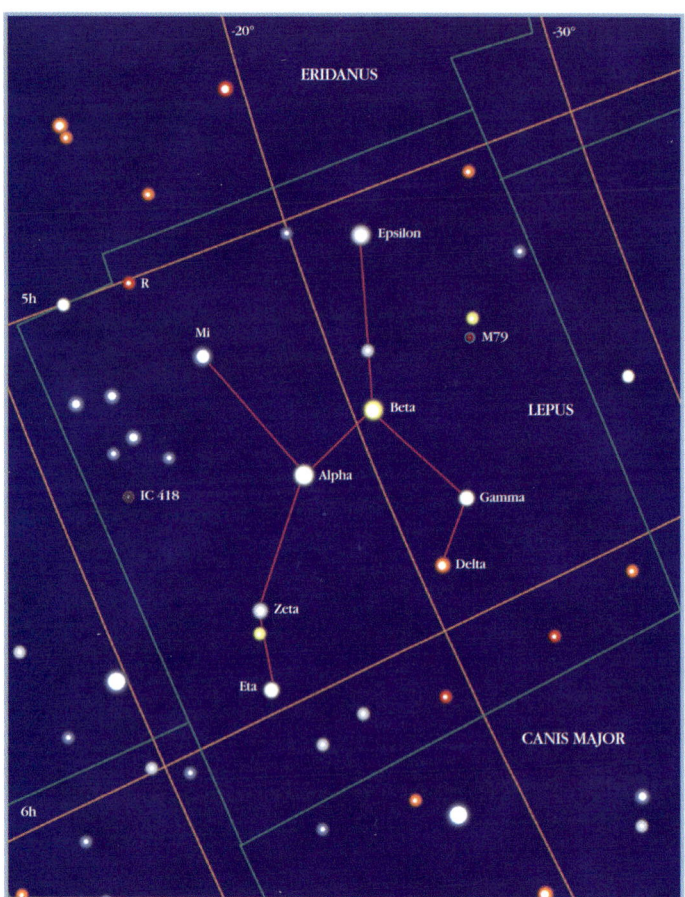

Lepus, Lep *(Liebre)*

Cuenta una leyenda que un hombre llevó a la isla de Laro una liebre para introducir la ganadería. Pero ésta se multiplicó hasta el punto de destruir todos los cultivos, provocando la ruina. La población, tras muchos esfuerzos, consiguió exterminarlas, y para no olvidar lo sucedido pusieron la liebre en el cielo.

Para localizar la constelación

Debajo de Rigel y de Saif, la rodilla del gigante Orión, se ve un grupo de estrellas que, con un poco de imaginación, recuerdan el hocico de una liebre.

Estrellas principales y otros cuerpos

Alfa, de mag. 2,6, es una estrella de luz blanca situada a 1.000 años luz. Gamma, en cambio, es una binaria fácil de separar en una pareja de astros de mag. 3,6 y 6,2, respectivamente amarilla y naranja.
En la Liebre hay algunos objetos interesantes, uno de ellos formaba parte del catálogo de Messier. Se trata del cúmulo globular M79, a más de 40.000 años luz de distancia y con una mag. 8. Su diámetro aparente viene a ser la décima parte del disco lunar. Hay una pequeña nebulosa planetaria, conocida con la sigla IC418, de mag. 9.

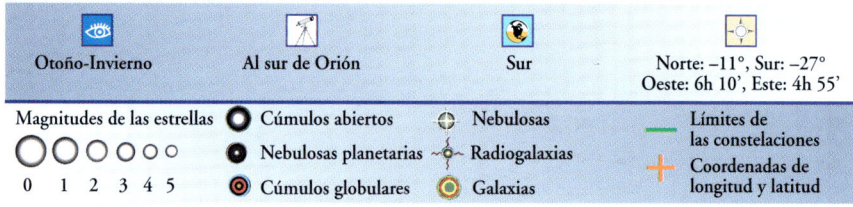

| Otoño-Invierno | Al sur de Orión | Sur | Norte: –11°, Sur: –27° Oeste: 6h 10', Este: 4h 55' |

Magnitudes de las estrellas 0 1 2 3 4 5 — Cúmulos abiertos — Nebulosas planetarias — Cúmulos globulares — Nebulosas — Radiogalaxias — Galaxias — Límites de las constelaciones — Coordenadas de longitud y latitud

Libra, Lib *(Libra o Balanza)*

A la Balanza no se la relaciona con ninguna leyenda. Lo que es comprensible, ya que para muchos pueblos no era una constelación en sí, sino que formaba parte de Escorpión.

Para localizar la constelación

Encontrar a Libra es bastante cómodo; primero hay que localizar a la Espiga en Virgo y a Antares en Escorpión. Más o menos a la mitad del camino entre estos dos astros se encuentra Alfa Lib.

Estrellas principales y otros cuerpos

Alfa no es la estrella más luminosa, pero es una binaria formada por dos estrellas (mag. 5,2 y 2,8) colocadas a 40' una de otra. Su distancia de la Tierra es de 57 años luz y seguramente forman una sistema nido físicamente.
Más luminosa que Alfa es Beta, de mag. 2,6. Delta, en cambio, varía por los recíprocos eclipses a los que están sometidas las dos componentes de este astro. Las oscilaciones están entre mag. 4,9 y 5,9, en 2 o 3 días.
En Libra hay un objeto conocido con el número NGC 5897. Se trata de un cúmulo estelar abierto de mag. 10, no muy rico, y con un diámetro de 7'.

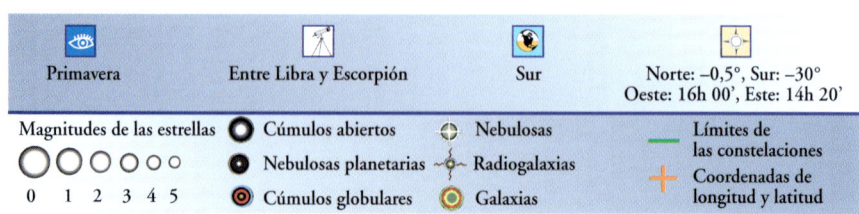

| Primavera | Entre Libra y Escorpión | Sur | Norte: –0,5°, Sur: –30° Oeste: 16h 00', Este: 14h 20' |

Magnitudes de las estrellas 0 1 2 3 4 5 — Cúmulos abiertos — Nebulosas planetarias — Cúmulos globulares — Nebulosas — Radiogalaxias — Galaxias — Límites de las constelaciones — Coordenadas de longitud y latitud

Lupus-Norma, Lup-Nor
(Lobo-Escuadra)

Mientras el Lobo hunde sus raíces en el mundo griego, la Escuadra fue introducida por el abad Lacaille.

Para localizar las constelaciones

El Lobo se encuentra entre las patas del Escorpión y las estrellas Alfa y Beta, en un área que va de NE a SO. La Escuadra se encuentra a 20° E de Alfa Lup.

Estrellas principales y otros cuerpos

La estrella azul Alfa (mag. 2,3) es la más brillante del Lobo. Épsilon (mag. 3,4) es un sistema múltiple, con dos estrellas de mag. 4 y 9,1, y una acompañante (mag. 5,5) de la estrella más luminosa situada a 0",6. La estrella más brillante de la Escuadra es Gamma 2 (mag. 4). No muy lejos de Gamma 2 se encuentra Gamma 1 (mag. 5). NGC 5822, en el Lobo, es un cúmulo abierto formado por unas 120 estrellas. También en el Lobo se encuentra el cúmulo globular NGC 5986, de mag. 9. En la Escuadra hay dos nebulosas planetarias. NGC 6164-6165 tiene forma asimétrica con dos colas que se propagan en dirección opuesta, mientras que la otra, Shapley 1, es casi circular.

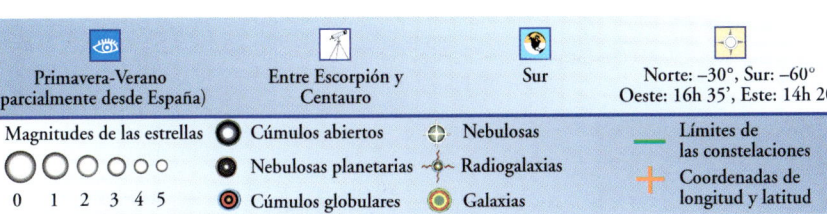

Lynx, Lyn *(Lince)*

El origen del nombre de esta constelación, introducida por Hevelius, se debe a la poca luminosidad de sus astros. Y es que se necesita la vista del lince para descubrir unas estrellas que brillan tan poco.

Para localizar la constelación

Localizar al Lince no es tan difícil si se la busca entre dos constelaciones muy luminosas como son Osa Mayor y el Auriga.

Estrellas principales y otros cuerpos

Alfa (mag. 3,1) es la estrella más luminosa; se trata de un astro de luz rojiza-anaranjada situada a 170 años luz. 12 Lyn es una triple; la estrella principal tiene mag. 5,4 y lleva una compañera de mag. 6 que orbita a su alrededor en 699 años. A casi 9" hay una estrella de mag. 7,3.
También 15 Lyn está formada por un trío de estrellas; la más luminosa (mag. 5,6) está a 15" de otra componente más débil de mag. 6,5 y más o menos a la misma distancia aparente del tercer astro (mag. 8,9). RR Lyn es una variable eclipsante, cuya luminosidad varía entre mag. 5,5 y 6 en unos diez días.
El objeto más interesante es NGC 2419, un cúmulo globular de mag. 10,4 situado a enorme distancia de la Tierra: cerca de 182.000 años.

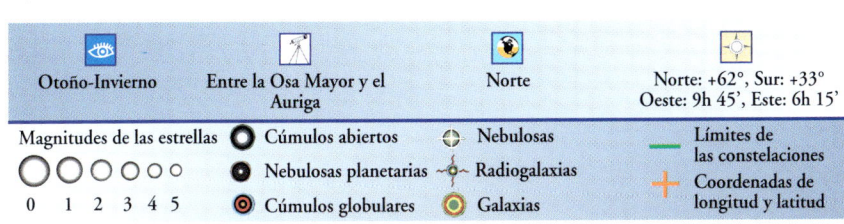

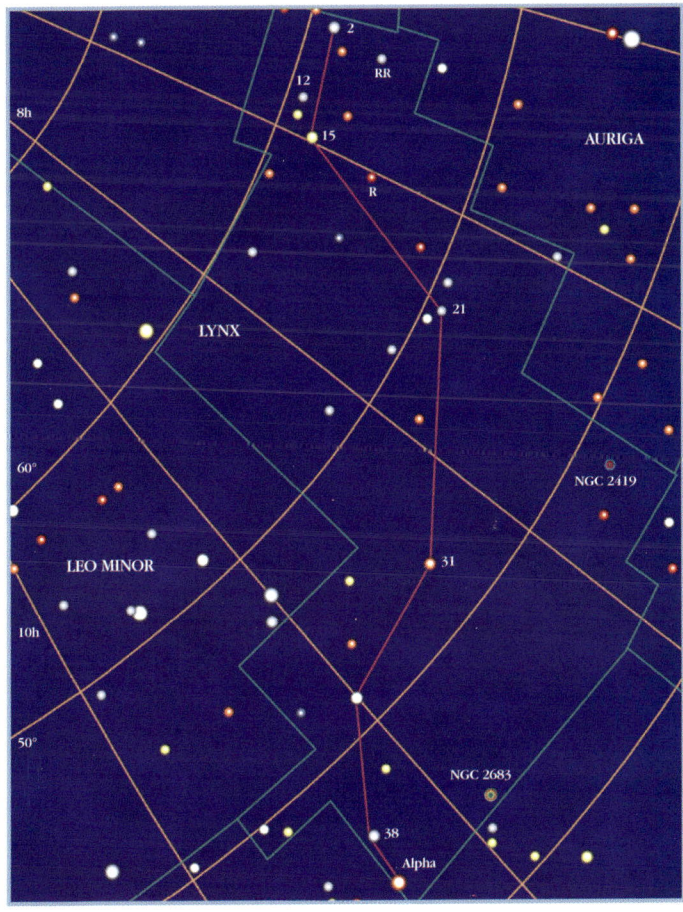

Lyra, Lyr *(Lira)*

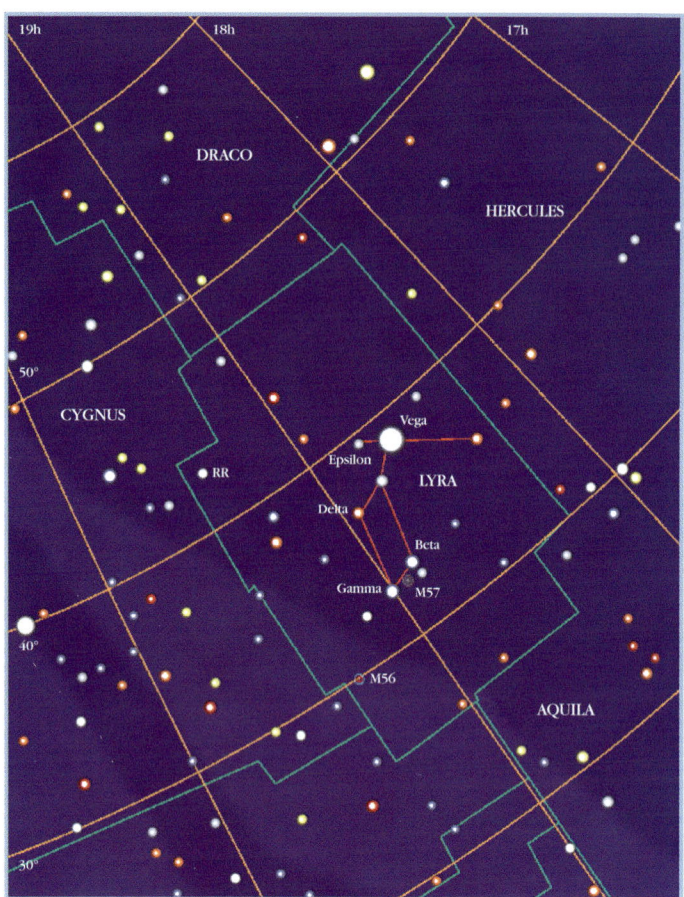

La Lira representa el instrumento musical con el que Orfeo acompañaba sus canciones.

Para localizar la constelación

Alfa Lyr, Vega, se encuentra a 20° al SO de Deneb, la cola del cercano Cisne.

Estrellas principales y otros cuerpos

Alfa, la ya citada Vega (mag. 0,0), es una estrella brillante blanquiazul. Beta, o Sheliak (mag. 3,5), es una estrella doble cuyos componentes tienen mag. 3,5 y 8,6 de colores diferentes. La componente principal es también una variable eclipsante, que oscila entre las mag. 3,3 y 4,3. Épsilon, de mag. 5, es la famosa *binaria binaria*. Con prismáticos se pueden notar sus dos componentes principales.
RR Lyr es el prototipo de una clase de variables pulsantes caracterizadas por periodos de casi un día. Esta estrella varía entre mag. 7,1 y 8.
M57 es una espléndida nebulosa planetaria colocada a mitad del camino entre las estrellas Beta y Gamma; dada su forma recibe el nombre de *Anillo*. Por su tamaño y la expansión de gases de M57 se calcula que este objeto pudo formarse hace casi 20.000 años.
M56 es cúmulo globular de mag. 8 a casi 50.000 años luz.

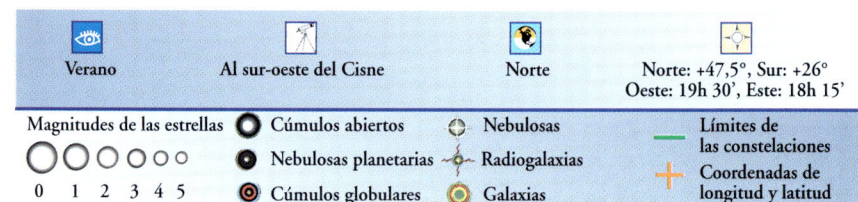

Microscopium, Mic *(Microscopio)*

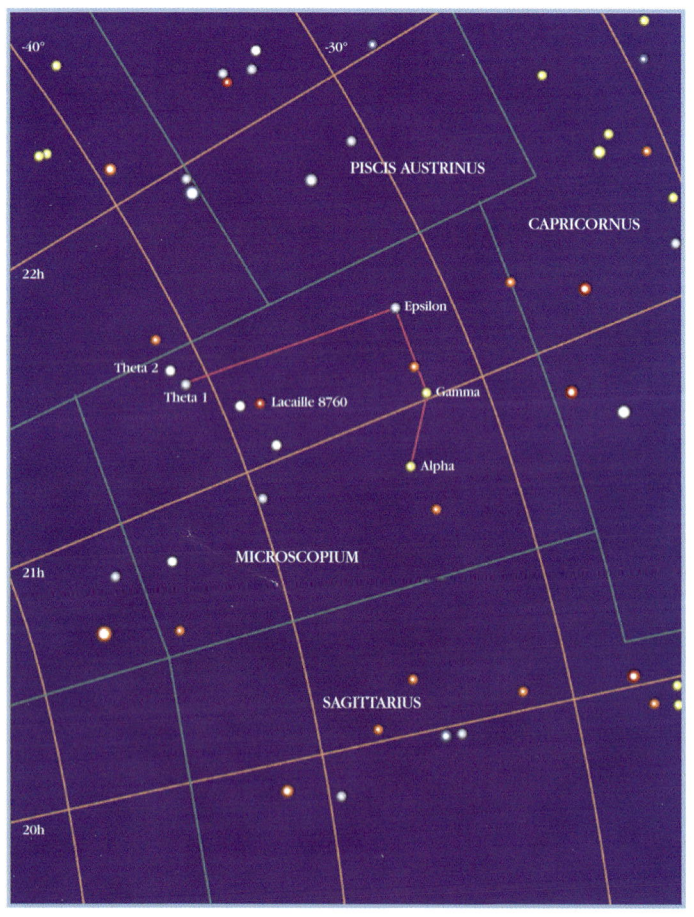

La constelación del Microscopio fue introducida por Lacaille en 1752, al cortar la cola del Pez Austral.

Para localizar la constelación

Esta débil constelación se encuentra al sur de Capricornio y al este de Sagitario.

Estrellas principales y otros cuerpos

La estrella más luminosa es Gamma: un astro amarillo de mag. 4,7, situado a 220 años luz. A Gamma le sigue, a pocas centésimas de mag, Épsilon (4,7), una blanquiazul a 165 años luz. Alfa (mag. 4,9, a 380 años luz) ocupa el tercer puesto en la escala de luminosidad de este asterismo, aunque esta posición también lo reclama Zeta 1, una estrella variable, que en poco más de dos días oscila entre mag. 4,8 y 4,9. Alfa es amarilla, mientras que Zeta es blanquiazul. Alfa también es binaria, formada por una pareja de astros (mag. 5,0 y 10,0) separados por 20",5.
En el Microscopio se encuentra una de las estrellas más cercanas de la Tierra, Lacaille 8760 (mag. 6,7) a 13 años luz; no tienen ningún objeto telescópico digno de resaltar.

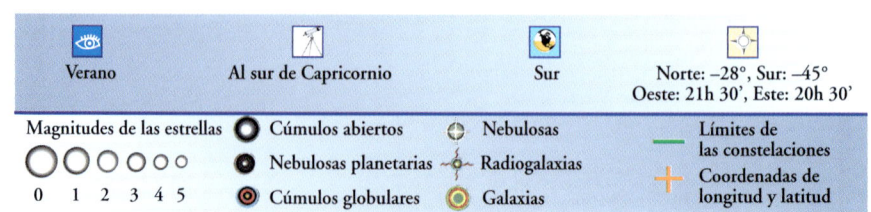

Monoceros, Mon *(Unicornio)*

Esta constelación, según algunas fuentes, fue la primera que apareció en el planisferio del astrónomo holandés Peter Plancius, en 1613.

Para localizar la constelación

No es difícil localizar al Unicornio: está al este de Orión y al norte del Can Mayor.

Estrellas principales y otros cuerpos

El astro más brillante es Alfa, de mag. 3,9 y de color naranja. Beta es una estrella múltiple, formada por tres estrellas de mag. 4,7, 5,2, y 6,1. Épsilon (mag. 4,3) es una binaria compuesta por una amarilla (mag. 4,5) y una azul (mag. 6,5), por lo que ofrecen un gran contraste cromático.
M50 es un cúmulo abierto de mag. 6 muy fácil de ver.
El objeto más bello de la constelación es la nebulosa NGC 2237-9, a la que, debido a su forma, se le llama *Roseta*. Se trata de una región de hidrógeno ionizado en cuyo interior se halla un cúmulo abierto de estrellas jóvenes, NGC 2244: ambas contribuyen a iluminar la nube con sus rayos ultravioletas.
Otras nebulosas son NGC 2261 y NGC 2264, conocidas respectivamente como la *nebulosa variable de Hubble* y la *nebulosa Cono*.

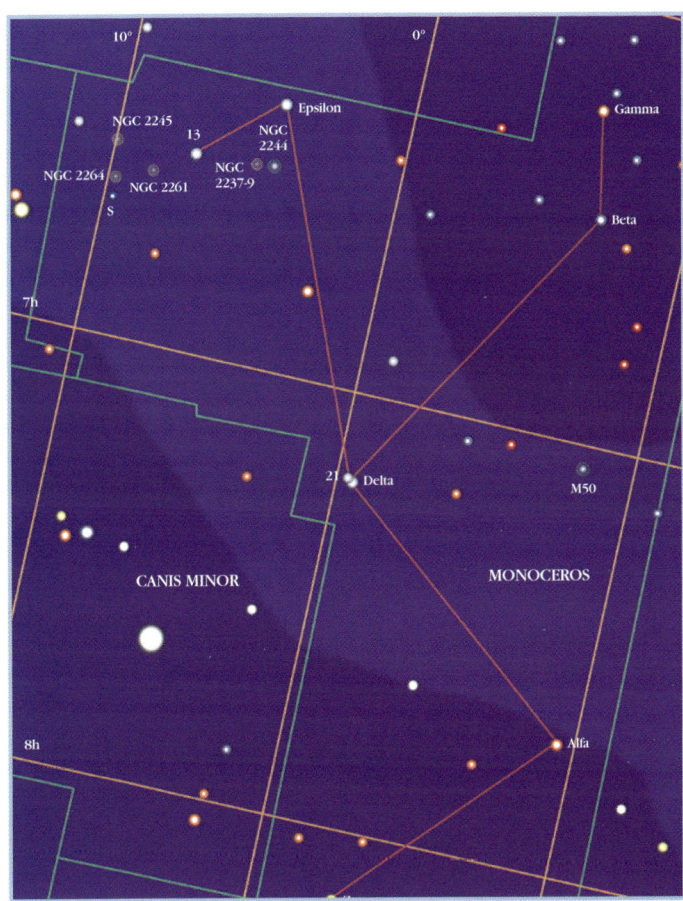

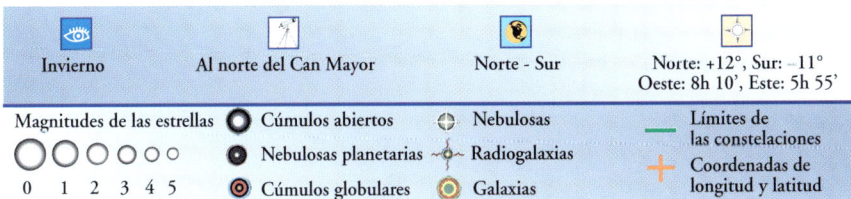

Octans, Oct *(Octante)*

La constelación Octante es una de las inventadas por el abad Lacaille para llenar los huecos de los cielos meridionales. Lleva el nombre del instrumento usado en astronomía como sustituto del sextante.
En Octante se encuentra el polo sur celeste.

Para localizar la constelación

El Octante se encuentra entre el Pavo y la Montaña de la Mesa.

Estrellas principales y otros cuerpos

Curiosamente, la estrella más brillantes es Ny, que tiene una mag. 3,8: se trata de un astro de color naranja colocado a 64 años luz de la Tierra. Alfa, en cambio, tiene sólo 5,2, es de color blanco y se encuentra a 250 años luz. El astro más importante de la constelación es Sigma, que hace las veces de la estrella Polar en el hemisferio austral. En realidad, esta estrella no está muy cerca del polo sur celeste (1°) y tiene mag. 5,5. Lambda es una binaria (mag. 5,4), formada por una pareja de astros de mag. 5,5 y 7,8 de colores naranja y blanco y una separación de 3".
Épsilon es una variable que oscila de una manera más o menos regular entre 4,6 y 5,3 de mag. En unos 55 días.
El Octante no contiene ningún objeto digno de observar con telescopio.

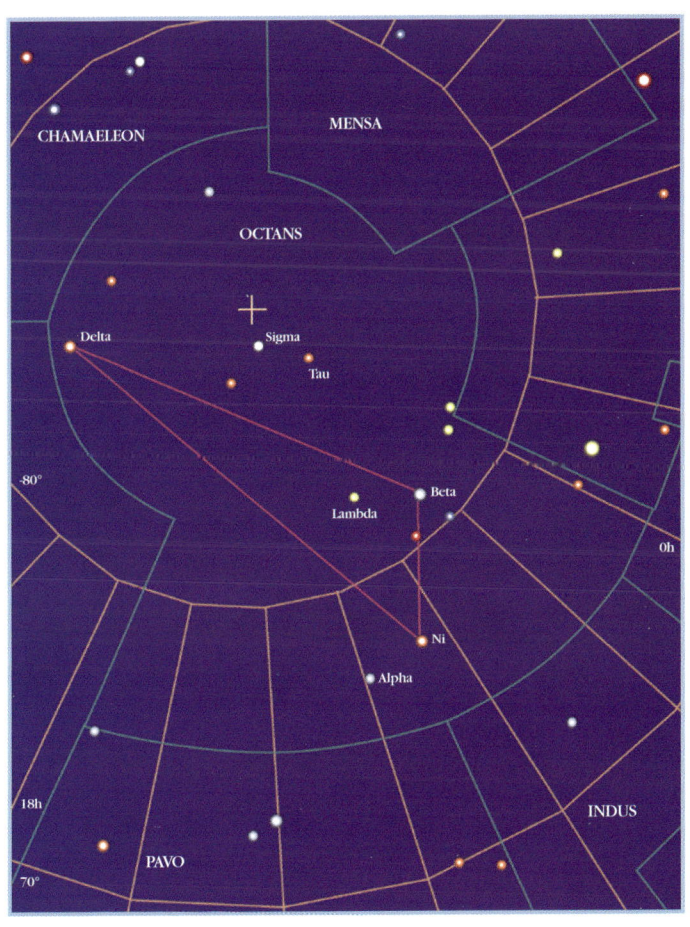

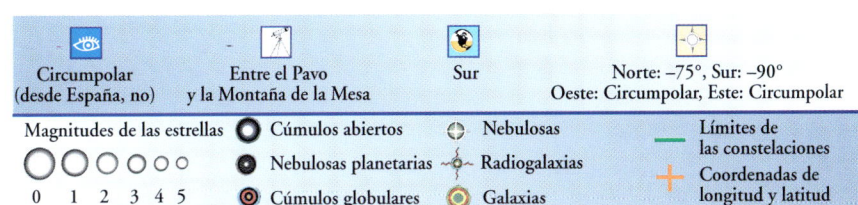

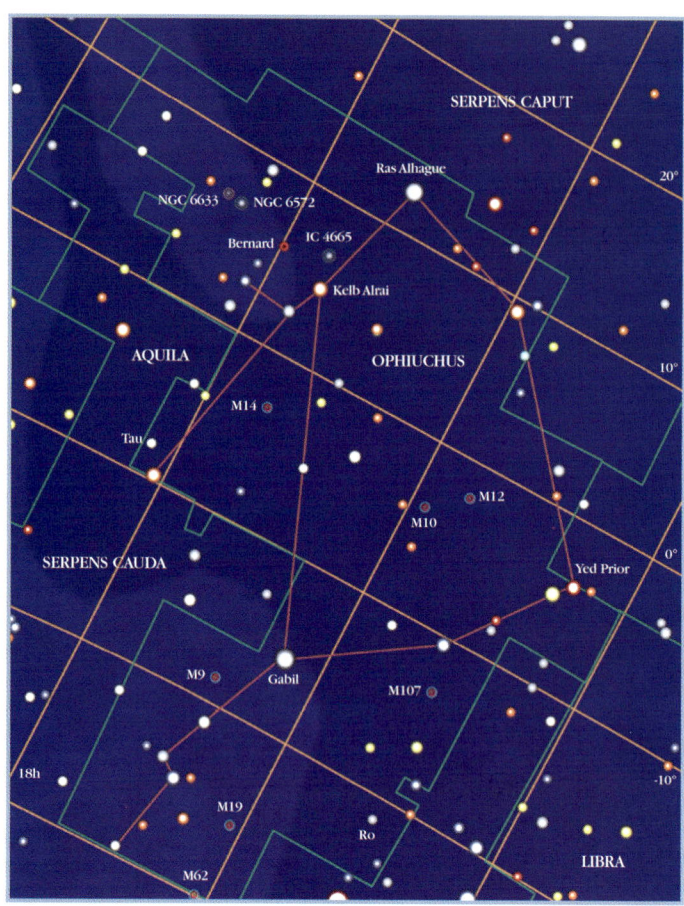

Ophiuchus, Oph *(Ofiuco)*

Ofiuco, o Serpentario, aunque está atravesada por la eclíptica, no está considerada como una de las constelaciones zodiacales. La tradición la asocia con Esculapio, el mítico hijo de Apolo que aprendió del centauro Quirón el arte de la medicina

Para localizar la constelación

Las estrellas de Ofiuco dibujan en el cielo un gran anillo irregular situado entre Hércules y Escorpión.

Estrellas principales y otros cuerpos

Alfa (mag 2,1) es la llamada Ras Alhague, en árabe 'cabeza del Serpentario'. Beta (mag 2,8) o Celbalrai, 'perro pastor', es una rojiza. Ro está formada por cuatro estrellas: la principal mag. 5,3, a 4" de su compañera (mag. 6). Las otras dos con mag. 7,9 y 7.

La estrella de Barnard, llamada así por el astrónomo que la estudió, es una roja de mag. 9,5. Es la segunda estrella más próxima al Sol (5,9 a.l.) y tiene el mayor movimiento propio que se conozca: se mueve en el cielo 1",20 al año.

Ofiuco tienen muchos cúmulos globulares: M9, M10, M12, M14, M19, M62 y M107. Los más luminosos son M10 y M12, de mag. 7. Los cúmulos abiertos dignos de señalar son NGC 6633 e IC 4665, así como la nebulosa planetaria NGC 6572, mag. 10.

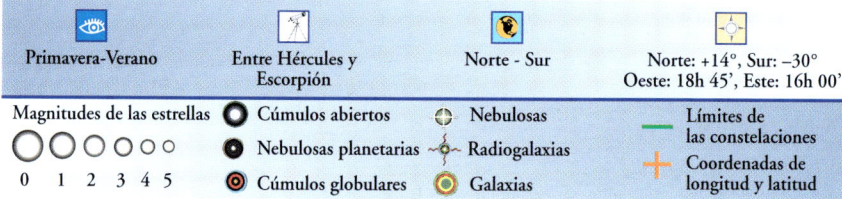

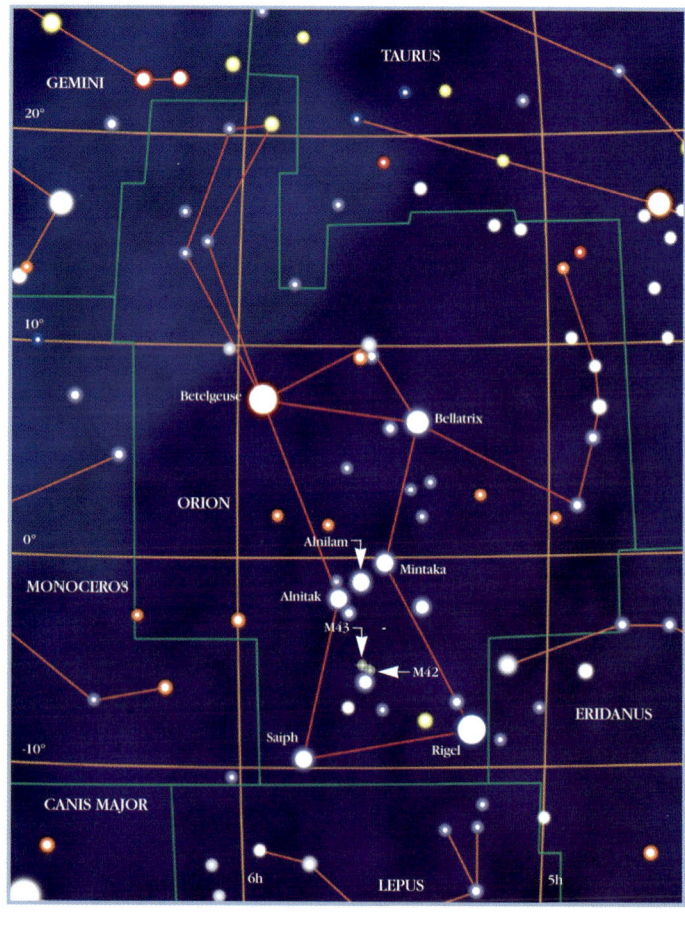

Orion, Ori *(Orión)*

Orión era el hijo del dios del mar Poseidón. Gran cazador, murió al morderle un escorpión que le envió Diana. Los dioses, movidos por la compasión, convirtieron al cazador y al escorpión en constelaciones.

Para localizar la constelación

La constelación de Orión se encuentra muy fácilmente al SE de Tauro.

Estrellas principales y otros cuerpos

Alfa o Betelgeuse, el hombro oriental del gigante, es una gigante roja variable entre mag. 0,3 y 0,6 en menos de cinco años. Menos luminosa es Beta, o Rigel (mag. 0,1), la rodilla oriental, una blaquiazul. Las tres estrellas del cinturón son jóvenes y muy calientes, van de E/O y son Zeta o Alnitak (mag. 1,8), Épsilon o Alnilam (mag. 1,7) y Delta o Mintaka (mag. 2,2).

El objeto principal es la famosa Nebulosa de Orión. Es un sistema de dos nubes de hidrógeno ionizado. M42 y M43, visible incluso a simple vista. Su diámetro real es de unos treinta años luz.

Orión contiene otro objeto del catálogo Messier: la nebulosa M78, menos brillante que la anterior.

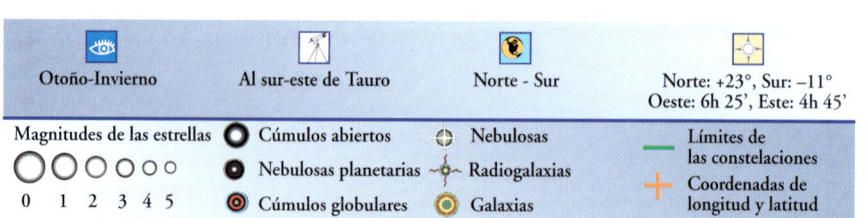

Pegasus, Peg *(Pegaso)*

El caballo alado del mito de Perseo y Andrómeda está representado en el cielo por la constelación de Pegaso, nacido de la sangre que brotó de la cabeza cortada de la Medusa.

Para localizar la constelación

A Pegaso se le encuentra fácil sabiendo que está relacionado con Perseo, Andrómeda y Casiopea, todas muy cerca. Localizada Andrómeda, Pegaso está un poco más abajo.

Estrellas principales y otros cuerpos

La primacía del astro más brillante se la disputan Alfa (mag. 2,5), llamada Markb, 'la silla', y Beta, o Scheab, 'el hombro', mag. entre 2,3 y 2,7. Gamma varía entre 2,8 y 2, 9 en tres horas y media. Épsilon, o Enif, es también una variable, entre mag. 0,7 y 3,5 (con más brillo a veces que Alfa y Beta).
M15 es un núcleo globular de mag. 6,4. Más difícil de localizar es la galaxia NGC 7331, una espiral de mag. 10 situada a 50 millones de años luz. Fuera de lo que se puede ver con telescopios de aficionados se encuentra un grupo de objetos muy lejanos, el llamado *Quinteto de Stephan*, formado por cinco galaxias de mag. 14 o más.

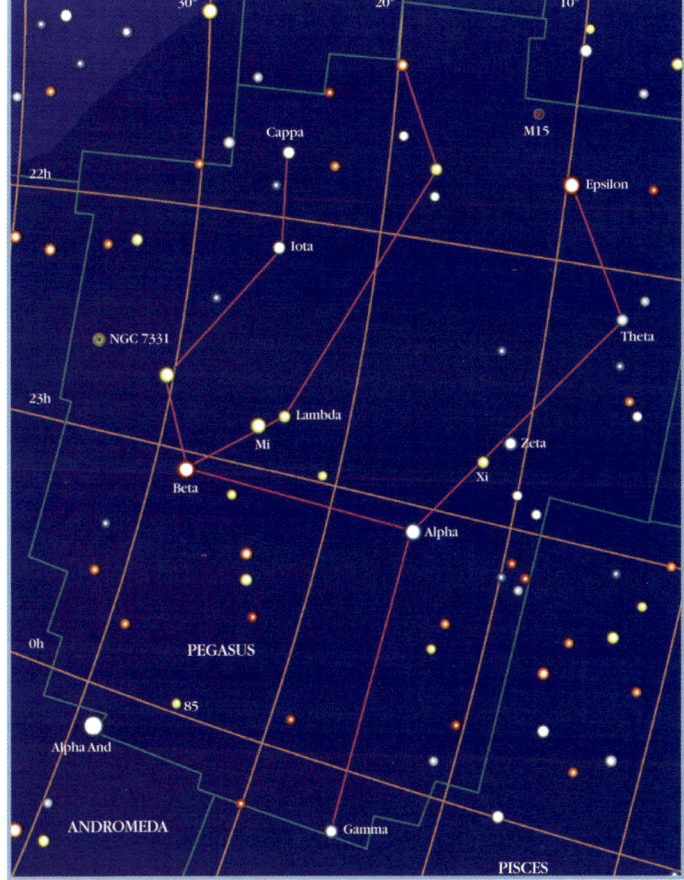

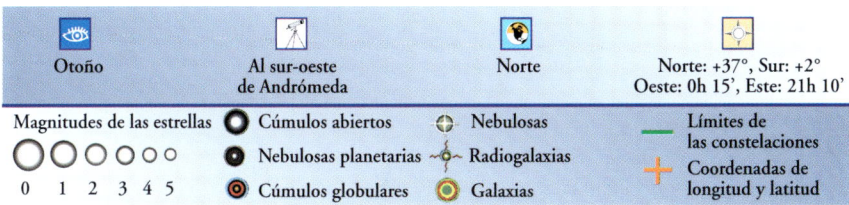

Perseus, Per *(Perseo)*

Muchas leyendas tienen que ver con Perseo. La más famosa es la del salvamento de Andrómeda, aunque también se le recuerda por haber matado a la Medusa.

Para localizar la constelación

Prolongar la línea formada por Alfa, Beta y Gamma And y así se llega a la estrella más luminosa de Perseo: Alfa.

Estrellas principales y otros cuerpos

Alfa, conocida también por Mirfak o Algenib (mag. 1,8), es una estrella gigante, situada a 600 años luz. Beta, o Algol, 'demonio', fue la primera eclipsante descubierta, en el siglo XVII; pasa de mag. 2,1 a 3,4 en menos de tres días.
Una de las grandes atracciones de Perseo es el Doble Núcleo, formado por los dos cúmulos H y Ji Persei. Vistas con prismáticos aparecen muchas estrellitas formando dos grupos. Se trata de astros jóvenes de color azul situados a 7.400 años luz. También M34 es un cúmulo abierto. M76 es una nebulosa planetaria muy débil, mag. 12,5. cerca de Csi Per está la Nebulosa California, NGC1499, llamada así por su forma.

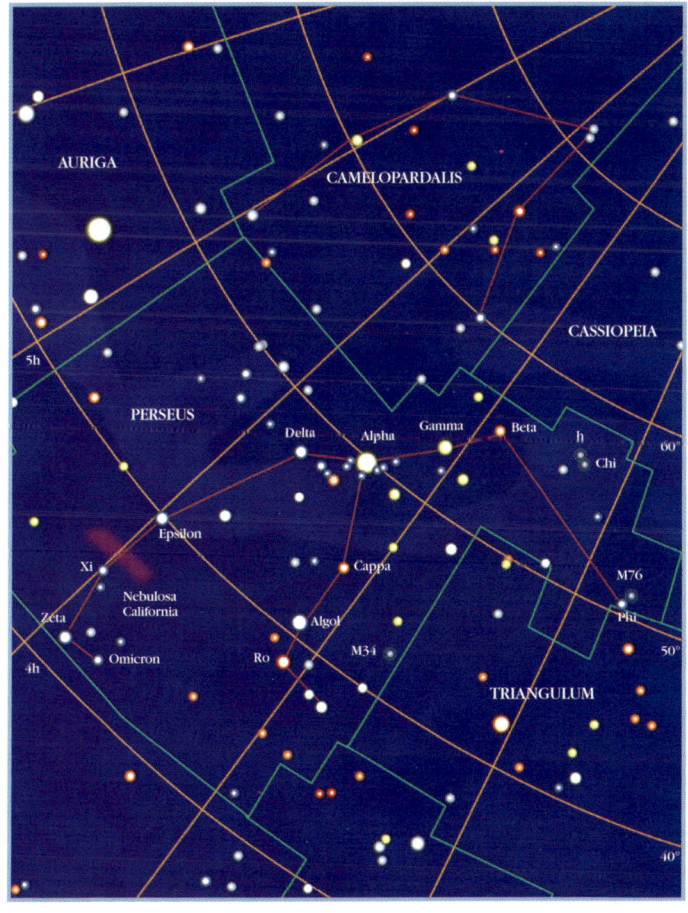

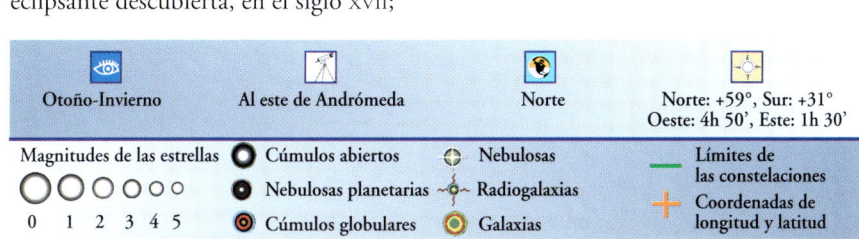

Phoenix, Phe *(Fénix)*

La constelación de Fénix aparece en el atlas de Bayer como Urometría, en 1603, pero está ligada a los mitos clásicos. Representa el ave que renace continuamente de sus cenizas.

Para localizar la constelación

Unos 25° al sur de Deneb Kaitos, la más brillante de las estrellas de la Ballena, y poco ladeada hacia oeste se encuentra el astro más luminoso de Fénix: Alfa.

Estrellas principales y otros cuerpos

Como ya se ha dicho, Alfa es la estrella más brillante: un astro naranja de mag. 2,4, a 77 años luz de la Tierra. Beta (mag. 3,3) tiene una luz amarilla y su distancia es de cerca 198 años luz. En realidad es una binaria formada por dos estrellas de mag. 4,0 y 4,2.

Zeta puede que sea la estrella más interesante: se trata de un sistema múltiple. Con un telescopio pequeño se puede ver una estrella azul de mag. 4,0: muy cerca se encuentra una tercera estrella de mag. 8,0. La principal es también una binaria eclipsante: en fin, Zeta está formada por cuatro estrellas, de las que tres se pueden ver aisladas con un telescopio.

NGC 625 es una galaxia en espiral barrada de mag. 12.

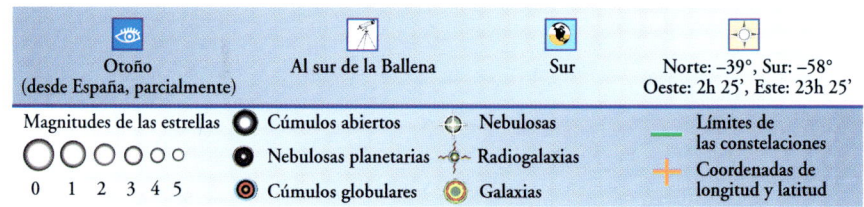

Pictor, Pic *(Pintor)*

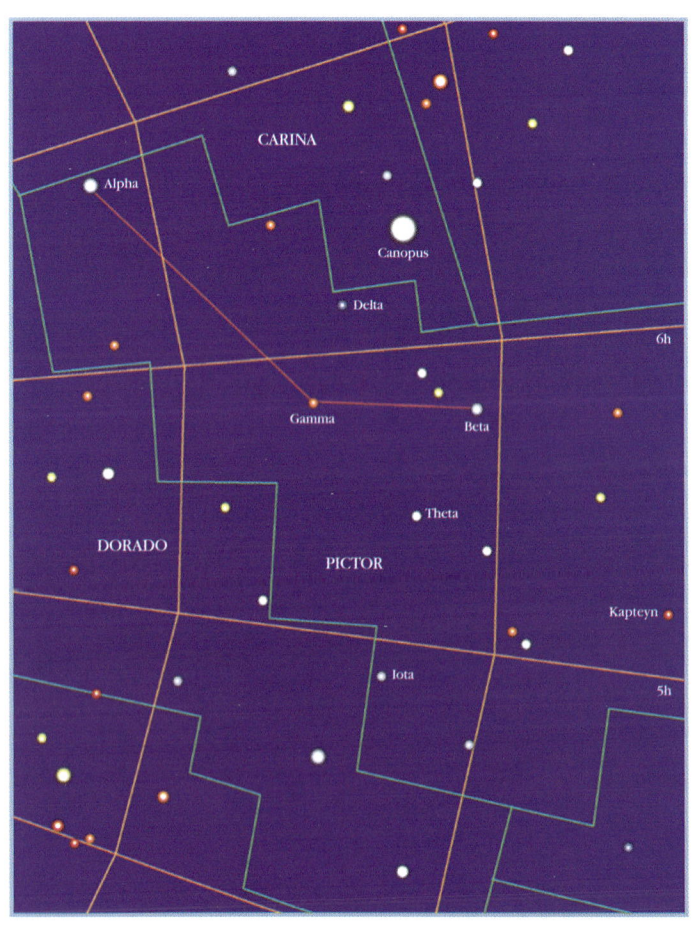

Como muchas otras constelaciones australes, introducidas después del Renacimiento, el Pintor no guarda ninguna relación mitológica. Fue introducida por el abad Lacaille.

Para localizar la constelación

Está situada al norte del Monte de la Mesa, al este del Dorado. Se la puede localizar más fácilmente junto a la brillante estrella Cánopo en la Quilla.

Estrellas principales y otros cuerpos

Alfa (mag. 3,3) tiene luz blanca y dista 99 años luz del Sistema Solar. Beta (mag. 3,9) es una estrella pura blanca de mag. 3,8 distante 63 años luz, de la que se sospecha que tiene un sistema de planetas.

En el Pintor se encuentra una estrella doble: Iota (mag. 5,6 y 6,4), con dos componentes separadas por 12", y una triple Zeta, con dos componentes (mag. 6,8 y 6,9), situadas a 40" la una de la otra. La tercera estrella del grupo (mag. 7,2) está a sólo 0",2 de la estrella de mag. 6,9.

La estrella de Kapteyn (mag. 8,8) es una de las que está más cerca del Sistema Solar: 12,8 años luz.

En el Pintor no hay otros objetos dignos de reseñar para observarlos con telescopio, si acaso unas debilísimas galaxias.

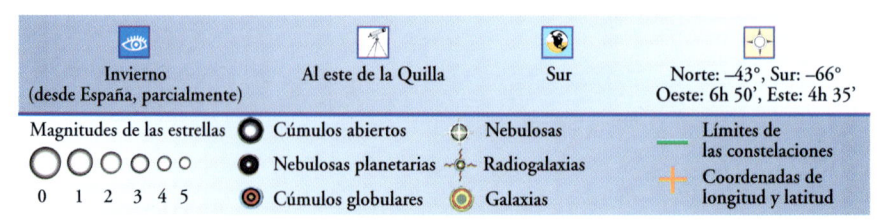

Pisces, Psc *(Peces)*

Según Hesíodo, fueron los peces los que salvaron a Afrodita y a su hijo Eros, cuando Gea envió a Tefeo, el monstruo más terrorífico del mundo, a luchar contra los dioses.

Para localizar la constelación

Los Peces están encajados entre la constelación de Andrómeda, del Triángulo, de Aries, de la Ballena, de Acuario y de Pegaso.

Estrellas principales y otros cuerpos

El astro más luminoso de la constelación es Eta (mag. 3,6) de color amarillo. Alfa es, en cambio, una bella binaria formada por dos estrellas de mag. 4,3 y 5,2, separadas por 2". A Alfa se la llama también Rischa, 'el cordón'; en los atlas históricos aparece en la mitad de la cinta o cordón que une la cola de los dos peces celestes. Más fácil es Zeta, formada por una pareja de estrellas de mag. 5,6 y 6,5 separadas por un ángulo de 23".

En los Peces se encuentra una galaxia del catálogo de Messier, M74. Se trata de hermosa espiral de mag. 9,5 visible a simple vista, en la que se aprecian amplios brazos en espiral. Con un telescopio pequeño se ve como un zurullo poco luminoso y con poco contraste con el fondo del cielo.

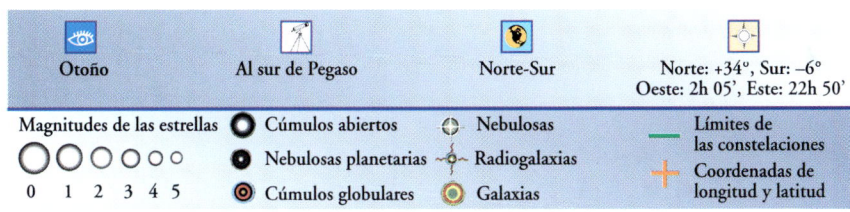

Piscis Austrinus, PsA *(Pez Austral)*

La leyenda unida a esta constelación habla del salvamento de una diosa realizada por un pez y de la caída de una diosa a un curso de agua.

Para localizar la constelación

Al Pez Austral se le puede localizar prolongando su lado occidental desde el cuadrado de Pegaso, unos 45° al sur.

Estrellas principales y otros cuerpos

Alfa es la estrella blanca más luminosa llamada Fomalhaut, 'la boca del pez'. Tiene una mag. 1,2 y está a una distancia de 25 años luz. La segunda estrella más luminosa es Épsilon, de mag. 4,2 y de color blanco-azul. Eta es una binaria, formada por una pareja de astros de mag. 5,8 y 6,8, separados por un ángulo de 1",7. Hay que señalar también una estrella de mag. 7,4, conocida con el nombre de Lacaille 9352. Se trata de una enana roja con movimiento propio consistente en casi 7" al año, el cuarto de todas las estrellas del cielo.

No hay otros objetos que señalar.

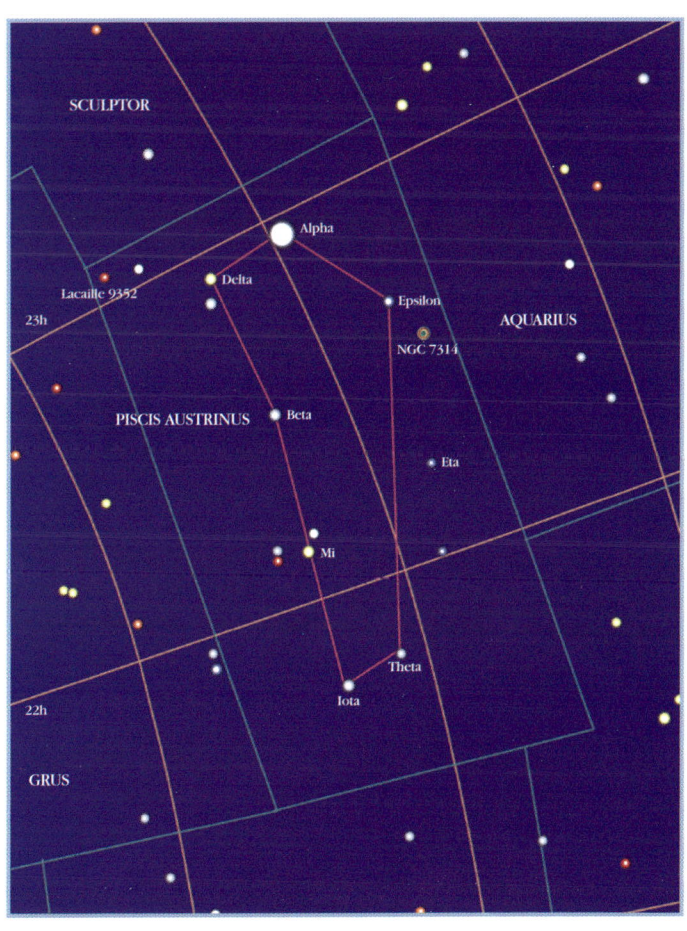

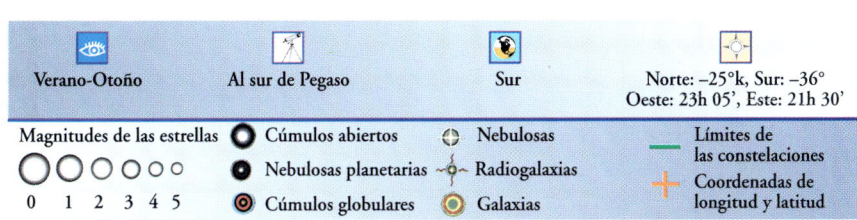

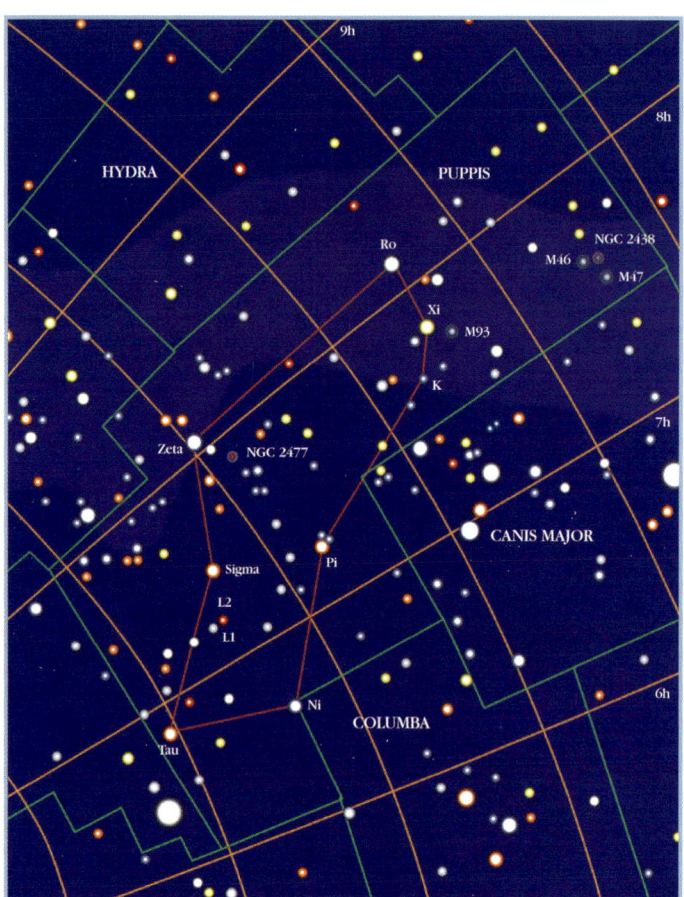

Puppis, Pup *(Popa)*

La Popa nació del desmembramiento de la Nave de Argos, realizado por el abad Lacaille: representa la parte posterior de la mítica embarcación con la que Jasón fue a la conquista del vellocino de oro.

Para localizar la constelación

La línea ideal que une Sirio y Delta CMa marca la dirección SE hacia Zeta Puppis, la más brillante de la Popa.

Estrellas principales y otros cuerpos

La Popa carece de estrella Alfa. El astro más luminoso es Zeta (mag. 2,3), una de las estrellas más cálidas que se conocen: más de 30.000 °K. Ro es una variable del tipo Delta Scuti: su mag. oscila entre 2,7 y 2,9 en tan sólo 3 horas y 23 minutos.

Hay tres objetos del catálogo de Messier: M46, M47 y M93, todos cúmulos abiertos. El primero, de mag. 8, está formado por varios centenares de estrellas. En la zona norte del cúmulo hay una nebulosa planetaria, NGC 2438, de mag. 11. Cerca de M46 se encuentra M47, más luminoso, aunque menos rico, formado por una cincuentena de estrellas. M93 exige prismáticos para ser descubierto, unos 10° al sur del anterior, tiene mag. 7. Entre los otros cúmulos cabe citar NGC 2477, de mag. 7.

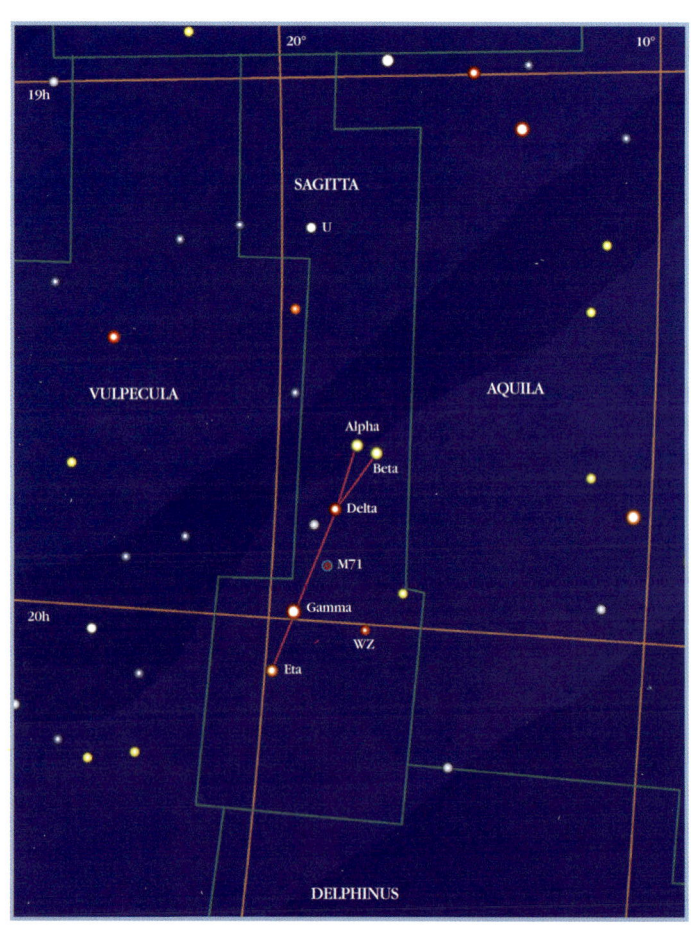

Sagitta, Sge *(Flecha)*

Hay varias leyendas ligadas a esta pequeña constelación muy antigua. La más interesante es la que la considera la *flecha* lanzada por Hércules para liberar a Prometeo.

Para localizar la constelación

Esta constelación se encuentra dentro del perímetro del Triángulo Estival, el gran polígono formado por tres astros brillantes: Deneb, en el Cisne; Vega, en la Lira, y Altair, en el Águila.

Estrellas principales y otros cuerpos

Tanto Alfa, conocida como Sham, como Beta tienen mag. 4,4 y ambas están situadas entre 600 y 700 años luz. Gamma (mag. 3,5), el astro más brillante, dista de la Tierra 275 a.l. y su luz es naranja. Delta (mag. 3,8) es una gigante roja que varía ligeramente de luminosidad. Mucho más interesante es la variable eclipsante U Sge, que oscila entre 6,5 y 9,3 en poco más de tres días y nueve horas.

Dentro de los límites de la constelación de la Flecha se encuentra uno de los objetos de Messier, el cúmulo globular M71. La distancia es de unos 14.500 años luz. Aparece como una mancha luminosa desenfocada de mag. 8 y sus dimensiones aparentes son como un quinto del diámetro de la Luna llena.

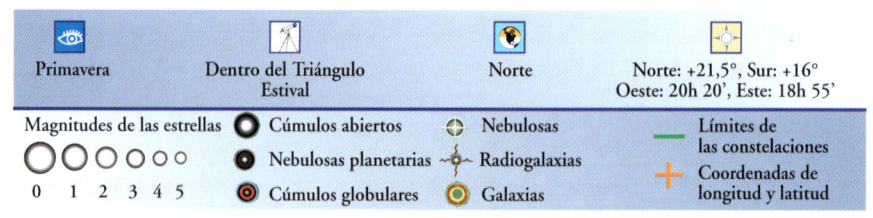

Sagittarius, Sgr *(Sagitario)*

Sagitario se remonta a la Antigüedad. Su nombre significa 'el arquero' y se le representa como una criatura mitad hombre mitad caballo.

Para localizar la constelación

Hay que situar a Sagitario entre otras dos constelaciones del Zodíaco: Capricornio y Escorpión.

Estrellas principales y otros cuerpos

Alfa (mag. 4), conocida como Al Rami, 'el arquero'. Beta tiene dos componentes de mag. 4 y 4,3, separadas por unos 15'. También Gamma es una binaria aparente, cuyas componentes son Gamma 1 y Gamma 2; la primera en 7,5 días oscila entre mag. 4,3 y 5,1. La segunda, en cambio, tiene mag. 3. Épsilon (mag. 1,9), la más brillante, tiene un color blanco azulado y se la conoce como Kaus Australis: la parte meridional del arco.

La constelación de Sagitario es muy rica en objetos celestes. De los de Messier hay por lo menos 15: las nebulosas gaseosas M18, M17, y M20; los cúmulos abiertos M18, M21, M23, M24, y M25, y los globulares M22, M28, M54, M55, M69, M70 y M75. Entre éstos los más famosos son las tres nebulosas conocidas como Laguna, Omega y Trífida.

M22, situado cerca de la eclíptica, tiene una mag. 6.

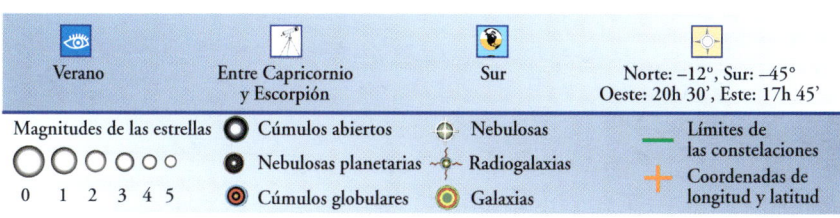

Scorpius, Sco *(Escorpión)*

El mito relacionado con esta constelación es el de Orión; el animal representado fue el asesino del cazador mitológico.

Para localizar la constelación

Escorpión es una constelación zodiacal, situada entre Libra y Sagitario.

Estrellas principales y otros cuerpos

La estrella más brillante, es decir Alfa Scorpii, es Antares, el rival de Marte (Ares en griego) por su color rojo como el planeta y es el corazón del escorpión. Es una binaria que se puede ver con un telescopio de al menos 8 cm de apertura. Una componente es roja y la otra es también una variable entre mag. 0,9 y 1,1.

Las dos brillantes cerca de Antares son Sigma (mag. 2,9), al oeste, y Tau (mag. 2,8), al SE.

Luego están Beta (mag. 2,6), Delta (mag. 2,3) y Pi (mag. 2,9).

M4 es un cúmulo globular y uno de las más cercanos a la Tierra, aunque no sea el más espectacular. M6 y M7 son dos cúmulos abiertos; el segundo de ellos se ve a simple vista. M80 es otro cúmulo globular.

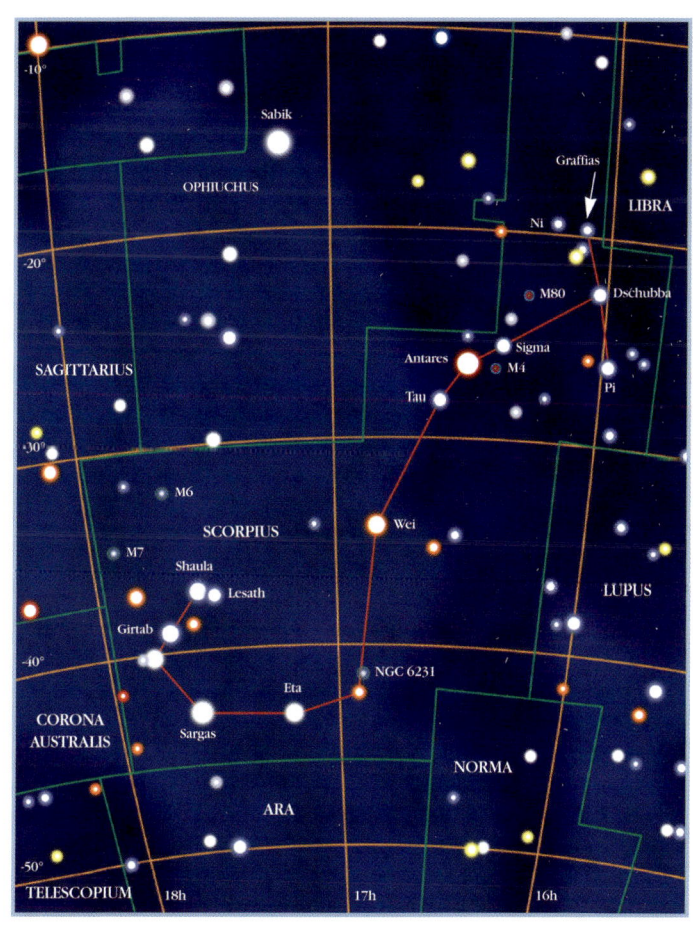

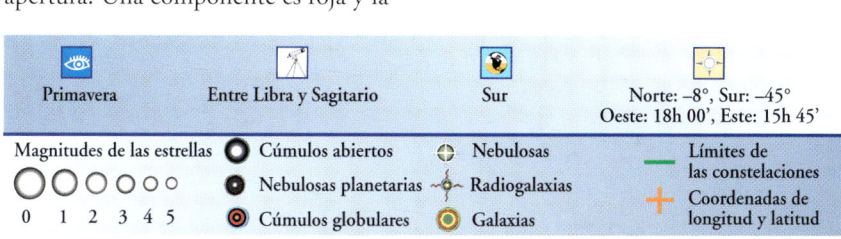

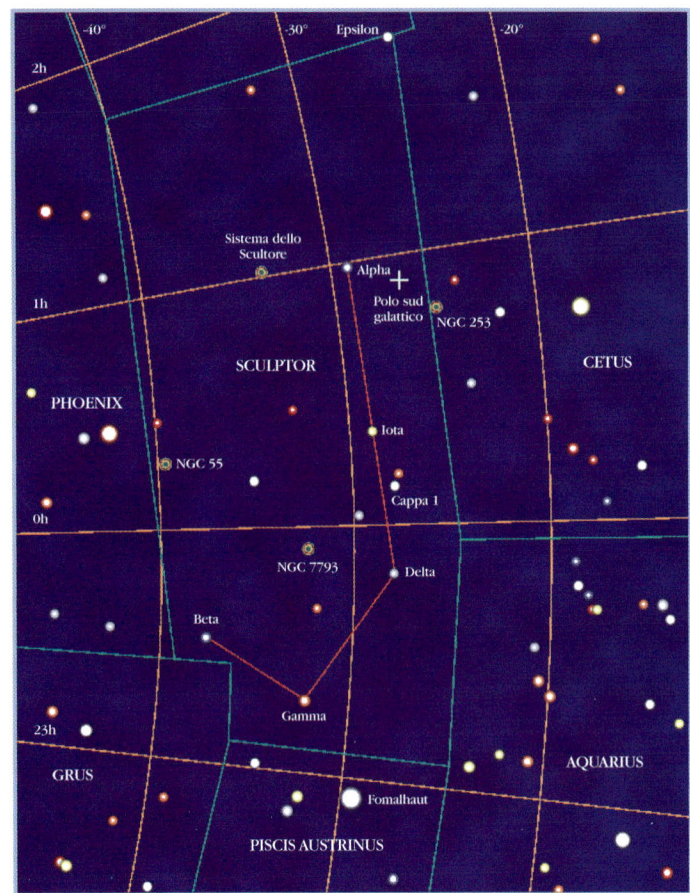

Sculptor, Scl *(Escultor)*

El Escultor, introducido por el abad Nicolas-Louis de Lacaille, en el siglo XVIII, no está asociado a ningún mito.

Para localizar la constelación

Partiendo del cuadrante de Pegaso, y descendiendo a 40° S, se llega al Escultor.

Estrellas principales y otros cuerpos

El astro más importante de la constelación es Alfa, mag. 4,3. Es de color azul y está situado a 400 años luz. Épsilon (mag. 5,3) es una binaria que dista 100 al de la Tierra: sus componentes tienen mag. 5,4 y 8,6; se las puede individualizar con un instrumento pequeño. También Kappa 1 es una binaria (mag. 6,1 y 6,2); para verlas separadas se necesita un telescopio de 10 cm.
En el Escultor se encuentra un cúmulo de galaxias a una distancia de decenas de millones de años luz. NGC 253 es una de las galaxias más alejada de toda la bóveda celeste y también la más luminosa del cúmulo llamado *Grupo del Escultor:* es una espiral de mag. 7 visible de perfil. También NGC 7793 forma parte del Grupo del Escultor, pero es menos brillante y tiene mag. 9.
NGC 55 tiene mag. 9, está situada a 8 millones de años luz y forma parte del Grupo Local.

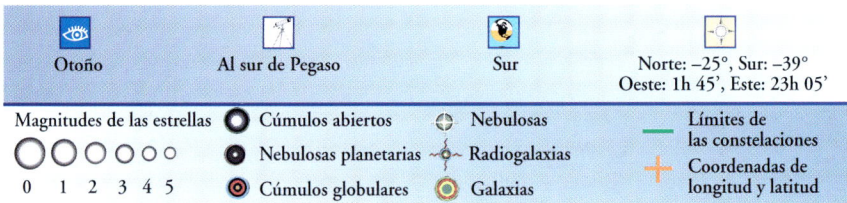

Scutum, Sct *(Escudo)*

La constelación del Escudo de Sobieski fue introducida en 1684 por Johannes Hevelius en agradecimiento al rey polaco Juan Sobieski III, pues cuando se destruyó el observatorio del gran astrónomo por un incendio, el rey le ayudó en la reconstrucción. Antes estas estrellas formaban parte de la constelación del Águila.

Para localizar la constelación

La manera más sencilla de localizar el Escudo consiste en recorrer la Vía Láctea hacia el sur desde el Cisne; desde Alfa y Beta Cyg se apunta hacia este débil asterismo, situado cerca de Sagitario.

Estrellas principales y otros cuerpos

La estrella más brillante es Alfa (mag. 3,8), amarillo-naranja, situada a 175 años luz. Delta es el prototipo de unas variables que tienen pequeñas oscilaciones de luminosidad en periodos inferiores a un día. Delta Scu pasa de mag. 5 a 5,2 en unas cuatro horas. Entre los objetos del Escudo están M11 y M26, ambos cúmulos abiertos. El primero de mag. 6 está formado por unas centenas de astros. M26, cerca de Delta, es más pequeño y menos brillante: tiene mag. 9. Ambos están situados a unos 500 años luz de la Tierra.

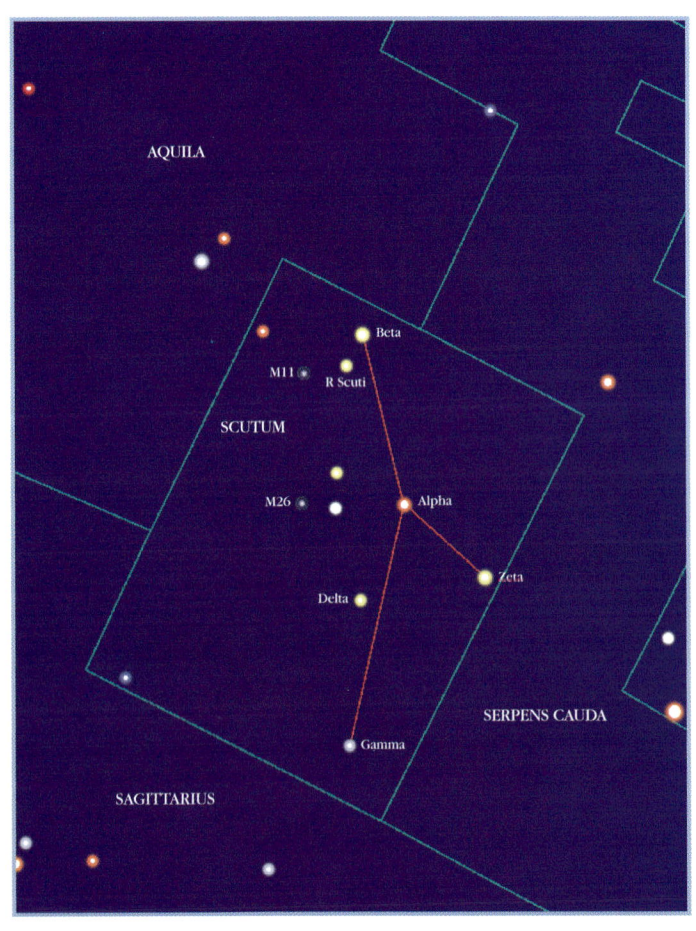

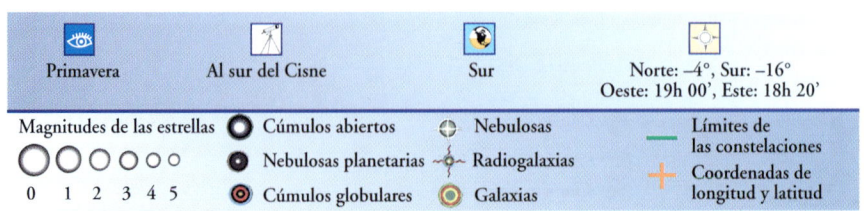

Serpens, Ser *(Serpiente)*

Esta constelación está formada por dos partes separadas: la cabeza, más hacia Occidente, y la cola. La identificación de Ofiuco con Esculapio llevó a interpretar a la Serpiente como un símbolo.

Para localizar la constelación

Una vez localizado Ofiuco, la Serpiente se encuentra bien por la cabeza que está a la derecha; si se observa el cielo teniendo el norte en la espalda, así queda la cola a la izquierda.

Estrellas principales y otros cuerpos

Alfa (mag. 2,6) es la más luminosa y se encuentra en la cabeza; se la llama Unukalhai, que significa *cuello de serpiente*, es una gigante rojo-anaranjada. Beta es blanca y tiene mag. 3,7; se trata de una estrella doble con una compañera de mag. 9,9 situada a 30" de la principal.
También Delta (mag. 3,8) es una binaria: es una estrella blanquecina con una compañera a 4": las dos tienen mag. 4,2 y 5,2.
En la Serpiente hay por lo menos dos objetos notables. El primero, M5, es un cúmulo globular de mag. 5,7 en el límite con Virgo. El segundo es muy atractivo, M16, un cúmulo abierto que tiene un centenar de estrellas asociado a una nube de hidrógeno conocida como *Águila*.

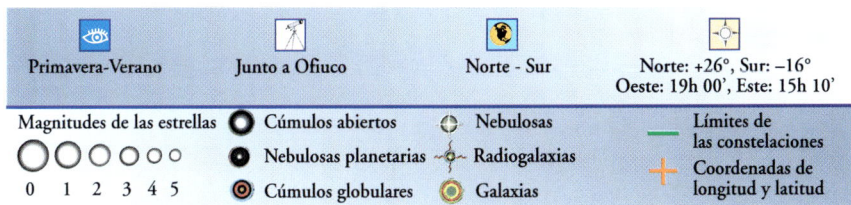

Taurus, Tau *(Tauro o Toro)*

Muchas leyendas hay ligadas a Tauro. Una de ellas dice que representa al animal con el que Zeus sedujo a Europa.

Para localizar la constelación

Para localizar a Tauro hay que seguir la línea que forman las tres estrellas del cinturón de Orión hacia NO: a unos 20° se encuentra el triángulo de las Híades que identifica la cabeza del Toro.

Estrellas principales y otros cuerpos

Aldebarán (mag. 1,0) es la estrella más brillante y se encuentra a 65 años luz de la Tierra; es una supergigante roja. Beta (mag. 1,7) es una gigante azul conocida como Elnath, 'el cuerno'. Sistemas binarios son Zeta, formado por dos estrellas de mag. 3,4 y 3,8, y Sygma (mag. 4,7 y 5,1). Otra variable interesante es Tau (mag. 9-13), prototipo de una clase de estrellas que emiten intensos vientos estelares.
M45, Las Pléyades, es el cúmulo abierto más conocido del cielo. Está formado por cerca de 2.000 estrellas situadas a 380 años luz de la Tierra. Las Híades, en cambio, son un cúmulo abierto muy viejo, dispuesto sobre un área de una anchura de 5°. M1, la Nebulosa del Cangrejo, de mag. 8, es un resto de la supernova más conocida, resto de una estrella que explotó en 1054. Contiene una púlsar.

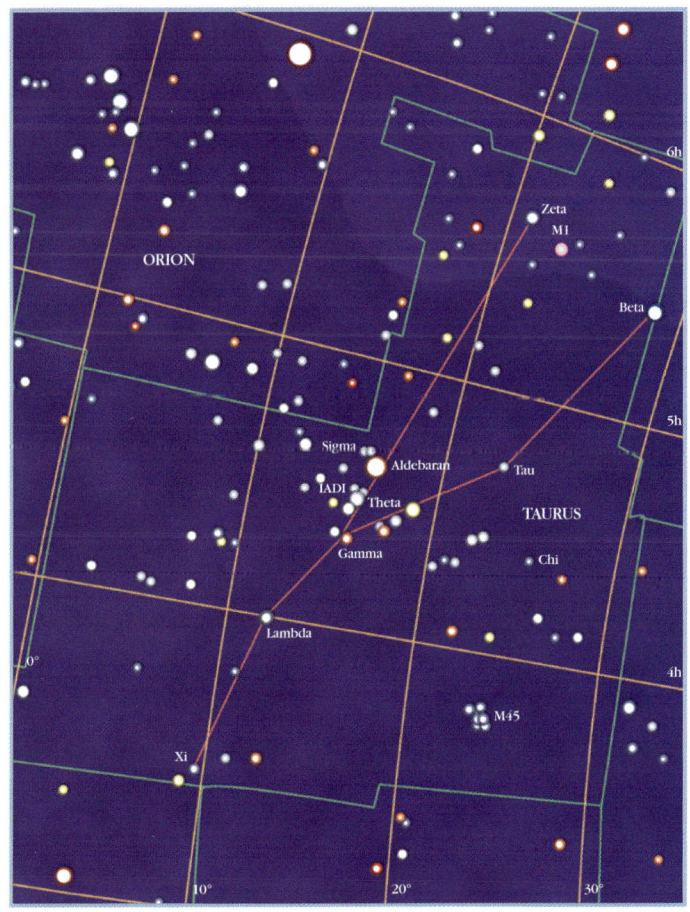

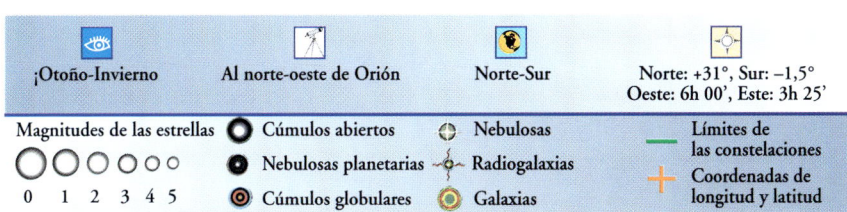

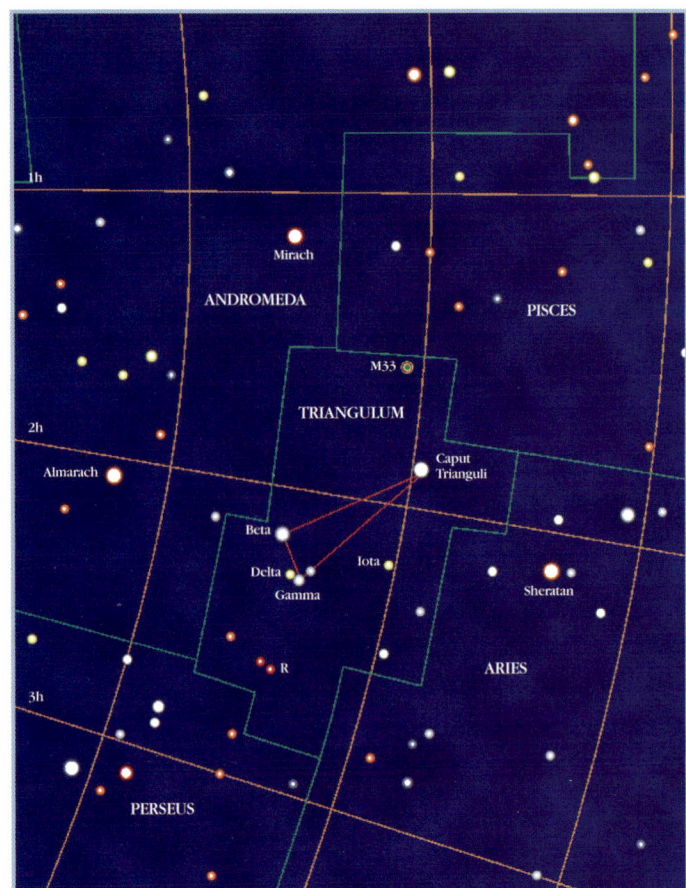

Triangulum, Tri *(Triángulo)*

La constelación del Triángulo fue introducida en épocas remotas. Ya la citan algunos escritores griegos, que le atribuyen varios significados: el delta del río Nilo y la isla de Sicilia, por su forma triangular.

Para localizar la constelación

El Triángulo se encuentra a pocos grados al Sur de Gamma And y está formado por estrellas débiles.

Estrellas principales y otros cuerpos

Alfa (mag. 4,3) o Caput Trianguli, es decir, el vértice del Triángulo, es una estrella blanca. La más luminosa de la constelación, sin embargo, es Beta (mag. 3), de características espectrales parecidas a Gamma (mag. 4,0) y el tercer vértice del triángulo.

La estrella que lleva el número de Flamsteed 6 es una binaria, formada por dos estrellas de mag. 5,3 y 6,9 separadas por 4". R Tri es un variable de tipo Mira Ceti que pasa de mag. 5,4 a 12, 6 en 266 días.

El Triángulo tiene sus límites en una de las grandes galaxias del Grupo Local. Se trata de M33, una espiral visible casi de frente de grandes dimensiones. Es necesario un cielo muy nítido para descubrirla, con prismáticos, como una mancha de luz de mag. 7. Está situada a una distancia de casi 2,5 millones de años luz.

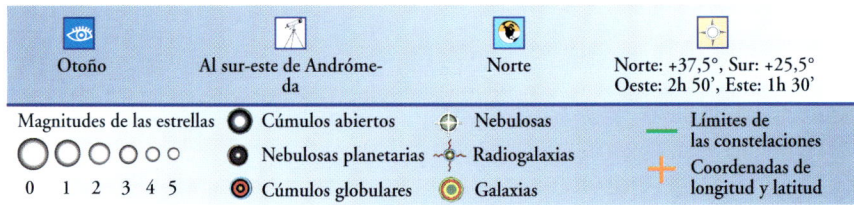

Otoño | Al sur-este de Andrómeda | Norte | Norte: +37,5°, Sur: +25,5° Oeste: 2h 50', Este: 1h 30'

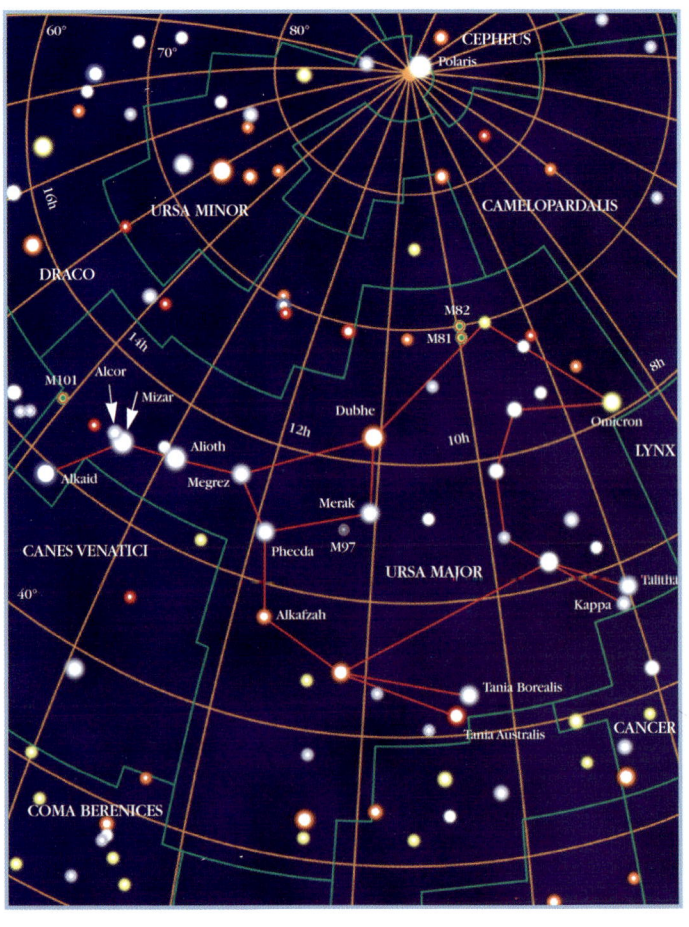

Ursa Major, UMa *(Osa Mayor)*

Cuenta una leyenda que la Osa Mayor representa a la hermosa princesa griega Calisto, convertida en osa por la celosa Hera.

Para localizar la constelación

Para localizar la Osa Mayor basta con mirar al norte; de hecho, el término *septentrión* deriva del latín septen triones, es decir, siete bueyes, representados por siete brillantes estrellas.

Estrellas principales y otros cuerpos

Alfa UMa o Dubhe es una gigante amarilla, de mag. 1,8. Beta o Merak es una blanca de mag. 2,4. Ambas son conocidas como *las apuntadoras* porque están alineadas con la Estrella Polar. Gamma, llamada Phecda es una estrella blanca de mag. 2. El cuerpo de la osa termina en Delta o Megrez, una estrella blanca de mag 3. Zeta UMa, Mizar, es la más interesante: se trata de una binaria (Mizar A, mag. 2,5, y Mizar B, mag. 4,5); está emparejada con la más débil 80 UMa o Alcor de mag. 4.

La Osa Mayor contiene siete objetos del catálogo de Messier, aunque bastante débiles: las galaxias M40, M81, M82, M101, M108 y M109, y las nebulosas M97, M81 y M82 que constituyen la pareja más luminosa y se encuentran a casi 8 millones de años luz.

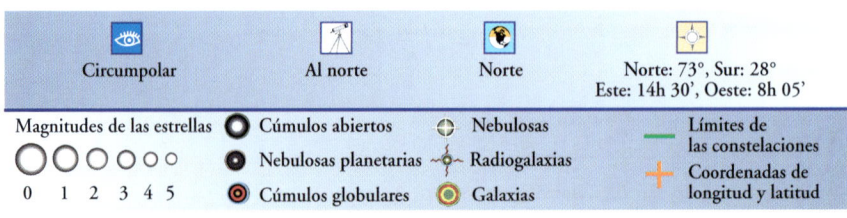

Circumpolar | Al norte | Norte | Norte: 73°, Sur: 28° Este: 14h 30', Oeste: 8h 05'

Ursa Minor, UMi *(Osa Menor)*

La Osa Menor, aunque está formada por estrellas de escasa luminosidad, es una de las constelaciones más importantes: en ella, nada menos, se encuentra el polo norte celeste, cerca del cual está la Estrella Polar.
En la mitología, la Osa Menor está unida a la Mayor: la primera representa a Árcade, la segunda a Calisto, su madre.

Para localizar la constelación

Por la escasa luminosidad de las dos estrellas, la constelación exige un cielo claro para verse. Se localiza bien gracias a la Estrella Polar, que además de marcar el Norte está alineada con Alfa y Beta UMa.

Estrellas principales y otros cuerpos

La Estrella Polar, Alfa UMi, tiene mag. 2,1. Se encuentra a un distancia de 1° del polo norte celeste y tiene una compañera de mag. 10.
Pero lo que le da interés a la Polar es el hecho de que es, o era, una estrella variable de tipo Cefeidas. Sus oscilaciones han ido reduciéndose hasta tal punto que, desde hace unos años, son inapreciables.
Gamma, o Pherkad (mag. 3), varía 0,1 mag. en el transcurso de pocas horas, sin una aparente regularidad.
La Osa Menor no tiene ningún objeto digno de reseñarse.

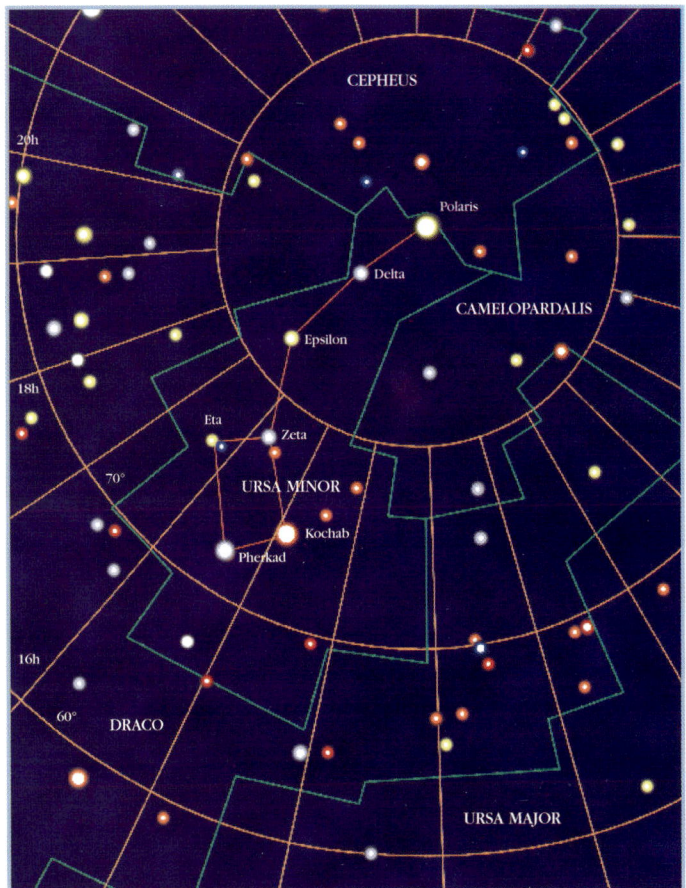

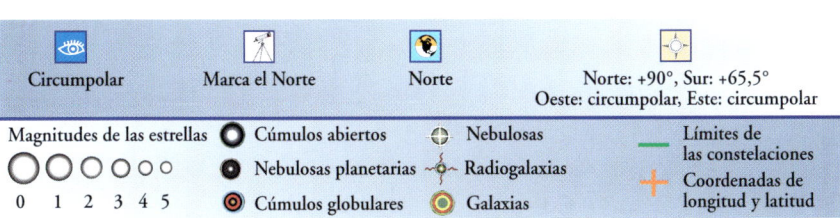

Vela, Vel *(Velas)*

Junto a la Quilla, la Popa y la Brújula forma la antigua constelación de la Nave de Argos.

Para localizar la constelación

La constelación de las Velas está situada cerca de las otras a las que estaba unida antes. Por otro lado, si se tiene el Norte a la espalda, se la localiza al oeste de Centauro.

Estrellas principales y otros cuerpos

No existen ni Alfa ni Beta. La más luminosa e interesante es Gamma: observada con prismáticos, revela sus dos componentes de mag. 1,8 y 4,3. La más luminosa pertenece a un tipo especial de estrellas, conocido como estrellas de Wolf-Rayet, astros jóvenes que emiten grandes cantidades de gases. Otras binarias son Delta, cuyas componentes tienen mag. 2,1 y 5,1, y Psi (mag. 4,1 y 4,6).
El objeto más interesante de las Velas es la Nebulosa de Gum. Se cree que los tenues filamentos de gases que la acompañan sean el resultado de la explosión de una supernova ocurrida hace miles de años. Dicha hipótesis la confirma la presencia en su interior de una púlsar que realiza 11 vueltas sobre sí misma cada segundo.
Las Velas contienen varios cúmulos abiertos, entre ellos NGC 2547.

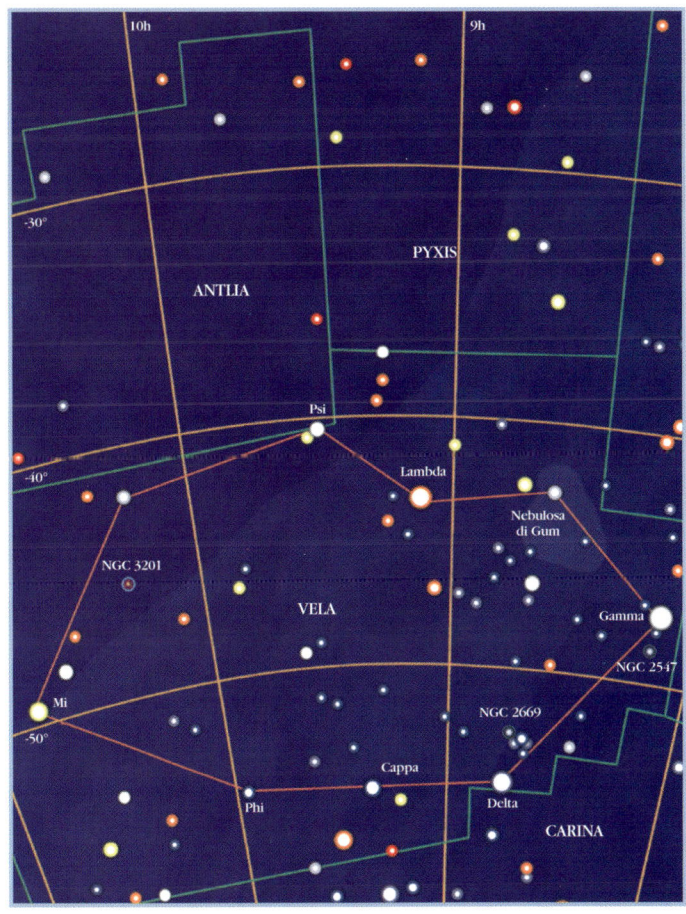

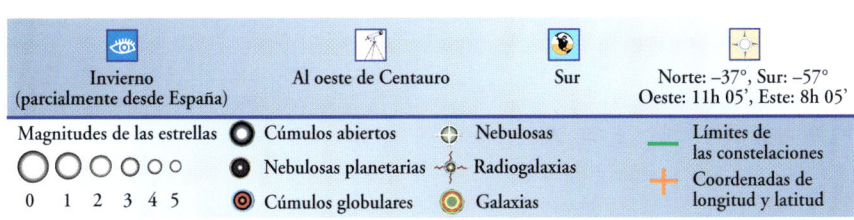

Virgo, Vir *(Virgo o Virgen)*

Según una antigua tradición sobre sus orígenes, Virgo representa a Ceres, la diosa romana de las mieses, que se la representa con una espiga de cereal en la mano.

Para localizar la constelación

A Virgo se la encuentra fácil, una vez que se ha localizado a Leo, pues está al SE.

Estrellas principales y otros cuerpos

Alfa o Spica (mag. 0,9), 'la espiga de cereal', es una estrella blanca y doble. Sus dos componentes se ocultan entre sí, por lo que su luminosidad varía 0,1 de mag. en casi 4 días. Gamma, llamada Porrima (mag. 2,9), es otra binaria, muy densa.

Virgo tiene un cúmulo formado por algunos millares de galaxias situadas entre 45 y 80 millones de años luz. También contiene muchos objetos del catálogo de Messier M49, M58, M59, M60, M61, M84, M86, M87, M89, M90 y M104.

Estas galaxias tienen magnitudes que varían entre la 9 y la 11. Entre ellas está M87 y la galaxia elíptica gigante que domina el grupo, poderosa fuente de rayos x y de ondas radio.

M104, en cambio, es la célebre galaxia *Sombrero*, llamada así por su forma característica.

3C 273 es el quásar más luminoso de todo el cielo con mag. 12,8.

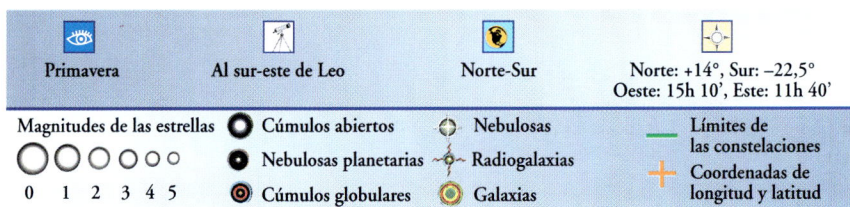

Vulpecula, Vul *(Raposilla)*

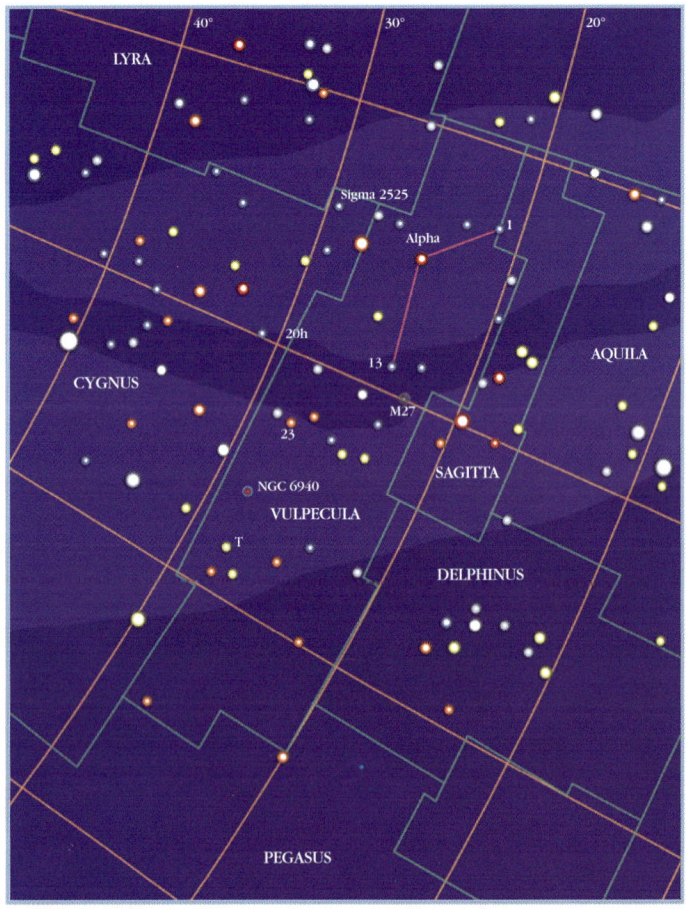

La Raposilla fue introducida en tiempos relativamente recientes por Johannes Hevelius.

Para localizar la constelación

La Raposilla está cerca de dos constelaciones que aparecen en el cielo estival: el Cisne y el Águila. Sus pálidas estrellas se encuentran dentro del Triángulo Estival, al norte de la Flecha y del Delfín.

Estrellas principales y otros cuerpos

La estrella más brillante es Alfa, de mag. 4,4. Su nombre, Anser, en latín significa *oca*. El origen de este nombre tiene que ver con el hecho de que Hevelius quiso bautizar a esta constelación como *Vulpecula cum Anser*, es decir, 'raposilla con oca'. Alfa es una binaria, con una compañera de mag. 6 en menos de 14". La segunda en luminosidad es la estrella naranja 23 Vul (mag. 4,5), situada a 290 años luz. 13 Vul tiene mag. 4,6 y un color blanquiazul.

Una variable es T, que en unos 4 días pasa de mag. 5,2 a 6,4.

El objeto más sobresaliente es la nebulosa planetaria M27, conocida como Dumbbell. Tiene mag. 8 y unas dimensiones aparentes de 8' × 4'.

Entre los demás objetos interesantes se encuentra el cúmulo abierto NGC 6940, de mag. 6 y con casi cien estrellas.

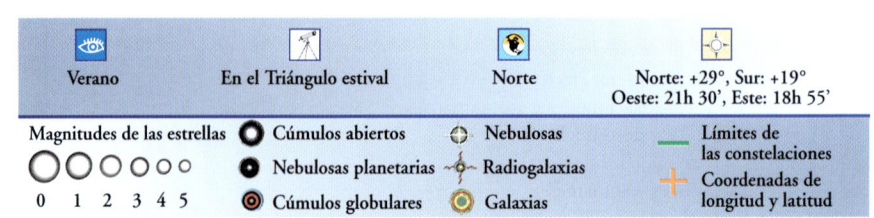

Glosario

Afelio Punto de la órbita de un objeto que se encuentra a la máxima distancia del Sol.

Agujero negro Estrella que, al concluir su ciclo vital, colapsa sobre sí misma debido a su propio peso. El nombre procede del hecho de que esa estrella genera una fuerza gravitacional tan intensa que no permite ni siquiera que salga la luz, por lo tanto *se la ve* negra.

Año luz Unidad para medir distancias que se usa en astronomía. Corresponde a la distancia recorrida en un año por un rayo de luz y equivale a unos diez billones de kilómetros.

Ascensión recta Coordenada astronómica usada, junto a la declinación, para determinar la posición de un objeto en la esfera celeste. Es semejante a la longitud utilizada en la Tierra.

Asteroide Cuerpo pequeño con movimiento orbital alrededor del Sol, generalmente rocoso y con forma irregular. La mayoría se localiza en la franja que orbita entre los planetas Marte y Júpiter.

Big Bang Gigantesca explosión de la que se cree surgió el Universo. Se calcula que tuvo lugar hace 15.000 millones de años.

Cenit Punto de la esfera celeste perpendicular a la cabeza del observador.

Cometa Cuerpo menor del Sistema Solar que se caracteriza por tener un núcleo de roca y hielo con una longitud de algún kilómetro. Tiene además cabellera y cola que se van haciendo cada vez más tenues y brillantes conforme el cometa se acerca al Sol en una larga órbita elíptica.

Conjunción Situación en la que dos objetos celestes se encuentran muy cerca en el cielo por efecto de la perspectiva. Se habla de conjunción, sobre todo, para los planetas con respecto al Sol.

Constelación Conjunto de estrellas que aparecen próximas en el cielo por efecto de la perspectiva. Las constelaciones clásicas representan figuras de animales, personajes mitológicos u objetos de uso común. Las constelaciones cambian en función de las diferentes culturas y periodos históricos. La esfera celeste está dividida, por convención, en 88 constelaciones.

Coordenadas celestes Pareja numérica que indican la ascensión recta y la declinación y que se usan para localizar un objeto en la esfera celeste.

Cosmología Rama de la astrofísica que tiene como objeto el Universo en su conjunto, del que estudia su origen, la configuración actual y su evolución.

Cúmulo de galaxias Conjunto de centenares y millares de galaxias unidas entre sí por la fuerza de la gravedad.

Cúmulo estelar Conjunto de estrellas homogéneas por la distancia y la edad, mantenidas unidas por la gravedad. Hay dos clases: cúmulos abiertos o galácticos y cúmulos globulares.

Declinación Coordenada astronómica usada, junto con la ascensión recta, para determinar la posición de un objeto en la esfera celeste. Es análoga a la latitud usada en la Tierra.

Día juliano Sistema astronómico de medir el tiempo, que se introdujo en el siglo XVI. Según este sistema el tiempo se mide por el número de días transcurridos desde el 1 de enero de 4713 a.C.; por ejemplo, el 3 de agosto de 1996 corresponde en la edad juliana al día 2.450.299. Al contrario que el día solar, el día juliano empieza al mediodía y no a medianoche.

Doppler (efecto) Variación de frecuencia de un fenómeno ondulatorio –como la luz– cuando la fuente y el observador están en movimiento el uno con respecto al otro.

Eclipse Fenómeno celeste en el que un cuerpo se interpone entre el observador y otro cuerpo celeste, impidiendo su visión. Son muy importantes los eclipses de Sol, en los que nuestra estrella queda oculta por la Luna. Los eclipses de Luna se producen cuando nuestro satélite queda en el cono de la sombra que proyecta la Tierra en el espacio, desapareciendo de nuestra vista. Tanto los de Sol como los de Luna se producen cuando el Sol, la Tierra y la Luna están perfectamente alineados en el espacio.

Eclíptica Plano orbital de la Tierra en su movimiento de revolución alrededor del Sol. Proyectada sobre la esfera celeste, es el recorrido aparente del Sol entre las constelaciones.

Ecuador celeste Círculo imaginario de la esfera celeste obtenido imaginando la proyección en el cielo del ecuador terrestre.

Efemérides Conjunto de las coordenadas astronómicas de posición del Sol, la Luna y los planetas, y de los datos pertinentes para poder observarlos. Las efemérides astronómicas se publican todos los años.

Elongación Distancia angular entre un planeta (por lo general, Mercurio o Venus) y el Sol.

Enana blanca Objeto de poca masa que está casi acabando su ciclo vital; su región central es muy densa.

Enana marrón Objeto de poca masa y baja luminosidad que se encuentra a medias entre un planeta y una estrella normal.

Equinoccio Cada uno de los dos instantes en los que el Sol, al moverse hacia la eclíptica, atraviesa el ecuador celeste. Los equinoccios caen el 21 de marzo y el 23 de septiembre.

Esfera celeste Esfera imaginaria, con la Tierra en el centro, en la que hipotéticamente se distribuyen todos los objetos celestes, prescindiendo de sus distancias.

Espectro electromagnético Conjunto de ondas electromagnéticas de todas las longitudes de onda. El espectro electromagnético comprende las ondas radio, los infrarrojos, las luces visibles, los ultravioletas, los rayos x y los rayos gamma.

Estrella Cuerpo celeste gaseoso que emite luz propia debido a la energía generada por las reacciones nucleares de su núcleo.

Estrella de neutrones Estrella en fase terminal de su evolución, toda ella formada por neutrones.

Fotón Partícula mínima energética elemental de las radiaciones electromagnéticas.

Galaxia Objeto celeste formado por centenares de miles de millones de estrellas. Incluso el Sol y el Sistema Solar se encuentran dentro de una galaxia, la Vía Láctea, que por convención viene indicada con una G minúscula.

M Símbolo utilizado para denominar los objetos celestes del catálogo que realizó Charles Messier, a finales del siglo XVIII.

Magnitud Luminosidad de una estrella o de un objeto celeste.

Meridiano local Meridiano celeste que, además de cruzar los polos norte y sur celestes, también pasa por el cenit.

Meteorito Cuerpo del Sistema Solar de pequeñas dimensiones que se precipita sobre un planeta, atraído por la fuerza de la gravedad. Puede desintegrarse por completo en contacto con la atmósfera o alcanzar la superficie produciendo un cráter.

Meteoro Bloque pequeño de material rocoso que suele tener origen cometario y que al entrar en la atmósfera terrestre se consume por la atracción, produciendo una estela luminosa. También se les llama, impropiamente, estrellas fugaces.

Meteoroide Meteorito destinado, por su órbita, a ser atraído por la fuerza de la gravedad terrestre.

Movimiento propio Desviación angular que una estrella realiza en un año en la esfera celeste. El movimiento propio es siempre muy pequeño y se mide en segundos de arco.

Nebulosa Objeto celeste en el interior de una galaxia, formado por gases y polvo.

Nebulosa planetaria Aglomerado de gases y partículas emitidos por algunas estrellas a lo largo de su evolución.

NGC Siglas utilizadas para denominar los objetos celestes recogidos en el New General Catalogue, realizado en el siglo XIX.

GLOSARIO

Nova Estrella que explota de repente y su luminosidad aumenta unas 10.000 veces.

Nucleosíntesis Formación de elementos químicos en las estrellas a través de reacciones nucleares que se desarrollan dentro de sus núcleos. La nucleosíntesis se ha dado incluso en las primeras fases de la vida del Universo.

Nutación Oscilación periódica del eje de rotación terrestre, que se superpone a la precisión.

Objeto de Herbig-Haro Zona de compresión del medio interestelar en las corrientes de materia emitidas por estrellas en fase de formación.

Oposición Situación en la que dos objetos celestes se encuentran en las partes opuestas del Sol. En particular se habla de oposición en el caso de los planetas con respecto al Sol.

Órbita Recorrido que cualquier objeto celeste realiza en el espacio debido a su propio movimiento. Se usa también en el caso de satélites artificiales y naves espaciales.

Paralaje Ángulo bajo el cual, debido a la distancia en la que se encuentra una estrella, se ve el semieje mayor de la órbita terrestre.

Pársec Unidad de medida de distancias usada en astronomía. El pársec. es la distancia en la que se encuentra una estrella para que se pueda ver el semieje mayor de la órbita terrestre bajo el ángulo de un segundo de arco. Un pársec corresponde a 3,26 años luz.

Perihelio Punto de la órbita de un planeta que se encuentra a la mínima distancia del Sol. En el caso más general de que el astro en cuestión no sea el Sol sino una estrella cualquiera, se labla de *periastro*

Planeta Objeto celeste frío en movimiento orbital alrededor de una estrella. El Sistema Solar está formado por nueve planetas, entre ellos la Tierra.

Precisión Lentísimo movimiento realizado por el eje de rotación de la Tierra a lo largo de los siglos, producido por la atracción gravitacional combinada del Sol y la Luna, que hace que describa su eje un cono en el espacio.

Púlsar Contracción de *Pulsating Radio Source* (fuente de radio pulsante). Es una estrella de neutrones que se mueve muy deprisa alrededor de su propio eje, emitiendo un haz de ondas radio perceptibles en la Tierra cuando se cruza con nuestra dirección

Punto gamma Punto de Aries o nudo ascendente, es uno de los dos puntos de la esfera celeste en el que se cruzan el ecuador celeste y la eclíptica.

Quásar Contracción de *Quasi Stellar Radio Source* ('fuente de radio casi estelar'). Es un objeto aparentemente igual a una estrella, pero visible a distancias enormes, incluso a miles de millones de años luz. Se cree que los quásars sean los núcleos muy brillantes de galaxias extremadamente lejanas.

Redshift Literalmente 'cambio hacia el rojo', es la desviación que, como consecuencia del efecto Doppler (v), realizan las ondas luminosas emitidas por una estrella o por una galaxia que se aleja de la Tierra. En los raros casos de objetos que se acercan, se habla de *Blueshift*.

Resto de supernova Nube de gases y polvo producida por una estrella cuando explota como una supernova.

Revolución Movimiento orbital de un cuerpo alrededor de otro cuerpo; por ejemplo, se habla de revolución en el caso de un planeta que gira alrededor del Sol, o de un satélite artificial que orbita en torno a la Tierra.

Rotación Movimiento que realiza un cuerpo alrededor de sí mismo con una dirección fija (el eje de rotación).

Satélite Objeto celeste que orbita alrededor de otro cuerpo que no sea una estrella. Se habla de satélites naturales en el caso de las lunas de los distintos planetas, y de satélites artificiales en el caso de las sondas que orbitan alrededor de la Tierra.

Solsticio Cada uno de los instantes en los que el Sol, al moverse por la eclíptica, alcanza su máxima distancia del ecuador celeste. Los dos solsticios son el 21 de junio y el 22 de diciembre.

Sonda interplanetaria Cápsula artificial enviada al espacio con la finalidad de estudiar los cuerpos del Sistema Solar.

Supernova Estrella que, una vez que ha llegado a su fase inestable de su ciclo vital, explota de un modo destructivo. Se caracteriza por una gran luminosidad, visible a distancias enormes.

Telescopio Instrumento usado en astronomía para observar el cielo. Utiliza una lente (telescopio refractor) o un espejo (telescopio de reflexión) para recoger la luz procedente de los objetos celestes observados.

Tiempo Universal *(Universal Time, UT)*. El tiempo de referencia de los observadores astronómicos. Por convención, coincide con el tiempo del Observatorio de Greenwich, en Gran Bretaña; también se le llama *Greenwich Mean Time* ('tiempo medio de Greenwich') GMT.

Unidad astronómica Unidad de medida de grandes distancias en astronomía, especialmente en el Sistema Solar; se define como la distancia media entre la Tierra y el Sol. Una U.A. equivale a 149.600.000 km.

Vía Láctea Nombre con el que se designa a nuestra galaxia. Su parte más brillante, el disco galáctico, aparece en el cielo nocturno como una débil franja de luminosidad difusa que atraviesa el cielo de una parte a otra.

Índice analítico

Los números en **negrita** envían a las páginas en las que este tema se desarrolla de una manera específica; los números en cursiva envían a las ilustraciones.

Abell, 152
Abell, cúmulo *152, 153*
absorción interestelar 131
Achernar 192
Acrux 189
Acuario (Aquarius) 105, *127*, **177**
Adams, Couch 78
Adams, Walter Sidney 134
Adrastea 64
aerolitos 93
Agena 185
Águila 108, 120, 121, **178**
agujeros negros 126, *126*, 134, **138**, *139*, 155
Akrab 208
Al Ramí 207
Al Rischa Pisces 105, 149
Albireo 190
Alcor 210
Aldebarán 106, 209
Alfa Centauri *113*, 128, 185
Alfa Leonis 103
Alfa Persei 128
Alfirk 185
Algieba 197
Algol *112*, 203
Almagesto 102, 106
Alnair 194
Alnitak 202
Alphard 195
Altar (Ara) **178**
Amaltea 64, *c*65
Andrómeda *118*, 132, 143, 146, *148*, 151, 152, 158, *159*
Andrómeda, constelación 105, **176**
Anser 212
Antares 104, 208
anteojos 110
Apollo *34, 35*, 35, 57
Arado 104
Arecibo, radiotelescopio 164, *164,* 165
Ariel 77, *77*
Aries (Aries) 32, **179**
Aristóteles 18, *18*
Arturo 106, *123*, 180
ascensión recta 31
asociaciones estelares 117
asteroides *12*, 14, **56**, 56, 57, *57*
astrometría 98
Atlas Farnese *102*

Ballena (Cetus) 102, 105, **186**
Bayer, Johann 102, 177, 180, 194, 196, 204
Bessel, Wilhelm 78, 128, 130
Beta Pictoris *98*
Betelgeuse 202
Bethe 7, 94
Big Bang 146, 147, 156, 157, 158, 160, 161, 162
Big Crunch 162
biología espacial 96
BL Lacertae 196
Bok, Bart 108
bólidos 92
bombilla de referencia **150**
Bouvard, Alexis 78
Boyero (Bootes) *123*, **180**, 182
Brahe, Tycho 6, 19, 54, 88, 132
brillo estándar **150**
Brújula (Pyxis) *102*, **176**, 211
Bunsen, Robert 6
Buril (Caelum) **180**

Caballo menor (Equuleus) **192**
Cabellera de Berenice (Coma Berenices) *153*, **187**
Cabeza de caballo *125*
Calixto 58, 62, 63, *63*
Camaleón (Chamaeleon) **186**
campo magnético solar 25
campos magnéticos 95
Can Mayor (Canis Major) 176, 180, **182**
Can Menor (Canis Minor) **183**
Cáncer (Cancer) 117, **181**
Cangrejo 132, *136*, 209
Cánopo 106, 184
Capella 179
Caph 184
Capricornio (Capricornus) 105, **183**
Caput Trianguli 210
Caronte 82, *83, 84*, 85, *85*, 87
Carro mayor 180
Casiopea (Cassiopeia) 19, 105, **184**
Cassini, Gian Domenico 54, 58, 66, 70, 72
Castor 193
Catálogo de Messier 120
Catálogos estelares 103
Cefeidas *110*, 111, 130, *131*, 143, 150, 185, 211
Cefeo (Cepheus) 105, **185**
Centauro (Centaurus) **185**
Centauros 86, *86*
Ceres 14, 56
Cerulli, Vincenzo 54
Chandrasekhar, Subrahmanyar 127, 134, 135
Cisne (Cygnus) 102, *120*, 151, 178, **190**
Cocconi, Giuseppe 166, 167
Cochero (Auriga) **179**
cometas 15, 87, **88**, 89, 90, 91
Compás (Circinus) **187**
concepción cosmológica 6, 18
constelaciones 102, 144
coordenadas celestes *104*
Copa (Crater) **189**
Copernico, Niccolò 6, 18, *19*
Corona Austral (Corona Australis) **188**
Corona Boreal (Corona Borealis) **188**
cromosfera 21
Cruz del Sur (Crux) **189**
Cuervo (Corvus) **189**
cúmulos 116, *116*, **118**, 118, 119, 124, 125, 129, 131, 142, 145, 151
Cursa 192
curva de rotación 144, 145
Cygni 1992 *114*
Cygnus X-1 104, *140*, 141

Dabih 183
Deimos 52, 53, *53*
Delfín (Delphinus) **190**
Delta Cephei 111, *111*
Deneb 102, 106, 190
Algiedi 183
Kaitos 186
Denébola 197
Descartes, René 124
Despina 81
diagrama de Hertzsprung-Russel **122**, *124*, 126
Dione 71, *71*
Dirac, Paul 134
disco de crecimiento 140, 141
Dorado **191**
Dragón (Draco) 148, 149, **191**
Drake, Frank 166, 167
Dressler 147
Dschubba 208
Dubhe 210
Dumbbell Nebula *120*, 121
Dwingeloo *148*

eclíptica 29, 31

ecuador celeste 31
Eddington, Arthur 134
Edgeworth, Kenneth 86
efecto Doppler 113, 144
Einstein, Albert 7, 134, 139
eje terrestre, inclinación 32
El Nath 209
Eltanin 191
Encelado 70
Encina de Jorge 105
Enif 203
enjambres de meteoritos 93, 94
equinoccio 32, *32*
Erídano (Eridanus) **192**
Eros 57
ESA 96
escala cosmológica de las distancias 150
Escorpión (Scorpius) 116, 117, *130*, *134, 166*, 178, **208**
Escuadra (Norma) **199**
Escudo (Scutum) *117*, **208**
Escultor (Sculptor) 105, 148, 149, 150, **208**
Escultor, cúmulo *153*
esfera armilar *19*
espectro estelar *124*, 151
espectroscopia 144
Espiga 212
Estrella Polar 28, 106, 172, 210
estrella
Barnard 202
de Kapteyn 204
estrellas 92, **106**, 106, 107, *107*, **108**, 108, 109, **110**, 110, *110*, 111, **112**, 112, 113, **114**, 114, 115, 116, 118, 122, 124, *124*, 125, **126**, 126, *126*, 127, *127*, **128**, 130, 131, **132**, 133, **134**, 134, *135*, **136**, 137, 139, 141, 150, 153
estrellas de Wolf-Bayer 211
Eta Carinae 127, *133*
Europa 13, 58, 61, *62*, 97, *97*
expansión inflacionaria 161
extinción de la luz 131

Febe 70, 71
Fénix (Phoenix) **204**
Fermi, Enrico 134
Flamsteed 46 197
Flamsteed, John 103
flares 21, 91
Flecha (Sagitta) **206**
Fobos 52, 53, *53*
Fomalhaut 104, 205
formaciones de los elementos 95, 162
fotosfera 20, 24
fractal 156, *156*
franja de Edgeworth-Kuiper 85, **86**, *86*, 89
franja de Van Allen 95

Galatea 81
galaxia 142, **152**, 143, *143*, **146**, 147, 148, 154, *154*, **150**, 151
Galilei, Galileo 6, *6*, 19, 24, 34, 46, 58, 66, 142
Ganímedes 13, 58, 62, *62*, 63, 69
Gaspra *12*, 14, *56*
Gemelos 74, 117, 181
Gemini **193**
Gemma 188
glitches 137
glóbulos de Bok 108, 120
Grulla (Grus) **194**
Grupo Local **148**, 152, 153, 156, 159, 208, 210
Gum, nebulosa 211

h Persei 117, *123*, 128, 203
Hale, George 25

Hale-Bopp, cometa *12, 91, 97*
Hall Asaph 52
Halley, cometa de 7, 15, **88**, *89*, 90, *90*
Halley, Edmund 6, 88, 105
Hebes Chasma 55
Heisemberg, Werner 160
Helix Nebula *127, 134*
hemisferio terrestre *172, 172, 174, 174*
Hércules (Hercules) 128, **194**
Herschel, William 6, 7, 66, 70, 74, 76, 112, 120, 142
Hertzsprung, Enajr 122
Hess 94
Hevelius, Johannes 102, 182, 189, 196, 197, 199, 208, 212
Hiades 117
Hidalgo 57
Hidra (Hydra) **195**
Hidra Austral (Hydrus) **196**
Hiparco de Nicea 18, 32, *102*, 106
Hornillo 105, 148, 149, *158*, **193**
Hubble Deep Field *146*
Hubble, Edwin 143, 146, *158*, *158*
Huygens, Christian 66, 69, 70

IC
10 149
342 150, 181
418 198
1613 149
2602 184
4665 202
5152 149
5201 194
Ida 14
III Cephei 129
Indio (Indus) **194**
Io 58, 62, *63*

Japeto 70, *70*, 71
Jirafa (Camelopardalis) **181**
jovilabio 6
Joyero *116*, 189
Júpiter 12, 13, 16, 17, **58**, *58*, 59, *59*, **60**, *60*, 61, **64**, *64*, *64*, 65, 66, 68, 69, 74, *74*, 89, 97, 109, 164

Kant, Immanuel 16, 142
Kapteyn, Jacob 142
Kaus Australis 207
Keck 8
Kelb Alrai 202
Kepler, Johannes 6, 19, *19*, 24, 54, 88, 132
Kirchhoff, Gustav 6, *6*
Kitel Phard 192
Kleinmann Basso, cúmulo *108*
Kolholster 94
Kuiper, Gerard 76, 86, 87

Lacaille, Nicolás-Luis de *102*, 105, 176, 180, 187, 188, 193, 195, 200, 204, 205, 206, 208
Lagarto (Lacerta) **196**
lágrimas de San Lorenzo 93
Laguna, nebulosa 121, *121*, 207
Laplace, Pierre Simone de 16, 138
Larissa 81
Lebreles (Canes Venatici) **182**
León (Leo) 102, 103, 148, 149, 181, **197**
León Menor (Leo Minor) **197**
Leverrier, Urbain 78
ley de Hubble 151, 156, 158, *159*
ley de Titius-Bode 78
leyes de Kepler 19, 112, 134
Libra (Libra) **198**
Liebre (Lepus) **198**
límite de Chandrasekhar 127, 135
Lince (Lynx) **199**

Lira (Lyra) 121, **200**
litosfera 26
Lobo (Lupus) **199**
longitud de Plank 160
Lowell, Percival 82
luces estelares, aberración 30
Luna *15*, **34**, 34, *34*, 35, **36**, 36, *36*, 37, *37*, **38**, 38, 39, *39*, 41, 45, 71

M1 209
M2 177
M3 182
M4 *130, 134*
M5 *119, 122*, 209
M6 *116*, 117, 208
M7 117, 208
M8 121, *121*, 124, *207*
M9 202
M10 202
M11 *117*, 208
M12 202
M13 164, *164*, 194
M14 202
M15 *119*
M16 121, 209
M17 121, 207
M18 207
M19 202
M20 120, 121, *121*, 207
M21 207
M22 207
M23 207
M24 121, 207
M25 207
M26 208
M27 *120*, 121, 212
M28 207
M30 183
M31 130, 148, 149, 176
M32 148, 149
M33 130, 148, 149, 158, 193, 210
M34 203
M35 117
M36 179
M37 179
M38 179
M40 210
M41 182
M42 120, 121, 202
M43 202
M44 117, 181
M45 117, *131*, 209
M46 206
M47 117, 206
M48 195
M49 212
M50 201
M51 *138*, 182
M52 184
M53 187
M54 207
M55 207
M56 200
M57 121, 200
M58 212
M59 212
M60 212
M61 212
M62 202
M63 182
M64 187
M65 197
M66 197
M67 117, 181
M68 195
M69 207
M70 207
M71 206
M72 177
M74 205
M75 207
M76 203
M77 186

ÍNDICE ANALÍTICO

M78 121, 202
M79 198
M81 150, *151*, 210
M82 210
M83 *150*, 195
M84 212
M85 187
M86 212
M87 *138*, 212
M88 187
M89 212
M90 212
M92 194
M94 182
M95 197
M97 210
M99 187
M100 *131*, 187
M101 210
M103 184
M104 212
M105 197
M107 202
M108 210
M109 210
M 110 148
magnetosfera 26, 137
Main Sequence Fitting *128*
MAP *157*
mapas chinos *104, 105*
Máquina Neumática (Antlia) 105, **176**
mareas 33, **40**, *40*, 41, *41*
Mariposa *116*
Markab 203
Markarian, B. E. 154
Marte 12, 13, 14, 16, **50**, 50, *50*, 51, *51*, 52, *52*, 54 *54*, 54, 89, 96, *96*, 97
materia oscura 145, 149
Maxwell, James 7
Maya *104*
Mayall II *118*
mecánica cuántica 138
medicina aeroespacial 96
Megrez 210
Mekbuda 193
Menkalinan 179
Mensa **191**
Merak 210
Mercurio 12, 13, 14, *14*, 16, 17, **42**, *42*, *42*, 43, *44*, *45*, 71, 126
mes 34, 38
Mesopotamia 104, *105*
Messier, Charles 6, 120, 121, 152
Meteor Crater *94*
meteoritos 35, 36, 37, 57, **92**, *94*
meteoroides 57
meteoros **92**, *92*
Metis 64
Miaplacidus 184
Microscopio (Microscopium) 105, **200**
migraciones de los polos terrestres 33
Millikan, Robert 94
Mimas 70
Mira 186, 190
Miranda 76, 77, *77*
Mirfak 203
Mirzam 182
Mizar 112, 210
Morrison, Philip 166, 167
Mosca (Musca) **177**
movimiento tychonico 19

NASA 96
Nave de Argos *102*, 105, 206
Náyades 81
nebulosa protosolar 88
nebulosas **120**, 121, *121*
Neptuno 12, 15, 17, **78**, *78*, 79, **80**, *80*, 81, *81*, 87
Nereidas 80
neutrones 23
Newton, Isaac 6, 88
NGC
  55 208
  147 148, 149
  185 148, 149
  188 185
  205 149
  224 *159*
  253 208
  362 196
  625 204
  772 179
  1232 192
  1300 192
  1316 193
  1360 193
  1365 *158*, 193
  1399 193
  1432 *131*
  1499 203
  1502 181
  1512 195
  1535 192
  1851 180
  2024 116
  2163 *146*
  2207 *146*
  2244 116, 201
  2261 201
  2264 116, 124, *125*, 201
  2362 128, 182
  2392 193
  2403 181
  2419 199
  2438 206
  2477 206
  2516 184
  2547 211
  3114 184
  3115 189
  3195 186
  3242 195
  3344 197
  3430 197
  3486 197
  3532 184
  4038 *147*
  4039 *147*
  4261 *141*
  4321 159
  4372 177
  4565 *94*
  4639 159
  4755 116, 189
  4833 177
  5128 150
  5694 195
  5822 199
  5897 110, 198
  5904 *122*
  5986 199
  6025 187
  6188 178
  6193 178
  6397 178
  6530 116, 120
  6541 188
  6543 191
  6584 188
  6633 202
  6709 178
  6752 178, 202
  6791 117
  6822 149
  6940 212
  6946 185
  7000 190
  7006 190
  7009 177
  7209 196
  7213 194
  7243 196
  7293 *127*, *134*, 177
  7331 203
  7538 *166*
  7789 169
  7793 208
Norteamérica 120
Nova Cygni 1975 115
Nova Persei 1901 *114*
Nu 201
nube de Oort 15, *90*
Nubes de Magallanes 130, *133*, *140*, 148, *150*, 151
núcleos galácticos activos **154**
nucleosíntesis estelar 23
números de Wolf 25
nutaciones 33, *33*

Oberón 76, 77
objetos BL Lacertae 154, *155*
objetos de Herbig-Haro 109
Occhialini, Giuseppe 95
Ofiuco (Ophiuchus) **202**
Olbers, Heinrich 78
Oliver, Bernard 166
Omega Centauri *118*, 185
Omega, nebulosa 207
Ómicron 102
Oort, Jan 89
Oppenheimer, Robert 141
Orión (Orion) 176, **202**
Orión, nebulosa *108*, 120, 121, *125*
Osa Menor (Ursa Minor) **211**
Osa Mayor (Ursa Major) 103, 112, *151*, 180, 182, **210**
Ottante (Octans) **201**
OZMA 166

Pàjaro del Paradiso (Apus) **177**
Paloma (Columba) 105, **180**
paralaje anual, método de la 128, *130*
pársec 107
partículas elementales *161*
Pavo (Pavo) 5 *152*, **178**
Peces (Pisces) 105, 149, **205**
Pegaso (Pegasus) 105, *119*, 149, **203**
péndulo de Foucault 28
Penzias 146
Perseo (Perseus) 105, 117, *117*, 128, **203**
Pesebre 117
Pez Austral (Piscis Austrinus) **205**
PG 0052-251, quásar 155
Phecda 210
Pherkad 211
Piazzi, Giuseppe 6, 14, 56
Pintor (Pictor) 105, **204**
Pitágoras 18
planetas 9, 12, *12*, 13, *13*, **16**, *17*, 69, 87
planetoides 14, 16, **17**, 56,
plano cartesiano 124
Pléyades *109*, 117, 129, *131*, 209
plutinos 87
Pluto Express Mission 85
Plutón 12, 13, 15, **82**, *82*, *83*, 84, *84*, 85, *85*, 87
Plutón-Caronte, sistema 82
población estelar 147
Pogson, Norman 106
Polluce 193
Polo Norte Celeste 172
Popa (Puppis) *102*, 117, 176, **206**, 211
Porrima 212
principio de indeterminación 162
prismáticos 170, *170*
Procione 183
proplyd 99
Proteus 81, *81*
Proxima Centauri 128, 185
proyecto
  Cyclope 166
  Darwin 99
  META 166
  Phoenix 166
Ptolomeo 6, 18, 102, 106
Pulcherrima 180
púlsar **136**, *136*, *137*
punto gamma 31
puntos convergentes, método de los 129

quásar 154
Quilla (Carina) *102*, 149, **184**, 211
Quirón 87

radiaciones 95, 146, 153, 157
radiogalaxias 154
Raposilla (Vulpecula) **212**
Ras Alhague 202
rayos cósmicos **94**
Rea 70, *70*, 71
reacción 22, *23*
redshift 134, *150*, 156, 159
región de Tharsis 50, 51
regolito 34, 36

Régulo 102, 197
Reloj (Horologium) **195**
Retículo (Reticulum) **195**
Rhas Algethi 194
Riccioli, Giovanni 34, 112
Rift Valley *52*
Rigel 202
Rigil Centaurus 185
Ro 206
Ro Cancri 99
Rosetta 121
Rovi-g *34*
RR Lyrae 131
Russel, Henry Norris 122

Saco de Carbón 189
Sadachbia 176
Sagitario (Sagittarius) 120, 121, *121*, 148, 207
Saturno 12, 13, 16, 17, **66**, *66*, 67, *67*, 68, *68*, 69, *69*, **70**, 72, *72*, *73*, *73*, 97, 164
Scheab 203
Schedar 184
Schiaparelli, Giovanni 54
Schwarzschild, Karl 139, 141
secuencia principal 123
seeing 171
SERENDIP 166
Serpiente (Serpens) *119*, 122, **209**
SETI 165
Sextante (Sextant) 148, 149, **189**
Sham 206
Shapley, Harlow 142
Sheliak 200
Sidereus Nuncius 58
sideritos 93
Sirio *124*, 128, 182
  B 134, *134*
Sirrah 176
Sistema Solar 14, **15**, 26, **96**, *96*, *145*, 164
Sol **12**, 20, **20**, *20*, 21, *21*, **22**, *24*, *24*, 25, *25*, 31, *38*, 39, 65, 89, 114, 117, 126, *126*, 128, 142, 145, *145*
Sombrero 212
sonda
  Cassini-Huygens *68*, 97
  COBE 157, *161*
  Galileo 14, 56, *56*, 60, *60*, *61*, 62, 97
  Giotto 15, 88, 90, *90*
  IRAS 83, 98
  Lunar Prospector 97
  Magallanes 46
  Mariner 10, *43*, 44, *54*, 55
  Mars 55
  Mars Global Surveyor *54*
  Mars Pathfinder 55
  Pioneer 60, *61*, 69, 82, 164, 165, *165*
  Pioneer-Venus 46, *46*
  Ulysses *22*, 60
  Venera 46, 48
  Viking 54, 55, *55*, 96
  Voyager 14, 62, 64, *67*, 68, 74, *75*, 76, 79, *79*, 80, 81, 82, 97, 164, 165, *165*
Swift-Tuttle, cometa 93

Talassa 81
Tau Bootis 99
Tebe 65
Telescopio (Telescopium) 105, **188**
Telescopio de Herschel *103*
Telescopio Espacial Hubble 82, *84*, 99, 130, 147, 150
telescopios 6, 58, 170
teoría cuántica 163
teoría de la relatividad 7, 134, 139, 158, 161, 162
Tethys 70, *70*
Thuban 191
Tierra 12, 14, 16, 17, **26**, 26, *26*, 27, *27*, **28**, 28, *28*, 29, *29*, 30, 32, *32*, 40, 47, 59, 68, 89, 96, 97, 126, 173
Tierra
  de Afrodite 47
  de Ishtar 47
Titán 69, 70, 71, *71*, 96, *96*

Titania 76, 77, *77*
Tombaugh, Clyde 86
toposfera 27
Toro (Taurus) 117, 136, **209**
Triángulo (Triangulum) **210**
Triángulo Austral (Triangulum Australe) **187**
Trífida, nebulosa 121, *121*, 207
Tritón *78*, 80, *81*, 84, 85, *86*, 87
Trumpler, Robert 116
T-Tauri *108*
Tucán (Tucana) 149, **196**
turning point 125

U Geminorum 115
Umbriel 77
Unicornio (Monoceros) 105, **201**
Unidad Astronómica 29
universo
  expansión **158**
  origen **160**
  búsqueda de vida **164**
Unukalhai 209
Urano 12, 17, 46, **74**, *74*, 75, **76**, *76*, *76*, 82
Uranometría 177, 204

Valles Marineris *15*, 50, *50*, 51, *54*
variables cataclísmicas 114
Vega 106
Vela **211**
Velas *102*
Very Large Array 8
Very Large Telescope 8, *8*
Vía Láctea 116, 117, 118, 120, 131, **142**, **144**, *142*, *143*, 144, *144*, 145, 146, 148, 149, 152
viento solar 21, 91
Virgen (Virgo) **212**
Virgen, cúmulo 151, 152, *152*, 153, 159

Wheeler, John 139
Whipple, Fred 15, 90
Wolf 359 128

Xi Persei 117, *123*, 128, 203

Zubeneschamali 198

10 Ursae Majoris 103
12 Persei 113
47 Tucanae 196
47 Ursae Majoris 99
51 Pegasi 99, *99*
61 Cygni 128, *128*, 190
70 Virginis 99